BIOLOGIE 5e

Sciences générales

Michèle Cornet

sous la direction de
Raymond Tavernier et
Claude Lizeaux

Skrijelj Sara 3C2

Vincent Audebert, Denis Baude, Claude Fabre
Jean-Pierre Floch, Danièle Héau-Locker
Claude Lizeaux, Philippe Roger
Raymond Tavernier, André Vareille

BIOLOGIE 5e

de boeck

Biologie 5e – Sciences générales

Docteur en Sciences zoologiques, Michèle Cornet est enseigne les sciences au Lycée Saint-Jacques de Liège et est collaboratrice de l'Université de Liège. Elle a été aspirante et chargée de recherche au FNRS ainsi que chargée de cours aux Facultés Universitaires de Namur.

Dans la collection « Bio »
Biologie 3e – Sciences de base et Sciences générales (3 ou 5 périodes/semaine)
Biologie 4e – Sciences générales (5 périodes/semaine)
Biologie 4e – Sciences de base (3 périodes/semaine)
Biologie 5e – Sciences générales (6 périodes/semaine)
Biologie 5e – Sciences de base (3 périodes/semaine). Édition 2012
Biologie 6e – Sciences générales (6 périodes/semaine)
Biologie 6e – Sciences de base (3 périodes/semaine)

Dans la collection « Chimie »
Chimie 3e – Sciences générales (5 périodes/semaine)
Chimie 4e – Sciences générales (5 périodes/semaine)
Chimie 3e/4e – Sciences de base (3 périodes/semaine)
Chimie 5e – Sciences générales (6 périodes/semaine)
Chimie 5e/6e – Sciences de base (3 périodes/semaine)
Chimie 6e – Sciences générales (6 périodes/semaine)

Dans la collection « Physique »
Physique 3e – Sciences de base et Sciences générales (3 ou 5 périodes/semaine)
Physique 4e – Sciences de base et Sciences générales (3 ou 5 périodes/semaine)
Physique 5e – Sciences générales (6 périodes/semaine)
Physique 5e/6e – Sciences de base (3 périodes/semaine)
Physique 6e – Sciences générales (6 périodes/semaine)

Maquette : *Michel Olivier, Bordas*
Couverture : *Primo & Primo*
Mise en pages : *Softwin*

2e édition, 2re réimpression 2019

ISBN 978-2-8041-9671-4
D/2017/0074/055
Art. 572612/03

L'enseignement de la biologie en 5e au cours de sciences générales
(6 périodes par semaine)

Ce manuel est une adaptation de la collection « Tavernier / Lizeaux » (*Sciences de la Vie et de la Terre*, Bordas) aux nouveaux référentiels de l'enseignement secondaire de la Fédération Wallonie-Bruxelles pour les cours de sciences de 5e année à 6 périodes/semaine.

Ce manuel est organisé en **11 chapitres** répartis dans trois unités d'acquis d'apprentissage (UAA) :

Sciences générales	UAA 5	L'organisme humain se protège
	UAA 6	La communication nerveuse
	UAA 7	La procréation humaine

La correspondance entre les chapitres et les UAA, ainsi que les processus à mobiliser, sont détaillés dans les pages suivantes.

Conçu comme un outil de travail en classe avec le professeur, mais aussi en autonomie, le manuel est un auxiliaire pédagogique précieux. Pour en faciliter l'utilisation, chacun des onze chapitres est structuré de la même façon :

- une **page d'ouverture** qui pose la problématique ;
- deux doubles pages éventuelles permettant de **retrouver les acquis** des années antérieures de manière active ;
- des doubles pages d'**activités pratiques** variées avec un guide précis pour les manipulations et avec des documents richement illustrés, dont l'analyse en classe permet de développer les différentes compétences chez l'élève, et avec des **pistes d'exploitation** qui invitent à approfondir le questionnement ;
- un texte de **synthèse**, clair et structuré, avec une terminologie scientifique réduite au strict nécessaire ;
- un grand **schéma-bilan**, permettant la mémorisation des notions essentielles ;
- des pages « **Pour mieux comprendre** » et « **Pour en savoir plus** » qui répondent à la curiosité des élèves, les premières pouvant être intégrées dans la démarche pédagogique du professeur ;
- des **exercices** variés pour tester les connaissances et les compétences.

Les termes marqués d'un **astérisque*** renvoient à un lexique situé sur la même (double) page.

En fin de manuel sont fournis des **corrigés d'exercices** :

- une correction systématique des « **Je connais** », pour inviter l'élève à évaluer son degré d'acquisition et de structuration des connaissances ;
- la correction de certains exercices « **J'applique et je transfère** » pour permettre à l'élève de mieux apprécier les critères de réussite d'un exercice et le préparer ainsi à l'évaluation de ses compétences.

Un **index** final offre à l'élève la possibilité de retrouver rapidement les pages où sont abordés les principaux termes et les notions essentielles.

Ce manuel est un outil simple et très accessible : la richesse des documents qu'il contient s'explique par la volonté de laisser une liberté de choix à chaque professeur en fonction de sa propre démarche pédagogique et de l'intérêt de l'élève.

Cet ouvrage très complet s'avérera une base solide pour aborder des études supérieures faisant appel aux sciences biologiques.

UAA, compétences et processus en sciences générales

5e Sciences générales

(6 périodes/semaine)

UAA 5 L'organisme humain se protège

UAA 6 La communication nerveuse

UAA 7 La procréation humaine

À la fin de l'UAA 5, tu pourras :

- modéliser une réponse immunitaire globale de l'organisme suite à des agressions du milieu extérieur.
- comparer quelques moyens préventifs et curatifs mis au point par l'Homme face au risque infectieux.

Pour cela, tu devras acquérir et structurer les ressources suivantes (**Connaître**)	Chapitres concernés
Décrire de manière simple comment l'organisme est constamment confronté a la possibilité de pénétration de micro-organismes.	1
Décrire les principales barrières naturelles extérieures contre la contamination (peau, muqueuses,...).	1
Décrire de manière simple, à partir de documents, le mécanisme de la réaction inflammatoire, une défense innée de l'organisme.	1
Expliquer le rôle actif de la fièvre contre l'infection.	1
Décrire de manière simple, à partir de documents, les mécanismes de défenses acquises : - réponse adaptative humorale (origine, production et mode d'action des anticorps), - réponse adaptative cellulaire (origine et mode d'action des lymphocytes T	2
Expliquer le mécanisme de la mémoire immunitaire.	2
Distinguer vaccination et sérothérapie.	2

Pour cela, tu devras exercer et maîtriser les savoir-faire suivants (**Appliquer**)	Chapitres concernés
Expliquer et comparer les principaux rôles d'un antalgique, d'un anti-inflammatoire et d'un antibiotique, à partir de documents.	1
Comparer des données physiologiques d'une personne saine et d'une personne souffrant d'une maladie infectieuse (par exemple : prises de sang, photos de culture de prélèvements, observations microscopiques (sang, pus...))	1
Identifier, a partir de documents, les modes de transmission de quelques pathogènes courants à partir de cas concrets (par exemple : Sida, grippe, tétanos, tuberculose, MST,...) et les comportements à adopter pour s'en protéger.	1, 2
Expliquer le principe de la vaccination et la nécessite des rappels, a partir de l'analyse de différents documents, notamment historiques.	2
Expliquer le rejet d'une greffe sur base de l'analyse d'un document.	2

Pour cela, tu devras développer les compétences suivantes (**Transférer**)	Chapitres concernés
Expliquer, en développant quelques aspects du système immunitaire, comment l'organisme se protège suite à une agression du milieu extérieur (par exemple : virus de la grippe, bactérie tétanique,...).	1, 2
A partir d'une recherche documentaire, expliquer en quoi l'abus d'antibiotiques présente des risques aux niveaux individuel, collectif et environnemental (par exemple : la contamination de la chaine alimentaire, la résistance des bactéries, infections nosocomiales,...).	1

À la fin de l'UAA 6, tu pourras :

- expliquer de manière simple certains de nos comportements (réflexes, activité motrice volontaire).
- expliquer l'influence que des substances ou des habitudes de vie peuvent avoir sur le fonctionnement du système nerveux.

Pour cela, tu devras acquérir et structurer les ressources suivantes (**Connaître**)	Chapitres concernés
Décrire l'organisation générale du système nerveux.	3
Réaliser le schéma légendé d'une coupe transversale de la moelle épinière a partir de documents (photographiques de coupes microscopiques).	5
À partir de documents, d'une maquette ou d'une dissection (par exemple : encéphale de veau,...), décrire la structure de l'encéphale.	6
Localiser les principales aires sensorielles et motrices sur le schéma du cortex d'un hémisphère cérébral, a l'aide de documents TEP.	6
Identifier les différentes protections des principaux centres nerveux.	3
À partir de l'observation (par exemple de photos réalisées au microscope optique) de différentes coupes d'un nerf, en réaliser un schéma annoté.	3
Réaliser le schéma d'un neurone et en déduire les caractéristiques particulières à partir de documents (photographies de coupes de tissus nerveux).	3
À l'aide d'un logiciel d'animation et/ou de documents présentant des résultats expérimentaux, expliquer le mécanisme de propagation de l'influx nerveux au travers du neurone et de la synapse.	4
Modéliser le trajet de l'influx nerveux lors de la réalisation d'un acte volontaire, a partir de documents (par exemple : expériences historiques).	5

Pour cela, tu devras exercer et maîtriser les savoir-faire suivants (**Appliquer**)	Chapitres concernés
À partir de documents expérimentaux (historiques, reflexe myotatique,...) ou d'un logiciel de simulation (grenouille virtuelle), décrire et modéliser le trajet de l'arc reflexe médullaire.	5
Sur base de documents, identifier quelques facteurs qui peuvent influencer le fonctionnement du système nerveux (par exemple : manque de sommeil, stress, absence ou surplus d'activité physique, manque de lumière...).	4, 5, 6
À partir de documents, expliquer l'origine de certains troubles (de l'audition, dc la vue,...) ou de certaines paralysies musculaires.	5, 6

Pour cela, tu devras développer les compétences suivantes (**Transférer**)	Chapitres concernés
À partir de l'analyse de documents décrivant la commande volontaire d'un mouvement (par exemple : renvoyer une balle de tennis lors d'un échange, monter un escalier, ...), modéliser l'action du système nerveux (modéliser le trajet de l'influx nerveux et le rôle des centres nerveux impliqués).	6
À partir de documents, expliquer l'impact de certaines substances (par exemple : alcool, drogues, médicaments,...) sur la transmission synaptique.	4
À l'aide de documents (par exemple : conséquence et suivi d'un AVC, entrainement d'un musicien, langage ...) expliquer la notion de plasticité cérébrale au cours d'un apprentissage.	3, 6

À la fin de l'UAA 7, tu pourras :

- décrire les mécanismes principaux qui permettent la transmission de la vie chez l'être humain.
- expliquer les principaux moyens qui permettent de maîtriser la procréation.

Pour cela, tu devras acquérir et structurer les ressources suivantes (**Connaître**)	Chapitres concernés
Comparer l'ovogenèse et la spermatogenèse.	7
Décrire de manière simple le fonctionnement du testicule et sa régulation hormonale.	8
Mettre en parallèle les cycles utérins et ovariens au cours du temps et expliquer le mécanisme de leur régulation hormonale.	9
Décrire le mécanisme de la fécondation, a partir de l'observation de documents.	10
À partir de documents, mettre en évidence les principales étapes du développement embryonnaire, de la nidation et du développement fœtal.	10
Expliquer le rôle du placenta et de l'amnios.	10
Décrire de manière simple les différentes étapes d'une grossesse et son suivi (test de grossesse, échographie, choriocentèse, amniocentèse).	10, 11

Pour cela, tu devras exercer et maîtriser les savoir-faire suivants (**Appliquer**)	Chapitres concernés
À partir de documents, comparer le mécanisme d'action de quelques méthodes contraceptives (pilule, pilule du lendemain, préservatif,...).	11
Sur base d'un calendrier pluri mensuel et des connaissances sur la régulation hormonale, établir les périodes de fécondité d'une femme.	9, 11
À partir des connaissances sur la régulation des hormones sexuelles chez l'homme et la femme, et de documents, schématiser les méthodes de procréation assistée (Fivete, ICSI,...).	11
Sur base de documents, expliquer les facteurs déclenchant la parturition.	10

Pour cela, tu devras développer les compétences suivantes (**Transférer**)	Chapitres concernés
Lors d'un débat éthique ou a partir d'un document sur un sujet lie a l'usage des méthodes de procréation médicalement assistée (exemples de sujet : statut de l'embryon, clonage reproductif, recherche sur les embryons congelés,...), distinguer les considérations scientifiques des autres.	11
À partir de données hormonales, décrire l'état physiologique d'une femme (par exemple : enceinte, sous contraceptifs hormonaux, ménopausée,...).	10

Comment utiliser ce manuel ?

Activités pratiques 5

Les réflexes innés et les réflexes acquis

Les réflexes myotatiques sont des réflexes spinaux basés sur des circuits neuroniques pré-établis. Cela signifie qu'ils existent dès la naissance et qu'ils ne peuvent être modifiés. Mais tous les réflexes ne sont pas identiques.

- Existe-t-il des réflexes innés mais non médullaires ?
- Existe-t-il des réflexes qui ne sont pas innés mais qui dépendent au contraire du vécu de chacun ?

A Les réflexes innés

À la naissance, les mouvements effectués par le bébé sont en grande partie des réflexes archaïques, des automatismes crâniens et spinaux qui seront modulés progressivement au fur et à mesure que le cortex céphalique se développera. Parmi ces réflexes, il faut noter le réflexe de succion, de préhension des mains, la marche automatique... Chez presque tous les mammifères terrestres, le réflexe de marche apparaît dès la naissance. Chez l'humain, il disparaît très rapidement et l'apprentissage de la marche demandera de longs efforts au petit enfant.

Doc. 1 La marche automatique : un réflexe archaïque des mammifères.

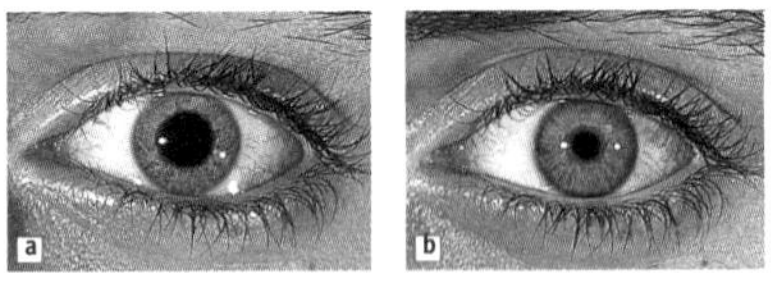

a
b

Le réflexe pupillaire est un réflexe crânien qui permet d'adapter la quantité de lumière qui pénètre dans l'œil. Le centre d'intégration de ce réflexe est le tronc cérébral via des neurones du système nerveux autonome.

Doc. 2 Le réflexe pupillaire est crânien et autonome : a – dans la pénombre ; b – en pleine lumière.

La majorité des réflexes spinaux et cérébraux ont pour origine des récepteurs sensitifs internes.
Ainsi en est-il de la régulation de la fréquence cardiaque, notamment pendant et après un effort physique. Ce réflexe spinal a pour origine des chémorécepteurs qui évaluent la concentration d'O_2 et de CO_2 dans le sang. Les contractions des muscles cardiaques sont ajustées grâce à des neurones sympathiques et parasympathiques.

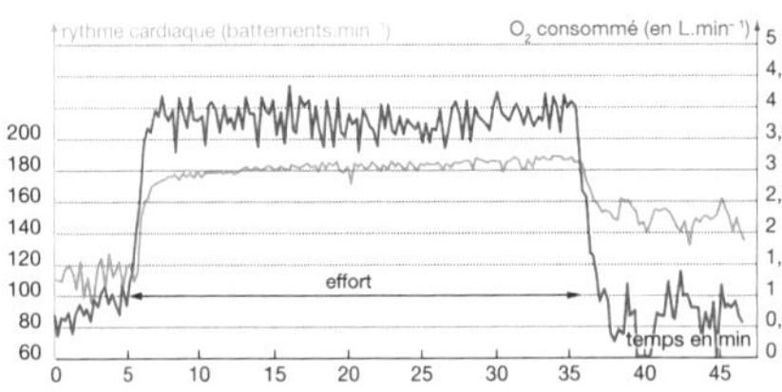

rythme cardiaque (battements.min⁻¹)
O₂ consommé (en L.min⁻¹)
200
180
160
140
120
100
80
60
5
4,5
4
3,5
3
2,5
2
1,5
1
0,5
0
effort
temps en min
0 5 10 15 20 25 30 35 40 45

Doc. 3 La régulation de la fréquence cardiaque est un réflexe viscéral.

Les chapitres sont subdivisés en « Activités pratiques » permettant à l'élève d'acquérir et structurer les notions requises par les référentiels, de s'approprier un langage scientifique de base et de développer ses compétences. Ces Activités se déploient sur deux pages en vis-à-vis afin d'en faciliter la vision globale.

Ces doubles pages débutent par un texte de mise en situation et par un questionnement précis concernant la ou les notion(s) à aborder.

Des documents pertinents et richement illustrés (photographies, schémas, graphiques, protocoles d'expériences, ...) permettent à l'élève d'accéder à diverses ressources et le guident dans son parcours. Ils laissent une large part à un apprentissage actif avec le soutien du professeur. Leur analyse en classe ou en autonomie sert de support à la réflexion puis à la mémorisation.

À la fin de chaque double page, des pistes d'exploitation font référence aux différents documents. Ces pistes permettent un questionnement permanent de l'élève sur les notions abordées afin de le guider et de stimuler son apprentissage actif des notions et d'exercer ses compétences.

Pistes d'exploitation

1 **Doc. 1** : Expliquez en quoi ce document montre que l'activité des muscles antagonistes est coordonnée.

2 **Doc. 2** : Résumez les variations d'activité des motoneurones correspondant à chacun des muscles antagonistes au cours de cette expérience.

3 **Bilan** : Caractérisez les messages nerveux qui parcourent les différents neurones représentés sur le document 3 suite à une stimulation.

Lexique

- **Innervation réciproque** : circuit nerveux dont le fonctionnement entraîne une inhibition d'un des deux muscles antagonistes lorsque l'autre se contracte.
- **Interneurone (ou neurone d'association)** : neurone de petite taille localisé dans un centre nerveux et situé entre deux autres neurones.

La terminologie scientifique est réduite au stricte nécessaire. Néanmoins, les mots biologiques nouveaux ou d'usages peu usuels pour les élèves sont signalés dans les documents par un astérisque* et renvoient à un lexique situé sur la même double page. Celui-ci en donne une définition simple mais suffisante.

Synthèse

Fonctions et organisation du système nerveux

Le système nerveux est le centre de régulation et de communication de l'organisme. Nos perceptions, nos pensées, nos émotions ou nos actions attestent son activité. Celui de l'être humain est constitué de centres nerveux (encéphale et moelle épinière) et de nerfs reliant ces centres à la périphérie. Son fonctionnement repose sur une transmission d'informations dans un réseau complexe de neurones.

1 Les fonctions du système nerveux

• La **fonction sensorielle** ou sensitive consiste en la détection de toute modification de l'environnement interne ou externe de l'organisme.

- Le **système nerveux périphérique** est la partie du SN située en dehors du SNC. Il est formé principalement des récepteurs et des nerfs.

Les **nerfs** sont constitués des prolongements de neurones (cellules nerveuses) entourés ou non de diverses gaines. Ils ne contiennent jamais les corps cellulaires de ces neurones. Les nerfs transmettent l'information sensitive depuis les récepteurs jusqu'à la moelle épinière et l'encéphale, tandis que les ordres moteurs sont acheminés par leur intermédiaire depuis le SNC jusqu'aux effecteurs musculaires et glandulaires. La majorité des nerfs corporels (31 paires) s'abouchent à la moelle épinière. Ils portent

À la fin de chaque chapitre, un texte de synthèse clair et structuré reprend les principales notions vues précédemment. Il sert de support à la mémorisation et doit être mis en parallèle avec les notions vues lors des Activités pratiques.

L'essentiel

• Le système nerveux assure trois fonctions : sensorielle, intégrative et motrice.

• Anatomiquement, le système nerveux peut être subdivisé en système nerveux central (SCN) comprenant la moelle et l'encéphale et en système nerveux périphérique (SNP) comprenant essentiellement les nerfs et les récepteurs sensoriels.

• Fonctionnellement, on distingue une voie sensorielle divisée en voie somato-sensorielle et voie viscéro-sensorielle, ainsi qu'une voie motrice. Cette dernière est divisée en une voie motrice somatique qui a pour effecteur les muscles squelettiques et en une voie motrice autonome qui a pour effecteur les muscles lisses,

La synthèse se termine par un « Essentiel » qui reprend en quelques mots clefs les notions principales du chapitre.

Schéma-bilan

La réponse consciente de l'organisme

■ FONCTIONS MAJEURES DES PRINCIPALES RÉGIONS DE L'ENCÉPHALE

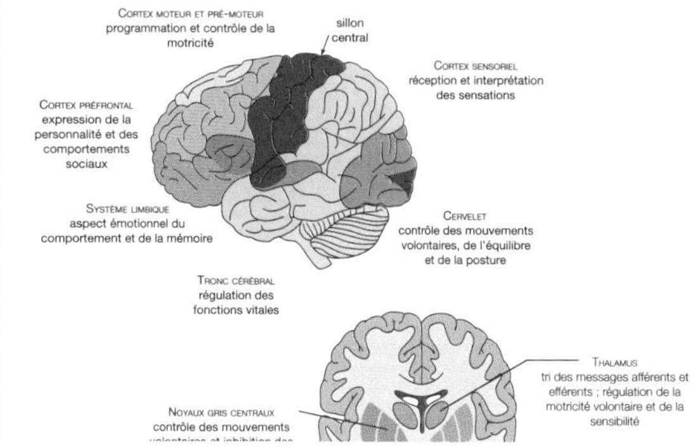

Cortex moteur et pré-moteur
programmation et contrôle de la motricité
sillon central
Cortex sensoriel
réception et interprétation des sensations
Cortex préfrontal
expression de la personnalité et des comportements sociaux
Système limbique
aspect émotionnel du comportement et de la mémoire
Cervelet
contrôle des mouvements volontaires, de l'équilibre et de la posture
Tronc cérébral
régulation des fonctions vitales
Thalamus
tri des messages afférents et efférents ; régulation de la motricité volontaire et de la sensibilité
Noyaux gris centraux
contrôle des mouvements

Un grand Schéma-bilan complète la synthèse et sert du support visuel à la mémorisation des notions principales du chapitre.

Je connais

A. Définissez les mots ou expressions :

capacitation, pronucléus, segmentation, blastocyste, embryon, fœtus, annexes embryonnaires, cavité amniotique, mésoderme, placenta, HCG, délivrance.

B. Quelle différence y a-t-il entre...

a. ...la vie embryonnaire et la vie fœtale ?
b. ...le chorion et le placenta ?
c. ...l'accouchement et l'expulsion du bébé ?

C. Exprimez des idées importantes...

...en rédigeant une ou deux phrases utilisant chaque groupe de mots ou expressions :
a. spermatozoïde, ovocyte II, acrosome, zone pellucide.
b. morula, segmentation, amas sphérique de cellules.
c. embryon, blastula, muqueuse utérine, nidation.
d. alcool, drogues, virus, barrière placentaire.
e. HCG, corps jaune, trophoblaste.
f. ectoderme, endoderme, mésoderme, gastrulation, feuillets embryonnaires.

D. Vrai ou faux ?

Parmi les affirmations suivantes, recopiez celles qui sont exactes et corrigez celles qui sont erronées.
a. La fécondation correspond à l'entrée du spermatozoïde dans l'ovule.
b. La nidation, qui intervient une semaine après la fécondation, est suivie des premières divisions de l'œuf.
c. Les échanges entre l'organisme maternel et celui du fœtus se réalisent grâce à un mélange des sangs dans la chambre placentaire.
d. Le placenta est un organe endocrine complexe qui produit des hormones indispensables au maintien de la grossesse et à l'accouchement.

J'applique et je transfère

1 Les stratégies reproductives

Dans la nature, les gamètes sont généralement libérés, non pas dans les organes génitaux de la femelle, mais dans le milieu ambiant, en général le milieu aquatique. C'est donc dans ce milieu que la fécondation a lieu et que l'embryon se développe. La photographie ci-dessous montre un oursin femelle rejetant ses ovules dans la mer. Le tableau donne par ailleurs différentes caractéristiques des ovules émis par diverses espèces animales.

Ovules	Nombre émis	Taille	Vitellus	Lieu de ponte
Cabillaud	500 000 par ponte	1,5 mm	Abondant	Mer
Grenouille	1 500-4 000 par ponte	1,8 mm	Abondant	Eau douce
Poule	1 par jour	3 cm	Très abondant	Voies génitales ♀
Femme	1 par mois	140 µm	Presque absent	Voies génitales ♀

• **Après analyse des informations, déterminez les stratégies reproductives mises en place au cours de l'évolution afin de favoriser le rapprochement des gamètes et la survie des espèces animales.**

Tous les chapitres se terminent par des exercices variés regroupés selon les trois axes des développements attendus des référentiels : Connaître, Appliquer et Transférer.

Pour en savoir plus...

Pour mieux comprendre...

Pour retrouver les acquis

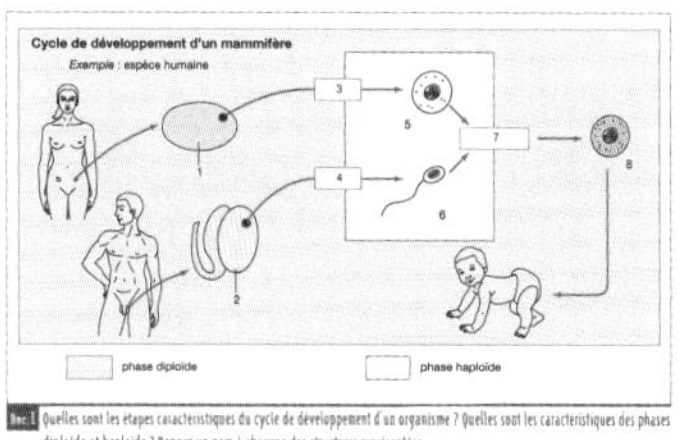

Cycle de développement d'un mammifère
Exemple : espèce humaine
phase diploïde
phase haploïde

Doc. 1 Quelles sont les étapes caractéristiques du cycle de développement d'un organisme ? Quelles sont les caractéristiques des phases diploïde et haploïde ? Donnez un nom à chacune des structures représentées.

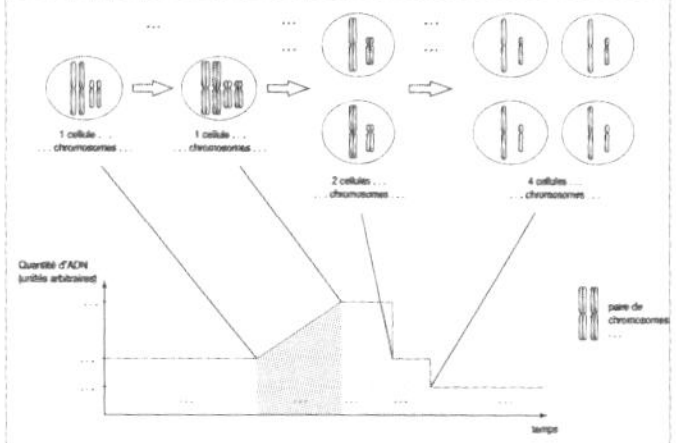

Quantité d'ADN
temps

Doc. 2 Expliquez le principe de la méiose et des variations de la quantité d'ADN. Annotez le schéma en remplaçant les

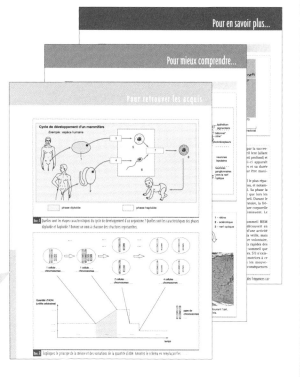

Certains chapitres débutent par une double page « Pour retrouver les acquis » permettant à l'élève de réactiver des notions vues dans les années antérieures.

D'autres chapitres présentent des pages « Pour mieux comprendre » et « Pour en savoir plus » qui répondent à la curiosité des élèves.

chapitre 1

Les défenses innées de l'organisme

Des gestes d'hygiène simples peuvent nous éviter d'être envahis par toutes sortes de microbes et réduire les risques d'infection. Néanmoins, la première ligne de défense contre les microbes consiste en un système inné, non spécifique, qui s'oppose de manière générale aux éléments étrangers, quelles qu'en soient les caractéristiques. Des barrières naturelles empêchent leur pénétration, tandis que divers mécanismes enrayent leur prolifération.

Photographie : l'épidémie de grippe de 1918-1919 a tué 22 millions de personnes dans le monde en 18 mois.

Le cœur et la circulation sanguine

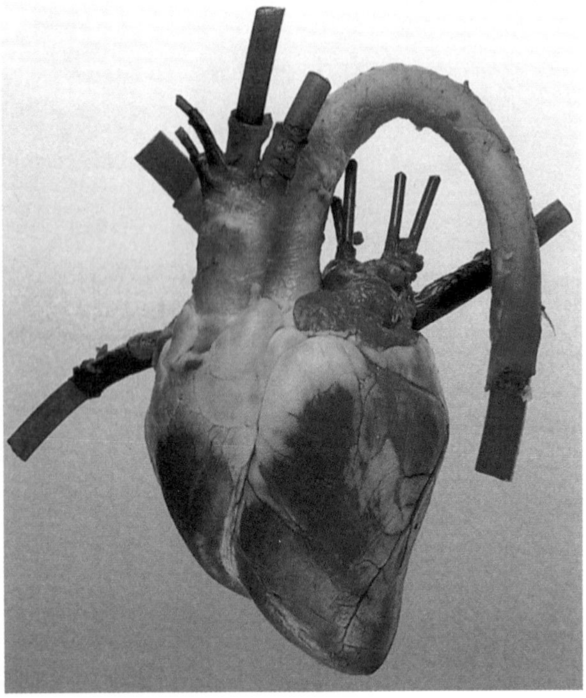

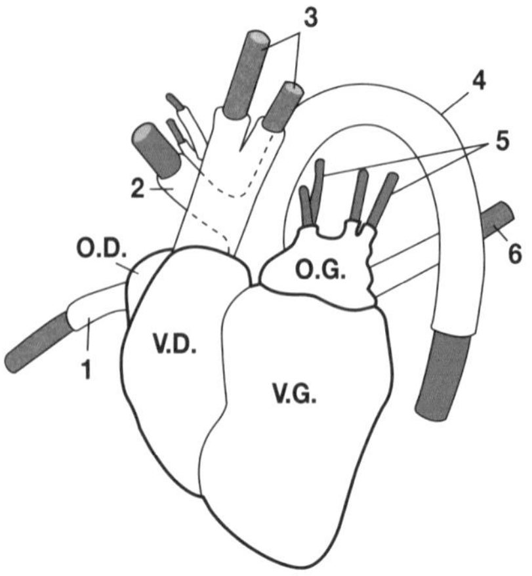
3
4
5
2
O.D.
O.G.
6
V.D.
1
V.G.

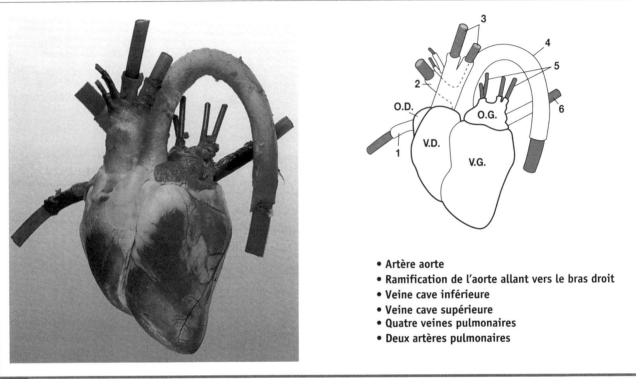

- **Artère aorte**
- **Ramification de l'aorte allant vers le bras droit**
- **Veine cave inférieure**
- **Veine cave supérieure**
- **Quatre veines pulmonaires**
- **Deux artères pulmonaires**

Doc. 1 Que signifient les abréviations O.D., V.D., O.G. et V.G. ? En vous aidant du schéma de la circulation sanguine (document 2), faites correspondre les chiffres figurant sur le dessin du cœur et les noms des vaisseaux écrits sous le dessin dans un ordre quelconque. Pourquoi a-t-on placé des tubes rouges dans certains vaisseaux et des bleus dans d'autres ?

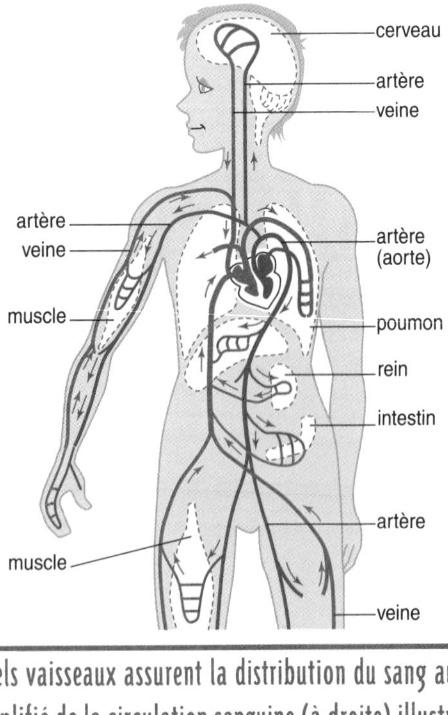
cerveau
artère
veine
artère
veine
artère
(aorte)
muscle
poumon
rein
intestin
artère
muscle
veine

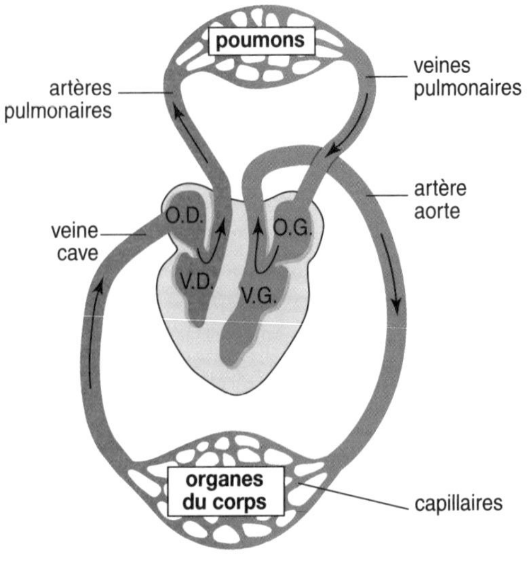
poumons
artères
pulmonaires
veines
pulmonaires
artère
aorte
veine
cave
O.D.
O.G.
V.D.
V.G.
organes
du corps
capillaires

Doc. 2 Quels vaisseaux assurent la distribution du sang aux organes ? Quels vaisseaux assurent le retour du sang au cœur ? Le schéma simplifié de la circulation sanguine (à droite) illustre ce que l'on appelle « la double circulation » : expliquez de quoi il s'agit.

Le sang et la lymphe

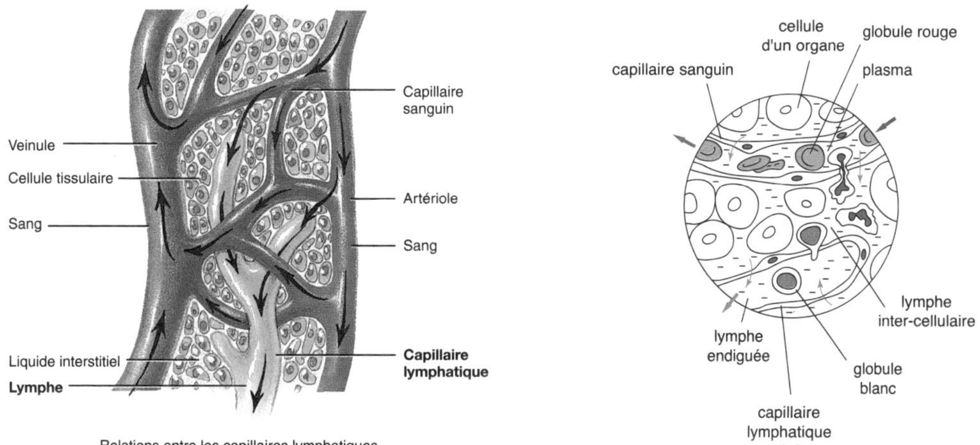
Capillaire sanguin
Veinule
Cellule tissulaire
Artériole
Sang
Sang
Liquide interstitiel
Capillaire lymphatique
Lymphe
cellule d'un organe
globule rouge
capillaire sanguin
plasma
lymphe inter-cellulaire
lymphe endiguée
globule blanc
capillaire lymphatique en cul-de-sac

Relations entre les capillaires lymphatiques, les cellules tissulaires et les capillaires sanguins

Doc. 3 La lymphe ressemble-t-elle plus au plasma sanguin ou au liquide interstitiel ?

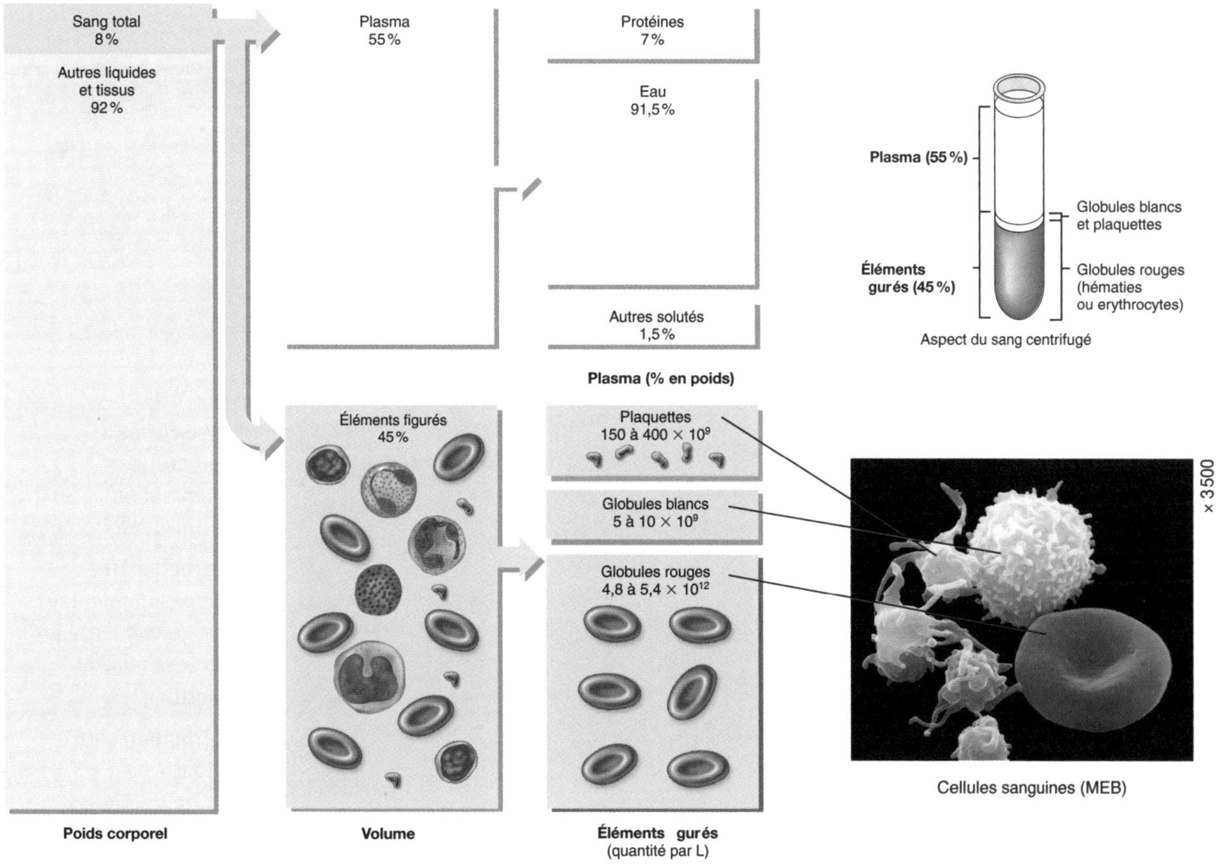
Sang total 8 %
Autres liquides et tissus 92 %
Poids corporel
Plasma 55 %
Éléments figurés 45 %
Volume
Protéines 7 %
Eau 91,5 %
Autres solutés 1,5 %
Plasma (% en poids)
Plaquettes 150 à 400 × 10^9
Globules blancs 5 à 10 × 10^9
Globules rouges 4,8 à 5,4 × 10^12
Éléments gurés (quantité par L)
Plasma (55 %)
Globules blancs et plaquettes
Éléments gurés (45 %)
Globules rouges (hématies ou erythrocytes)
Aspect du sang centrifugé
× 3500
Cellules sanguines (MEB)

Doc. 4 Quel est le volume approximatif du sang dans le corps humain ?

Activités pratiques 1

Les agresseurs de l'organisme

Pris dans le sens large, le mot «microbe» était anciennement synonyme de micro-organisme, c'est-à-dire d'être vivant invisible à l'œil nu. Il désigne actuellement les micro-organismes pathogènes (qui provoquent des maladies). Observé au microscope, le monde des microbes se révèle d'une diversité prodigieuse.

- Quels sont les micro-organismes responsables des infections humaines?

A Les bactéries et les virus

Les bactéries

a

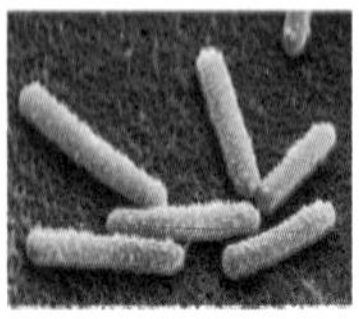

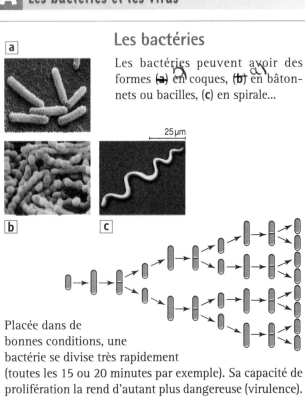

Les bactéries peuvent avoir des formes (a) en coques, (b) en bâtonnets ou bacilles, (c) en spirale...

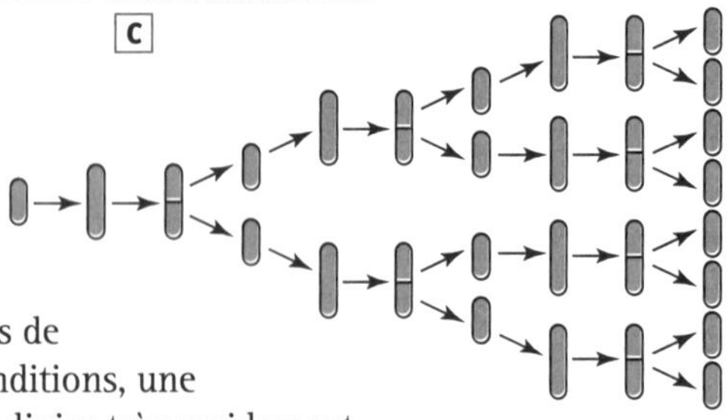

b

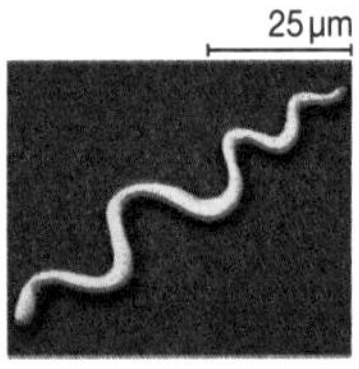

25 µm

c

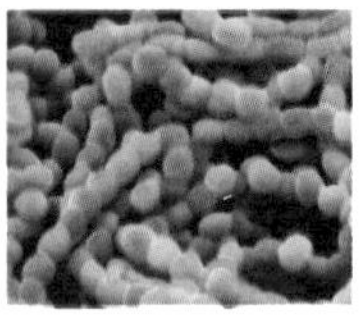

Placée dans de bonnes conditions, une bactérie se divise très rapidement (toutes les 15 ou 20 minutes par exemple). Sa capacité de prolifération la rend d'autant plus dangereuse (virulence).

Maladie	Agent pathogène	Symptômes
Tuberculose	Bacille de Koch	Toux sèche, fièvre prolongée, développement de nodules puis de cavités dans les poumons.
Tétanos	Bacille de Nicolaïer	Contractures douloureuses des muscles de la face puis de tout le corps.
Lèpre	Bacille de Hansen	Pustules, nécrose (dégénérescence) de la peau et des nerfs périphériques.

Les virus

Les virus sont des structures simples constituées d'une molécule d'acide nucléique, ADN ou ARN (rétrovirus), entourée d'une enveloppe protéique ou capside.

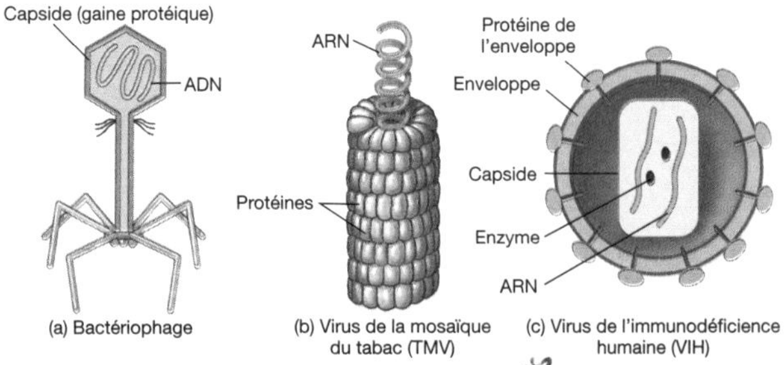

Capside (gaine protéique)
ADN
ARN
Protéines
Protéine de l'enveloppe
Enveloppe
Capside
Enzyme
ARN
(a) Bactériophage
(b) Virus de la mosaïque du tabac (TMV)
(c) Virus de l'immunodéficience humaine (VIH)

Les virus sont des parasites intracellulaires obligatoires. Ils ne peuvent se multiplier qu'en infestant une cellule, comme ici un globule blanc attaqué par le virus du SIDA.

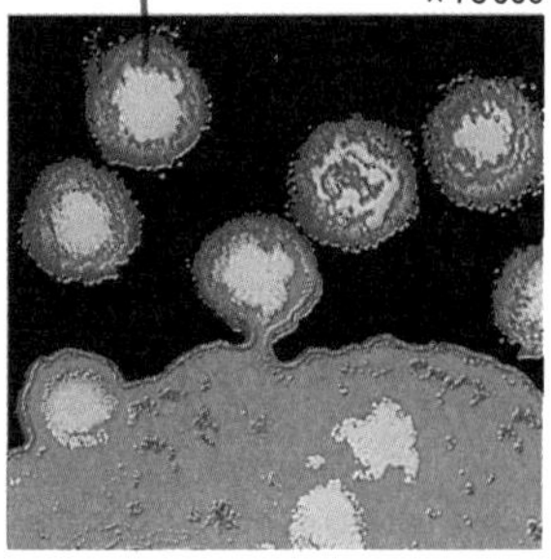

× 75000

Maladie	Agent pathogène	Symptômes
Grippe	Plusieurs virus	Fièvre élevée, courbatures et inflammation des voies respiratoires.
SIDA	VIH	Destruction des défenses immunitaires; mort suite à l'attaque d'autres maladies opportunistes.
Hépatite B	Hepadnavirus HBV	Destruction lente du foie.
Varicelle	Virus de la varicelle	Éruptions cutanées irritantes.

Doc.1 Les virus et les bactéries sont des microbes n'ayant pas les mêmes effets pathogènes.

B Les protistes, champignons, acariens et autres...

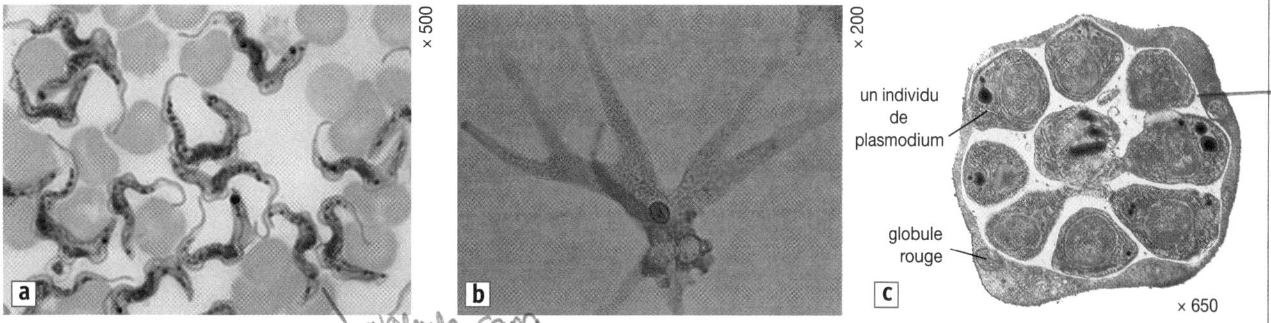

a
× 500
b
× 200
un individu de plasmodium
globule rouge
c
× 650

Doc. 2 Les protistes sont responsables d'un grand nombre de maladies : **a** – le Trypanosome, parasite du sang, produit la maladie du sommeil ; **b** – les amibes provoquent des maladies du tube digestif ou du système nerveux ; **c** – le plasmodium qui parasite les globules rouges est responsable de la malaria.

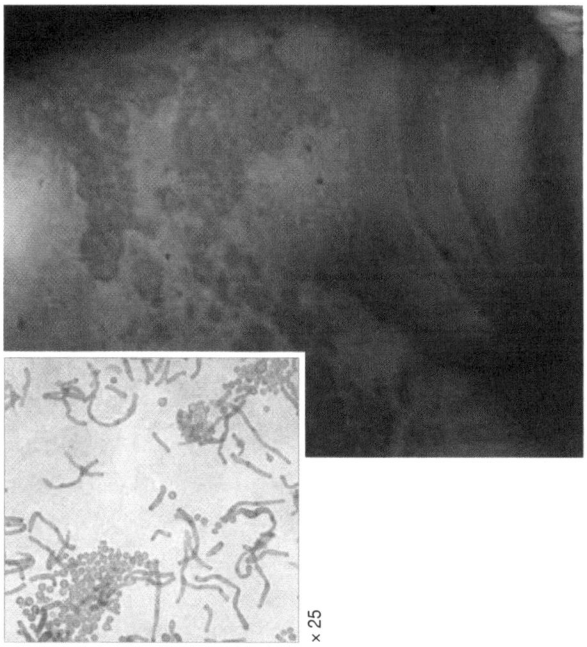

× 25

Doc. 3 Les mycoses sont des maladies de la peau ou des muqueuses* dues à des champignons microscopiques dont les levures.

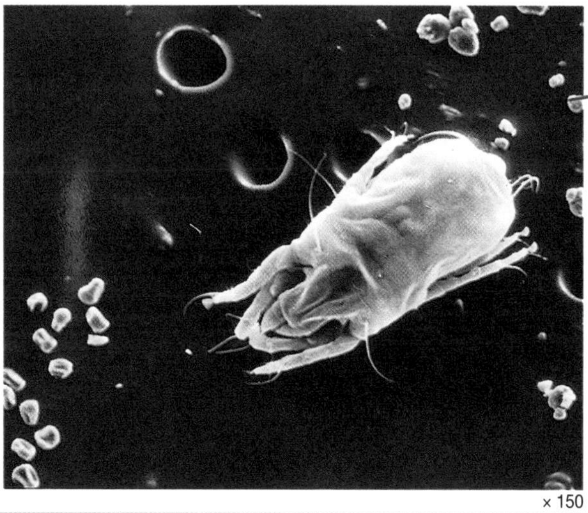

× 150

Doc. 4 Les déjections (en haut à droite) d'acarien* (au centre) et les grains de pollen (en bas à gauche) sont responsables de la plupart des allergies aux « poussières de maison ».

Lexique

- Acarien : invertébré arthropode de l'ordre des Arachnides, ordre contenant également les araignées et scorpions.
- Muqueuse : tissu tapissant les parois d'un organe creux comme la bouche, l'estomac, le vagin...

Pistes d'exploitation

1 **Doc. 1 :** Qu'est-ce qu'une infection ? En quoi une infection bactérienne est-elle différente d'une infection virale ? Les combat-on de la même manière ?

2 **Doc. 1 à 4 :** Les micro-organismes sont-ils toujours pathogènes ou dangereux pour l'homme ? Justifiez votre réponse en cherchant des exemples.

3 **Doc. 1 à 4 :** En vous appuyant sur ces documents ou en réalisant une recherche personnelle, comparez la taille d'une cellule animale à celle des différents micro-organismes évoqués.

Activités pratiques 2

Limiter les risques de contamination et d'infection

Chacun sait que « mieux vaut prévenir que guérir », c'est-à-dire éviter, dans la mesure du possible, la pénétration des microbes dans l'organisme et dans les liquides circulants où ils se multiplient.

- Comment lutter contre la pénétration des microbes ?
- Quelles précautions prendre pour éviter leur prolifération, notamment à la surface d'une plaie ?

A Des gestes simples qui diminuent les risques

• De nombreux microbes se transmettent par l'eau de boisson et les aliments. En Belgique, le risque de contamination par l'eau de distribution est faible car celle-ci subit des contrôles quotidiens et l'eau du robinet est potable, c'est-à-dire dépourvue de microbes pathogènes.

En revanche, plusieurs centaines d'**intoxications alimentaires** sont déclarées chaque année dans notre pays et certaines peuvent être mortelles. Elles se traduisent souvent par une gastro-entérite (fièvre, coliques, diarrhée, vomissements,...) et sont dues à des bactéries qui se sont introduites dans les aliments et y prolifèrent :

- soit par manque d'hygiène dans la préparation de l'aliment,
- soit en raison de mauvaises conditions de conservation.

Les intoxications les plus fréquentes sont dues :

- à des **staphylocoques** (dans la viande, les poissons, les crèmes ou pâtisseries),
- à des **salmonelles** (dans les œufs, la volaille, les coquillages...).

Remarque : les gastro-entérites qui surviennent en hiver sont souvent dues à un virus (« grippe intestinale ») et n'ont rien à voir avec des aliments contaminés.

• On n'attrape pas la grippe parce qu'on a pris froid mais parce qu'on a été en contact avec une personne déjà contaminée, même si elle ne présente pas encore les symptômes de la grippe. Le virus, très contagieux, pénètre dans l'organisme par les voies respiratoires. En effet, lorsque le malade parle, tousse, éternue ou se mouche, il projette dans l'atmosphère de fines gouttelettes porteuses de virus qui peuvent être inhalées par l'entourage. Éviter d'entrer en contact avec ces gouttelettes empêche bien des risques de contamination...

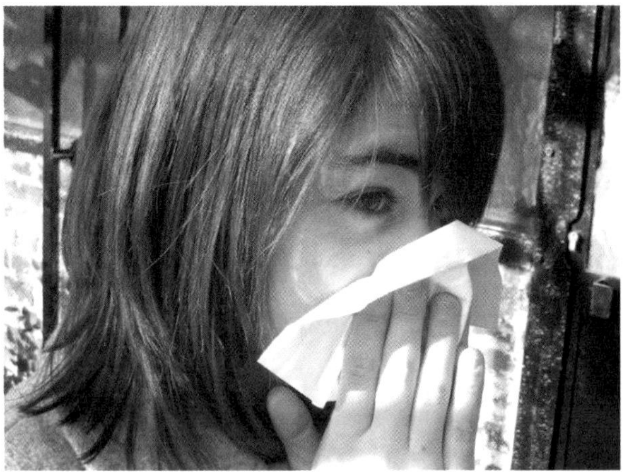

Des gestes simples, comme se laver les mains (avant toute manipulation de denrées alimentaires, après avoir touché des aliments crus et après l'usage des toilettes) ou se brosser les dents, évitent l'entrée de nombreux germes dans le tube digestif et l'organisme.

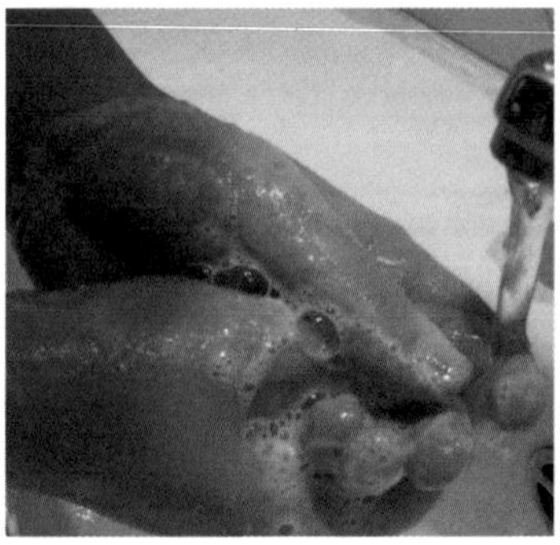

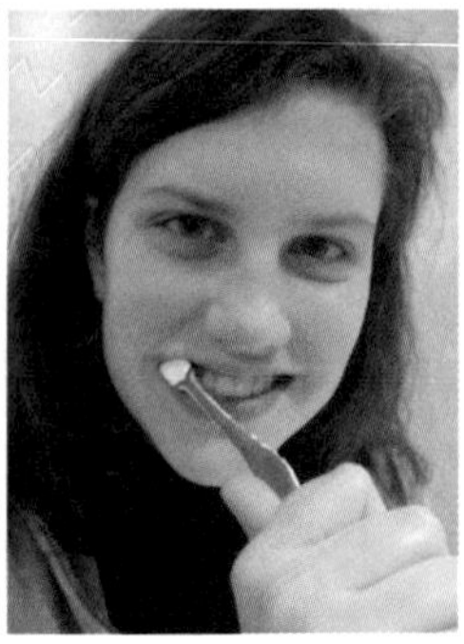

Doc. 1 Des règles élémentaires d'hygiène permettent d'éviter de nombreuses sources de contamination.

B D'autres précautions pour éviter l'infection

En milieu hospitalier, tout comme dans l'industrie (alimentaire, pharmaceutique...), des conditions très strictes d'**asepsie*** sont observées. Pour travailler dans un environnement dépourvu de microbes, les vêtements, masques, gants, instruments,... sont stérilisés ; l'air est décontaminé et peut se trouver sous pression afin d'éviter une entrée d'air non stérile en provenance de l'extérieur ; etc.

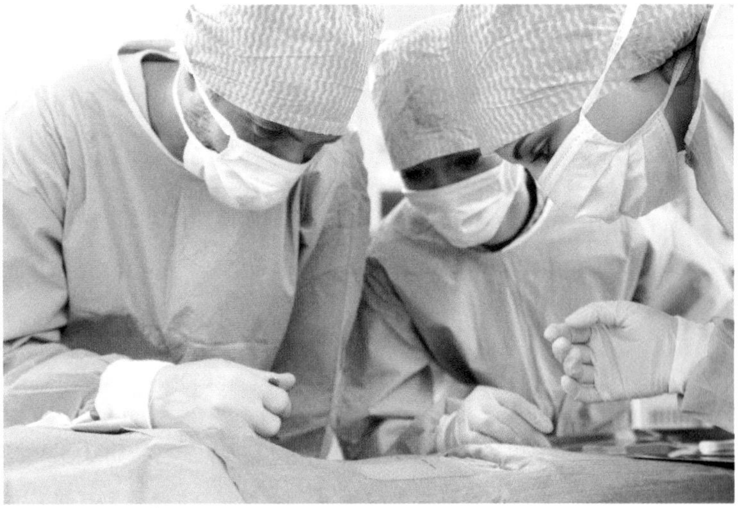

Doc. 2 Des conditions d'asepsie rigoureuses en milieu hospitalier.

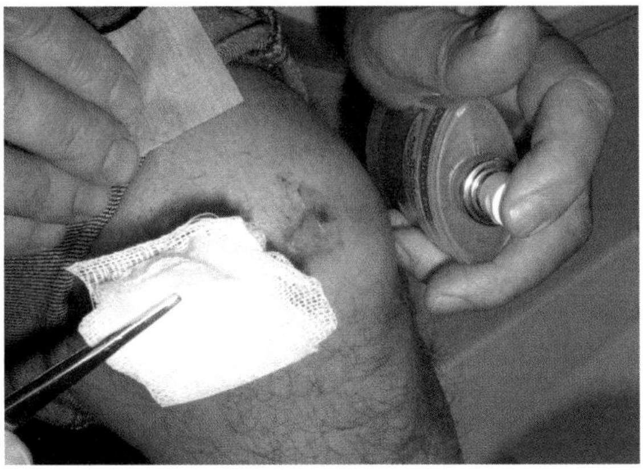

Dans la vie courante, il est important de désinfecter une plaie (eau oxygénée, alcool à 70°, solutions commerciales appropriées...) afin de détruire les microbes qui la souillent, puis de l'isoler pour éviter une pénétration ultérieure dans l'organisme.

Doc. 3 Une mesure d'**antisepsie*** courante.

Aussi variés soient-ils, les préservatifs masculins ou féminins sont les seuls moyens pour éviter d'être contaminés par une infection sexuellement transmissible (IST) (voir pages 266 et 267).

Doc. 4 Se protéger lors de chaque rapport sexuel pour éviter la contamination par une IST.

Lexique

- **Asepsie** (a- privatif ; du grec *sêpsis* = putréfaction) : absence de germes pathogènes, souvent utilisé comme synonyme de stérilité. Les mesures d'asepsie sont la stérilisation, le port de gants, de masques, l'utilisation d'alcool...
- **Antisepsie** : prévention de la contamination par des agents pathogènes.

Pistes d'exploitation

1 **Doc. 1** : Quelles sont les règles d'hygiène élémentaires à respecter lors de l'utilisation d'un réfrigérateur ?

2 **Doc. 1** : Quels gestes simples de la vie quotidienne permettent de limiter les risques d'infection et la propagation des épidémies ?

3 **Doc. 2 à 4** : Comment éviter la contamination de l'organisme au quotidien et en milieu professionnel (hospitalier ou industriel) ?

Activités pratiques 3

Défendre l'organisme contre les pathogènes

Les microbes sont partout dans notre environnement. Notre organisme est toutefois protégé efficacement par des barrières naturelles qui s'opposent à leur entrée. Lorsque celle-ci se produit néanmoins, des médicaments sont à notre disposition afin d'aider nos mécanismes innés à se mettent en place pour éliminer ces agresseurs.

- Quelles sont les barrières naturelles qui protègent l'organisme ?
- Quels médicaments utiliser en fonction des différentes agressions ?

A Les barrières naturelles de l'organisme

1. La **peau** (ainsi que son épiderme constitué de nombreuses couches de cellules remplies de kératine) est un obstacle naturel à de très nombreux microbes. Son renouvellement permanent permet d'éliminer les micro-organismes présents à sa surface.

2. Les **muqueuses** des voies digestives, respiratoires ou génitales sécrètent un liquide visqueux, le **mucus**, qui emprisonne de nombreux microbes, mais aussi des allergènes* comme les pollens ou les grains de poussière.

3. Les **cils** tapissant les cavités respiratoires propulsent vers la gorge, grâce à leurs mouvements ondulatoires, les particules et micro-organismes qui ont été aspirés et se trouvent englués dans le mucus.

4. Les **larmes** évacuent les substances irritantes pénétrant dans l'œil.

5. Les larmes, la salive et le mucus contiennent une enzyme (le **lysozyme**) qui détruit certaines bactéries.

6. La **sueur**, très acide, s'oppose à la prolifération des champignons ou d'autres microbes.

7. Le **suc gastrique très acide**, détruit de très nombreuses bactéries.

8. Chez l'homme, la spermine du **sperme**, et, chez la femme, les **sécrétions vaginales** ont des propriétés antibiotiques.

9. L'**urine** très acide nettoie l'urètre et évite la colonisation du système rénal par les micro-organismes.

10. Les **bactéries** symbiotiques* du tube digestif empêchent la prolifération d'autres bactéries indésirables.

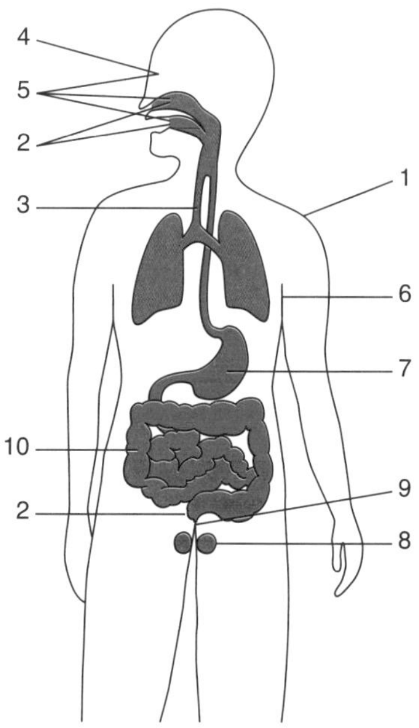
4
5
2
3
1
6
7
10
9
2
8

Doc. 1 Les barrières naturelles de l'organisme l'isolent du milieu extérieur (environnement mais aussi lumière* du tube digestif, des voies respiratoires et génitales).

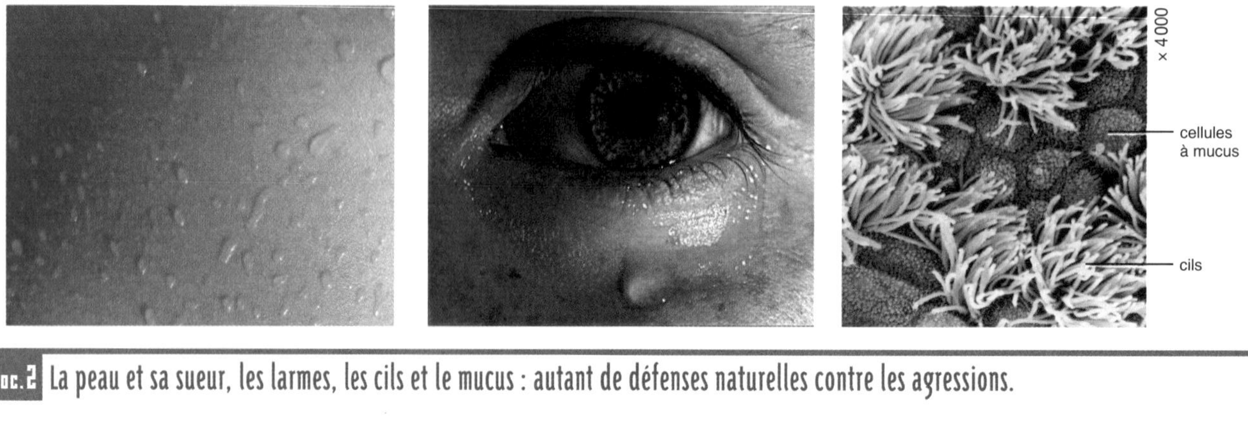
× 4000
cellules à mucus
cils

Doc. 2 La peau et sa sueur, les larmes, les cils et le mucus : autant de défenses naturelles contre les agressions.

B Des médicaments adaptés à chaque type d'infection

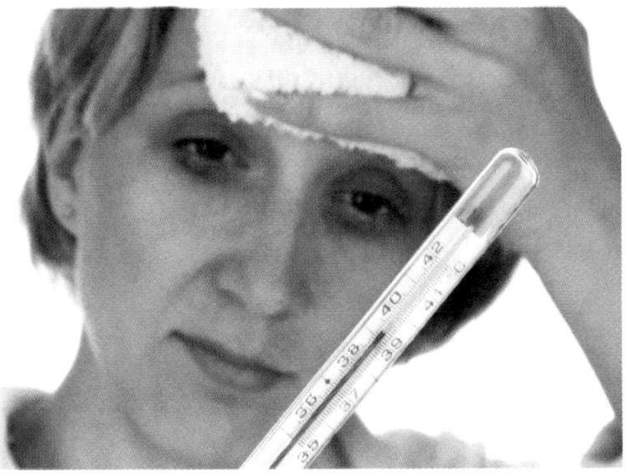

Symptôme	Type de médicament
Fièvre	Antipyrétiques
Douleur	Antalgiques/Analgésiques
Inflammation	Anti-inflammatoires
Infection bactérienne	Antibiotiques
Infection virale	Antiviraux et antirétroviraux
Allergie	Antihistaminiques
Toux	Antitussifs
etc	etc

Doc. 3 À chaque maladie, son médicament spécifique.

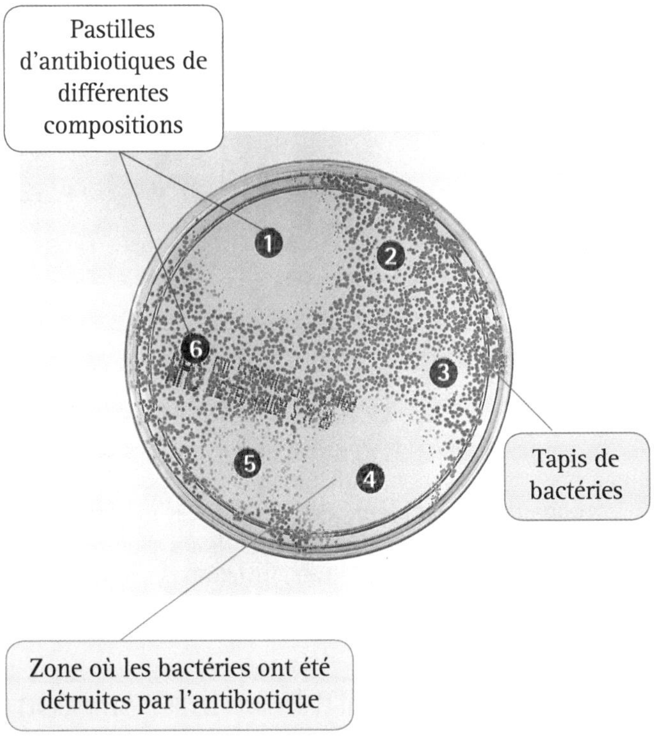
Pastilles d'antibiotiques de différentes compositions
1
2
3
4
5
6
Tapis de bactéries
Zone où les bactéries ont été détruites par l'antibiotique

Du bon usage des antibiotiques

Un antibiotique est une substance produite par des champignons, des bactéries ou synthétisées en laboratoire et qui a pour propriété d'empêcher la prolifération des bactéries, voire de détruire celles-ci.

Les antibiotiques n'ont aucune action sur les virus.

À force d'utiliser des antibiotiques quand ils ne sont pas nécessaires (grippes, angines virales, rhino-pharyngites...), des souches de bactéries résistantes à ceux-ci se créent et prolifèrent. Les souches résistantes posent actuellement de graves problèmes de santé publique, surtout en milieu hospitalier.

Un antibiogramme permet de tester l'action d'antibiotiques variés sur une culture de bactéries prélevées chez un malade.

Doc. 4 Les antibiotiques, ce n'est pas automatique.

Lexique

- Allergène : substance ou particule générant une allergie (voir page 50).
- Lumière : espace central d'un canal ou d'une structure tubulaire.
- Symbiose : association de deux espèces souvent indispensable à leur survie.

Pistes d'exploitation

1 **Doc. 1** : Citez des cas où les microbes parviennent à franchir les différentes barrières naturelles de l'organisme.

2 **Doc. 3** : Associez par des exemples concrets chaque type de maladie à son médicament.

3 **Doc. 4** : Justifiez quel sera l'antibiotique le plus efficace pour ce malade.

Activités pratiques 4

L'inflammation : une réaction immunitaire non spécifique

Lorsqu'un microbe pénètre à l'intérieur de l'organisme, une réaction immunitaire très efficace mais non spécifique se met en place : la réaction inflammatoire. Celle-ci met en œuvre certains globules blancs qui interviendront également dans la réaction immunitaire spécifique.

- En quoi consiste la réaction inflammatoire ?
- Comment les micro-organismes sont-ils éliminés par les **phagocytes***?

A Les étapes de la réaction inflammatoire

Au niveau d'une plaie, les bactéries trouvent des conditions favorables à leur multiplication.

En réponse à la présence des microbes, une **réaction inflammatoire locale** se déclenche. Attirés par les substances chimiques libérées dans la zone blessée, de nombreux macrophages (**globules blancs** ou **leucocytes***) passent à travers la paroi distendue des capillaires sanguins et viennent se rassembler au contact des microbes. Ils y entament une réaction de défense non spécifique de type **phagocytose** (voir Doc. 4) ou une réaction immunitaire spécifique (voir chapitre suivant).

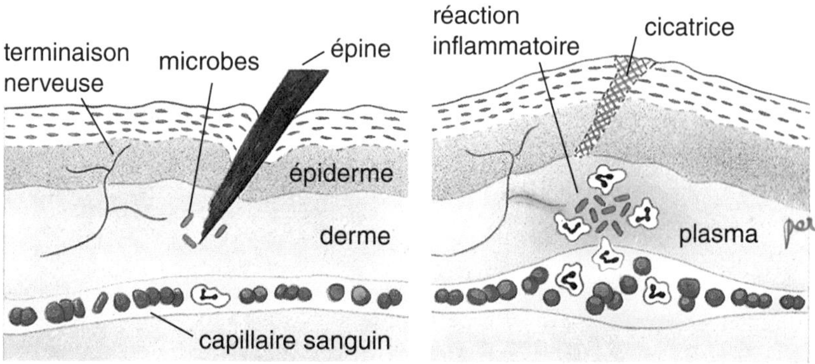

terminaison nerveuse
microbes
épine
épiderme
derme
capillaire sanguin
réaction inflammatoire
cicatrice
plasma

Doc. 1 Le scénario d'une réaction inflammatoire se met en place en quelques heures.

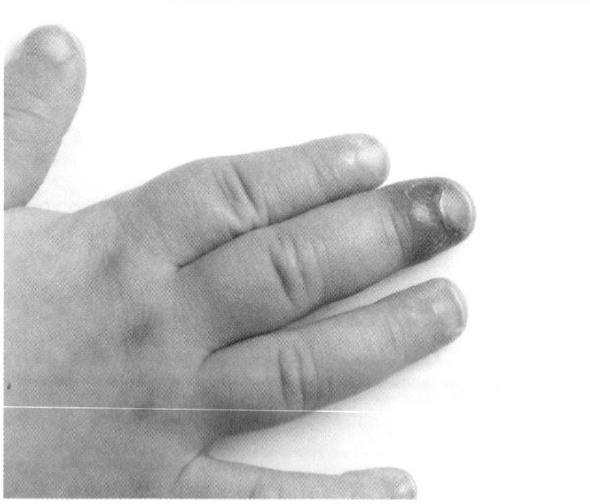

Les cellules blessées lors de l'agression libèrent des substances chimiques qui provoquent une dilatation des capillaires sanguins, d'où la **rougeur** et la **chaleur**. Ces capillaires dilatés laissent échapper du plasma qui s'infiltre dans les tissus, d'où le **gonflement** de la région enflammée. Enfin, l'irritation des terminaisons nerveuses et leur compression sont à l'origine des **sensations douloureuses**.

Doc. 2 Rougeur, chaleur, gonflement et douleur : les quatre symptômes de l'inflammation.

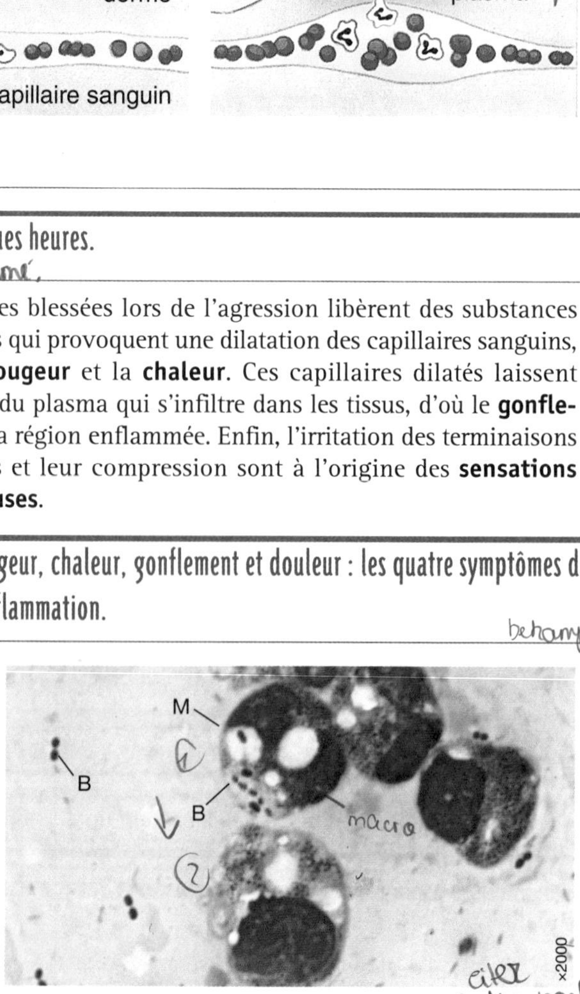

M
B
B
×2000

Parfois, les macrophages (M) sont « dépassés » par l'infection et une zone de **pus** apparaît. Celui-ci contient des bactéries (B) ou autres microbes ainsi que des globules blancs plus ou moins altérés, ce qui lui donne sa couleur jaune clair ou blanchâtre caractéristique.

Doc. 3 Le pus, un amas de cellules plus ou moins altérées et de microbes plus ou moins détruits.

B La phagocytose

×4000

Arrivés dans la zone infectée, certains leucocytes (essentiellement des macrophages et des granulocytes) attaquent systématiquement les microbes présents et les ingèrent par phagocytose (du grec *phagein*, manger). Le « phagocyte » forme de longs prolongements cytoplasmiques appelés **pseudopodes** qui englobent le microbe (flèche) et l'isolent progressivement dans une vacuole intracellulaire. Celle-ci fusionne avec des lysosomes qui assurent la dégradation du microbe grâce aux enzymes digestives qu'ils contiennent.

Le plus souvent, ce mécanisme est suffisant pour assurer l'élimination totale des micro-organismes présents au niveau de la plaie. Parfois, des microbes résistent à cette phagocytose et l'infection peut alors progresser.

Doc. 4 L'attaque de bactéries (en rouge) par un phagocyte (ici un macrophage) observée au MEB (fausses couleurs).

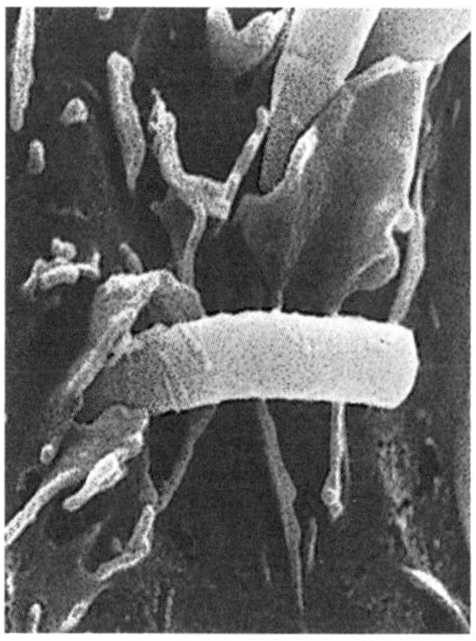

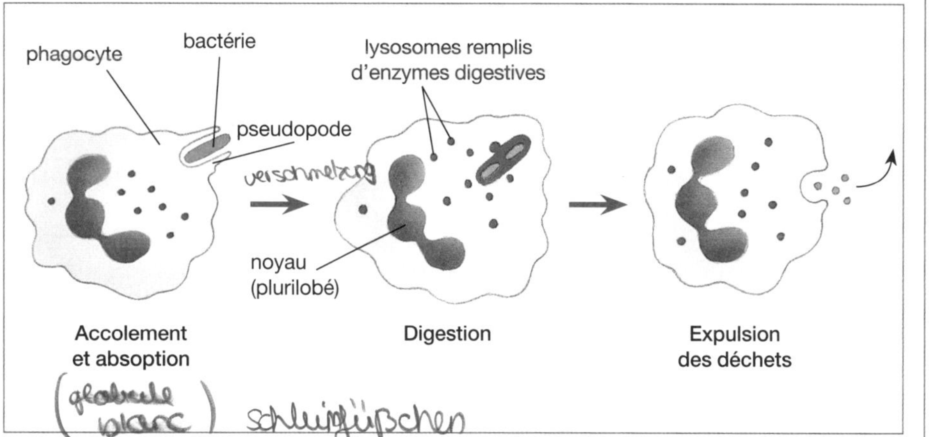

phagocyte
bactérie
lysosomes remplis d'enzymes digestives
pseudopode
noyau (plurilobé)
Accolement et absoption
Digestion
Expulsion des déchets

Doc. 5 Les étapes de la phagocytose.

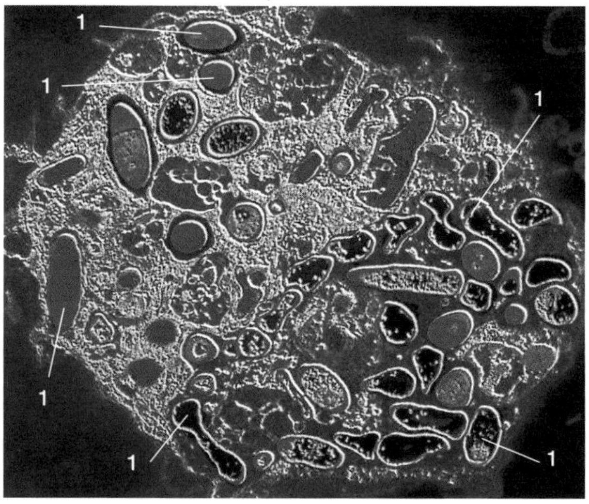

1

Les phagocytes absorbent aussi les cellules mortes, les débris de toutes sortes : ils jouent le rôle « d'éboueurs » et assurent un nettoyage permanent de l'organisme.

Doc. 6 Un phagocyte ayant absorbé de nombreuses bactéries (1).

Lexique

- **Leucocytes** : synonyme de globules blancs. Les principales catégories de leucocytes sont présentées page 31).
- **Phagocytes** (ou cellule phagocytaire) : leucocytes doués de phagocytose (macrophages, monocytes et granulocytes).

Pistes d'exploitation

1 Doc. 1 et 2 : Décrivez comment se met en place la première ligne de défense immunitaire de l'organisme. S'agit-il d'une défense spécifique ?

2 Doc. 3 : Pourquoi ne faut-il pas manipuler des vêtements ou instruments tachés de pus sans prendre des mesures d'asepsie ?

3 Doc. 4 à 6 : Citez tous les organites impliqués directement ou indirectement dans la phagocytose.

Les défenses innées de l'organisme

L'immunité innée est un système de défense non spécifique qui permet à l'organisme de s'opposer de manière immédiate à l'invasion par un élément étranger, et ce, de manière générale, quelles que soient les caractéristiques de celui-ci.

1 Les microbes

L'organisme subit à tout moment les attaques d'êtres **microscopiques et pathogènes**, les « microbes ». Ceux-ci sont excessivement variés, tant par leur taille, leur structure ou leur mode de vie, que par leur pouvoir pathogène, c'est-à-dire leur capacité à déclencher des troubles plus ou moins importants pour l'organisme. Parmi les plus fréquents, citons :

- les **bactéries,** dont l'action pathogène provient surtout de leur extraordinaire pouvoir de multiplication (ou virulence) ainsi que de leur propension à libérer des toxines, c'est-à-dire des poisons plus ou moins puissants qui diffusent dans l'organisme ;
- les **virus**, structures simples qui se reproduisent uniquement en parasitant une cellule hôte spécifique. Ceci aboutit à la mort de cette dernière, épuisée par cette reproduction excessive ;
- les **protistes**, unicellulaires de différents types, parmi lesquels se trouvent les responsables de maladies extrêmement répandues à l'échelle mondiale comme la malaria ;
- les **champignons** microscopiques comme des **levures** qui envahissent la peau, les muqueuses ou les voies respiratoires.

D'autres agents peuvent également déclencher des réactions, par exemple de types allergiques, comme les acariens, les pollens ou encore les poils d'animaux,...

2 Limiter les risques de contamination et d'infection

• Les risques de contamination (pénétration) et d'infection (prolifération) par des microbes partout présents dans notre environnement peuvent être réduits de manière très importante grâce à des **gestes quotidiens d'hygiène élémentaire** : se laver les mains (surtout avant toute manipulation de nourriture ou après usage des toilettes), se brosser les dents, ne pas éternuer en direction de quelqu'un, respecter les règles de conditionnement et de stockage dans les réfrigérateurs et congélateurs,...

• Ces risques de contamination et d'infection sont également réduits par la pratique de l'**antisepsie**, méthode curative qui consiste à détruire les microbes, qui se sont par exemple déposés dans une plaie, grâce à des antiseptiques (alcool à 70°, eau oxygénée,...). En milieu hospitalier et dans l'industrie (alimentaire, pharmaceutique...), des mesures plus drastiques d'**asepsie** permettent de travailler dans un milieu dépourvu de microbes.

• L'utilisation de **préservatifs** reste la seule manière d'éviter la contamination par des maladies sexuellement transmissibles comme le SIDA ou l'hépatite B.

• L'utilisation de **médicaments adaptés** peut être nécessaire : antalgiques (ou son synonyme analgésiques) contre la douleur, anti-inflammatoires contre les inflammations ou les maladies qui en résultent (rhumatismes, appendicite, otite...), antipyrétiques contre la fièvre, etc. Contre les bactéries pathogènes, l'utilisation d'antibiotiques appropriés doit se faire dans le respect des prescriptions médicales afin de les détruire, mais aussi d'éviter la prolifération de souches résistantes. Les antibiotiques n'ont aucun effet sur les virus et ne doivent pas être utilisés en cas d'infections virales. Il existe peu de médicaments antiviraux. Ceux-ci sont utilisés lors de maladies virales spécifiques (SIDA, hépatite...) et leur efficacité n'est pas toujours optimale. Il n'existe donc aucun médicament contre les attaques virales les plus fréquentes que sont la grippe ou le rhume. Il faut prendre son mal en patience en réduisant éventuellement les symptômes (antitussifs pour la toux, anti-inflammatoires locaux pour le nez bouché...).

3 Les défenses immunitaires innées

• Les **barrières naturelles** isolent l'organisme du milieu extérieur et empêchent passivement la pénétration des éléments étrangers à l'intérieur des tissus et organes : peau, muqueuses, sueur, larmes, salive, mucus nasal et bronchique, cils vibratiles des voies respiratoires, etc.

• La **fièvre** permet d'éliminer un certain nombre d'agents pathogènes peu résistants à une élévation de température. En outre, elle accélère le métabolisme et les réactions chimiques favorisant la guérison. Elle augmente aussi la fréquence cardiaque et le rythme circulatoire qui permettent aux cellules immunitaires d'atteindre plus rapidement les sites d'infection.

• L'**inflammation** est une réponse immunitaire innée, non spécifique. L'organisme réagit en effet dès la naissance de manière identique quel que soit l'élément étranger à éliminer. Lors de la réaction d'inflammation, les cellules lésées par une blessure ou par des microbes libèrent des substances qui provoquent localement rougeur, chaleur, œdème (apport d'eau dans les tissus), et douleur. Cette inflammation prépare la réparation des tissus lésés et surtout oriente vers les lieux de l'infection les cellules des systèmes immunitaires innés, mais aussi celles du système immunitaire acquis (voir chapitre suivant).

- Certains globules blancs réalisent la **phagocytose** des éléments étrangers. Ces phagocytes (essentiellement les **macrophages** et des **granulocytes**) sont de véritables « éboueurs » qui reconnaissent, ingèrent puis digèrent sans aucune spécificité les différents microbes, mais aussi les débris cellulaires éventuels de notre organisme.

Parfois cependant, le système de phagocytose peut ne pas suffire et être « dépassé ». Dans ce cas, les phagocytes meurent et forment avec tous les déchets restés aux alentours une poche de **pus** qui peut grossir et former un abcès ou provoquer une extension plus ou moins importante de l'infection.

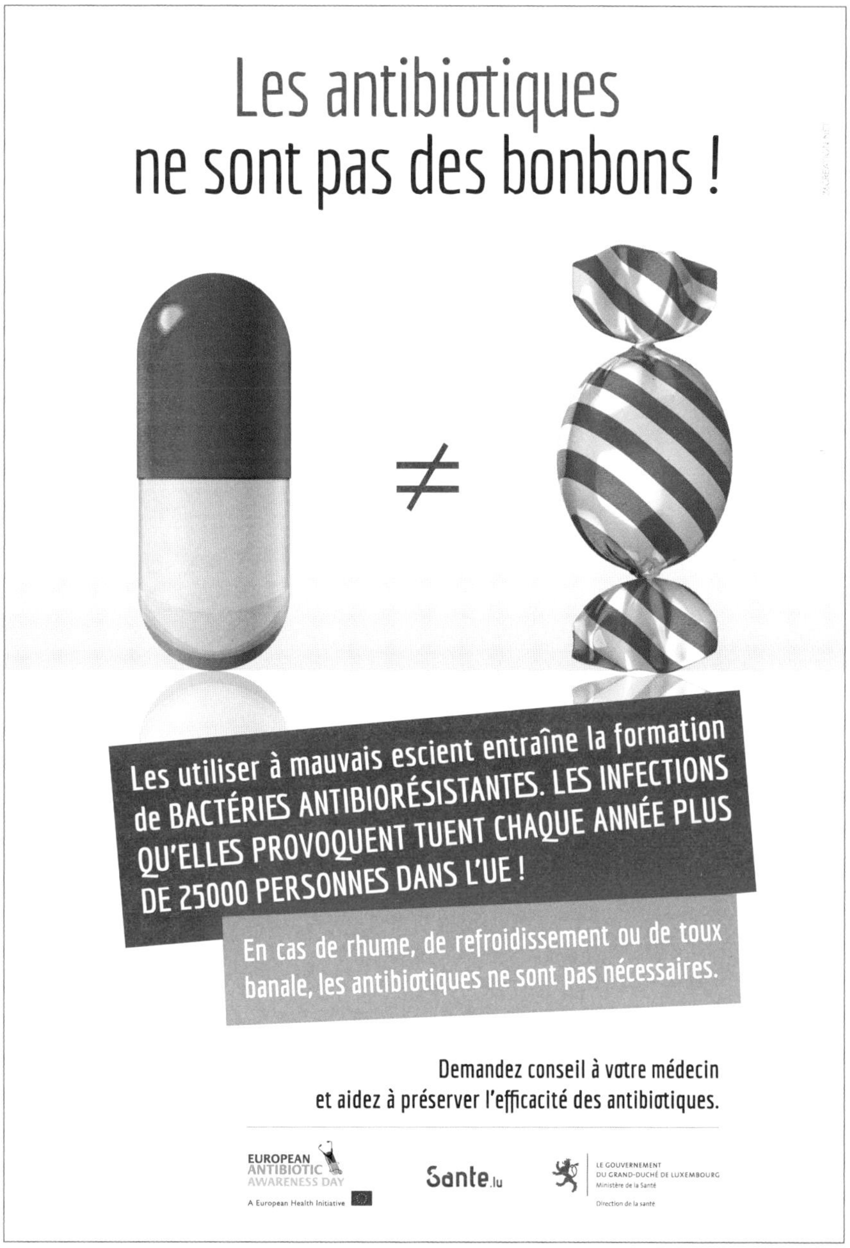

Les antibiotiques ne sont pas des bonbons !
≠
Les utiliser à mauvais escient entraîne la formation de BACTÉRIES ANTIBIORÉSISTANTES. LES INFECTIONS QU'ELLES PROVOQUENT TUENT CHAQUE ANNÉE PLUS DE 25000 PERSONNES DANS L'UE !
En cas de rhume, de refroidissement ou de toux banale, les antibiotiques ne sont pas nécessaires.
Demandez conseil à votre médecin et aidez à préserver l'efficacité des antibiotiques.
EUROPEAN ANTIBIOTIC AWARENESS DAY
A European Health Initiative
Sante.lu
LE GOUVERNEMENT DU GRAND-DUCHÉ DE LUXEMBOURG
Ministère de la Santé
Direction de la santé

Campagne européenne de sensibilisation du grand public à un usage adéquat des antibiotiques (2016).

L'essentiel

- Les microbes, organismes microscopiques et pathogènes, sont excessivement variés tant par leur taille ou leur structure que par leur mode de vie (bactéries, virus, protistes, levures...).
- Les risques de contamination et d'infection peuvent être réduits grâce à des gestes quotidiens d'hygiène élémentaire ainsi que par la pratique de l'antisepsie ou de l'asepsie.
- Les mécanismes de l'immunité innée, non spécifique, assurent une surveillance constante de l'organisme en mettant en place des mécanismes de défense identiques quels que soient les éléments infectieux.
- Les barrières naturelles empêchent passivement l'intrusion d'éléments étrangers. La fièvre élimine certains pathogènes thermosensibles et stimule la réaction immunitaire.
- L'inflammation est une réponse non spécifique destinée à éliminer les corps étrangers grâce à l'action de globules blancs particuliers qui réalisent leur phagocytose. Elle se manifeste par quatre symptômes : rougeur, chaleur, œdème et douleur.
- Le recours à des médicaments doit se faire de manière prudente et appropriée. Ils doivent être adaptés à leurs cibles. Les antibiotiques n'ont aucun effet en cas d'infection virale.

Schéma-bilan

Les microbes, des agresseurs très variés

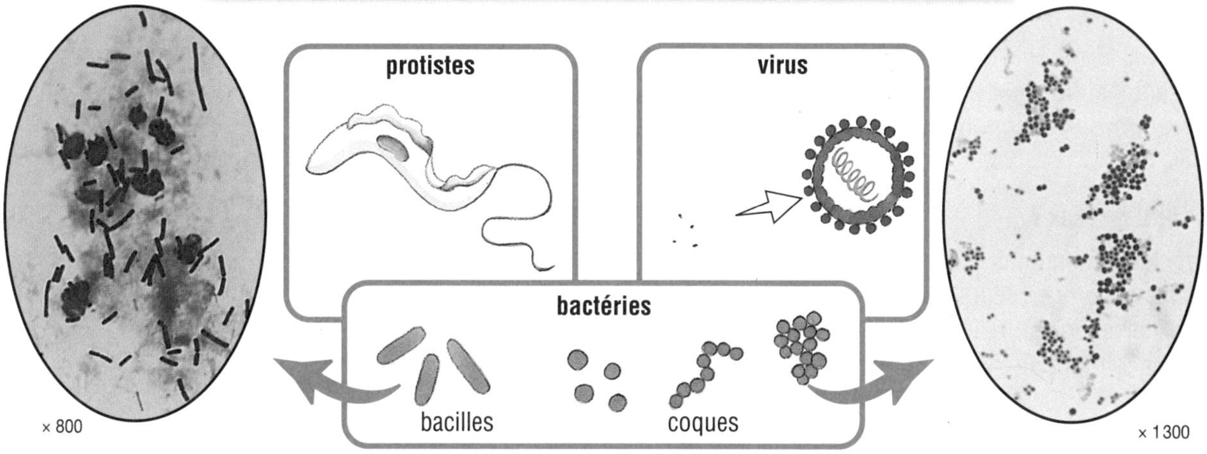
protistes
virus
bactéries
bacilles
coques
× 800
× 1300

Mieux vaut «prévenir que guérir»

Limiter les risques de contamination

- Pratique de l'asepsie

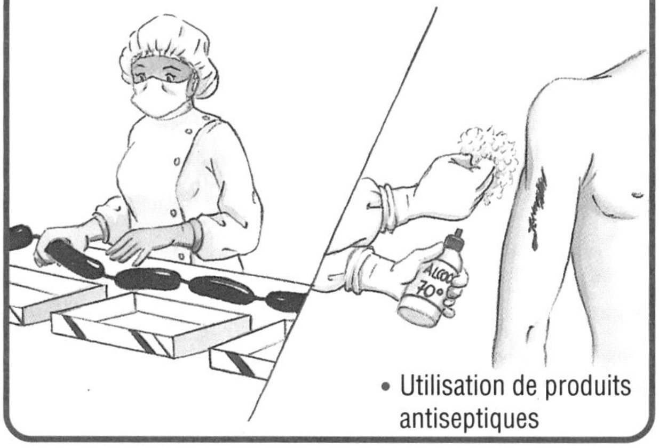
ALCOOL 70°

- Utilisation de produits antiseptiques

Arrêter l'infection grâce aux antibiotiques

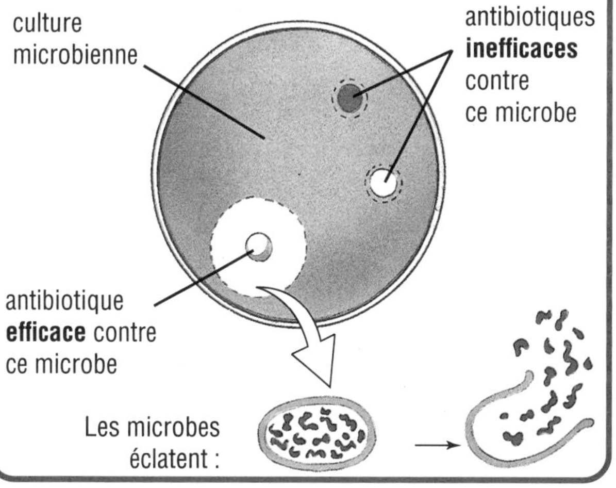
culture microbienne
antibiotiques **inefficaces** contre ce microbe
antibiotique **efficace** contre ce microbe
Les microbes éclatent :

Des défenses innées, non spécifiques

La fièvre

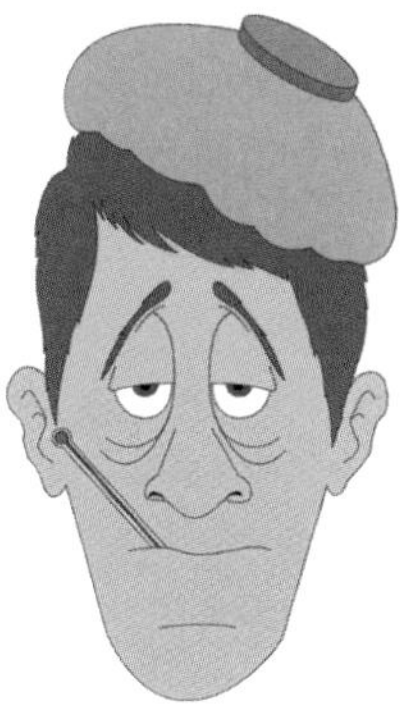

L'inflammation

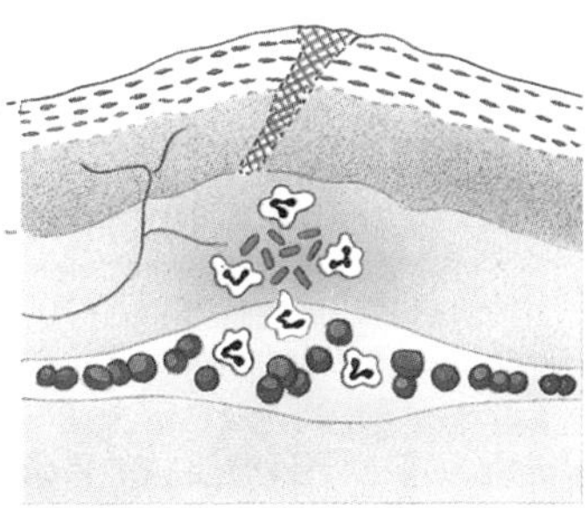

La phagocytose

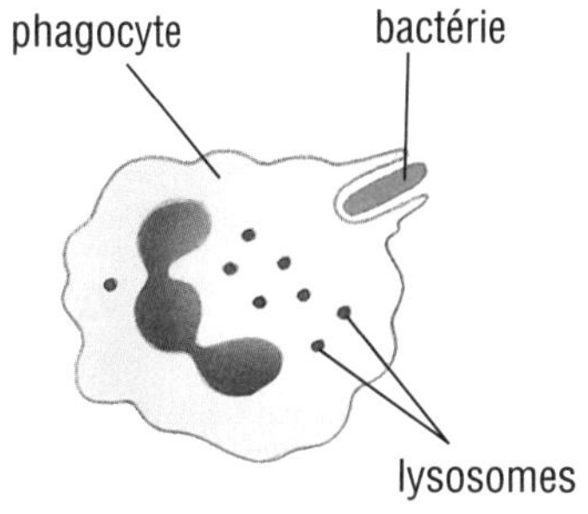
phagocyte
bactérie
lysosomes

Je connais

A. Définissez les mots ou expressions :

microbe, virulence, antisepsie, souche bactérienne résistante, antalgique, inflammation, phagocytose, système immunitaire non spécifique, barrières naturelles, pus.

B. Vrai ou faux ?

Parmi les affirmations suivantes, recopiez celles qui sont exactes et corrigez celles qui sont erronées.

a. Les barrières naturelles de l'organisme constituent le système immunitaire inné.

b. La fièvre est essentiellement un système d'alarme pour le malade.

c. Contamination et infection sont deux synonymes.

d. Les infections bactériennes et virales se soignent par la prise d'antibiotiques.

e. Ne sont attirées sur le lieu d'une inflammation que les cellules du système immunitaire non spécifique.

f. Les antalgiques favorisent l'action du système immunitaire.

g. Les phagocytes sont les éboueurs de l'organisme.

C. Exprimez des idées importantes...

...en rédigeant une ou deux phrases utilisant chaque groupe de mots ou expressions :

a. ...produits antiseptiques, asepsie, risques de contamination.

b. ...moyen passif, éléments étrangers, barrières naturelles.

c. ...rougeur, chaleur, œdème, douleur.

d. ...souches bactériennes résistantes, antibiotiques, usage approprié.

e. ...phagocytose, élimination, débris cellulaires, éléments étrangers.

D. Expliquez pourquoi...

a. ...la réaction inflammatoire participe à l'élimination d'éléments étrangers à l'organisme.

b. ...les médicaments prescrits dépendent de la nature des éléments infectieux.

c. ...les gestes d'hygiène au quotidien sont des garants indispensables de la santé.

J'applique et je transfère

1 Des analyses sanguines révélatrices

Des analyses sanguines sont réalisées sur deux personnes présentant une angine. La personne A présente une angine d'origine virale tandis que la personne B présente une angine d'origine bactérienne. Les résultats de ces analyses sont repris dans le tableau ci-dessous.

Remarque : les lymphocytes sont des leucocytes impliqués dans la réponse immunitaires spécifique.

	Patient A	Patient B	Valeurs de référence
Hématies (/mm^3)	$4{,}29 . 10^6$	$4{,}85 . 10^6$	$4 . 10^6 – 5 . 10^6$
Leucocytes (/mm^3)	$15{,}3 . 10^3$	$12{,}3 . 10^3$	$4 . 10^3 – 10 . 10^3$
Phagocytes (/mm^3)	$13{,}2 . 10^3$	$3{,}2 . 10^3$	$2 . 10^3 – 7{,}5 . 10^3$
Lymphocytes (/mm^3)	$2{,}1 . 10^3$	$9{,}1 . 10^3$	$1{,}5 . 10^3 – 4 . 10^3$

1- Relevez les différences entre les résultats des deux analyses sanguines et les valeurs de référence.

2- Expliquez les résultats de l'analyse sanguine du malade A. Comparez avec le malade B et émettez une hypothèse justifiant la différence rencontrée.

3- Les prescriptions faites par le médecin à ses deux patients seront-elles les mêmes ? Expliquez.

2 Comprendre l'importance du respect d'une prescription médicale

Madame Dubois a une angine. Son médecin lui a prescrit pour une durée de huit jours un antibiotique de la famille des pénicillines : le texte ci-contre est un extrait de la notice jointe à chaque boîte de médicament.
Après trois jours de traitement, Madame Dubois, n'ayant plus mal à la gorge et n'ayant plus de fièvre, pense qu'elle est guérie et interrompt le traitement.

1- En vous aidant de la notice et en utilisant vos connaissances, dites quel est le mode d'action de ce médicament.

2- Même avec une amélioration rapide de son état de santé, Madame Dubois a-t-elle raison d'interrompre son traitement ? Pourquoi ? Quelles sont les conséquences possibles de sa décision ?

3- Pour des symptômes semblables, Madame Dubois pourra-t-elle reprendre ce même médicament sans l'avis du médecin ? Pourquoi ?

ANTIBIOTIQUES

Ce médicament appartient à la famille des antibiotiques. Il a pour rôle de combattre l'infection dont vous êtes atteint en détruisant les microbes qui en sont la cause.

1° Votre médecin a choisi cet antibiotique et non un autre parce qu'il convient *précisément* à votre cas et à votre maladie *actuelle*. Vous ne devez donc pas l'utiliser à l'avenir sans l'avis de votre médecin pour combattre une maladie *même semblable en apparence.*

2° Pour être efficace, cet antibiotique doit être utilisé *régulièrement*, aux doses prescrites, *et aussi longtemps que votre médecin vous l'aura conseillé.*
En effet, la disparition de la fièvre, ou de tout autre symptôme, ne signifie pas que l'infection a disparu et que vous êtes complètement guéri. *Si vous arrêtiez le traitement avant son terme*, une rechute *pourrait se produire.* Mais augmenter les doses prescrites ne l'accélèrerait pas pour autant.

3 Décrypter un processus immunitaire grâce à la microscopie électronique

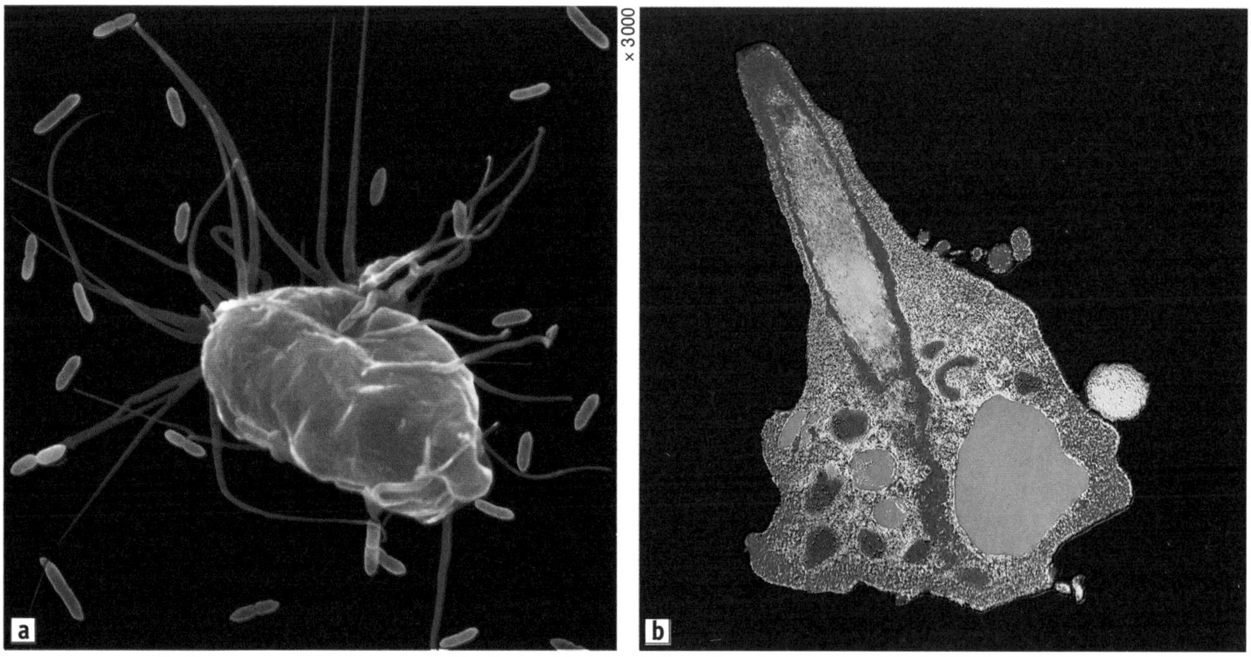
×3000
a
×5000
b

1- Les micrographies (fausses couleurs) ci-dessus montrent un macrophage (a) et un granulocyte (b). Elles ont été réalisées grâce à l'utilisation de deux types de microscopes électroniques. Rappelez lesquels.

2- Quel processus ces micrographies illustrent-elles ? Définissez-en les principales étapes en précisant les structures cellulaires impliquées après avoir repéré celles-ci sur les micrographies.

4 Comprendre un problème de santé publique

Les bactéries envahissent les hôpitaux ; elles provoquent de graves maladies (appelées **infections nosocomiales**) qui frappent actuellement 5 à 12 % des patients hospitalisés.

> « *Les micro-organismes infectieux le plus souvent retrouvés sont des bactéries (*Escherichia coli *ou colibacille, staphylocoque doré, pseudomonas, entérocoque) et des champignons, c'est-à-dire tout un arsenal de germes et de moisissures qui peuplent les hôpitaux.*
> *Mais comment germes et moisissures peuvent-ils se multiplier à ce point ? Après la Seconde Guerre mondiale, l'arrivée des antibiotiques et des vaccins permit d'espérer que les maladies infectieuses étaient vaincues. Pendant quarante ans, les règles d'hygiène se sont relâchées. Et les microbes sont revenus dans les hôpitaux.*
> *Cette nouvelle flore microbienne est cependant différente de celle qu'ont connu les hôpitaux avant l'apparition des antibiotiques. Ces médicaments ont éliminé les germes sensibles, et ceux qui subsistent sont de plus en plus résistants aux antibiotiques.* »

1- En vous aidant du croquis, retrouvez quels sont les organes les plus touchés par les infections nosocomiales.

2- Quels sont les micro-organismes responsables de ces maladies et quels sont les traitements normalement capables de les vaincre ?

3- Pour quelles raisons ces maladies sont-elles actuellement en recrudescence ? Que faudrait-il faire pour les éviter ?

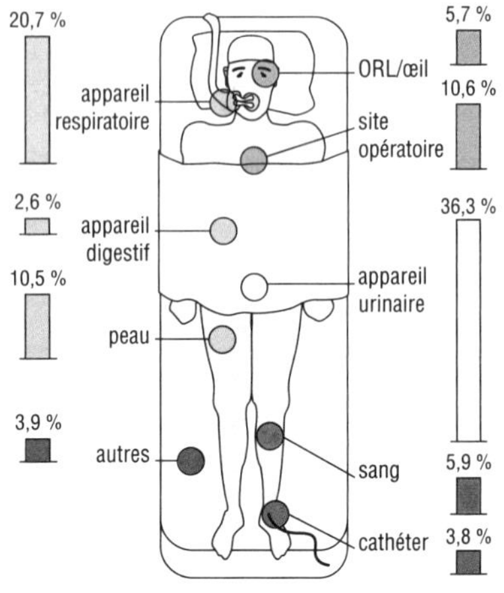

20,7 %
appareil respiratoire
2,6 %
appareil digestif
10,5 %
peau
3,9 %
autres
5,7 %
ORL/œil
10,6 %
site opératoire
36,3 %
appareil urinaire
sang
5,9 %
cathéter
3,8 %

D'après *Science & Vie*, n°965. Fév. 98.

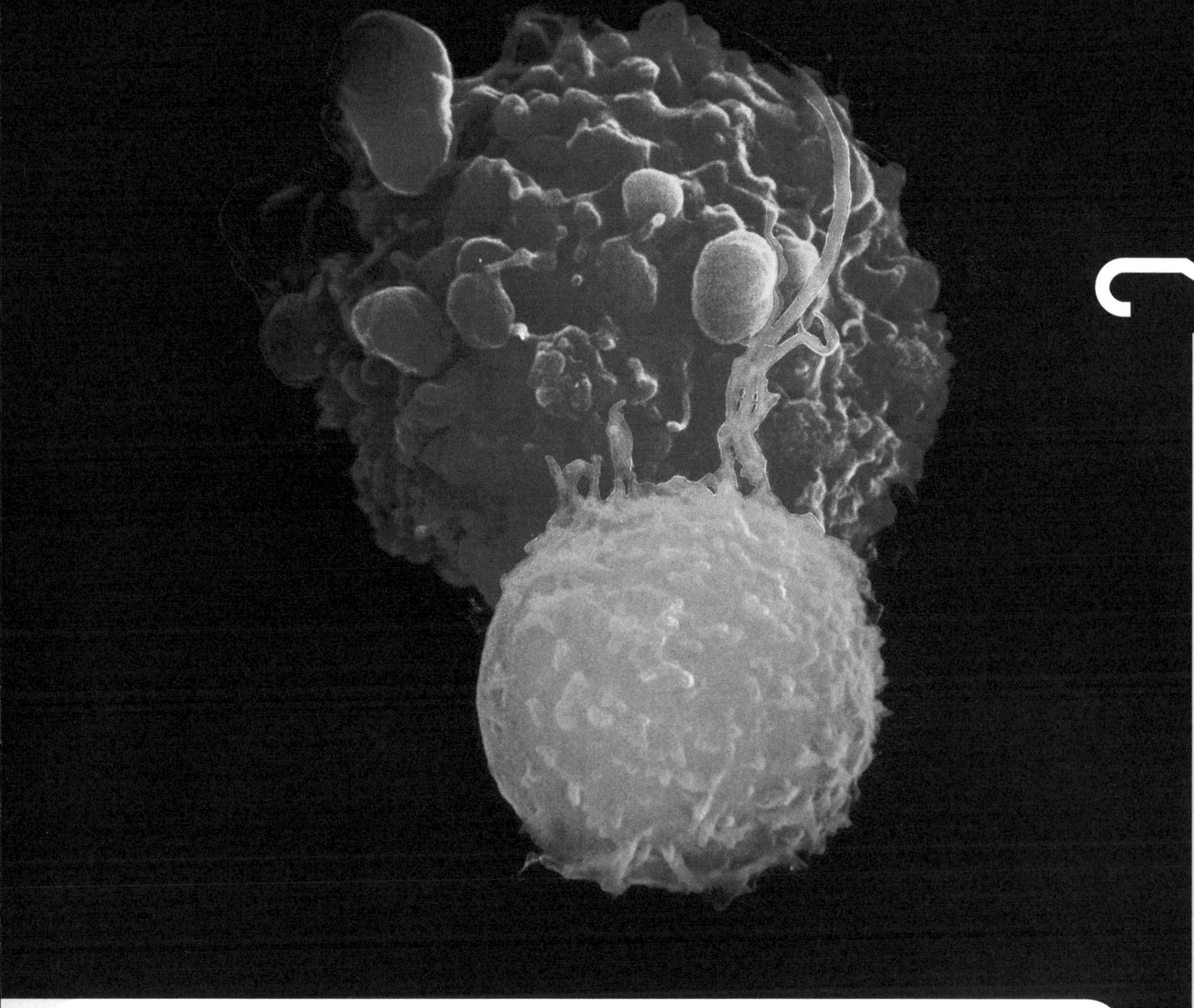

chapitre 2

Les mécanismes de l'immunité acquise

L'organisme est capable de se défendre de manière spécifique contre les microbes grâce à un système de défense immunitaire acquise. Ce dernier met en œuvre différents types de lymphocytes capables de distinguer les éléments du « soi » et du « non-soi ». Par des moyens stratégiques différents mais coordonnés, ils immobilisent et éliminent l'agresseur. Ils en conservent également la mémoire pour mieux le combattre en cas de récidive.

Photographie : lymphocites T (orange) attaquant une cellule cancéreuse (mauve). Observation au MEB (fausses couleurs).

Activités pratiques 1

Les organes et les cellules du système immunitaire

Le système de défense de l'organisme est constitué par certaines catégories de cellules sanguines, mais aussi par les organes et les tissus qui leur donnent naissance ou qui leur permettent de se déplacer dans l'organisme afin d'y rencontrer d'éventuels agresseurs et de les neutraliser.

- Quels sont les organes et les cellules du système immunitaire ?

A Les organes et les tissus lymphatiques

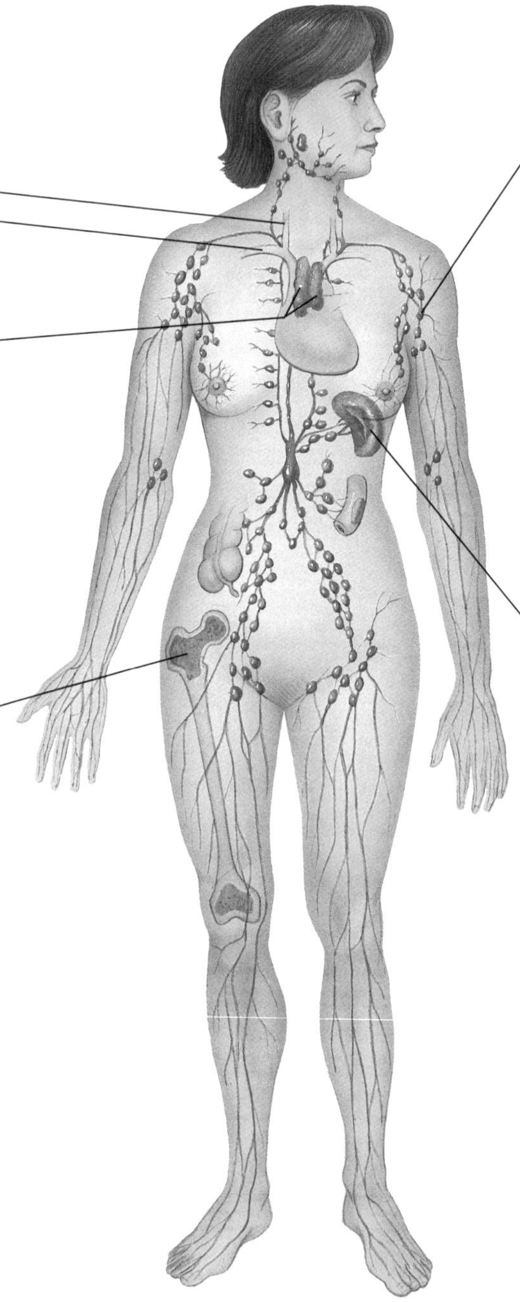

Retour de la lymphe dans le système sanguin à la jonction de la veine jugulaire et de la veine subclavière.

Thymus

Lieu de maturation des lymphocytes T.

Constitué de lobules remplis de lymphocytes chez l'enfant, il régresse avec l'âge, passant de 60 g à la puberté à 10 g chez l'adulte.

Moelle rouge des os

Localisée dans la tête des os longs et dans les os plats, elle contient des cellules souches qui se multiplient activement et qui produisent en permanence les différentes catégories de cellules sanguines, dont les lymphocytes B et T. La maturation des lymphocytes B se fait directement dans la moelle osseuse.

Ganglions lymphatiques

Disposés à des endroits « stratégiques » (base des membres [aisselles et aines], zone intestinale, région pulmonaire,...), plusieurs centaines de ganglions sont traversés par la lymphe et assurent une surveillance permanente de l'organisme. Les cellules immunitaires s'y accumulent et peuvent réagir à d'éventuels agresseurs qui y sont amenés par la lymphe.

Rate

Placée dans le courant sanguin, la rate, qui pèse près de 200 g, joue un rôle similaire à celui des ganglions lymphatiques. Elle élimine aussi les vieilles cellules sanguines et sert de lieu de stockage pour près d'un tiers des plaquettes de l'organisme.

Doc.1 La moelle rouge et le thymus sont des organes lymphoïdes primaires ; les ganglions lymphatiques et la rate sont des organes lymphoïdes secondaires.

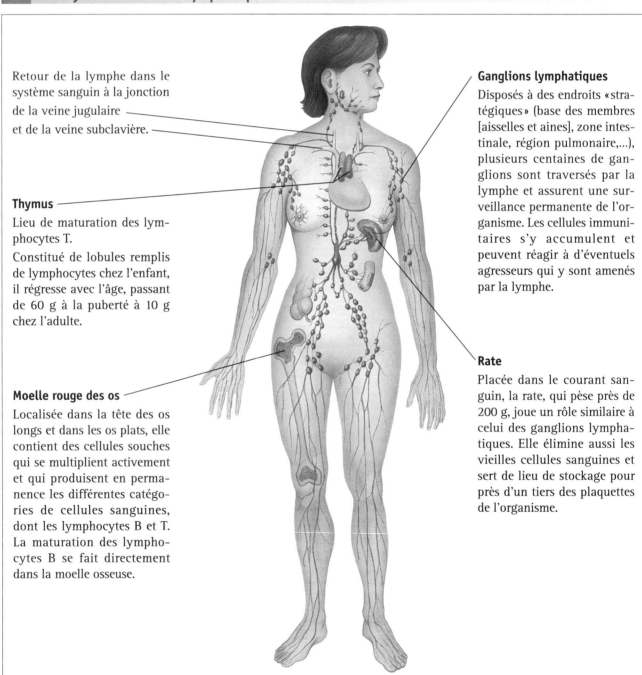

B Les cellules du système immunitaire

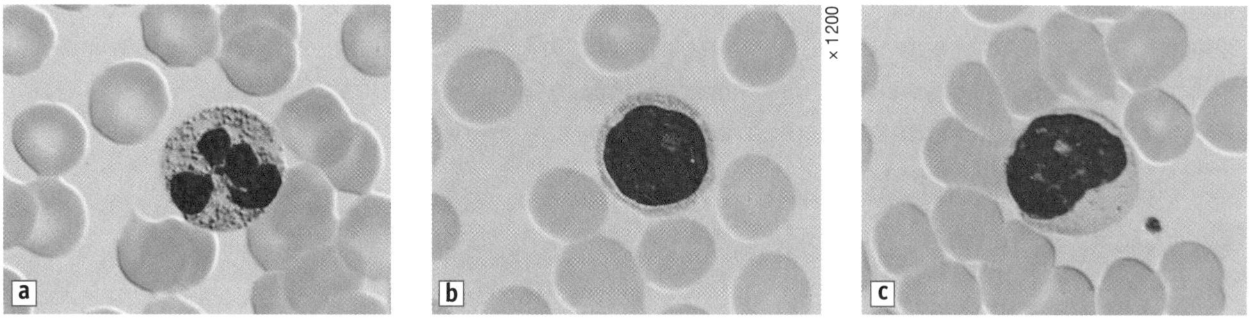

× 1200
a
b
c

Doc. 2 Trois types de leucocytes (globules blancs) entourés d'hématies (globules rouges ou érythrocytes) et observés au microscope optique : **a** – granulocyte ; **b** – lymphocyte ; **c** – monocyte. Le noyau est coloré en rouge violacé, le cytoplasme est peu coloré.

Les lymphocytes sont des cellules immunitaires très importantes. Circulant dans le sang et la lymphe, elles sont en outre présentes en grande quantité dans les ganglions lymphatiques et la rate. On distingue trois types de lymphocytes :

- les lymphocytes B (LB) sont spécialisés dans la défense de l'organisme grâce à la production d'anticorps.
- les lymphocytes T8 (LT8) peuvent, dans certaines conditions, se transformer en cellules tueuses.
- les lymphocytes T4 (LT4) sont des lymphocytes indispensables car ils stimulent les autres lymphocytes ; en leur absence, ces derniers perdent l'essentiel de leur efficacité.

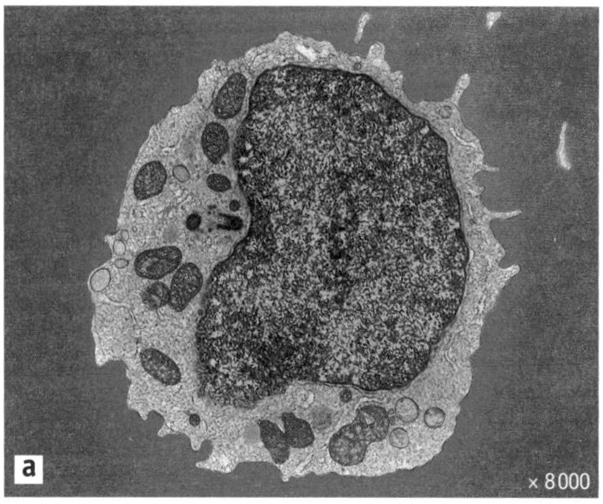

a
× 8000

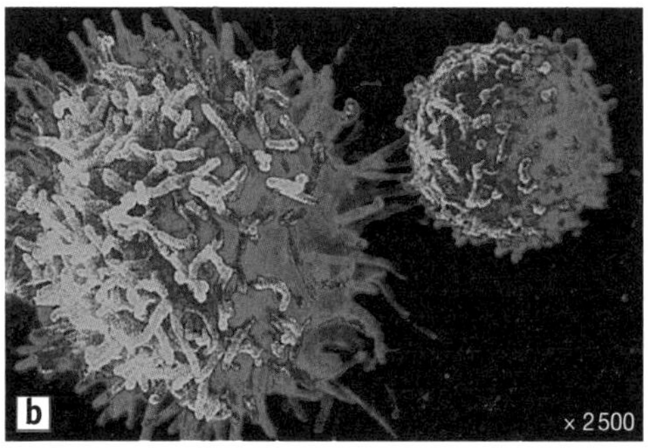

b
× 2500

Les monocytes sanguins, comme tous les leucocytes, peuvent quitter le flux sanguin ; ils se transforment alors en macrophages, grosses cellules qui ne retourneront jamais dans la circulation sanguine.

Les macrophages, comme les granulocytes, participent activement à la défense non spécifique en phagocytant des éléments de toutes sortes. Mais ils participent également à la défense spécifique en informant les lymphocytes de la présence des agresseurs et en nettoyant l'organisme à la fin de la réponse immunitaire acquise.

Doc. 3 Les lymphocytes B et T, mais aussi, dans une certaine mesure, les macrophages, sont des acteurs de la défense immunitaire acquise : **a** – lymphocyte B au MET, en fausses couleurs ; **b** – macrophage (à gauche) et lymphocyte B au MEB.

Pistes d'exploitation

1 **Doc. 1** : Citez quelques-uns des os plats. Dans quel(s) os réalise-t-on une ponction de moelle osseuse ?

2 **Doc. 1** : Pourquoi parle-t-on d'organes lymphoïdes « primaires » et « secondaires » ?

3 **Doc. 2** : Comment reconnaît-on les différentes cellules sanguines ?

4 **Doc. 1 et 3** : Qu'arrive-t-il aux substances étrangères qui sont transportées par la lymphe ?

La reconnaissance du « soi » et du « non-soi »

Le système immunitaire doit être capable de différencier de manière très précise les cellules de son propre organisme, le «soi», des éléments qui lui sont étrangers ou «non-soi». Les antigènes sont des molécules étrangères à l'organisme, capables de déclencher une réaction immunitaire spécifique.

- Quels sont les signes distinctifs permettant de reconnaître le «soi»?
- Les molécules du «soi» et du « non-soi » sont-elles toutes identiques?

A Le CMH

Les photographies ci-contre montrent les résultats d'une greffe de peau humaine entre deux personnes ne présentant aucun lien de parenté.

a – 5 jours après la greffe, celle-ci est totalement vascularisée et les cellules se divisent normalement;

b – au 12e jour cependant, la greffe a été attaquée par le système immunitaire et ses cellules sont totalement détruites. Le rejet de la greffe est total.

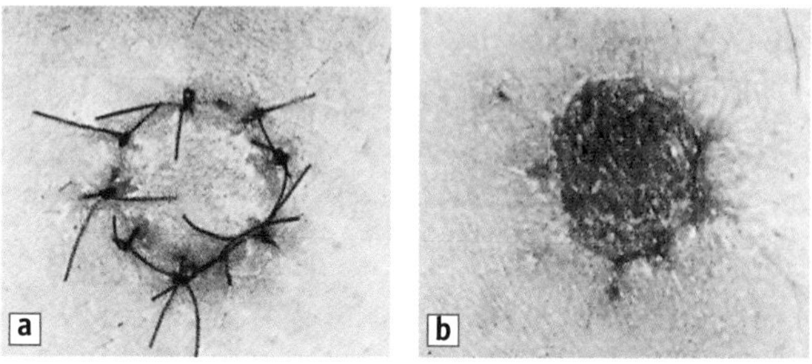
a
b

Doc.1 La greffe d'un fragment de peau en provenance d'un autre individu de la même espèce entraîne son rejet.

Les cellules nucléées (possédant un noyau) de l'organisme portent des « signes distinctifs », particuliers à chaque individu : il s'agit de protéines présentes à la surface de la membrane cellulaire. Ces marqueurs de l'identité forment ce que l'on appelle le **CMH** (complexe majeur d'histocompatibilité, que l'on appelle aussi chez l'humain HLA pour *Human Leucocyte Antigen*). C'est la compatibilité des marqueurs du CMH qui est essentiellement responsable du rejet ou non d'une greffe.

Les gènes codant pour les molécules du CMH sont regroupés sur les chromosomes 6 sur 13 sites principaux. Il existe en outre un très grand nombre d'allèles* de ces différents gènes (p.ex. 805 pour le site B, 524 pour le DRB...). Cependant, pour chacun des 13 gènes considérés, chaque individu n'hérite que de deux allèles, l'un transmis par son père, l'autre par sa mère. Suite à la combinaison aléatoires des différents allèles, les protéines membranaires sont tellement variables qu'elles sont strictement particulières à chaque personne.

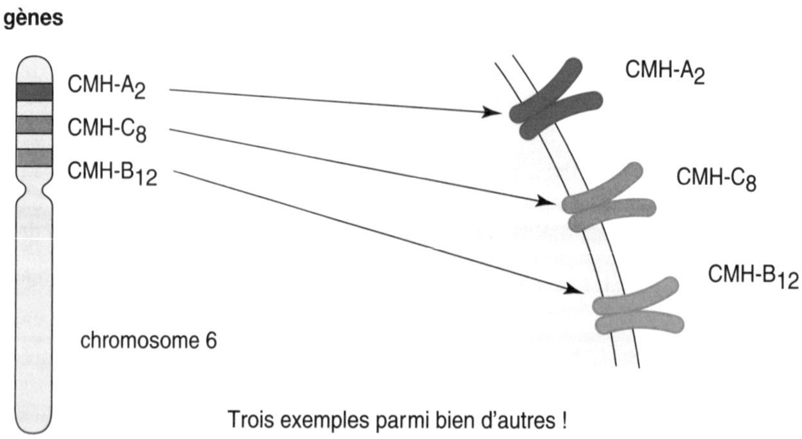
gènes
CMH-A_2
CMH-C_8
CMH-B_{12}
chromosome 6
CMH-A_2
CMH-C_8
CMH-B_{12}
Trois exemples parmi bien d'autres !

Doc.2 Les gènes du CMH codent pour les protéines membranaires de l'identité, particulières à chaque individu.

B Les marqueurs du soi et du non-soi

Un **marqueur du « soi »** est constitué d'une protéine du CMH enchâssée dans la membrane plasmique et associée à un peptide appartenant à l'organisme lui-même.

Une cellule malade, vieillie, infectée par un virus... ne présente plus ce peptide du soi, mais un peptide différent (par exemple une partie de l'antigène ou un peptide du soi altéré). Associé au CMH, cet ensemble constitue alors le **marqueur du « non-soi »** qui indique au système immunitaire que la cellule le portant doit être éliminée.

Un **antigène** est toute molécule identifiée comme étrangère à l'organisme et déclenchant de la part de celui-ci une réaction immunitaire spécifique. Un antigène peut soit être libre dans le milieu extracellulaire (une toxine, une bactérie...), soit être présenté à la surface d'une cellule, associé à une protéine du CMH.

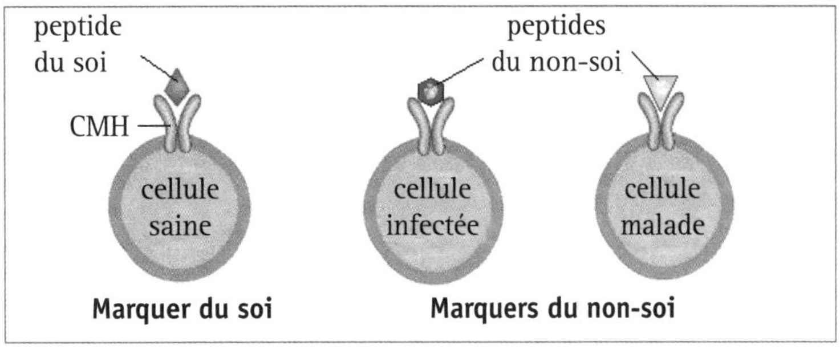
peptide du soi
peptides du non-soi
CMH
cellule saine
cellule infectée
cellule malade
Marquer du soi
Marquers du non-soi

Doc. 3 Le « soi » et le « non-soi ».

Les globules rouges (ou hématies ou érythrocytes) ne possèdent pas de noyau et donc pas de CMH. Le système de reconnaissance du groupe sanguin ABO est basé sur l'existence de deux types de marqueurs protéiques A et B enchâssés dans la membrane plasmique. Leur absence caractérise le groupe sanguin O. Le plasma sanguin contient quant à lui deux types d'anticorps Anti-A et Anti-B. Chaque personne possède des anticorps incompatibles avec ses propres marqueurs ou antigènes.

La détermination du groupe sanguin est basée sur le processus d'agglutination des globules rouges qui s'opère lorsque le sang d'un donneur est mis en présence d'anticorps incompatibles avec ses propres antigènes érythrocytaires.

Lors d'une transfusion entre deux personnes de groupes incompatibles, **les anticorps du receveur agglutinent les globules rouges du donneur**, ce qui peut conduire à de graves problèmes d'obstruction des capillaires sanguins.

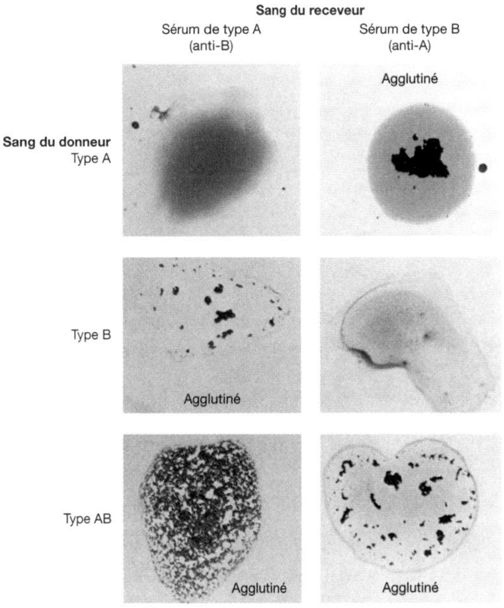
Sang du receveur
Sérum de type A (anti-B)
Sérum de type B (anti-A)
Sang du donneur
Type A
Type B
Type AB
Agglutiné
Agglutiné
Agglutiné
Agglutiné

Doc. 4 Le groupe ABO : des marqueurs membranaires différant de ceux du CMH.

Lexique

- Allèles (du grec *allelos* = l'un, l'autre) : désigne chacune des versions possibles d'un même gène.

Pistes d'exploitation

1 **Doc. 1** : Avancez une hypothèse expliquant pourquoi la greffe a été rejetée.

2 **Doc. 2** : Expliquez pourquoi deux individus, à moins d'être des jumeaux vrais, n'ont pratiquement aucune chance de posséder exactement le même CMH.

3 **Doc. 4** : En vous souvenant de vos cours de 4ᵉ, rappelez qui sont les donneurs et les receveurs « universels ».

Activités pratiques 3

La reconnaissance d'un antigène par les lymphocytes

Lorsqu'un élément étranger, ou antigène, pénètre dans l'organisme, il est très rapidement détecté par les cellules du système immunitaire, les lymphocytes B et T. De même, lorsqu'une cellule de l'organisme est infectée par un microbe ou lorsqu'elle est vieillie ou malade, les cellules immunitaires sont capables de la reconnaître et de l'éliminer.

- Comment les lymphocytes B et T reconnaissent-ils leur cible ?

A Les anticorps de surface des lymphocytes B

Les lymphocytes B possèdent, ancrées dans leur membrane, des protéines particulières, appelées **anticorps** ou **immunoglobulines membranaires**, qui les rendent aptes à reconnaître les **antigènes présents dans les liquides circulants** de l'organisme.

Une reconstitution en 3D d'un anticorps permet de comprendre que sa forme en Y résulte de l'assemblage de quatre chaînes polypeptidiques identiques deux à deux : deux chaînes qualifiées de lourdes (ou **H**, de l'anglais *Heavy*) et deux chaînes légères (ou **L**, de l'anglais *Light*).

	Chaîne lourde (ou H)	Chaîne légère (ou L)
Nombre d'acides aminés	440	215
Masse moléculaire relative	52 000	23 000

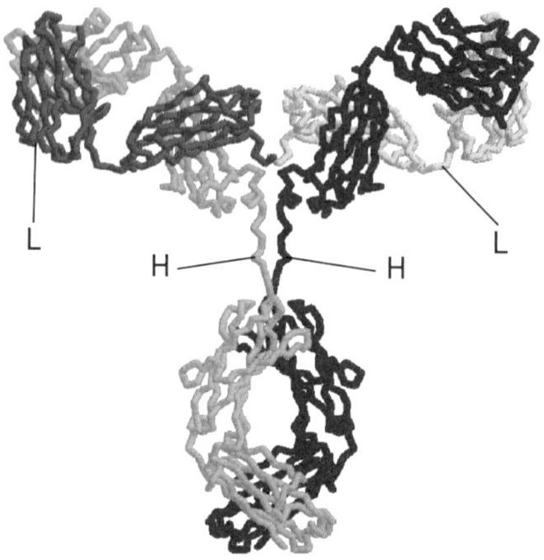

L
H
H
L

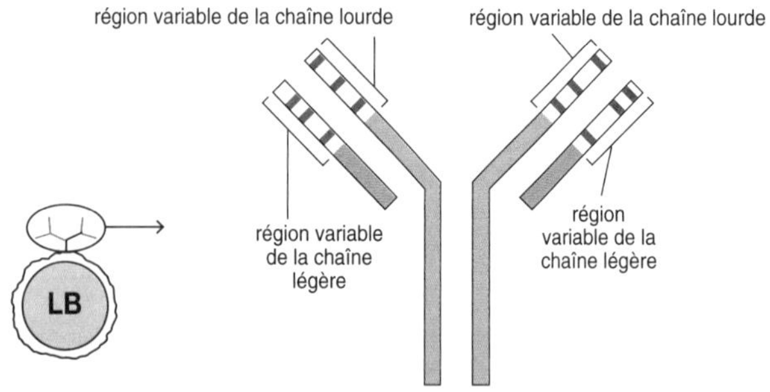

région variable de la chaîne lourde
région variable de la chaîne lourde
région variable de la chaîne légère
région variable de la chaîne légère
LB

Les anticorps se lient aux antigènes au niveau des extrémités de leurs chaînes lourdes et légères. À ces extrémités se trouvent des **régions variables**, c'est-à-dire des régions qui varient d'un anticorps à l'autre. Ainsi, un lymphocyte B donné ne possède qu'un seul type d'anticorps membranaires et ne peut donc reconnaître qu'un seul antigène.

Doc. 1 Les anticorps ou immunoglobulines membranaires.

Au niveau de l'organisme, la variabilité des sites de reconnaissance des anticorps est si grande qu'il existe des millions de **clones*** différents de LB, chacun constitué de quelques milliers de cellules toutes capables de reconnaître le même antigène. L'organisme contient donc autant de clones différents de LB que d'antigènes susceptibles d'être reconnus.

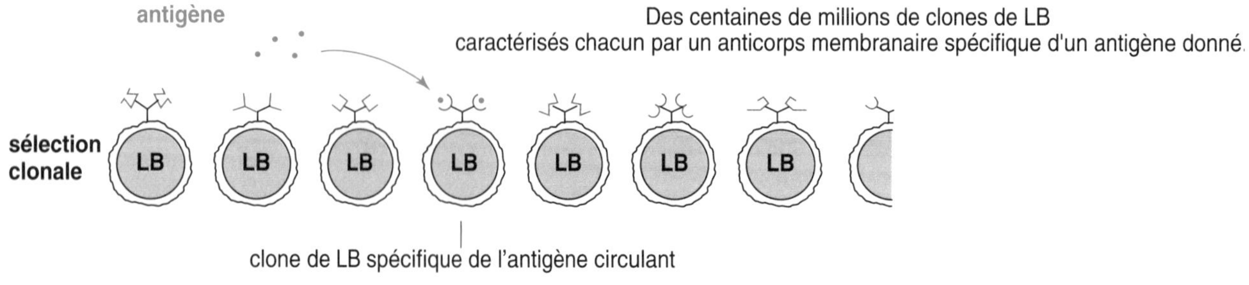

antigène
Des centaines de millions de clones de LB
caractérisés chacun par un anticorps membranaire spécifique d'un antigène donné.
sélection clonale
LB
clone de LB spécifique de l'antigène circulant

Doc. 2 La reconnaissance de l'antigène ou sélection clonale.

B Les récepteurs de surface des lymphocytes T

Comme toutes les cellules immunitaires, les lymphocytes T prennent naissance dans la moelle osseuse. On les nomme alors des lymphocytes pré-T. En effet, avant de devenir immunocompétents, c'est-à-dire de pouvoir être aptes à effectuer une réponse immunitaire, ils doivent séjourner dans le thymus, organe lymphoïde situé à l'avant de la trachée.

L'acquisition de cette **immunocompétence** correspond en fait à la sélection de clones de LT qui reconnaissent les antigènes étrangers à l'organisme (ceux qui risqueraient de réagir à des molécules du soi sont éliminés dans le thymus).

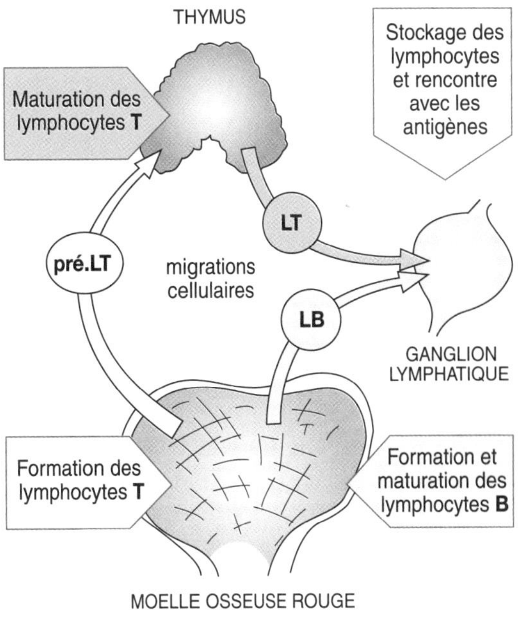
THYMUS
Maturation des lymphocytes T
Stockage des lymphocytes et rencontre avec les antigènes
LT
pré.LT
migrations cellulaires
LB
GANGLION LYMPHATIQUE
Formation des lymphocytes T
Formation et maturation des lymphocytes B
MOELLE OSSEUSE ROUGE

Doc. 3 L'acquisition de l'immunocompétence se fait dans le thymus pour les lymphocytes T.

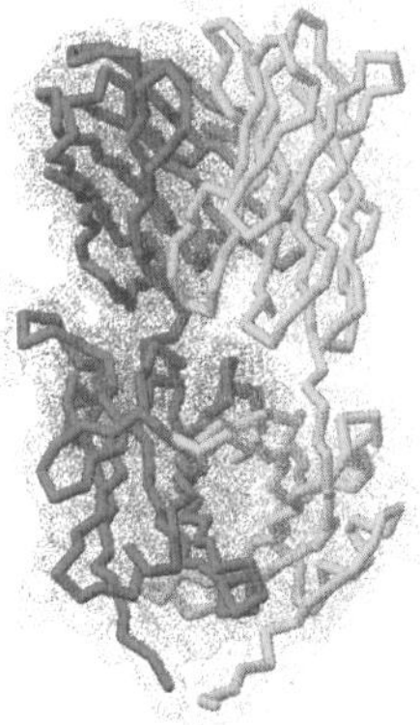

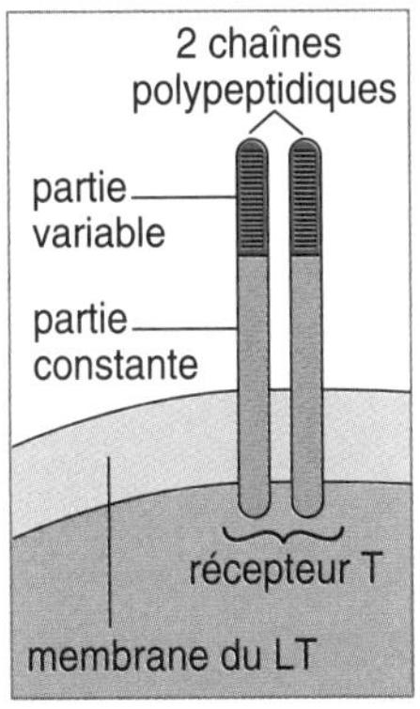
2 chaînes polypeptidiques
partie variable
partie constante
récepteur T
membrane du LT

Les récepteurs des lymphocytes T sont également des protéines membranaires ancrées dans la membrane plasmique. Ils ne sont constitués que de deux chaînes polypeptidiques qui présentent chacune une **partie constante** et une **partie variable** au niveau de laquelle se situe le site de reconnaissance de l'antigène.

Alors que les récepteurs B reconnaissent les antigènes libres dans les liquides circulants de l'organisme, les récepteurs R ne reconnaissent les antigènes que s'ils sont **présentés sur le marqueur du soi**, par les cellules mêmes de l'organisme.

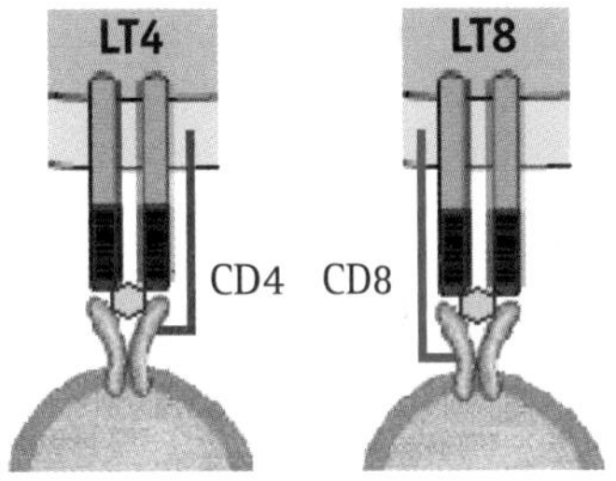
LT4
LT8
CD4
CD8

La reconnaissance du CMH T par une autre protéine membranaire du LT, le CD4 ou le CD8, détermine deux catégories particulières de lymphocytes, respectivement les lymphocytes T4 et les lymphocytes T8.

Doc. 4 Une infinie diversité des récepteurs T.

Lexique

- Clone : population de cellules identiques, possédant le même matériel génétique et donc les mêmes caractéristiques.

Pistes d'exploitation

1. **Doc. 1** : Pourquoi un antigène déterminé qui pénètre dans l'organisme est-il détecté par un seul clone de LB ?
2. **Doc. 2** : Proposez une définition à l'expression « sélection clonale » donnée à la reconnaissance d'un antigène par certains LB.
3. **Doc. 3 et 4** : Pourquoi les LB ne doivent-ils pas subir le même processus de maturation que les LT pour devenir immunocompétents ?

Activités pratiques 4

La réponse immunitaire acquise de type humoral

La pénétration dans les liquides circulants de l'organisme de tout élément reconnu comme étranger déclenche une production d'anticorps spécifiques, c'est-à-dire capables de se lier aux antigènes portés par cet intrus. Cette liaison est à l'origine de la formation d'un **complexe immun***.

- Quelles sont les cellules responsables de cette production d'anticorps dans le sang ?
- Qu'est-ce qu'un complexe immun et comment est-il éliminé ?

A Les plasmocytes, des lymphocytes B transformés suite à un contact avec l'antigène

Les lymphocytes B parcourent l'organisme en permanence. La **sélection clonale** est, comme cela a été décrit précédemment, la rencontre d'un LB avec un antigène libre circulant dans les liquides internes (par exemple une bactérie ou un virus). Cette reconnaissance de l'antigène active le clone de LB spécifique de cet antigène, ce qui se traduit par une **prolifération clonale des LB activés**, c'est-à-dire par la multiplication intense de ces cellules spécifiques par mitose. Cette étape est immédiatement suivie d'une phase de **différenciation** des LB en **plasmocytes**, cellules sécrétrices d'anticorps (ou immunoglobulines, Ig), et en **LB « mémoire »** à longue durée de vie.

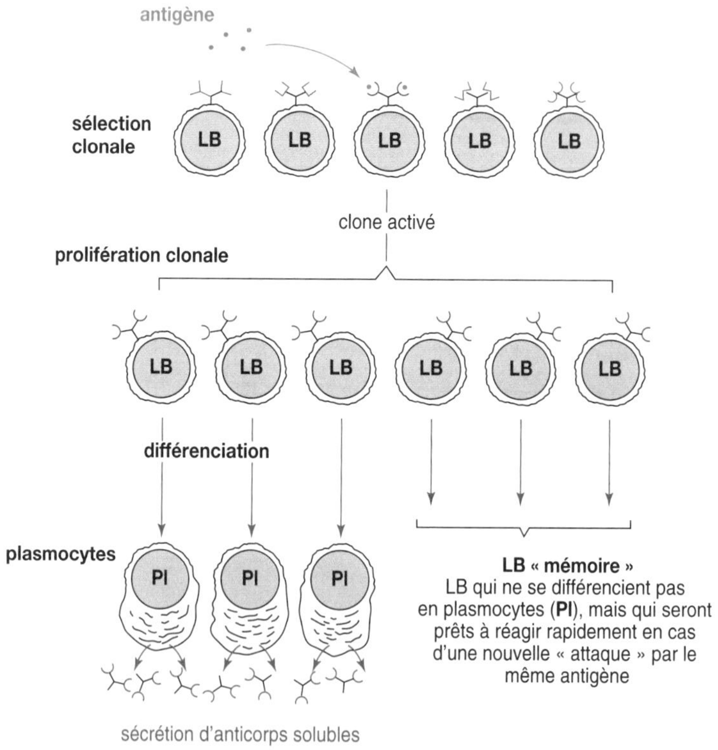
antigène
sélection clonale
LB
clone activé
prolifération clonale
différenciation
plasmocytes
Pl
LB « mémoire »
LB qui ne se différencient pas en plasmocytes (Pl), mais qui seront prêts à réagir rapidement en cas d'une nouvelle « attaque » par le même antigène
sécrétion d'anticorps solubles

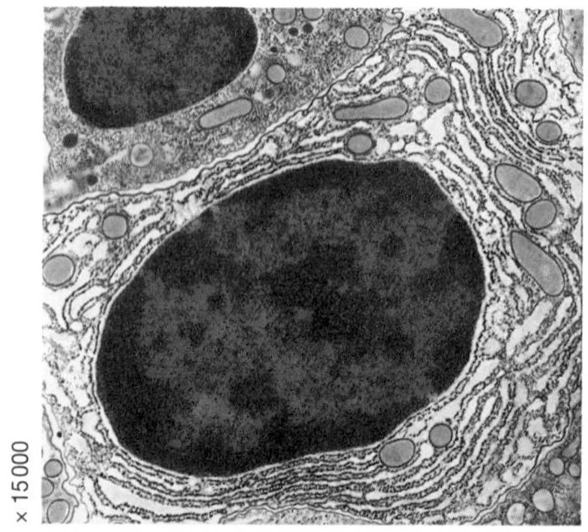
× 15000

Un plasmocyte appartient au même clone que le lymphocyte B dont il est issu. Il sécrète donc les mêmes anticorps codés par les mêmes gènes. La principale différence réside dans le fait que les anticorps des LB restent ancrés dans la membrane cellulaire alors que ceux des plasmocytes, produits en quantité très supérieure (de 2 000 à 5 000 molécules par seconde), sont déversés dans le sang et la lymphe par **exocytose***. C'est pourquoi on les appelle des **anticorps circulants**.

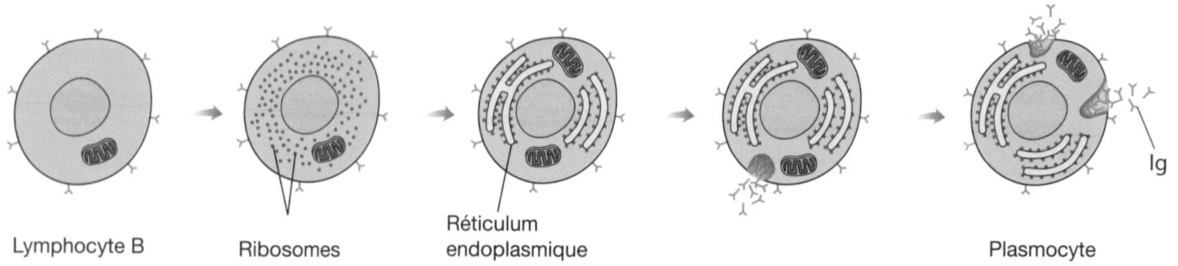
Lymphocyte B
Ribosomes
Réticulum endoplasmique
Ig
Plasmocyte

Doc. 1 Les plasmocytes, des cellules spécialisées dans la production et la sécrétion massive d'un type précis d'immunoglobuline (Ig).

B Le complexe immun et son élimination

La liaison chimique entre deux types de molécules solubles, antigène d'une part, anticorps d'autre part, conduit à la formation d'un composé insoluble, le **complexe immun**, qui précipite. La photographie **a** montre, à très fort grossissement, des molécules d'anticorps fixées sur des molécules d'antigènes. La photographie **b**, encore plus grossie, montre une molécule d'anticorps : elle a la forme d'un Y et c'est par les extrémités des « bras » du Y qu'elle se fixe sur l'antigène.

Les anticorps ont donc pour fonction essentielle de neutraliser les antigènes, c'est-à-dire de les rendre inactifs (biologiquement inertes). L'élimination définitive des antigènes fait intervenir d'autres mécanismes, comme la phagocytose, capables de faire disparaître les complexes immuns.

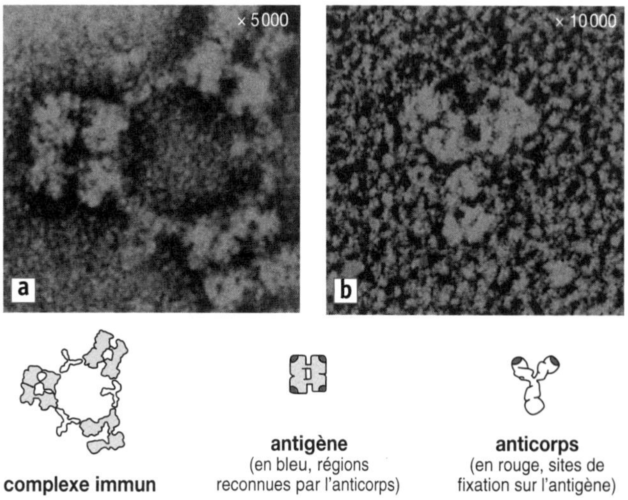
× 5000
× 10000
a
b
complexe immun
antigène
(en bleu, régions reconnues par l'anticorps)
anticorps
(en rouge, sites de fixation sur l'antigène)

Doc. 2 La formation d'un complexe immun.

Les anticorps se fixent sur les antigènes, par exemple présents sur une paroi bactérienne, grâce à leurs sites de reconnaissance constitués par les régions variables de leurs chaînes lourdes et légères (**site anticorps**). Ils forment ainsi un complexe immun. Ces sites de reconnaissance étant localisés au niveau des « bras » de la molécule, la région constante de l'anticorps (nommé **fragment constant** ou **Fc**) est donc « exposée » à la périphérie du complexe immun. Or, la membrane des cellules phagocytaires (granulocytes et macrophages) possède des récepteurs membranaires capables de se fixer de manière spécifique à cette région constante. L'adhérence indispensable entre le phagocyte et sa proie est donc grandement facilitée.

C'est donc la phagocytose qui assure finalement l'élimination des complexes immuns.

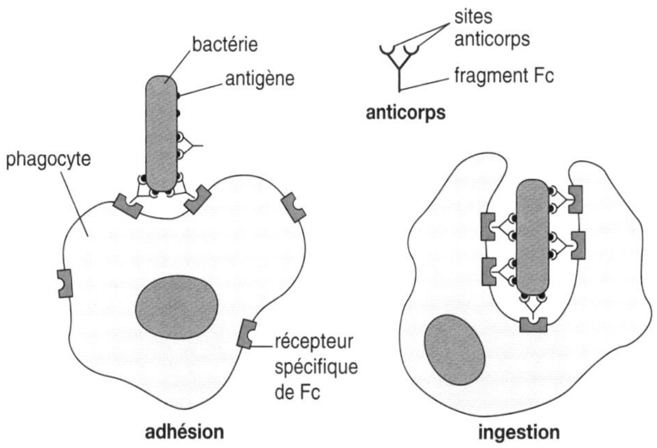
bactérie
antigène
phagocyte
récepteur spécifique de Fc
adhésion
sites anticorps
fragment Fc
anticorps
ingestion

Doc. 3 La fixation d'anticorps spécifiques sur l'antigène facilite la phagocytose.

Lexique

- Complexe immun : produit insoluble formé par la liaison spécifique entre un antigène et l'anticorps correspondant.
- Exocytose : mécanisme d'évacuation à l'extérieur de la cellule du contenu d'une vésicule cytoplasmique par fusion de la membrane de cette vésicule avec la membrane plasmique (voir p. 87).

Pistes d'exploitation

1 Doc. 1 : En vous aidant de la micrographie, réalisez un schéma montrant les caractéristiques cellulaires du plasmocyte qui sont en relation avec son activité sécrétoire intense.

2 Doc. 2 : Expliquez pourquoi les complexes immuns forment en général des agrégats de taille relativement grande (on parle d'agglutination).

3 Doc. 3 : On dit que la phagocytose est une réaction immunitaire « innée » : expliquez ce que signifie cette expression. Montrez qu'une telle affirmation mérite d'être nuancée.

Activités pratiques 5

La réponse immunitaire acquise de type cellulaire

L'organisme dispose d'autres armes que les anticorps pour se défendre contre des intrus : il possède aussi des lymphocytes T cytotoxiques capables de tuer toute cellule identifiée comme anormale (cellule infectée par un virus ou cellule vieillie ou inadaptée, comme une cellule cancéreuse par exemple).

- Quels sont ces lymphocytes cytotoxiques et comment reconnaissent-ils leur cible ?
- Par quels mécanismes la cellule attaquée est-elle détruite ?

A Un LT cytotoxique reconnaît une cellule anormale grâce à des récepteurs spécifiques

Protocole expérimental

On infecte un lot de souris appartenant toutes à la même souche par un virus pathogène mais non mortel (virus LCM qui attaque les cellules nerveuses et provoque une méningite [inflammation des méninges, membranes protectrices du système nerveux]). Sept jours plus tard, on prélève des LT dans la rate des souris et on les transfère sur des cultures de cellules nerveuses de souris de la même souche, certaines infectées, d'autres non.

Résultats

milieu 1 lymphocytes T (LT) culture de cellules nerveuses de souris infectées par le virus LCM	90 % des cellules sont lysées (c'est-à-dire détruites)
milieu 2 (LT) culture de cellules nerveuses de souris non infectées	les cellules ne subissent aucune modification
milieu 3 (LT) culture de cellules nerveuses de souris infectées par un virus voisin de LCM attaquant les mêmes cellules cibles	aucune cellule lysée

Doc.1 Une expérience pour préciser les modalités de détection des cellules anormales par le LT.

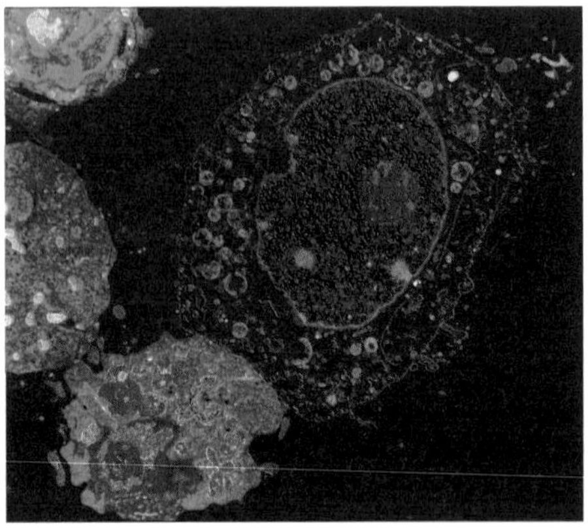
× 3500

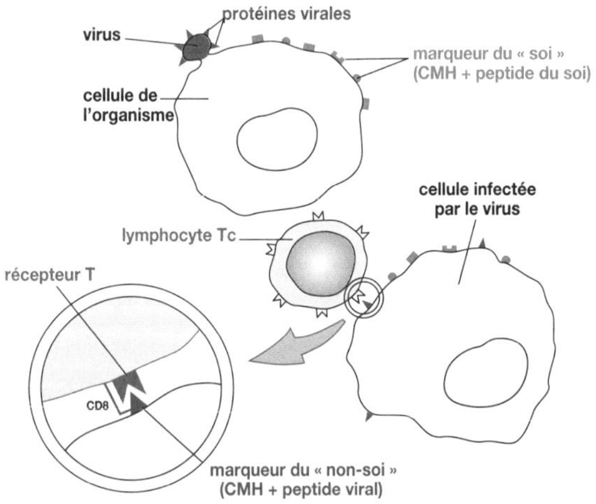
virus
protéines virales
marqueur du « soi » (CMH + peptide du soi)
cellule de l'organisme
cellule infectée par le virus
lymphocyte Tc
récepteur T
CD8
marqueur du « non-soi » (CMH + peptide viral)

Après leur maturation dans le thymus, les lymphocytes T immunocompétents gagnent les liquides circulants et les organes lymphatiques. Ces LT sont alors capables de reconnaître les cellules porteuses de marqueurs du non-soi, comme par exemple ceux d'une cellule cancéreuse, d'une cellule vieillie ou infectée par un virus.

Les lymphocytes T8 entrent en contact avec l'antigène pour lequel ils sont spécifiques et se transforment en LT cytotoxiques ou LTc. Ils attaqueront par la suite toute autre cellule portant à sa surface le même antigène.

Photographie : lymphocyte T cytotoxique (en vert) attaquant une cellule cancéreuse (MET, fausses couleurs).

Doc.2 Les LT8 s'attaquent aux cellules de l'organisme qui présentent en surface des antigènes étrangers.

B Le LT cytotoxique déclenche la mort de la cellule cible

La photographie (au MEB, fausses couleurs) montre un lymphocyte T cytotoxique (petite cellule orange) attaquant une cellule cible (cellule cancéreuse mauve) et déclenchant sa mort par **apoptose**.

L'apoptose est un mécanisme d'autodestruction cellulaire programmé génétiquement et qui peut être mis en route lorsque la cellule reçoit certains signaux de son environnement. Ce mécanisme se caractérise par une fragmentation de l'ADN et un bourgeonnement de la membrane plasmique qui forme des « corps apoptiques », petites vésicules qui seront phagocytées par les « éboueurs » de l'organisme, c'est-à-dire essentiellement les granulocytes et les macrophages.

Dans le cas de l'attaque d'une cellule cible (cellule infectée par un virus ou cellule cancéreuse) par un LTc, les signaux qui induisent l'autodestruction cellulaire sont complexes. On peut retenir que l'activité cytotoxique s'organise en trois phases résumées dans le dessin ci-dessous :

- contact entre le LTc et la cellule cible ;
- libération par le LTc du contenu de certaines vésicules cytoplasmiques ;
- les substances libérées entraînent irrémédiablement, quelques heures plus tard, la mort de la cellule par différents mécanismes.

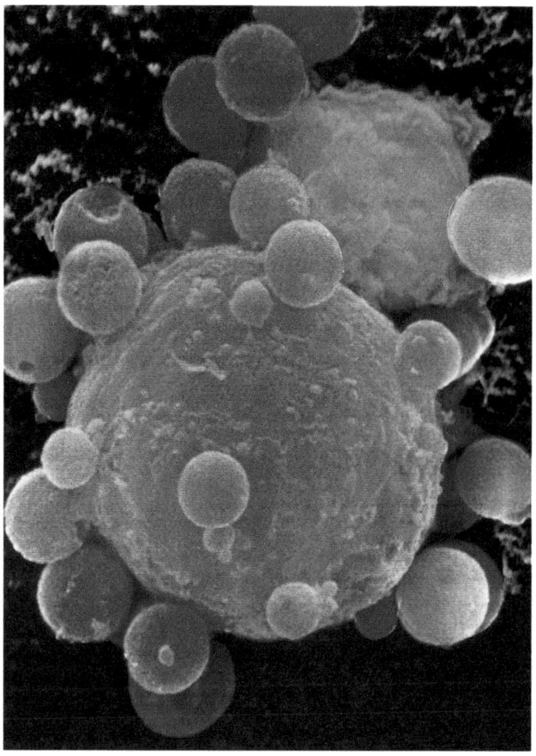

× 3500

Illustration de deux mécanismes conduisant à la mort de la cellule cible

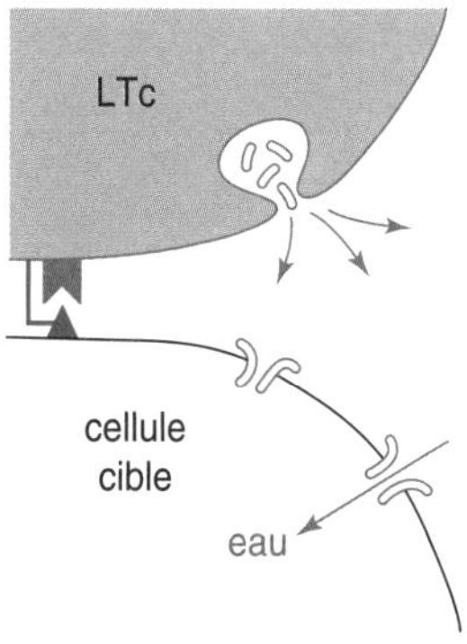
LTc
cellule cible
eau
• reconnaissance de la cellule cible
• libération de protéines capables de créer des pores dans la membrane de la cellule cible
• entrée d'eau et lyse de la cellule par éclatement

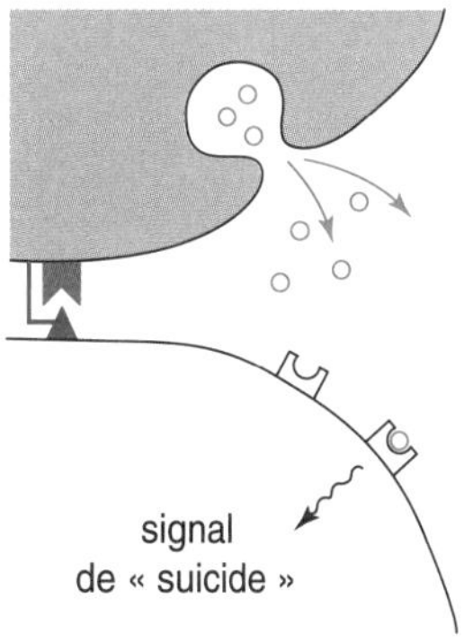
signal de « suicide »
• reconnaissance de la cellule cible
• libération de « signaux » chimiques capables de se fixer sur des récepteurs de la cellule cible
• induction de la mort de la cellule par apoptose

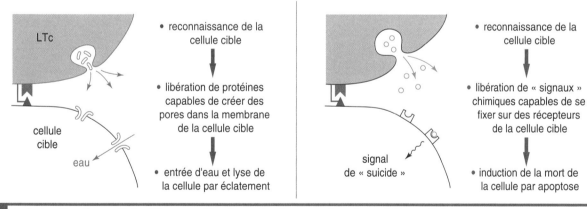

Doc. 3 La destruction d'une cellule cible par un LTc est un mécanisme complexe de « suicide » cellulaire (ou apoptose).

Pistes d'exploitation

1 **Doc. 1** : Après analyse des résultats de cette expérience, expliquez en quoi la reconnaissance de leur cible par les lymphocytes T est différente de celle des lymphocytes B.

2 **Doc. 2 et 3** : Comparez l'action des anticorps à celle des cellules cytotoxiques. En quoi ces actions sont-elles complémentaires ?

Activités pratiques 6

La coopération cellulaire

Lorsqu'un antigène pénètre dans l'organisme, il peut être phagocyté de manière non spécifique. Lorsqu'il se trouve dans les liquides du corps, il peut également activer les LB et être à l'origine des anticorps circulants. En outre, s'il pénètre dans une cellule, il peut aussi activer les LT dont certains, les LT8, se transformeront en cellules cytotoxiques.

- Comment les cellules phagocytaires et les différentes populations de lymphocytes interagissent-elles et coopèrent-elles afin d'assurer une efficacité maximale de la réponse immunitaire ?
- Que sont les lymphocytes T4 et pourquoi leur rôle est-il prépondérant dans la réponse immunitaire ?

A Les cellules présentatrices de l'antigène

L'expérience de Mosier (1967) consiste à placer les différents leucocytes d'une souris en présence de globules rouges de mouton (GRM), et à tester l'existence d'une réponse immunitaire.

Dans un prélèvement réalisé dans la rate de l'animal, on observe plusieurs types de leucocytes : macrophages, LB et LT. Lorsqu'ils sont mis en culture, les macrophages ont (à la différence des autres leucocytes) la propriété d'adhérer facilement aux parois des récipients. Une telle propriété permet de les trier facilement.

Les lymphocytes et les macrophages sont ensuite mis en culture en présence de GRM, soit séparément, soit ensemble.

L'importance de la réponse immunitaire éventuelle est ensuite évaluée en comptant la quantité d'anticorps anti-GRM (ou le nombre de cellules lysées [détruites]).

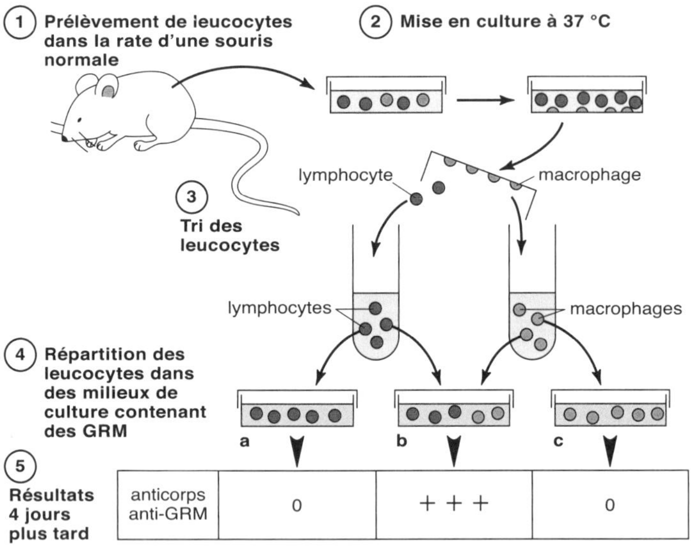

1 Prélèvement de leucocytes dans la rate d'une souris normale
2 Mise en culture à 37 °C
lymphocyte
macrophage
3 Tri des leucocytes
lymphocytes
macrophages
4 Répartition des leucocytes dans des milieux de culture contenant des GRM
a
b
c
5 Résultats 4 jours plus tard
anticorps anti-GRM
0
+ + +
0

Doc. 1 Une expérience montrant la nécessité d'une coopération entre certaines cellules du système immunitaire.

Après avoir phagocyté un élément étranger, un virus par exemple, un macrophage peut se diriger vers un organe lymphoïde comme un ganglion ou la rate pour y rencontrer un maximum de lymphocytes « en attente ». Le macrophage, après avoir dégradé sa « proie », expose ensuite sur ses marqueurs membranaires des peptides issus de l'élément étranger. Il devient alors une **cellule présentatrice de l'antigène**. Il expose en effet ses marqueurs devenus des marqueurs du non-soi à différents clones de lymphocytes T8 qui se transforment en LT cytotoxiques, ou à des lymphocytes T4 qui s'activent en lymphocytes T auxiliaires.

Photographie : une cellule présentatrice de l'antigène (ici un macrophage) entourée de lymphocytes T.

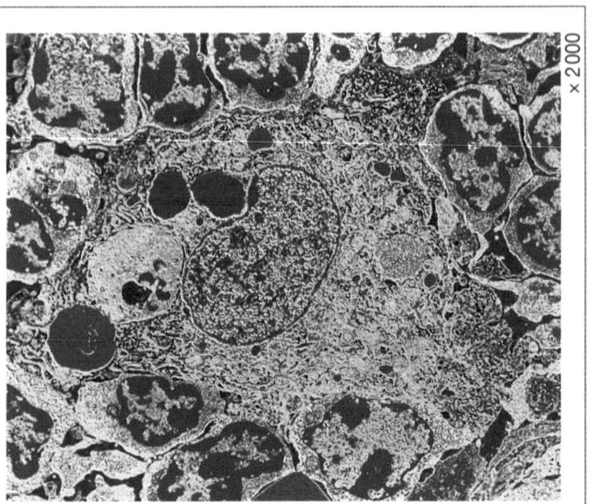

× 2000

Doc. 2 Les CPA, cellules présentatrices de l'antigène.

B Le rôle fondamental des LT4

Des lymphocytes T, prélevés chez un sujet sain, sont cultivés en présence de produits stimulants qui, jouant le rôle d'antigènes, provoquent leur activation. Le surnageant de la culture est introduit dans des cultures de lymphocytes B et dans des cultures de lymphocytes T (LT8 et LT4).

Remarques

- L'analyse biochimique du surnageant révèle, entre autres, la présence d'une substance nommée interleukine 2.
- Avant prélèvement du surnageant, une analyse cytologique précise des lymphocytes de la première culture révèle que les cellules productrices d'interleukine 2 sont des lymphocytes T4.
- Des cultures de lymphocytes B ou de lymphocytes T ne prolifèrent pas en l'absence de surnageant.

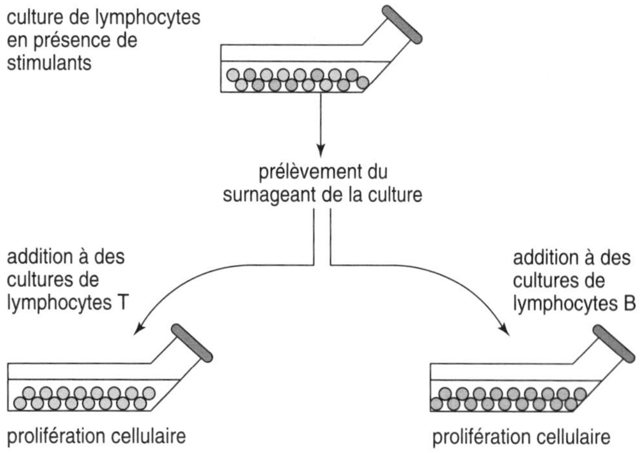
culture de lymphocytes en présence de stimulants
prélèvement du surnageant de la culture
addition à des cultures de lymphocytes T
addition à des cultures de lymphocytes B
prolifération cellulaire
prolifération cellulaire

Doc. 3 La démonstration d'un mode de communication entre lymphocytes.

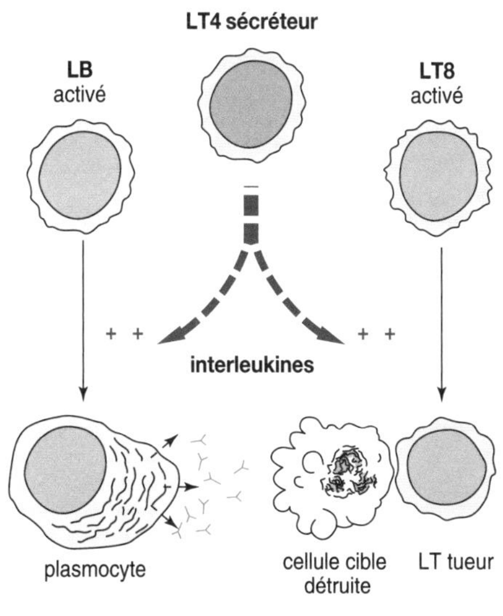
LT4 sécréteur
LB activé
LT8 activé
+ +
+ +
interleukines
plasmocyte
cellule cible détruite
LT tueur

Les cellules immunitaires ont la capacité de communiquer entre elles grâce à des signaux chimiques : ce sont des glycoprotéines (ci-contre en reconstitution 3D) sécrétées par les cellules et aptes à stimuler les cellules immunitaires avoisinantes.

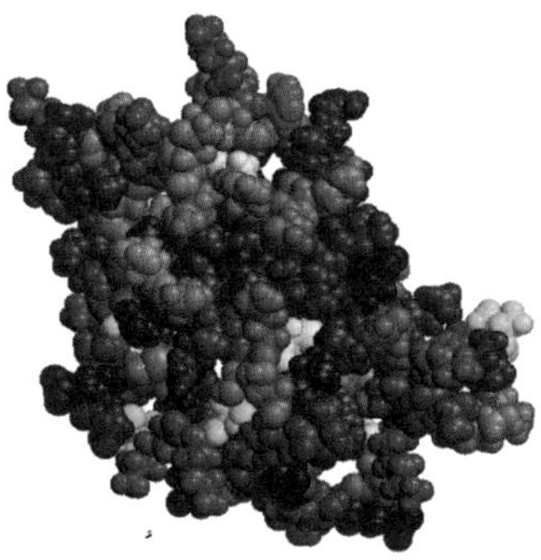

C'est ainsi que la fixation d'un LT4 sur la membrane d'un macrophage présentant un antigène reconnu par ce LT4 déclenche la sécrétion par le LT4 d'**interleukine 2** (ou **IL2**).

Sous l'effet de l'IL2, la prolifération des LT4 est stimulée, ce qui augmente d'autant la sécrétion de cette substance. Les clones de LB et de LT8 activés (c'est-à-dire ayant détecté le même antigène) sont eux aussi stimulés par l'IL2 et par d'autres signaux. Une telle stimulation est nécessaire car elle permet la prolifération clonale des lymphocytes et leur différenciation respective en plasmocytes, en LT cytotoxiques et en LB ou LT « mémoire ». L'efficacité de l'ensemble de « l'arsenal immunitaire acquis » dépend donc de l'activité sécrétrice de ces « LT auxiliaires ».

Doc. 4 Les LT4 ou LT auxiliaires, des acteurs indispensables de l'immunité acquise.

Pistes d'exploitation

1 **Doc. 1** : Émettez des hypothèses expliquant le rôle des macrophages dans l'expérience décrite.

2 **Doc. 2 et 3** : Quelles précisions apportent ces deux documents concernant les mécanismes de coopération entre cellules immunitaires ? Ceux-ci se complètent-ils ?

3 **Doc. 4** : Justifiez l'appellation « lymphocytes T auxiliaires » donnée aux LT4.

Activités pratiques 7

La mémoire immunitaire

Lorsqu'on a eu certaines maladies (oreillons, rougeole,...) on ne les « attrape » pas une seconde fois. Il faut donc en déduire que le système immunitaire garde en mémoire le contact antigénique. En outre, lorsqu'il rencontre ultérieurement un antigène qu'il a déjà combattu, sa réponse est beaucoup plus efficace, ce qui peut éviter à l'organisme de subir à nouveau une même maladie.

- Peut-on « mesurer » cette augmentation d'efficacité du système immunitaire ?
- Sous quelle forme l'organisme conserve-t-il cette mémoire du contact avec un antigène ?

A Des expériences à analyser

Deux lots de souris (lots **A** et **B**) reçoivent une première injection de globules rouges de mouton (GRM) au jour 0. Ces GRM jouent le rôle d'antigènes car ils sont reconnus comme étrangers par la souris.

Expérience 1

- Une moitié des souris du lot A subissent alors des prélèvements de rate : une première souris le jour de l'injection, une deuxième deux jours après l'injection, une troisième quatre jours après, etc.
- Les souris restantes reçoivent une seconde injection de **GRM**, le 30e jour après la première. Des prélèvements de rate sont ensuite réalisés de manière échelonnée.

Les lymphocytes provenant de chaque prélèvement sont mis en culture en présence de GRM. Puis, à l'aide d'une technique appropriée d'immunologie, on dénombre le nombre de lymphocytes B sécréteurs d'anticorps anti-GRM.

Expérience 2

- Une moitié des souris du lot B sont soumises au même traitement que les souris du lot A.
- Les souris restantes reçoivent une injection de globules rouges de lapin (**GRL**) le 30e jour après l'injection de GRM du jour 0. On réalise ensuite des prélèvements de rate échelonnés comme précédemment.

Cette fois, c'est le nombre de lymphocytes B sécréteurs d'anticorps anti-GRL contenus dans chacun des prélèvements qui est estimé (en cultivant ces lymphocytes en présence de GRL).

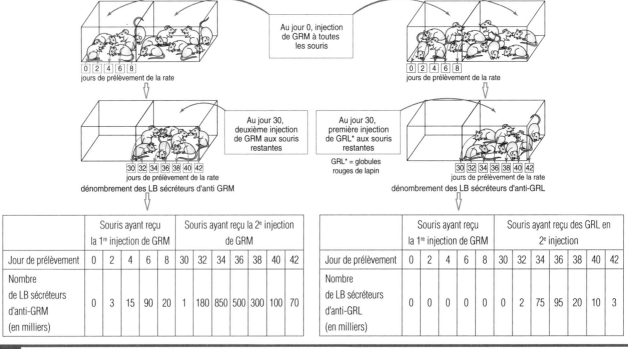

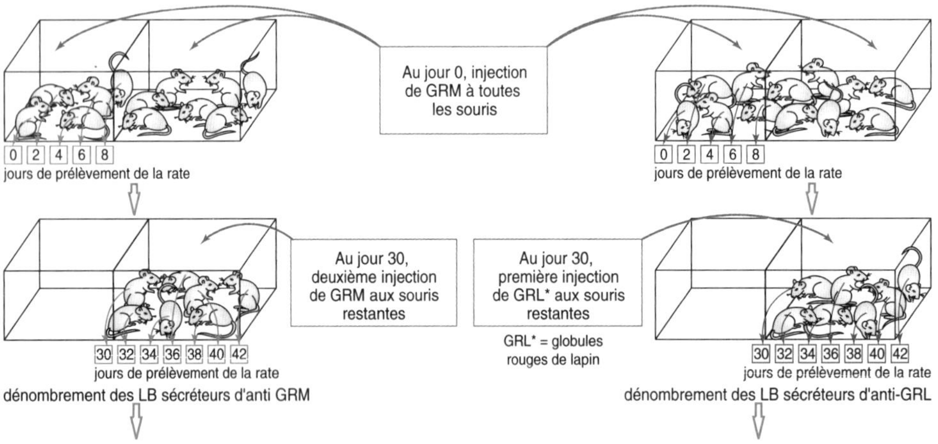
Au jour 0, injection de GRM à toutes les souris
0 2 4 6 8
jours de prélèvement de la rate
0 2 4 6 8
jours de prélèvement de la rate
Au jour 30, deuxième injection de GRM aux souris restantes
Au jour 30, première injection de GRL* aux souris restantes
GRL* = globules rouges de lapin
30 32 34 36 38 40 42
jours de prélèvement de la rate
dénombrement des LB sécréteurs d'anti GRM
30 32 34 36 38 40 42
jours de prélèvement de la rate
dénombrement des LB sécréteurs d'anti-GRL

	Souris ayant reçu la 1re injection de GRM					Souris ayant reçu la 2e injection de GRM						
Jour de prélèvement	0	2	4	6	8	30	32	34	36	38	40	42
Nombre de LB sécréteurs d'anti-GRM (en milliers)	0	3	15	90	20	1	180	850	500	300	100	70

	Souris ayant reçu la 1re injection de GRM					Souris ayant reçu des GRL en 2e injection						
Jour de prélèvement	0	2	4	6	8	30	32	34	36	38	40	42
Nombre de LB sécréteurs d'anti-GRL (en milliers)	0	0	0	0	0	0	2	75	95	20	10	3

Doc. 1 Évolution du nombre de lymphocytes sécréteurs d'anticorps spécifiques d'un antigène donné, dans deux situations différentes.

B Réponse primaire et réponse secondaire

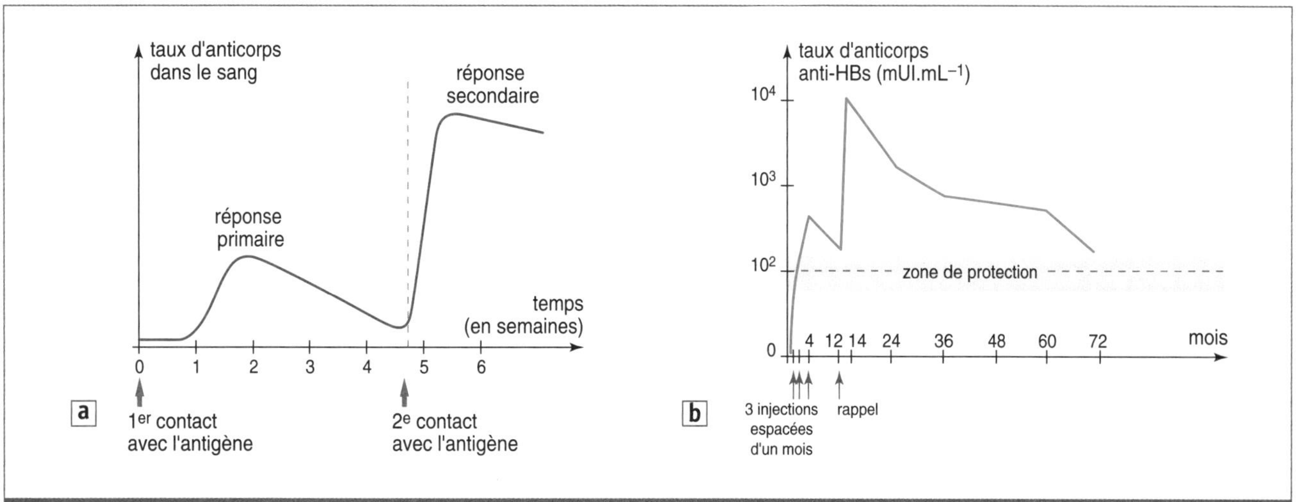

taux d'anticorps dans le sang
réponse secondaire
réponse primaire
temps (en semaines)
0 1 2 3 4 5 6
a
1er contact avec l'antigène
2e contact avec l'antigène
taux d'anticorps anti-HBs (mUI.mL-1)
10^4
10^3
10^2
zone de protection
0
4 12 14 24 36 48 60 72
mois
b
3 injections espacées d'un mois
rappel

Doc. 2 Évolution du taux plasmatique d'anticorps spécifiques : **a** – à la suite de deux injections successives du même antigène (courbe théorique) ; **b** – cas concret du taux d'anticorps anti-HBs lors d'une vaccination contre l'hépatite B.

L'activation d'un clone de LB ou de LT par un antigène donné se traduit par une prolifération clonale puis une différenciation qui conduit à des cellules effectrices : plasmocytes, LT cytotoxiques et LT auxiliaires. Ces cellules ont une durée de vie très courte (de quelques heures à quelques jours) et ne peuvent donc pas constituer le support de la mémoire immunitaire. Dès lors, après la prolifération clonale des LB, LT8 et LT4, certains parmi eux se différencient en «cellules à mémoire» qui persisteront longtemps dans l'organisme.

> Certains lymphocytes peuvent persister longtemps sous la forme de «cellules à mémoire». Leur durée de vie peut dépasser 40 ans chez l'homme, comme l'ont montré les observations de cellules porteuses d'anomalies chromosomiques incompatibles avec une division cellulaire, dans le sang des survivants d'Hiroshima.

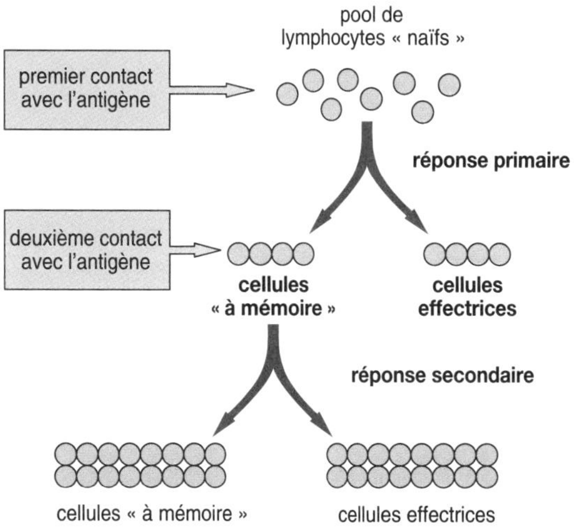

pool de lymphocytes « naïfs »
premier contact avec l'antigène
réponse primaire
deuxième contact avec l'antigène
cellules « à mémoire »
cellules effectrices
réponse secondaire
cellules « à mémoire »
cellules effectrices

Doc. 3 Un pool de cellules à mémoire qui augmente lors de la réponse secondaire.

Pistes d'exploitation

1 **Doc. 1** : Montrez que l'expérience 1 met en évidence l'existence d'une mémoire immunitaire.
Quelle précision apporte l'expérience 2 ?

2 **Doc. 2** : Comparez les caractéristiques de la réponse primaire et de la réponse secondaire.

3 **Doc. 2** : Sur quel principe se base la vaccination ? Pourquoi est-il nécessaire de faire plusieurs injections et des rappels ?

4 **Doc. 3** : Quelles sont les cellules qui assurent la mémoire immunitaire,
- dans le cas d'une défense de l'organisme par des anticorps solubles ?
- dans le cas d'une défense antitumorale ou antivirale par l'intermédiaire de cellules tueuses ?

Activités pratiques 8

Vaccination et séro-vaccination

Chacun d'entre nous a été vacciné contre plusieurs maladies infectieuses, principalement bactériennes ou virales. Certaines vaccinations sont pratiquées chez le jeune enfant, d'autres chez l'adulte ou la personne âgée.

- Quel est le principe de ces différentes vaccinations ?
- Quel est le principe de la « séro-vaccination » administrée en cas de blessure notamment ?

A La vaccination mime l'immunité acquise suite à une infection

Avant la généralisation de la vaccination contre certaines maladies contagieuses infantiles, ces dernières étaient fréquentes chez les enfants d'âge scolaire qui contractaient, par exemple, la rougeole (photo), la rubéole, les oreillons,... On pouvait alors constater qu'une personne guérie de la rougeole, ou de la rubéole, « n'attrapait » plus cette maladie ; elle était désormais protégée contre le virus correspondant. Nous savons maintenant que c'est parce qu'elle produit très efficacement des anticorps ou des lymphocytes spécialisés capables de neutraliser immédiatement l'agent pathogène s'il pénètre à nouveau dans l'organisme. En revanche, lors du premier contact avec le virus, cette protection n'est pas immédiate : 6 à 8 jours sont nécessaires pour qu'elle se mette en place, d'où l'apparition de la maladie.

Les vaccins actuels contiennent différent types d'agents capables d'induire la réponse immunitaire sans engendrer de maladie : toxine microbienne atténuée (anatoxine), agents infectieux inactivés (inertes), agents vivants atténués ou sous-unités (molécule, particule) d'agents infectieux.

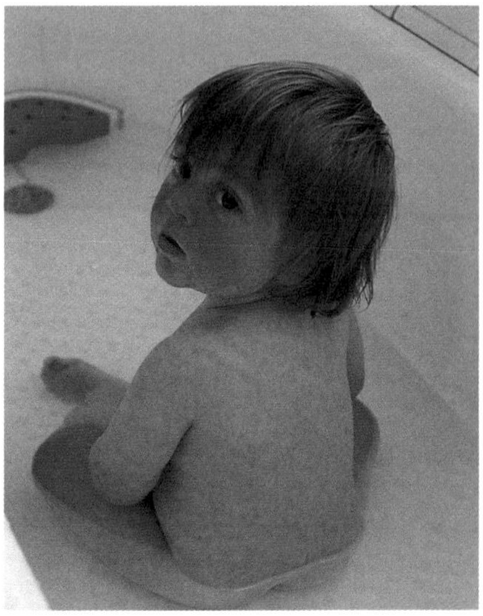

Calendrier de vaccination recommandé par la FWB en 2016 :

		Nourrissons					Enfants-adolescents				Adultes		
		2 mois	**3** mois	**4** mois	**12** mois	**15** mois	**5-6** ans	**11-12** ans	**13-14** ans	**15-16** ans	Tous les **10** ans	grossesse	**65** ans et +
Poliomyélite		*	*	*		*	*						
Diphtérie		*	*	*		*	*			*	*	*	
Tétanos		*	*	*		*	*			*	*	*	
Coqueluche		*	*	*		*	*			*		*	
Hib*		*	*	*		*							
Hépatite B		*	*	*		*							
Rougeole	RRO				*			*					
Rubéole	RRO				*			*					
Oreillons	RRO				*			*					
Grippe													*
Papillomavirus									**				
Méningocoque C						*							
Rotavirus		*	*	(*)									
Pneumocoque		*		*	*								*

maladie d'origine virale
maladie d'origine bactérienne

* * en une seule injection

**Haematophylus influenzae* de type be

Doc.1 La vaccination, un moyen de se protéger contre certaines infections.

B La sérothérapie ou séro-vaccination

Lorsqu'une personne n'ayant pas subi de rappel antitétanique depuis plus de 15 ans se blesse profondément (par exemple sur de vieux fils barbelés souillés de terre), le médecin procède à une **séro-vaccination** afin d'enrayer le développement éventuel du tétanos.

Il injecte d'abord des immunoglobulines humaines purifiées et dont certaines fractions ont été concentrées (**sérothérapie**). Ces anticorps ont été obtenus à partir du sérum de donneurs bénévoles : par une technique de don de sang particulière, la plasmaphérèse, on prélève chez le donneur du plasma, mais pas les globules.

Le médecin pratique ensuite une injection de vaccin anti-tétanique (de l'anatoxine tétanique) qui sera suivie d'une deuxième puis d'une troisième injection (**vaccination**).

Le graphe ci-contre présente l'évolution des taux des anticorps anti-toxine tétanique dans le plasma du blessé en fonction du temps.

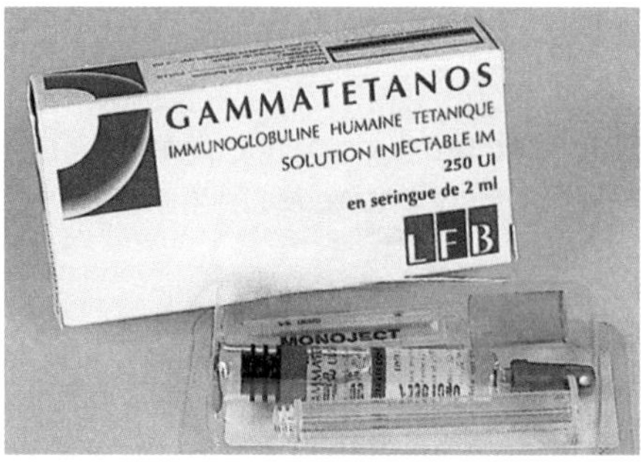
GAMMATETANOS
IMMUNOGLOBULINE HUMAINE TETANIQUE
SOLUTION INJECTABLE IM
250 UI
en seringue de 2 ml
LFB
MONOJECT

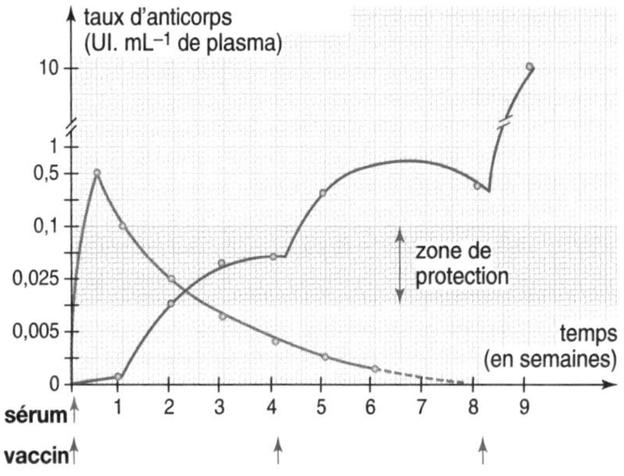
taux d'anticorps
(UI. mL^{-1} de plasma)
10
1
0,5
0,1
0,025
0,005
0
zone de
protection
temps
(en semaines)
1 2 3 4 5 6 7 8 9
sérum
vaccin

Doc. 2 Une pratique médicale : la séro-vaccination.

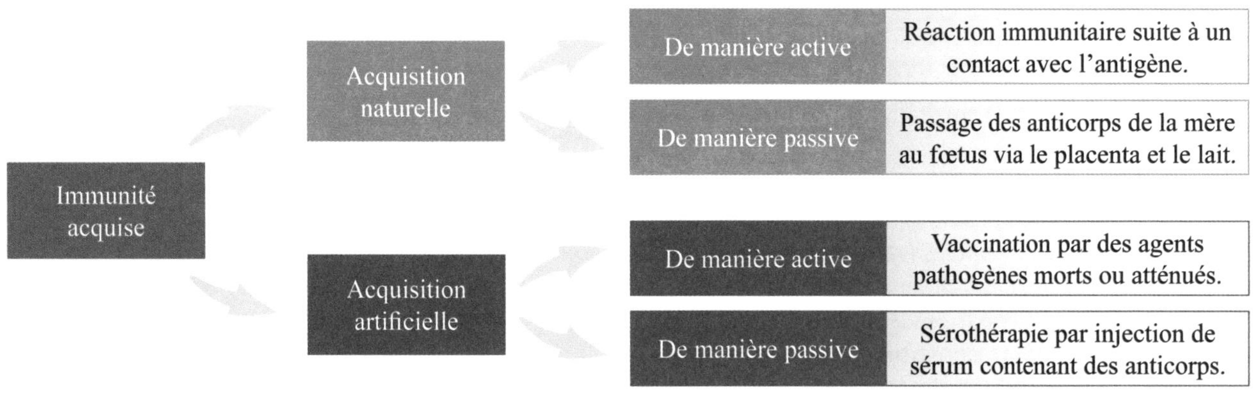
Immunité
acquise
Acquisition
naturelle
Acquisition
artificielle
De manière active
Réaction immunitaire suite à un contact avec l'antigène.
De manière passive
Passage des anticorps de la mère au fœtus via le placenta et le lait.
De manière active
Vaccination par des agents pathogènes morts ou atténués.
De manière passive
Sérothérapie par injection de sérum contenant des anticorps.

Doc. 3 L'organisme peut être protégé de diverses façons.

Pistes d'exploitation

1. **Doc. 1** : Montrez que la vaccination « mime » le processus naturel d'acquisition d'une immunité spécifique contre un antigène et expliquez quelles propriétés doit avoir une substance vaccinante pour être utilisable en médecine.
2. **Doc. 2** : Quels sont les intérêts respectifs du sérum et du vaccin ? Quel est l'intérêt de la combinaison des deux ?
3. **Doc. 2** : Comparez l'action du sérum à celle du vaccin dans la prévention du tétanos. Quel est l'intérêt de la combinaison des deux procédés ?
4. **Doc. 3** : Donnez un ou deux exemples pris dans la vie courante pour illustrer chaque type de protection de l'organisme.

Les mécanismes de la défense immunitaire

Contrairement à l'immunité innée, les mécanismes de la défense acquise sont très spécifiquement adaptés à l'antigène rencontré. Ils permettent en outre une mise en mémoire de cet antigène afin de mieux le combattre lors d'une infection ultérieure.

1 La reconnaissance du « soi » et du « non-soi »

La défense acquise fait appel à un système de reconnaissance très strict entre les cellules de l'organisme, le « soi », et les corps étrangers (ou considérés comme tels) à éliminer, le « non-soi ».

1. Les antigènes

On appelle **antigène** toute molécule capable de déclencher une réaction de défense acquise. Ces molécules proviennent du milieu extérieur (microbes, toxines,...) ou sont des molécules présentes sur des cellules de l'organisme devant être éliminées (cellules cancéreuses, infectées par un virus ou trop âgées).

2. Les marqueurs du « soi » et du « non-soi »

La reconnaissance des cellules de l'organisme se fait grâce à diverses protéines présentes sur la membrane cellulaire.

- Le **système CMH** (Complexe Majeur d'Histocompatibilité) est un système de protéines présentes sur la membrane de toutes les cellules nucléées de l'organisme. Ces protéines sont codées par treize gènes principaux présents sur le chromosome 6. Ces gènes possèdent de très nombreux allèles (variantes), si bien qu'il est à peu près impossible que deux personnes (à l'exception des jumeaux vrais) possèdent exactement le même CMH. Ce système constitue donc l'**empreinte moléculaire** de chaque individu. Lors d'une greffe, plus les CMH du donneur et du receveur sont proches (compatibles), plus les chances de réussir la greffe seront importantes.

- Chaque cellule nucléée associe un peptide du soi aux protéines CMH. L'association peptide-CMH constitue le **« marqueur du soi »** de la cellule et permet à celle-ci d'être reconnue par le système immunitaire comme étant saine et faisant partie de l'organisme. Lorsque la cellule est malade ou âgée, le peptide est modifié. De même, lorsqu'une cellule est infectée, le CMH est associé avec un peptide originaire de l'agent infectieux. Ceci constitue alors le **« marqueur du non-soi »** qui permettra au système immunitaire de reconnaître la cellule comme devant être éliminée.

- Les globules rouges humains matures ne possèdent pas de noyau et n'ont donc pas de système CMH. Ils possèdent par contre un autre système de protéines membranaires de reconnaissance : **le système ABO**, déjà étudié en 4e année.

3. Les récepteurs des lymphocytes

Les cellules immunitaires sont capables de reconnaître les marqueurs du « soi » et les molécules du « non-soi » grâce à d'autres protéines également présentes sur leur membrane.

- Les **lymphocytes B**, comme toutes les cellules sanguines, naissent dans la **moelle osseuse** et y acquièrent leur **immunocompétence**, c'est-à-dire leurs récepteurs membranaires ou **immunoglobulines (anticorps) de membrane**. Celles-ci sont capables de reconnaître des **antigènes libres** dans les liquides circulants de l'organisme, le sang ou la lymphe. Les immunoglobulines sont des protéines complexes qui résultent de l'assemblage de quatre chaînes polypeptidiques identiques deux à deux : deux chaînes lourdes, ou **H**, et deux chaînes légères, ou **L**. L'ensemble constitue une molécule en forme de **Y** ancrée dans la membrane.

Lourdes ou légères, les chaînes présentent des différences dans la région des 100 premiers acides aminés ; elles sont constantes au-delà. Les régions variables situées aux extrémités des branches de l'**Y** constituent les deux **sites anticorps** de la molécule d'immunoglobuline. La « queue » de l'**Y** constitue le fragment constant (ou **Fc**) de l'immunoglobuline.

Un LB donné n'exprime à sa surface qu'un seul type d'anticorps et n'est donc capable de reconnaître qu'un seul type d'antigène ; il est présent dans l'organisme à quelques milliers d'exemplaires, l'ensemble constituant un clone. Néanmoins, la diversité des sites anticorps est telle que l'organisme est capable de produire une variété quasi infinie d'immunoglobulines différentes.

- Les **lymphocytes T** naissent également dans la moelle osseuse, mais achèvent leur maturation dans le **thymus** où ils acquièrent leurs marqueurs membranaires spécifiques, les **récepteurs T**. Ce sont des protéines possédant également une partie variable et une partie constante, et qui sont spécialisées dans la reconnaissance des **antigènes** lorsque ceux-ci sont **présents sur les cellules** de l'organisme. Comme pour les LB, chaque clone de LT n'est capable de reconnaître qu'un seul type d'antigène.

Contrairement au récepteur des LB, la reconnaissance de l'antigène par le récepteur T est double : une reconnaissance du CMH et une reconnaissance du peptide du non-soi qui lui est associé. Une protéine membranaire supplémentaire associée au récepteur T permet en outre de différencier deux catégories de lymphocyte T : le **CD8** pour les LT8 et le **CD4** pour les LT4.

2 La réaction immunitaire de type humoral

L'entrée ou l'apparition dans l'organisme d'une molécule étrangère déclenche une production massive d'anticorps spécifiques de cet antigène.

1. Reconnaissance de l'antigène ou sélection clonale

Toute molécule étrangère a de grandes chances d'être détectée par quelques LB, ceux qui portent des anticorps membranaires capables de se lier à cet antigène. Parmi les millions de clones différents de LB, sont donc sélectionnés les clones capables de reconnaître l'antigène. Cette reconnaissance active les LB.

2. Prolifération clonale des LB activés

L'**activation** d'un LB se traduit par une multiplication intense de cette cellule par mitose. Elle est donc à l'origine d'un **clone** de lymphocytes possédant rigoureusement les mêmes caractéristiques génétiques et notamment les mêmes gènes codant pour un type précis d'immunoglobuline. L'activité des **LT4** amplifie cette phase de prolifération clonale (voir plus loin).

3. Différenciation des LB en plasmocyte

Une partie des LB sélectionnés se différencient en **plasmocytes.** Ce sont de gros lymphocytes spécialisés dans la synthèse d'anticorps (ou immunoglobulines, Ig) circulants. Il s'agit des mêmes protéines que celles portées par la membrane du LB dont est issu le plasmocyte, mais au lieu d'être ancrées dans la membrane, elles sont expulsées de la cellule par exocytose. Un plasmocyte actif peut sécréter jusqu'à 5 000 molécules d'anticorps solubles par seconde, tous identiques et spécifiques de l'antigène qui a déclenché la réaction immunitaire.

4. La formation de complexes immuns : une neutralisation des antigènes

Les anticorps circulants sont des molécules solubles libérées dans les liquides extracellulaires et capables de se lier, grâce à leurs sites anticorps, à des antigènes dont la forme est complémentaire à celle des sites : c'est la **réaction antigène-anticorps.** Si l'antigène est lui-même une molécule soluble (toxine microbienne, par exemple), le résultat est la formation de **complexes immuns** insolubles qui précipitent. Si les molécules antigéniques sont fixées sur la paroi d'une cellule (une bactérie, par exemple), cette dernière est alors recouverte d'anticorps. Ceux-ci peuvent aussi se fixer sur des particules virales et bloquer leur pénétration dans des cellules,...

5. L'élimination des complexes immuns

Les anticorps ont donc pour fonction essentielle de neutraliser les antigènes, c'est-à-dire de les rendre biologiquement inertes. D'autres mécanismes, comme la **phagocytose**, interviennent ensuite pour faire disparaître les complexes immuns. Cette phagocytose est facilitée par la présence d'anticorps. En effet, une bactérie enduite d'anticorps ou un complexe immun exposent en surface les fragments constants, ou **Fc**, des anticorps. Or la membrane des macrophages possède des récepteurs membranaires capables de se fixer à cette région constante. L'adhérence entre le phagocyte et sa proie est donc facilitée.

3 La réaction immunitaire de type cellulaire

La reconnaissance d'une cellule étrangère à l'organisme ou considérée comme telle (cellule infectée par un virus, cancéreuse ou trop âgée,...) déclenche sa destruction immédiate.

1. Sélection et prolifération clonale des LT8

Une cellule infectée, par exemple par un virus, ou encore cancéreuse ou trop âgée, présente sur sa membrane des protéines « anormales » qui sont repérées comme autant d'antigènes par les lymphocytes T. Cette reconnaissance active les clones de LT8 immunocompétents, c'est-à-dire portant les récepteurs T spécifiques de ces antigènes. Après cette **sélection clonale**, une phase de **prolifération clonale** (soumise là encore à l'activité des LT4) aboutit à la **différenciation** des LT8.

2. Différenciation des LT8 en LT cytotoxiques et destruction de la cellule repérée

Suite à leur activation, les LT8 peuvent donner naissance à des cellules tueuses, ou **cytotoxiques**, capables de détruire toute cellule « anormale ». Le scénario de l'attaque est le suivant : le contact entre le LT cytotoxique et la cellule cible déclenche la libération par le LTc de substances qui entraînent irrémédiablement, quelques heures plus tard, la **lyse** (destruction) de la cellule ou son **apoptose**. Cette dernière est un mécanisme d'autodestruction cellulaire, programmé génétiquement et qui peut être mis en route lorsque la cellule reçoit certains signaux de son environnement. La **phagocytose** assure ensuite l'élimination des débris cellulaires.

4 La coopération cellulaire

1. Le rôle des phagocytes

Après la phagocytose, les macrophages « exposent » sur leur membrane des antigènes appartenant à l'élément étranger. Ils le présentent ensuite, notamment à l'intérieur des ganglions lymphatiques, aux différentes populations de lymphocytes : LB, LT8 et LT4. Les **cellules présentatrices de l'antigène** permet la sélection clonale des cellules immunitaires et leur activation.

2. Les LT4, pivots des réactions immunitaires acquises

Comme les LT8, les LT4 possèdent des récepteurs T et sont donc impliqués eux aussi dans la surveillance des membranes cellulaires.

Lorsqu'ils sont activés par un antigène, les LT4 immunocompétents se multiplient et se différencient en **LT4 auxiliaires** sécréteurs de messagers chimiques, ou **interleukines**. Ces molécules stimulent la prolifération clonale et la différenciation des LB et des LT (LT8 et LT4) spécifiques de ce même antigène. Cette stimulation est **indispensable** à la réalisation complète de la réponse immunitaire acquise. Les LT4 y jouent donc un rôle central.

5 La mémoire immunitaire

Fréquemment, lors d'un premier contact antigénique, la **réponse immunitaire primaire** se met en place lentement et est quantitativement peu importante. La plupart des LB et LT activés ont une durée de vie de quelques jours à quelques semaines seulement. Cependant, durant cette **réponse primaire**, une partie des lymphocytes sélectionnés se différencient respectivement en **LB mémoire, LT8 mémoire** et **LT4 mémoire**. Ceux-ci sont des cellules à longue durée de vie et sont beaucoup plus nombreux que les lymphocytes spécifiques à cet antigène initialement présents dans l'organisme.

Grâce à ces populations de lymphocytes, l'organisme conserve la mémoire des antigènes qui lui ont été présentés auparavant et, lors d'un deuxième contact antigénique, la **réponse secondaire** est plus rapide, plus intense et plus efficace.

La **vaccination** repose sur le principe de la mémoire immunitaire. Elle consiste à injecter à une personne saine un antigène dépourvu de son pouvoir pathogène, de manière à produire chez celle-ci un stock de cellules à mémoire adéquat à l'origine d'une protection adaptée et durable. Ceci lui permettra de lutter efficacement en cas de rencontre réelle avec l'antigène pathogène.

L'essentiel

- Les marqueurs du soi ancrés dans la membrane plasmique sont des protéines du CMH associées à des peptides du soi.
- Les lymphocytes B et T reconnaissent le « non-soi » grâce à des récepteurs membranaires spécifiques d'un et d'un seul type d'antigène. Les récepteurs des LB sont des immunoglobulines ou anticorps de surface. Les récepteurs T assurent la double reconnaissance du CMH et du peptide du non-soi.
- La présence d'un antigène dans le sang ou la lymphe est détectée par quelques LB qui se multiplient et donnent naissance à des plasmocytes sécréteurs d'anticorps (ou immunoglobulines) circulants.
- La liaison antigène-anticorps forme des complexes immuns éliminés ensuite par phagocytose.
- Les cellules anormales sont détectées par des LT4 et des LT8. Les LT8 activés se multiplient et se différencient en LT cytotoxiques capables de détruire les cellules présentant sur leur membrane l'antigène pour lequel ils sont immunocompétents.
- Les LT4 activés se multiplient et sécrètent des interleukines indispensables à la prolifération et à la différenciation de tous les lymphocytes : ce sont les cellules pivots du système immunitaire.
- Les phagocytes participent à la réponse immunitaire acquise en présentant aux LB et LT les antigènes des éléments étrangers qu'ils ont phagocyté ; ils permettent également l'élimination des complexes immuns et des débris cellulaires.
- Les LB et LT mémoire permettent d'augmenter la vitesse et l'ampleur de la réponse secondaire.

Schéma-bilan

■ LA « VEILLE IMMUNITAIRE »

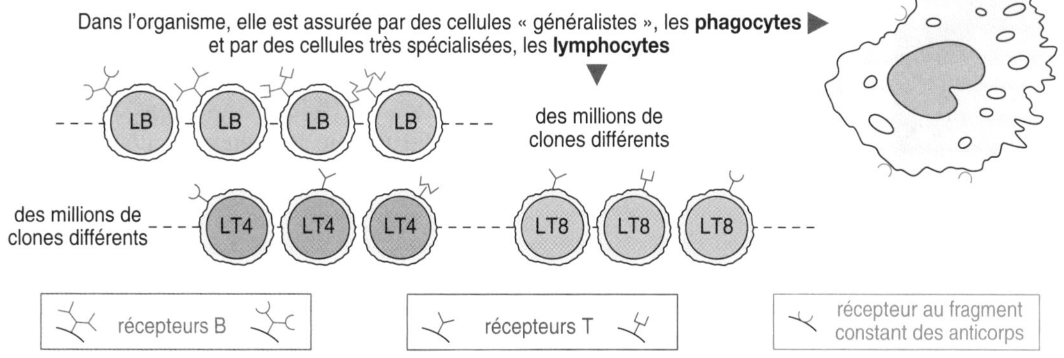
Dans l'organisme, elle est assurée par des cellules « généralistes », les **phagocytes** ▶
et par des cellules très spécialisées, les **lymphocytes** ▼
LB
des millions de clones différents
des millions de clones différents
LT4
LT8
récepteurs B
récepteurs T
récepteur au fragment constant des anticorps

■ LES RÉACTIONS IMMUNITAIRES à l'intrusion d'un ANTIGÈNE

Les LB détectent les antigènes (par exemple viraux) lorsqu'ils sont libres dans les liquides circulants. Les LT8 les détectent en surface des cellules infectées ou, comme les LT4, sur des cellules immunitaires spécialisées dans la présentation des antigènes.

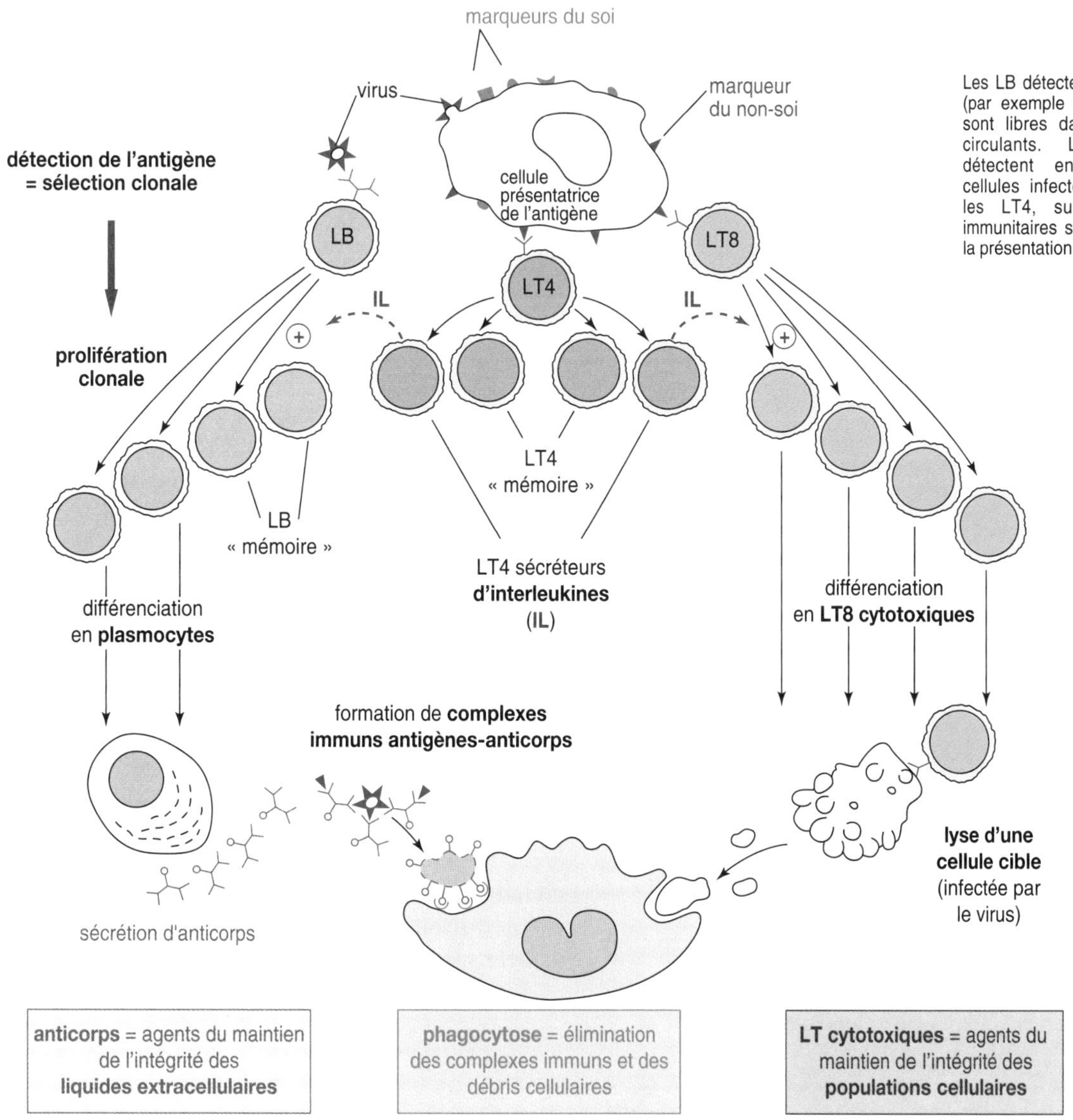
marqueurs du soi
virus
marqueur du non-soi
cellule présentatrice de l'antigène
détection de l'antigène = sélection clonale
LB
LT4
LT8
IL
IL
prolifération clonale
LB « mémoire »
LT4 « mémoire »
LT4 sécréteurs **d'interleukines** (**IL**)
différenciation en **plasmocytes**
différenciation en **LT8 cytotoxiques**
formation de **complexes immuns antigènes-anticorps**
sécrétion d'anticorps
lyse d'une cellule cible (infectée par le virus)
anticorps = agents du maintien de l'intégrité des **liquides extracellulaires**
phagocytose = élimination des complexes immuns et des débris cellulaires
LT cytotoxiques = agents du maintien de l'intégrité des **populations cellulaires**

A Les allergies et les maladies auto-immunes

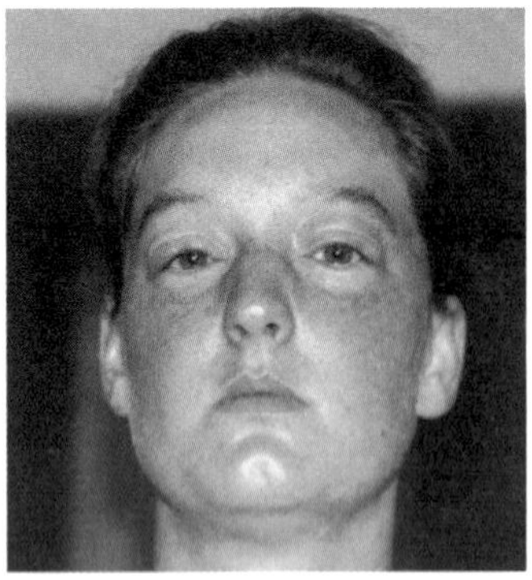

Certaines personnes réagissent de manière démesurée à des antigènes que la plupart des gens tolèrent : pollens, venins, déjections d'acariens, poils, aliments,... Lors de la première rencontre avec l'**allergène**, les plasmocytes sécrètent des anticorps **IgE** qui se lient aux membranes d'une classe de globules blancs, les **mastocytes**. Lors de la seconde rencontre avec l'allergène, les mastocytes libèrent dans les tissus de grandes quantités d'histamine et d'autres médiateurs qui provoquent, notamment, une dilatation des vaisseaux sanguins et une augmentation de leur perméabilité. Il s'ensuit les symptômes habituels de l'allergie : rougeurs, gonflements, sécrétion accrue de mucus nasal,... Ces réactions d'hypersensibilité immédiate surviennent le plus souvent quelques minutes après la mise en contact avec l'allergène. D'autres types de réactions allergiques moins fréquentes peuvent mettre en jeu les LT cytotoxiques.

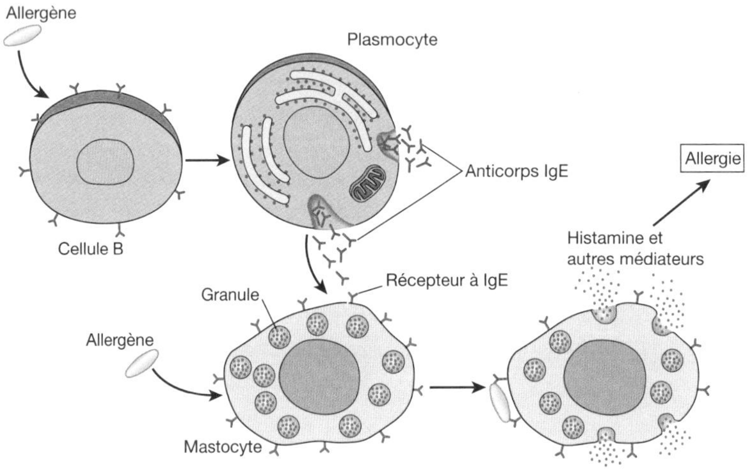
Allergène
Plasmocyte
Anticorps IgE
Allergie
Cellule B
Histamine et autres médiateurs
Récepteur à IgE
Granule
Allergène
Mastocyte

Doc.1 Les phases de la réaction allergique immédiate.

Maladie	Cibles
Diabète sucré	Cellules β du pancréas
Hyperthyroïdie de Grave-Basedow	Cellules sécrétrices de la thyroïde
Sclérose en plaques	Gaines de myéline entourant les cellules nerveuses
Polyarthrite rhumatoïde	Articulations
Maladie coeliaque	Villosités de l'intestin grêle
Lupus erythémateux	Peau, tissu conjonctif, articulations, rein,...
Myasthénie	Jonctions entre les muscles et les cellules nerveuses
Aplasie médullaire	Cellules souches de la moelle osseuse
Maladie de Berger	Rein (glomérules)

Lors d'une maladie auto-immune, le système immunitaire ne reconnaît pas certaines cellules du « soi » et les attaque comme des corps étrangers.

Il existe plus de 40 maladies auto-immunes qui touchent 5 à 7 % de la population. Les femmes, pour une raison encore inconnue, sont deux fois plus touchées que les hommes.

Certaines maladies auto-immunes mettent en jeu les LB qui sécrètent des **autoanticorps** se liant à des antigènes du soi avec pour effet de les détruire (ex. : polyarthrite rhumatoïde) ou au contraire de les stimuler (ex. : hyperthyroïdie de Grave-Basedow). D'autres maladies sont dues à l'activation des **LT cytotoxiques** qui détruisent alors les cellules de l'organisme (ex. : diabète sucré).

Doc.2 Les maladies auto-immunes : lorsque le système immunitaire se trompe de cible.

...le système immunitaire : déficiences et utilisations bio-médicales

B Des anticorps pour le diagnostic ou la recherche bio-médicale

Le contact avec un antigène pathogène déclenche une réaction immunitaire et la sécrétion d'anticorps circulants spécifiques de cet antigène. Le **test ELISA** consiste à repérer la présence dans le sang de ces anticorps dirigés contre l'antigène grâce à d'autres anticorps spécifiques. Ces anti-anticorps sont « marqués », c'est-à-dire associés à une enzyme susceptible de donner une réaction colorée en présence d'un substrat précis, d'où le nom **ELISA** qui signifie *Enzyme linked Immuno Sorbent Assay* (dosage d'immunoadsorption liée à une enzyme).

Le schéma ci-contre résume les différentes étapes de la technique appliquée à la détection des anticorps anti-VIH. Il s'agit d'une des méthodes utilisées pour déterminer la séropositivité des personnes atteintes du SIDA.

1. Le sérum est réparti dans des plaques alvéolées sur lesquelles sont fixés des antigènes du VIH. Les anticorps spécifiques forment avec ces antigènes des complexes immuns.

2. Les plaques sont lavées et les anticorps non anti-VIH, restés libres, sont ainsi éliminés.

3. On ajoute alors des anticorps préalablement marqués avec une enzyme E, puis un substrat* spécifique à cette enzyme et qui se colore au contact de l'enzyme. La coloration est d'autant plus intense que le taux d'anticorps anti-VIH est plus élevé.

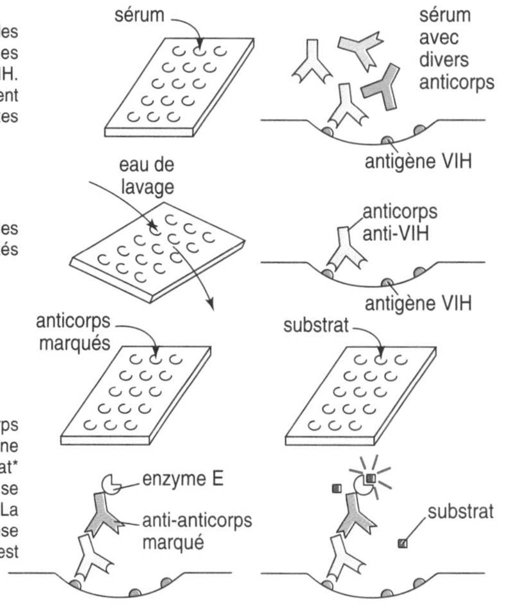
sérum
sérum avec divers anticorps
antigène VIH
eau de lavage
anticorps anti-VIH
antigène VIH
anticorps marqués
substrat
enzyme E
anti-anticorps marqué
substrat

* Substrat : substance sur laquelle agit une enzyme.

Doc. 3 L'utilisation de la spécificité des anticorps permet d'établir des diagnostics médicaux très précis.

La technique de coloration dite d'immunofluorescence consiste à localiser une molécule donnée dans un tissu en plaçant ce dernier en présence de molécules d'anticorps capables de se lier spécifiquement à cette molécule. Pour pouvoir localiser ces anticorps dans le tissu, on leur attache, directement ou via un anti-anticorps, un pigment fluorescent qui s'illumine lorsqu'il est correctement éclairé (fluorochrome).

Photographie : Dans un embryon très jeune de mouche, les noyaux des cellules ont été mis en évidence par des anticorps liés à des pigments fluorescents jaunes, verts ou bleus (le rouge est dû à des additions de couleurs). Ce marquage permet de repérer les différentes populations de cellules qui donneront les tissus et organes de la mouche adulte. Cette étude a permis de mieux comprendre le développement embryonnaire.

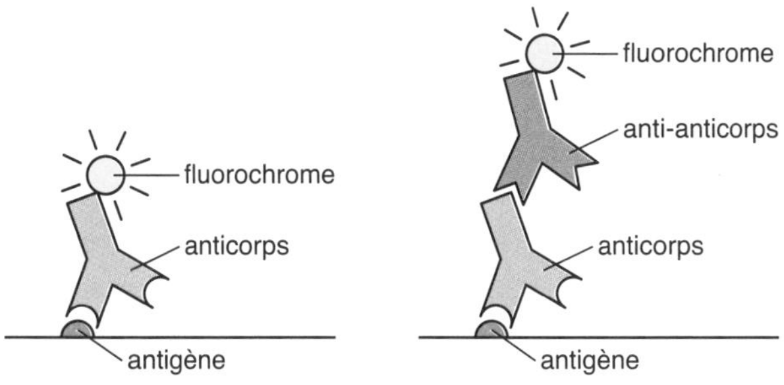
fluorochrome
anticorps
antigène
fluorochrome
anti-anticorps
anticorps
antigène

Marquage direct — **Marquage indirect**

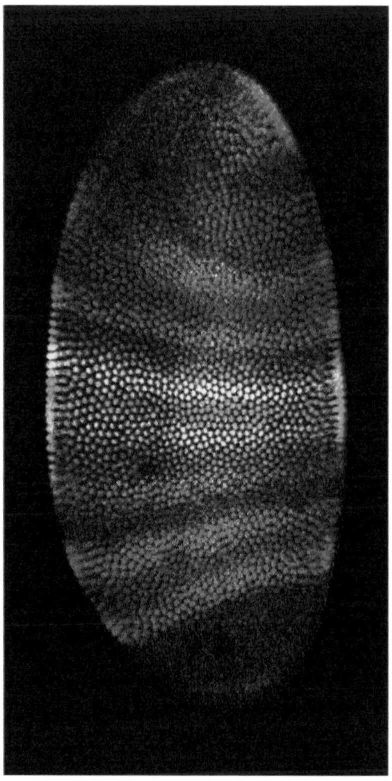

Doc. 4 L'immunofluorescence permet de visualiser de manière très précise les structures cellulaires.

Pour mieux comprendre...

A Potrait d'une maladie mortelle

Depuis le début des années 1980, une nouvelle maladie est apparue et, très rapidement, a pris les caractères d'une épidémie mondiale ou **pandémie**. Cette maladie est due à un virus (le **VIH**, virus de l'immunodéficience humaine [ou *HIV* en anglais]). Ce virus a pour particularité de s'attaquer aux cellules du système immunitaire, les phagocytes mais surtout les lymphocytes T4. La maladie se traduit dès lors par un effondrement progressif des défenses immunitaires du malade, d'où le nom de SIDA : **S**yndrome de l'**I**mmuno**D**éficience **A**cquise.

Carte d'identité du VIH

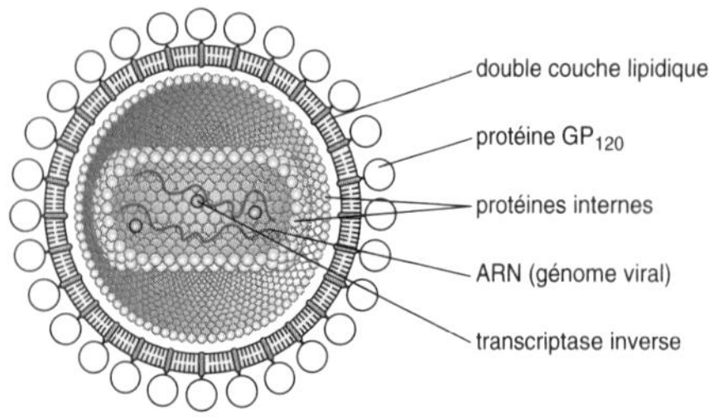
double couche lipidique
protéine GP_{120}
protéines internes
ARN (génome viral)
transcriptase inverse

- *Taille :* 120 nm de diamètre
- *Résistance :* virus relativement fragile, détruit par la chaleur (60 °C), l'alcool, l'eau de Javel,...
- *Génome :* 2 molécules d'ARN (rétrovirus)
- *Paroi :* double couche de phospholipides avec des protéines exposées en surface
- *Protéines internes :* une enzyme, la transcriptase inverse permet de transcrire l'ARN en ADN qui s'intègre ensuite à l'ADN de la cellule hôte

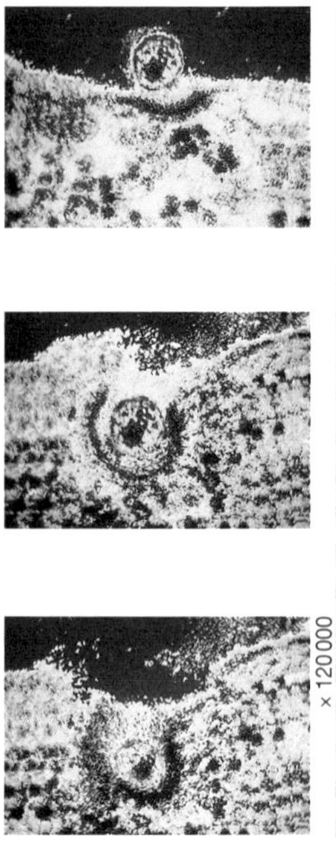
× 120 000

Doc. 1 Le VIH est un rétrovirus qui s'attaque aux cellules immunitaires (photos : VIH pénétrant dans un LT4 [MET, fausses couleurs]).

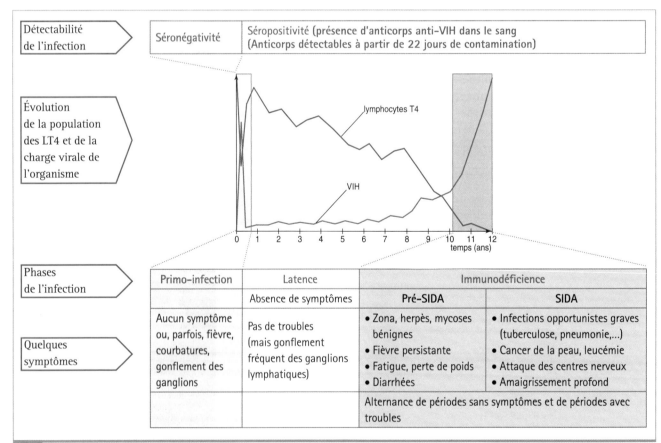

Détectabilité de l'infection	Séronégativité	Séropositivité (présence d'anticorps anti-VIH dans le sang (Anticorps détectables à partir de 22 jours de contamination)

Évolution de la population des LT4 et de la charge virale de l'organisme

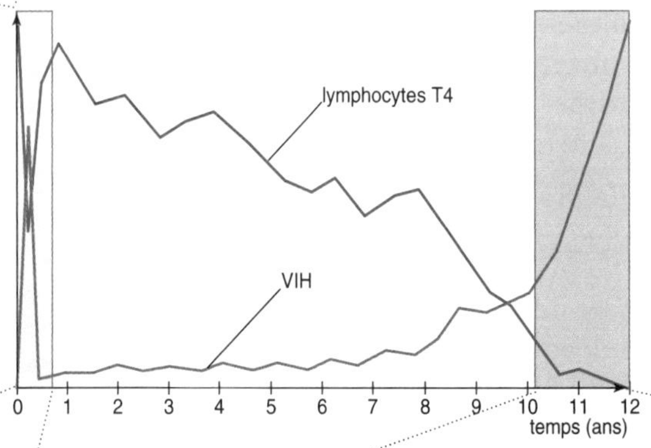
lymphocytes T4
VIH
0
1
2
3
4
5
6
7
8
9
10
11
12
temps (ans)

Phases de l'infection	Primo-infection	Latence	Immunodéficience	
		Absence de symptômes	Pré-SIDA	SIDA
Quelques symptômes	Aucun symptôme ou, parfois, fièvre, courbatures, gonflement des ganglions	Pas de troubles (mais gonflement fréquent des ganglions lymphatiques)	• Zona, herpès, mycoses bénignes • Fièvre persistante • Fatigue, perte de poids • Diarrhées	• Infections opportunistes graves (tuberculose, pneumonie,...) • Cancer de la peau, leucémie • Attaque des centres nerveux • Amaigrissement profond
			Alternance de périodes sans symptômes et de périodes avec troubles	

Doc. 2 La chute des effectifs de LT4 coïncide avec la progression de la charge virale et l'apparition des symptômes de la maladie.

...une immunodéficience acquise : le SIDA

B Transmission et extension de la maladie

Contrairement à ce que l'on pourrait penser, le virus du SIDA est relativement peu contagieux : beaucoup moins que celui de la grippe par exemple. Les modes de transmission d'une personne à l'autre sont bien connus.

- La transmission lors de **rapports sexuels** est la plus fréquente et représente environ 80 % des cas à l'échelle du monde (dont 70 % correspondent à une transmission hétérosexuelle).

VIH et SIDA en Belgique

- De 1981 à 2015 :
  29 064 personnes infectées,
  4646 personnes ayant développé le SIDA
  2493 décès
- En 2015 :
  15 266 personnes séropositives
  1001 nouvelles infections
  1,6 fois plus d'hommes que de femmes
- Nature de l'infection :
  Hommes : 64 % homosexuels, 31 % hétérosexuels
  Femmes : 92 % hétérosexuelles

Source : Plateforme Prévention SIDA ; rapport_vih-sida_2015

ok
STOP SIDA

- La contamination par le **sang** est le deuxième mode possible : transfusion de sang ou injection de produits sanguins contaminés, utilisation de seringues ou d'aiguilles non stérilisées (chez les consommateurs de drogues injectables par exemple).

- La transmission de la **femme enceinte** à son enfant (au cours de la grossesse, à l'accouchement, par l'allaitement) est fréquente. Le risque, qui était de 30 % ou plus en l'absence de traitement, a été réduit à moins de 5 % dans les pays industrialisés. Ce risque n'a malheureusement pas diminué dans les pays en voie de développement et notamment en Afrique.

Doc. 3 Des modes de contamination bien connus.

Adultes et enfants vivant avec le VIH (rapport fin 2015)

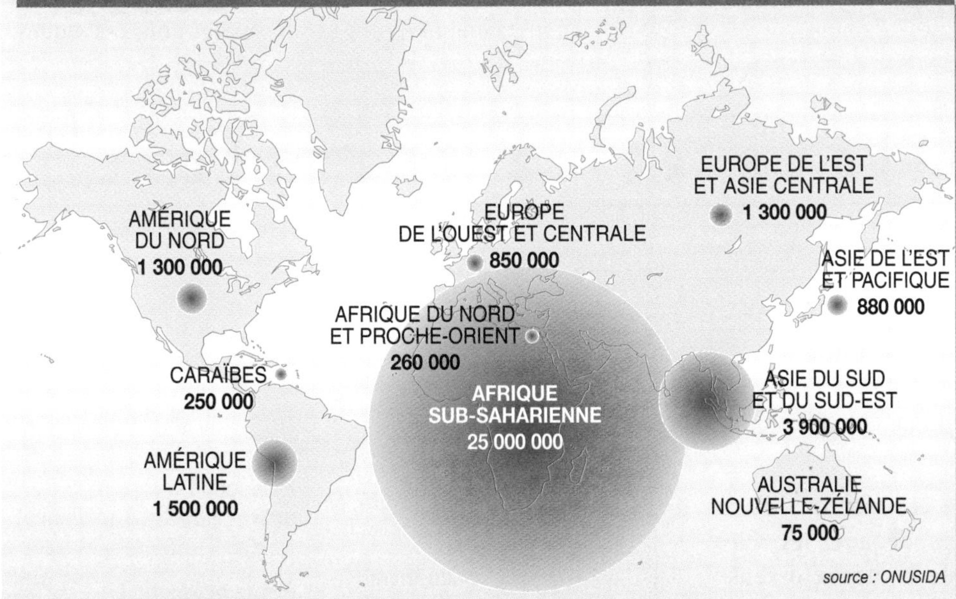
AMÉRIQUE DU NORD
1 300 000
EUROPE DE L'OUEST ET CENTRALE
850 000
EUROPE DE L'EST ET ASIE CENTRALE
1 300 000
ASIE DE L'EST ET PACIFIQUE
880 000
AFRIQUE DU NORD ET PROCHE-ORIENT
260 000
CARAÏBES
250 000
AFRIQUE SUB-SAHARIENNE
25 000 000
ASIE DU SUD ET DU SUD-EST
3 900 000
AMÉRIQUE LATINE
1 500 000
AUSTRALIE NOUVELLE-ZÉLANDE
75 000
source : ONUSIDA

Des chiffres qui font peur

- 78 millions de séropositifs détectés depuis 1980.
- 35 millions de morts depuis 1980 dont 1,1 millions en 2015.
- 36,7 millions de personnes vivant avec le VIH en 2015.
- 26,2 milliards de dollar US seront nécessaires pour lutter contre le SIDA d'ici 2020.
- 20 % des porteurs du VIH l'ignorent.

Des chiffres encourageants

- 46 % des adultes infectés ont eu accès au traitement en 2015.
- Les infections d'enfants ont diminué de 50 % depuis 2010.
- augmentation jusqu'à 77 % du nombre de traitement des femmes enceintes.
- baisse à 14 % de la transmission par l'allaitement.

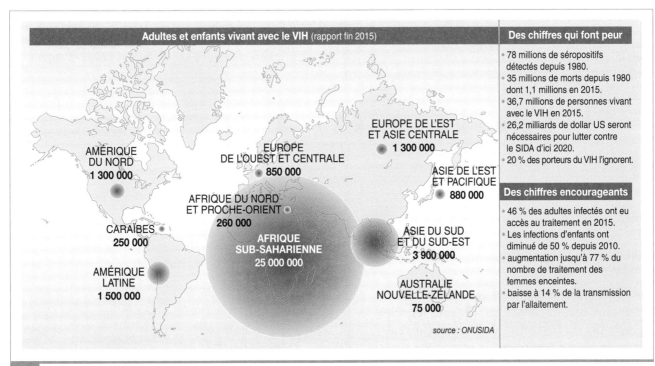

Doc. 4 Une extension mondiale, mais de grandes inégalités suivant les régions.

Je connais

A. Définissez les mots ou expressions :

complexe immun, antigène, marqueur du soi, immunoglobuline, récepteur T, phagocyte, plasmocyte, sélection clonale, prolifération clonale, lymphocyte cytotoxique, lymphocyte auxiliaire, apoptose.

B. Vrai ou faux ?

Certaines affirmations sont exactes. Recopiez-les. Corrigez ensuite les affirmations inexactes.

a. Un anticorps est une protéine capable de se lier spécifiquement à un antigène.

b. La molécule d'anticorps est formée de deux chaînes polypeptidiques, une chaîne lourde (ou H) et une chaîne légère (ou L).

c. La chaîne lourde d'une immunoglobuline est constante (et donc identique d'un anticorps à l'autre) alors que la chaîne légère est variable.

d. Le résultat d'une liaison entre des anticorps et des antigènes solubles est la formation de complexes immuns insolubles qui précipitent.

e. La phagocytose d'une bactérie est facilitée lorsque celle-ci est enduite d'anticorps fixés sur les antigènes de sa paroi.

f. La détection d'un antigène par un lymphocyte B déclenche une sécrétion immédiate d'anticorps par ce lymphocyte.

g. Le lymphocyte T reconnaît les antigènes dissous dans les liquides de l'organisme.

h. Les lymphocytes cytotoxiques proviennent de la multiplication clonale des LT4 puis de leur différenciation en cellules tueuses.

i. Les LT4 agissent sur les autres lymphocytes grâce à la sécrétion d'anticorps.

C. Exprimez des idées importantes...

...en rédigeant une ou deux phrases utilisant chaque groupe de mots ou expressions :

a. anticorps, antigène, complexe immun, circulants.

b. chaînes légères, chaînes lourdes, sites anticorps.

c. phagocyte, récepteurs, fragment constant des anticorps.

d. plasmocyte, LB activé, anticorps circulants.

e. LTc, lyse, récepteurs T, marqueur du non-soi.

D. Restitution des connaissances

- **Sujet 1.** Décrivez les étapes d'une réponse immunitaire dirigée contre des antigènes solubles (toxines microbiennes, par exemple).
- **Sujet 2.** Les anticorps circulants : structure, origine, mode d'action.
- **Sujet 3.** Les mécanismes de l'élimination des antigènes dans les deux types de réponses immunitaires acquises.
- **Sujet 4.** Les rôles exercés par les phagocytes dans les réponses immunitaires spécifiques et non spécifiques.

J'applique et je transfère

1 Des expériences à interpréter

On a pratiqué sur trois lots de souris les traitements indiqués dans le tableau ci-contre.
On rappelle que l'irradiation tue les cellules à multiplication rapide et notamment celles de la moelle osseuse.

- **À partir de l'analyse de ces résultats et en utilisant vos connaissances, dégagez les rôles respectifs du thymus et de la moelle osseuse dans la production des deux principaux types de lymphocytes.**

Souris	Traitement effectué	Conséquences
Lot A	Irradiation + greffe de moelle osseuse	Production de lymphocytes B et T
Lot B	Ablation du thymus + irradiation + greffe de moelle osseuse	Production de lymphocytes B seulement
Lot C	Ablation du thymus + irradiation + greffe de thymus	Pas de production de lymphocytes B ou T

2 La découverte de la vaccination et de son principe

- **Les travaux de Jenner**

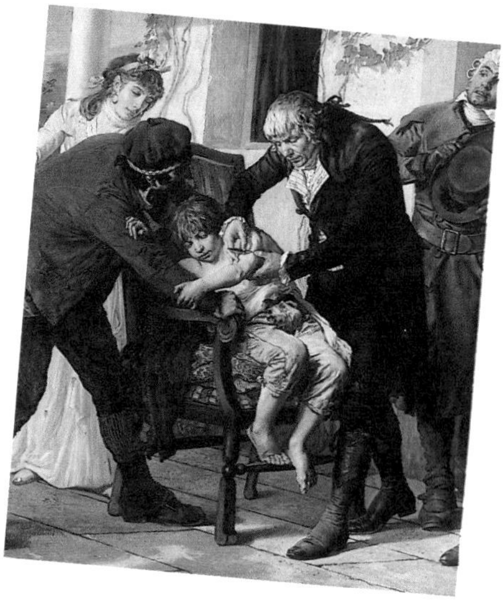

La variole (ou «petite vérole») était une maladie caractérisée par l'apparition de grosses pustules sur tout le corps. Extrêmement contagieuse et souvent mortelle, cette maladie fit des ravages partout dans le monde depuis l'Antiquité jusqu'au milieu du XXe siècle.

Depuis très longtemps, les Chinois avaient constaté qu'une personne guérie de la variole ne l'attrapait plus. Observant que certaines épidémies donnaient une variole moins grave, non mortelle, certains contractèrent volontairement cette maladie bénigne en frottant leur bras contre les pustules d'un malade. Ils espéraient grâce à cette «variolisation» être protégés lors d'épidémies ultérieures plus dangereuses.

Au XVIIIe siècle, un médecin anglais, Edward Jenner, constata que les fermiers ayant contracté une maladie de la vache, le cow-pox, n'«attrapaient» jamais la variole (et ne réagissaient pas à la variolisation). Le cow-pox est une maladie bénigne : fièvre pendant quelques jours et développement de pustules sur le pis des vaches... et sur les mains des vachers.

En 1796, Jenner eut l'idée d'inoculer le liquide d'une pustule de cow-pox à un enfant qui contracta donc la maladie. Quelque temps plus tard, il inocula à cet enfant du pus de varioleux : l'enfant ne tomba pas malade.

Cette pratique, non dangereuse, se répandit en Angleterre puis en France où elle prit le nom de **vaccination** : en effet, on appelle «vaccine» la variole bovine (du latin *vacca* = vache).

- **Les travaux de pasteur**

En 1879, le Français Louis Pasteur, étudiant le choléra des poules, se procura des cultures de ce « microbe » (il s'agit d'une bactérie, nommée par la suite *Pasteurella avicida*). Il s'aperçut que les injections de cultures de ce microbe laissées quelques semaines à l'étuve ne provoquaient que quelques troubles passagers aux poules, tandis que des injections de cultures récentes étaient mortelles. Il réalise alors une expérience restée célèbre. ▶

Pasteur dispose de 80 poules qu'il divise en quatre lots de 20.

1° lot : injection de microbes virulents : 100 % de morts.

2° lot : injection de microbes atténués par passage à l'étuve : 100 % de survie.
Injection ensuite de microbes virulents : 1/3 de malades, mais pas de mort.

3° lot : deux injections de microbes atténués à une semaine d'intervalle puis injection de microbes virulents : 2/3 de survie.

4° lot : quatre injections de microbes atténué à une semaine d'intervalle puis injection de microbes virulents : 0 % de malade et 100 % de survie.

En 1885, Pasteur utilisa la même démarche lorsqu'on lui amena un jeune berger mordu la veille par un chien enragé. Il lui injecta régulièrement des extraits de moelle épinière de lapin contaminée par le microbe (un virus) rabique desséché. Le jeune garçon ne développa jamais la rage.

1- Sur quel principe est fondée la pratique de la variolisation? Comment peut-on expliquer à l'aide des connaissances actuelles qu'une infection par le virus de la vaccine puisse protéger contre la variole?

2- Comparez la variolisation et la vaccination contre la variole.

3- Quelle est la différence majeure entre la démarche de Jenner et celle de Pasteur? Et entre leurs méthodes de vaccination?

4- Expliquez l'intérêt de faire plusieurs injections du même microbe atténué.

3 Comprendre une technique aux multiples applications

Des lymphocytes B provenant d'une souris ou d'un rat immunisé(e) contre différents antigènes sont mis en contact avec des cellules de myélome (c'est-à-dire des cellules tumorales capables de se diviser indéfiniment en culture). Un produit chimique ajouté au mélange provoque une fusion des membranes cellulaires et permet d'observer des hybridomes qui possèdent l'information génétique des deux cellules parentales. Puis, grâce à une technique appropriée, les hybridomes peuvent être mis en culture individuellement dans un milieu. Ceci permet d'obtenir des clones d'hybridomes dont chacun produit un seul et unique type d'anticorps que l'on peut récolter dans le surnageant de chaque milieu de culture.

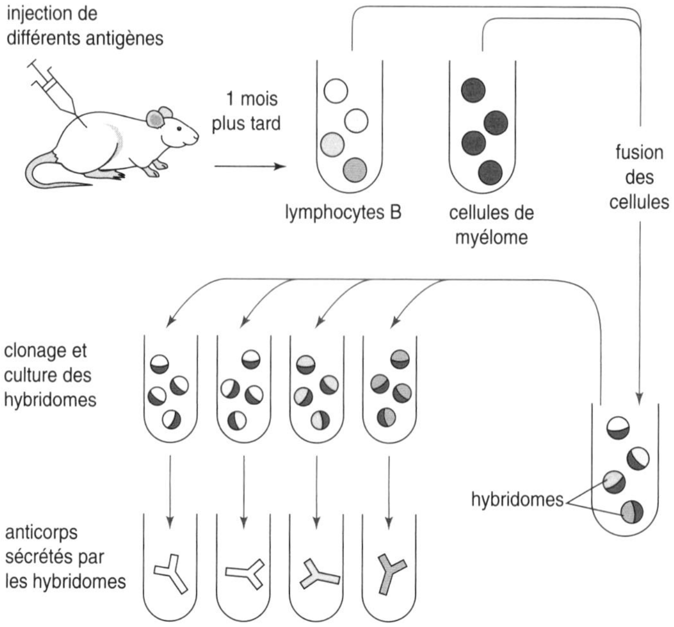
injection de
différents antigènes
1 mois
plus tard
lymphocytes B
cellules de
myélome
fusion
des
cellules
clonage et
culture des
hybridomes
hybridomes
anticorps
sécrétés par
les hybridomes

1- Pourquoi a-t-on prélevé des lymphocytes B chez une souris immunisée contre différents antigènes?

2- Que démontre le fait qu'en fin d'expérience, chaque milieu de culture ne contient qu'un seul type d'anticorps?

3- Quels usages peut-on faire de ces anticorps?

4 Les mécanismes de défense contre la tuberculose

Le bacille de Koch est la bactérie responsable de la tuberculose. Contrairement à beaucoup de bactéries, ce bacille ne reste pas dans le sang ou les liquides de l'organisme, mais pénètre à l'intérieur des cellules (du poumon, des os,...) et s'y multiplie. Les expériences représentées ci-contre ont permis de découvrir le moyen de défense utilisé par l'organisme contre ce bacille.

1- Pour quelle raison a-t-on effectué deux types de prélèvements sur la souris A?

2- Quelles hypothèses proposez-vous pour expliquer la mort de la souris B et la survie de la souris C alors que l'on a injecté à toutes les deux les mêmes bacilles de Koch?

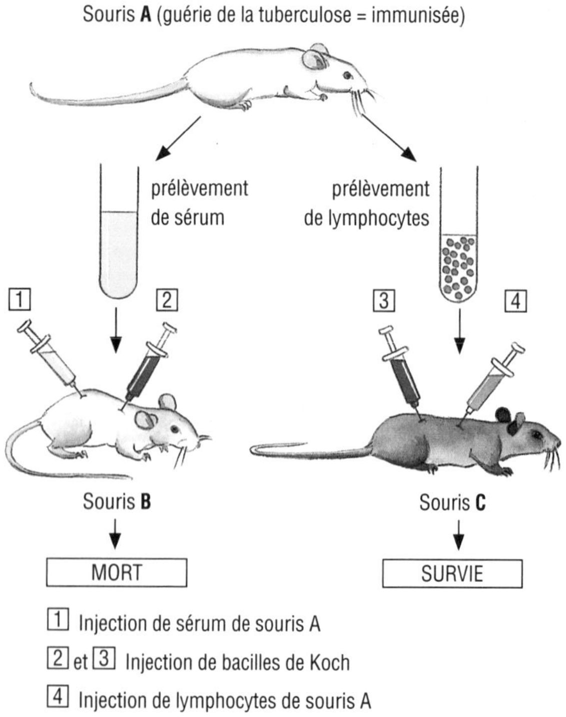
Souris A (guérie de la tuberculose = immunisée)
prélèvement
de sérum
prélèvement
de lymphocytes
1
2
3
4
Souris B
Souris C
MORT
SURVIE
1 Injection de sérum de souris A
2 et 3 Injection de bacilles de Koch
4 Injection de lymphocytes de souris A

5 Mécanismes immunitaires et élimination des cellules cancéreuses

Les cellules cancéreuses sont des cellules anormales dont la multiplication rapide et incontrôlée entraîne la mort de l'individu. Bien qu'appartenant à l'organisme, elles présentent sur leur membrane des marqueurs anormaux.

- **Expérience**

Sur une souris de lignée A (souris A), on prélève des cellules cancéreuses et du sang.
On sépare le sérum des cellules sanguines et notamment des lymphocytes.
On réalise trois préparations :

- préparation 1 : sérum + quelques cellules cancéreuses ;
- préparation 2 : quelques cellules cancéreuses + quelques lymphocytes dans un milieu de culture approprié :
- préparation 3 : quelques cellules cancéreuses + nombreux lymphocytes dans un milieu de culture approprié.

Au bout de cinq jours, trois souris saines de la même lignée A (souris A2, A3 et A4) reçoivent par injection une de ces préparations.
Le dessin ci-joint résume ce protocole expérimental et indique les résultats observés après trois mois.

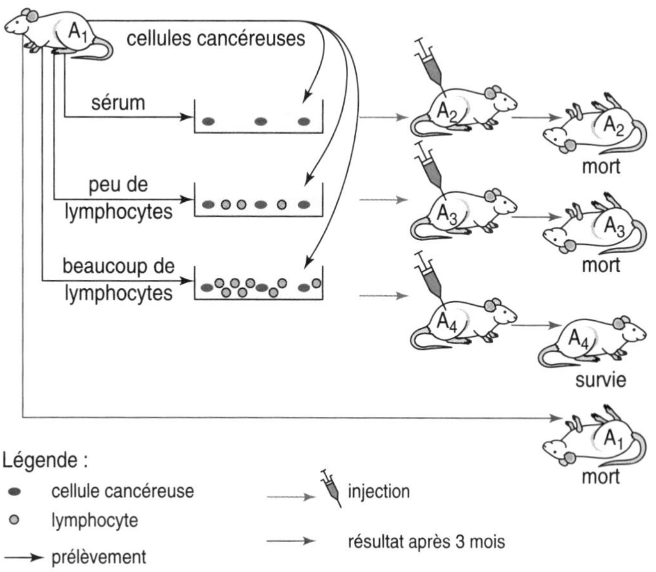
A1
cellules cancéreuses
sérum
peu de lymphocytes
beaucoup de lymphocytes
A2
A3
A4
mort
mort
survie
A1
mort
Légende :
cellule cancéreuse
lymphocyte
prélèvement
injection
résultat après 3 mois

- **À partir des résultats de l'expérience et en vous appuyant sur vos connaissances, dégagez les caractéristiques essentielles des mécanismes immunitaires impliqués lors de l'élimination des cellules cancéreuses par l'organisme.**

6 Analyser un graphique

Pendant la grossesse, le fœtus est en principe à l'abri de toute infection, bien que son système immunitaire soit encore incapable de fabriquer des anticorps. Après la naissance, le système immunitaire devient progressivement fonctionnel. Le graphique ci-dessous traduit l'évolution des taux plasmatiques de deux types d'anticorps et du taux global des anticorps présents dans le sang du fœtus puis du bébé lors de la gestation et de ses premiers mois de vie.

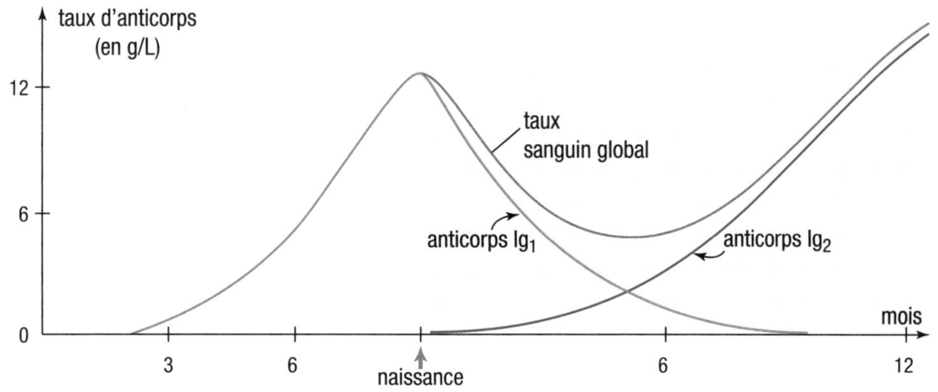
taux d'anticorps (en g/L)
12
6
0
taux sanguin global
anticorps Ig_1
anticorps Ig_2
mois
3
6
naissance
6
12

1- Identifiez l'origine des immunoglobulines Ig_1 et Ig_2. Comment expliquez-vous l'évolution des courbes de dosage de ces deux types d'anticorps ?

2- Expliquez pourquoi, pendant ses premières semaines, le bébé est peu sujet aux infections microbiennes alors qu'il y devient très sensible à partir du 4e mois.

7 Une sécrétion d'anticorps « sous condition »

• **Observations**

Si l'on injecte des globules rouges de mouton (GRM) et de poule (GRP) à un lot de souris normales (Sn), au bout de quelques jours, ces souris sécrètent des anticorps anti-GRM et anti-GRP.

D'autres souris subissent un traitement immunosuppresseur : elles constituent un lot de souris immunodéficientes (Si). Quand ces souris Si reçoivent des GRM et des GRP, elles ne sécrètent pas d'anticorps.

• **Expérience**

Elle est réalisée sur diverses souris qui n'ont jamais reçu d'injection de GRM ou de GRP.

- *Première étape :* on prélève des lymphocytes sur une souris normale (Sn). Ces lymphocytes sont répartis dans deux milieux de composition identique, mais contenant l'un des GRM, l'autre des GRP. Une très faible proportion (de l'ordre de 10^{-5} à 10^{-4}) de ces lymphocytes de souris s'associe aux globules rouges (GRM ou GRP), ce qui forme des figures appelées « rosettes ».
- *Deuxième étape :* le liquide de chaque milieu est centrifugé, de manière à séparer les rosettes qui sédimentent et les lymphocytes libres qui surnagent.
- *Troisième étape :* on utilise maintenant trois souris immunodéficientes (Si_1, Si_2 et Si_3).

Si_1 reçoit des lymphocytes prélevés directement sur Sn ; Si_2 et Si_3 reçoivent des lymphocytes libres issus de la centrifugation de la deuxième étape (voir dessin). Puis on injecte aux trois souris des GRM et des GRP et on observe leur sécrétion d'anticorps après quelques jours.

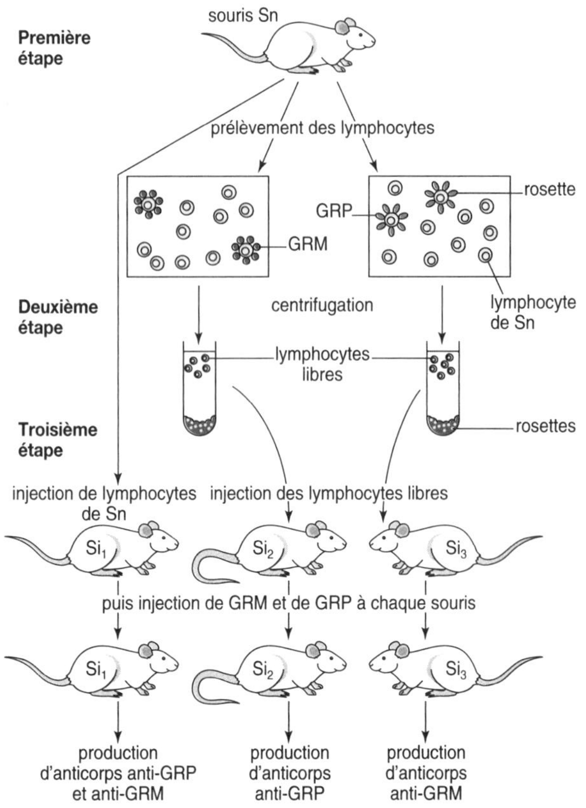

Première étape
souris Sn
prélèvement des lymphocytes
GRP
GRM
rosette
Deuxième étape
centrifugation
lymphocyte de Sn
lymphocytes libres
Troisième étape
rosettes
injection de lymphocytes de Sn
injection des lymphocytes libres
Si1
Si2
Si3
puis injection de GRM et de GRP à chaque souris
production d'anticorps anti-GRP et anti-GRM
production d'anticorps anti-GRP
production d'anticorps anti-GRM

Remarque : pour des raisons de clarté, les proportions entres les différentes cellules n'ont pas été respectées.

1- Pourquoi utilise-t-on des souris immunodéficientes ?

2- Que trouve-t-on dans les culots de centrifugation ?

3- Interprétez les résultats obtenus.

8 Une mesure de la variabilité des chaînes d'immunoglobulines

La comparaison des séquences d'acides aminés de nombreuses immunoglobulines permet de définir la variabilité de ces séquences : pour chaque position d'acide aminé, elle est égale au rapport entre le nombre d'acides aminés différents trouvés à cette position et la fréquence de l'acide aminé le plus souvent présent.

Le graphique ci-contre présente la variabilité des chaînes légères de ces immunoglobulines.

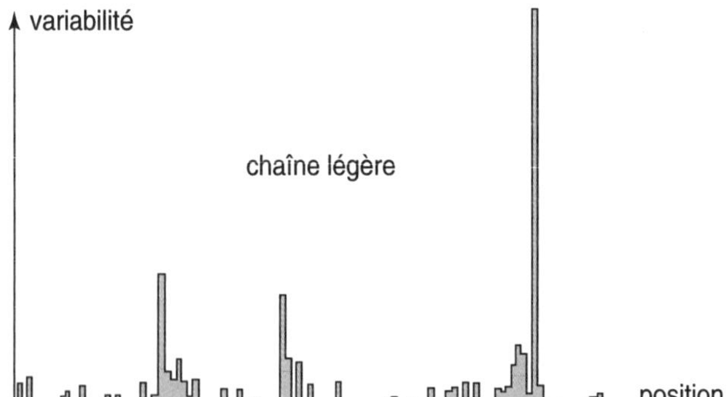

variabilité
chaîne légère
position
0
20
40
60
80
100

1- Quelle est la partie de la chaîne légère analysée dans ce document ?

2- Mettez en relation les résultats de cette analyse et vos connaissances sur la structure de la molécule d'immunoglobuline.

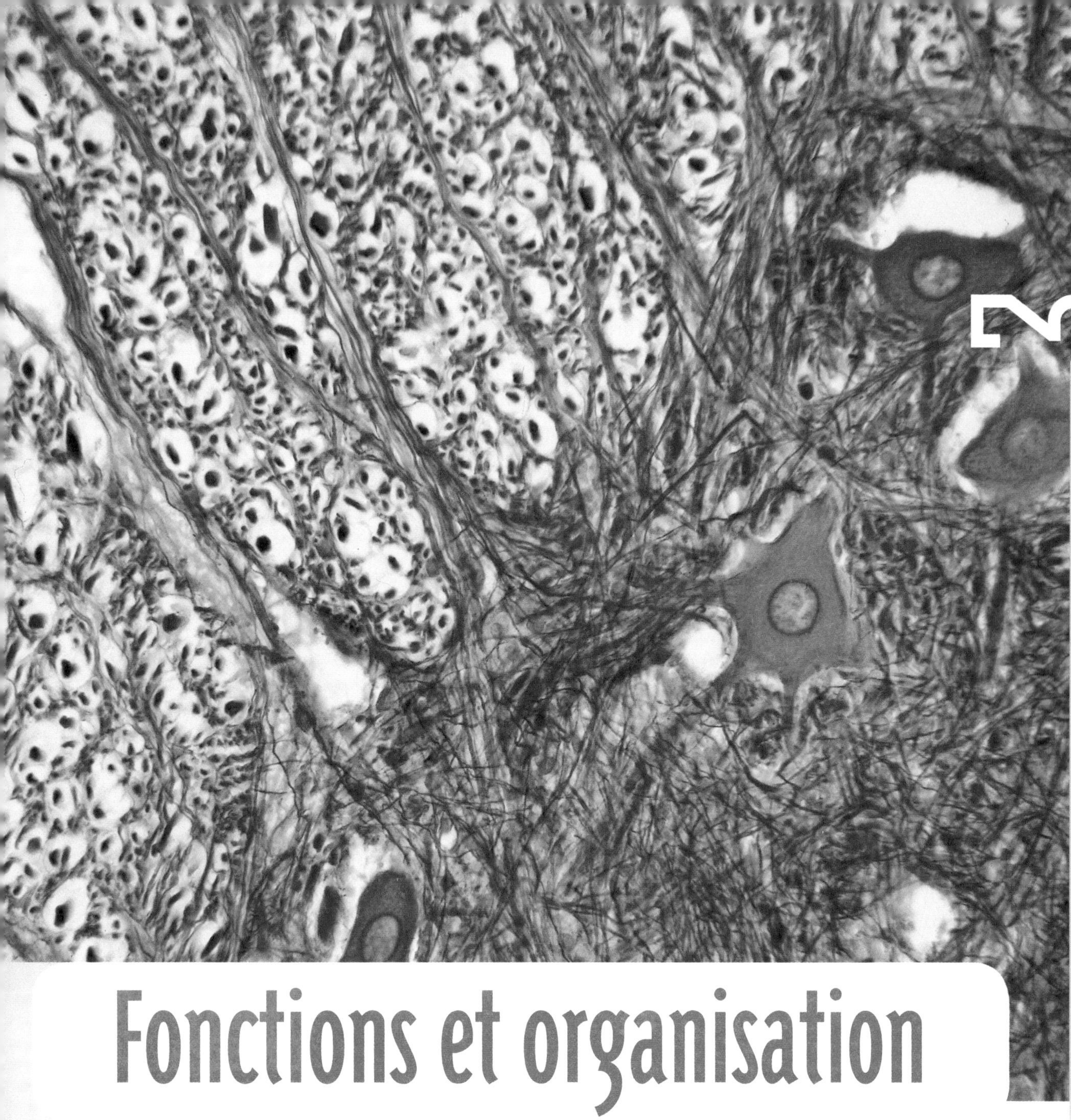

chapitre 3

Fonctions et organisation du système nerveux

Le système nerveux (SN) peut être divisé anatomiquement en SN central (encéphale et moelle épinière) ou SN périphérique (essentiellement les nerfs). Il peut aussi être classé selon ses fonctions sensorielles, motrices ou intégratives. Néanmoins, la spécificité nerveuse tient aux caractéristiques toutes particulières de ses cellules : les neurones et les cellules gliales qui les entourent.

Photographie : substance blanche et substance grise de la moelle épinière (microscopie optique).

Activités pratiques 1

Les fonctions et l'organisation générale du système nerveux

À tout moment, le système nerveux est informé des changements, mêmes minimes, qui se produisent à l'intérieur ou à l'extérieur de l'organisme. Il analyse cette information afin de réagir par un comportement approprié. Afin de remplir au mieux ses fonctions, le système nerveux est constitué d'organes qui, selon leur emplacement et leur fonction dans le corps, sont classés en grandes subdivisions ainsi qu'en voies d'informations motrices ou sensorielles.

- Quelles sont les fonctions assurées par le système nerveux et comment le sont-elles ?
- Quelles sont les subdivisions anatomiques et les voies fonctionnelles du système nerveux ?

A Les trois fonctions du système nerveux

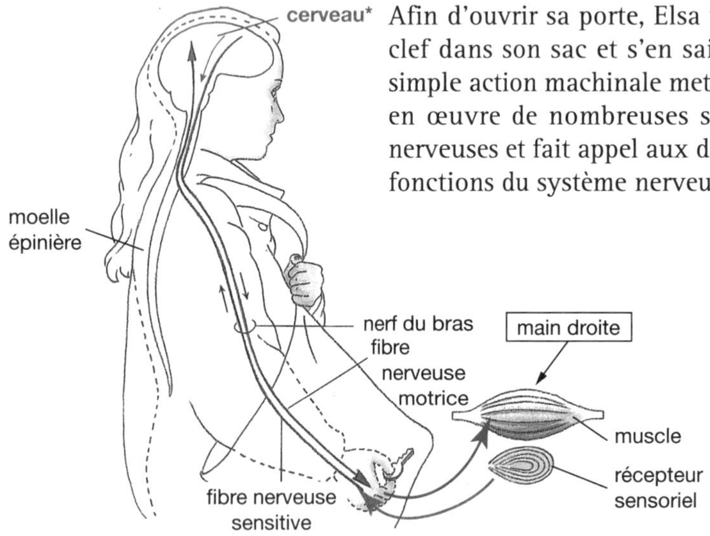

cerveau*
moelle épinière
nerf du bras
fibre nerveuse motrice
main droite
muscle
récepteur sensoriel
fibre nerveuse sensitive

Afin d'ouvrir sa porte, Elsa trouve sa clef dans son sac et s'en saisit. Cette simple action machinale met pourtant en œuvre de nombreuses structures nerveuses et fait appel aux différentes fonctions du système nerveux.

Doc.1 Une situation de la vie quotidienne qui illustre les trois fonctions du système nerveux.

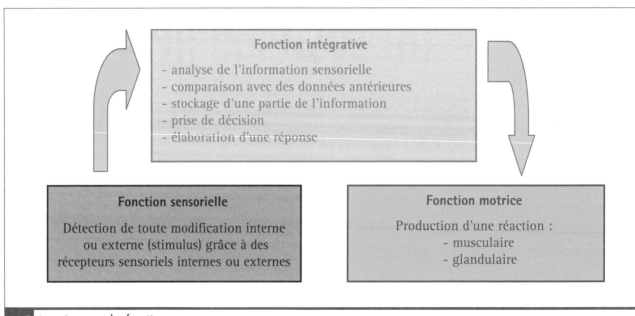

Fonction intégrative

- analyse de l'information sensorielle
- comparaison avec des données antérieures
- stockage d'une partie de l'information
- prise de décision
- élaboration d'une réponse

Fonction sensorielle

Détection de toute modification interne ou externe (stimulus) grâce à des récepteurs sensoriels internes ou externes

Fonction motrice

Production d'une réaction :
- musculaire
- glandulaire

Doc.2 Organigramme des fonctions nerveuses.

B L'organisation générale du système nerveux

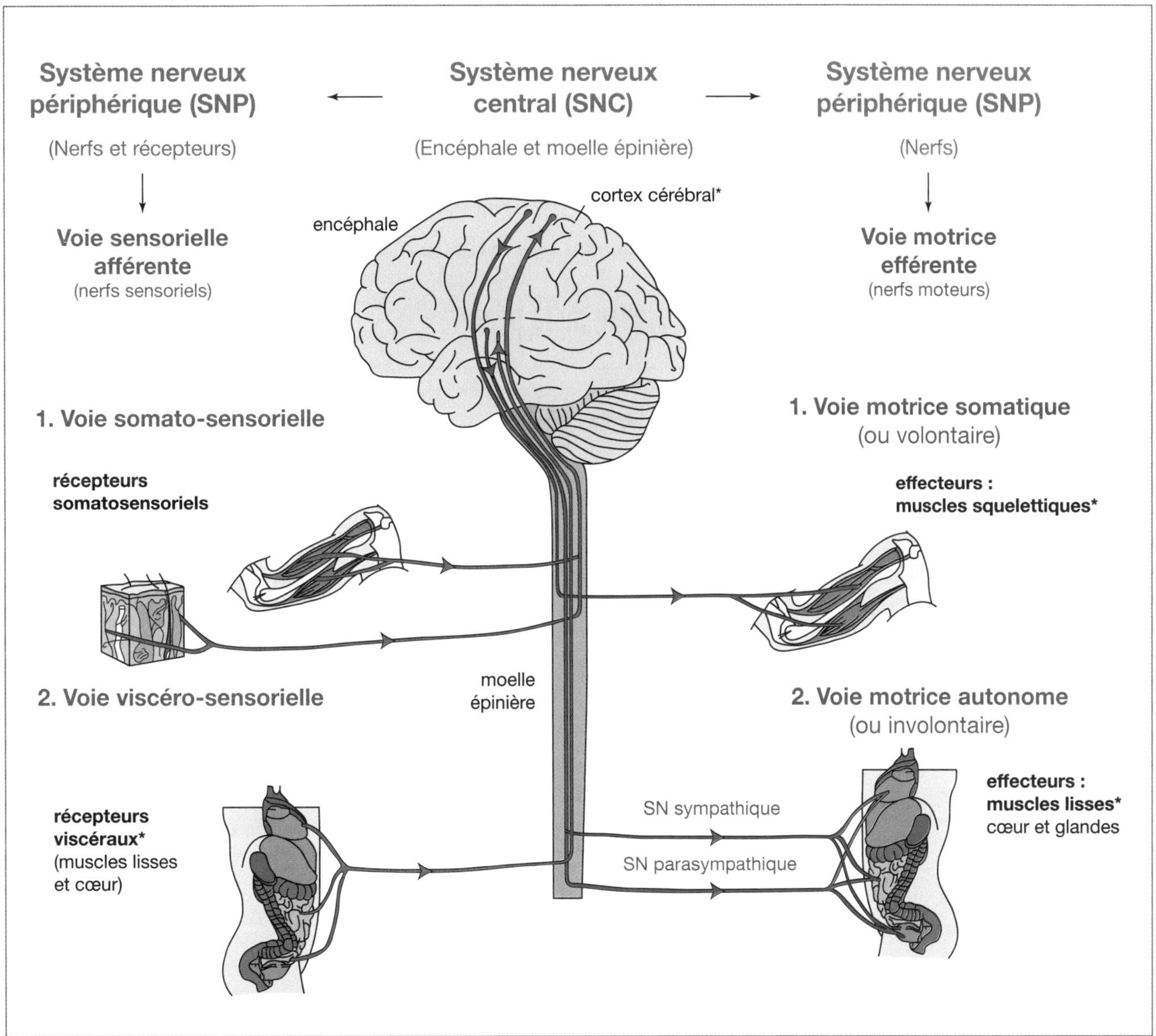

Système nerveux périphérique (SNP)
(Nerfs et récepteurs)
Voie sensorielle afférente
(nerfs sensoriels)
Système nerveux central (SNC)
(Encéphale et moelle épinière)
Système nerveux périphérique (SNP)
(Nerfs)
Voie motrice efférente
(nerfs moteurs)
cortex cérébral*
encéphale
1. Voie somato-sensorielle
récepteurs somatosensoriels
1. Voie motrice somatique
(ou volontaire)
effecteurs :
muscles squelettiques*
moelle épinière
2. Voie viscéro-sensorielle
2. Voie motrice autonome
(ou involontaire)
récepteurs viscéraux*
(muscles lisses et cœur)
SN sympathique
SN parasympathique
effecteurs :
muscles lisses*
cœur et glandes

Doc. 3 Les subdivisions et les voies fonctionnelles du système nerveux.

Lexique

- **Cerveau** : en langage courant, synonyme d'encéphale. En anatomie des mammifères, terme limité essentiellement aux hémisphères cérébraux et au diencéphale (voir chapitre 6).
- **Cortex cérébral** : couche superficielle externe du cerveau, riche en neurones.
- **Muscles squelettiques** : muscles s'attachant au squelette et pouvant être commandés volontairement.
- **Muscles lisses** : muscles des parois des viscères ne pouvant pas être commandés volontairement.
- **Viscères** : organes enfermés dans les cavités du corps : intestins, poumons, vessie, organes génitaux, reins...

Pistes d'exploitation

1 **Doc. 1** : Énumérez dans l'ordre les structures nerveuses qui interviennent dans cette situation et précisez leur rôle.

2 **Doc. 1 et 2** : Citez, pour le système nerveux humain, les différents récepteurs externes, quelques récepteurs internes, les centres d'intégration ainsi que quelques exemples d'effecteurs.

3 **Doc. 3** : Pourquoi parle-t-on de voie volontaire et involontaire ?

Activités pratiques 2

Départ et arrivée des messages nerveux

Afin d'assurer ses fonctions, le système nerveux doit être capable de percevoir le moindre changement de son environnement, tant externe qu'interne, puis de répondre à ces **stimuli*** de manière appropriée. Les récepteurs sont variés mais tous ont la même caractéristique : ce sont des neurones sensoriels ou des structures cellulaires modifiées reliées à des neurones sensoriels. Les terminaisons motrices relient quant à elles l'extrémité d'une cellule nerveuse à une cellule effectrice cible.

- Comment fonctionnent les organes de perception, par exemple au niveau de la peau ou d'un muscle ?
- Comment les ordres moteurs arrivent-ils au niveau d'un effecteur ?

A De nombreux récepteurs sensoriels au niveau de la peau

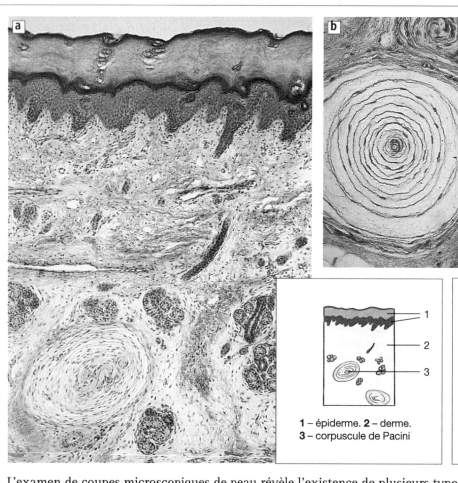

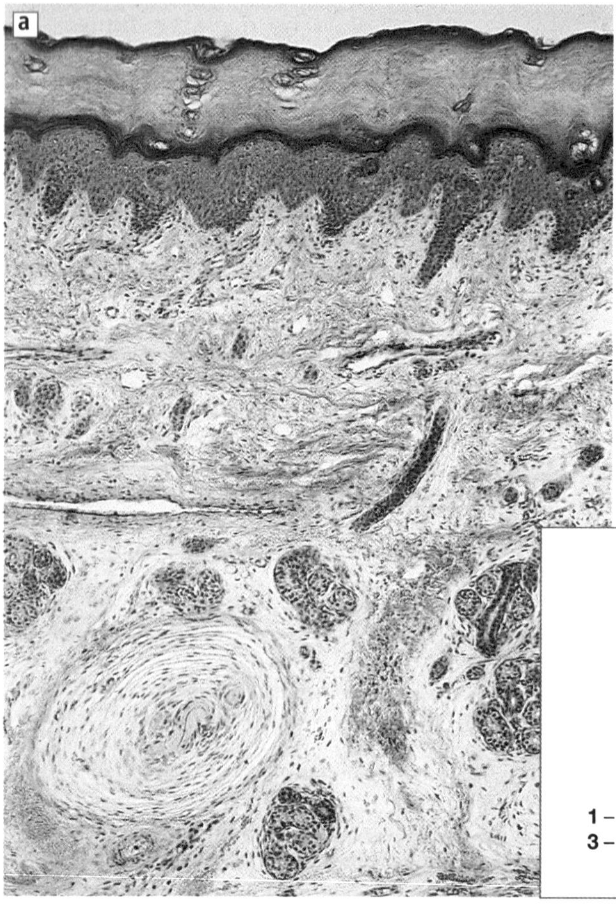
a
1
2
3
1 – épiderme. 2 – derme.
3 – corpuscule de Pacini

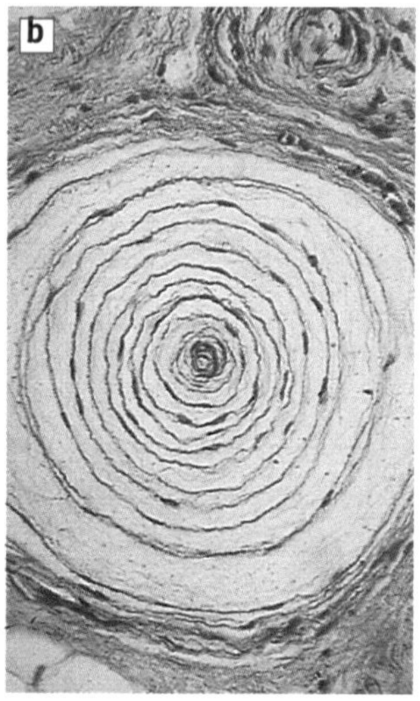
b

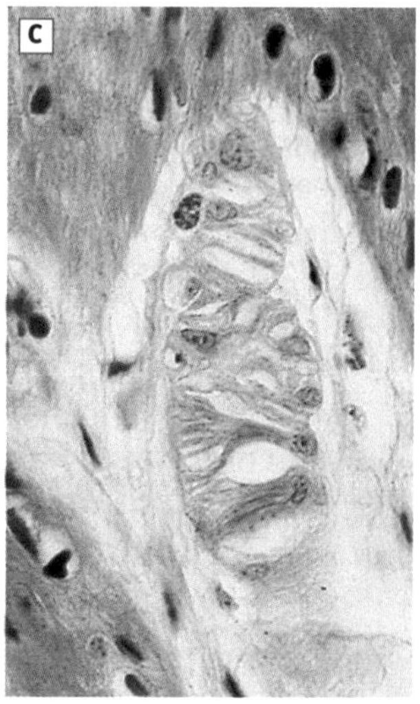
c

Les corpuscules de Pacini (b) répondent à une pression intense. Ils avertissent que nous recevons un coup ou une pression forte. Les corpuscules de Meissner (c) répondent à une pression légère. Ils permettent de sentir une caresse ou le contact de vêtements sur la peau.

L'examen de coupes microscopiques de peau révèle l'existence de plusieurs types de récepteurs sensoriels :
- des récepteurs de la sensibilité tactile (corpuscules de Meissner, de Pacini, etc.) ;
- des récepteurs de la température (les uns sensibles au froid, les autres au chaud) ;
- des récepteurs de la douleur ou nocicepteurs.

Ces récepteurs sont inégalement répartis sur la peau et leur nombre varie selon les régions. Il y a par exemple 135 récepteurs du « toucher » par centimètre carré de peau sur la pulpe des doigts et 5 à 7 sur la face extérieure de la cuisse.

Doc. 1 Coupes microscopiques de la peau humaine **a** – vue d'ensemble ; **b** – corpuscule de Pacini (pression forte) ; **c** – corpuscule de Meissner (tact léger).

B Des récepteurs et des terminaisons motrices au niveau des muscles

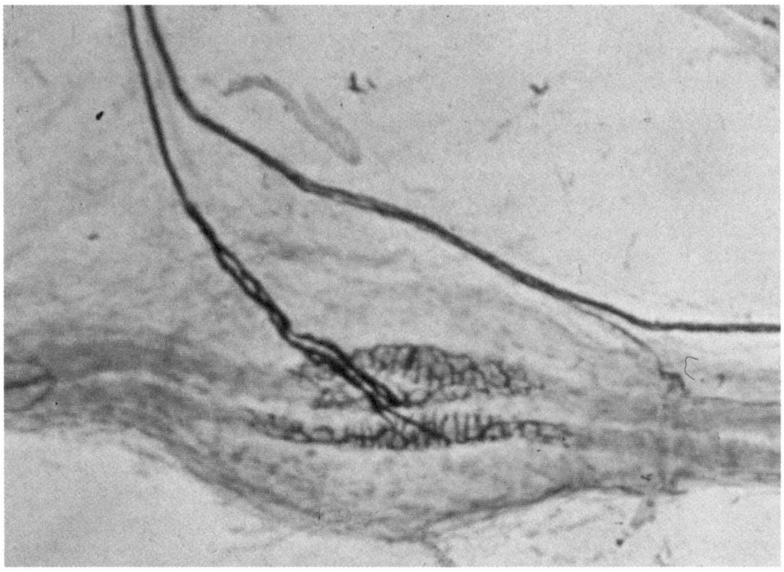

Un fuseau neuro-musculaire est constitué de quelques cellules musculaires particulières autour desquelles vient s'enrouler l'extrémité sensorielle (**dendrite***) d'un neurone sensitif.

Lorsqu'il est étiré, le fuseau neuro-musculaire émet un message nerveux qui informe le SNC sur l'état d'étirement du muscle squelettique qui le contient.

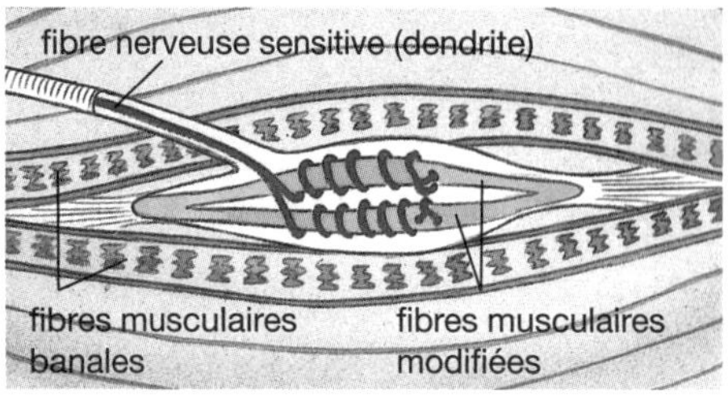
fibre nerveuse sensitive (dendrite)
fibres musculaires banales
fibres musculaires modifiées

Doc. 2 Les fuseaux neuromusculaires sont les récepteurs de la proprioception.

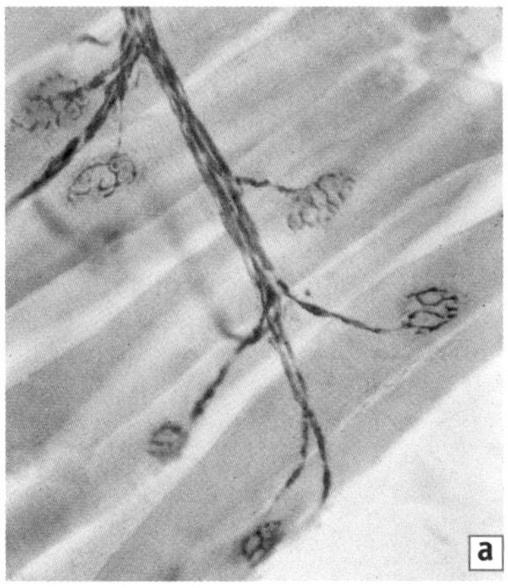
a

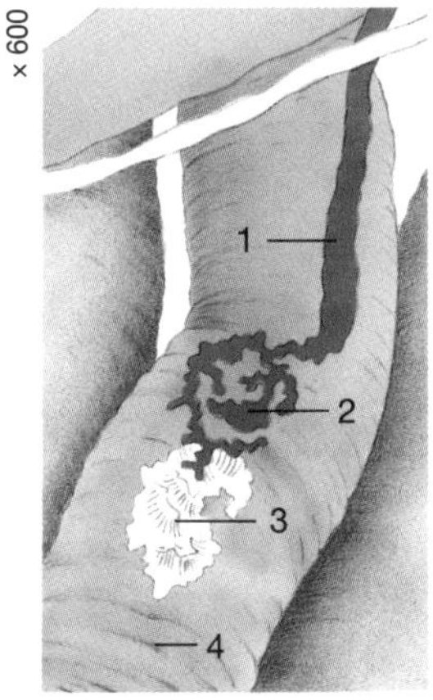
× 600
1
2
3
4

1 – partie motrice du neurone (**axone***)
2 – ramification terminale de l'axone arrachée, rendant visible sa zone de réception
3 – sur la cellule musculaire.
4 – cellule (fibre) musculaire squelettique

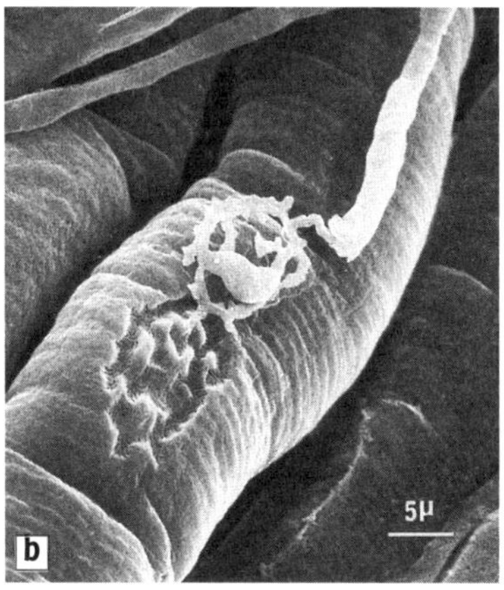
5µ
b

Doc. 3 Les jonctions neuro-musculaires ou plaque motrice observées : **a** – au microscope optique ; **b** – au MEB.

Lexique

- **Axone** : prolongement principal, généralement unique, d'une cellule nerveuse ou neurone, transmettant le message nerveux depuis le centre cellulaire vers la périphérie.
- **Dendrite** : prolongement cytoplasmique court du neurone transmettant le message nerveux de la périphérie vers le centre cellulaire.
- **Stimulus (pl. stimuli)** : modification du milieu interne ou externe capable de faire réagir un système de régulation (p. ex le SN).

Pistes d'exploitation

1 **Doc. 1** : La peau est sensible à différents stimuli. Peut-on parler de récepteurs spécifiques ?

2 **Doc. 3** : Après lecture du document ou en vous référant à votre cours d'éducation physique, définissez la proprioception.

3 **Doc. 3** : Pourquoi l'axone du neurone moteur se subdivise-t-il au niveau de l'effecteur musculaire ?

4 **Doc. 3** : Les informations apportées par tous les fuseaux neuromusculaires : unifier et, plus généralement, par tous les récepteurs sensoriels sont-elles traitées de la même manière ?

Activités pratiques 3

Les neurones et les nerfs

Le système nerveux contient des milliards de cellules hautement spécialisées : les neurones. Contrairement aux autres cellules de l'organisme qui ont des formes simples, les neurones ont une morphologie compliquée.

Tout comme les petits fils électriques sont regroupés en câbles de plus fort calibre, les **fibres nerveuses*** sont rassemblées au sein de nerfs. Ceci leur évite d'être disséminées de manière aléatoire dans tout le corps, mais permet surtout de les protéger à l'intérieur de structures de transmission bien organisées.

- Comment les neurones sont-ils morphologiquement adaptés à leur fonction : recevoir et transmettre un message nerveux ?
- Quelle est la structure d'un nerf et à quoi sert-il ?

A Le neurone, une cellule adaptée à la transmission nerveuse

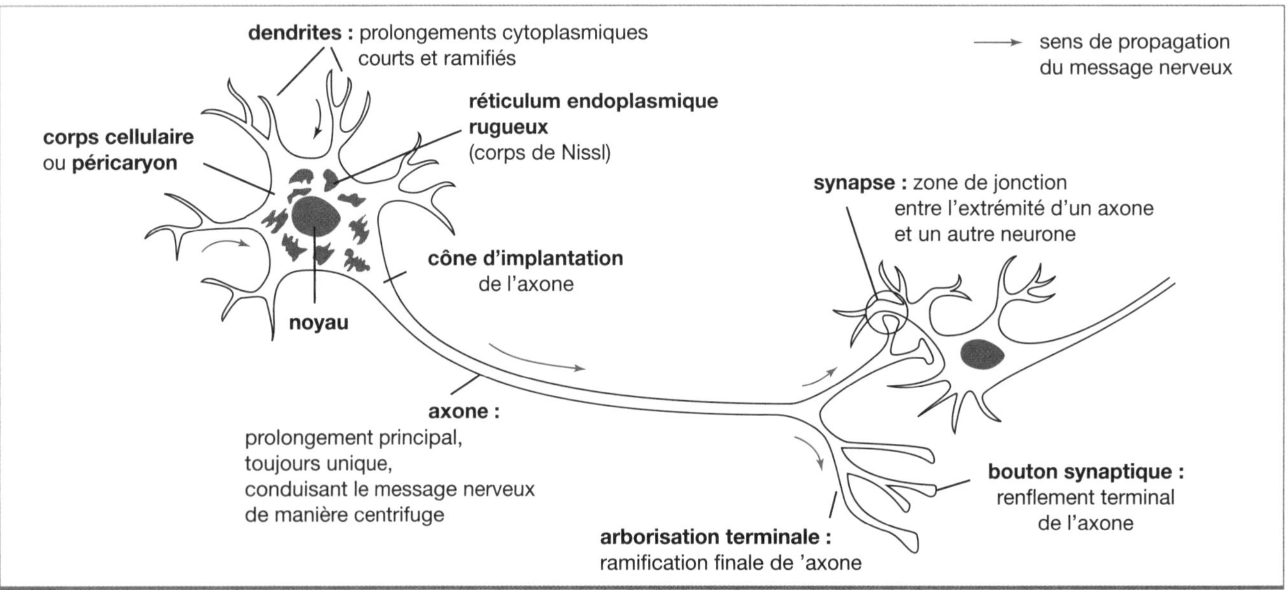

dendrites : prolongements cytoplasmiques courts et ramifiés
sens de propagation du message nerveux
réticulum endoplasmique rugueux (corps de Nissl)
corps cellulaire ou péricaryon
synapse : zone de jonction entre l'extrémité d'un axone et un autre neurone
cône d'implantation de l'axone
noyau
axone : prolongement principal, toujours unique, conduisant le message nerveux de manière centrifuge
bouton synaptique : renflement terminal de l'axone
arborisation terminale : ramification finale de 'axone

Doc.1 Le neurone : une cellule très longue, avec de nombreux prolongements cytoplasmiques.

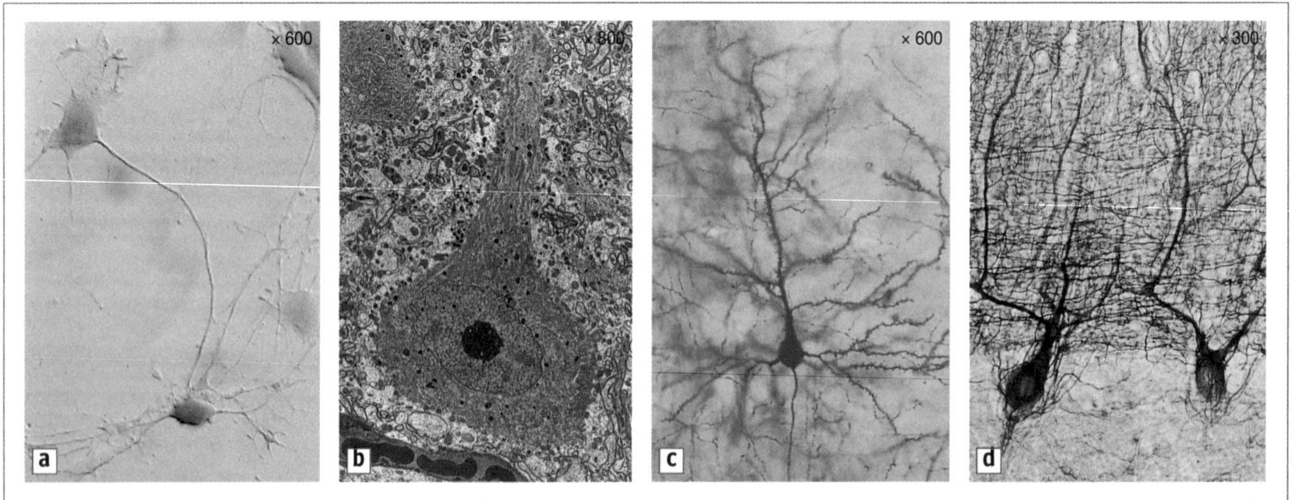

× 600
× 800
× 600
× 300
a
b
c
d

Doc.2 La morphologie des neurones est variable : **a** – culture cellulaire de neurones ; **b** – neurone en T d'un ganglion rachidien ; **c** – neurone pyramidal du cortex cérébral ; **d** – neurones du **cervelet***.

B Un nerf : un ensemble de **fibres nerveuses***

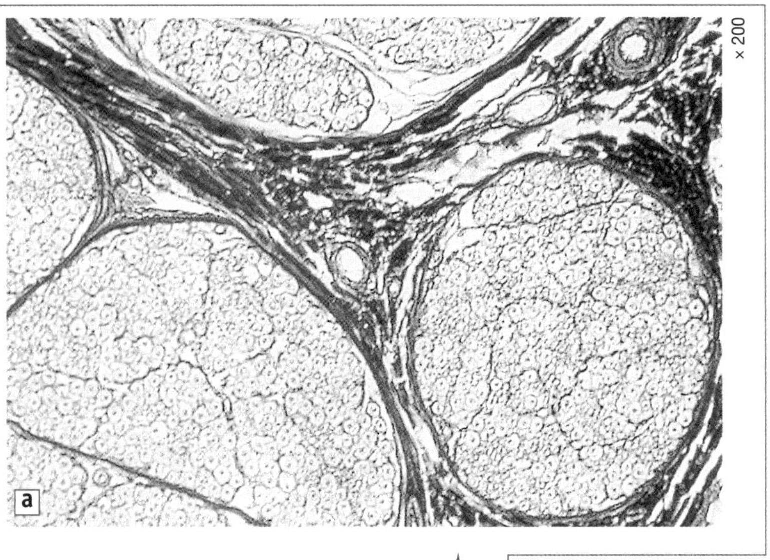
× 200
a
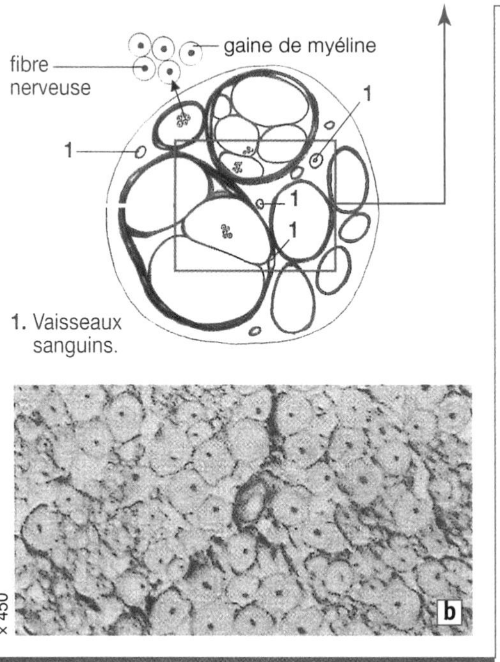
fibre nerveuse
gaine de myéline
1
1. Vaisseaux sanguins.
× 450
b

Doc. 3 Coupe transversale dans un nerf humain observé au microscope optique : **a** – faible grossissement ; **b** – fort grossissement.

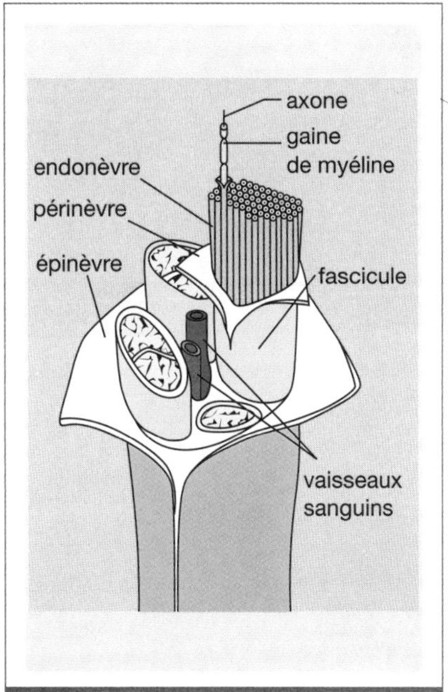
axone
gaine de myéline
endonèvre
périnèvre
épinèvre
fascicule
vaisseaux sanguins

Doc. 4 Nerf partiellement dilacéré.

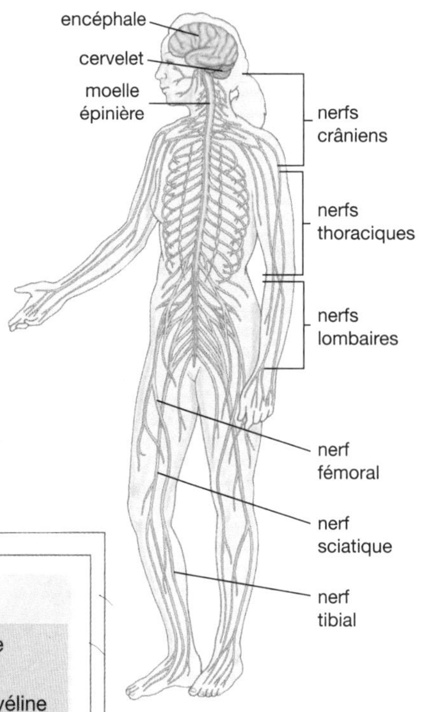
encéphale
cervelet
moelle épinière
nerfs crâniens
nerfs thoraciques
nerfs lombaires
nerf fémoral
nerf sciatique
nerf tibial

Doc. 5 Organisation générale des nerfs dans le corps humain.

Lexique

- **Cervelet** : partie de l'encéphale située à la base postérieure de celui-ci.
- **Fibre nerveuse** : prolongement long et mince d'un neurone (souvent l'axone) conduisant l'information nerveuse.

Pistes d'exploitation

1 **Doc. 1** : Après avoir rappelé les fonctions du réticulum endoplasmique (RE) rugueux, avancez une hypothèse expliquant son abondance au sein du corps cellulaire neuronal.

2 **Doc. 1** : Expliquez pourquoi le sens de propagation du message nerveux est centripète au niveau des dendrites et centrifuge au niveau de l'axone.

3 **Doc. 3 et 4** : Un nerf est souvent comparé à un câble électrique. Justifiez cette comparaison d'un point de vue structural, mais aussi fonctionnel.

Activités pratiques 4

La gaine de myéline

Les neurones sont des cellules extrêmement spécialisées et fragiles. Certains de leurs prolongements sont entourés d'une gaine protectrice formée par des cellules spécialisées. Il s'agit de la gaine de myéline.

- Où rencontre-t-on une gaine de myéline et quel est son aspect ?
- L'origine de la gaine de myéline est-elle la même dans tout le système nerveux ?

A Des observations de la gaine de myéline

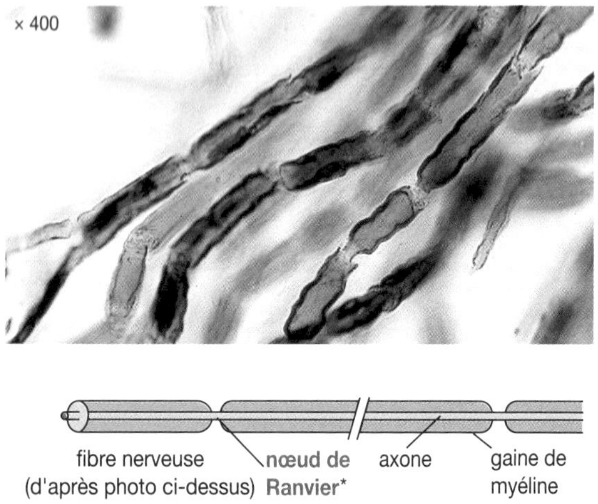
× 400
fibre nerveuse
(d'après photo ci-dessus)
nœud de
Ranvier*
axone
gaine de
myéline

Doc.1 Quelques fibres nerveuses myélinisées.

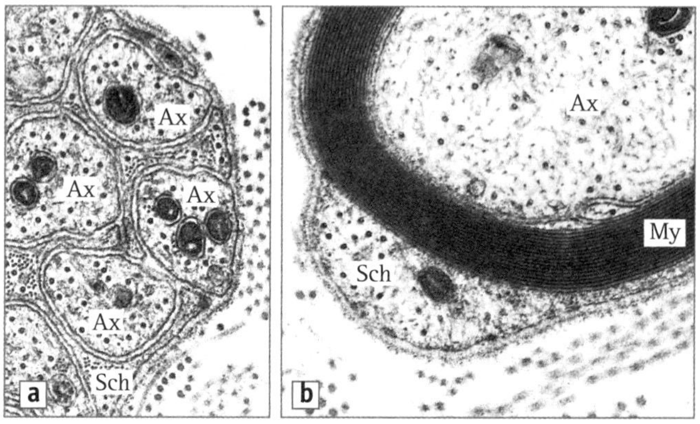
Ax
Ax
Ax
Ax
Sch
a
Ax
My
Sch
b

Ax : axone ; Sch : cellule de Schwann ; My : gaine de myeline.

Doc.2 Des fibres amyélinisées (**a**) et myélinisées (**b**) observées au microscope électronique à transmission (MET).

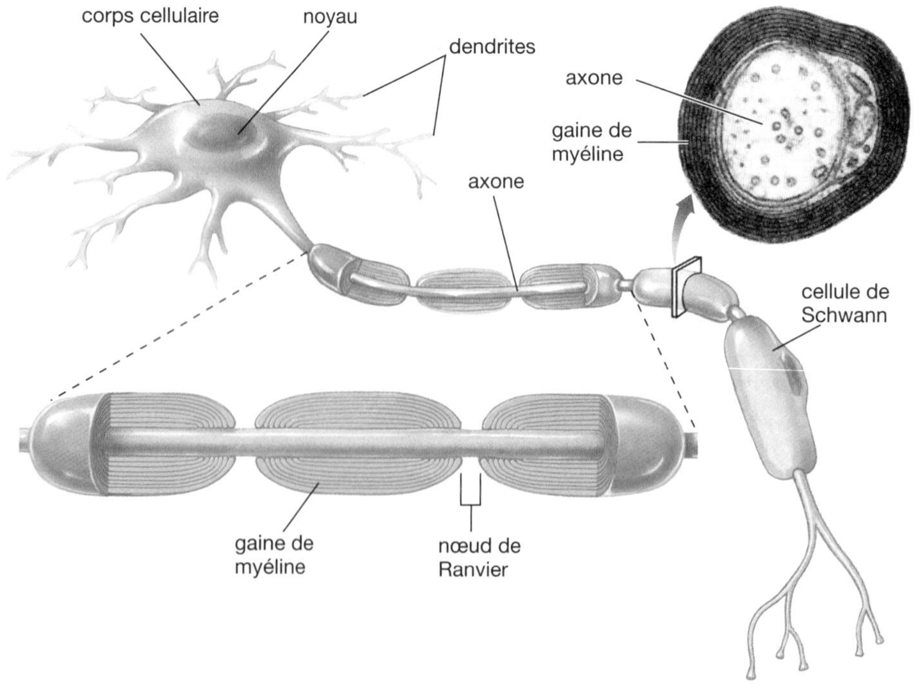
corps cellulaire
noyau
dendrites
axone
gaine de
myéline
axone
cellule de
Schwann
gaine de
myéline
nœud de
Ranvier

Doc.3 Aspect typique d'un neurone myélinisé.

B La protection de l'axone n'est pas identique dans tout le système nerveux

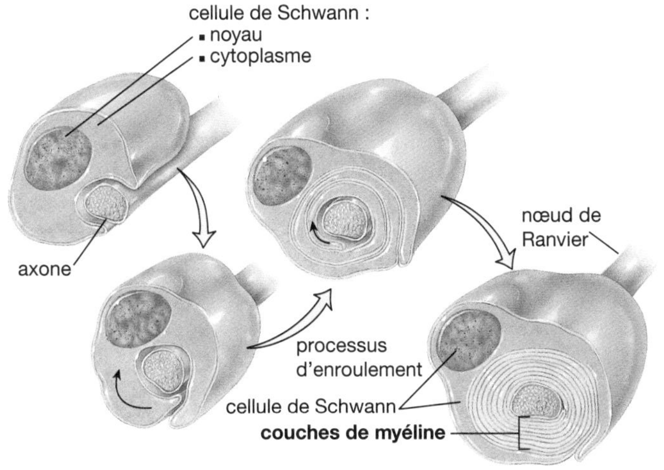
cellule de Schwann :
▪ noyau
▪ cytoplasme
axone
nœud de Ranvier
processus d'enroulement
cellule de Schwann
couches de myéline

Dans le SN périphérique, les cellules de Schwann s'enroulent jusqu'à 100 fois autour de l'axone. L'enroulement serré de leurs membranes forment la gaine de myéline tandis que le dernier tour est constitué du cytoplasme et des organites de la cellule de Schwann rejetés en périphérie.

Jusqu'à 500 cellules de Schwann forment la gaine de myéline des axones les plus longs du corps. Les nœuds ou étranglements de Ranvier apparaissent à la jonction entre deux cellules de Schwann juxtaposées. À ce niveau, la membrane de l'axone est en contact direct avec le milieu extracellulaire.

Doc. 4 La formation de la gaine de myéline par les cellules de Schwann dans le système nerveux périphérique.

Dans le SN central, la gaine de myéline est formée par l'enroulement autour de l'axone de prolongements aplatis d'oligodendrocytes. Un même oligodendrocyte peut participer à la gaine de jusqu'à 40 axones différents.

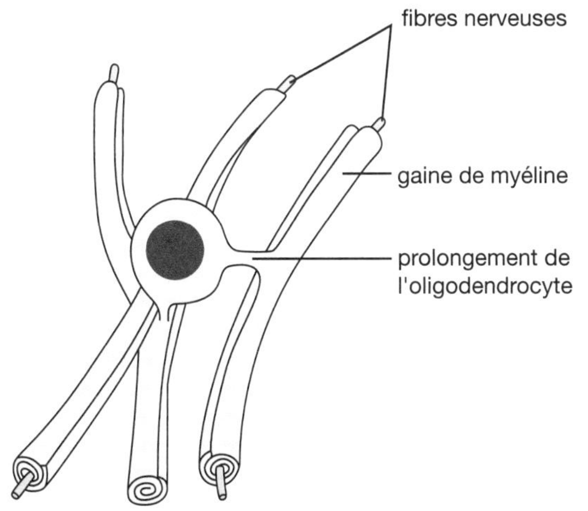
fibres nerveuses
gaine de myéline
prolongement de l'oligodendrocyte

Doc. 5 La formation de la gaine de myéline par les oligodendrocytes dans le système nerveux central.

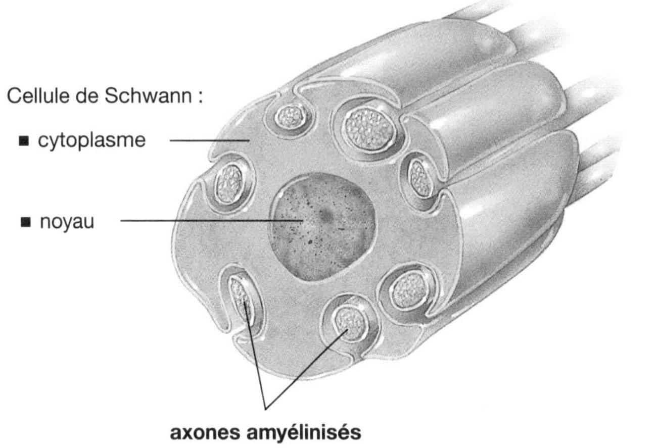
Cellule de Schwann :
▪ cytoplasme
▪ noyau
axones amyélinisés

Dans le système nerveux périphérique, certains fins axones ne sont pas myélinisés. Ils sont généralement enchâssés dans des gouttières de cellules de Schwann qui assurent leur protection et leur nutrition.

Doc. 6 La protection des fibres amyélinisées.

Lexique

- Nœud de Ranvier : interruption de la gaine de myéline à la jonction de deux oligodendrocytes ou de deux cellules de Schwann.

Pistes d'exploitation

1 Doc. 1 : Comparez l'aspect des fibres nerveuses du doc. 1 page 66 avec celui du doc. 3 page 65. Justifiez les termes « substance blanche » et « substance grise » donnés à certaines parties du tissu nerveux.

2 Doc. 2 et 3 : Identifiez la relation entre la gaine de myéline et la cellule de Schwann des documents 2 et 3. Que constatez-vous ?

3 Doc. 1 à 6 : La dégénérescence de la gaine de myéline est à la base d'une grave maladie. Quelle est-elle ? Faites des recherches concernant celle-ci.

Activités pratiques 5

Les cellules gliales et la plasticité neuronale

Les cellules du système nerveux peuvent être divisées en deux grandes catégories : les cellules nerveuses proprement dites ou neurones et toute une variété de cellules de soutien ou cellules gliales. La structure neuronale se modifie en outre perpétuellement, de sorte que l'aiguillage des messages nerveux est constamment remanié au gré des circonstances et des apprentissages de la vie.

- Que sont les cellules gliales et quelles sont leurs fonctions ?
- En quoi consiste la plasticité neuronale ?

A Les cellules gliales

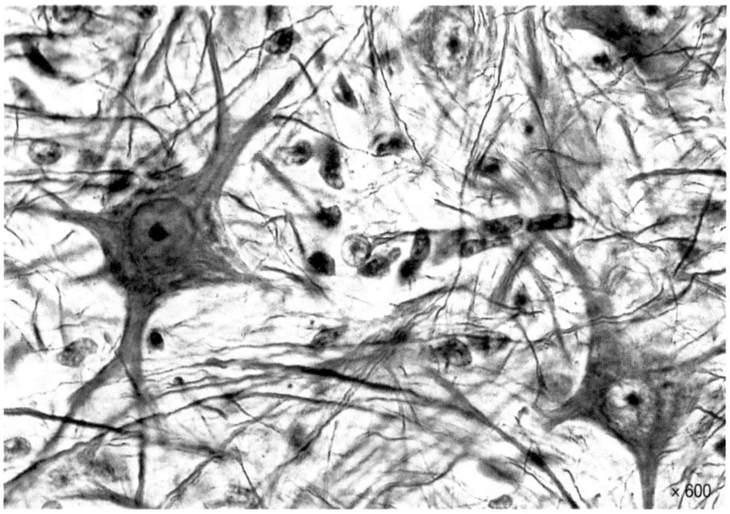

× 600

Les cellules gliales du système nerveux central sont regroupées sous le nom de **névroglie**. Beaucoup plus petites que les neurones, elles sont de 3 à 10 fois plus nombreuses que ceux-ci.

Sur la micrographie ci-contre, les neurones apparaissent comme de grandes cellules étoilées. Ils sont colorés en brun, de même que leurs nombreux prolongements filiformes. Les cellules gliales sont beaucoup plus petites et constituent le reste du tissu nerveux. On en distingue essentiellement les noyaux colorés en bleu.

Doc. 1 Observation microscopique de neurones de la moelle épinière entourés des cellules de la névroglie.

La grande différence entre les neurones et les cellules gliales est que ces dernières sont incapables de transmettre un message nerveux. Par contre, elles sont capables de se diviser, ce que la grosse majorité des neurones ne peut pas faire.

Leurs rôles, trop longtemps méconnus, sont néanmoins multiples et indispensables :

1. Formation de la gaine de myéline (oligodendrocytes dans le SNC et cellules de Schwann dans le SNP) ;
2. Soutien et protection mécanique des neurones contre les chocs ;
3. Contrôle et régulation de tous les transports de substances entre le sang et les neurones (glucose, O_2, ions...) ; Stabilisation du milieu interstitiel ;
4. Arrêt de certaines substances toxiques (mais pas l'alcool, ni les drogues, ni certains médicaments...) ;
5. Régulation des messages nerveux au niveau des synapses ;

Etc.

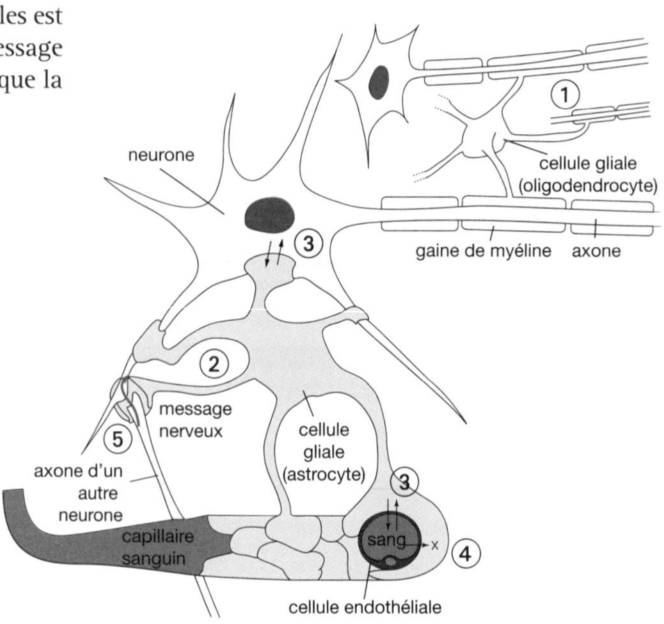

1
neurone
cellule gliale (oligodendrocyte)
3
gaine de myéline
axone
2
message nerveux
5
axone d'un autre neurone
cellule gliale (astrocyte)
3
capillaire sanguin
sang
x
4
cellule endothéliale

Doc. 2 Les cellules gliales : la face injustement méconnue du système nerveux.

B La plasticité neuronale et l'aiguillage synaptique

La plasticité neuronale est cette faculté extraordinaire que possèdent les neurones d'établir de nouvelles connexions avec d'autres neurones. L'apprentissage et la mémorisation passent par la formation de nouveaux contacts entre neurones.

Cette plasticité est maximale chez le fœtus et le nouveau-né, et elle décroît avec l'âge. Néanmoins, elle permet encore un apprentissage efficace chez l'adulte ainsi que la récupération de certaines facultés après un traumatisme.

> *« À raison de 50 000 à 100 000 neurones pour chaque millimètre carré de sa surface, l'écorce cérébrale comporte au total plus de 10 milliards de neurones. Chaque cellule nerveuse y est en contact avec 1 000 à 10 000 de ses semblables, ce qui représente entre 10 000 et 100 000 milliards de synapses au total. Par ses synapses, un neurone est ainsi en relation avec quelques milliers d'autres neurones, chacun d'eux étant à son tour en contact avec des milliers d'autres. Sachant que, selon les conditions, un neurone transmet ou non l'information nerveuse qu'il a reçue, le nombre de circuits différents que représente* potentiellement *un centre nerveux est considérable. »*
>
> J. Dobbing, *La Recherche*

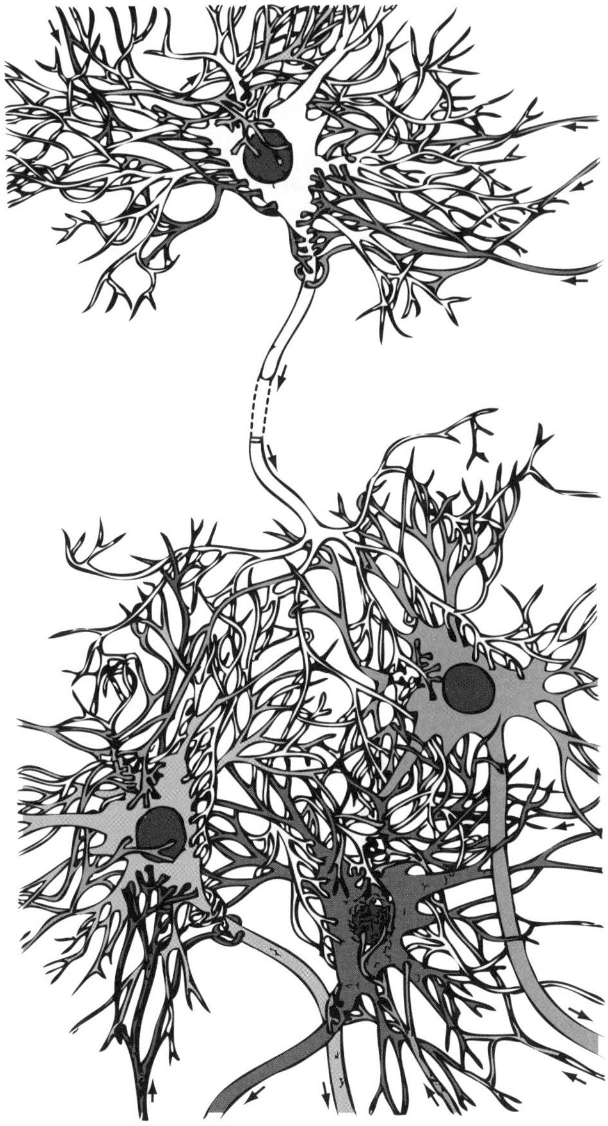

Doc. 3 Le phénoménal réseau des contacts existant entre les neurones est modulable.

Pistes d'exploitation

1 **Doc. 1** : Quel est le rapport de nombre entre les neurones et les cellules gliales visibles sur la micrographie ?

2 **Doc. 2** : Avancez une hypothèse expliquant pourquoi les capillaires sanguins sont isolés du reste du cerveau par les cellules gliales.

3 **Doc. 2** : Quelle caractéristique du neurone peut être déduite au vu des rôles joués par les cellules gliales ?

4 **Doc. 3** : Pourquoi le vieillissement s'accompagne-t-il souvent d'une diminution des facultés de mémorisation ? Peut-on y remédier ?

Activités pratiques 6

Les protections du système nerveux central

Le fragile tissu nerveux doit être protégé contre toutes les agressions et notamment les agressions physiques comme les coups et les chocs, mais aussi contre des agressions chimiques variées.

• Quelles sont les structures protégeant le système nerveux central ?

A Les os et le liquide céphalo-rachidien

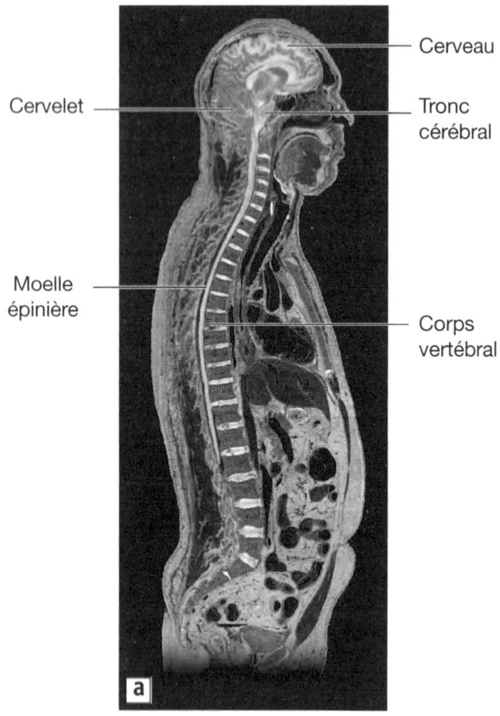

Cerveau
Cervelet
Tronc cérébral
Moelle épinière
Corps vertébral
a

La tête humaine est composée de 8 os crâniens, qui protègent l'encéphale, et de 14 os de la face.

La colonne vertébrale comprend 7 vertèbres cervicales, 12 vertèbres thoraciques, 5 vertèbres lombaires, 5 vertèbres fusionnées en sacrum et un coccyx issu de la fusion de 4 vertèbres. La moelle épinière s'arrête au niveau de la 2ème vertèbre lombaire.

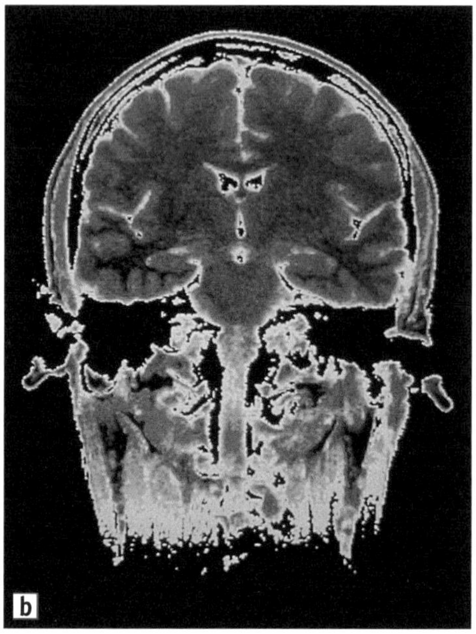

b

Doc.1 Localisation du système nerveux central dans le corps humain : **a** – reconstitution tridimensionnelle ; **b** – coupe IRM frontale (parallèle au front).

Le liquide céphalo-rachidien (LCR) ou cérébro-spinal entoure la totalité du système nerveux central. Il est aussi contenu dans le canal central de la moelle épinière (canal de l'épendyme) ainsi que dans des cavités internes de l'encéphale, les ventricules.

Le LCR est sécrété à partir du plasma sanguin par des cellules gliales spécialisées. Le système nerveux central en contient entre 80 et 150 mL. Sa composition ionique et moléculaire reste quasi constante.

Le LCR assure la protection du délicat tissu nerveux contre les secousses et soutient celui-ci de sorte qu'il « flotte » dans la boîte crânienne. En outre, il offre un milieu chimique stable et propice à l'activité neuronale. Il constitue également le milieu au niveau duquel s'effectuent les échanges de substances nutritives et de déchets entre le sang et le tissu nerveux.

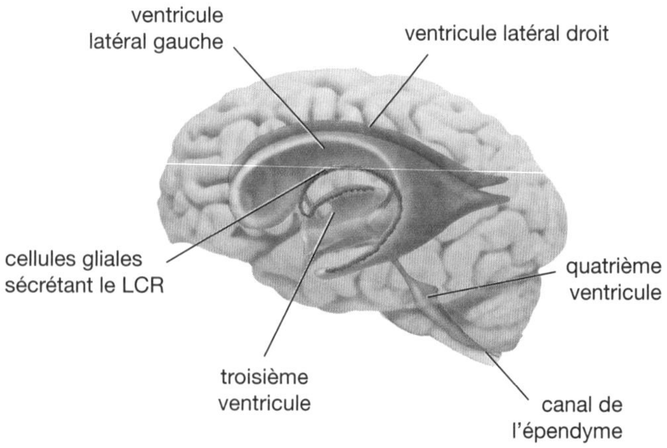

ventricule latéral gauche
ventricule latéral droit
cellules gliales sécrétant le LCR
quatrième ventricule
troisième ventricule
canal de l'épendyme

Doc.2 Le liquide céphalo-rachidien (LCR) occupe une grande place dans notre encéphale.

B Les méninges

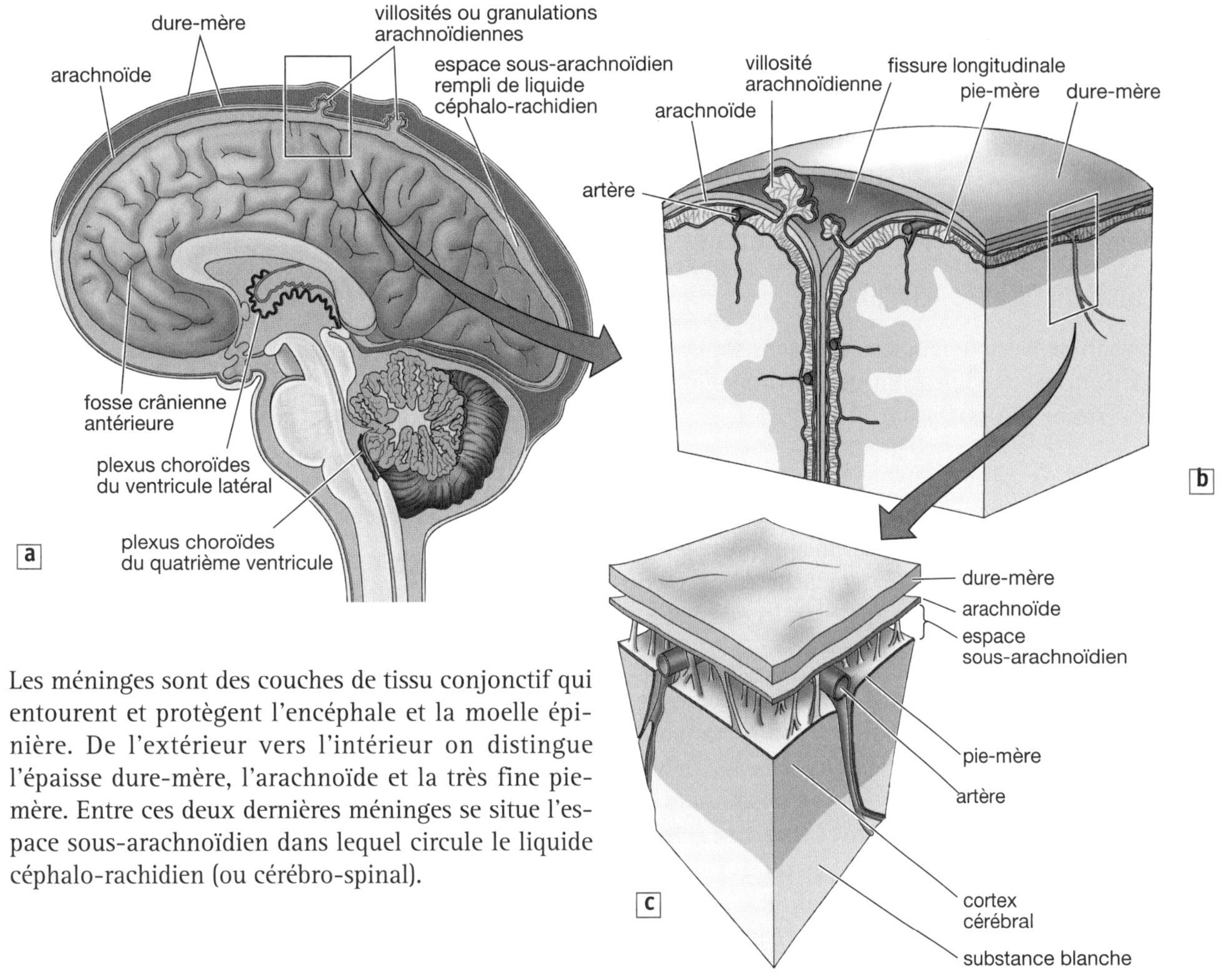

dure-mère
arachnoïde
villosités ou granulations arachnoïdiennes
espace sous-arachnoïdien rempli de liquide céphalo-rachidien
fosse crânienne antérieure
plexus choroïdes du ventricule latéral
plexus choroïdes du quatrième ventricule
a
villosité arachnoïdienne
fissure longitudinale
pie-mère
dure-mère
arachnoïde
artère
b
dure-mère
arachnoïde
espace sous-arachnoïdien
pie-mère
artère
cortex cérébral
substance blanche
c

Les méninges sont des couches de tissu conjonctif qui entourent et protègent l'encéphale et la moelle épinière. De l'extérieur vers l'intérieur on distingue l'épaisse dure-mère, l'arachnoïde et la très fine pie-mère. Entre ces deux dernières méninges se situe l'espace sous-arachnoïdien dans lequel circule le liquide céphalo-rachidien (ou cérébro-spinal).

Doc. 3 **a** – Vue en coupe longitudinale de l'encéphale et du début de la moelle épinière montrant les trois couches de méninges et le liquide céphalo-rachidien ; **b** – agrandissement au niveau de la séparation entre les deux hémisphères cérébraux ; **c** – détails.

Pistes d'exploitation

1 **Doc. 1** : Au vu de ces images, pourquoi est-il particulièrement important de porter une ceinture de sécurité ou un casque à bord d'un véhicule motorisé ou même lors de la pratique d'un sport impliquant une certaine vitesse ?

2 **Doc. 2** : Le cerveau à lui seul contient entre 60 et 100 mL de liquide céphalo-rachidien. Placez un volume d'eau équivalent en regard de votre tête. Quelles conclusions pouvez-vous en tirer ?

3 **Doc. 3** : Qu'est-ce qu'une « méningite » ? Faites une recherche concernant les causes et conséquences de cette (ces ?) maladie(s).

Fonctions et organisation du système nerveux

Le système nerveux est le centre de régulation et de communication de l'organisme. Nos perceptions, nos pensées, nos émotions ou nos actions attestent son activité. Celui de l'être humain est constitué de centres nerveux (encéphale et moelle épinière) et de nerfs reliant ces centres à la périphérie. Son fonctionnement repose sur une transmission d'informations dans un réseau complexe de neurones.

1 Les fonctions du système nerveux

• La **fonction sensorielle** ou sensitive consiste en la détection de toute modification de l'environnement interne ou externe de l'organisme.

Par l'intermédiaire de millions de cellules nerveuses modifiées, les **récepteurs sensoriels**, le système nerveux reçoit des informations sur les changements qui se produisent tant à l'intérieur qu'à l'extérieur du corps. Ces informations capables de faire réagir le système nerveux portent chacune le nom de stimulus (*pl. stimuli*).

• La **fonction intégrative** permet à la moelle épinière et à l'encéphale d'analyser et de traiter les informations sensorielles apportées par les récepteurs sensitifs. Dans l'encéphale, elles sont comparées avec des données antérieures stockées dans la mémoire et elles sont enregistrées en tout ou en partie. Ensuite, les centres supérieurs prennent une décision et élaborent une réponse adaptée à chaque situation. L'encéphale est également le siège de la pensée, de la mémoire et de l'émotion, en dehors de toute fonction sensorielle ou motrice.

• Une fois la décision prise au niveau des centres nerveux supérieurs, il faut qu'une réponse adéquate intervienne, c'est la **fonction motrice**. La commande motrice qui en résulte peut être une contraction ou un relâchement des **effecteurs** musculaires (squelettiques, cardiaque ou lisses) ou une sécrétion des effecteurs glandulaires.

2 L'organisation du système nerveux

• D'un point de vue anatomique, le système nerveux est subdivisé en système nerveux central (SNC) et en système nerveux périphérique (SNP).

- Le **système nerveux central** comprend l'encéphale, ainsi que la moelle épinière. Il est le centre de régulation et d'intégration du système nerveux. Il interprète l'information sensorielle qui lui parvient et élabore des réponses motrices fondées sur l'expérience, les réflexes et les conditions ambiantes.
- Le **système nerveux périphérique** est la partie du SN située en dehors du SNC. Il est formé principalement des récepteurs et des nerfs.

Les **nerfs** sont constitués des prolongements de neurones (cellules nerveuses) entourés ou non de diverses gaines. Ils ne contiennent jamais les corps cellulaires de ces neurones. Les nerfs transmettent l'information sensitive depuis les récepteurs jusqu'à la moelle épinière et l'encéphale, tandis que les ordres moteurs sont acheminés par leur intermédiaire depuis le SNC jusqu'aux effecteurs musculaires et glandulaires. La majorité des nerfs corporels (31 paires) s'abouchent à la moelle épinière. Ils portent le nom de nerfs rachidiens ou spinaux. Seuls quelques nerfs crâniens (12 paires) sont attachés à l'encéphale. Ils innervent essentiellement la tête et le haut du cou.

Sur le trajet de certains nerfs, on rencontre parfois des **ganglions**. Il s'agit d'organes de relais contenant des neurones, des terminaisons axoniques ainsi que du tissu de soutien et de nutrition.

• D'un point de vue fonctionnel, le système nerveux peut être subdivisé en une voie sensorielle et une voie motrice.

- La **voie sensorielle ou sensitive** (afférente) peut être divisée en une voie somato-sensorielle (*soma* = corps) qui transmet les sensations perçues par les récepteurs somatiques disséminés dans la peau, les muscles squelettiques, etc., et en une voie viscéro-sensorielle qui transmet les informations en provenance des viscères et des muscles lisses et cardiaque.
- La **voie motrice** (efférente) est plus complexe :

* La **voie motrice somatique** ou volontaire transmet l'information motrice depuis le SNC vers les muscles squelettiques. Ces réactions motrices peuvent, le plus souvent, être contrôlées consciemment.

* La **voie motrice autonome** ou involontaire conduit l'information motrice depuis le SNC vers les muscles lisses et cardiaques, de même qu'aux glandes. Cette partie du système nerveux jouit d'une certaine indépendance et ses réactions motrices sont inconscientes.

Le système nerveux autonome (ou végétatif) comporte deux subdivisions : **sympathique** et **parasympathique**. Les viscères reçoivent des instructions en provenance des deux systèmes qui, de manière générale, agissent à l'opposé l'une de l'autre. Ainsi, les neurones sympathiques favorisent les processus qui demandent une dépense d'énergie, tandis que les neurones parasympathiques restaurent et conservent l'énergie corporelle.

3 Les cellules du système nerveux

Il n'existe que deux types de cellules nerveuses : les cellules nerveuses proprement dites ou **neurones** et les **cellules gliales**. Celles-ci sont, selon les endroits du système nerveux, dix à cinquante fois plus nombreuses que les neurones.

• Les **cellules gliales** sont beaucoup plus nombreuses que les neurones, mais leur petite taille ne leur fait occuper que la moitié du volume cellulaire total du SNC. Contrairement à la grande majorité des neurones, elles possèdent la faculté de se diviser tout au long de la vie. Les cellules gliales du SNC constituent la névroglie.

Les cellules gliales ont pour fonction de soutenir et de protéger mécaniquement et chimiquement les neurones contre les traumatismes ou les variations du milieu qui pourraient les endommager. Elles isolent les capillaires sanguins et servent d'échangeurs actifs entre le sang et les neurones, assurant notamment leur ravitaillement en nutriments et en oxygène.

Certaines cellules gliales, les **oligodendrocytes** dans le SNC et les **cellules de Schwann** dans le SNP, forment autour des prolongements neuronaux une gaine protectrice et nourricière appelée gaine de myéline (voir ci-dessous).

• Les **neurones** sont des cellules hautement spécialisées qui acheminent les messages nerveux entre les différentes parties du corps. Quoique extrêmement fragiles, ils ont une longévité incomparable puisque certains peuvent fonctionner durant toute la vie. À de rares exceptions près, les neurones sont incapables de se diviser.

Les neurones sont des cellules complexes et longues qui peuvent présenter des variations morphologiques importantes. Néanmoins, toutes sont construites sur le même schéma : un corps cellulaire prolongé de deux types de prolongements : l'axone et les dendrites.

- Le corps cellulaire ou **péricaryon** (*péri* = autour ; *karuon* = noyau) est le centre « vital » de la cellule. Il présente un gros noyau sphérique avec un nucléole souvent bien visible, ainsi que des amas compacts du réticulum endoplasmique rugueux (corps de Nissl) responsables de la synthèse continue de certains neurotransmetteurs.

- Les **dendrites** (*dendron* = arbre) sont des prolongements courts, effilés et très ramifiés qui forment la structure réceptrice du neurone. Elles reçoivent un très grand nombre d'informations nerveuses grâce à l'immense surface qu'elles couvrent et les transmettent de manière centripète vers le corps cellulaire. En général, les dendrites ne sont pas entourées d'une gaine de myéline (à l'exception de celles des neurones sensoriels des nerfs rachidiens).

- Chaque neurone est muni d'un **axone** unique (*axôn* = axe). Il est issu d'une région particulière du péricaryon appelée cône d'implantation de l'axone. Son diamètre est constant et sa longueur est variable, mais il peut atteindre plus d'un mètre. Il contient de très nombreuses mitochondries qui génèrent l'énergie nécessaire aux transports actifs de sa membrane, ainsi qu'aux mouvements du cytosquelette assurant l'avancée des vacuoles de neurotransmetteurs (voir chapitre 4).

L'extrémité de l'axone se divise habituellement en de très nombreuses ramifications qui constituent l'**arborisation terminale**. L'extrémité de chaque ramification est renflée en un bouton synaptique. Celui-ci constitue le premier élément de la **synapse**, site de transmission du message nerveux entre le neurone et sa cellule cible : autre neurone, cellule musculaire ou cellule glandulaire.

Les axones ne sont nus que dans leur partie terminale. À l'intérieur du système nerveux central et des nerfs, ils sont entourés par différents types de gaines qui assurent leur protection et leur nutrition et jouent un rôle capital dans la transmission du message nerveux (voir chapitre 4).

- La **gaine de myéline** est une enveloppe blanchâtre de nature phospholipidique. Elle est constituée par l'enroulement serré des membranes plasmiques de certaines cellules gliales juxtaposées. Les **nœuds de Ranvier** sont des régions situées entre deux cellules gliales adjacentes et où la membrane de l'axone se trouve directement en contact avec le milieu extracellulaire.

Dans le SNC, la gaine de myéline est formée par des prolongements membranaires aplatis et enroulés d'**oligodendrocytes**. Un même oligodendrocyte peut ainsi participer à la myélinisation de nombreux axones.

Dans le SNP, la gaine de myéline est formée par les **cellules de Schwann** qui s'enroulent dans leur totalité autour de l'axone. Le cytoplasme et les organites de la cellule gliale sont généralement repoussés en périphérie, mais il n'est pas rare d'observer un reste de cytoplasme glial directement contre l'axone.

- Lorsque les neurones du système nerveux périphérique ne sont pas myélinisés, leurs axones sont généralement englobés à l'intérieur de renfoncements tubulaires de certaines cellules de Schwann. Il peut y avoir jusqu'à quinze minces fibres amyélinisées ainsi regroupées dans une même cellule de Schwann.

- Les neurones ne travaillent pas isolément, mais sont inclus dans des **réseaux neuronaux** où chaque cellule reçoit les informations de milliers d'autres et les envoie à son tour vers d'innombrables cibles. On estime à près d'un million de milliard le nombre de synapses existant dans le système nerveux.

• Malgré une architecture de base rigide et figée, le système nerveux, et en particulier l'encéphale, jouit d'une qualité remarquable de **plasticité**. Il s'agit de sa capacité à réorganiser les connexions existant entre les neurones et par là, à s'adapter et à perpétuellement se remodeler. La plasticité neuronale est à la base de la construction de l'encéphale et permet les processus d'apprentissage et de mémorisation. D'autre part, l'immense majorité des neurones n'est pas capable de mitose de sorte qu'ils ne peuvent pas être remplacés s'ils sont détruits. Grâce à cette faculté de plasticité, lors de la destruction d'un neurone, des synapses de « substitution » peuvent éventuellement s'établir avec des neurones voisins. Ceux-ci assureront ensuite, au moins partiellement, la fonction du neurone mort. La plasticité neuronale est cependant limitée par les processus de vieillissement.

4 Les protections du système nerveux central

Les fragiles cellules du système nerveux central doivent être protégées contre toute agression physique ou chimique. Outre les cellules gliales déjà évoquées qui protègent les neurones, les **os du crâne et de la colonne vertébrale** protègent mécaniquement l'encéphale et la moelle épinière. Le tissu nerveux est également protégé par les **méninges** : la dure-mère épaisse et externe, l'arachnoïde contenant le **liquide céphalo-rachidien** (ou cérébrospinal) et la fine pie-mère qui borde étroitement tous les replis de l'encéphale et de la moelle. Le liquide céphalo-rachidien remplit l'espace sous-arachnoïdien, mais aussi le canal de l'épendyme au centre de la moelle épinière ainsi qu'un complexe de cavités internes au cerveau : les **ventricules**. Il assure une protection mécanique contre les chocs ainsi qu'une grande stabilité du milieu interne, condition indispensable au bon fonctionnement des neurones.

L'essentiel

• Le système nerveux assure trois fonctions : sensorielle, intégrative et motrice.

• Anatomiquement, le système nerveux peut être subdivisé en système nerveux central (SCN) comprenant la moelle et l'encéphale et en système nerveux périphérique (SNP) comprenant essentiellement les nerfs et les récepteurs sensoriels.

• Fonctionnellement, on distingue une voie sensorielle divisée en voie somato-sensorielle et voie viscéro-sensorielle, ainsi qu'une voie motrice. Cette dernière est divisée en une voie motrice somatique qui a pour effecteur les muscles squelettiques et en une voie motrice autonome qui a pour effecteur les muscles lisses, les muscles cardiaques et les glandes. La voie motrice autonome est divisée en systèmes nerveux sympathique et parasympathique qui, tout en ayant les mêmes effecteurs, ont des rôles opposés.

• Le système nerveux contient deux types de cellules : les neurones et les cellules gliales.

• Les neurones sont des cellules spécialisées dans la transmission du message nerveux. Elles sont formées d'un corps cellulaire entouré de nombreux prolongements ramifiés appelés dendrites qui transmettent les informations reçues au péricaryon, ainsi que d'un long prolongement appelé axone qui transmet le message neuronal aux cellules cibles. La zone de transmission du message nerveux d'un axone à la cellule cible se nomme synapse. Des cellules gliales forment la gaine de myéline entourant certains neurones.

• Les neurones travaillent en de vastes réseaux interconnectés. Les liens entre les neurones peuvent constamment évoluer grâce à la plasticité neuronale.

• La protection mécanique et chimique du système nerveux est assurée par les cellules gliales et le liquide céphalo-rachidien qui baigne le cerveau et la moelle épinière. Ceci permet de maintenir les neurones dans un milieu stable et de leur fournir le ravitaillement adéquat en nutriments et oxygène. Le crâne et les vertèbres assurent aussi la protection mécanique du SNC.

Schéma-bilan

■ L'ORGANISATION DU SYSTÈME NERVEUX

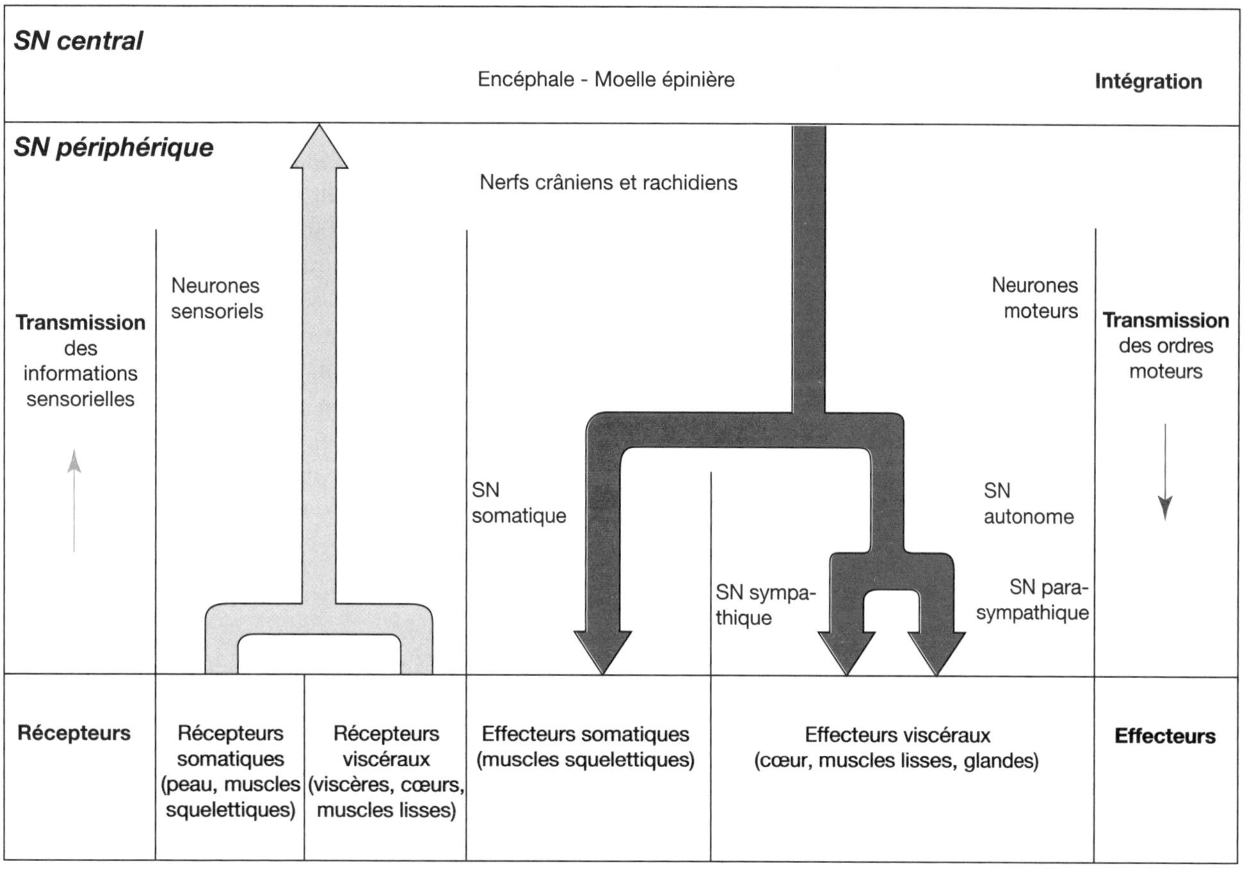

SN central
Encéphale - Moelle épinière
Intégration
SN périphérique
Nerfs crâniens et rachidiens
Neurones sensoriels
Transmission des informations sensorielles
Neurones moteurs
Transmission des ordres moteurs
SN somatique
SN autonome
SN sympathique
SN parasympathique
Récepteurs
Récepteurs somatiques (peau, muscles squelettiques)
Récepteurs viscéraux (viscères, cœurs, muscles lisses)
Effecteurs somatiques (muscles squelettiques)
Effecteurs viscéraux (cœur, muscles lisses, glandes)
Effecteurs

■ LE NEURONE

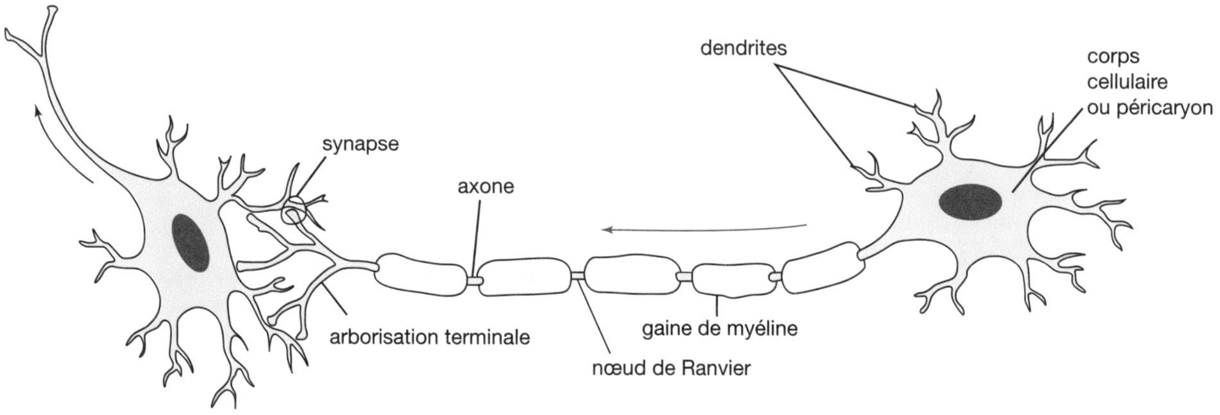

dendrites
corps cellulaire ou péricaryon
synapse
axone
arborisation terminale
gaine de myéline
nœud de Ranvier

A La notion d'homéostasie

• L'être humain, comme tous les organismes, est un **être vivant coordonné** : tous les processus qui se produisent dans le corps ne se font pas au hasard, mais en coordination les uns avec les autres.

Il faut y ajouter qu'il entretient des **relations** spécifiques **avec le milieu extérieur**.

Ainsi, l'ensemble des réactions d'un organisme vivant, c'est-à-dire le comportement de l'individu, est donc extrêmement complexe et résulte tant de facteurs externes (relation à autrui, bruit, chaleur, odeur...) que de facteurs internes (battement du cœur, contraction musculaire, douleur, faim...).

• Cependant, même si ses relations avec le monde qui l'entoure sont réduites au minimum, l'organisme peut survivre :

« C'est la fixité du milieu intérieur qui est la condition de la vie libre et indépendante. Tous les mécanismes vitaux, quelque variés qu'ils soient, n'ont toujours qu'un but, celui de maintenir l'unité des conditions de la vie dans le milieu intérieur. »

Claude Bernard

• De nombreux processus corporels sont maintenus dans de strictes «fourchettes» de fonctionnement : la température corporelle est maintenue entre 35°C et 41°C, le rythme cardiaque au repos est de 70 à 80 battements par minute, la glycémie est régulée autour de 1g de glucose par litre de sang, etc. En dehors de ces balises, surviennent des syncopes, le coma voire la mort.

Doc.1 L'être humain est coordonné et son milieu interne est stable.

Comment définir l'homéostasie ?

On peut définir l'**homéostasie** (*homéo*, « semblable » ; *stasie*, « position ») comme la capacité de l'organisme à **maintenir la stabilité de son milieu interne**. Ce maintien du milieu interne dans des limites acceptables, et donc dans une certaine constance, s'apparente à un **équilibre dynamique** perpétuellement régulé.

L'homéostasie est le maintien d'un équilibre dynamique. Si un phénomène quelconque ou un dérèglement fait pencher cet équilibre dans un sens, des processus de régulation vont directement être mis en œuvre pour ramener le tout à la normale :

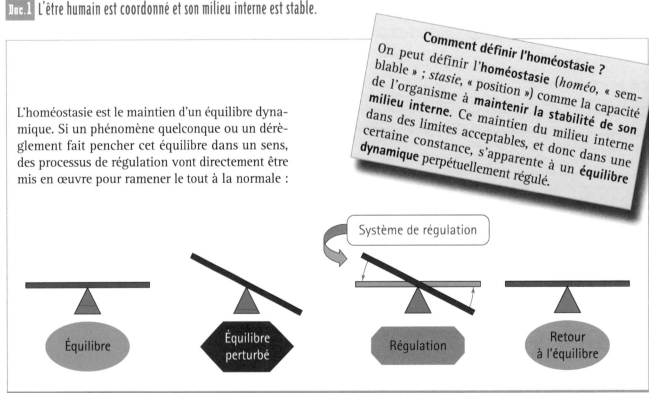

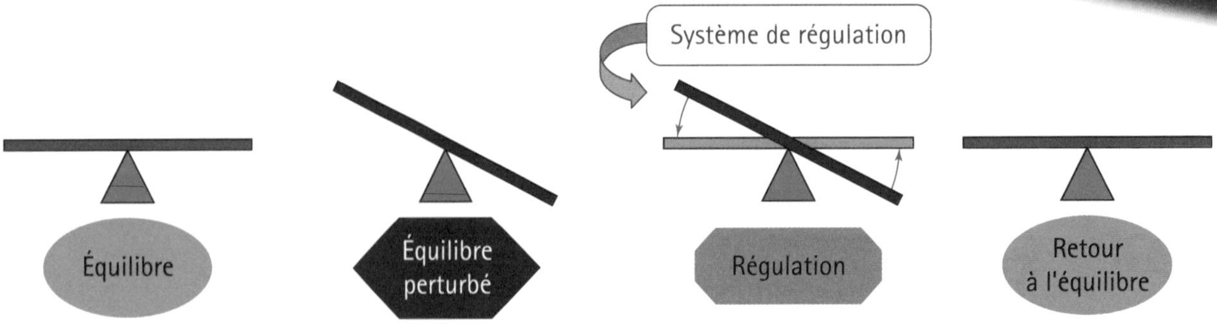
Système de régulation
Équilibre
Équilibre perturbé
Régulation
Retour à l'équilibre

Doc.2 L'homéostasie ou la conservation d'un milieu interne relativement stable.

...la notion d'homéostasie

B La régulation de l'homéostasie

Un coup de chaleur a lieu lorsque la température corporelle dépasse 41°C, soit seulement 4°C au-dessus de la normale. Il s'accompagne de vertiges, de nausées, de confusions mentales et de la perte du contrôle musculaire. C'est ce qui est arrivé à cet athlète qui n'a pu maintenir sa température corporelle dans la gamme des températures adéquate pour le corps humain. Un tel dérèglement homéostatique peut entraîner des syncopes, voire causer, dans les cas graves, la mort.

1770

Doc. 3 Un exemple de dérèglement de l'homéostasie : le coup de chaleur.

Le **maintien de l'homéostasie** ne peut se réaliser qu'à deux conditions essentielles :

- qu'il y ait **perception** du moindre **changement** dans le milieu interne ou externe de l'organisme ;
- qu'une **réponse** à ce changement puisse parvenir à la région du corps concernée.

Ceci suppose la mise en place de **systèmes** qui puissent assurer la **régulation de l'homéostasie**, mais qui puissent également **recevoir les messages** en provenance du corps et y **envoyer leur réponse.**

L'être vivant n'est un être coordonné que s'il y a communication entre ses différentes parties.

Remarque : on parle de **rétrocontrôle négatif** ou de **rétroaction négative** lorsque la réponse de l'organisme provoque l'**inhibition*** du processus déclencheur.

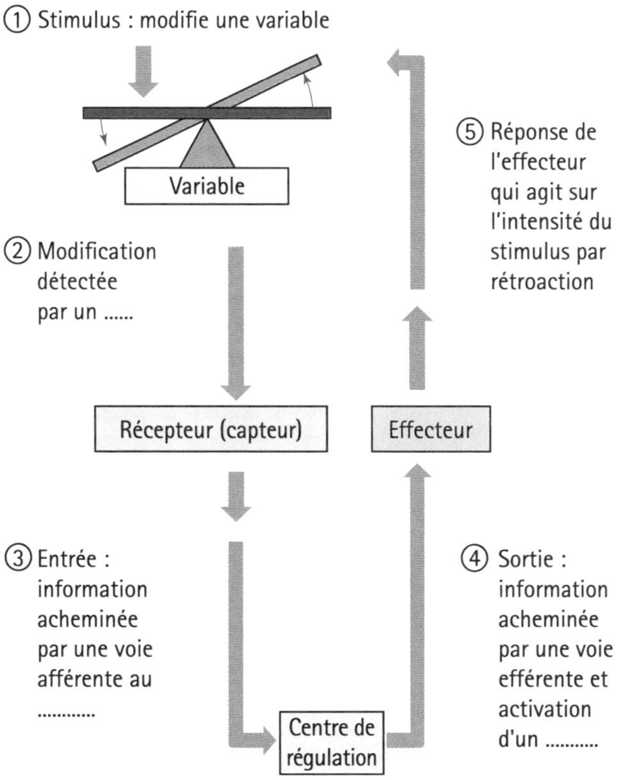

① Stimulus : modifie une variable
Variable
② Modification détectée par un ......
Récepteur (capteur)
③ Entrée : information acheminée par une voie afférente au ....
Centre de régulation
④ Sortie : information acheminée par une voie efférente et activation d'un ....
Effecteur
⑤ Réponse de l'effecteur qui agit sur l'intensité du stimulus par rétroaction

Doc. 4 Le contrôle de l'homéostasie dépend de boucles de rétroaction.

Lexique

- **Inhibition** : empêchement ou ralentissement d'un processus.

A La vue

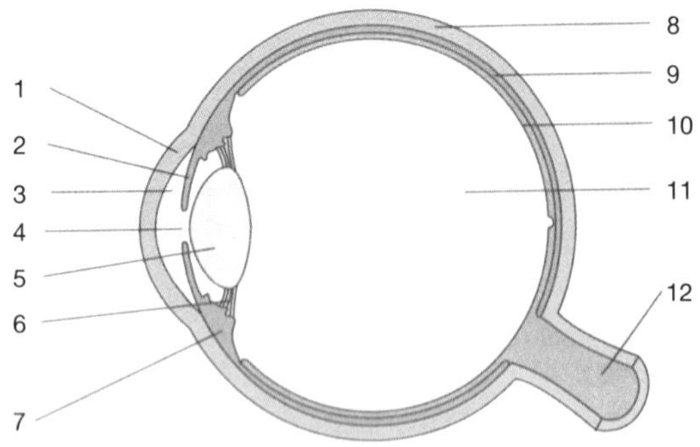
1
2
3
4
5
6
7
8
9
10
11
12

1 – cornée transparente ; **2** – iris ; **3** – humeur aqueuse ; **4** – pupille ; **5** – cristallin ; **6** – ligaments suspenseurs du cristallin ; **7** – corps ciliaires ; **8** – sclérotique ; **9** – chroroïde ; **10** – rétine ; **11** – humeur vitrée ; **12** – nerf optique.

*** Bâtonnets : vision en nuances de gris à faible luminosité**

*** Cônes : vision en couleurs (vert, bleu, rouge) sous forte luminosité**

- **Observation et schématisation de la rétine**

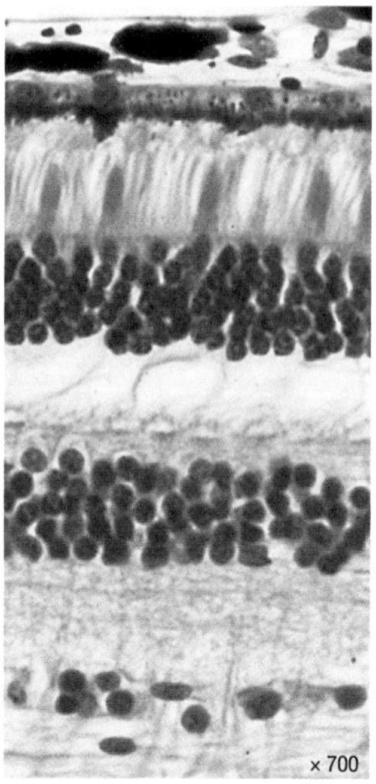
× 700

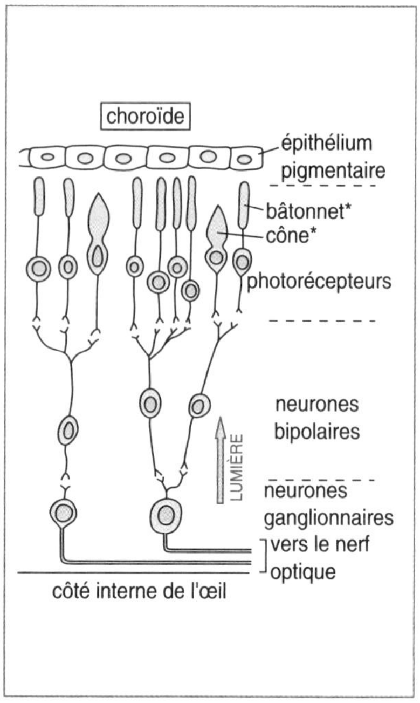
choroïde
épithélium pigmentaire
bâtonnet*
cône*
photorécepteurs
neurones bipolaires
LUMIÈRE
neurones ganglionnaires
vers le nerf optique
côté interne de l'œil

Doc.1 La vue.

Expérience de Mariotte : la mise en évidence du point aveugle

Fixer la croix avec l'œil droit après avoir fermé l'œil gauche. En rapprochant ou en éloignant ce dessin de l'œil, on constate que le gros point noir disparaît totalement à une certaine distance (plus près ou plus loin, il est visible). Le schéma et la micrographie ci-contre permettent de comprendre.

+

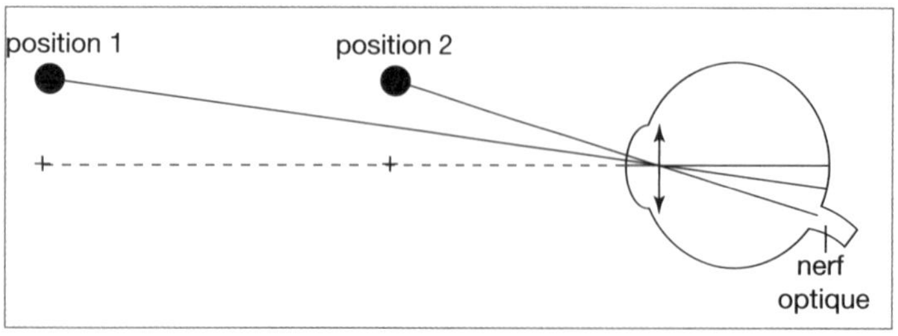
position 1
position 2
nerf optique

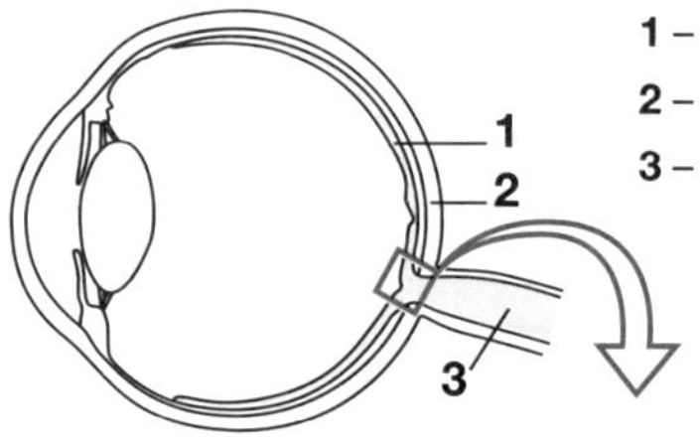
1
2
3

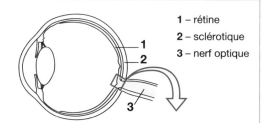

1 – rétine
2 – sclérotique
3 – nerf optique

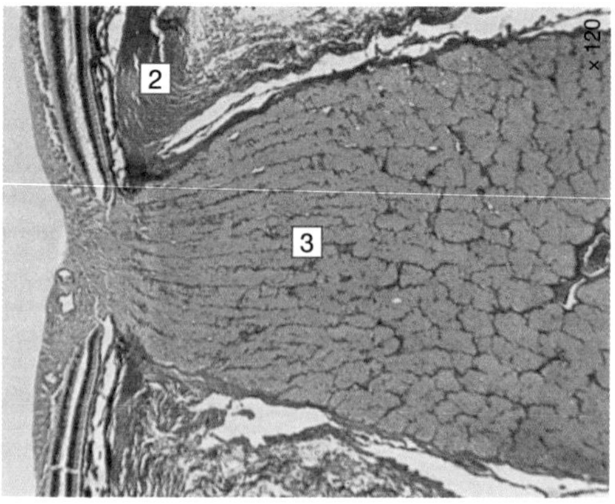
× 120
2
3

*sclérotique : enveloppe fibreuse entourant l'œil, apparaissant blanchâtre autour de l'iris.

Doc.2 Le point aveugle.

...les organes des sens

B Le goût, l'odorat, l'audition et l'équilibre

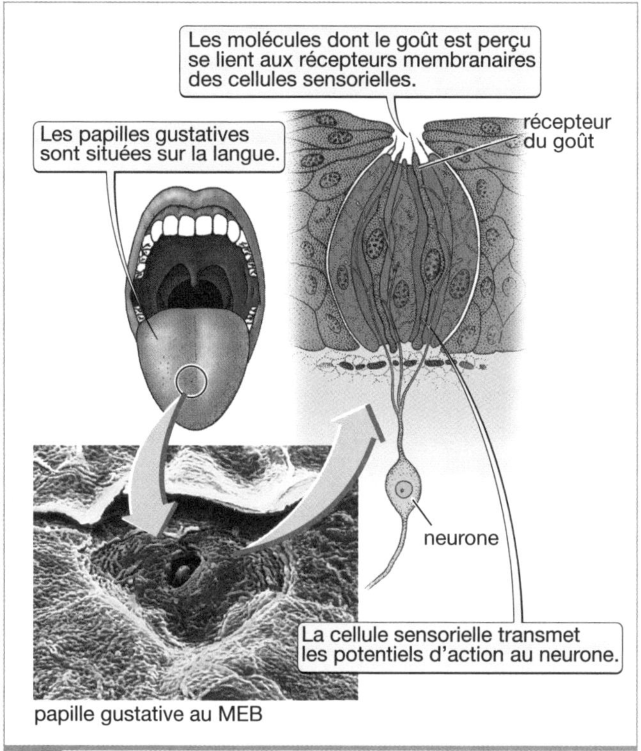
Les molécules dont le goût est perçu se lient aux récepteurs membranaires des cellules sensorielles.
Les papilles gustatives sont situées sur la langue.
récepteur du goût
neurone
La cellule sensorielle transmet les potentiels d'action au neurone.
papille gustative au MEB

Doc. 3 Le goût.

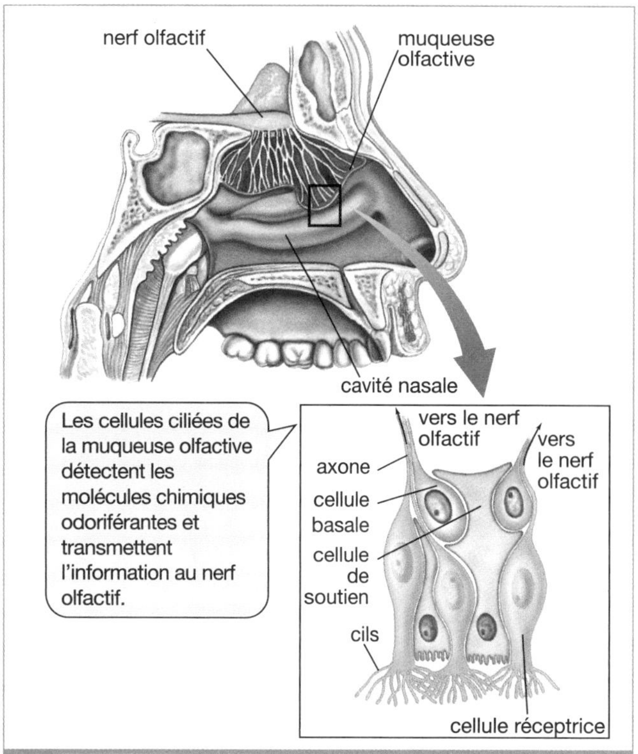
nerf olfactif
muqueuse olfactive
cavité nasale
Les cellules ciliées de la muqueuse olfactive détectent les molécules chimiques odoriférantes et transmettent l'information au nerf olfactif.
vers le nerf olfactif
vers le nerf olfactif
axone
cellule basale
cellule de soutien
cils
cellule réceptrice

Doc. 4 L'odorat.

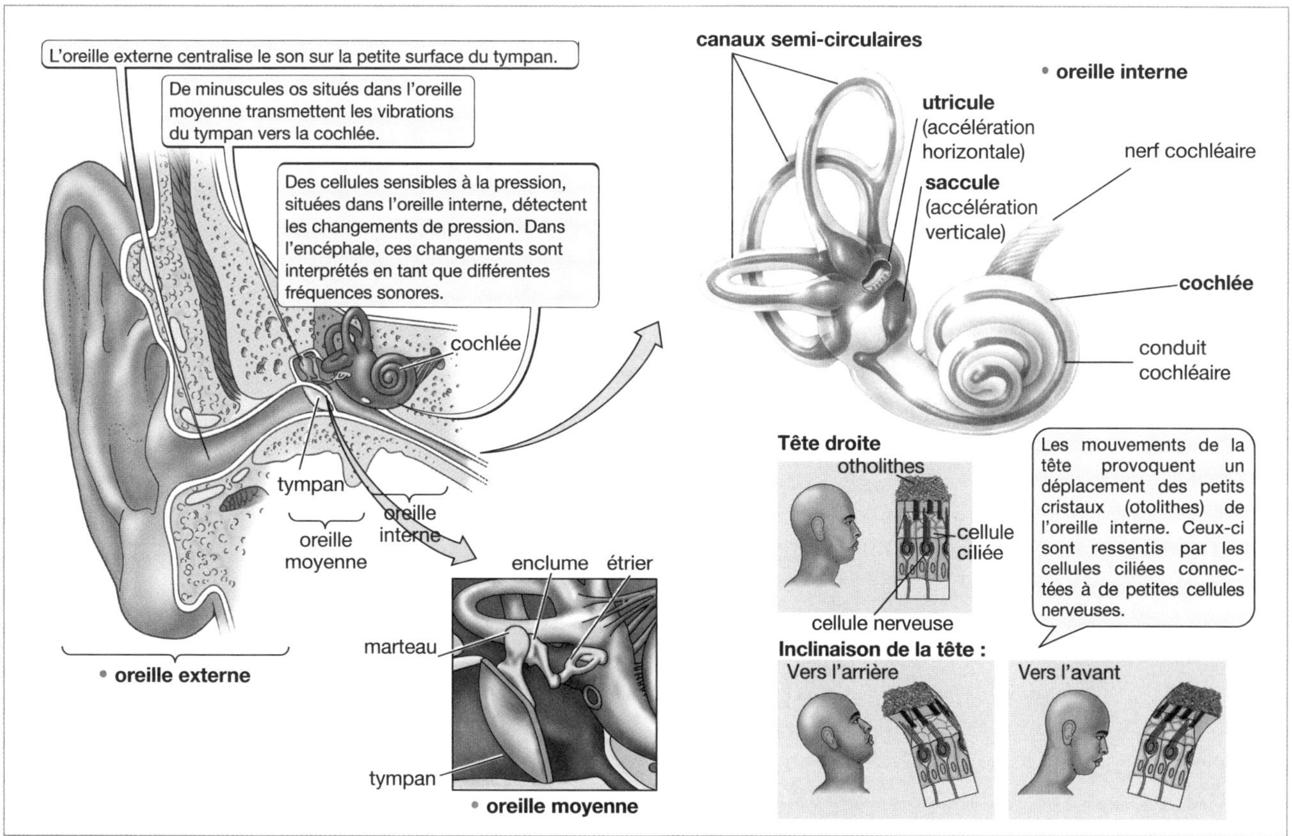
L'oreille externe centralise le son sur la petite surface du tympan.
De minuscules os situés dans l'oreille moyenne transmettent les vibrations du tympan vers la cochlée.
Des cellules sensibles à la pression, situées dans l'oreille interne, détectent les changements de pression. Dans l'encéphale, ces changements sont interprétés en tant que différentes fréquences sonores.
cochlée
tympan
oreille moyenne
oreille interne
• oreille externe
enclume
étrier
marteau
tympan
• oreille moyenne
canaux semi-circulaires
• oreille interne
utricule (accélération horizontale)
saccule (accélération verticale)
nerf cochléaire
cochlée
conduit cochléaire
Tête droite
otholithes
cellule ciliée
cellule nerveuse
Les mouvements de la tête provoquent un déplacement des petits cristaux (otolithes) de l'oreille interne. Ceux-ci sont ressentis par les cellules ciliées connectées à de petites cellules nerveuses.
Inclinaison de la tête :
Vers l'arrière
Vers l'avant

Doc. 5 L'oreille est le siège de l'audition (schémas de gauche) et de l'équilibre (schémas de droite).

A Les nerfs crâniens

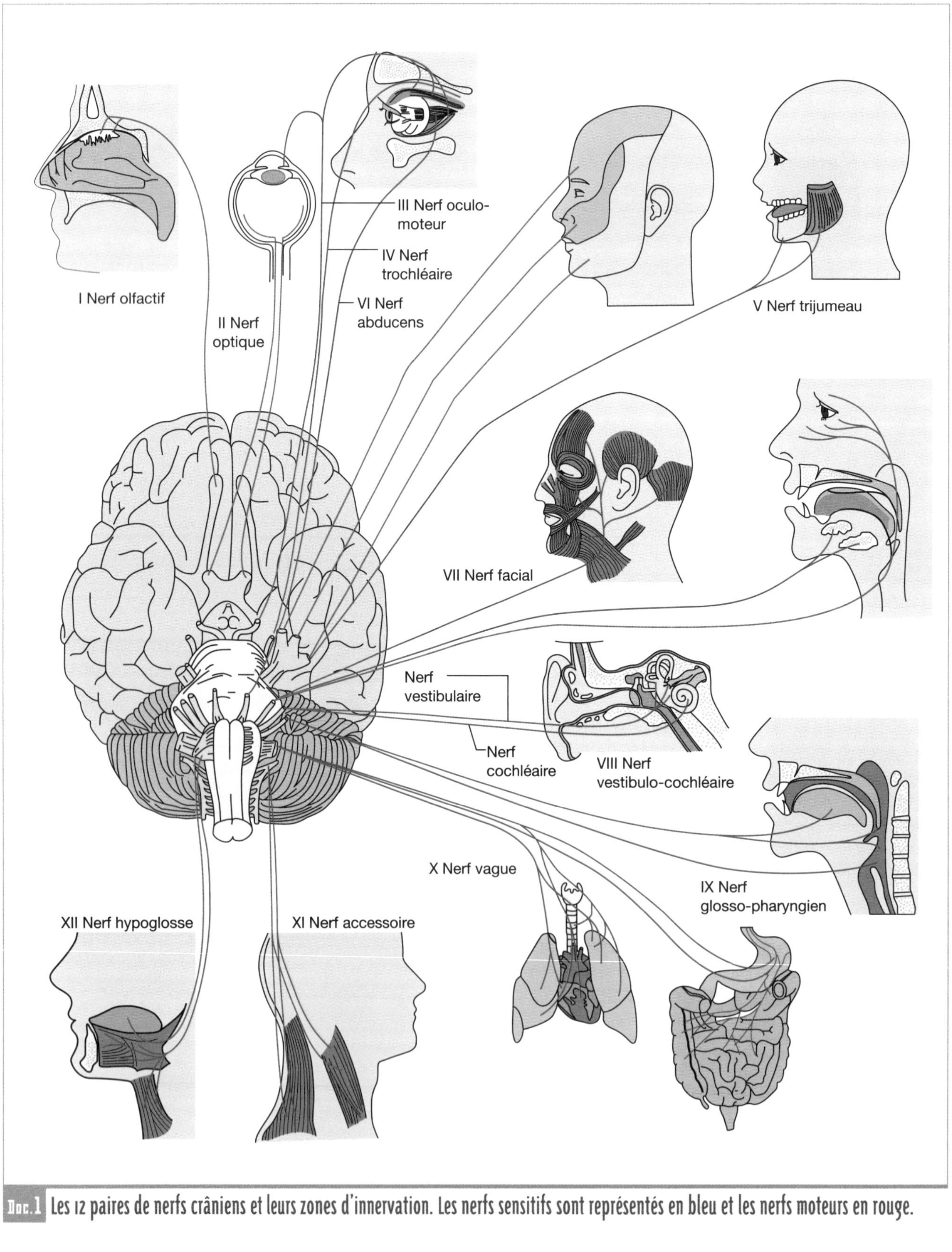
I Nerf olfactif
II Nerf
optique
III Nerf oculo-
moteur
IV Nerf
trochléaire
VI Nerf
abducens
V Nerf trijumeau
VII Nerf facial
Nerf
vestibulaire
Nerf
cochléaire
VIII Nerf
vestibulo-cochléaire
X Nerf vague
IX Nerf
glosso-pharyngien
XII Nerf hypoglosse
XI Nerf accessoire

Doc. 1 Les 12 paires de nerfs crâniens et leurs zones d'innervation. Les nerfs sensitifs sont représentés en bleu et les nerfs moteurs en rouge.

...les nerfs crâniens et le système nerveux autonome

B Le système nerveux autonome ou végétatif

Les systèmes sympathique (appelé aussi orthosympathique) et parasympathique du SN autonome (ou végétatif) diffèrent du point de vue anatomique et fonctionnel :

- sur le plan anatomique, les nerfs sympathiques émergent de la partie médiane de la moelle épinière tandis que les nerfs parasympathiques émergent du crâne ou de la région inférieure de la moelle épinière. Les ganglions sympathiques se situent à la sortie de la moelle épinière alors que les ganglions parasympathiques sont placés près de ou dans l'organe innervé.
- sur le plan fonctionnel, les deux systèmes innervent les mêmes organes mais exercent sur ceux-ci des rôles antagonistes. Les deux se font contrepoids de manière à assurer le bon fonctionnement de l'organisme. Le système sympathique prépare l'organisme à la fuite ou à la lutte et le mobilise dans des situations extrêmes (peur, colère, exercice physique, etc.) tandis que le système parasympathique s'acquitte des tâches routinières de l'organisme tout en diminuant la consommation d'énergie.

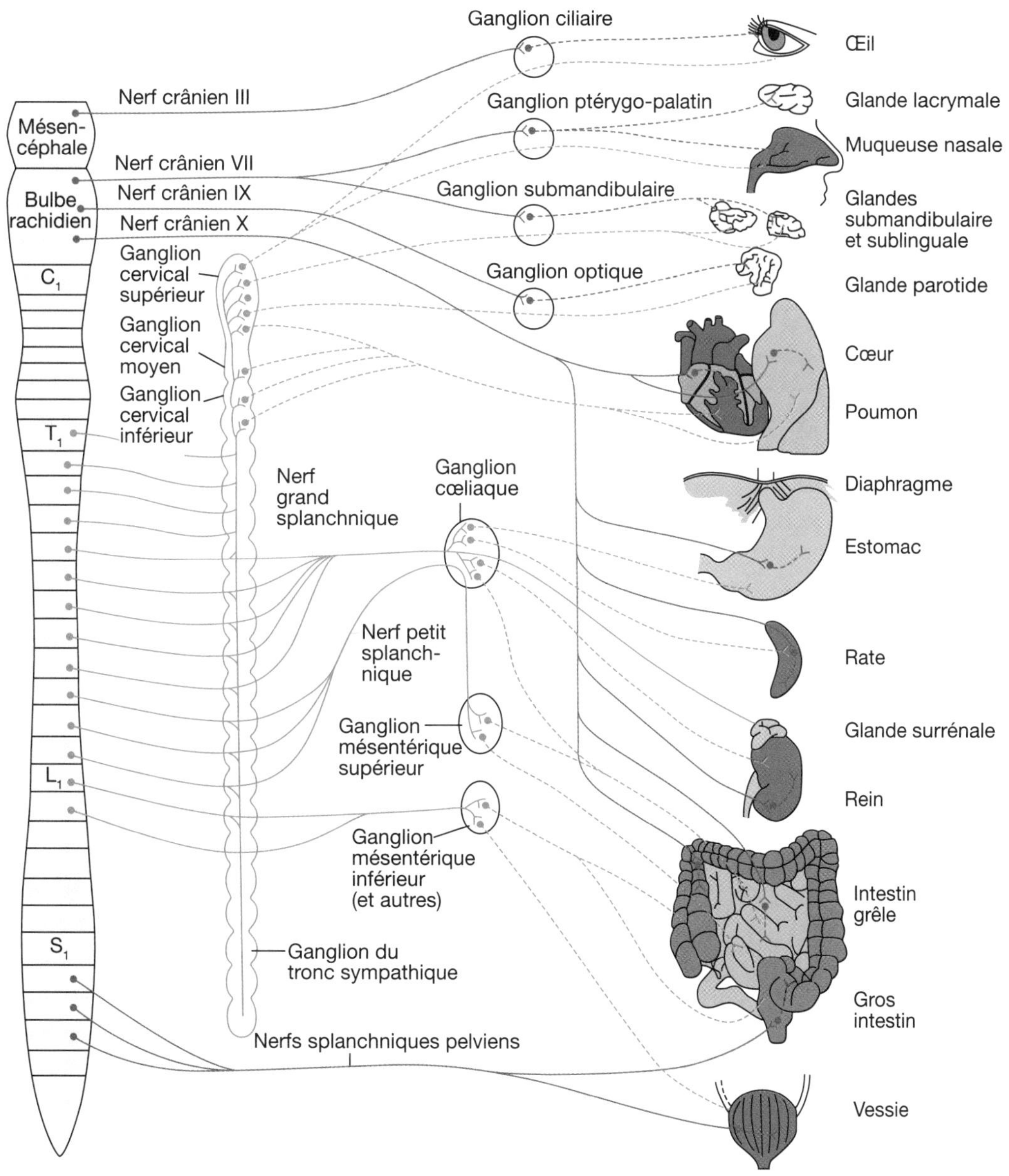
Ganglion ciliaire
Œil
Nerf crânien III
Ganglion ptérygo-palatin
Glande lacrymale
Mésencéphale
Muqueuse nasale
Nerf crânien VII
Bulbe rachidien
Nerf crânien IX
Ganglion submandibulaire
Nerf crânien X
Glandes submandibulaire et sublinguale
Ganglion cervical supérieur
Ganglion optique
Glande parotide
C1
Ganglion cervical moyen
Cœur
Ganglion cervical inférieur
Poumon
T1
Nerf grand splanchnique
Ganglion cœliaque
Diaphragme
Estomac
Nerf petit splanchnique
Rate
Ganglion mésentérique supérieur
Glande surrénale
L1
Rein
Ganglion mésentérique inférieur (et autres)
Intestin grêle
S1
Ganglion du tronc sympathique
Gros intestin
Nerfs splanchniques pelviens
Vessie

Doc. 2 Les systèmes nerveux sympathique et parasympathique. Les nerfs sympathiques sont représentés en vert et les nerfs parasympathiques en mauve. Les lignes continues représentent les fibres préganglionnaires et les lignes pointillées, les fibres postganglionnaires.

Je connais

A. Définissez les mots ou expressions :

osmorécepteur, système nerveux central et périphérique, voie sensorielle, voie motrice, système nerveux sympathique, axone, dendrites, synapse, arborisation terminale, gaine de myéline, cellule gliale, oligodendrocyte, cellule de Schwann, nœuds de Ranvier.

B. Vrai ou faux ?

Parmi les affirmations suivantes, recopiez celles qui sont exactes et corrigez celles qui sont erronées.

a. Un neurone innervant une fibre musculaire squelettique fait partie du système nerveux somatique.

b. Les systèmes nerveux sympathique et parasympathique ont la même fonction ; ils innervent les mêmes organes cibles.

c. Une synapse est une zone de jonction entre un prolongement neuronal, axone ou dendrite, et un autre neurone.

d. Un circuit nerveux complet comprend un récepteur sensoriel, un neurone sensoriel, un centre d'intégration, un neurone moteur et un effecteur.

e. La gaine de myéline est essentiellement composée de protéines.

f. Un neurone reçoit des messages nerveux simultanément de nombreux autres neurones grâce à son arborisation terminale.

C. Exprimez des idées importantes...

...en rédigeant une ou deux phrases utilisant chaque groupe de mots ou expressions :

a. nerfs, système nerveux central, ganglions, encéphale.

b. système involontaire, organes cibles, système nerveux sympathique.

c. neurones, névroglie, milieu interstitiel.

d. message nerveux, cellule cible, synapse, axone.

e. cellules de Schwann, oligodendrocytes, nœud de Ranvier, gaine de myéline.

J'applique et je transfère

1 Les neurones d'un « arc réflexe »

Le circuit nerveux le plus simple est ce que l'on appelle un « arc réflexe ». Il comprend un récepteur, un neurone sensoriel, un neurone associatif ou interneurone (facultatif), un neurone moteur et un effecteur. Les neurones intervenant dans cet arc réflexe sont schématisés ci-contre.

1- En supposant que l'effecteur soit un muscle squelettique, à quelles parties anatomiques et fonctionnelles du système nerveux appartiennent les neurones représentés ?

2- Rappelez comment sont formées les gaines de myéline.

3- En comparant les différents neurones, émettez une hypothèse permettant d'expliquer quels sont les types de structures protégées par ces gaines de myéline.

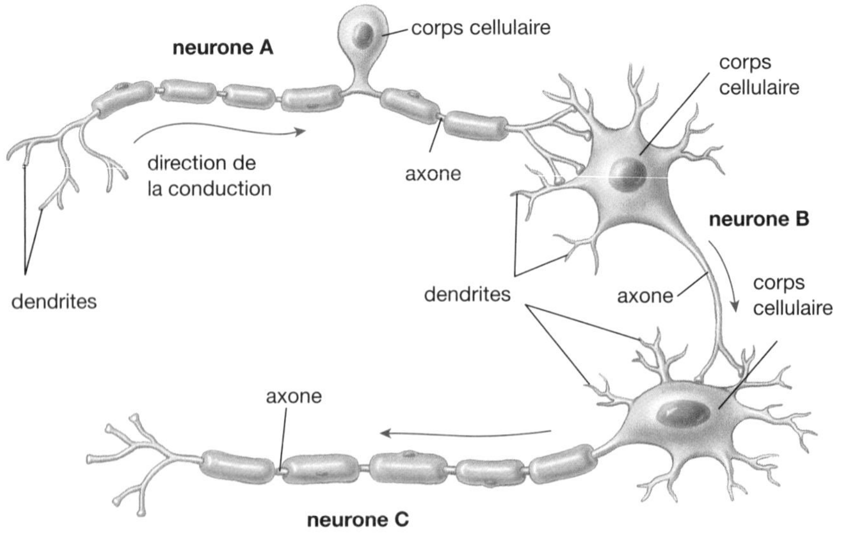

neurone A
corps cellulaire
corps cellulaire
direction de la conduction
axone
dendrites
neurone B
dendrites
axone
corps cellulaire
axone
neurone C

2 Le contrôle nerveux de la fréquence cardiaque

Le cœur reçoit des fibres nerveuses appartenant au système nerveux autonome (indépendant de la volonté) :

- des fibres parasympathiques qui partent du bulbe rachidien et gagnent le cœur par les nerfs vagues (ou nerfs X) ;
- des fibres sympathiques issues de la moelle épinière cervico-dorsale.

Les effets sur la fréquence cardiaque de ces deux catégories de nerfs peuvent être mis en évidence par des expériences de sections et de stimulations.

Les expériences ci-dessous ont été réalisées par l'école Vétérinaire de Lyon sur un chien anesthésié. Les modifications de la fréquence cardiaque de l'animal sont visualisées grâce à un dispositif d'enregistrement mécanique des contractions ventriculaires : les systoles (contraction du muscle cardiaque) correspondent aux parties ascendantes du tracé, les diastoles (relâchement du muscle cardiaque) aux parties descendantes. La vitesse de déroulement du papier est de 2,15 $mm.s^{-1}$.

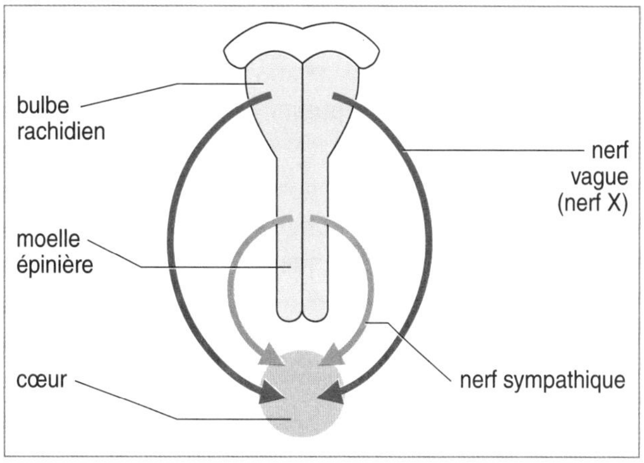
bulbe rachidien
nerf vague (nerf X)
moelle épinière
cœur
nerf sympathique

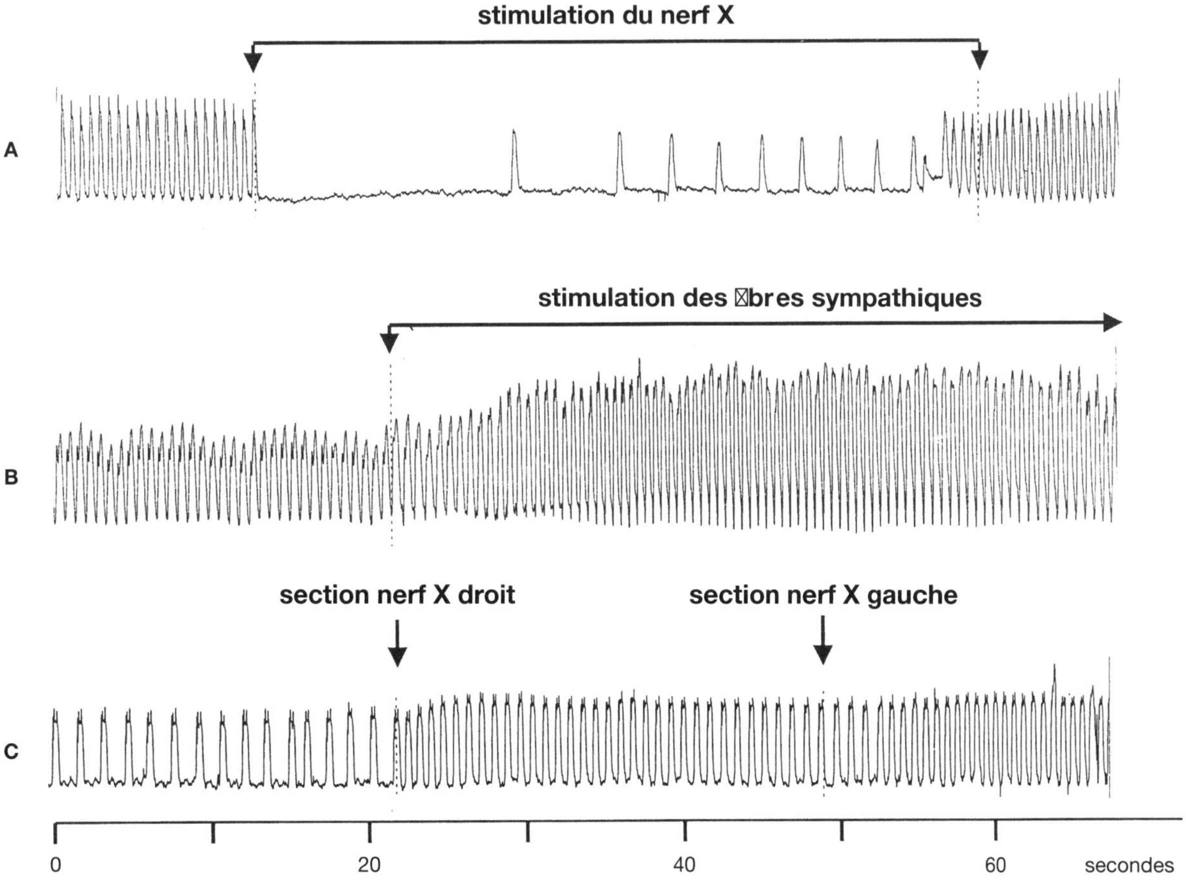
stimulation du nerf X
A
stimulation des fibres sympathiques
B
section nerf X droit
section nerf X gauche
C
0
20
40
60
secondes

1- Que pouvez-vous déduire des expériences A et B concernant l'influence sur la fréquence cardiaque des nerfs vagues d'une part, des nerfs sympathiques d'autre part ?

2- Que se passe-t-il quand on coupe les nerfs vagues (expérience C) ? Que pouvez-vous en déduire concernant leur rôle dans l'organisme en « fonctionnement normal » ?

3 L'ouïe des jeunes de plus en plus menacée

• Un son est une vibration mécanique qui se propage dans l'air, l'eau ou un solide. La rapidité des vibrations caractérise la fréquence, qui se mesure en hertz (Hz), c'est-à-dire en nombre de vibrations par seconde.

Vibrations rapides = fréquence élevée = son aigu ;

Vibrations lentes = fréquence basse = son grave.

• L'exposition prolongée à des niveaux sonores intenses détruit peu à peu les récepteurs sensoriels et conduit à une surdité irréversible.

Un niveau sonore constant de 85 décibels, huit heures par jour, dégrade inexorablement l'oreille. L'appareillage par des prothèses électroniques est très délicat et pas toujours efficace.

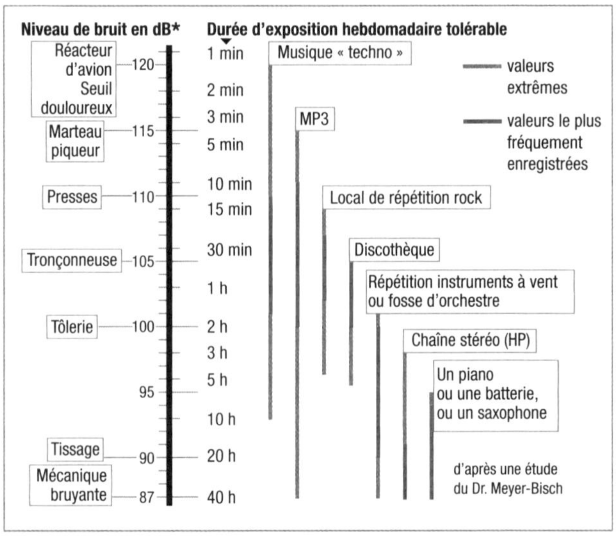
Niveau de bruit en dB*
Durée d'exposition hebdomadaire tolérable
Réacteur d'avion
Seuil douloureux
Marteau piqueur
Presses
Tronçonneuse
Tôlerie
Tissage
Mécanique bruyante
120
115
110
105
100
95
90
87
1 min
2 min
3 min
5 min
10 min
15 min
30 min
1 h
2 h
3 h
5 h
10 h
20 h
40 h
Musique « techno »
MP3
Local de répétition rock
Discothèque
Répétition instruments à vent ou fosse d'orchestre
Chaîne stéréo (HP)
Un piano ou une batterie, ou un saxophone
valeurs extrêmes
valeurs le plus fréquement enregistrées
d'après une étude du Dr. Meyer-Bisch

*dB (décibel) : l'échelle de mesure du son a une particularité : une augmentation de 3 dB signifie que le son est deux fois plus intense.

• Différentes études démontrent que l'usage intensif d'appareils sonores (iPhone, MP3, iPad...) et la fréquentation régulière de concerts sont à l'origine de pertes auditives significatives. Des tests menés sur les appelés d'un régiment français montent que seuls 56 % des jeunes ont une audition normale. La perte moyenne subie par ces jeunes gens âgés de vingt ans correspond à celle d'une personne exposée quotidiennement pendant cinq ans à un niveau sonore de 80 dB huit heures par jour.

1- Pourquoi la crainte de surdités massives et irréversibles chez les jeunes est-elle fondée ? Quels organes sont atteints ?

2- Que signifie l'égalité 88 dB pendant 40 heures = 110 dB pendant 12 minutes ? En quoi cette donnée est-elle importante dans la prévention de la surdité chez les jeunes ? Comment pouvez-vous personnellement vous prémunir ?

4 Une analyse histologique de la gaine de myéline

La micrographie électronique ci-contre montre une coupe transversale de l'axone d'une cellule nerveuse périphérique entouré d'une gaine de myéline.

1- Annotez la micrographie.

2- En utilisant vos connaissances sur le mode de formation de la gaine de myéline, expliquez son aspect en microscopie électronique à transmission.

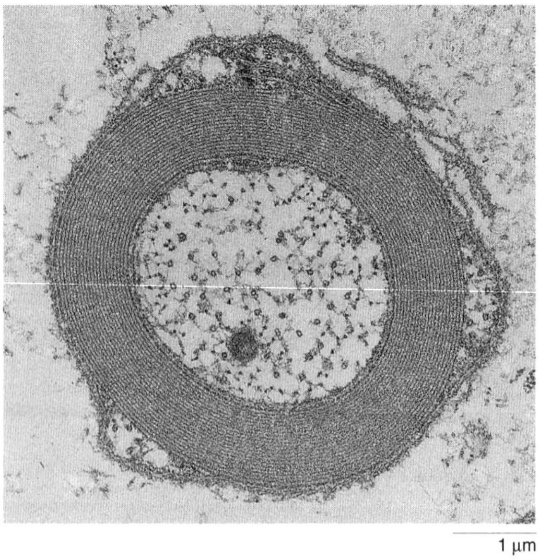
1 µm

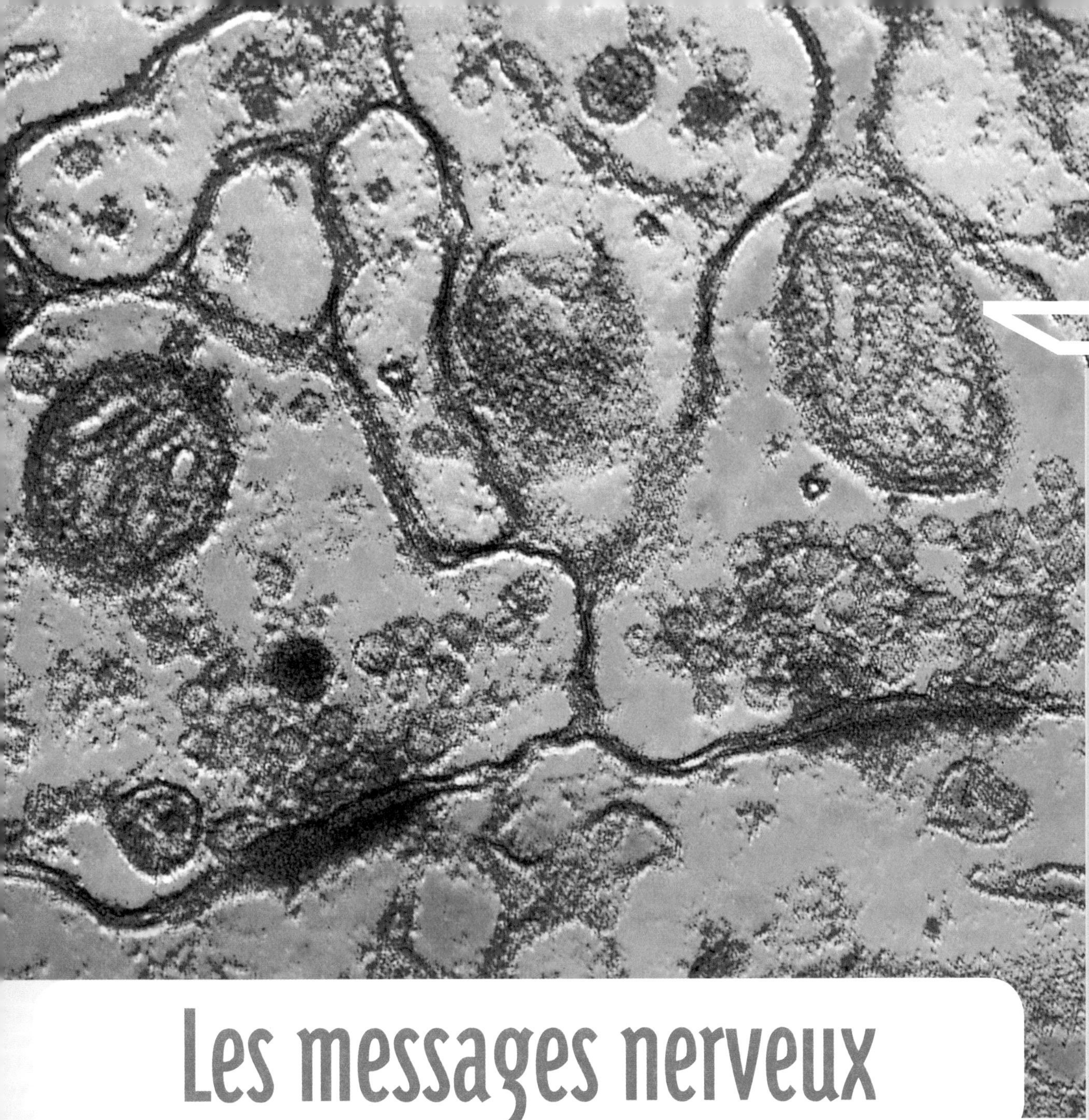

chapitre 4

Les messages nerveux au niveau neuronal

Les neurones communiquent entre eux et leurs cellules cibles en transmettant des messages nerveux. Ces messages doivent être aussi rapides que fiables et répondre à quantité de situations diverses. Quelle est la nature précise de ces messages ? Comment passent-ils d'un neurone à la cellule suivante ? L'objet de ce chapitre est de répondre à ces questions.

Photographie : synapses observées au microscope électronique (fausses couleurs).

Activités pratiques 1

Une membrane est une structure semi-perméable

La **physiologie*** du neurone (comme celle de toutes les cellules) repose notamment sur les propriétés de sa membrane plasmique. Celle-ci n'est pas une barrière physique neutre. Elle régit notamment les relations existant entre la cellule et son milieu en contrôlant les entrées et sorties de molécules.

- Comment la membrane contrôle-t-elle les transports de petites molécules ?
- Comment les plus grosses molécules peuvent-elles entrer ou sortir de la cellule ?

A Des transports membranaires passifs et actifs

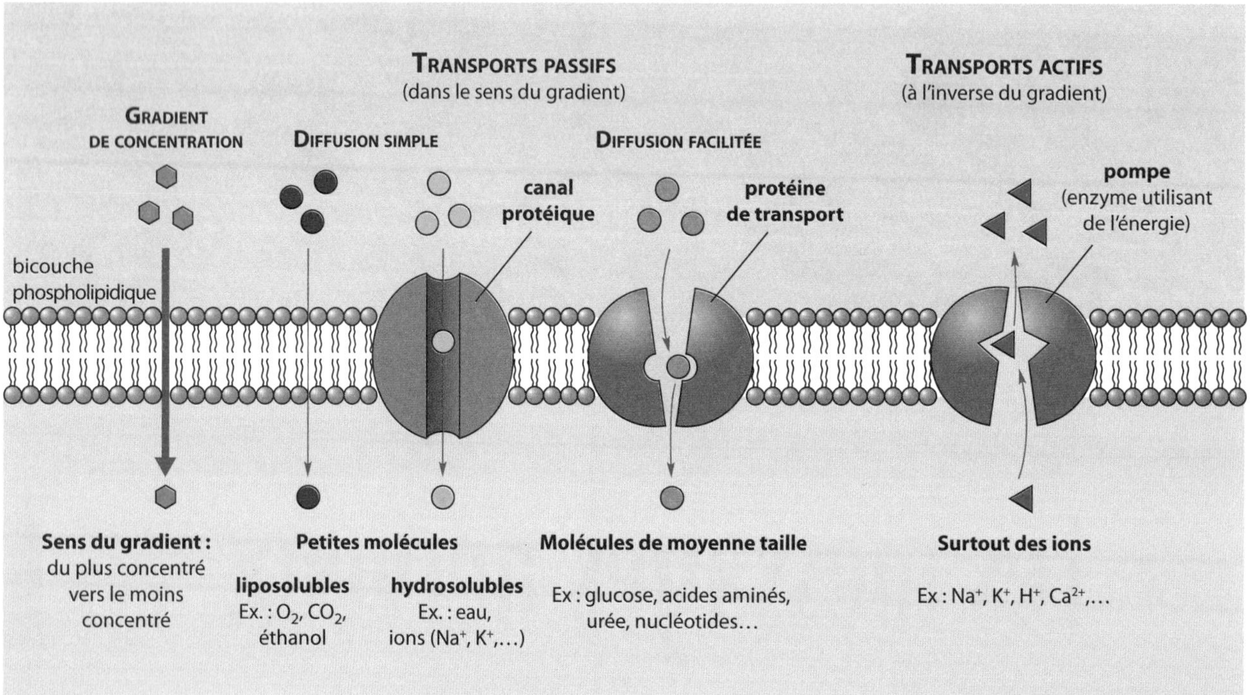

TRANSPORTS PASSIFS
(dans le sens du gradient)
TRANSPORTS ACTIFS
(à l'inverse du gradient)
GRADIENT DE CONCENTRATION
DIFFUSION SIMPLE
DIFFUSION FACILITÉE
canal protéique
protéine de transport
pompe
(enzyme utilisant de l'énergie)
bicouche phospholipidique
Sens du gradient :
du plus concentré vers le moins concentré
Petites molécules
liposolubles
Ex. : O_2, CO_2, éthanol
hydrosolubles
Ex. : eau, ions (Na^+, K^+,...)
Molécules de moyenne taille
Ex : glucose, acides aminés, urée, nucléotides...
Surtout des ions
Ex : Na^+, K^+, H^+, Ca^{2+},...

Doc. 1 Les molécules traversent les membranes cellulaires selon divers modes de transports qui dépendent de la nature des molécules à transporter.

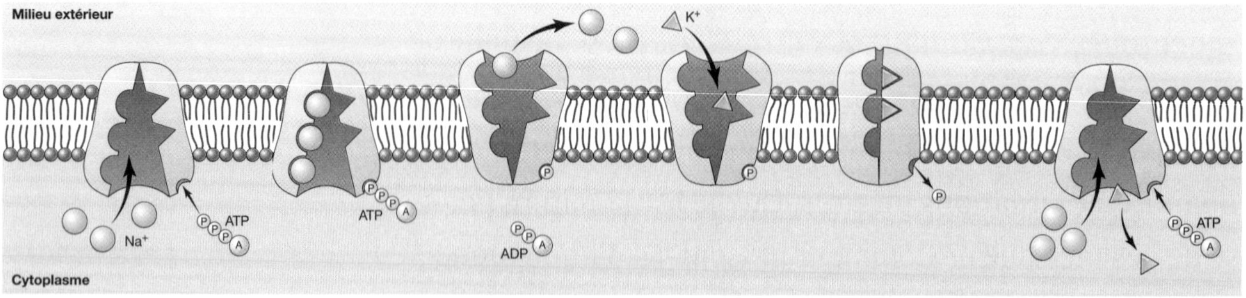

Milieu extérieur
K^+
Na^+
ATP
ADP
Cytoplasme

Il existe de nombreuses pompes à ions permettant le passage de ceux-ci contre leur gradient de concentration. La plus active dans les neurones est la **Na^+/K^+ – ATPase** qui fait entrer deux ions K^+ dans la cellule et fait ressortir trois ions Na^+ grâce à l'énergie apportée par une molécule d'ATP.

Doc. 2 La Na^+/K^+ – ATPase est l'une des pompes majeures permettant les transports actif d'ions.

B D'autres transports au travers de la membrane

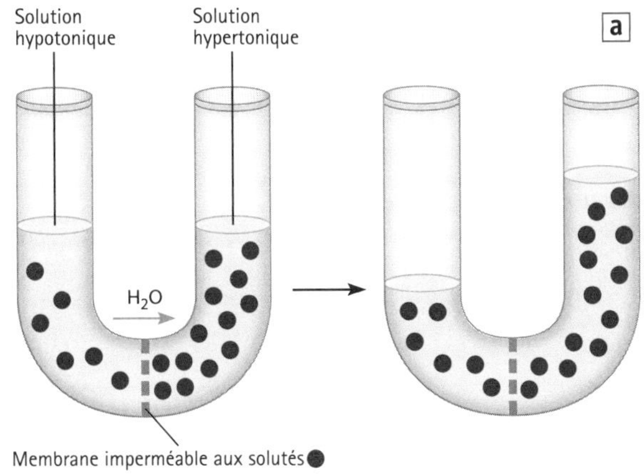
a
Solution hypotonique
Solution hypertonique
H_2O
Membrane imperméable aux solutés

La diffusion facilitée de l'eau au travers des membranes biologiques porte le nom d'**osmose**. Celle-ci se réalise au travers de canaux spécifiques : les **aquaporines**.

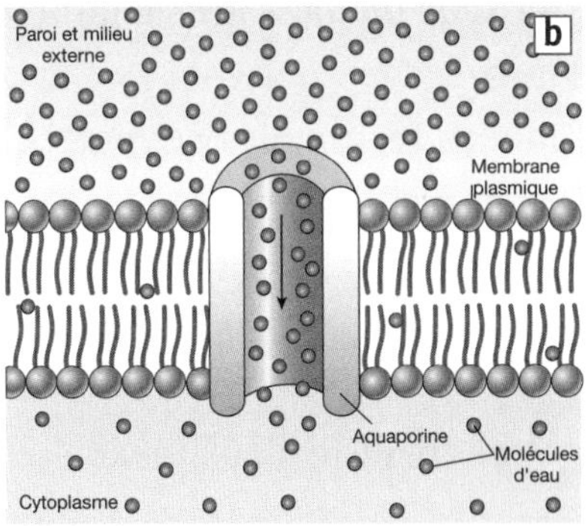
b
Paroi et milieu externe
Membrane plasmique
Aquaporine
Molécules d'eau
Cytoplasme

Doc. 3 L'osmose est une diffusion de l'eau au travers de canaux spécifiques.

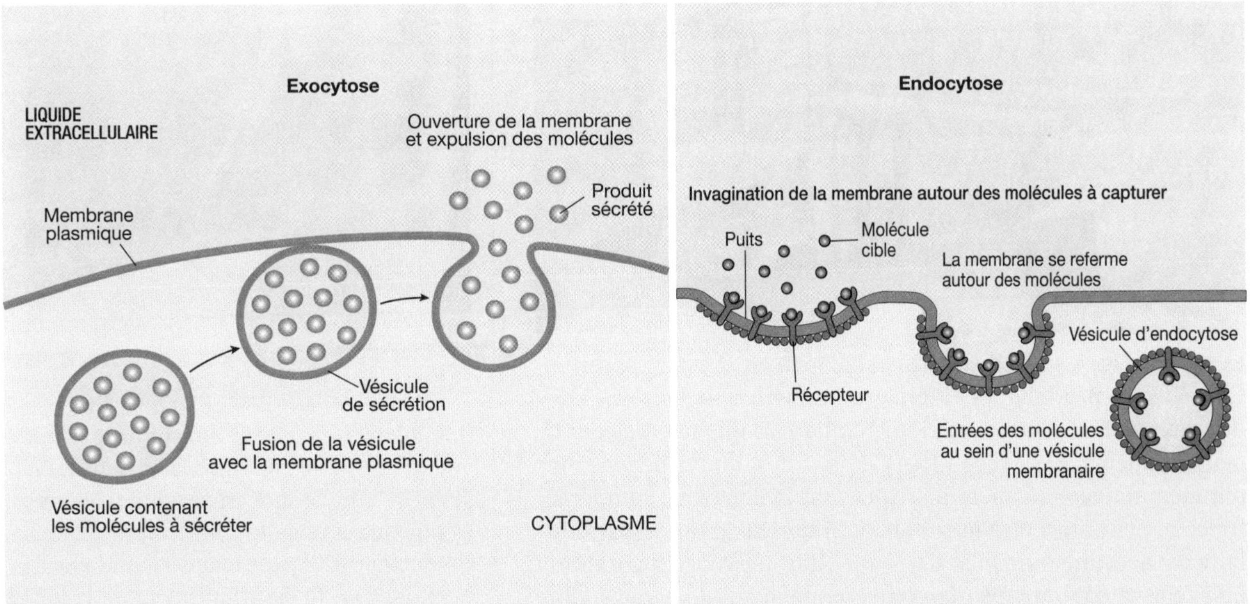
Exocytose
LIQUIDE EXTRACELLULAIRE
Ouverture de la membrane et expulsion des molécules
Produit sécrété
Membrane plasmique
Vésicule de sécrétion
Fusion de la vésicule avec la membrane plasmique
Vésicule contenant les molécules à sécréter
CYTOPLASME
Endocytose
Invagination de la membrane autour des molécules à capturer
Puits
Molécule cible
La membrane se referme autour des molécules
Vésicule d'endocytose
Récepteur
Entrées des molécules au sein d'une vésicule membranaire

Doc. 4 L'exocytose **(a)** et l'endocytose **(b)** permettent à la cellule de sécréter ou d'ingérer des matériaux de grande taille. Ces deux processus inverses font appel à des mouvements de vésicules et à la déformation de la membrane plasmique.

Lexique

- **Physiologie** (du grec *phusis* = nature et *logos* = sujet d'étude) : étude des fonctions d'un organisme vivant ; par extension tout ce qui concerne la manière de fonctionner d'un organisme.

Pistes d'exploitation

1 **Doc. 1** : Quelles sont les caractéristiques des molécules impliquées dans les transports passifs ?

2 **Doc. 2** : Expliquez la dénomination « pompes » donnée aux protéines impliquées dans les transports actifs.

3 **Doc 1 à 3** : Expliquez pourquoi la survie de la cellule dépend de l'équilibre entre les entrées et sorties de molécules au travers de la membrane plasmique.

4 **Doc. 3** : Expliquez la différence majeure existant entre les processus de transports transmembranaires et ceux d'endo- et d'exocytose.

Activités pratiques 2

Exploration de l'activité électrique d'une fibre nerveuse

Le passage de messages le long des fibres nerveuses se traduit par la propagation de perturbations électriques.

- Quelles techniques permettent de mettre en évidence les événements électriques associés aux messages nerveux ?
- Quelles sont les caractéristiques électriques de la membrane nerveuse lorsque la fibre est au repos ?
- Et quelles sont-elles lorsque la fibre nerveuse est stimulée ?

A Un dispositif complexe d'enregistrement

L'ensemble du dispositif expérimental, très sensible aux perturbations électromagnétiques extérieures, est enfermé dans une cage de Faraday. Fixée sur un micromanipulateur, une microélectrode peut être déplacée de façon très précise : des mouvements d'amplitude inférieure au micromètre peuvent être réalisés. La microélectrode peut ainsi être introduite à l'intérieur d'un corps cellulaire de neurone ou même dans une fibre nerveuse à condition que celle-ci soit de gros diamètre (axone géant de calmar, fibre géante ganglionnaire ventrale de certains insectes...).

La microélectrode est reliée à un oscillographe de façon telle que les variations du potentiel de cette électrode se traduisent sur l'écran par des déplacements verticaux du spot.

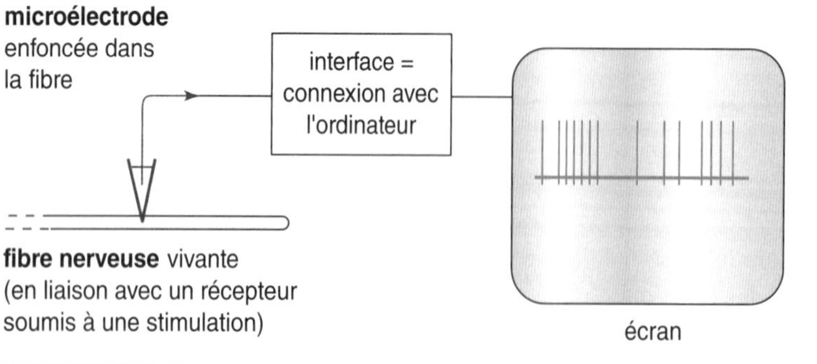
microélectrode enfoncée dans la fibre
interface = connexion avec l'ordinateur
écran
fibre nerveuse vivante (en liaison avec un récepteur soumis à une stimulation)

Qu'est-ce qu'une microélectrode ?

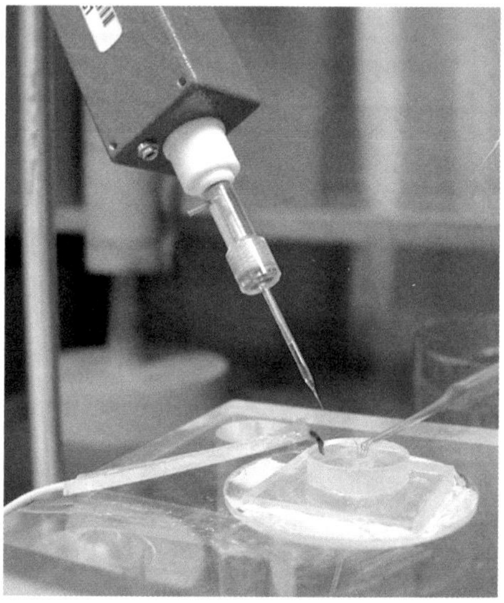

Une microélectrode est constituée par une pipette de verre très fine (à sa pointe, le diamètre d'ouverture est réduit à 0,05 µm). La pipette est remplie d'une solution saline conductrice (KCl par exemple) dans laquelle est plongé un fil électrique assurant la liaison avec le dispositif d'enregistrement.

Notons que le verre étant un isolant électrique, la microélectrode enregistre toujours le potentiel de sa pointe.

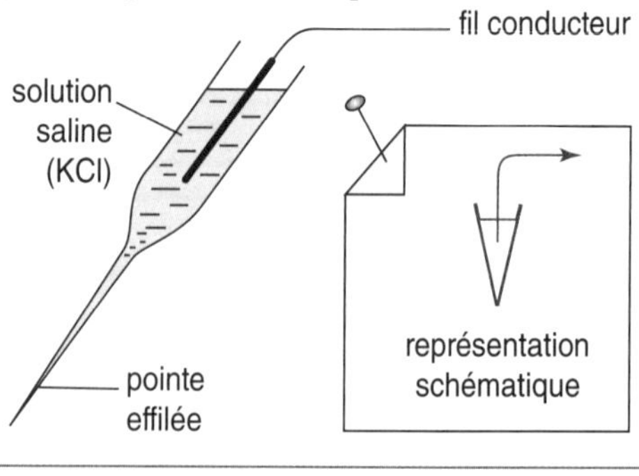
fil conducteur
solution saline (KCl)
pointe effilée
représentation schématique

Doc.1 Pour explorer l'activité électrique d'une seule fibre nerveuse, il faut disposer de fibres de gros diamètre et de microélectrodes.

B Les « signaux » enregistrés

À l'aide d'une technique spéciale, on peut enregistrer le message issu d'un récepteur sensoriel et circulant sur une seule fibre nerveuse. L'enregistrement ci-contre a été obtenu chez un insecte, la blatte, en imposant à l'oscilloscope un balayage horizontal très lent.

Avant t_1, la microélectrode n'est pas implantée dans la fibre. À l'aide du micromanipulateur, la microélectrode est ensuite introduite dans la fibre à t_1. Elle y est maintenue de t_1 à t_5, instant où elle est ressortie de la fibre. L'état électrique enregistré pendant cette période est qualifié de **potentiel de repos***.

Pendant que la microélectrode est implantée, on porte à t_2, t_3 et t_4, trois stimulations efficaces qui font naître des signaux nerveux appelés **potentiels d'action***.

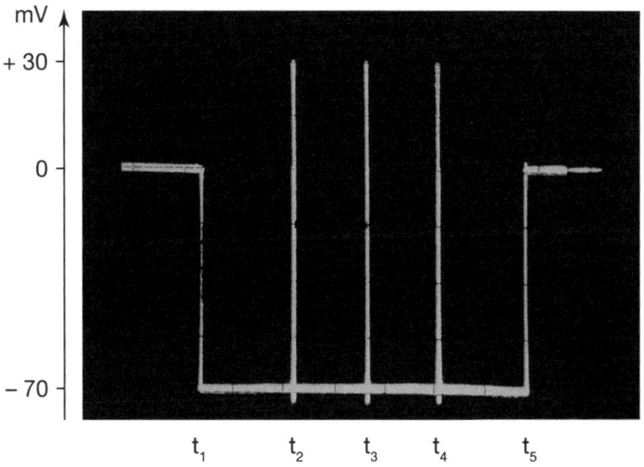
mV
+ 30
0
– 70
t1
t2
t3
t4
t5

Doc. 2 Enregistrement du potentiel de repos d'une fibre nerveuse.

La différence de potentiel membranaire de – 70 mV observée dans un neurone au repos provient d'une répartition inégale des charges électriques de part et d'autre de la membrane. Ceci résulte d'une diffusion importante des ions K^+ de l'intérieur vers l'extérieur de la fibre, et d'une diffusion lente des ions Na^+ de l'extérieur vers l'intérieur. Le déficit des charges positives engendrées à l'intérieur de la fibre par la sortie de K^+ explique que celle-ci soit négative par rapport à l'extérieur. Une pompe à Na^+ et K^+ permet de conserver des répartitions ioniques inégales de part et d'autre de la membrane et de maintenir le potentiel de repos.

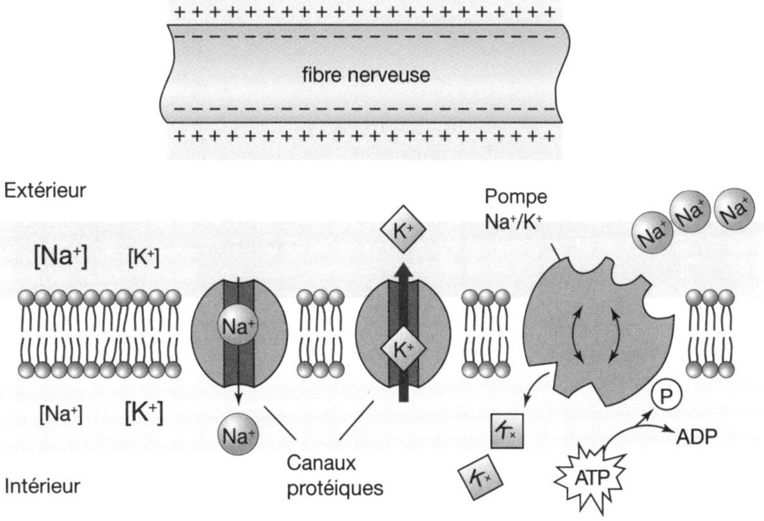
fibre nerveuse
Extérieur
[Na+]
[K+]
Pompe
Na+/K+
Na+
K+
ATP
ADP
P
Canaux
protéiques
Intérieur

Doc. 3 Les bases ioniques du potentiel de repos.

Lexique

- **Potentiel de repos** : état électrique de la membrane nerveuse tant qu'elle n'est pas excitée.
- **Potentiel d'action** : perturbation brutale et fugace de l'état électrique de la membrane nerveuse.

Pistes d'exploitation

1 **Doc. 2** : Utilisez les informations présentées pour caractériser la polarisation électrique de la membrane neuronale au repos.

2 **Doc. 2** : Quelles sont les caractéristiques électriques de la membrane neuronale qui peuvent être mises en évidence sur cet enregistrement à balayage lent lorsque la fibre nerveuse est stimulée ?

3 **Doc. 3** : En vous souvenant de vos cours de 4e, caractérisez les transports à la base du potentiel de repos ainsi que les types de transporteurs impliqués. Expliquez pourquoi l'intervention d'une pompe ionique est indispensable.

Activités pratiques 3

Le potentiel d'action, un phénomène bio-électrique

Le potentiel de repos d'une fibre nerveuse est dû à des mouvements ioniques transmembranaires. Lors d'une stimulation efficace, ce potentiel est perturbé de façon brève et brutale et un potentiel d'action apparaît.

- Quels sont les caractéristiques électriques d'un potentiel d'action et les processus ioniques sous-jacents ?
- Dans quelles conditions ces signaux électriques prennent-ils naissance ?

A Le potentiel d'action

L'enregistrement ci-contre correspond à l'un des potentiels d'action (PA) enregistré lors de l'Activité pratique 1, mais il a été enregistré avec une vitesse de balayage de l'oscillographe plus grande que précédemment, de manière à être « étalé ». Il permet de bien distinguer l'**artéfact*** de stimulation (à gauche), simple trace du choc électrique envoyé, du potentiel d'action qu'il a fait naître.

Le PA ou « **influx nerveux** » se traduit par une répartition différente des charges dans l'axone : de manière transitoire, l'intérieur de la fibre nerveuse devient postitif par rapport à l'extérieur.

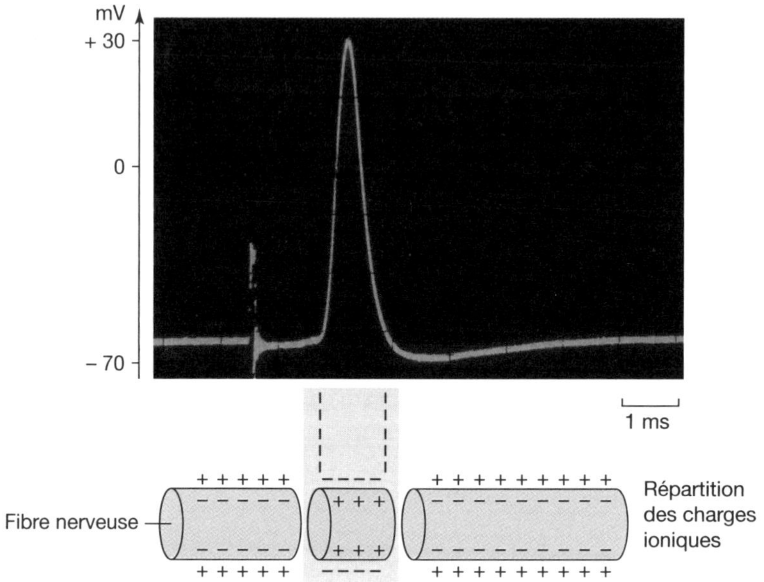

mV
+ 30
0
– 70
1 ms
Fibre nerveuse
Répartition des charges ioniques

Doc.1 Les caractéristiques électriques du potentiel d'action.

a. Dépolarisation membranaire de faible amplitude produite par un stimulus.

b. Brutale augmentation de la perméabilité au sodium. Ouverture de **canaux Na^+ voltage-dépendants*** et entrée massive d'ions Na^+ à l'intérieur de la cellule. **Dépolarisation** membranaire brusque et intense.

c. Rapide diminution de la perméabilité au sodium. Fermeture des canaux Na^+ voltage-dépendants.

d. Ouverture de canaux K^+ voltage-dépendants. Sortie lente, mais continue des ions K^+. **Repolarisation** membranaire.

e. Sortie « excédentaire » d'ions K^+. **Hyperpolarisation** membranaire.

f. Retour à la normale grâce aux pompes Na^+/K^+ fonctionnant en parallèle dès le début du potentiel d'action pour rétablir les concentrations ioniques.

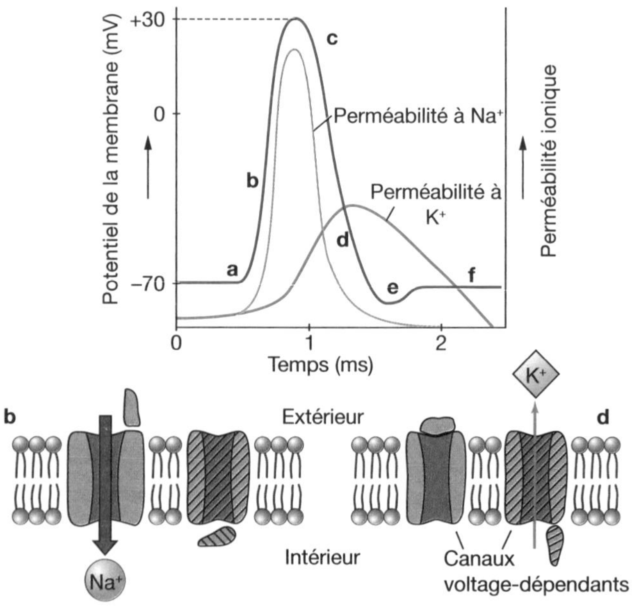

Potentiel de la membrane (mV)
+30
0
–70
a
b
c
d
e
f
Perméabilité à Na+
Perméabilité à K+
Perméabilité ionique
0
1
2
Temps (ms)
b
d
Extérieur
Intérieur
Na+
K+
Canaux voltage-dépendants

Doc.2 Les modifications ioniques à la base du potentiel d'action.

B Les conditions de naissance du potentiel d'action

Deux microélectrodes, l'une stimulatrice, l'autre réceptrice, sont implantées, à faible distance l'une de l'autre, dans un axone géant. Grâce à la microélectrode stimulatrice, on soumet l'axone à quatre stimulations électriques de durée constante et d'intensité régulièrement croissante à partir de i_1.

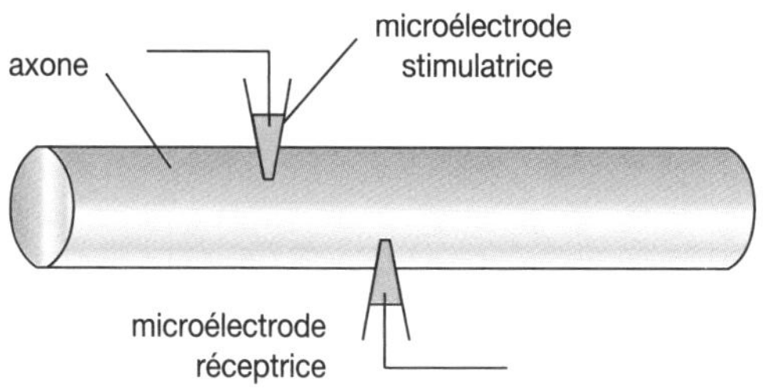
axone
microélectrode
stimulatrice
microélectrode
réceptrice

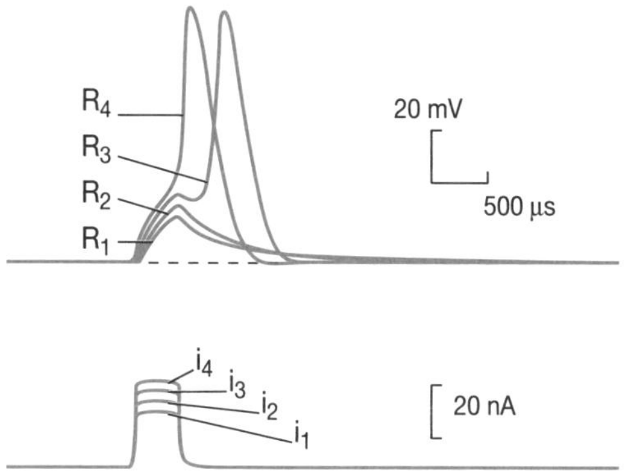
R4
R3
R2
R1
20 mV
500 µs
i4
i3
i2
i1
20 nA

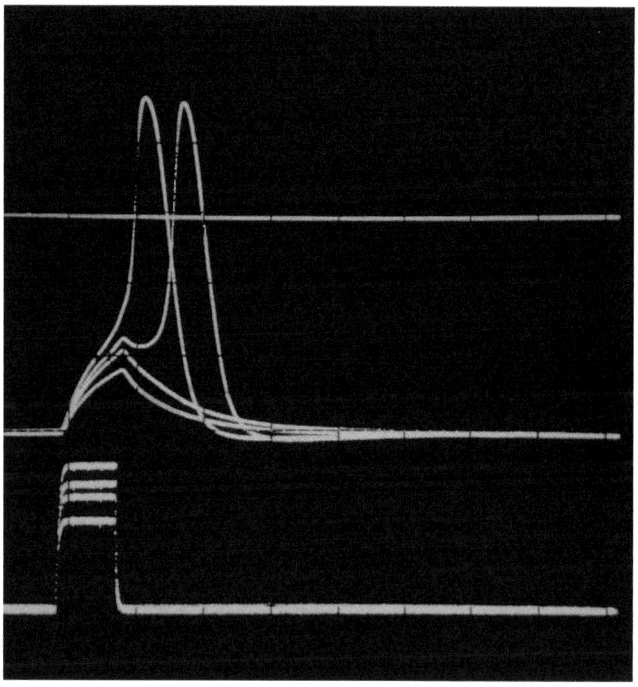

Les quatre « réponses » de la fibre (R_1, ..., R_4) correspondant aux quatre stimulations d'intensité différente (i_1, ..., i_4) sont enregistrées par la microélectrode réceptrice et traduites par un oscillographe à mémoire avant d'être superposées sur l'écran.

Doc. 3 Les notions de potentiel seuil et de stimulus supraliminaire ; la loi du « tout ou rien ».

Lexique

- **Artéfact** : structure ou phénomène artificiel résultant des conditions expérimentales.
- **Canaux voltage-dépendants** : canaux protéiques s'ouvrant sous l'effet d'une modification du potentiel électrique membranaire.

Pistes d'exploitation

1 **Doc. 1 et 2** : Pourquoi dit-on que le potentiel d'action est un phénomène bio-électrique ?

2 **Doc. 2** : Réalisez un schéma montrant en parallèle les transports ioniques membranaires décrits dans le document 2 et les différentes phases du potentiel d'action.

3 **Doc. 3** : Les neurophysiologistes disent que la fibre nerveuse obéit à la loi du « tout ou rien » ; expliquez ce qu'ils entendent par là.

4 **Doc. 3** : Un potentiel d'action apparaît dès que la fibre est dépolarisée au-delà d'un certain « seuil de dépolarisation ». Précisez ce que l'on entend par potentiel seuil (ou seuil de dépolarisation) et donnez-en une valeur approximative. Quelle est l'intensité d'un stimulus supraliminaire ?

Activités pratiques 4

La propagation des potentiels d'action

Nous venons de voir, à la double page précédente, que le message conduit par une fibre nerveuse est constitué par des potentiels d'actions, des « influx nerveux ».

- Comment ces signaux se propagent-ils le long des fibres nerveuses ?
- La présence ou l'absence d'une gaine de myéline influence-t-elle la vitesse de propagation de l'influx nerveux ?
- Quels sont les mécanismes bio-électriques à la base de cette propagation ?

A La vitesse de propagation de l'influx nerveux

Protocole expérimental

Une fibre nerveuse isolée est soumise à deux stimulations identiques (même intensité et même durée), suffisantes pour déclencher l'émission d'un potentiel d'action. Entre les deux stimulations, l'électrode réceptrice est déplacée par rapport au point de stimulation. Ci-contre, les deux courbes sont obtenues avec des électrodes réceptrices placées à 20 mm, puis à 40 mm du point de stimulation.

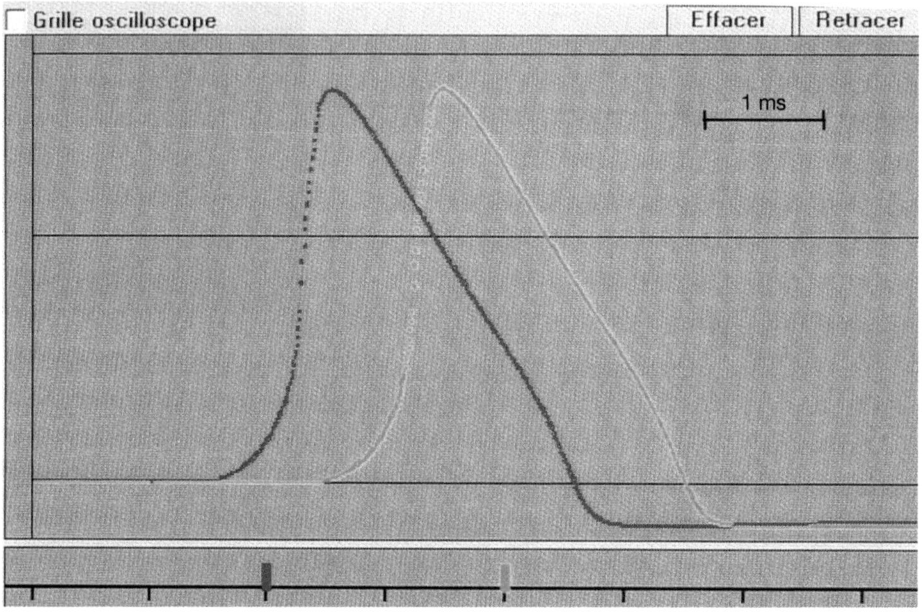
Grille oscilloscope
Effacer
Retracer
1 ms

Doc. 1 Mesure de la vitesse de propagation des potentiels d'action grâce à un logiciel de simulation (« potact », Jeulin).

La vitesse de conduction, c'est-à-dire de la propagation du potentiel d'action le long de la fibre, limite la transmission des informations dans le système nerveux. Divers mécanismes ont été mis en place au cours de l'évolution afin de l'optimiser.

Fibre nerveuse	Diamètre (µm)	T° de l'organisme (°C)	Vitesse de conduction (m/s)
Fibre sans myéline de calmar	1000	23	33
Fibre myélinisée de grenouille	10	20	17
Fibre myélinisée de grenouille	20	20	30
Fibre myélinisée de grenouille	20	30	80
Fibre myélinisée de mammifère	2 à 5	37	12 à 30
Fibre myélinisée de mammifère	5 à 12	37	30 à 70
Fibre myélinisée de mammifère	12 à 20	37	60 à 120
Fibre sans myéline de mammifère	1	37	0,5 à 2

Doc. 2 Vitesses de conduction de différentes fibres nerveuses selon le type animal.

B Les modes de conduction de l'influx nerveux

En l'absence de gaine de myéline, le message nerveux se déplace **de proche en proche** : un potentiel d'action situé en un point A de la fibre dépolarise, par influence de charges électriques, la région B voisine et y déclenche un autre potentiel d'action qui à son tour influence la région C suivante.

Au fur et à mesure que le processus se propage, les sections précédentes retrouvent un potentiel membranaire normal. Néanmoins, pendant toute la durée du potentiel d'action, et durant le temps nécessaire pour que les charges électriques de repos se rétablissent, il n'est pas possible de stimuler à nouveau la fibre nerveuse. On appelle ce laps de temps la **période réfractaire**.

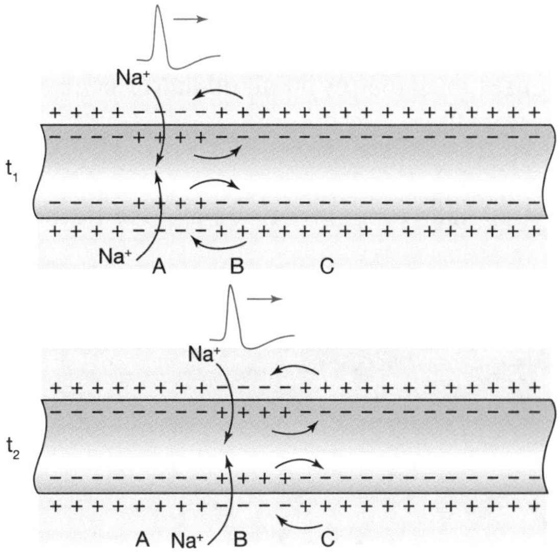

Na^+
t_1
A
B
C
t_2

Doc. 3 La conduction de proche en proche des fibres amyélinisées.

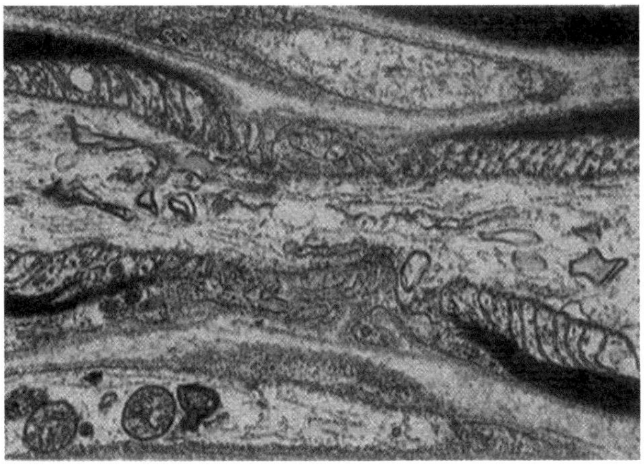

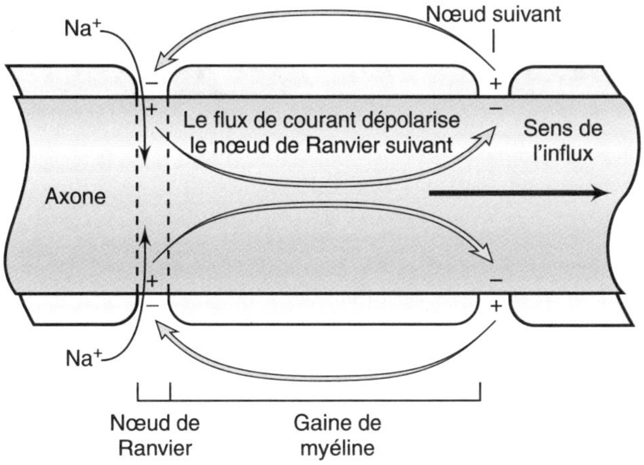

Na^+
Nœud suivant
Le flux de courant dépolarise le nœud de Ranvier suivant
Sens de l'influx
Axone
Nœud de Ranvier
Gaine de myéline

Dans les fibres myélinisées, la gaine de myéline joue le rôle d'un isolant électrique. Les charges les plus proches pouvant être influencées par le potentiel d'action se trouvent au nœud de Ranvier suivant, là où la gaine de myéline s'interrompt (photographie MET). La conduction se réalise ainsi de nœud de Ranvier à nœud de Ranvier. On parle de **conduction saltatoire**.

Doc. 4 La conduction saltatoire, de nœud de Ranvier à nœud de Ranvier, des fibres myélinisées.

Pistes d'exploitation

1 **Doc. 1** : Quelle caractéristique importante du signal nerveux est démontrée par cette expérience ? À votre avis, en serait-il de même si la distance entre les électrodes réceptrices et le point de stimulation était beaucoup plus grande ?

2 **Doc. 1** : Mesurez la vitesse de propagation du potentiel d'action permise par le logiciel de simulation.

3 **Doc. 2** : Quels sont les mécanismes mis en place afin d'augmenter la vitesse de propagation du potentiel d'action ?

4 **Doc. 3 et 4** : Expliquez les mouvements ioniques à la base des deux types de propagation du message nerveux.

5 **Doc. 3 et 4** : Expliquez pourquoi, d'un point de vue ionique, le message nerveux ne peut se propager que dans un seul sens.

Les messages nerveux sont doublement codés

Le potentiel d'action est un message de type « tout ou rien ». Néanmoins, dans un organisme, les récepteurs sensoriels envoient des messages nerveux en fonction de l'intensité de la stimulation et l'importance des réponses musculaires ou glandulaires peut également être adaptée aux exigences du moment.

• Comment le message nerveux est-il « codé » pour assurer cette « adaptation » ?

A Un codage au niveau de chaque fibre

Un récepteur sensoriel est une cellule ou une portion de cellule spécialisée, capable de répondre à un stimulus bien précis. Dans le monde animal, il existe des récepteurs sensoriels très variés que l'on classe en fonction du stimulus auquel ils se montrent sensibles.

Tous les récepteurs fonctionnent selon le même principe : chaque récepteur **transforme l'énergie du stimulus** auquel il est sensible en un **message nerveux.**

Un « récepteur » spectaculaire, les antennes du bombyx, un papillon de nuit.

Doc.1 Les récepteurs sensoriels fonctionnent tous selon le même principe.

Les enregistrements de ce document ont été réalisés chez un insecte en faisant agir sur un de ses récepteurs sensoriels (un mécanorécepteur sensible aux déplacements d'air) des stimulations d'intensité différente.

• **Ci-dessous :** photo d'écran pour un stimulus d'intensité donnée.

• **À droite :** différents écrans enregistrés informatiquement puis imprimés (les intensités de stimulation sont croissantes du haut vers le bas).

• **Sur chaque enregistrement :**

- le tracé A correspond aux potentiels d'action émis par le récepteur ;
- le tracé B correspond à l'intensité du stimulus appliqué sur ce récepteur.

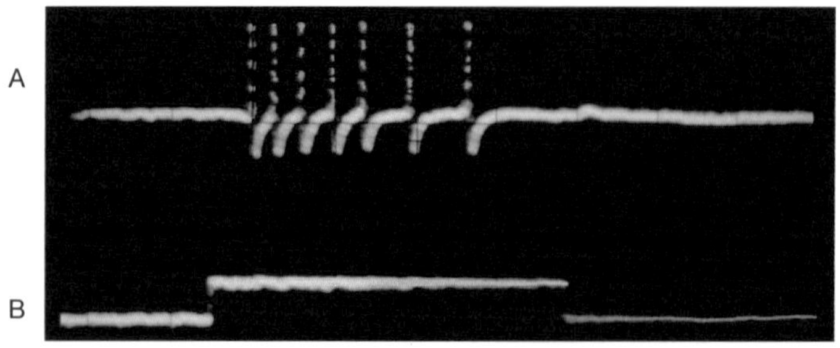
A
B

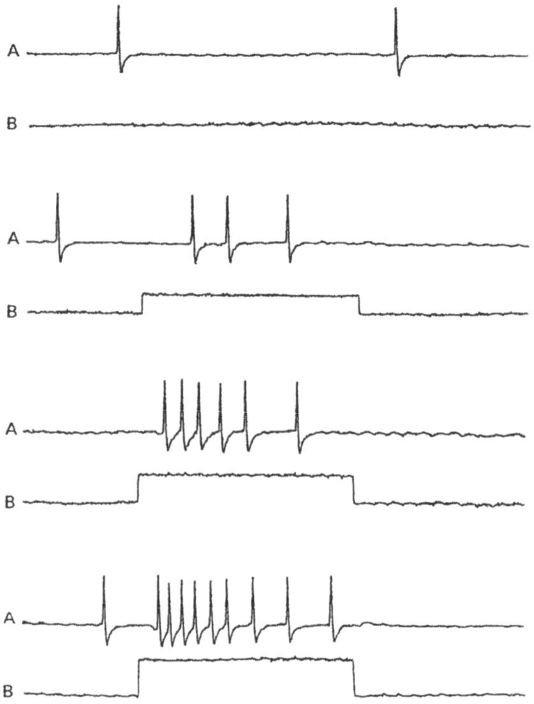
A
B
A
B
A
B
A
B

Doc.2 Le message sensoriel : un message codé informant le centre nerveux sur les caractéristiques du stimulus.

B Un codage par le nombre de fibres mises en jeu

S'il est possible d'enregistrer la réponse d'une fibre nerveuse isolée, il est également possible, par des techniques analogues, d'enregistrer la réponse électrique globale d'un nerf ou **potentiel global du nerf**.

Le logiciel utilisé permet de superposer sur le même écran les réponses nerveuses successives (de couleurs différentes) déclenchées par des stimulations électriques d'intensité croissante.

Ici, la durée du stimulus est toujours la même (1 ms) mais son intensité augmente comme indiqué sur le tracé en bas de l'écran.

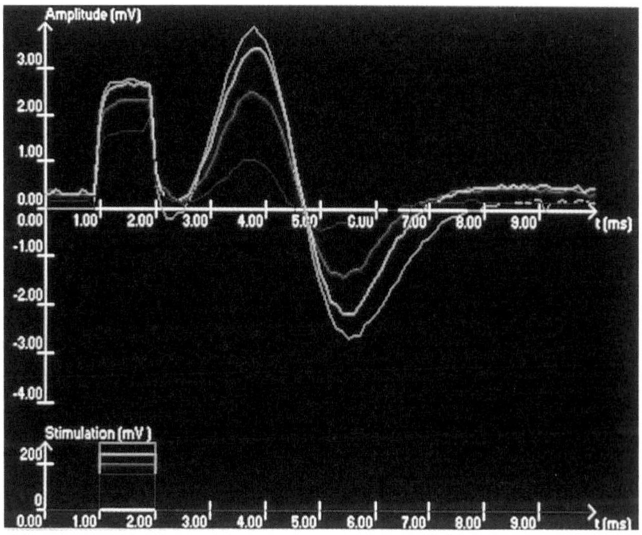

Amplitude (mV)
3.00
2.00
1.00
0.00
-1.00
-2.00
-3.00
-4.00
1.00
2.00
3.00
4.00
7.00
8.00
9.00
t (ms)
Stimulation (mV)
200
0
0.00
5.00
6.00

Doc. 3 Variations de l'amplitude de la réponse du nerf en fonction de l'intensité de la stimulation.

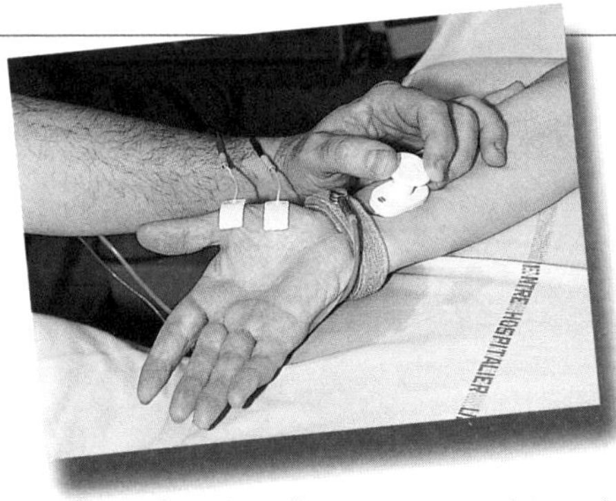

Voici une exploration électromyographique (EMG) couramment pratiquée en médecine : deux électrodes réceptrices enregistrent l'activité électrique du muscle fléchisseur du pouce. Les contractions de ce muscle sont déclenchées par deux électrodes stimulatrices placées sur la peau, au niveau du poignet, juste au-dessus du nerf qui commande ce muscle, le nerf médian.

Les enregistrements correspondent, du haut vers le bas, à quatre stimulations d'intensité croissante.

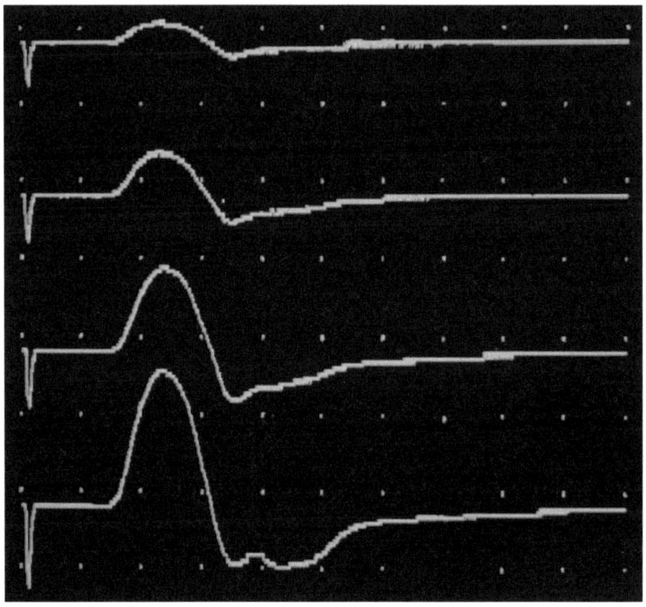

Doc. 4 L'enregistrement de contractions musculaires renseigne sur le nombre de fibres nerveuses motrices excitées.

Pistes d'exploitation

1 **Doc. 1 et 2** : Cherchez la relation existant entre les caractéristiques de la stimulation d'un récepteur et celles du message nerveux émis par ce récepteur.

2 **Doc. 3** : En utilisant vos connaissances sur la structure d'un nerf, proposez une explication des variations constatées.

3 **Doc. 4** : Expliquez la relation existant entre l'intensité des contractions musculaires enregistrées et celle de la stimulation nerveuse appliquée.

4 **Bilan** : Quelles sont en résumé les deux formes de codage d'un message nerveux ?

La transmission synaptique : libération du neurotransmetteur

Au niveau des synapses, le neurone et sa cellule cible n'entrent pas directement en contact, mais sont séparés par un espace de quelques nanomètres. Le message électrique ne peut donc pas passer d'une cellule à l'autre. Il doit être relayé par la transmission d'un message chimique sous la forme de neurotransmetteurs.

- Quels sont les aspects plus précis de l'organisation et du fonctionnement des synapses ?

A Un espace ou fente entre cellules **pré-** et **post-synaptique***

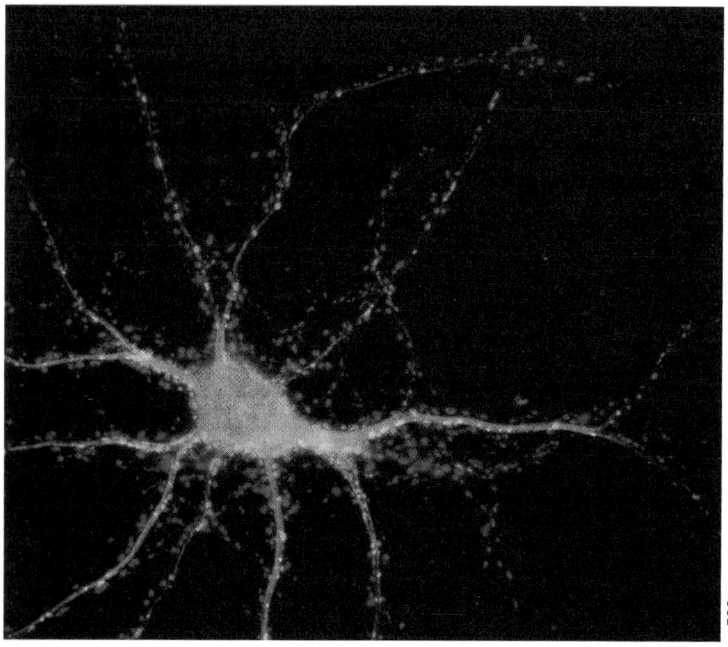

× 500

Pour réaliser le document ci-contre, on a utilisé un pigment fluorescent, émettant une lumière rouge et se fixant de façon spécifique sur une molécule présente exclusivement dans les régions synaptiques. Les points rouges représentent donc les contacts entre différentes terminaisons axoniques (non visibles) et le neurone coloré en jaune-vert.

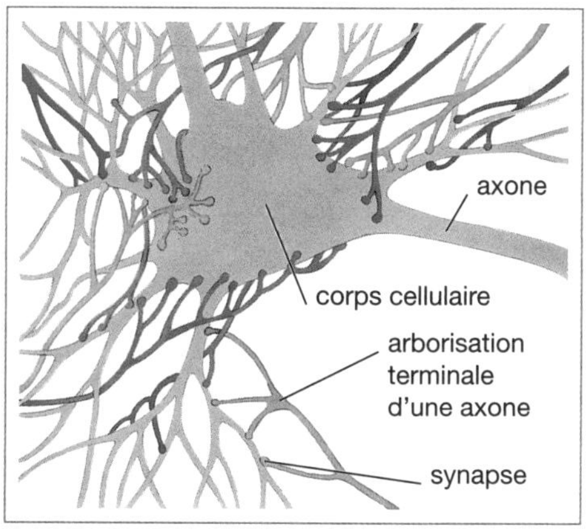
axone
corps cellulaire
arborisation terminale d'une axone
synapse

Doc.1 Chaque point rouge est une synapse ! Il y en a des milliers sur le corps cellulaire et les dendrites de chaque neurone.

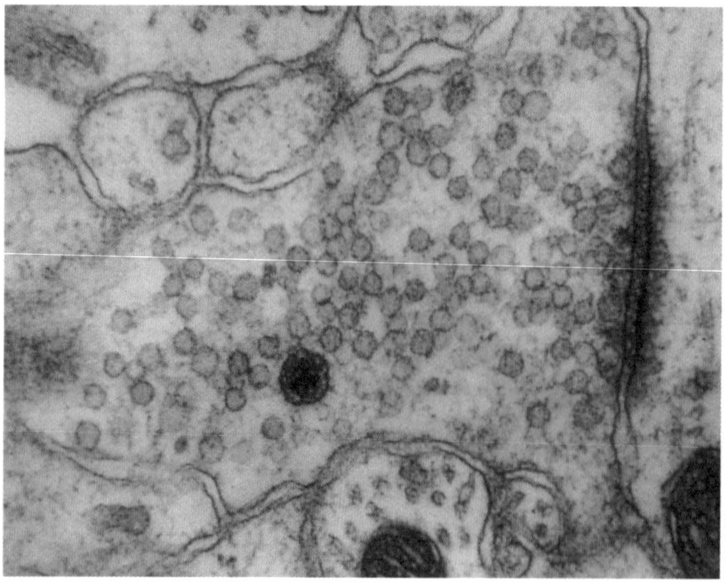

× 70 000

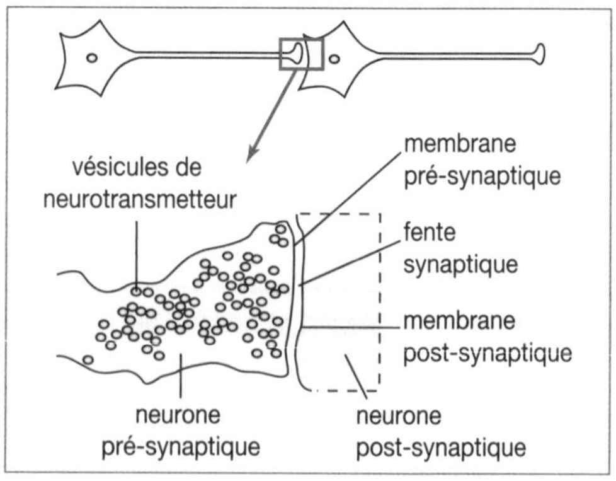
vésicules de neurotransmetteur
membrane pré-synaptique
fente synaptique
membrane post-synaptique
neurone pré-synaptique
neurone post-synaptique

Les documents de cette page présentent des synapses entre deux neurones, ou synapses neuro-neuroniques.

L'architecture de la jonction (synapse) neuro-musculaire ou plaque motrice est la même : seule diffère la nature de la cellule post-synaptique.

Doc.2 Le microscope électronique permet de préciser l'architecture d'une synapse.

B Libération et action du neurotransmetteur

• Cette électronographie au microscope électronique à transmission (MET) présente une petite partie d'une synapse neuromusculaire congelée brutalement une milliseconde après une stimulation de l'axone. On peut observer la fusion de certaines vésicules synaptiques avec la membrane de la terminaison axonique (mécanisme d'exocytose).

• Au niveau d'une synapse neuromusculaire, on a pu estimer que chaque vésicule contient environ 10 000 molécules de neurotransmetteur (dans ce cas de l'acétylcholine).

• Dans l'organisme, on connaît un nombre très élevé de neurotransmetteurs différents [plus de 110 ont été formellement identifiés (voir « Pour mieux comprendre les neurotransmetteurs et les molécules qui les miment »)].

× 200 000

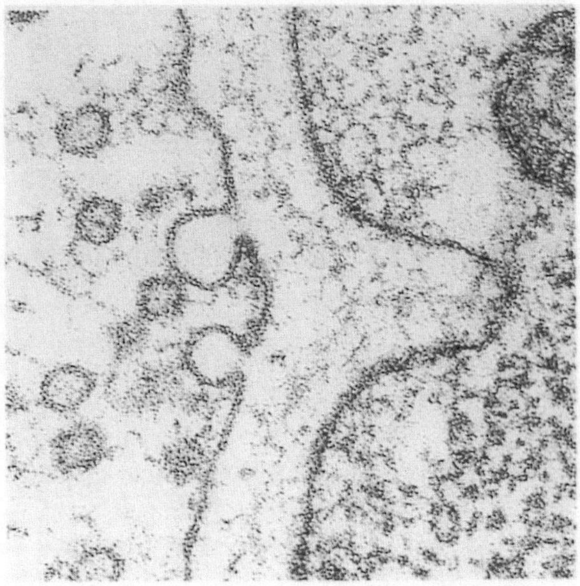

Doc. 3 Le neurotransmetteur est libéré dans la fente synaptique par exocytose.

• Les deux électronographies ci-contre présentent la surface de la membrane pré-synaptique. Une synapse congelée est fracturée de telle sorte que le plan de fracture passe par la fente synaptique. On observe ensuite, au MET, la face de la fracture correspondant à la membrane pré-synaptique (tout se passe donc comme si nous regardions cette membrane depuis l'intérieur de la fente synaptique) :

a - membrane non stimulée ;

b - membrane stimulée (les dépressions représentent la fusion de vésicules de neurotransmetteurs avec la membrane pré-synaptique).

• Par ailleurs, des études quantitatives ont montré que plus la fréquence des potentiels d'action arrivant par l'axone pré-synaptique est élevée, plus le nombre de vésicules fusionnant avec cette membrane est lui-même important.

× 50 000

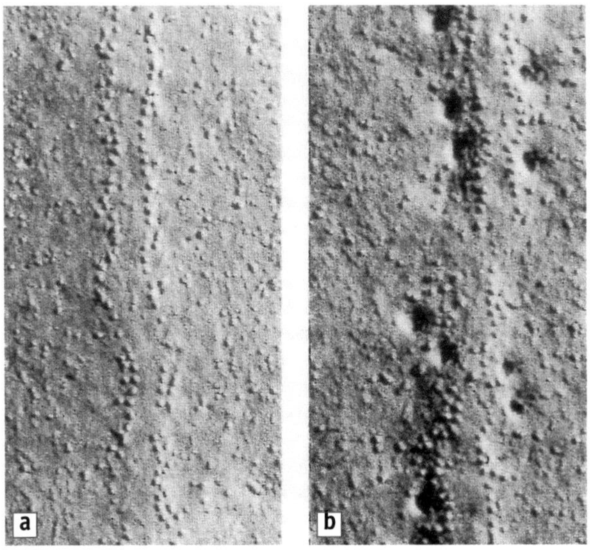
a
b

Doc. 4 Relation entre message nerveux pré-synaptique et exocytose des vésicules de neurotransmetteurs.

Lexique

• **Pré-synaptique** : s'applique à un constituant situé « en amont » de la fente synaptique (axone ou sa membrane au niveau du contact synaptique).

• **Post-synaptique** : s'applique à la cellule (ou à sa membrane) située « en aval » du contact synaptique.

Pistes d'exploitation

1 Doc. 1 et 2 : Montrez que l'organisation synaptique permet de comprendre pourquoi un message ne peut franchir cette zone de contact que dans un sens précis.

2 Doc. 3 et 4 : Comment est libéré le neurotransmetteur dans la fente synaptique ?

Activités pratiques 7

Le devenir du neurotransmetteur dans la fente synaptique

Nous venons d'analyser la première étape du fonctionnement synaptique : la libération du neurotransmetteur par l'axone pré-synaptique.

- Comment ce messager chimique agit-il sur la cellule post-synaptique et que devient-il ensuite ?
- Comment les neurotransmetteurs peuvent-ils engendrer des messages excitateurs ou des messages inhibiteurs ?

A Le devenir du neurotransmetteur dans la fente synaptique

Le cliché ci-dessous a été réalisé au niveau d'une synapse neuromusculaire dont le neurotransmetteur est l'acétylcholine. On a fait agir sur cette synapse une toxine, l'α-bungarotoxine. C'est un poison contenu dans le venin d'un serpent d'Asie nommé *Bungarus multicinctus* et dont la morsure entraîne une paralysie des proies : en effet, les messages nerveux, toujours conduits par les nerfs moteurs, sont alors incapables de déclencher des contractions musculaires.

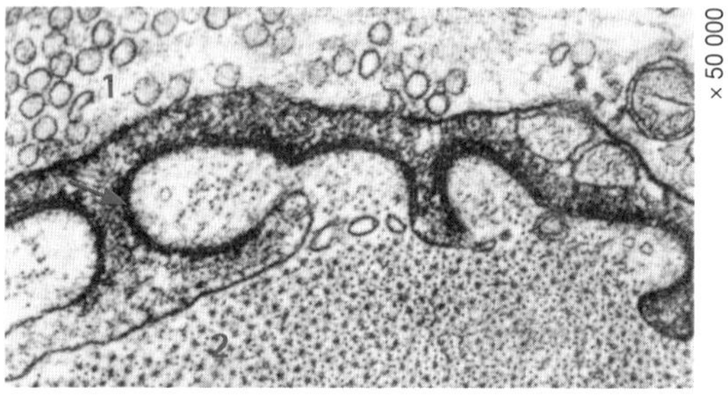
× 50 000
1
2

Sur ce cliché, une technique appropriée permet de localiser les molécules de toxine : leur présence est soulignée par un précipité opaque aux électrons (flèche) : **1** - neurone ; **2** - muscle ; **3** - fente synaptique.

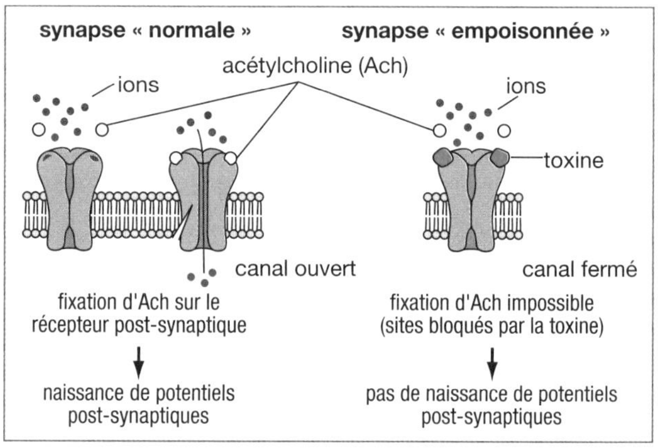
synapse « normale »
synapse « empoisonnée »
acétylcholine (Ach)
ions
ions
toxine
canal ouvert
canal fermé
fixation d'Ach sur le récepteur post-synaptique
naissance de potentiels post-synaptiques
fixation d'Ach impossible (sites bloqués par la toxine)
pas de naissance de potentiels post-synaptiques

Doc. 1 La fixation du neurotransmetteur sur la membrane post-synaptique : une étape indispensable.

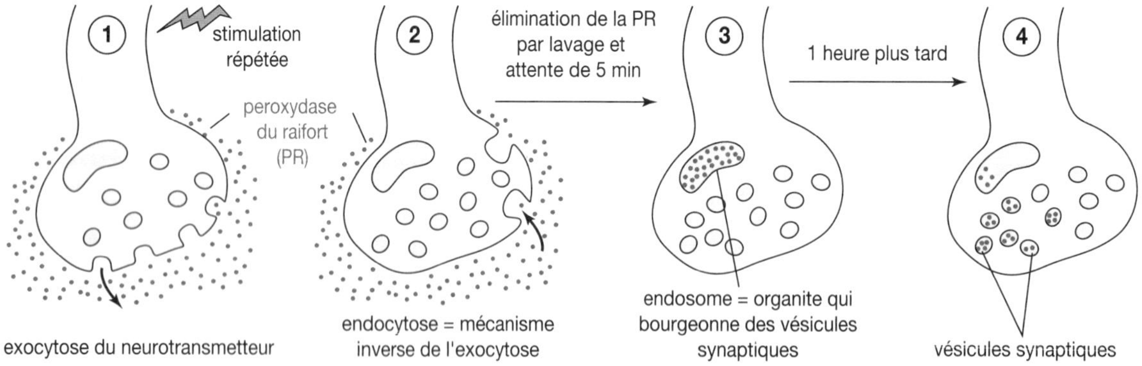
1
stimulation répétée
peroxydase du raifort (PR)
exocytose du neurotransmetteur
2
endocytose = mécanisme inverse de l'exocytose
élimination de la PR par lavage et attente de 5 min
3
endosome = organite qui bourgeonne des vésicules synaptiques
1 heure plus tard
4
vésicules synaptiques

Une expérience, résumée par la série de dessins, permet d'expliquer les échanges de portions de membrane et le mécanisme de recapture de certains neurotransmetteurs.

On injecte dans la fente synaptique une enzyme, la peroxydase de raifort : c'est une grosse molécule incapable de diffuser à travers une membrane plasmique et que l'on peut localiser aisément au microscope électronique car elle forme un produit opaque aux électrons. On stimule de manière répétée l'axone pré-synaptique pour provoquer un fonctionnement important de cette synapse et l'on suit le devenir de la peroxydase de raifort.

Remarque : tous les neurotransmetteurs ne subissent pas le même mode de recapture. Certains neurotransmetteurs, ou leurs produits de dégradation, réintègrent le bouton pré-synaptique grâce à des canaux spécifiques situés dans la membrane pré-synaptique.

Doc. 2 Le neurotransmetteur (ou ses produits de dégradation) est « recapté » par l'axone pré-synaptique qui reconstitue ainsi rapidement son stock de neurotransmetteurs.

B Des synapses excitatrices et des synapses inhibitrices

Protocole expérimental

Chez les insectes, les centres nerveux sont répartis tout le long du corps sous forme de ganglions. Chez la blatte (communément appelée cafard), le dernier ganglion abdominal reçoit différents nerfs en provenance d'organes sensoriels, les cerques, situés à l'extrémité de l'abdomen.

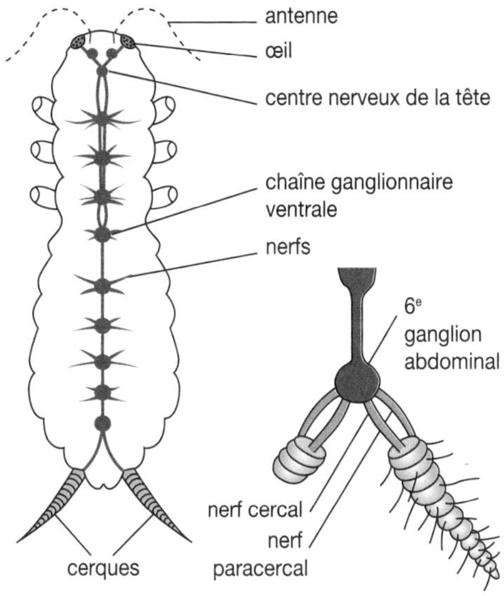

antenne
œil
centre nerveux de la tête
chaîne ganglionnaire ventrale
nerfs
6e ganglion abdominal
nerf cercal
nerf paracercal
cerques

Les fibres de ces nerfs forment des synapses avec les neurones du ganglion (neurones géants) :

- soit directement pour les fibres du nerf cercal,
- soit par l'intermédiaire d'interneurones pour les fibres du nerf paracercal.

Des électrodes stimulatrices permettent d'exciter indépendamment le nerf cercal (ES1) ou le nerf paracercal (ES2). Par ailleurs, une microélectrode implantée à la fin de l'arbre dendritique du neurone géant capte la réponse membranaire post-synaptique.

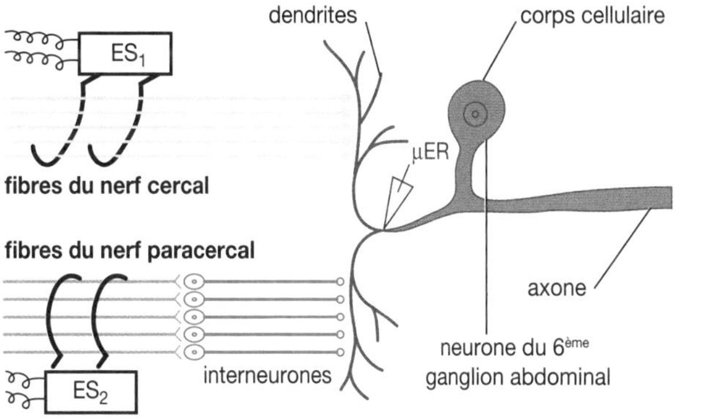

dendrites
corps cellulaire
ES_1
µER
fibres du nerf cercal
fibres du nerf paracercal
axone
neurone du 6ème ganglion abdominal
interneurones
ES_2

ES = électrodes stimulatrices µER = microélectrode réceptrice

Enregistrements

Les tracés ci-contre correspondent au message enregistré à la fin de l'arbre dendritique du neurone géant suite à une stimulation du nerf cercal (en 1) ou paracercal (en 2). Ils ne correspondent pas à des potentiels d'action axoniques, mais à la polarisation membranaire de la cellule post-synaptique.

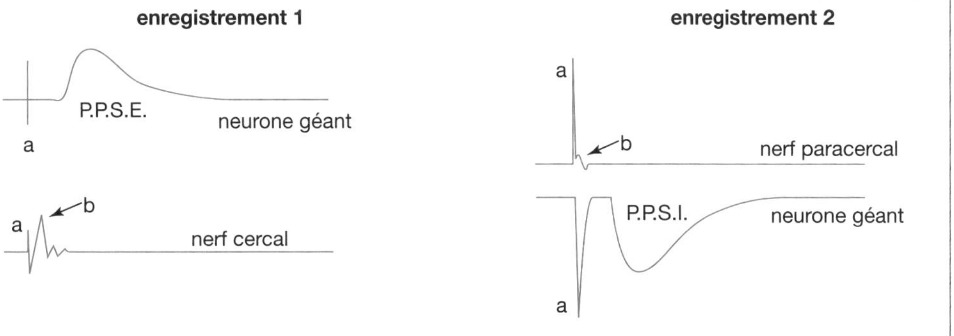

enregistrement 1
P.P.S.E.
neurone géant
a
b
a
nerf cercal
enregistrement 2
a
b
nerf paracercal
P.P.S.I.
neurone géant
a

P.P.S.E. : potentiel postsynaptique excitateur

P.P.S.I. : potentiel postsynaptique inhibiteur

a : artefact b : potentiel d'action présynaptique

Doc. 3 Une étude des phénomènes électriques post-synaptiques.

Pistes d'exploitation

1 Doc. 1 : Expliquez à quel niveau de la cellule post-synaptique agit le neurotransmetteur. Montrez l'intérêt du cliché.

2 Doc. 2 : Expliquez l'intérêt d'une recapture des neurotransmetteurs et du processus d'endocytose.

3 Doc. 3 : Pourquoi les physiologistes parlent-ils de potentiel post-synaptique excitateur (P.P.S.E.) ou inhibiteur (P.P.S.I.) ?

4 Doc. 3 : Les variations de potentiel membranaires étant dues à des mouvements ioniques, quels sont les ions susceptibles d'engendrer des P.P.S.E. ? Et des P.P.S.I. ?

Activités pratiques 8

Les propriétés intégratives du neurone

La synapse est le lieu de transfert du message neuronal d'une cellule à une autre. Lorsque la cellule cible est un autre neurone, celui-ci reçoit souvent des informations « contradictoires » de milliers d'autres neurones et il doit à son tour transmettre une information déterminée à sa cellule cible.

- Comment un message nerveux chimique est-il intercalé entre deux messages bio-électriques ?
- Comment le neurone intègre-t-il des informations contradictoires avant de délivrer son message nerveux ?

A Synthèse de la transmission synaptique

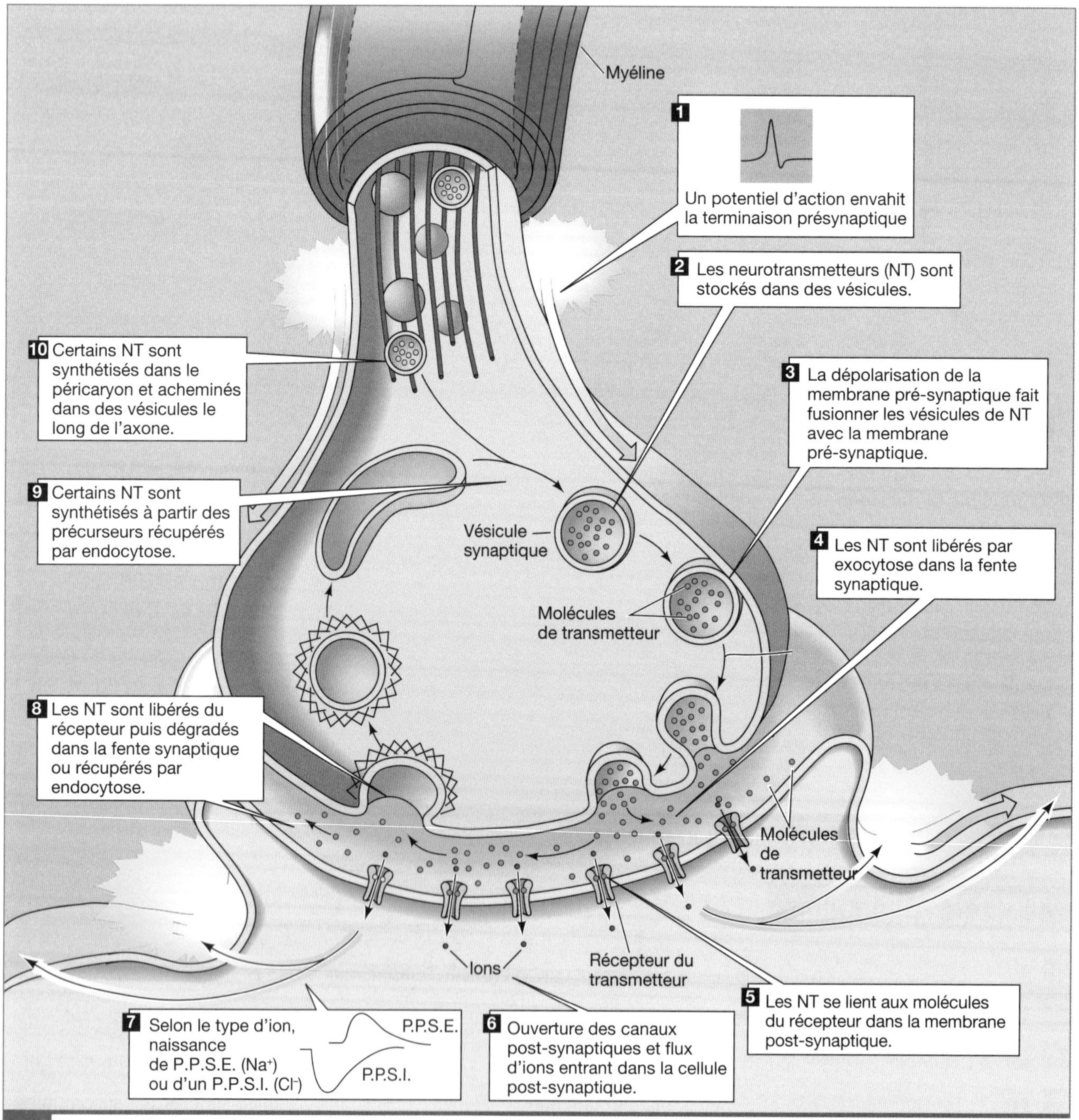

Myéline
1 Un potentiel d'action envahit la terminaison présynaptique
2 Les neurotransmetteurs (NT) sont stockés dans des vésicules.
3 La dépolarisation de la membrane pré-synaptique fait fusionner les vésicules de NT avec la membrane pré-synaptique.
4 Les NT sont libérés par exocytose dans la fente synaptique.
5 Les NT se lient aux molécules du récepteur dans la membrane post-synaptique.
6 Ouverture des canaux post-synaptiques et flux d'ions entrant dans la cellule post-synaptique.
7 Selon le type d'ion, naissance de P.P.S.E. (Na+) ou d'un P.P.S.I. (Cl-)
P.P.S.E.
P.P.S.I.
8 Les NT sont libérés du récepteur puis dégradés dans la fente synaptique ou récupérés par endocytose.
9 Certains NT sont synthétisés à partir des précurseurs récupérés par endocytose.
10 Certains NT sont synthétisés dans le péricaryon et acheminés dans des vésicules le long de l'axone.
Vésicule synaptique
Molécules de transmetteur
Molécules de transmetteur
Ions
Récepteur du transmetteur

Doc. 1 Une succession d'événements bio-électriques, cytologiques et chimiques assure la transmission du message nerveux.

B L'intégration neuronale

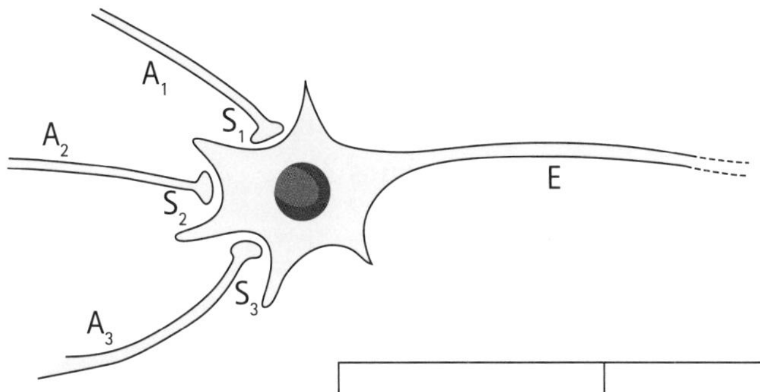
A1
A2
S1
S2
S3
A3
E

Protocole expérimental

Un neurone reçoit les afférences de trois axones afférents, A_1, A_2 et A_3. L'activité électrique de ce neurone est enregistrée au niveau de ses trois synapses, S_1, S_2 et S_3 ainsi que le long de son axone efférent (E).

- **La sommation temporelle**

Dans une première série d'expériences, l'axone A_1 a été faiblement stimulé (a) ou fortement stimulé (b) et son activité électrique a été enregistrée. L'activité électrique de la synapse S_1 a été enregistrée aux temps t_1, t_2 et t_3 distincts de quelques millisecondes.

- **La sommation spatiale**

Dans une seconde série d'expériences, les trois axones A_1, A_2 et A_3 ont été stimulés de la même manière afin de produire un potentiel post-synaptique significatif. L'activité électrique des trois synapses, S_1, S_2 et S_3, a été enregistrée simultanément : elle peut être excitatrice (S_1 et S_3) ou inhibitrice (S_2).

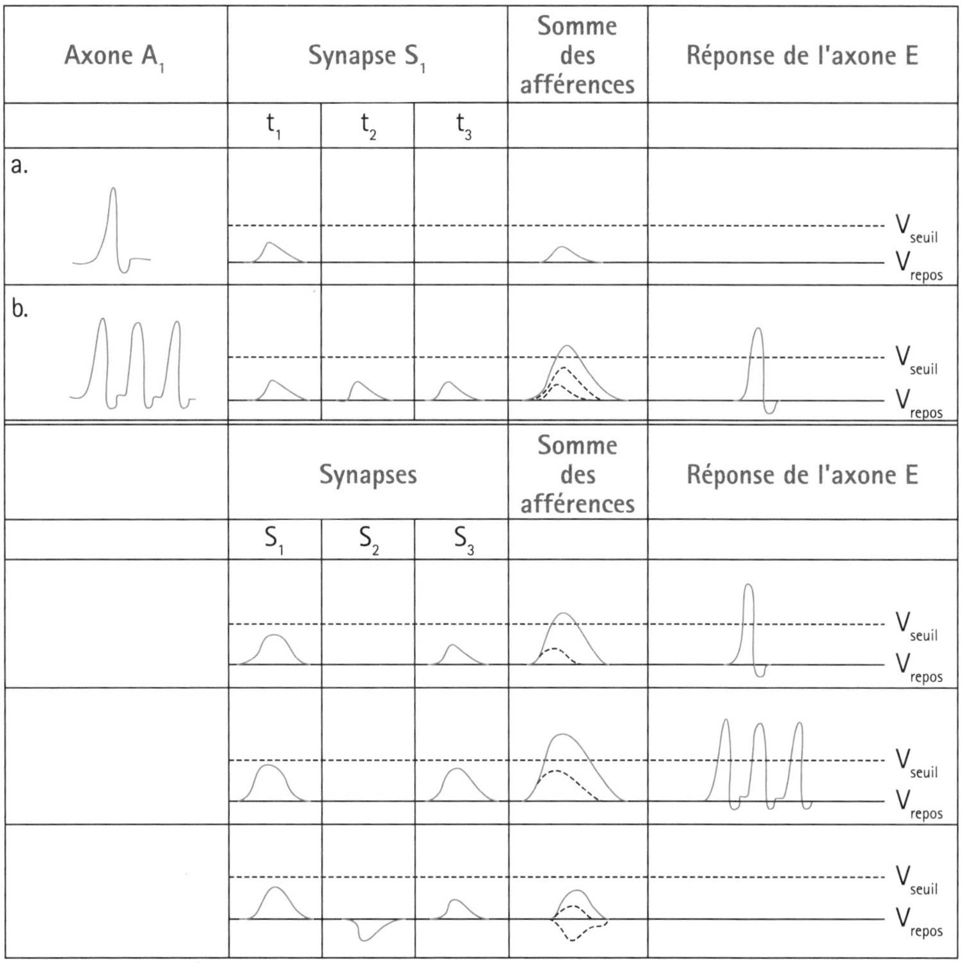
Axone A1
Synapse S1
Somme des afférences
Réponse de l'axone E
t1
t2
t3
a.
b.
Vseuil
Vrepos
Synapses
Somme des afférences
Réponse de l'axone E
S1
S2
S3

Doc. 2 L'intégration réalisée par le neurone résulte de la sommation spatiale et temporelle de ses afférences.

Pistes d'exploitation

1 **Doc. 1** : Repérez dans les Activités pratiques précédentes les documents qui démontrent ou illustrent chacune des étapes du fonctionnement synaptique.

2 **Doc. 2** : Définissez la sommation temporelle et la sommation spatiale réalisées par le neurone ainsi que la notion de « train de potentiels ».

3 **Doc. 2** : Utilisez les connaissances acquises afin d'expliquer comment s'effectue la sommation temporelle et spatiale réalisée par le neurone et par là, démontrez la propriété d'intégration neuronale.

Activités pratiques 9

Les effets de comportements inadéquats

La transmission du message nerveux au niveau axonique et synaptique est complexe et particulièrement sensible à l'action de substances chimiques diverses. On appelle drogue toute molécule capable de modifier ce fonctionnement et par là la conscience et le comportement de l'utilisateur.

- Quelles sont les parties du cerveau particulièrement sensibles aux drogues ?
- Quels sont les dangers de l'utilisation de drogues ?

A L'existence de « circuits de la récompense » dans le cerveau

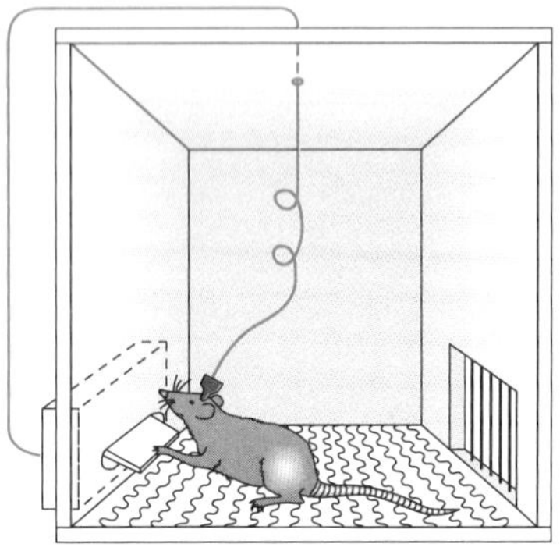

Des expériences réalisées chez le rat dans les années 1950 on mit en évidence l'existence dans le cerveau de circuits dont l'activité « procure du plaisir ». Dans certains zones précise du cerveau, on implante des électrodes reliées à un système de stimulation pouvant être déclenché par l'animal lui-même par pression sur une pédale. Après quelques essais fortuits, le rat actionne la pédale de manière de plus en plus compulsive, cessant même de s'alimenter.

Doc.1 La découverte des « centres du plaisir ».

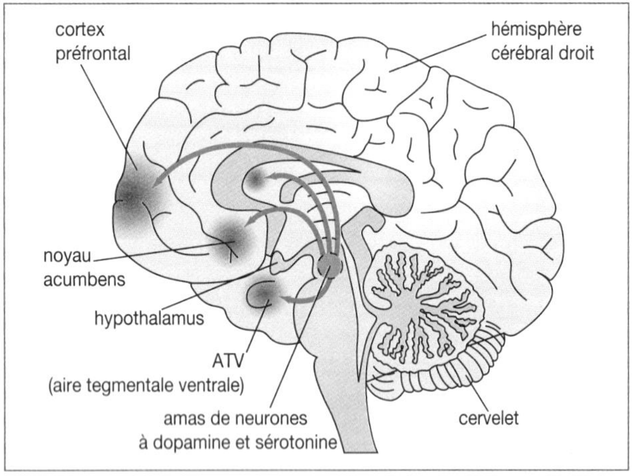
cortex préfrontal
hémisphère cérébral droit
noyau acumbens
hypothalamus
ATV (aire tegmentale ventrale)
amas de neurones à dopamine et sérotonine
cervelet

• Des études précises ont permis de localiser les neurones impliqués dans les « **circuits de la récompense** » et libérant de la **dopamine**. Ce circuit est associé à des activités vitales : prise de nourriture, acte sexuel, comportement maternel ou amoureux... mais aussi contrôle de l'émotivité, de la motricité, de l'attention,... De nombreuses drogues agissent souvent en plus sur les circuits de la **sérotonine** qui sont impliqués dans la régulation du sommeil, de l'appétit, de l'humeur, de l'attention et de l'apprentissage.

Les corps cellulaires de ces neurones forment un amas situé dans la région intérieure du tronc cérébral, partie de l'encéphale placée à la base des hémisphères cérébraux.

• Le principe du fonctionnement de ce « circuit » de la récompense est le suivant :

1. arrivée d'informations (provenant notamment des régions sensorielles du cortex et annonçant « quelque chose d'agréable ») ;

2. activation des neurones à dopamine de la base du cerveau ;

3. libération de dopamine et/ou de sérotonine dans différentes régions cérébrales, notamment dans le cortex ;

4. activation de neurones variés, ce qui déclenche une sensation de plaisir.

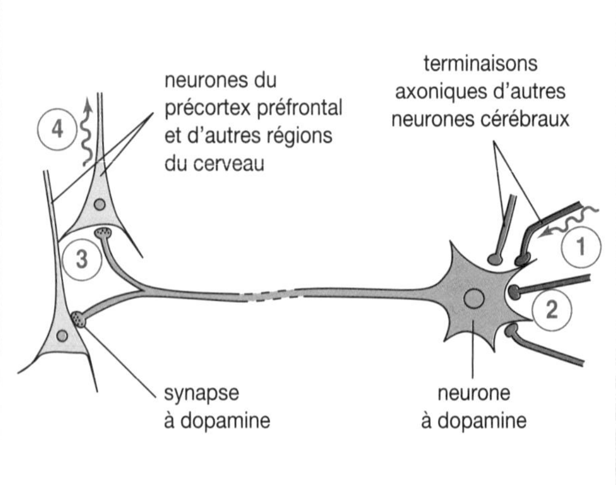
neurones du précortex préfrontal et d'autres régions du cerveau
terminaisons axoniques d'autres neurones cérébraux
4
3
1
2
synapse à dopamine
neurone à dopamine

Doc.2 Des neurones à dopamine et à sérotonine au cœur des circuits de la récompense.

B Les effets des drogues

Un risque important lié à la prise de drogue

Les toxicomanes constituent une population particulièrement touchée par le virus du sida (23,7 % des malades sont toxicomanes) et par celui de l'hépatite B et C (80 à 90 % des usagers de drogues injectables sont contaminés).

Toutes les drogues, légales ou illégales, admises par certaines cultures ou à certaines époques, ou encore prescrites médicalement, sont des substances psychotropes (agissant sur le psychisme).

Ce sont des dépresseurs procurant une sensation de calme et de bien-être à court terme (morphine, héroïne, antidépresseurs...), des stimulants provoquant une poussée d'énergie rapide et temporaire (cocaïne, amphétamines, nicotine...), ou encore des perturbateurs modifiant la perception de la réalité (cannabis, ecstasy...).

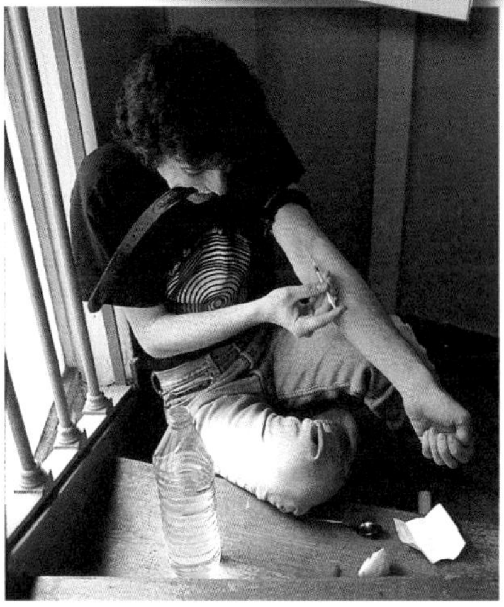

Caractéristiques de la toxicomanie :

- La **toxicité** : beaucoup de drogues sont toxiques en très faibles quantités. Elles altèrent progressivement certaines fonctions de l'organisme. Le danger peut également provenir d'un surdosage (overdose) qui peut s'avérer mortel.
- La **tolérance** : c'est la nécessité d'augmenter continuellement les doses prises pour obtenir le même effet.
- La **dépendance physiologique** : elle provient de l'apparition de troubles physiologiques (diarrhées, tremblements, sueurs...) après arrêt de la prise de la substance.
- La **dépendance psychique** : c'est l'état de manque, véritable douleur psychique, qui pousse la personne à reprendre régulièrement de la drogue.
- Le **sevrage** : c'est l'arrêt brutal ou progressif de la prise de drogue. Douloureux physiquement et/ou psychiquement, il doit souvent s'accompagner d'une prise en charge psychologique et sociale, voire de la prescription de médicaments dits de « substitution ».

Doc. 3 Les dangers des drogues.

L'alcool est actuellement consommé de plus en plus jeune et en quantité croissante par les adolescents. Les conséquences de ce comportement sur le cerveau ne sont pas anodines. Les images ci-contre montrent l'activité du cerveau relevée lors d'un test de mémorisation effectué par deux adolescents de 15 ans dont l'un, à droite, a des problèmes d'alcool. Les zones actives sont colorées en rouge et rose.

L'alcool touche les régions du cerveau qui sont encore en formation à l'adolescence, dont, notamment, le cortex préfrontal (région située derrière le front), siège du jugement, de la prise de décision et du contrôle des impulsions, ainsi que l'hippocampe (région interne du cerveau) qui régit l'apprentissage et la mémoire et fait partie du circuit de la récompense. L'ampleur des altérations dépend de l'âge du consommateur et ces lésions peuvent être irréversibles.

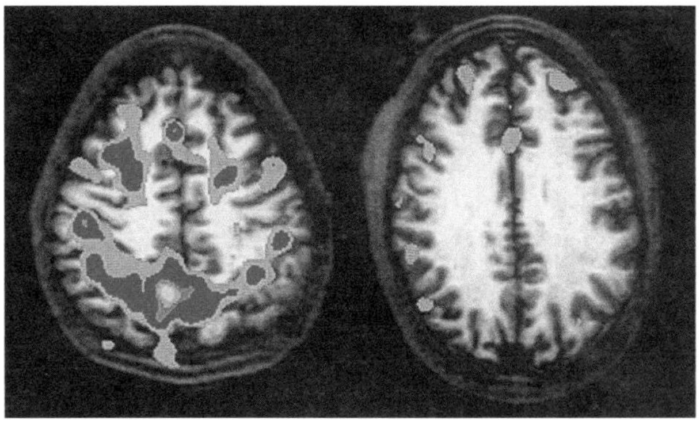

Doc. 4 L'effet de l'alcool sur le cerveau des adolescents.

Pistes d'exploitation

1 **Doc. 1 et 2** : Résumez en quelques lignes les informations concernant l'existence de « circuits de la récompense ».

2 **Doc 3 et 4** : Quels sont les risques associés à une prise de drogue comme l'héroïne ? Et l'alcool ?

Les messages nerveux au niveau neuronal

La communication nerveuse se manifeste par des signaux bio-électriques enregistrables qui constituent des messages. Ces derniers se propagent le long des chaînes de neurones connectés entre eux par des synapses. L'analyse des signaux électriques élémentaires au niveau des cellules nerveuses nécessite des techniques délicates.

1 La membrane plasmique, lieu d'échange privilégié

1. Transports passifs et transports actifs

• Les molécules mises en solution ont pour tendance naturelle d'équilibrer leurs concentrations afin d'occuper le milieu de manière homogène. Il en va de même lorsqu'une membrane semi-perméable sépare deux solutions. Ainsi, les solutés présents dans les milieux intracellulaires et extracellulaires ont naturellement tendance à traverser la membrane plasmique dans le sens de leur gradient de concentration, allant du milieu le plus concentré vers le milieu le moins concentré. Ce type de transport au travers de la membrane ne requiert aucune énergie et porte le nom de **diffusion** ou **transport passif**.

Selon la nature des molécules transportées, le mode de transport passif peut cependant différer :

- la **diffusion simple** est le passage au travers de la bicouche phospholipidique des molécules de nature chimique compatible avec les lipides. La diffusion simple se réalise aussi pour des molécules incompatibles avec les lipides grâce à des **canaux protéiques** qui forment de petits pores traversant la membrane et qui leur offrent ainsi un chemin aqueux.
- la **diffusion facilitée** met en œuvre des **protéines de transport**. Ces protéines intégrées fixent la molécule à transporter d'un côté de la membrane, puis changent de forme pour la libérer de l'autre côté.

La régulation de l'équilibre hydrique (en eau) de la cellule fait appel à l'**osmose**, c'est-à-dire au processus de diffusion passive de l'eau s'effectuant au travers de canaux membranaires appelés aquaporines.

• Certaines molécules doivent, pour des raisons métaboliques, traverser la membrane à l'encontre de leur gradient de concentration. Ce type de transport nécessite de l'énergie, ce qui lui vaut le nom de **transport actif**. Ce sont des protéines particulières qui assurent le transport actif. Elles utilisent de l'énergie qui leur est fournie sous forme d'ATP et sont donc généralement appelées **pompes** ou **ATPases**.

2. Endocytose et exocytose

L'endocytose et l'exocytose sont deux processus inverses qui permettent à la cellule d'ingérer ou de sécréter des matériaux de grande taille. Ces deux processus requièrent de l'énergie pour les mouvements membranaires et vésiculaires.

• Lors de l'**endocytose**, les molécules extérieures se placent contre la membrane plasmique qui se déforme et les entoure. La portion de membrane entourant le matériel se détache de la membrane plasmique et la vésicule d'endocytose ainsi formée migre dans le cytoplasme.

• La sécrétion cellulaire fait appel au processus d'**exocytose**. Les vésicules de sécrétion bourgeonnent à partir de l'appareil de Golgi et contiennent le matériel à sécréter : neurotransmetteurs, hormones, enzymes digestives... Ces vésicules fusionnent avec la membrane et libèrent leur contenu dans le milieu extracellulaire.

2 Le potentiel d'action, signal élémentaire du message nerveux

1. La membrane au repos est polarisée électriquement

L'étude de l'activité électrique d'une fibre nerveuse ou d'un neurone peut être réalisée à l'aide d'électrodes très fines (microélectrodes) que l'on implante à l'intérieur de la cellule. On constate alors que la membrane d'une cellule nerveuse au repos présente un état électrique remarquable : il existe une **différence de potentiel permanente** de 70 mV entre ses deux faces, l'intérieur étant électronégatif par rapport à l'extérieur. Cette **polarisation transmembranaire** est nommée **potentiel de repos**. C'est une caractéristique générale des cellules vivantes.

Le potentiel membranaire de repos résulte d'une différence de diffusion des ions Na^+ et K^+ au travers de la membrane. La diffusion des ions K^+ de l'intérieur vers l'extérieur de la cellule est plus importante que celle des ions Na^+ de l'extérieur vers l'intérieur de la cellule, ce qui génère un déficit intracellulaire de charges positives et rend la face interne négative par rapport à la face externe. Des pompes ioniques (Na^+/K^+ ATPases) maintiennent les gradients ioniques au sodium et au potassium.

2. Le signal nerveux, un événement membranaire brutal

Les messages nerveux sont constitués par des rafales de signaux bioélectriques tous identiques. Chaque signal correspond à une modification soudaine du potentiel de repos de la fibre : après une **inversion brutale de la polarisation membranaire** ou **dépolarisation** (la face interne devenant électropositive par rapport à la face externe), la membrane se **repolarise** très rapidement. Cet évènement très local et très bref constitue un signal nerveux élémentaire : c'est un **potentiel d'action** ou **influx nerveux**.

Un potentiel d'action est déclenché par tout stimulus qui produit une dépolarisation de la membrane supérieure ou égale à une valeur **seuil** (p.ex. - 50 mV). Pour chaque fibre nerveuse, les potentiels d'action sont toujours identiques dans leur amplitude (de l'ordre de 100 mV) et dans leur durée (de l'ordre d'1 milliseconde). Il s'agit d'une réponse de type « **tout ou rien** ».

Les phases du potentiel d'action correspondent à des **variations des perméabilités sélectives** de la membrane aux différents ions. Lorsqu'un stimulus seuil ou supraliminaire induit une dépolarisation suffisante de la membrane neuronale, des canaux à Na^+ voltage-dépendants s'ouvrent rapidement, permettant une **entrée brutale d'ions Na^+** à l'intérieur de la cellule. Ceci engendre la phase de **dépolarisation** membranaire. Après un certain délai, des canaux à K^+ voltage-dépendants s'ouvrent à leur tour. Les canaux à sodium se referment ensuite très rapidement alors que ceux à K^+ restent actifs pour un moment. La **sortie modérée mais durable des ions K^+** permet la **repolarisation** membranaire. Une sortie excessive du potassium explique la phase d'**hyperpolarisation** observée à la fin du potentiel d'action, avant le retour à la normale. Des Na^+/K^+ ATPases actives dès le début du potentiel d'action permettent de rétablir les concentrations ioniques et de revenir au potentiel de repos.

3. La conduction des messages le long des fibres nerveuses

- Un **potentiel d'action** présente quelques caractéristiques remarquables :

- il n'affecte à un instant donné qu'une zone très limitée de la membrane nerveuse ;
- il se propage rapidement le long de la fibre nerveuse ;
- son amplitude reste constante d'une extrémité à l'autre de la fibre (c'est donc un signal qui progresse sans s'atténuer).

- La **vitesse de propagation** des potentiels d'action est variable d'une fibre à l'autre : de moins de 1 m/s jusqu'à plus de 100 m/s. Cette vitesse dépend du calibre des fibres (les plus grosses sont les plus rapides) et surtout de la présence d'une gaine de myéline (les fibres myélinisées conduisent le message beaucoup plus vite que celles qui sont dépourvues de myéline).

Dans une fibre amyélinisée, les courants électriques induits par un potentiel d'action local provoquent l'ouverture des canaux voltage-dépendants de la région adjacente de la fibre et l'apparition d'un nouveau potentiel d'action. On parle de **conduction de proche en proche**.

Dans une fibre myélinisée, la gaine de myéline joue le rôle d'isolant et les canaux voltage-dépendants sont unique-

La décharge électrique puissante produite par la raie torpille est due à la « mise à feu » simultanée des milliards de synapses, toutes identiques, qui constituent son « organe électrique ». C'est à partir de cet organe qu'a été isolé le premier récepteur d'un neurotransmetteur, l'acétylcholine.

ment localisés aux nœuds de Ranvier, là où la membrane est nue. La conduction se fait donc de nœud de Ranvier à nœud de Ranvier ; on parle de **conduction saltatoire**.

• Durant un certain laps de temps consécutif au potentiel d'action, la fibre ne peut plus être excitée dans les mêmes conditions : il s'agit de la **période réfractaire**. Elle dure le temps nécessaire au rétablissement des charges ioniques de repos de la membrane nerveuse. Ceci explique pourquoi l'influx nerveux ne se déplace que dans un sens dans les fibres nerveuses en activité dans l'organisme.

4. Le double codage des messages nerveux

• Les messages propagés par les fibres nerveuses sont constitués de « trains » de potentiels d'action : si l'amplitude de ces signaux est constante, leur fréquence est en revanche très variable. Au niveau d'une fibre nerveuse, le message est donc codé en « **modulation de fréquence** ».

• Un deuxième codage, qui a une signification pour l'organe qui reçoit le message, correspond au nombre de fibres d'un nerf actives à un moment donné. C'est ce deuxième type de codage qui explique les variations d'amplitude du **potentiel global** enregistré au niveau d'un nerf entier.

• Enfin, la durée d'un train de potentiels représente aussi une information pertinente : suivant les cas, elle informe le centre nerveux sur la durée d'un stimulus, elle limite la durée de contraction d'un muscle...

3 La transmission synaptique et l'intégration des messages nerveux

Arrivé à l'extrémité d'un axone, le message nerveux atteint une zone de connexion ou **synapse** avec une nouvelle cellule (autre neurone, fibre musculaire...). Au niveau de la synapse, la propagation du signal est :

- **unidirectionnelle** (on peut donc définir une cellule pré-synaptique et une cellule post-synaptique) ;

- **relativement lente** (le temps de franchissement d'une synapse ou **délai synaptique** est de l'ordre de 0,5 ms, soit une vitesse de 0,1 mm/s).

1. Une transmission « chimique » des messages nerveux

Une synapse est caractérisée par l'existence d'une **fente synaptique** de 20 à 50 nanomètres qui sépare la cellule pré-synaptique de la cellule post-synaptique. Le message nerveux pré-synaptique constitué de trains de potentiels d'action ne peut pas franchir directement cet espace. Ce franchissement est assuré grâce à une étape chimique. En effet, la terminaison axonique pré-synaptique contient de nombreuses **vésicules** synaptiques remplies de messagers chimiques appelées **neurotransmetteurs**. Ceux-ci ont préalablement été synthétisés soit dans le péricaryon et acheminés le long de l'axone jusqu'à la synapse, soit directement dans le bouton pré-synaptique.

L'arrivée de potentiels d'action au niveau d'une terminaison pré-synaptique déclenche une libération de neurotransmetteurs dans la fente synaptique, grâce à un processus d'**exocytose**. Une première régulation de la transmission synaptique consiste en l'exocytose d'un nombre plus ou moins important de neurotransmetteurs en fonction de la fréquence des trains de potentiels afférents.

Le neurotransmetteur se lie à des **récepteurs spécifiques** portés par la membrane post-synaptique. La conséquence est une modification plus ou moins importante de l'activité du neurone post-synaptique, modification qui peut être à l'origine de la naissance d'un nouveau message.

L'**inactivation** rapide du neurotransmetteur dans la fente synaptique et sa **recapture** éventuelle par la terminaison pré-synaptique interrompt la transmission synaptique.

2. Des synapses excitatrices et des synapses inhibitrices

Toutes les synapses ont un principe de fonctionnement identique : les neurotransmetteurs qu'elles libèrent dans la fente synaptique se lient à des récepteurs qui leur sont spécifiques et induisent l'ouverture de canaux ioniques post-synaptiques. Mais, selon le type de neurotransmetteurs libérés, deux effets opposés peuvent s'observer sur le neurone post-synaptique :

- certaines synapses sont dites **excitatrices**. Les neurotransmetteurs provoquent l'ouverture de canaux à Na^+, ce qui engendre une **dépolarisation** de la membrane post-synaptique ou **potentiel post-synaptique excitateur (P.P.S.E.)**. La dépolarisation engendrée permet en effet d'amener cette membrane à une valeur de potentiel proche ou égale à son seuil liminaire et éventuellement de déclencher un nouveau potentiel d'action par le neurone post-synaptique ;
- d'autres synapses sont dites **inhibitrices**. Les neurotransmetteurs provoquent l'ouverture de canaux à Cl^-,

ce qui engendre une **hyperpolarisation** de la membrane post-synaptique ou **potentiel post-synaptique inhibiteur (P.P.S.I.)**. L'hyperpolarisation engendrée éloigne alors la membrane de son potentiel liminaire, ce qui empêche, ou pour le moins freine, l'émission de potentiels d'action par le neurone post-synaptique.

3. L'intégration des messages par les neurones

Dans un centre nerveux, un neurone peut recevoir les informations provenant de plusieurs autres neurones par les milliers de terminaisons axoniques qui sont en contact synaptique avec ses dendrites ou son péricaryon. Ces différentes synapses sont soit excitatrices, soit inhibitrices.

Ainsi, à tout instant, le corps cellulaire du neurone post-synaptique doit intégrer ces informations contradictoires, c'est-à-dire en faire la « **somme algébrique** ». La membrane du neurone post-synaptique effectue ainsi une **sommation spatiale** des différents P.P.S.E. et P.P.S.I. qui lui arrivent par ses diverses synapses afférentes, mais aussi une **sommation temporelle** qui tient compte de la fréquence et de la durée des trains de potentiels d'actions arrivant à une même synapse. Si le résultat de cette somme algébrique est une dépolarisation suffisante pour atteindre le seuil de dépolarisation membranaire, un ou des potentiels d'action sont émis au niveau du cône d'implantation de son axone. Sinon, le neurone reste au repos.

4 L'effet des drogues

• La transmission du message nerveux au niveau axonique et synaptique est particulièrement sensible à l'action perturbatrice de substances chimiques diverses (alcool, médicaments, héroïne, cannabis...). Au sens biologique et médical, une **drogue** est n'importe quelle substance capable d'agir sur le psychisme d'un individu, c'est-à-dire de modifier la conscience et le comportement de l'utilisateur.

Le contexte historique, géographique, culturel ou social des drogues n'est par relié à leurs effets ni à leur toxicité. Une drogue peut être légale à tel moment ou dans tel pays même si sa toxicité ou sa dangerosité est importante.

• Les drogues agissent sur la transmission des messages nerveux au niveau de zones particulières du cerveau, ce que l'on appelle les « **circuits de la récompense** ». Ces zones reposent sur l'activité de circuits neuroniques dont l'activité procure du plaisir et qui interviennent naturellement dans diverses activités vitales comme la prise de nourriture, les comportements sexuels, l'appétit, l'attention...

• La prise, répétée ou même occasionnelle, d'une drogue entraîne des phénomènes caractéristiques de la **toxicomanie** : tolérance, dépendance physiologique ou psychique. Ces dépendances engendrent un « état de manque », c'est-à-dire un besoin irrépressible de reprendre de la drogue.

L'essentiel

• Les transports passifs (diffusion) et actifs de petites molécules au travers de la membrane plasmique s'effectuent via les phospholipides membranaires ou grâce à l'intervention de différents types de protéines membranaires spécifiques (canaux, protéines de transport et pompes). Les grosses molécules sont intégrées ou sécrétées grâce aux processus d'endocytose et d'exocytose.

• La membrane nerveuse au repos est polarisée électriquement : l'intérieur est électronégatif de 70 mV par rapport à l'extérieur. Ce **potentiel de repos** membranaire est dû à des différences de concentration et de diffusion des ions Na^+ et K^+.

• Les signaux propagés le long des fibres nerveuses, ou **potentiels d'action**, correspondent chacun à une inversion brutale mais transitoire de cette polarisation membranaire. Une entrée massive et brutale d'ions Na+ à l'intérieur de la fibre produit une dépolarisation transitoire de la membrane, tandis qu'une sortie modérée mais continue des ions K^+ rétablit la polarité initiale.

• Les potentiels d'action sont des phénomènes de **tout ou rien.** Ils ne sont émis que si la membrane nerveuse est dépolarisée jusqu'à une valeur seuil. Ils ont alors, pour chaque fibre, les mêmes caractéristiques d'amplitude et de durée (environ 100 mV et 1 ms). Au-delà de ce seuil, la **fréquence** des potentiels d'action émis est d'autant plus grande que la dépolarisation est importante.

• Le passage d'un message nerveux d'une cellule à l'autre se fait au niveau de synapses par l'intermédiaire de neurotransmetteurs : ces molécules, stockées dans la terminaison axonique pré-synaptique, sont libérées dans la **fente synaptique** à l'arrivée de potentiels d'action. En se fixant sur des **récepteurs** spécifiques portés par la membrane du neurone post-synpatique, les neurotransmetteurs provoquent l'apparition de potentiels post-synaptiques excitateurs (P.P.S.E.) ou inhibiteurs (P.P.S.I.).

• À tout instant, un neurone intègre les influences excitatrices et les influences inhibitrices qui lui sont imposées par les deux types de synapses connectées à sa membrane. Il en fait une sommation spatiale, mais aussi temporelle, avant de déclencher ou non un nouveau potentiel d'action au niveau du cône d'implantation de son axone.

• Les drogues sont des substances qui perturbent la transmission du message nerveux. Elles agissent sur des zones particulières du cerveau appelées « circuits de la récompense ». Elles affectent le psychisme de l'individu et engendrent des toxicomanies.

Schéma-bilan

Les messages nerveux au niveau neuronal

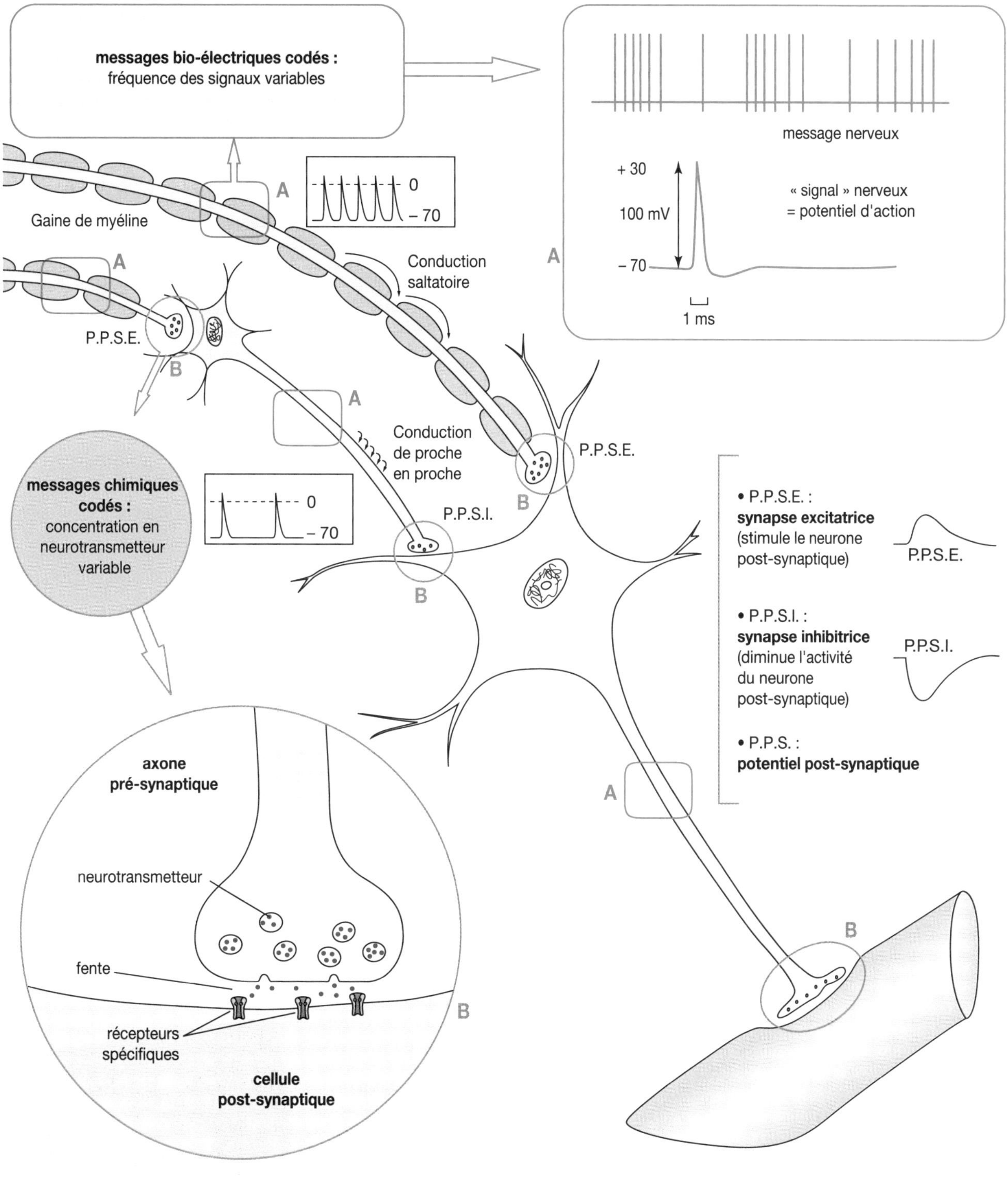

messages bio-électriques codés :
fréquence des signaux variables
message nerveux
+ 30
100 mV
– 70
1 ms
« signal » nerveux
= potentiel d'action
Gaine de myéline
A
0
– 70
Conduction saltatoire
P.P.S.E.
B
Conduction de proche en proche
P.P.S.I.
messages chimiques codés :
concentration en neurotransmetteur variable
• P.P.S.E. :
synapse excitatrice
(stimule le neurone post-synaptique)
P.P.S.E.
• P.P.S.I. :
synapse inhibitrice
(diminue l'activité du neurone post-synaptique)
P.P.S.I.
• P.P.S. :
potentiel post-synaptique
axone
pré-synaptique
neurotransmetteur
fente
récepteurs
spécifiques
cellule
post-synaptique

À tout instant, la fréquence des signaux émis par un neurone dépend de **l'intégration** des informations contradictoires qu'il reçoit au niveau des deux types de **synapses, excitatrices** et **inhibitrices**.

A Les neurotransmetteurs

Pour être désignée comme neurotransmetteur, une molécule doit remplir certaines conditions : elle doit être présente dans le neurone pré-synaptique ; elle doit être libérée par le neurone pré-synaptique en réponse à un potentiel d'action ; elle doit correspondre à des récepteurs spécifiques présents sur la membrane post-synaptique et enfin, elle doit générer une réponse post-synaptique.

Il existe plus d'une centaine de neurotransmetteurs que l'on classe selon leur nature chimique (le plus souvent protidique) et leur fonction :

Nature	Exemples	Lieux de libération	Quelques rôles
Amines	Acétylcholine	Jonctions neuro-musculaires, cortex moteur	Contraction des muscles volontaires, motricité du tube digestif, ralentissement cardiaque.
	Noradrénaline	Système sympathique, encéphale	Intervient au niveau du SNP dans les situations « d'urgence », procure une sensation de bien-être ; la cocaïne empêche son retrait de la synapse.
	Dopamine	Encéphale	Contrôle de la motricité et des comportements émotifs ; procure une sensation de bien-être.
	Adrénaline	Bulbe rachidien	Rôle exact encore à définir.
	Sérotonine	Tronc cérébral, système limbique, hypothalamus	Intervient dans le sommeil, la régulation de l'humeur, la thermorégulation ; le LSD, drogue hallucinogène, bloque son activité.
	Histamine	Hypothalamus, encéphale	Intervient dans l'éveil et l'attention ; les antihistaminiques (contre les allergies) ont un effet sédatif.
Acides aminés	Glutamate	Encéphale et moelle épinière	Effet excitateur en général, sécrété par plus de la moitié des synapses cérébrales.
	GABA*	Encéphale et moelle épinière	Effet inhibiteur en général. Presque tous les neurones inhibiteurs de l'encéphale et de la moelle utilisent le GABA ou la glycine.
	Glycine	Encéphale et moelle épinière, rétine	
Purine	ATP	Motoneurones rachidiens, neurones ganglionnaires	Rôle exact encore à définir, intervient dans les synapses excitatrices.
Neuropeptides (de 3 à 36 acides aminés)	Substance P	Encéphale, certains neurones sensitifs	Transmission de la douleur (nociception).
	Enképhalines	Encéphale et moelle épinière	Réduisent la douleur en inhibant la substance P ; la morphine, l'héroïne et la méthadone ont des effets similaires.
	Endorphines		

* GABA : acide gamma aminobutyrique

Doc. 1 Quelques exemples de neurotransmetteurs.

Outre la grande variété des neurotransmetteurs, c'est la correspondance entre ceux-ci et leurs récepteurs qui assure la diversité des fonctions neuroniques. Ainsi, un même neurotransmetteur peut avoir des effets variables selon le récepteur auquel il se lie.

Des récepteurs différents peuvent ainsi être présents dans une même synapse et les neurotransmetteurs, identiques ou non, qu'ils reçoivent peuvent avoir des effets qui se cumulent ou s'opposent l'un à l'autre.

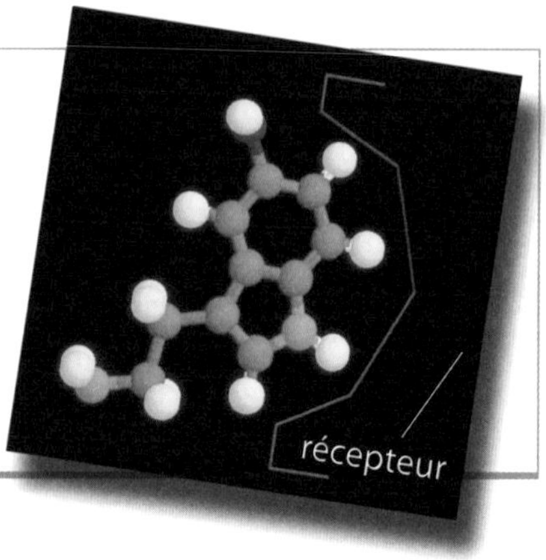
récepteur

Doc. 2 Un neurotransmetteur cérébral : la sérotonine.

...les neurotransmetteurs et les molécules qui les miment

B Des molécules qui « squattent » les récepteurs naturels

Au début des années 1970, un professeur écossais émet l'hypothèse que la morphine pourrait mimer les effets d'une substance présente naturellement dans l'organisme et qui agirait au niveau des récepteurs à la morphine. En 1974, son équipe de recherche réussit à extraire de cerveaux de porc une substance naturelle présentant des effets semblables à la morphine. Cette substance, un petit peptide qui intervient dans le contrôle de la douleur, est baptisée **enképhaline.**

Moins de deux ans plus tard, on découvrit qu'il n'y avait pas une mais deux enképhalines. La course aux **morphines endogènes** venait de commencer : aujourd'hui, plus d'une vingtaine ont été isolées.

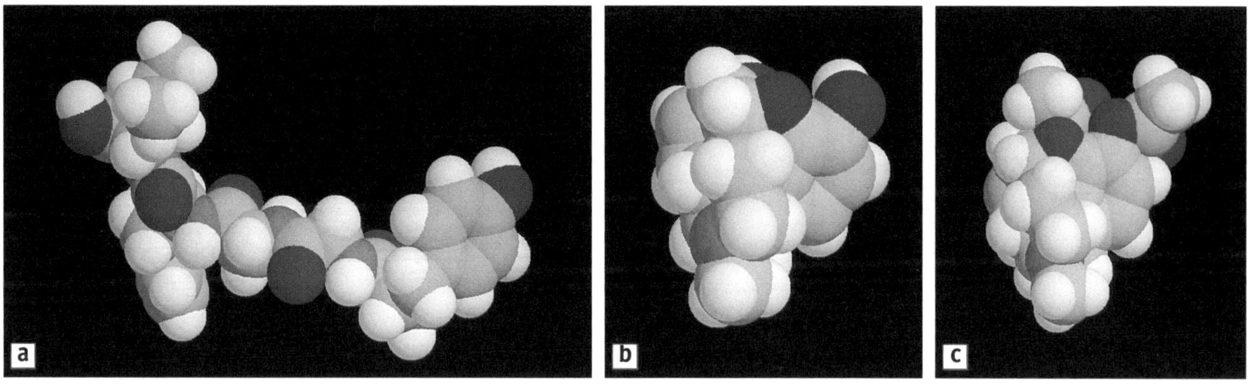
a
b
c

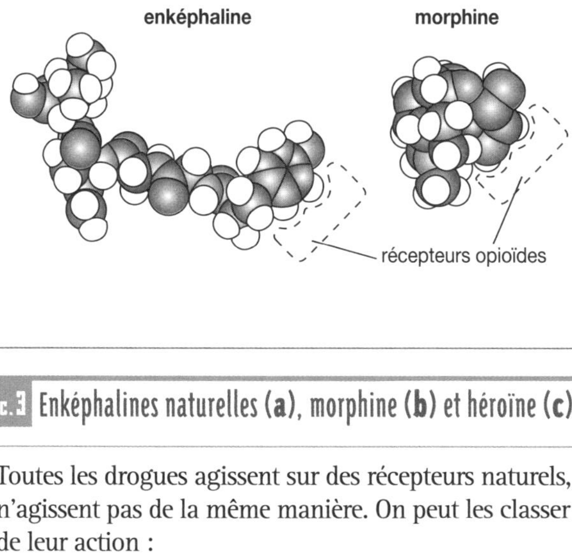
enképhaline
morphine
récepteurs opioïdes

Les deux photographies présentent la configuration d'une molécule d'enképhaline (**a**) d'une part, de la molécule de morphine (**b**) d'autre part. L'observation de l'architecture de ces deux molécules permet de comprendre pourquoi elles sont toutes deux susceptibles de se fixer sur les mêmes récepteurs portés par la membrane des neurones et qualifiés pour cette raison de récepteurs opioïdes, c'est-à-dire aux molécules dérivées de l'opium (suc épais recueilli des fruits du pavot).

Chez le toxicomane qui s'administre par injection de l'héroïne, ce sont ces mêmes récepteurs opioïdes qui sont impliqués. En effet, l'héroïne, qui est de la diacétyl-morphine (**c**) est très rapidement déacétylée dans le cerveau et c'est donc de la morphine qui va se fixer sur les récepteurs opioïdes.

Doc. 3 Enképhalines naturelles (**a**), morphine (**b**) et héroïne (**c**) agissent sur les mêmes récepteurs opioïdes.

Toutes les drogues agissent sur des récepteurs naturels, mais toutes n'agissent pas de la même manière. On peut les classer en fonction de leur action :

Les drogues **activatrices** (agonistes) qui imitent le neurotransmetteur sur son récepteur (ex. : la nicotine).

Les drogues **inhibitrices** (antagonistes) qui bloquent le récepteur et empêchent l'action du neurotransmetteur naturel (ex. : l'alcool).

Les drogues **affectant la libération du neurotransmetteur** (ex. : le cannabis, l'héroïne).

Les drogues **inhibitrices de la recapture du neurotransmetteur**, qui reste alors actif dans la fente synaptique (ex. : l'ecstasy).

Les drogues **stimulant la synthèse de neurotransmetteur** (ex. : la cocaïne).

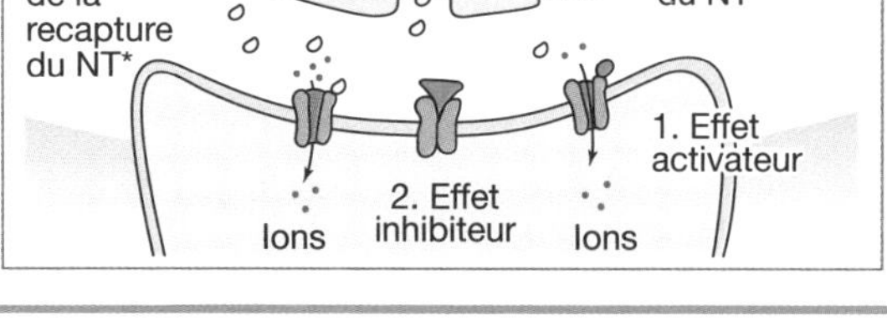
*NT : neurotransmetteur
5. Activation de la synthèse du NT*
3. Effet sur la liberation du NT*
4. Inhibition de la recapture du NT*
1. Effet activateur
2. Effet inhibiteur
Ions
Ions

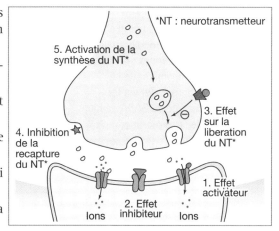

Doc. 4 Les drogues perturbent la transmission nerveuse de différentes manières.

Pour mieux comprendre...

A Les drogues licites

La légalisation d'une drogue, entendue comme toute substance psycho-active, dépend du contexte historique, géographique et social. Cela ne relève en rien des effets biologiques des drogues ni de leur toxicité.

En Belgique, depuis le 1er février 2005, la détention de cannabis par un majeur (plus de 18 ans) pour un usage personnel (maximum trois grammes) est tolérée, sauf circonstances aggravantes ou trouble à l'ordre public. **La consommation ou la détention de cannabis par un jeune de moins de 18 ans, même pour un usage personnel, est donc strictement illicite.**

	Alcool	Tabac	Cannabis*	Médicaments
				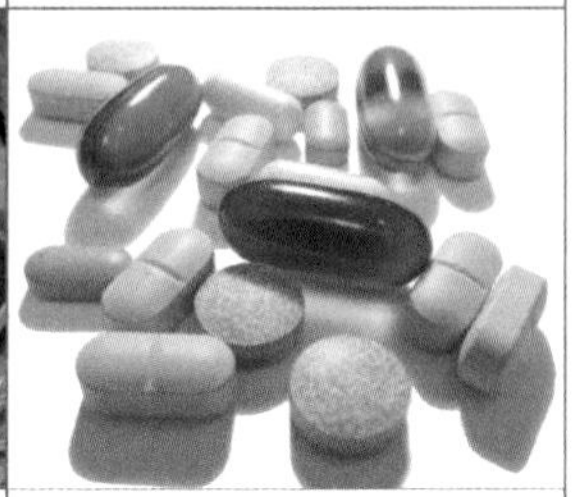
Formes	Vin, bière, liqueurs...	Cigarette, cigare, pipe (nicotine)	Marijuana (herbe), haschich – shit (résine), pipe à eau (huile) (*Δ9-HTC : tétrahydro-cannabiol)	a) Antidépresseurs, sédatifs... b) Stimulants (amphétamines...)
Effets	Relaxation ; désinhibition ; effet stimulant (à faible dose) ;	Effet psychostimulant ; augmentation du rythme cardiaque et de la pression artérielle ; diminution de la sensation de fatigue et de l'appétit...	État euphorique ; relaxation ; augmentation des sensations visuelles et/ou auditives (hallucinations)...	a) Sensation de calme et d'apaisement ; somnolence ou sommeil... b) Hyperactivité ; dissipation de la fatigue...
Risques	Troubles de la perception, des réflexes et de la mémoire ; somnolence ; dépression ; anxiété ; actes de violence ; destruction du foie (cirrhose) et du pancréas ; cancers du tube digestif ; problèmes cardio-vasculaires...	Déficiences respiratoires ; problèmes cardiovasculaires ; cancers du système respiratoire et digestif... Risques importants liés aux additifs. Le tabac tue 50 % de ses consommateurs.	Difficultés de concentration et de mémorisation ; perte de motivation ; modifications des repères de distance et de temps ; état dépressif ; palpitations ; diminution des performances psychomotrices...	a) Perte de conscience éventuelle... Produits rarement mortels sauf en combinaison avec d'autres drogues et notamment l'alcool. b) Réduction de l'appétit ; dépression ; troubles de la mémoire...
Modes d'action	Modifie les perméabilités ioniques membranaires des neurones ; circuit de la dopamine (de la récompense) via les récepteurs GABA ; circuit de la sérotonine.	Circuit de la dopamine ; agoniste des récepteurs nicotiniques de l'acétylcholine du SN autonome.	Circuit de la dopamine ; agoniste des récepteurs cannabinoïdes présents partout dans le cerveau (régulation de l'humeur, l'appétit, la mémoire, la douleur, l'apprentissage et les émotions).	a) Circuit de la dopamine via les récepteurs GABA ; circuit de la sérotonine... b) Stimulation de l'exocytose et inhibition de la recapture de la dopamine.
Dépendance : physique psychique	+++ +++	+++ +++	0 ou + ++	+++ +++

Doc.1 Effets et dangers de quelques drogues admises dans notre société.

...quelques exemples de drogues

B Les drogues illicites

Le code pénal interdit certaines substances, en réprime la production, la détention et la vente, conformément aux conventions internationales ; leur usage est interdit et sanctionné. Les médicaments psycho-actifs doivent être prescrits par des médecins et leur détournement ou l'automédication sont prohibés. L'alcool et le tabac sont des produits licites, pouvant être consommés librement, mais leur vente est contrôlée et leur usage réglementé.

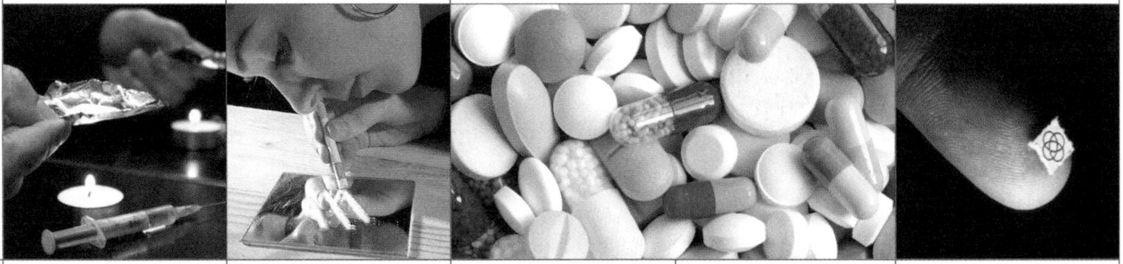

	Héroïne	Cocaïne	Ecstasy	Speed	LSD
Formes	Poudre à injecter après dilution et chauffage, ou à fumer ou encore à « sniffer ».	Coke, schnouff ; crack... Poudre à « sniffer », à injecter ou à fumer.	Comprimés divers ou poudres. (MDMA : 3,4-méthylène-dioxyméth-amphétamine)	Speed, ice, cristal. (amphétamines) Comprimés ou poudres à priser.	Buvard, acide, trip. Vignettes colorées imprégnées de LSD (LySergic acid Diethylamide)
Effets	Plaisir violent (flash) de quelques secondes, suivi de 2 à 3 heures de bien-être ; impression de planer ; somnolence.	Euphorie ; excitation ; surestimation des capacités intellectuelles et physiques ; indifférence à la fatigue ou à la douleur.	Sensation de bien-être et d'accroissement d'énergie ; relaxation ; amnésie...	Surestimation des capacités physiques et intellectuelles ; perte d'appétit...	Modifications sensorielles intenses (hallucinations) visuelles ou auditives, jolies (good trip) ou très laides (bad trip) ; délires...
Risques	Nausées ; vertiges ; problèmes cardiaques ; insomnie ; fatigue ; amaigrissement ; anorexie ; diminution des capacités intellectuelles...	Anxiété ; dépression ; insomnies ; troubles circulatoires ; nécroses de certains tissus ; lésions nerveuses ; troubles psychiques ; délires ; actes de violence...	Déshydratation ; hyperthermie ; anxiété ; dépression ; affaiblissement ; troubles cardiaques ; convulsions, insuffisances rénales graves...	Épuisement général ; dénutrition ; nervosité ; dépression ; paranoïa... Risques accrus en combinaison avec l'ecstasy ou l'alcool.	Crises d'angoisse ou de panique ; paranoïa ; accidents psychiatriques durables...
Modes d'action	Fixation sur les récepteurs opioïdes des neurones à endorphine ; circuit de la dopamine via les neurones à GABA.	Inhibiteur de recapture de la dopamine dans les circuits de la récompense.	Circuits de la dopamine et de la sérotonine.	Circuit de la dopamine ; agoniste des récepteurs cannabinoïdes (voir médicaments stimulants).	Circuits de la dopamine et de la sérotonine ; récepteurs du glutamate.
Dépendance : physique psychique	++++ ++++	++++ ++++	+ ++	+++ +++	+ +++

Doc. 2 Effets et dangers de quelques drogues interdites dans notre société.

Je connais

A. Définissez les mots ou expressions :

diffusion, transport actif, exocytose, polarisation membranaire, potentiel de repos, potentiel d'action, synapse, seuil de dépolarisation, neurotransmetteur, intégration neuronale, drogue, circuit de la récompense.

B. Vrai ou faux ?

Parmi les affirmations suivantes, recopiez celles qui sont exactes et corrigez celles qui sont erronées.

a. Le potentiel d'action est généré suite à un transport actif d'ions Na^+.

b. Le potentiel d'action est une modification brève du potentiel de repos, sa durée étant de l'ordre de la milliseconde.

c. Le potentiel d'action a une amplitude qui décroît progressivement au cours de sa propagation le long d'une fibre nerveuse.

d. Lorsque l'on parle de l'influx nerveux, on fait référence à la propagation le long de la membrane neuronale des ions Na^+ et K^+.

e. Chaque fibre nerveuse a une fréquence d'émission de potentiel d'action constante qui est caractéristique de cette fibre nerveuse.

f. Au niveau d'une synapse, la transmission du message est assurée par la fixation du neurotransmetteur sur des récepteurs spécifiques de la membrane post-synaptique.

g. Un neurone présente sur ses dendrites et sur son corps cellulaire un grand nombre de contacts synaptiques, tous de type excitateur ou tous de type inhibiteur suivant le neurone considéré.

C. Exprimez des idées importantes...

...en rédigeant une ou deux phrases utilisant chaque groupe de trois mots ou expressions pris dans cet ordre ou dans un ordre différent.

a. exocytose, déformation, mouvements, cytosquelette.

b. potentiel de repos, membrane, fibre nerveuse.

c. potentiel d'action, membrane, inversion de polarisation.

d. potentiel d'action, dépolarisation, seuil.

e. neurotransmetteur, fente synaptique, récepteurs post-synaptiques.

f. synapses excitatrices, synapses inhibitrices, intégration.

g. dépendance, psychisme, drogue, toxicomanie.

D. Donnez le nom...

a. ... des molécules permettant de maintenir le potentiel de repos.

b. ... d'une substance agissant sur les circuits de la récompense.

c. ... du mode de propagation de l'influx nerveux dans une fibre myélinisée.

d. ... de la période durant laquelle un potentiel d'action ne peut jamais être généré.

J'applique et je transfère

1 Amplitude des signaux nerveux enregistrés sur une fibre ou sur un nerf

Les graphes traduisent l'amplitude des réponses enregistrées à la suite de stimulations d'intensités croissantes :

- dans le cas d'un **nerf entier** dont l'activité électrique est captée à l'aide d'électrodes réceptrices placées à sa surface, donc « loin » de la plupart des fibres nerveuses ;
- dans le cas d'une **fibre nerveuse isolée** dont l'activité électrique est détectée à l'aide d'une microélectrode enfoncée dans la fibre.

Remarque : l'échelle des amplitudes est différente d'une expérience à l'autre car les conditions d'enregistrement sont elles-mêmes différentes.

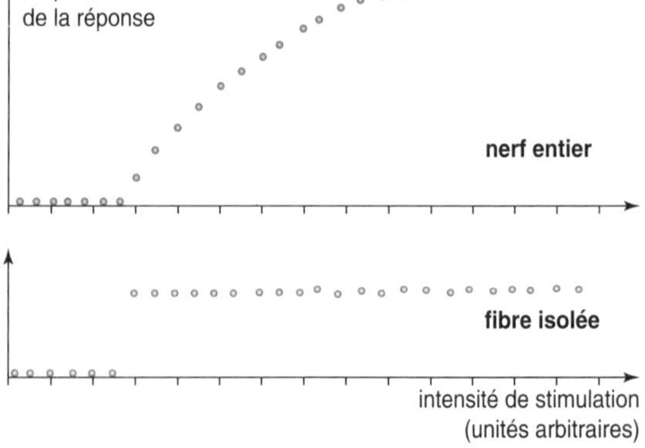
amplitude
de la réponse
nerf entier
fibre isolée
intensité de stimulation
(unités arbitraires)

• **Interprétez chacune des deux courbes expérimentales obtenues.**

2 Comprendre une pratique médicale : l'hémodialyse

• Les malades dont les reins ne fonctionnent pas seraient rapidement empoisonnés par l'accumulation dans le sang de déchets rejetés par leurs organes. On assure la survie des personnes souffrant d'insuffisance rénale en branchant régulièrement leur circuit sanguin sur un « rein artificiel » : une artère du bras est reliée à une machine munie d'une pompe qui sert à épurer le sang à l'extérieur de l'organisme. Une séance d'épuration porte le nom d'hémodialyse et peut durer plusieurs heures.
Dans le rein artificiel, le sang circule dans des tubes immergés dans un bain de « dialyse » sans cesse renouvelé.

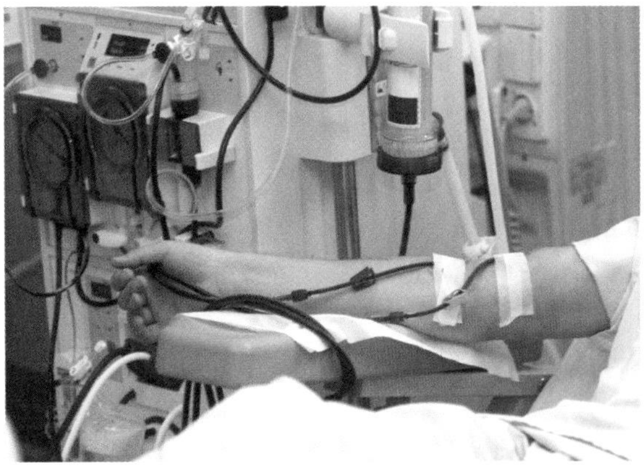

Principe général de l'hémodialyse

En cas d'insuffisance rénale chronique, les séances durent entre 4 et 5 heures, à raison de trois fois par semaine.
Au cours d'une séance de dialyse de 5 h, 90 litres de sang passent dans le rein artificiel.

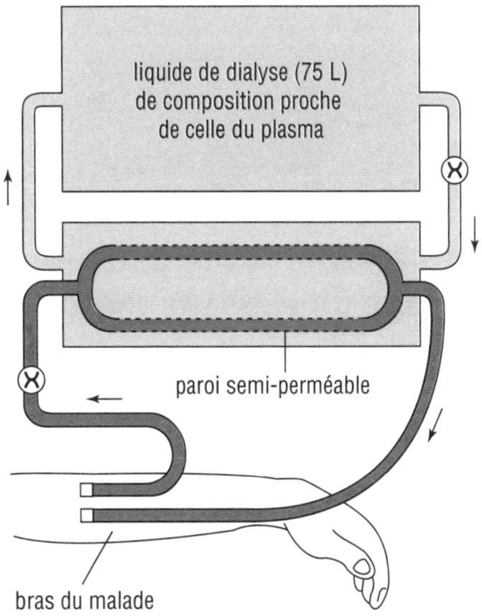
liquide de dialyse (75 L)
de composition proche
de celle du plasma
paroi semi-perméable
bras du malade

• Le tableau ci-dessous donne les compositions du sang dans diverses circonstances :

Substances	Concentrations (g/L)		
	Sang « normal »	Sang du malade entrant dans le rein artificiel	Sang du malade retournant à la circulation
Eau	900	900	900
Protéines et lipides	80	80	80
Glucose	1	1	1
Urée	0,3	1,3	0,3
Acide urique	0,03	0,07	0,03

• La cause la plus fréquente de l'insuffisance rénale est l'hypertension artérielle chronique, mais d'autres causes sont fréquentes comme un diabète mal soigné, l'utilisation inadaptée de certains médicaments, de produits amaigrissants « miracle », etc.

1- En utilisant les données à votre disposition, expliquez les conséquences d'un dysfonctionnement rénal et l'utilité d'un « rein artificiel ».

2- Expliquez le principe de fonctionnement d'un dialyseur. Quelle doit être la composition du bain de dialyse et pourquoi celui-ci doit-il être régulièrement renouvelé ?

3- Pourquoi les séances de dialyse doivent-elles être renouvelées plusieurs fois par semaine ? Quel est l'impact de ce traitement sur la vie du malade ?

4- Expliquez comment des habitudes de vie ou des négligences vis-à-vis de sa santé peuvent affecter le fonctionnement des reins et par là toute la vie du malade.

3 Une mesure de la vitesse de conduction nerveuse

Protocole expérimental

En utilisant le dispositif expérimental présenté page 95, document 4, on réalise la manipulation suivante : des stimulations sont portées sur un nerf de l'avant-bras (nerf médian) grâce à une électrode stimulatrice placée sur la peau au-dessus du nerf commandant le muscle fléchisseur du pouce ; chaque stimulation déclenche une flexion du pouce. Deux stimulations sont portées, l'une au niveau du poignet (St_1), l'autre dans la région du coude (St_2).

On enregistre la réponse électrique (= électromyogramme) du muscle fléchisseur du pouce.

N.B. : les conditions expérimentales sont telles que le message nerveux qui déclenche la contraction musculaire s'est propagé directement du point de stimulation vers le pouce.

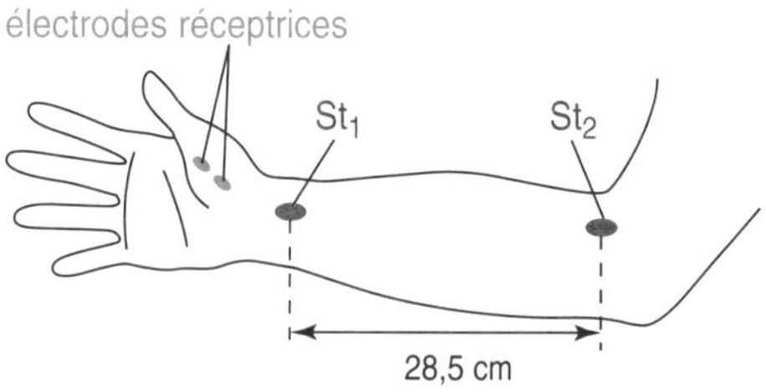
électrodes réceptrices
St_1
St_2
28,5 cm

Résultats

Les deux enregistrements obtenus ont été superposés ; le signal visible à gauche repère, pour chaque enregistrement, l'instant où la stimulation a été portée.

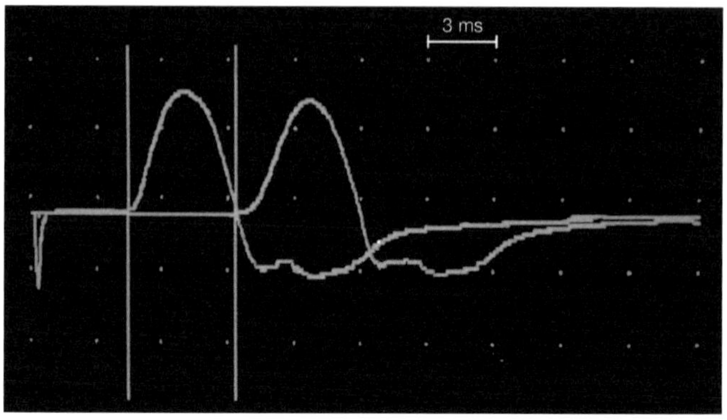
3 ms

1- Comment interprétez-vous l'existence d'un délai (ou latence) entre l'instant d'excitation et l'enregistrement de la réponse musculaire ?

2- Utilisez les résultats obtenus pour proposer une estimation de la vitesse de la conduction du message nerveux le long du nerf médian. Justifiez la méthode utilisée.

4 Le codage du message sensoriel

Le récepteur à l'étirement de l'écrevisse est un neurone sensoriel dont les ramifications dendritiques sont reliées à une fibre musculaire (**document 1**). Le stimulus du récepteur est un étirement de la fibre musculaire qui est réalisé dans les expériences suivantes par une traction plus ou moins importante exercée sur cette fibre. On enregistre l'activité du neurone sensoriel grâce à une microélectrode implantée dans l'axone. Le graphique (**document 2**) traduit les variations de la fréquence des potentiels d'action conduits par l'axone en fonction de la longueur imposée à la fibre musculaire.

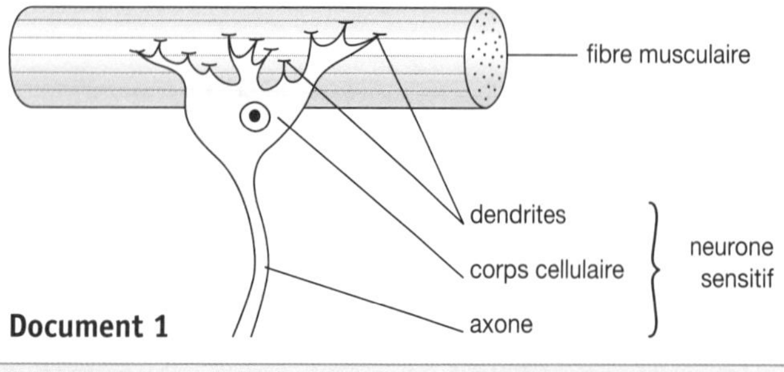
fibre musculaire
dendrites
corps cellulaire
axone
neurone sensitif

Document 1

- **Analysez les résultats obtenus et montrez comment est codé le message émis par le neurone sensoriel.**

Document 2

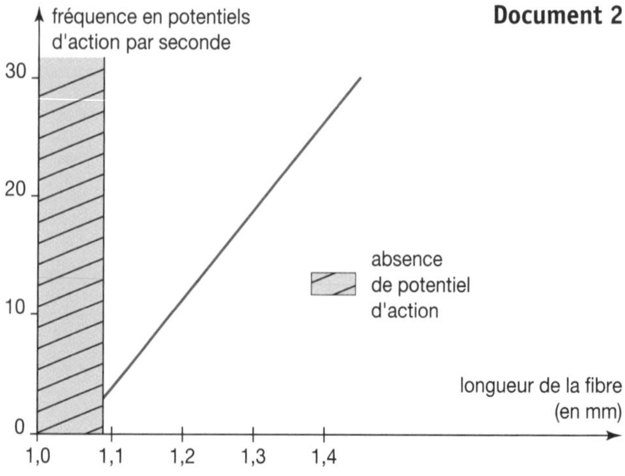
fréquence en potentiels d'action par seconde
30
20
10
0
absence de potentiel d'action
longueur de la fibre (en mm)
1,0
1,1
1,2
1,3
1,4

5 Myasthénie et jonction neuromusculaire

La myasthénie est une maladie neuromusculaire caractérisée par une difficulté croissante à contracter efficacement les muscles : les malades ont par exemple du mal à garder les yeux ouverts (la paupière supérieure tombe car le muscle releveur n'arrive pas à la maintenir levée). Chez ces malades, aucune anomalie de structure n'est pourtant constatée, que ce soit au niveau des nerfs moteurs, des fibres musculaires ou des jonctions neuromusculaires. Les médecins ont été conduits à émettre l'hypothèse d'un mauvais fonctionnement de ces jonctions. Quelques observations ou expériences permettent de tester cette hypothèse.

• Document 1

Les potentiels d'action qui se propagent le long des axones des motoneurones déclenchent la naissance de potentiels d'action dans les cellules musculaires post-synaptiques. Ces **potentiels d'action musculaires** sont à l'origine de la contraction musculaire (chaque fibre du muscle reçoit une terminaison axonique).

Grâce à une microélectrode implantée dans une fibre musculaire du muscle du mollet, on enregistre l'activité électrique obtenue chez un individu sain (A) et chez un individu myasthénique (B) suite à la stimulation du motoneurone innervant cette fibre.

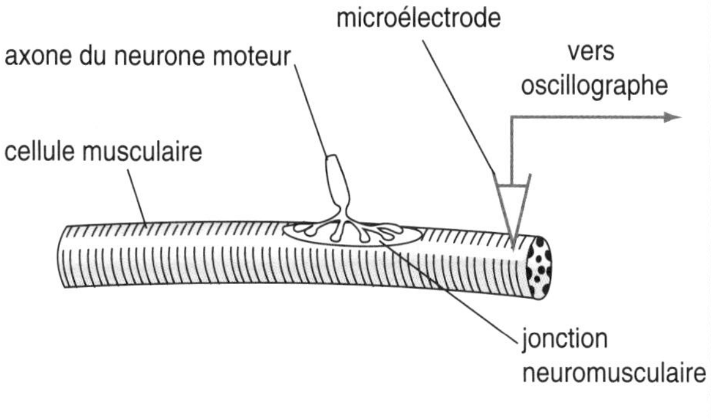
microélectrode
axone du neurone moteur
vers oscillographe
cellule musculaire
jonction neuromusculaire

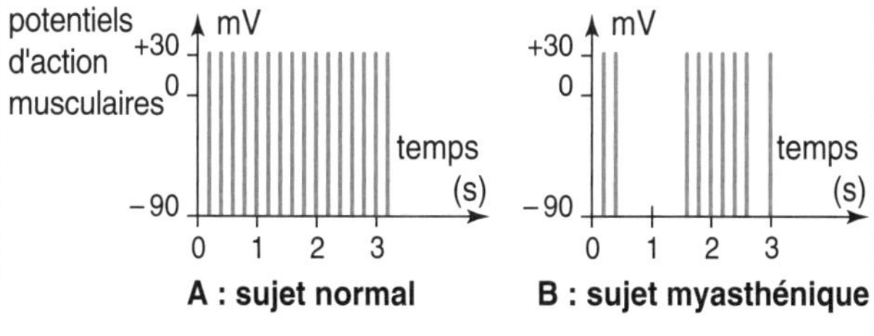
potentiels d'action musculaires
mV
+30
0
-90
temps (s)
0 1 2 3
A : sujet normal
B : sujet myasthénique

• Document 2

L'α-bungarotoxine, molécule toxique extraite du venin de serpents, possède la propriété de se fixer sur les récepteurs à acétylcholine. Son injection à une souris saine déclenche des symptômes analogues à ceux de la myasthénie.

On réalise une biopsie de tissu musculaire chez un sujet sain (A) et chez un sujet myasthénique (B) et on met en présence ces cellules avec de l'α-bungarotoxine radioactive. On cherche ensuite à localiser cette toxine sur les membranes musculaires par autoradiographie*.

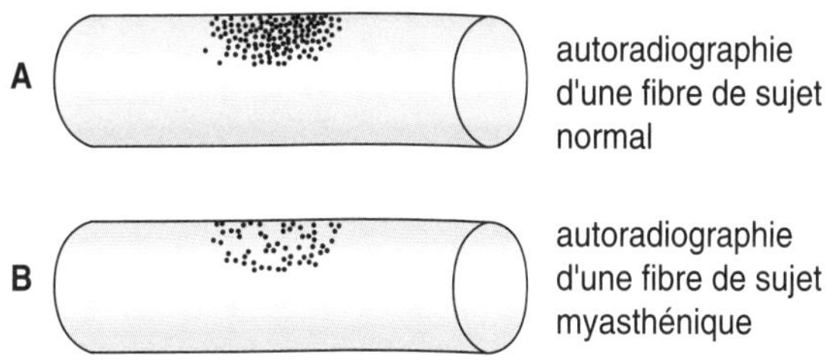
A
autoradiographie d'une fibre de sujet normal
B
autoradiographie d'une fibre de sujet myasthénique

*Autoradiographie : technique qui permet de localiser un élément radioactif par mise en contact et impression d'un support radiographique.

1- Comparez les enregistrements électriques obtenus. Sachant que, dans les deux cas, l'activité électrique des motoneurones est tout à fait comparable, quelles hypothèses pouvez-vous formuler pour rendre compte des anomalies fonctionnelles constatées ?

2- Comment interprétez-vous la différence d'aspect des deux autoradiographies ? Quelle hypothèse concernant la cause de la myasthénie est validée par cette observation ?

6 Comprendre le mode d'action d'une drogue

Le dessin illustre de façon schématique le mode d'action de l'héroïne sur les circuits de la récompense. Quelques informations supplémentaires sont utiles pour comprendre.

- **En l'absence d'héroïne :** le neurone Ni libère un neurotransmetteur (le GABA) qui freine l'activité des neurones Nd (inhibition). La libération de dopamine par ces neurones est alors permanente mais modérée.
- **En présence d'héroïne :** la fixation de cette molécule sur les récepteurs opioïdes des neurones Ni entraîne une inhibition de ces neurones qui libèrent donc moins de GABA. En conséquence, les neurones Nd sont moins inhibés et augmentent leur libération de dopamine.

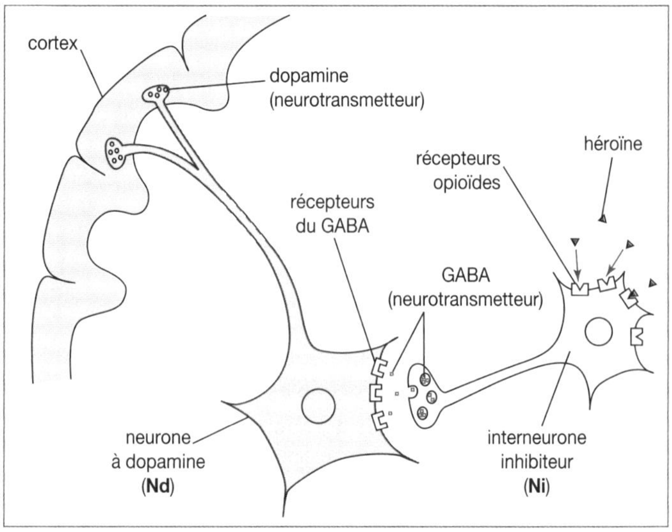
cortex
dopamine
(neurotransmetteur)
héroïne
récepteurs
opioïdes
récepteurs
du GABA
GABA
(neurotransmetteur)
neurone
à dopamine
(Nd)
interneurone
inhibiteur
(Ni)

- **On dit que l'héroïne agit sur les circuits de la récompense par « levée d'inhibition ». Justifiez cette expression.**

7 L'histoire d'une découverte

Nous savons maintenant que les centres nerveux de l'homme fabriquent leurs propres morphines appelées enképhalines. Leur mise en évidence n'a pourtant pas été simple. Voici comment l'un des « découvreurs », le Dr John Hughes, raconte, en 1978, cette découverte fondamentale de la neurobiologie.

« Les neurotransmetteurs sont libérés par une terminaison nerveuse et agissent sur une autre cellule nerveuse toute proche. Il y a quelques années, seul un petit nombre de ces neurotransmetteurs avait été identifié (acétylcholine, adrénaline, GABA...) mais on avait remarqué que chacun d'eux avait sa contrepartie dans le règne végétal : des plantes fabriquent des molécules de structure très semblable à celle de chacun des neurotransmetteurs, de telle sorte que, injectées à l'homme, elles peuvent agit comme des neurotransmetteurs en se combinant avec des sites récepteurs sur les membranes neuronales. Ainsi, la muscarine* peut imiter l'action de l'acétylcholine.

Par ailleurs, on avait pu montrer que la morphine, molécule d'origine végétale, agissait en se combinant avec des récepteurs spécifiques sur les membranes des neurones. Ces faits conduisirent Hans Kosterlitz et moi-même, à nous interroger sur la présence des récepteurs de la morphine dans les cerveaux et autres tissus. Les récepteurs sont après tout des structures complexes génétiquement codées et il semblait invraisemblable que de telles structures aient existé par hasard. Nous avons alors tiré la conclusion que le corps de l'homme ou des animaux devait contenir une substance endogène qui agirait normalement dans le cerveau en se combinant avec le récepteur de la morphine. Autrement dit, la morphine agirait sur le système nerveux en mimant les effets d'une substance naturelle inconnue, comme la muscarine mime l'action de l'acétylcholine.

En préparant des extraits de cerveaux de porcs en présence d'un mélange eau-acétone (lequel éliminait les enzymes qui auraient pu détruire notre facteur actif), nous avons pu montrer la présence dans ces extraits d'une substance ayant une activité du type de la morphine. Cette activité pouvant être détruite en incubant notre extrait avec des enzymes protéolytiques**, nous en avons conclu que notre substance active était un peptide : nous avons décidé d'appeler cette substance enképhaline, du grec : dans la tête. »

***muscarine** : alcaloïde toxique extrait de certains champignons (comme l'amanite tue-mouche, *Amanita muscaria*) ; son absorption déclenche des troubles tels que sudation, accélération du transit intestinal... Sa formule chimique présente des similitudes avec l'acétylcholine.

****enzymes protéolytiques :** enzymes catalysant l'hydrolyse des protéines, c'est-à-dire leur digestion.

1- Expliquez le raisonnement à la base de la recherche d'une substance cérébrale analogue à la morphine.

2- Expliquez les précautions nécessaires à la première extraction d'une « morphine cérébrale ». Comment a-t-on pu obtenir les premières informations sur la nature chimique de cette substance ?

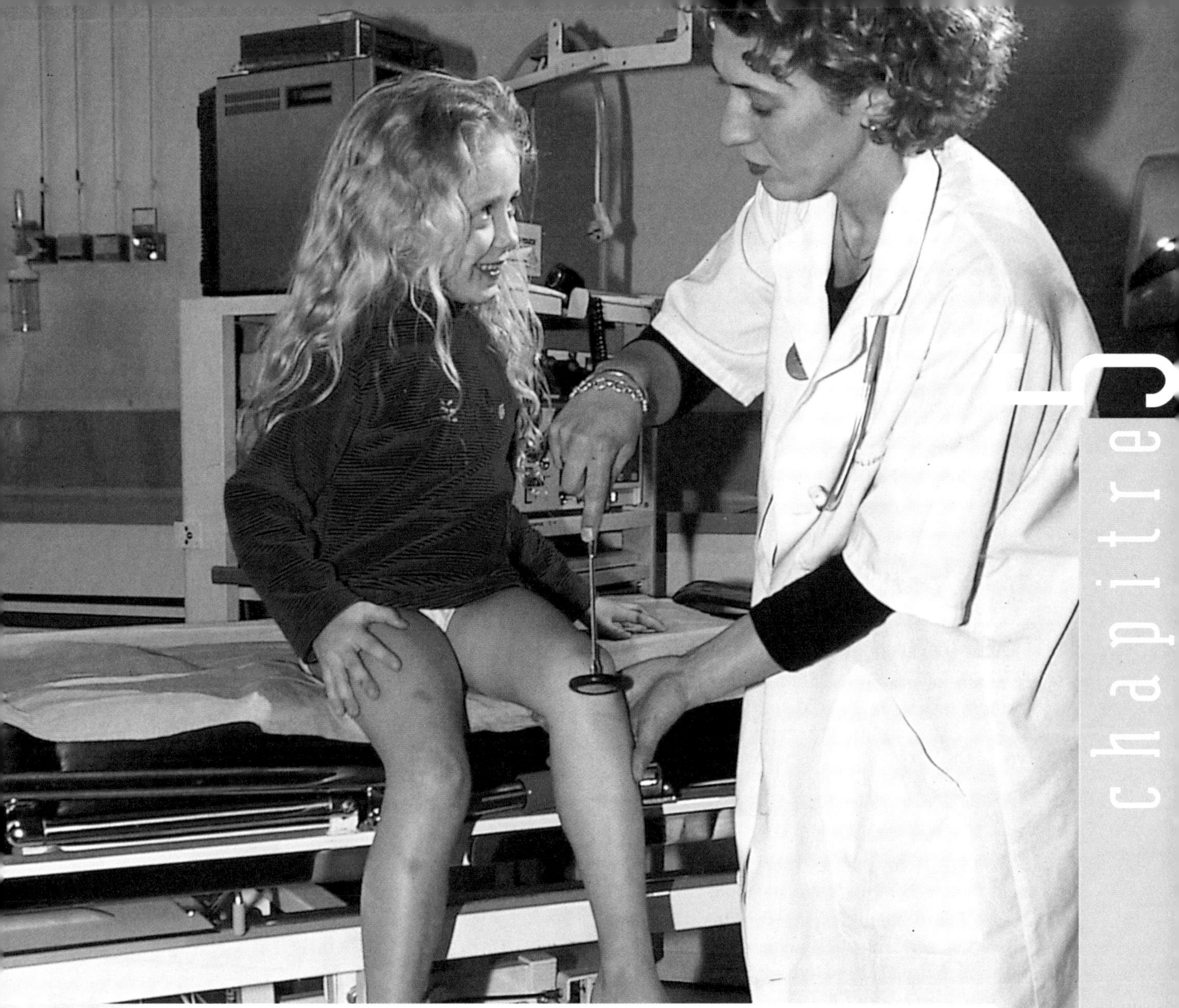

chapitre 5

Les circuits neuronaux d'un réflexe

De nombreuses réactions de l'organisme sont des réactions réflexes, c'est-à-dire des réactions involontaires et stéréotypées déclenchées par une stimulation de l'environnement. L'objet de ce chapitre est de préciser l'organisation des circuits nerveux à l'origine de ces réactions réflexes et de préciser le rôle qu'y joue la moelle épinière.

Photographie : l'exploration du réflexe rotulien.

Activités pratiques 1

Étude expérimentale d'un réflexe myotatique

Le maintien de la posture, de la position debout par exemple, nécessite en permanence des contractions musculaires coordonnées. Pour la plupart, ces contractions ne font pas appel à notre volonté et font intervenir un mécanisme appelé réflexe myotatique.

- De quoi s'agit-il ? Comment peut-on l'enregistrer ?
- Quelles sont les caractéristiques de ce réflexe ?

A Le protocole expérimental

Qu'est-ce qu'un réflexe myotatique ?

Le réflexe myotatique se définit comme la contraction automatique d'un muscle en réponse à son propre étirement. C'est ce type de réflexe qui est déclenché par le médecin lorsqu'il frappe un coup sec sur un tendon musculaire, étirant ainsi le muscle qui se contracte brutalement.

Deux réflexes myotatiques sont couramment « explorés » en clinique humaine :

- le **réflexe rotulien**, déclenché par la percussion du tendon situé sous la rotule, et qui se traduit par une extension rapide de la jambe ;
- le **réflexe achilléen**, provoqué par un coup porté sur le tendon d'Achille, ce qui déclenche une extension du pied.

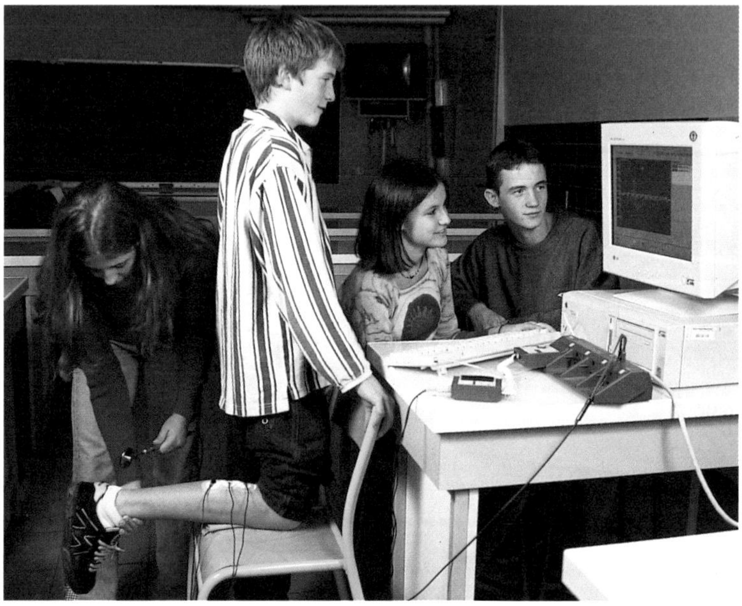

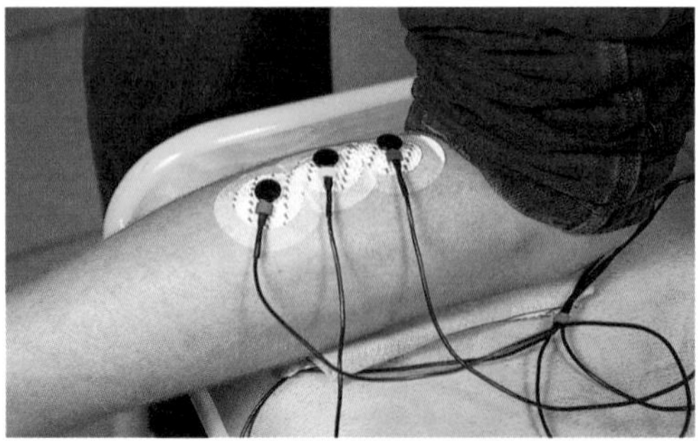

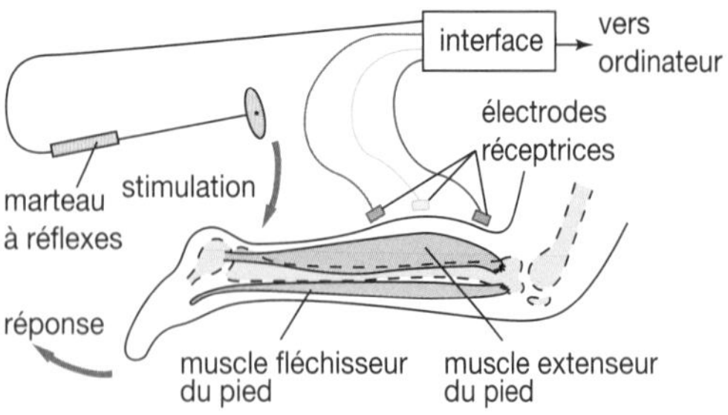
interface
vers ordinateur
électrodes réceptrices
marteau à réflexes
stimulation
réponse
muscle fléchisseur du pied
muscle extenseur du pied

Principe de l'enregistrement

Un muscle qui se contracte est le siège d'une activité électrique dont l'importance est d'autant plus grande que la contraction musculaire est intense. À l'aide d'électrodes réceptrices et d'un système d'amplification, il est possible d'explorer cette activité : c'est l'électromyographie. Les tracés obtenus, appelés électromyogrammes (en abrégé EMG*), traduisent donc sous forme graphique l'activité des muscles.

Protocole d'enregistrement

Des électrodes réceptrices sont placées sur le muscle du mollet comme indiqué sur le schéma. Le réflexe est déclenché à l'aide du marteau qui, connecté au dispositif d'ExAO (Expérimentation Assistée par Ordinateur), joue un double rôle :

- à l'instant du choc, il envoie un signal électrique qui déclenche la prise des données puis leur traitement par l'ordinateur ;
- en percutant le tendon d'Achille, il provoque la contraction réflexe des muscles extenseurs du pied.

Doc.1 À l'aide d'un dispositif d'ExAO, on peut réaliser une étude expérimentale du réflexe achilléen choisi ici comme exemple du réflexe myotatique.

B Quelques enregistrements

Sur l'écran ci-contre, deux électromyogrammes successifs (rouge et vert) correspondant au réflexe achilléen d'un élève ont été superposés. Dans les deux cas, l'intensité du choc, relativement importante, est restée sensiblement la même.

La prise de mesures étant déclenchée par le marteau à réflexe, l'instant précis du choc correspond au zéro de l'axe des abscisses. Il est le même pour les deux enregistrements.

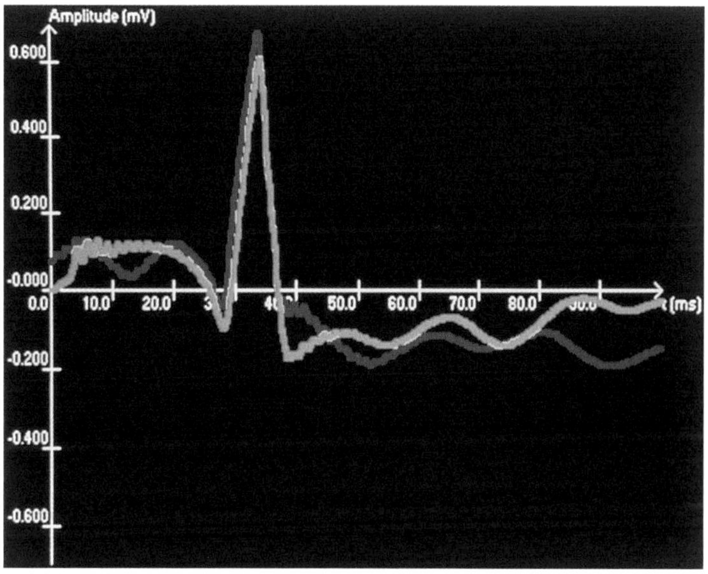
Amplitude (mV)
0.600
0.400
0.200
-0.000
0.0
10.0
20.0
50.0
60.0
70.0
80.0
(ms)
-0.200
-0.400
-0.600

Doc. 2 Enregistrement du réflexe achilléen chez un élève : deux enregistrements successifs ont été réalisés puis superposés à l'écran.

Trois électromyogrammes correspondant à trois réponses réflexes chez le même élève ont été superposés à l'écran. Dans les trois cas, l'instant du choc est le même. Seule varie l'intensité du choc porté à l'aide du marteau :

- courbe rouge : faible intensité ;
- courbe jaune : intensité moyenne ;
- courbe verte : forte intensité.

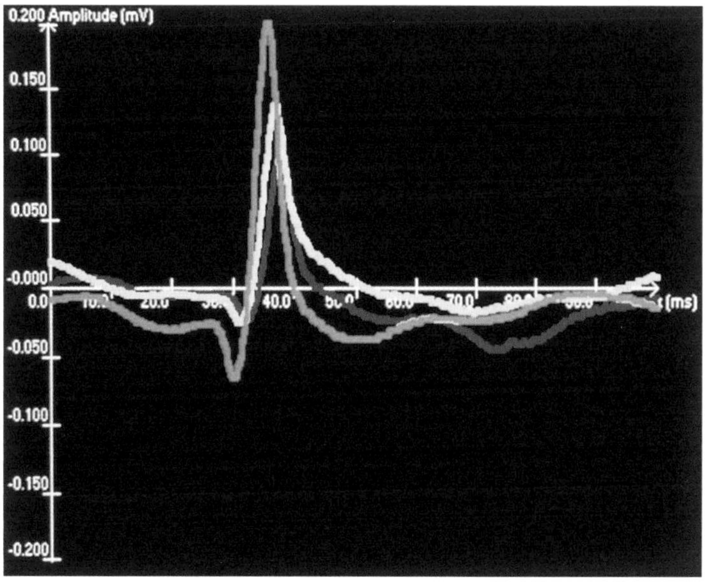
0.200 Amplitude (mV)
0.150
0.100
0.050
-0.000
0.0
40.0
(ms)
-0.050
-0.100
-0.150
-0.200

Doc. 3 Enregistrement du réflexe achilléen chez un élève pour trois chocs d'intensité différente.

Lexique

• **EMG (électromyogrammme)** : enregistrement, grâce à des électrodes placées sur la peau, de l'activité électrique du ou des muscles situés sous les électrodes.

Pistes d'exploitation

1 Doc. 1 et 2 : Quel délai y a-t-il entre l'instant du choc et celui de la réponse musculaire ? Formulez des hypothèses sur l'origine, le trajet et le centre d'intégration du message nerveux responsable de la réponse réflexe observée.

2 Bilan : Utilisez l'ensemble des documents pour montrer que la réponse réflexe est une réponse non volontaire, automatique et inéluctable, stéréotypée, mais néanmoins adaptée à l'intensité du stimulus.

Activités pratiques 2

La moelle épinière, centre nerveux d'un circuit réflexe

Déjà envisagée au cours de l'étude précédente, la nécessité de la moelle épinière pour la réalisation du réflexe peut être mise en évidence grâce à des expériences ou des constatations médicales.

- Quelle est l'organisation de ce centre nerveux ?
- Par où arrivent et repartent les messages ?

A L'observation de la moelle épinière

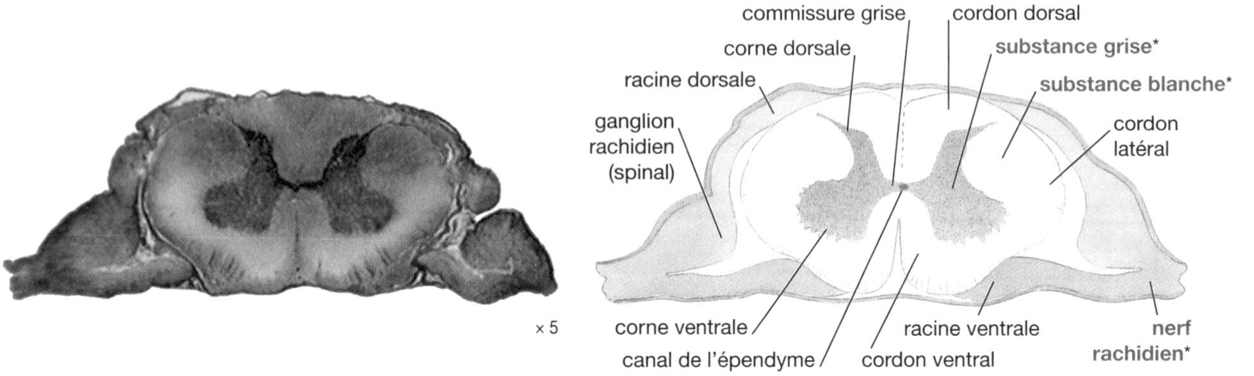

× 5
commissure grise
cordon dorsal
corne dorsale
substance grise*
racine dorsale
substance blanche*
ganglion rachidien (spinal)
cordon latéral
corne ventrale
racine ventrale
nerf rachidien*
canal de l'épendyme
cordon ventral

Doc.1 Observation d'une coupe transversale de la moelle épinière.

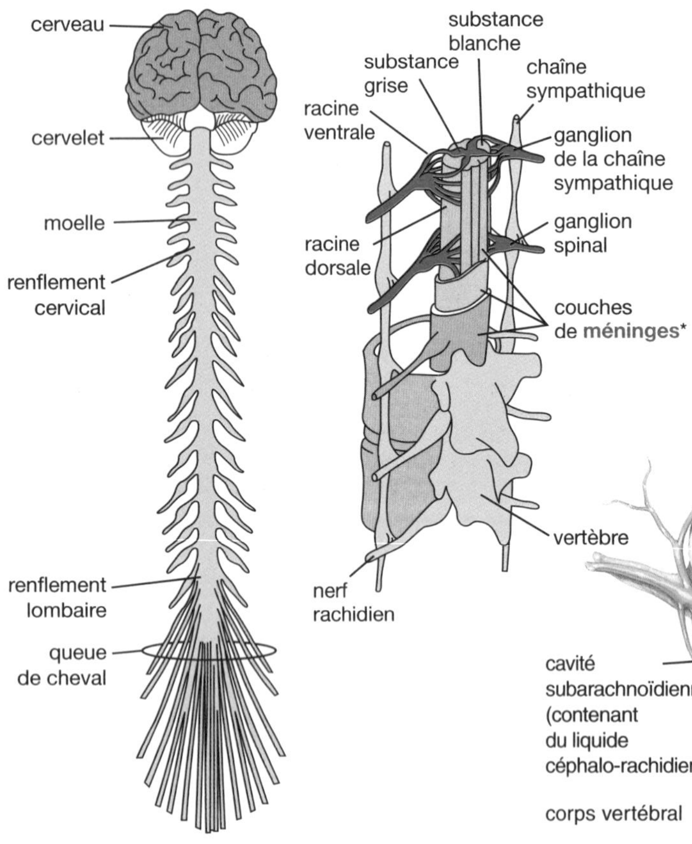

cerveau
cervelet
moelle
renflement cervical
renflement lombaire
queue de cheval
substance blanche
substance grise
chaîne sympathique
racine ventrale
ganglion de la chaîne sympathique
ganglion spinal
racine dorsale
couches de méninges*
vertèbre
nerf rachidien

Chez l'homme, la moelle épinière est longue de 42 à 45 cm pour un diamètre de 1,8 cm environ. Elle se situe dans le canal rachidien de la colonne vertébrale constitué par les trous superposés de toutes les vertèbres. Les 31 paires de nerfs rachidiens sortent par les interstices entre les vertèbres.

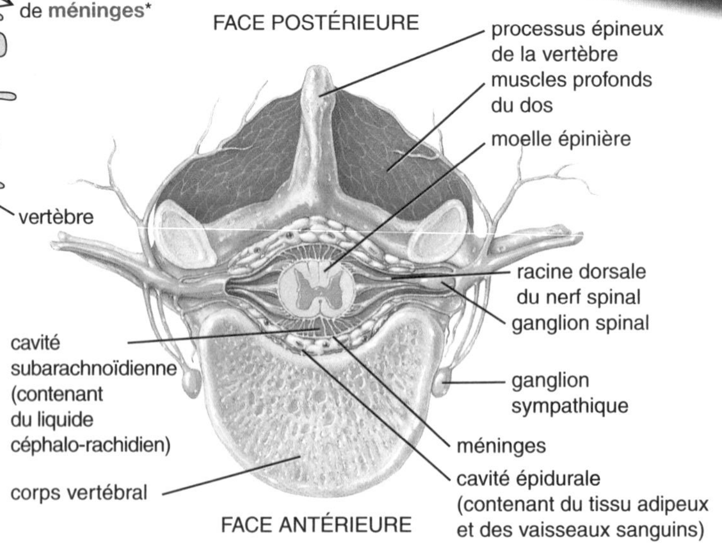

FACE POSTÉRIEURE
processus épineux de la vertèbre
muscles profonds du dos
moelle épinière
racine dorsale du nerf spinal
ganglion spinal
ganglion sympathique
cavité subarachnoïdienne (contenant du liquide céphalo-rachidien)
méninges
cavité épidurale (contenant du tissu adipeux et des vaisseaux sanguins)
corps vertébral
FACE ANTÉRIEURE

Doc.2 L'axe nerveux central est protégé par les vertèbres.

B La mise en évidence d'un circuit reflexe

En 1822, dans son *Journal de Physiologie expérimentale*, Magendie relate ainsi ses expériences :

« *Depuis longtemps, je désirais faire une expérience dans laquelle je couperais sur un animal les racines postérieures des nerfs qui naissent de la moelle épinière...*

... J'eus alors sous les yeux les racines postérieures des parties lombaires et sacrées et, en les soulevant successivement avec les lames de petits ciseaux, je pus les couper d'un côté, la moelle restant intacte. J'ignorais quel serait le résultat de cette tentative... et j'observais l'animal ; je crus d'abord le membre correspondant aux nerfs coupés entièrement paralysés ; il était insensible aux piqûres et aux pressions les plus fortes ; il me paraissait immobile, mais bientôt, à ma grande surprise, je le vis se mouvoir d'une manière très apparente, bien que la sensibilité y fut toujours tout à fait éteinte. Une seconde, une troisième expérience me donnèrent exactement le même résultat... Il se présentait naturellement à l'esprit de couper les racines antérieures en laissant intactes les postérieures... Comme dans les expériences précédentes, je ne fis la section que d'un seul côté, afin d'avoir un terme de comparaison. On conçoit avec quelle surprise je suivis les effets de cette section. Ils ne furent point douteux : le membre était complètement immobile et flasque tandis qu'il conservait une sensibilité non équivoque. Enfin, pour ne rien négliger, j'ai coupé à la fois les racines antérieures et postérieures : il y eut perte absolue de sentiment et de mouvement.* »

Extrait de Magendie, *Journal de Physiologie expérimentale*, tome II, 1822.

* Sensibilité

Doc. 3 Il y a plus de 150 ans, Magendie effectua sur le chien des expériences demeurées célèbres car, pour la première fois, était établi le sens de circulation des messages nerveux dans les racines des nerfs rachidiens.

Une constatation au niveau cellulaire

Si une cellule est amputée d'un fragment de cytoplasme anucléé, ce fragment dégénère alors que la partie nucléée peut régénérer la partie amputée. Ainsi, la section d'une fibre nerveuse (qui représente le prolongement d'un neurone) est suivie de la dégénérescence de cette fibre d'un côté seulement de la section, celui qui n'est plus relié au corps cellulaire. De l'autre, la fibre survit et peut même s'allonger lentement, reconstituant plus ou moins complètement la partie qui a dégénéré.

Expériences de section	Conséquences immédiates	Observations à long terme
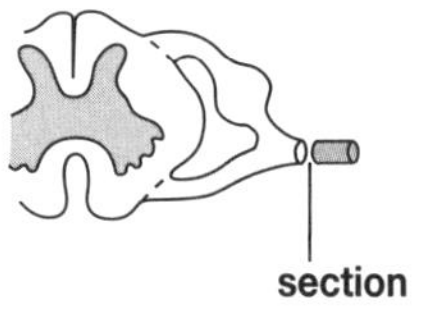 section	La région du corps innervée par le nerf rachidien sectionné est définitivement paralysée et totalement insensible.	Toutes les fibres du nerf rachidien dégénèrent au-delà de la section (du côté périphérique).
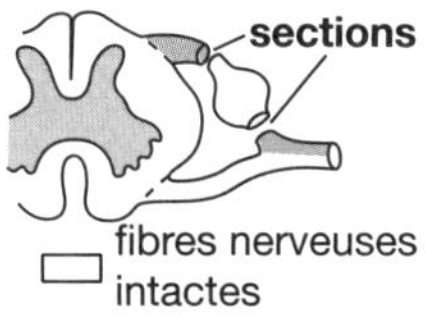 sections fibres nerveuses intactes	La région du corps innervée par le nerf correspondant à la racine sectionnée est totalement insensible mais conserve sa motricité.	Toutes les fibres nerveuses de la racine dorsale dégénèrent sauf entre les deux sections ; une partie des fibres du nerf rachidien dégénèrent.
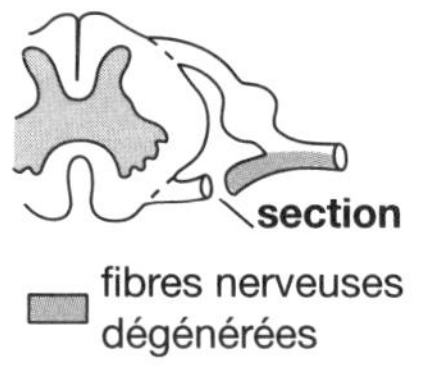 section fibres nerveuses dégénérées	La région du corps innervée par le nerf correspondant à la racine sectionnée est définitivement paralysée mais conserve sa sensibilité.	Toutes les fibres nerveuses de la racine ventrale sectionnée dégénèrent du côté périphérique ; cette dégénérescence se poursuit dans le nerf rachidien.

Doc. 4 Une méthode ancienne pour localiser les corps cellulaires des neurones.

Lexique

- **Ganglion** : organe de relais entre deux nerfs (SN périphérique) constitué de corps cellulaires neuronaux et de tissus de soutien, de protection et de nutrition.
- **Méninges** : enveloppes externes du SN central, assurant notamment sa protection et sa nutrition (voir page 71).
- **Nerf rachidien (ou spinal)** : nerf relié à la moelle épinière et se rattachant à ce centre par deux racines, une dorsale et une ventrale.
- **Substance grise** : zone d'un centre nerveux riche en neurones et en fibres nerveuses « grises » car dépourvues de myéline.
- **Substance blanche** : zone d'un centre nerveux formées de fibres nerveuses majoritairement enveloppées de myéline (d'où la blancheur de cette substance).

Pistes d'exploitation

1 **Doc. 1** : Observez au microscope une coupe de moelle épinière (ou à défaut, celle présentée sur le document), puis repérez-y de manière précise les différentes structures qui sont mentionnées ici.

2 **Doc. 3** : Représentez les expériences de Magendie sur des schémas de moelle et tirez les conclusions de chacune d'entre elles.

3 **Doc. 3** : Quelles informations supplémentaires sont apportées par les expériences de dégénérescence neuronique ?

4 **Bilan** : En utilisant l'ensemble des documents, proposez un schéma du trajet du message nerveux depuis son origine jusqu'à la contraction du réflexe achilléen observée.

Activités pratiques 3

La « construction » du circuit neuronique

Nous avons constaté que le circuit neuronique du réflexe myotatique fait intervenir successivement des neurones sensitifs puis des motoneurones. La moelle épinière est le centre d'intégration responsable de cet « arc réflexe » non volontaire. Cependant, même s'il n'intervient pas dans la réalisation de ce réflexe, l'encéphale en est informé et peut éventuellement le moduler de manière volontaire.

- Comment sont connectés les neurones sensitifs et moteurs au sein de la moelle épinière ?
- Comment se réalise la transmission verticale de l'information entre la moelle et l'encéphale ?

A Le circuit neuronique

Après section des racines d'un nerf rachidien, on porte une stimulation électrique sur les fibres d'une des racines. On recherche alors le passage éventuel d'un message nerveux sur l'autre racine grâce à une électrode réceptrice reliée à un oscillographe ou à un dispositif d'ExAO (Expérimentation Assistée par Ordinateur – dessin ci-contre). Par ailleurs, dans l'expérience 1, les électrophysiologistes montrent que le message arrive à l'électrode réceptrice avec un retard de 0,5 milliseconde environ par rapport au temps qu'il devrait mettre pour franchir la moelle en ne tenant compte que de sa vitesse moyenne de propagation dans les fibres considérées. Ce retard correspond au franchissement d'une seule synapse entre neurone sensitif et motoneurone ; il est appelé **délai synaptique**.

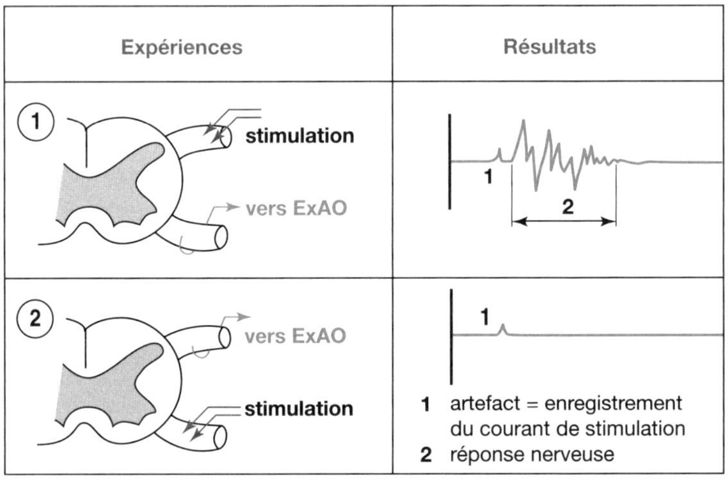
Expériences
Résultats
1
stimulation
vers ExAO
1
2
2
vers ExAO
stimulation
1
1 artefact = enregistrement du courant de stimulation
2 réponse nerveuse

Doc. 1 Grâce aux techniques électrophysiologiques, l'exploration du franchissement de la moelle par le message nerveux apporte des précisions supplémentaires importantes.

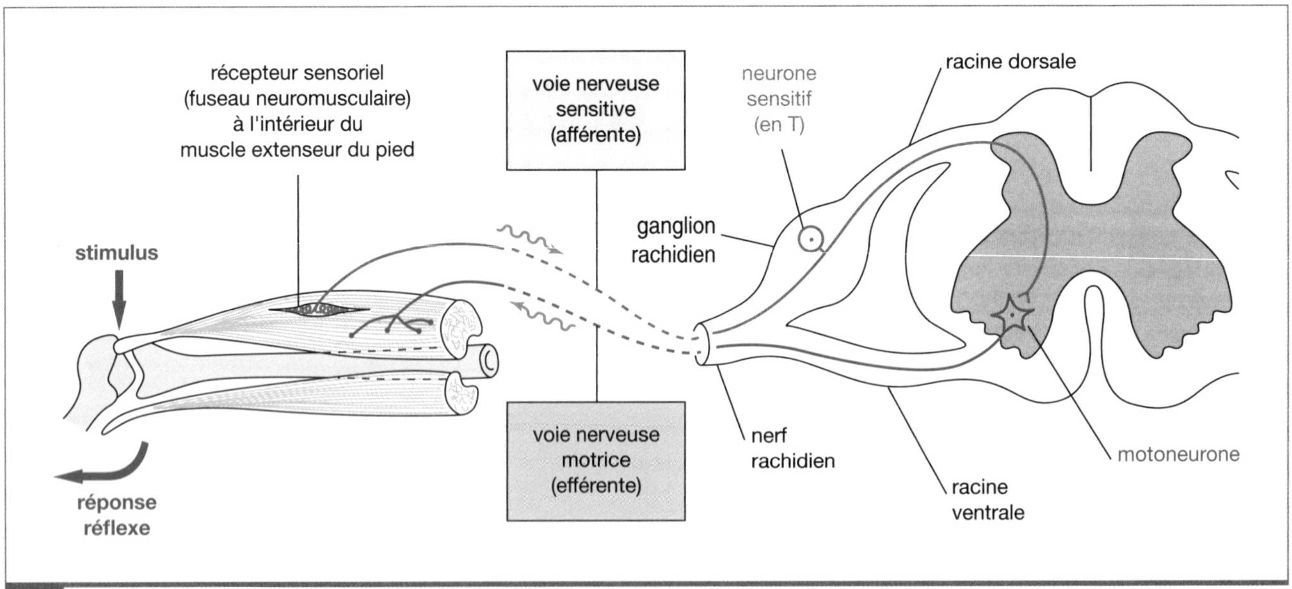
récepteur sensoriel (fuseau neuromusculaire) à l'intérieur du muscle extenseur du pied
voie nerveuse sensitive (afférente)
neurone sensitif (en T)
racine dorsale
ganglion rachidien
stimulus
voie nerveuse motrice (efférente)
nerf rachidien
racine ventrale
motoneurone
réponse réflexe

Doc. 2 Une schématisation d'un arc réflexe monosynaptique.

B Le rôle de la substance blanche de la moelle épinière

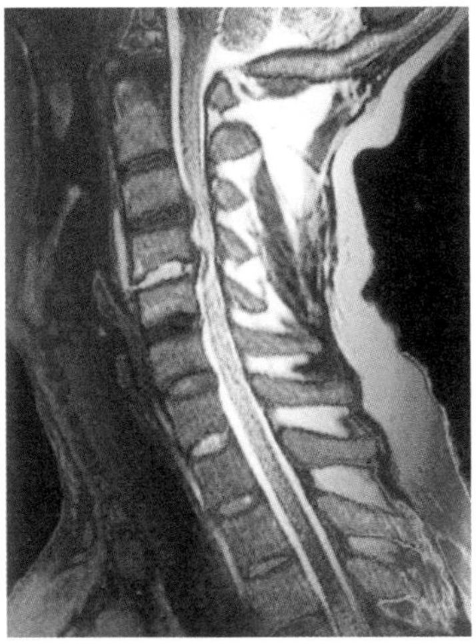

La moelle épinière ne possède qu'un rôle propre extrêmement réduit. Toutes les informations sensitives qui y parviennent sont immédiatement transmises à l'encéphale et la majorité des informations motrices qui en partent proviennent de celui-ci.

Certains traumatismes accidentels ou certaines maladies (tumeur de la moelle, sclérose en plaques, maladies virales comme par exemple la poliomyélite...) peuvent malheureusement endommager une partie de la moelle épinière et altérer cette fonction de transmission « verticale » du message nerveux. Une lésion au niveau de la nuque entraîne généralement une tétraplégie (paralysie des 4 membres), tandis qu'une lésion plus basse génère une paraplégie (paralysie des 2 membres). Les hernies discales peuvent aussi générer de tels effets : la partie centrale, gélatineuse, du disque intervertébral fait alors saillie hors de sa gaine protectrice fibreuse et comprime la moelle adjacente. L'image ci-contre réalisée par IRM (Imagerie par Résonance Magnétique) montre deux hernies au niveau des disques cervicaux C3 et C4.

Doc. 3 Une lésion de la moelle épinière.

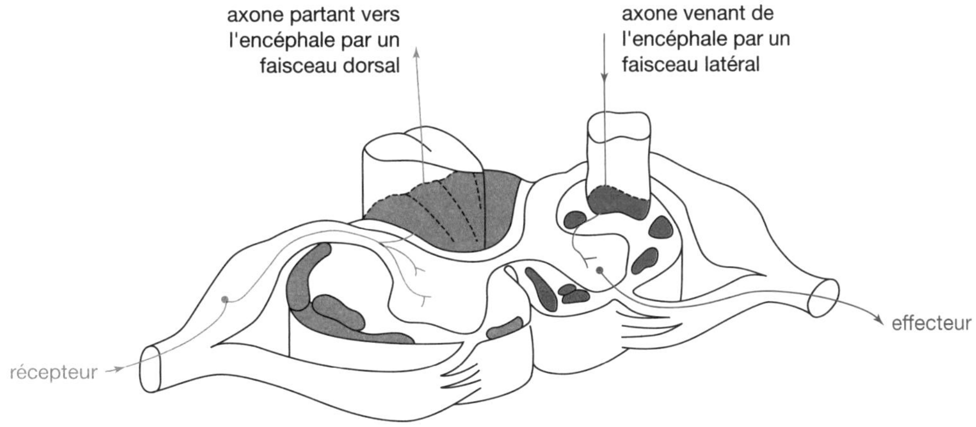
axone partant vers
l'encéphale par un
faisceau dorsal
axone venant de
l'encéphale par un
faisceau latéral
effecteur
récepteur

Les cordons de substance blanche de la moelle épinière contiennent des groupes distincts de faisceaux ascendants et descendants de fibres nerveuses aux origines et aux destinations communes et porteuses d'informations similaires.

Sur ce schéma, les faisceaux ascendants (sensitifs) sont représentés sur la partie gauche de la moelle tandis que les faisceaux descendants (moteurs) sont représentés sur la partie droite. Dans la réalité cependant, tous les faisceaux vont par paires et à chaque faisceau droit correspond son homologue gauche.

Doc. 4 Les cordons de substance blanche conduisent les messages nerveux en provenance ou en direction de l'encéphale.

Pistes d'exploitation

1 Doc. 1 : Commentez chacune des expériences. Quelles particularités du circuit neuronique mettent-elles en évidence ?

2 Doc. 2 : En utilisant les informations dont vous disposez, résumez la série d'événements qui interviennent entre l'instant du stimulus et le déclenchement de la réponse musculaire.

3 Doc. 2 : Le type de réflexe étudié ici est un réflexe inné, c'est-à-dire présent dès la naissance. Citez d'autres réflexes innés. Donnez les différentes caractéristiques de ces réflexes.

4 Doc. 3 et 4 : Réalisez une recherche sur les troubles spinaux et leurs conséquences.

Activités pratiques 4

La nécessité d'un fonctionnement coordonné des muscles antagonistes

La réalisation d'un mouvement comme l'extension de la jambe (ou du pied) suppose que la contraction des muscles extenseurs n'est pas « gênée » par une contraction simultanée des muscles fléchisseurs, antagonistes des précédents.

- Peut-on mettre en évidence une telle coordination de l'activité des muscles antagonistes ?
- Comment cette coordination est-elle contrôlée ?

A Étude expérimentale d'un fonctionnement coordonné des muscles antagonistes

Protocole expérimental

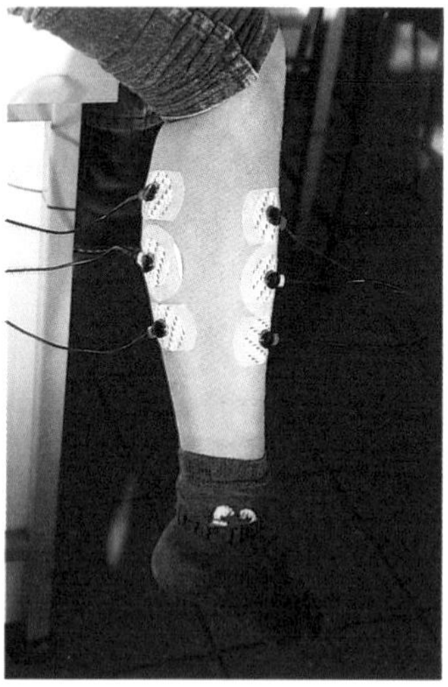

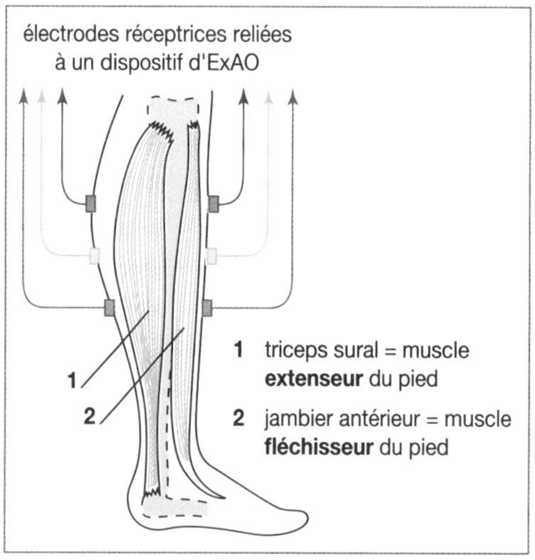
électrodes réceptrices reliées à un dispositif d'ExAO
1
2
1 triceps sural = muscle **extenseur** du pied
2 jambier antérieur = muscle **fléchisseur** du pied

Pour réaliser l'enregistrement, on modifie le dispositif expérimental présenté page 120 de la façon suivante : en plus des trois électrodes placées au niveau du muscle du mollet (muscle triceps sural), on installe trois nouvelles électrodes au-dessus du muscle antagoniste situé à l'avant de la jambe (muscle jambier antérieur). On enregistre ensuite simultanément les activités des deux muscles antagonistes. Au cours de cet enregistrement, le sujet n'est soumis à aucune stimulation mécanique extérieure ; il décide simplement d'effectuer volontairement une série de mouvements de flexion et d'extension du pied.

Résultats

Jambier antérieur

Triceps sural

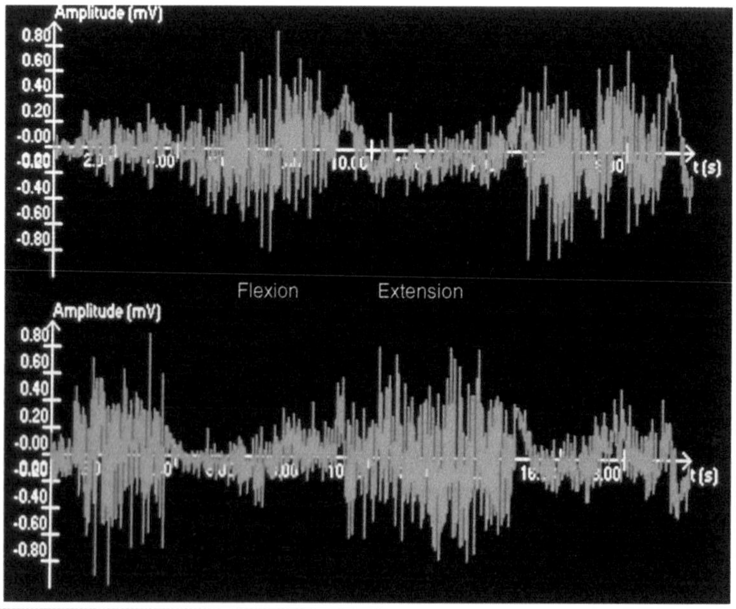
Amplitude (mV)
0.80
0.60
0.40
0.20
-0.00
-0.20
-0.40
-0.60
-0.80
t (s)
Flexion
Extension
Amplitude (mV)
0.80
0.60
0.40
0.20
-0.00
-0.20
-0.40
-0.60
-0.80
t (s)

Doc.1 Électromyogramme des muscles antagonistes de la jambe lors d'une série de flexions-extensions volontaires du pied.

B Le support neuronique de la coordination

Chez un animal spinal (dont la moelle épinière est « déconnectée » de l'encéphale par section au niveau du cou), Sherrington observe qu'une stimulation (piqûre, pincement) portée sur une patte postérieure déclenche une flexion du membre. C'est un réflexe médullaire. Sherrington procède alors à l'enregistrement simultané des variations de la tension mécanique de deux muscles antagonistes de la cuisse (l'un fléchisseur de la jambe, l'autre extenseur) suite à la même stimulation. Le dessin ci-contre correspond à cet enregistrement.

Remarque : l'observation de l'activité d'un muscle nous renseigne sur l'activité des motoneurones correspondants : une contraction du muscle résulte d'une émission importante de messages nerveux moteurs, un relâchement musculaire traduit inversement une mise au repos des motoneurones correspondants.

Notons qu'avant la stimulation, les tensions des deux muscles sont comparables : ces muscles « au repos » ne sont pas parfaitement relâchés car ils reçoivent en permanence des influx nerveux moteurs qui maintiennent une activité musculaire minimale appelée **tonus musculaire**.

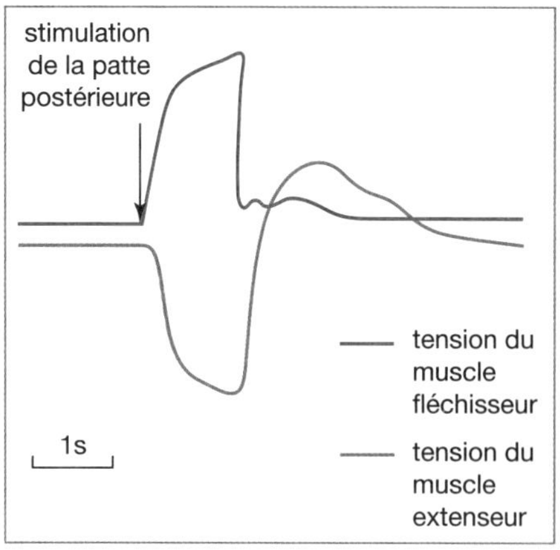
stimulation de la patte postérieure
tension du muscle fléchisseur
tension du muscle extenseur
1s

Doc. 2 Une expérience historique : l'expérience de Sherrington (1913).

Dans la moelle, l'organisation des circuits nerveux est telle que chaque motoneurone reçoit des informations d'origines diverses : messages sensitifs provenant des récepteurs du muscle correspondant, mais aussi, entre autres, messages provenant des muscles antagonistes. Ces derniers atteignent le motoneurone grâce à des **interneurones***.

Dans ces circuits, les interneurones médullaires sont des neurones inhibiteurs : cela signifie que lorsqu'ils sont excités (par les neurones sensitifs qui les « précèdent »), ils font chuter l'activité des motoneurones des muscles antagonistes.

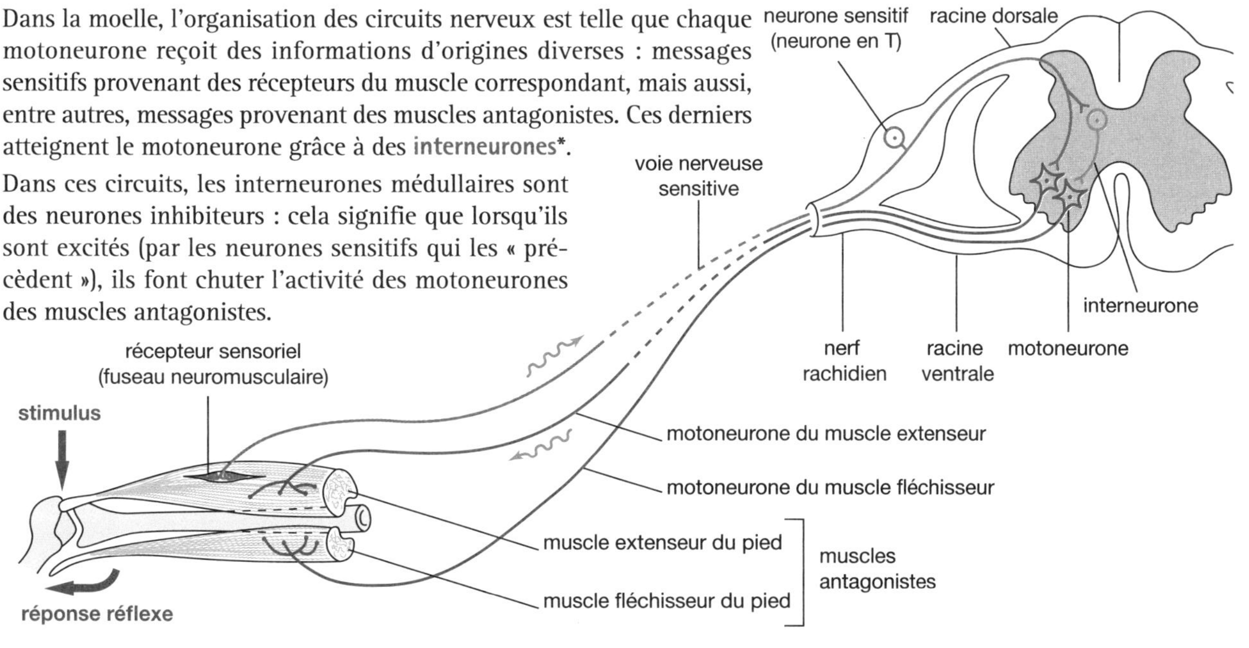
neurone sensitif (neurone en T)
racine dorsale
voie nerveuse sensitive
interneurone
nerf rachidien
racine ventrale
motoneurone
récepteur sensoriel (fuseau neuromusculaire)
stimulus
motoneurone du muscle extenseur
motoneurone du muscle fléchisseur
muscle extenseur du pied
muscle fléchisseur du pied
muscles antagonistes
réponse réflexe

Doc. 3 **L'innervation réciproque*** des muscles antagonistes.

Lexique

- **Innervation réciproque** : circuit nerveux dont le fonctionnement entraîne une inhibition d'un des deux muscles antagonistes lorsque l'autre se contracte.
- **Interneurone (ou neurone d'association)** : neurone de petite taille localisé dans un centre nerveux et situé entre deux autres neurones.

Pistes d'exploitation

1 **Doc. 1** : Expliquez en quoi ce document montre que l'activité des muscles antagonistes est coordonnée.

2 **Doc. 2** : Résumez les variations d'activité des motoneurones correspondant à chacun des muscles antagonistes au cours de cette expérience.

3 **Bilan** : Caractérisez les messages nerveux qui parcourent les différents neurones représentés sur le document 3 suite à une stimulation.

Les réflexes innés et les réflexes acquis

Les réflexes myotatiques sont des réflexes spinaux basés sur des circuits neuroniques pré-établis. Cela signifie qu'ils existent dès la naissance et qu'ils ne peuvent être modifiés. Mais tous les réflexes ne sont pas identiques.

- Existe-t-il des réflexes innés mais non médullaires ?
- Existe-t-il des réflexes qui ne sont pas innés mais qui dépendent au contraire du vécu de chacun ?

A Les réflexes innés

À la naissance, les mouvements effectués par le bébé sont en grande partie des réflexes archaïques, des automatismes crâniens et spinaux qui seront modulés progressivement au fur et à mesure que le cortex céphalique se développera. Parmi ces réflexes, il faut noter le réflexe de succion, de préhension des mains, la marche automatique... Chez presque tous les mammifères terrestres, le réflexe de marche apparaît dès la naissance. Chez l'humain, il disparaît très rapidement et l'apprentissage de la marche demandera de longs efforts au petit enfant.

Doc.1 La marche automatique : un réflexe archaïque des mammifères.

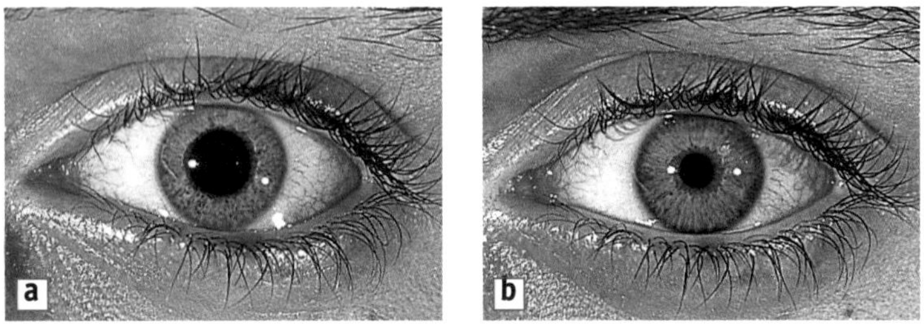
a
b

Le réflexe pupillaire est un réflexe crânien qui permet d'adapter la quantité de lumière qui pénètre dans l'œil. Le centre d'intégration de ce réflexe est le tronc cérébral via des neurones du système nerveux autonome.

Doc.2 Le réflexe pupillaire est crânien et autonome : **a** – dans la pénombre ; **b** – en pleine lumière.

La majorité des réflexes spinaux et cérébraux ont pour origine des récepteurs sensitifs internes.

Ainsi en est-il de la régulation de la fréquence cardiaque, notamment pendant et après un effort physique. Ce réflexe spinal a pour origine des chémorécepteurs qui évaluent la concentration d'O_2 et de CO_2 dans le sang. Les contractions des muscles cardiaques sont ajustées grâce à des neurones sympathiques et parasympathiques.

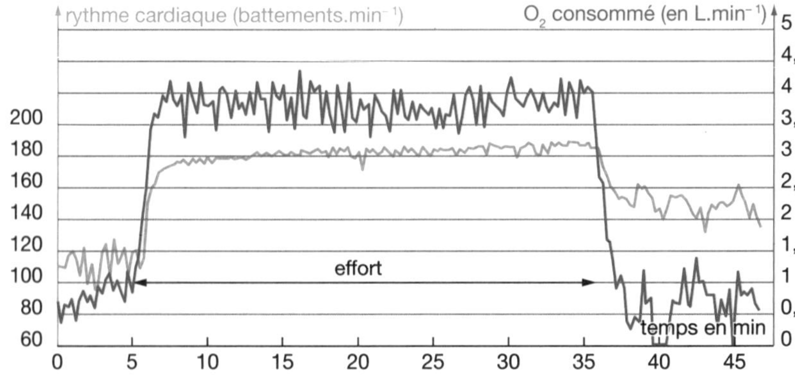
rythme cardiaque (battements.min⁻¹)
O2 consommé (en L.min⁻¹)
200
180
160
140
120
100
80
60
5
4,5
4
3,5
3
2,5
2
1,5
1
0,5
0
effort
temps en min
0
5
10
15
20
25
30
35
40
45

Doc.3 La régulation de la fréquence cardiaque est un réflexe viscéral.

B Les réflexes acquis

De nombreuses activités comme le vélo, la marche, l'écriture... ont nécessité un apprentissage long et difficile. Au fil du temps, à cause de leur côté répétitif, elles sont devenues des **automatismes**. Leur gestion est alors assurée par des **boucles réflexes** situées dans les parties **non corticales** du cerveau.

Doc. 4 Les gestes automatiques sont régulés par des boucles réflexes cérébrales.

Les expériences d'Ivan Pavlov, au début du 20e siècle ont mis en évidence les réflexes conditionnels (ou conditionnés) de type « répondant ». Dans ce type de comportement, un stimulus non conditionnel (la nourriture) engendre une réaction naturelle (la salivation). Le conditionnement consiste à associer à ce stimulus naturel un stimulus conditionnel (le diapason). Après de nombreuses répétitions, le stimulus conditionnel utilisé seul induit la même réponse que le stimulus naturel. On obtient ainsi une réaction induite par un stimulus non naturel, après apprentissage.

On retrouve fréquemment ce type de conditionnement dans la vie courante, comme par exemple les rituels d'endormissement ou d'étude.

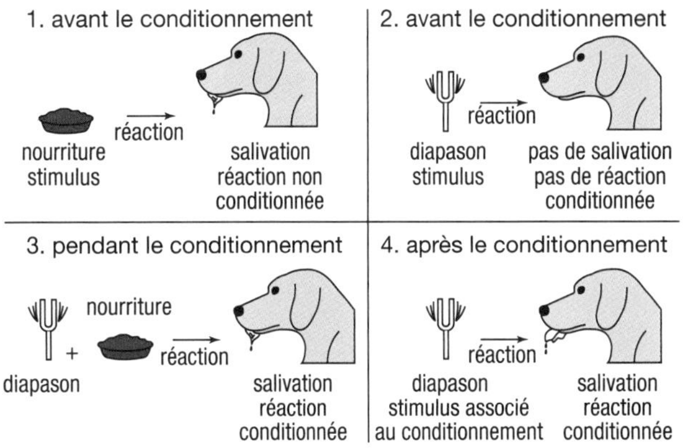
1. avant le conditionnement
réaction
nourriture
stimulus
salivation
réaction non conditionnée
2. avant le conditionnement
réaction
diapason
stimulus
pas de salivation
pas de réaction conditionnée
3. pendant le conditionnement
nourriture
+
réaction
diapason
salivation
réaction conditionnée
4. après le conditionnement
réaction
diapason
stimulus associé au conditionnement
salivation
réaction conditionnée

Doc. 5 Les réflexes conditionnels (ou conditionnés) de type « répondant ».

En 1938, Burrhus Skinner met en évidence que le comportement peut être conditionné par des stimuli négatifs ou positifs. Dans ce cas, l'accent est mis sur le rôle de la récompense ou de la punition. Celle-ci est donnée à l'animal afin qu'il répète une action qu'il doit effectuer (d'où le terme de conditionnement « opérant ») dans une situation similaire à celle où il l'a apprise. Dans le cas illustré ci-contre, le rat perçoit des stimuli (lumière, son) et reçoit une récompense (nourriture) chaque fois qu'il pousse sur un bouton (action à effectuer, préalablement apprise) ou une punition (choc électrique) quand il ne le fait pas.

Dans l'apprentissage de l'enfant, de très nombreux comportements sont régis par des systèmes de punition et de récompense suite à la réalisation ou non de tâches à effectuer.

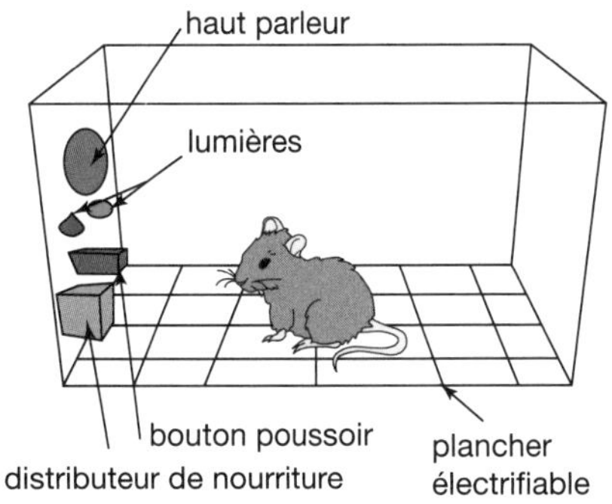
haut parleur
lumières
bouton poussoir
distributeur de nourriture
plancher électrifiable

Doc. 6 Le réflexe conditionné de type « opérant ».

Pistes d'exploitation

1 **Doc. 1 à 6** : Donnez d'autres exemples des différents types de réflexes évoqués dans ces documents.

2 **Doc. 1 à 6** : Comparez les différentes caractéristiques des réflexes innés et des réflexes acquis.

Les circuits neuronaux d'un réflexe

L'exécution d'un **mouvement**, si simple soit-il, nécessite la contraction de muscles précis. Cette contraction est toujours commandée par le système nerveux central, mais le mouvement réalisé peut cependant correspondre :
- soit à un mouvement décidé par le sujet : on parle alors de **mouvement volontaire** ;
- soit à un mouvement automatique, non volontaire (en réaction à une piqûre par exemple) : on parle alors de **réaction réflexe**.

De nombreuses réactions corporelles, somatiques ou viscérales, sont contrôlées par des réflexes. Ainsi en est-il par exemple des réflexes myotatiques.

1 La moelle épinière

• Quelques réflexes localisés au niveau de la tête et du cou font intervenir les nerfs crâniens et l'encéphale. Cependant, la majorité des réflexes corporels impliquent les nerfs rachidiens ainsi que la moelle épinière comme centre d'intégration.

• La moelle épinière est un axe nerveux long de 42 à 45 cm pour un diamètre de 1,8 cm environ, logé dans le canal rachidien de la colonne vertébrale.

En coupe transversale, il est aisé d'observer en son centre une structure en forme de H dessinée par les **cornes de la substance grise**. Celle-ci est constituée par les divers corps cellulaires ainsi que par leurs prolongements non myélinisés. Les côtés gauche et droit sont séparés par une commissure transverse grise au centre de laquelle s'observe le **canal de l'épendyme**. En périphérie du « H », les **cordons de la substance blanche** sont bien visibles. Ils sont formés par les prolongements myélinisés des neurones.

De part et d'autre de la moelle, entre chaque vertèbre, émerge latéralement une paire de **nerfs rachidiens** (ou spinaux ou médullaires). Ceux-ci sont rattachés à la moelle par une racine ventrale et par une racine dorsale qui présente un renflement, le **ganglion rachidien**.

• Outre son rôle dans les réflexes médullaires, la moelle épinière est le relais entre l'encéphale et le reste du corps. Les informations y transitent par les cordons de substance blanche, qu'elles soient sensorielles en provenance du corps et dirigées vers l'encéphale (faisceaux ascendants), ou motrices en provenance de l'encéphale et dirigées vers les effecteurs corporels (faisceaux descendants).

2 Les circuits nerveux du réflexe myotatique

1. Les neurones mobilisés au cours du réflexe

Lors du réflexe achilléen ou du réflexe rotulien, la réponse musculaire observée est une contraction brève

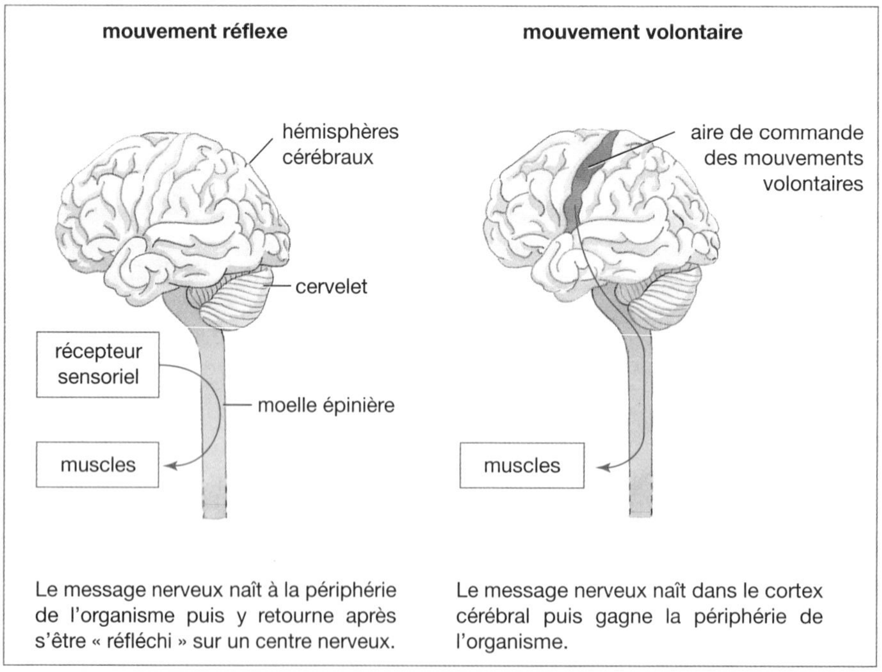
mouvement réflexe
mouvement volontaire
hémisphères cérébraux
cervelet
récepteur sensoriel
moelle épinière
muscles
aire de commande des mouvements volontaires
muscles
Le message nerveux naît à la périphérie de l'organisme puis y retourne après s'être « réfléchi » sur un centre nerveux.
Le message nerveux naît dans le cortex cérébral puis gagne la périphérie de l'organisme.

La commande réflexe ou la commande volontaire d'une contraction musculaire.

du muscle étiré qui tend ainsi à s'opposer de façon automatique, non volontaire, à son étirement.

Deux types de neurones sont organisés en un « circuit » ou « arc réflexe » au cours du réflexe myotatique :

- Les **neurones afférents** relient directement les **récepteurs** sensoriels musculaires, stimulés par l'étirement qui résulte du choc, à la moelle épinière. Les corps cellulaires de ces neurones sensitifs (neurones en T) sont situés dans les **ganglions rachidiens** ; leurs prolongements cytoplasmiques constituent les fibres nerveuses afférentes qui gagnent la moelle par la **racine dorsale** d'un nerf rachidien.

- Les **neurones efférents** ou **motoneurones** relient directement la moelle aux **effecteurs** musculaires. Les corps cellulaires de ces neurones sont localisés dans la **substance grise de la moelle** ; leurs axones, qui empruntent les **racines ventrales** des nerfs rachidiens, constituent les fibres nerveuses efférentes.

2. La connexion entre neurones afférents et neurones efférents

Neurones afférents et neurones efférents sont connectés dans la moelle. Dans le cas du réflexe myotatique simple, cette connexion est directe : les axones des neurones afférents entrent en **contact** synaptique avec les dendrites ou les corps cellulaires des motoneurones. Le message nerveux ne franchit alors qu'**une seule zone de synapses** ; l'arc réflexe est qualifié de **monosynaptique**.

Néanmoins, certains réflexes nécessitent l'intervention d'un ou de plusieurs **interneurones** ou **neurones d'association** entre le neurone sensitif et le neurone moteur. Dans ce cas, deux ou plusieurs zones de synapse doivent être franchies ; on parle de réflexe **polysynaptique**. C'est le cas notamment des réflexes faisant intervenir une innervation réciproque.

3. L'activité coordonnée des muscles antagonistes

La mobilisation d'une articulation fait intervenir des groupes musculaires antagonistes : au niveau du genou par exemple, une extension de la jambe nécessite une contraction des muscles extenseurs et simultanément un relâchement des muscles fléchisseurs.

Pour expliquer cette **coordination musculaire**, il faut admettre une double action, au niveau de la moelle, des messages nerveux afférents provenant de récepteurs musculaires étirés :

- une **activation** des motoneurones du muscle étiré, déclenchant ainsi une contraction ;
- une **inhibition** des motoneurones du muscle antagoniste, provoquant la chute de son tonus.

Le **circuit excitateur monosynaptique** est donc doublé d'un **circuit inhibiteur polysynaptique** car des interneurones s'intercalent entre neurones afférents et motoneurones : la coordination de l'activité des muscles antagonistes est donc assurée par une **innervation réciproque** de ces muscles au niveau de la moelle épinière.

4. Le rôle intégrateur des centres nerveux

Des études complémentaires sur les réflexes myotatiques révèlent que la moelle épinière est capable d'assurer une coordination plus complexe encore.

C'est ainsi que des messages provenant des centres nerveux supérieurs (encéphale) modifient l'amplitude des réponses réflexes : les neurones médullaires « intègrent » donc ces nouvelles informations.

Les centres nerveux assurent ainsi un véritable traitement des informations multiples qui leur parviennent et l'élaboration des messages efférents tient compte de l'intégration de toutes ces informations.

3 Les réflexes innés et les réflexes acquis

1. Les réflexes innés

Les **réflexes innés** sont des réactions **rapides** ayant pour origine un **récepteur** situé dans n'importe quelle partie de l'organisme, pour **centre d'intégration**, la moelle épinière ou l'encéphale, et pour **effecteurs** soit des muscles squelettiques (**réflexe somatique**), soit des muscles lisses ou cardiaques ou encore des glandes (**réflexe viscéral**).

Les réflexes innés somatiques sont les mieux connus car l'individu est souvent conscient de ses effets (par exemple retirer sa main suite à une piqûre). Mais les réflexes viscéraux sont essentiels pour assurer les fonctions vitales de l'organisme et **maintenir l'homéostasie** corporelle en effectuant des réajustements rapides aux déséquilibres du milieu interne.

Tous les réflexes innés, qu'ils soient médullaires ou crâniens, somatiques ou viscéraux, présentent des caractéristiques communes ; ils sont :

- automatiques et inéluctables (un certain stimulus entraîne toujours une réponse) ;
- stéréotypés (la réponse est prédéfinie et toujours identique, mais modulable selon l'intensité du stimulus) ;
- non volontaires, mais pouvant être modifiés par l'intervention des centres nerveux supérieurs ;
- spécifiques (communs à tous les individus d'une même espèce) ;
- préexistants à tout apprentissage ;
- dépendants de circuits neuroniques préétablis.

2. Les réflexes acquis

• Les **automatismes** sont des conduites économiques qui libèrent les centres corticaux de tâches répétitives. Des activités comme la marche, l'écriture ou encore la conduite d'un véhicule ne sont pas, au départ, des réflexes innés.

Néanmoins, par l'habitude qu'elles génèrent, la commande de ces tâches est progressivement reléguée aux centres sous-corticaux de l'encéphale. Ces réflexes peuvent cependant à tout moment être de nouveau traités par les centres supérieurs du cortex cérébral.

• Les **réflexes conditionnés** (ou conditionnels), qu'ils soient de type répondant ou opérant, sont des apprentissages qui sont générés par la répétition d'une situation particulière et qui engendrent toujours le même type de comportement.

Tous les réflexes acquis présentent des caractéristiques communent ; ils sont :

- acquis sous l'influence de stimuli nouveaux ;
- soumis aux processus de mémorisation et d'apprentissage (donc impliquant l'encéphale) ;
- particuliers à chaque individu ;
- capables d'être renforcés ou délaissés ;
- dépendants de la formation de nouveaux circuits neuroniques.

L'essentiel

• De très nombreuses réactions corporelles, qu'elles soient somatiques ou viscérales, sont contrôlées par des réflexes. Parmi ceux-ci, le **réflexe myotatique** qui intervient dans le maintien de la posture est pris en exemple.

• Ce réflexe, qui correspond à la contraction d'un muscle déclenchée par son propre étirement, fait intervenir des neurones organisés en un « arc réflexe » :

- les **neurones afférents** conduisent vers la moelle épinière et via la **racine dorsale** du nerf rachidien le message émis par les **récepteurs** sensoriels musculaires sensibles à l'étirement ;
- les **motoneurones**, dont le corps cellulaire est situé au sein de la **moelle épinière** servant de **centre d'intégration**, sont connectés aux neurones afférents par une zone de synapses. Ils conduisent un message efférent via la **racine ventrale** du nerf rachidien et déclenchent la **contraction** du muscle **effecteur** étiré.

• La contraction réflexe d'un muscle s'accompagne généralement d'un relâchement du muscle antagoniste. Cette **coordination musculaire** est le résultat d'une **innervation réciproque** : le message afférent émis par les récepteurs du muscle étiré a une action **excitatrice** sur les motoneurones de ce muscle et une action **inhibitrice** sur les motoneurones du muscle antagoniste qui s'exerce grâce à l'intervention d'interneurones.

• De façon plus générale, les activités réflexes sont soumises à de nombreux contrôles : les messages moteurs sont émis par les centres nerveux suite à une **intégration permanente** des multiples messages qui leur parviennent.

• Les réflexes peuvent être de différents types : les **réflexes innés** peuvent avoir pour centre d'intégration la **moelle épinière** ou l'**encéphale**. Ils peuvent concerner des circuits **somatiques** ou **viscéraux**. Par ailleurs, des réflexes peuvent être **acquis** au cours de l'existence et aboutir à la formation d'**automatismes** ou de **comportements conditionnés**.

Schéma-bilan

■ LE « CIRCUIT GÉNÉRAL » D'UN RÉFLEXE

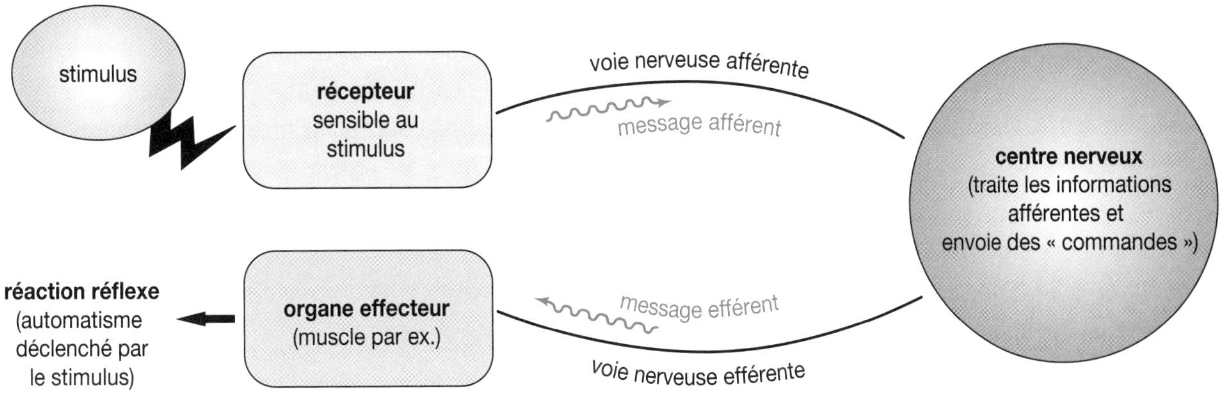
stimulus
récepteur sensible au stimulus
voie nerveuse afférente
message afférent
centre nerveux (traite les informations afférentes et envoie des « commandes »)
message efférent
voie nerveuse efférente
organe effecteur (muscle par ex.)
réaction réflexe (automatisme déclenché par le stimulus)

■ L'EXEMPLE DU RÉFLEXE MYOTATIQUE

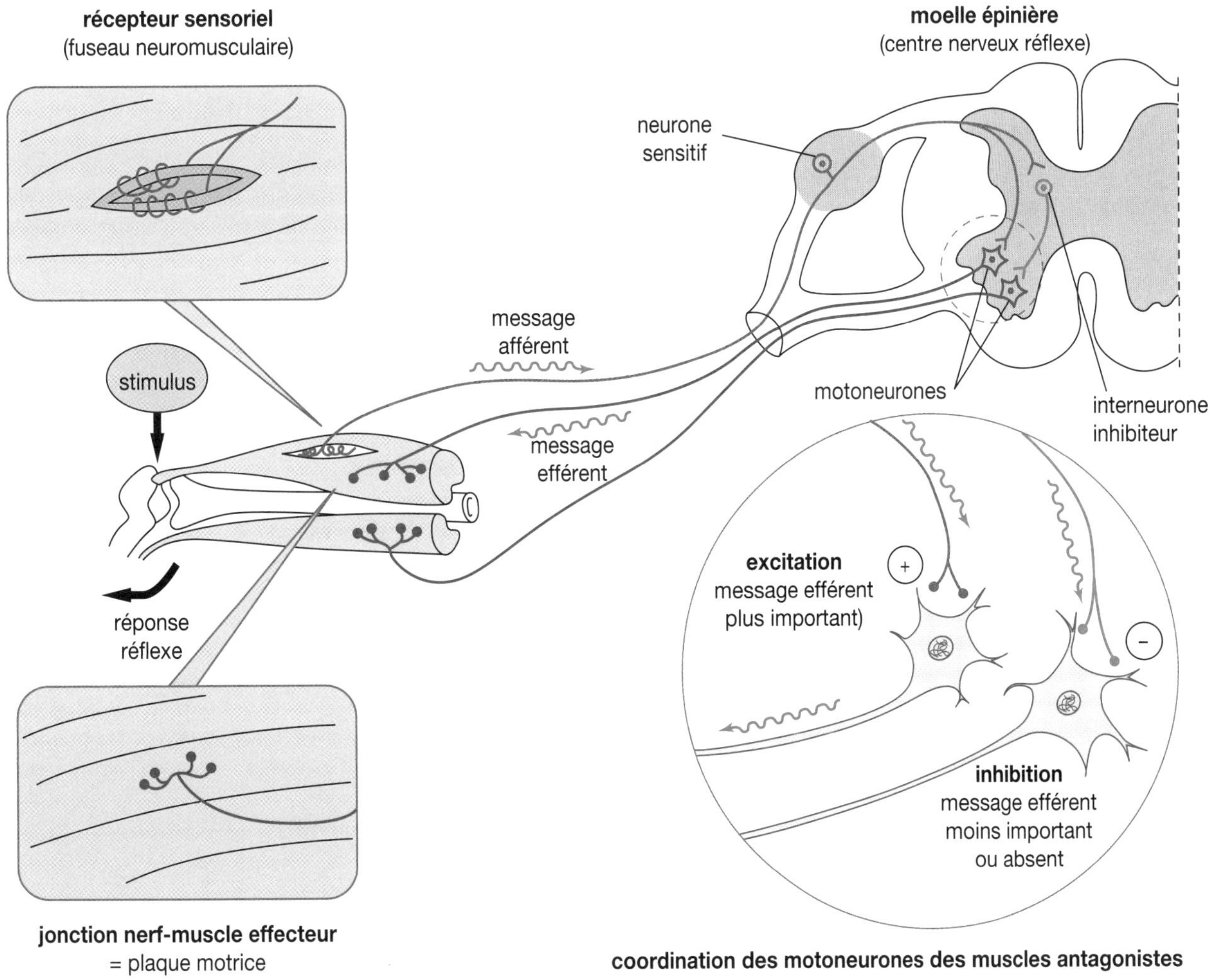
récepteur sensoriel (fuseau neuromusculaire)
moelle épinière (centre nerveux réflexe)
neurone sensitif
message afférent
stimulus
message efférent
motoneurones
interneurone inhibiteur
réponse réflexe
excitation message efférent plus important)
+
−
inhibition message efférent moins important ou absent
jonction nerf-muscle effecteur = plaque motrice
coordination des motoneurones des muscles antagonistes

Je connais

A. Définissez les mots ou expressions :

cornes, cordons, réflexe médullaire, réflexe myotatique, fuseau neuromusculaire, ganglion rachidien, motoneurone, interneurone, arc réflexe, innervation réciproque.

B. Vrai ou faux ?

Parmi les affirmations suivantes, recopiez celles qui sont exactes et corrigez celles qui sont erronées.

a. Un réflexe myotatique correspond à une contraction musculaire indépendante des centres nerveux.

b. Les racines dorsales d'un nerf rachidien ne contiennent que des fibres nerveuses sensitives et sont dépourvues de corps cellulaires de neurones.

c. La section d'une racine ventrale de nerf rachidien entraîne une paralysie des muscles innervés par les fibres sectionnées mais ne supprime pas leur sensibilité.

d. Au niveau de la moelle, neurones moteurs et neurones sensitifs communiquent entre eux grâce à des synapses qui permettent aux premiers de transmettre des informations aux seconds.

e. La coordination musculaire est particulièrement visible au niveau des muscles antagonistes, l'étirement de l'un déclenchant automatiquement la contraction réflexe de l'autre.

C. Exprimez des idées importantes...

...en rédigeant une ou deux phrases utilisant chaque groupe de mots ou expressions :

a. neurone sensitif, racine dorsale, ganglion rachidien.

b. motoneurone, substance grise, racine ventrale.

c. interneurone, arc réflexe polysynaptique, connexion.

d. muscles antagonistes, coordination, innervation réciproque.

e. étirement, contraction, réflexe myotatique.

D. Retrouvez le mot...

...qui correspond à chaque définition.

a. Réaction réflexe d'un muscle étiré.

b. Cellules médullaires transmettant aux muscles des ordres de contraction.

c. Organisation médullaire des circuits neuroniques qui assure la coordination motrice des muscles antagonistes.

d. Récepteurs musculaires sensibles à l'étirement.

E. Élaborez un résumé scientifique

• **Sujet 1.** Expliquez ce qu'est un réflexe myotatique. L'essentiel de la réponse peut être exprimé par un schéma clair, annoté avec rigueur et présentant tous les organes.

• **Sujet 2.** Expliquez comment deux muscles antagonistes peuvent avoir des réactions inverses lors de l'étirement de l'un d'entre eux (vous illustrerez votre exposé à l'aide de schémas).

J'applique et je transfère

1 Le circuit neuronique du réflexe rotulien

Le schéma ci-contre résume la nature et les relations des neurones assurant le réflexe myotatique rotulien.

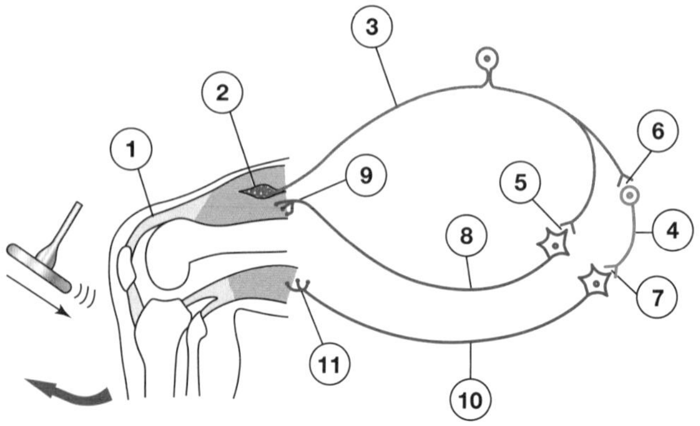

1
2
3
4
5
6
7
8
9
10
11

• **Indiquez la nature et la fonction des différents sites représentés par des numéros sur ce schéma.**

2 Les structures nerveuses impliquées dans un mouvement provoqué

Chez un homme ayant subi accidentellement une section haute de la moelle épinière, le contact d'un objet chaud avec la peau de la plante du pied entraîne systématiquement la flexion du membre inférieur correspondant. On cherche à préciser quels circuits neuroniques sont impliqués dans une telle réaction. Pour cela, on dispose des informations apportées par les documents 1 à 3.

- **Document 1** : **schéma anatomique de quelques organes du membre inférieur.**

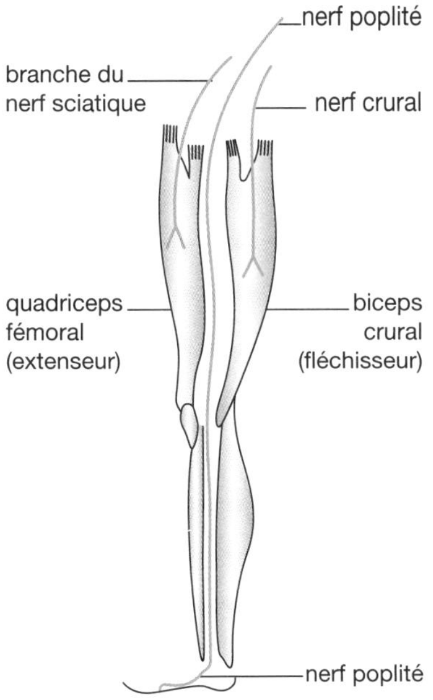
nerf poplité
branche du nerf sciatique
nerf crural
quadriceps fémoral (extenseur)
biceps crural (fléchisseur)
nerf poplité

(pour plus de clarté les os n'ont pas été figurés)

- **Document 3 : enregistrement des électromyogrammes des muscles antérieur et postérieur de la cuisse au cours de la réaction de flexion provoquée.**

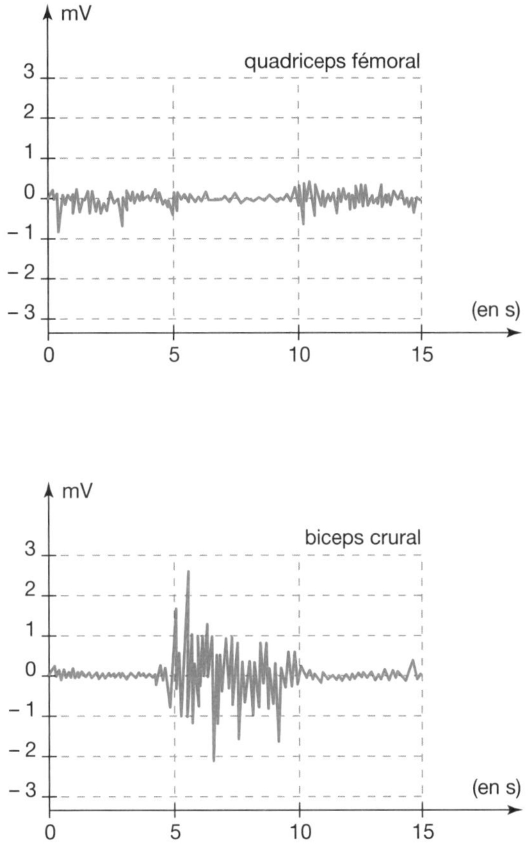
mV
quadriceps fémoral
3
2
1
0
– 1
– 2
– 3
(en s)
0
5
10
15
mV
biceps crural
3
2
1
0
– 1
– 2
– 3
(en s)
0
5
10
15

- **Document 2 : rôle des différentes voies nerveuses du membre inférieur.**

Expériences*	Nerf poplité	Nerf crural	Branche du nerf sciatique
section du nerf	disparition de la flexion	disparition de la flexion	disparition de la flexion
excitation du bout central**	flexion du membre inférieur	pas de réaction	pas de réaction
excitation du bout périphérique**	pas de réaction	contraction du biceps crural	contraction du quadriceps

* Ces études expérimentales ont été réalisées chez un chat spinal (moelle épinière sectionnée à son extrémité supérieure). La musculature et l'innervation du chat sont comparables à celles de l'homme.

** Au niveau de la section d'un nerf, on appelle bout central le bout qui est encore rattaché aux centre nerveux et bout périphérique celui qui est encore rattaché aux organes périphériques.

1- À quel type de mouvement correspond la flexion de la jambe déclenchée par le contact d'un objet chaud avec la plante du pied ?

2- À partir de l'analyse des différentes informations proposées, précisez quels circuits neuroniques sont mis en jeu lors de ce mouvement. Résumez vos conclusions à l'aide d'un schéma présentant ces circuits.

3 Des expériences anciennes réalisées chez le chat

Une expérience réalisée au XIXe siècle permet de préciser le fonctionnement coordonné des muscles antagonistes.

Protocole expérimental

Un chat spinal (dont la moelle épinière est « déconnectée » de l'encéphale par section) est solidement fixé sur une table. Le tendon rotulien qui fixe le muscle extenseur de la jambe (quadriceps) sur le tibia est sectionné et relié à un dispositif d'enregistrement de la tension musculaire. Les insertions osseuses de l'autre extrémité du muscle sont respectées.

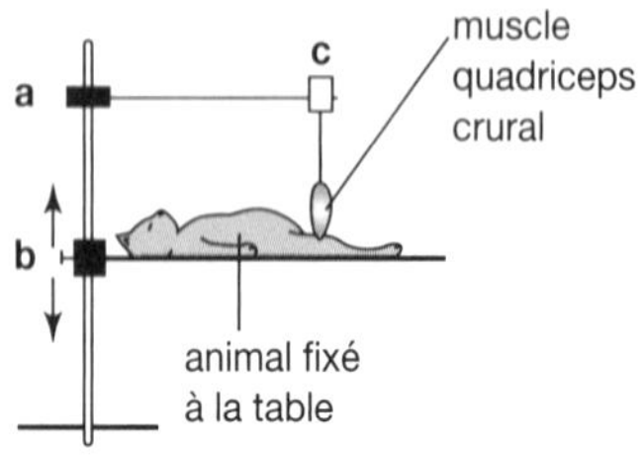

muscle quadriceps crural
a
b
c
animal fixé à la table

a : fixation immobile
b : manette d'abaissement ou d'élévation de la table sur laquelle repose le chat
c : système fixé au support permettant d'enregistrer la tension développée par le muscle

- **Au temps t = 0**, on abaisse la table de 4 mm en 1 seconde, ce qui a pour effet d'étirer le muscle. Il restera étiré pendant toute la phase suivante de l'expérience.
- **À l'instant S**, on étire l'un des muscles fléchisseurs de la jambe (le muscle semi-tendineux).
- **À l'instant B**, on étire un autre muscle fléchisseur de la jambe (le muscle biceps crural).

Résultats

Les variations de tension du muscle extenseur sont enregistrées tout au long de cette expérience.

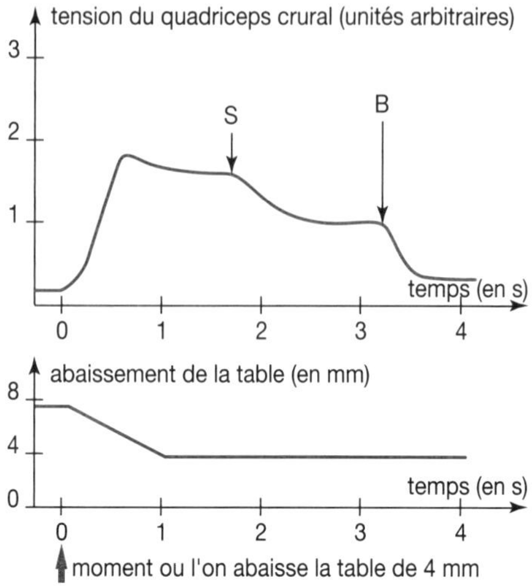

tension du quadriceps crural (unités arbitraires)
3
2
1
S
B
temps (en s)
0
1
2
3
4
abaissement de la table (en mm)
8
4
0
temps (en s)
0
1
2
3
4
moment ou l'on abaisse la table de 4 mm

1- Interprétez les variations successives de la tension du muscle extenseur lors de l'abaissement de la table d'une part, suite à l'étirement d'un des muscles fléchisseurs d'autre part.

2- Quelles modifications de l'activité des motoneurones correspondant au quadriceps prévoyez-vous lors des différentes étapes de l'expérience ?

4 Des motoneurones soumis à des influences contradictoires

Deux expériences successives sont réalisées avec le dispositif expérimental présenté aux activités pratiques 1 :
- lors de la première, un réflexe achilléen a été déclenché, le muscle fléchisseur du pied étant relâché. On observe une contraction du muscle extenseur du pied ;
- lors de la deuxième, un réflexe achilléen est également déclenché, mais on a demandé au sujet de contracter volontairement le muscle fléchisseur du pied. On n'observe pas de contraction du muscle extenseur.

Les circuits neuroniques impliqués dans ces expériences sont schématisés ci-dessous :

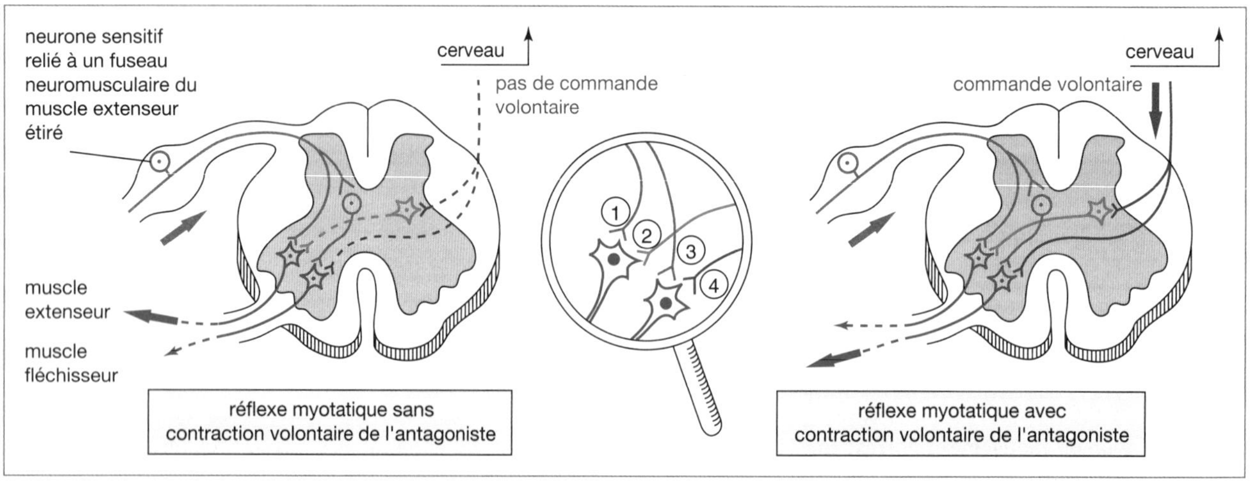

neurone sensitif relié à un fuseau neuromusculaire du muscle extenseur étiré
cerveau
pas de commande volontaire
muscle extenseur
muscle fléchisseur
1
2
3
4
cerveau
commande volontaire
réflexe myotatique sans contraction volontaire de l'antagoniste
réflexe myotatique avec contraction volontaire de l'antagoniste

- **Utilisez les schémas présentés pour expliquer les résultats expérimentaux et précisez la nature (excitatrice ou inhibitrice) des synapses 1 à 4 représentées.**

chapitre 6

La réponse consciente de l'organisme

Contrairement au simple réflexe, la motricité dirigée ou intentionnelle fait intervenir la volonté de réaliser un mouvement donné. La programmation des mouvements à réaliser s'effectue dans l'encéphale. Mais l'activité cérébrale est bien plus vaste : l'encéphale intègre les afférences sensorielles, régule les pensées, les émotions, la mémoire, règle les fonctions vitales... et se modifie selon l'histoire de l'individu.

Activités pratiques 1

À la découverte de l'encéphale

L'encéphale ne représente que 2 % de la masse totale d'un adulte, mais il consomme au repos 20 % de tout l'oxygène de l'individu (50 % chez l'enfant) et entre 100 et 140 g de glucose par jour. Si ceci révèle son hyperactivité, les innombrables fonctions qu'il assure ne peuvent cependant se réaliser que grâce à une organisation anatomique extrêmement précise.

• Quelles sont les différentes parties de l'encéphale et comment s'organisent-elles entre elles ?

A Vues générales de l'encéphale

L'IRM (Imagerie par Résonance Magnétique) est une méthode d'investigation inoffensive qui permet d'observer des coupes virtuelles de l'organisme avec une résolution qui peut atteindre quelques micromètres. Elle est beaucoup utilisée pour les diagnostics de lésions cérébrales et la recherche médicale.

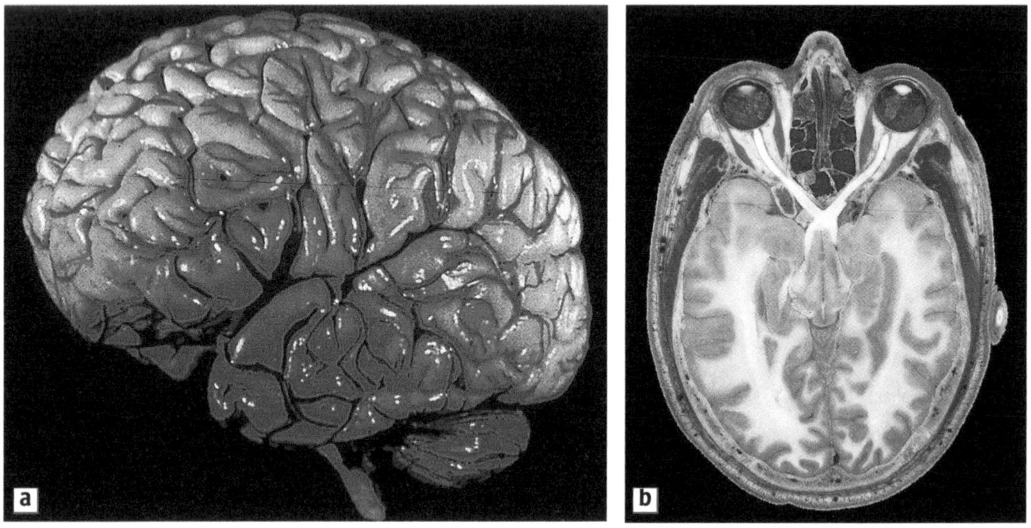
a
b

Doc.1 **a** - vue latérale de l'encéphale humain obtenue par IRM 3D (tridimensionnelle) ; **b** - coupe IRM transversale au niveau des yeux.

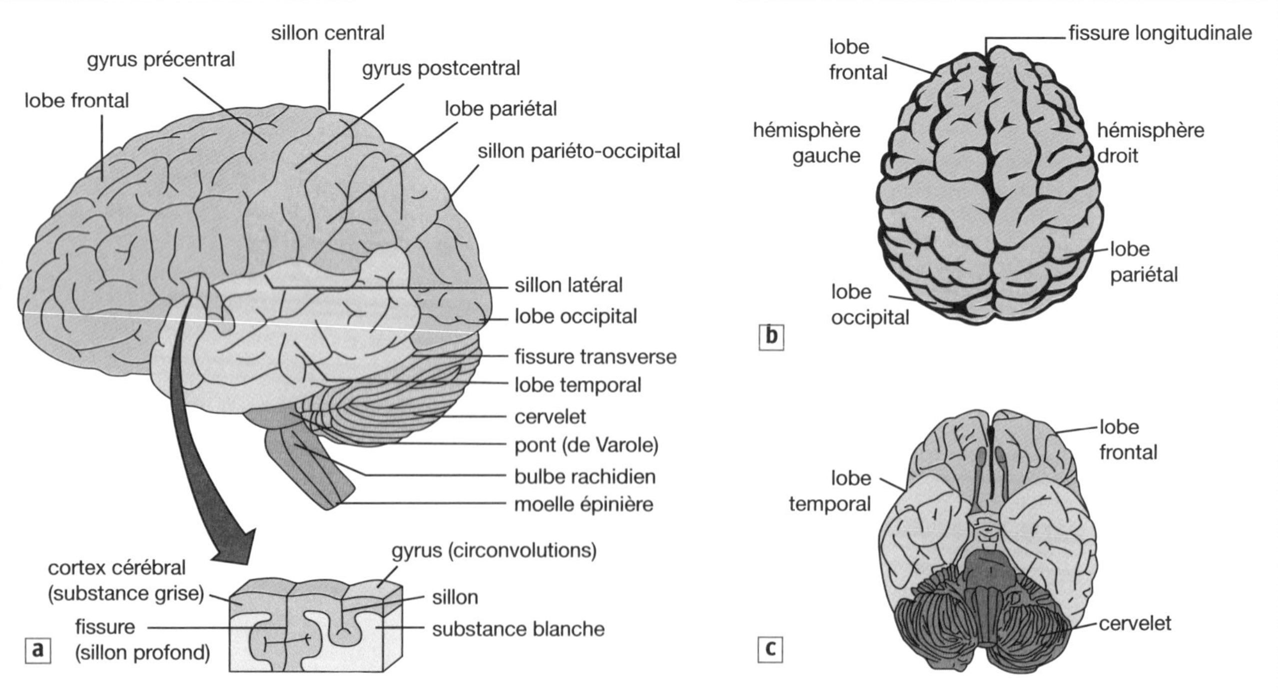
sillon central
gyrus précentral
gyrus postcentral
lobe frontal
lobe pariétal
sillon pariéto-occipital
sillon latéral
lobe occipital
fissure transverse
lobe temporal
cervelet
pont (de Varole)
bulbe rachidien
moelle épinière
cortex cérébral
(substance grise)
gyrus (circonvolutions)
sillon
fissure
(sillon profond)
substance blanche
a
lobe
frontal
fissure longitudinale
hémisphère
gauche
hémisphère
droit
lobe
pariétal
lobe
occipital
b
lobe
frontal
lobe
temporal
cervelet
c

Doc.2 Anatomie externe de l'encéphale humain : **a** - vue latérale gauche ; **b** - vue dorsale ; **c** - vue ventrale.

B Organisation interne de l'encéphale

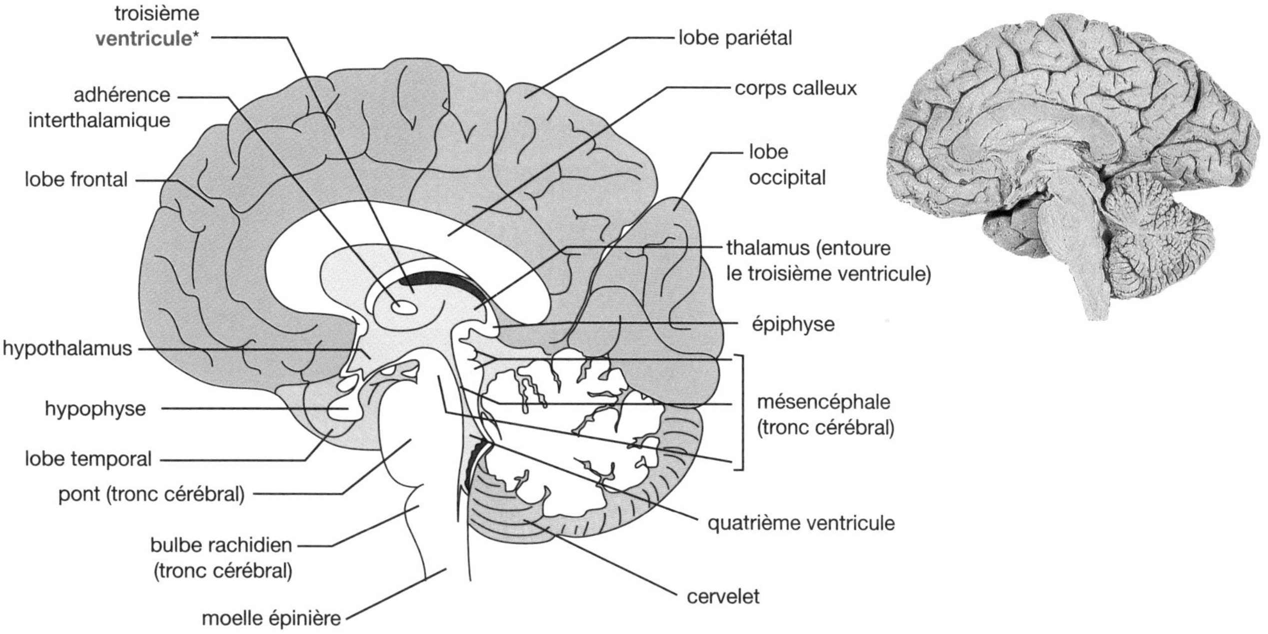
troisième ventricule*
adhérence interthalamique
lobe frontal
hypothalamus
hypophyse
lobe temporal
pont (tronc cérébral)
bulbe rachidien (tronc cérébral)
moelle épinière
lobe pariétal
corps calleux
lobe occipital
thalamus (entoure le troisième ventricule)
épiphyse
mésencéphale (tronc cérébral)
quatrième ventricule
cervelet

Doc. 3 Coupe longitudinale entre les deux hémisphères cérébraux.

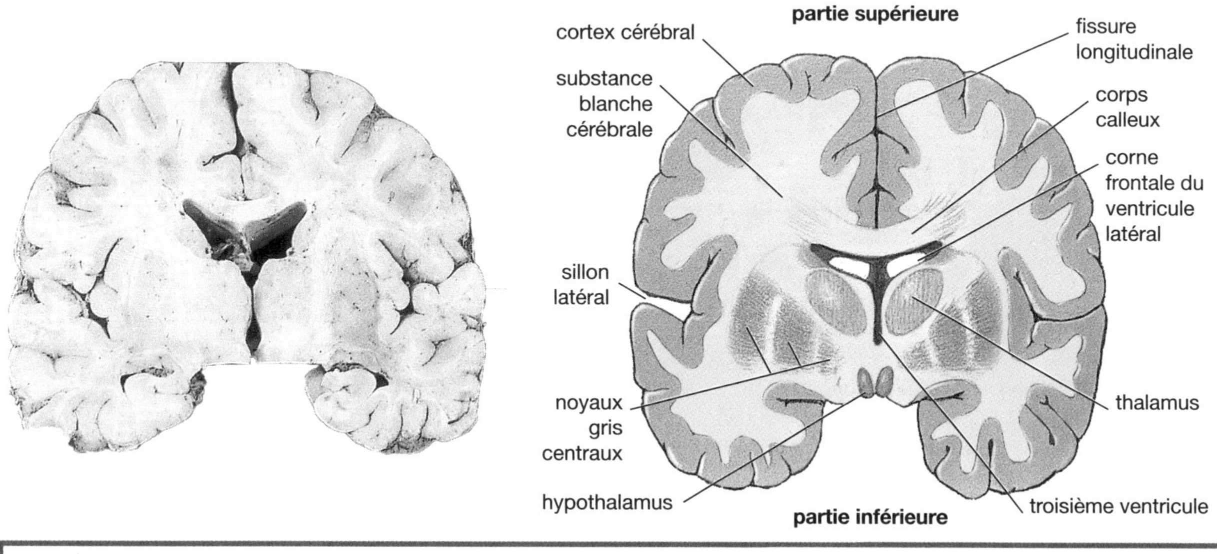
partie supérieure
cortex cérébral
substance blanche cérébrale
sillon latéral
noyaux gris centraux
hypothalamus
partie inférieure
fissure longitudinale
corps calleux
corne frontale du ventricule latéral
thalamus
troisième ventricule

Doc. 4 Coupe frontale passant au milieu du cerveau.

Lexique

- **Ventricule** : cavités de l'encéphale remplies de liquide céphalo-rachidien (cérébro-spinal) (voir page 70).

Pistes d'exploitation

1 **Doc. 1 et 2** : Quel est l'intérêt fonctionnel des gyri ou circonvolutions ?

2 **Doc. 2 et 3** : Comparez la répartition des substances blanche et grise dans la moelle épinière et dans l'encéphale. Qu'en concluez-vous concernant les propriétés intégratives de ce dernier ?

Activités pratiques 2

Le cortex cérébral : une mosaïque d'aires spécialisées

Le cortex cérébral humain a une épaisseur de 2 à 5 mm et représente une superficie de 2,2 dm^2, dont plus des deux tiers sont enfouis dans les circonvolutions (ou gyri) et sillons. Cette structure, qui contient la majorité des neurones de l'encéphale, est subdivisée en régions ou aires spécialisées interconnectées.

- Comment peut-on visualiser l'activité des diverses aires corticales ?
- Quelles sont les régions histologiques correspondant aux aires fonctionnelles ?

A Observation directe de l'activité du cerveau

La tomographie par émission de positons (TEP) consiste à injecter dans la circulation sanguine d'un patient un radio-isotope radioactif (ici de l'^{15}O) qui émet des positons (particule identique à l'électron mais de charge opposée). L'isotope diffuse à l'intérieur des cellules du cerveau et peut être suivi par un ensemble de détecteurs ou « caméra à positons ». Cette technique permet de visualiser les variations du métabolisme respiratoire des neurones, et donc le taux d'activité de ceux-ci avec une précision de l'ordre de 4 mm. Plus l'activité neuronique est forte, plus les couleurs de l'image sont chaudes. Les enregistrements peuvent être répétés toutes les vingt minutes à peu près car la radioactivité injectée, très faible, diminue de moitié en 2 minutes.

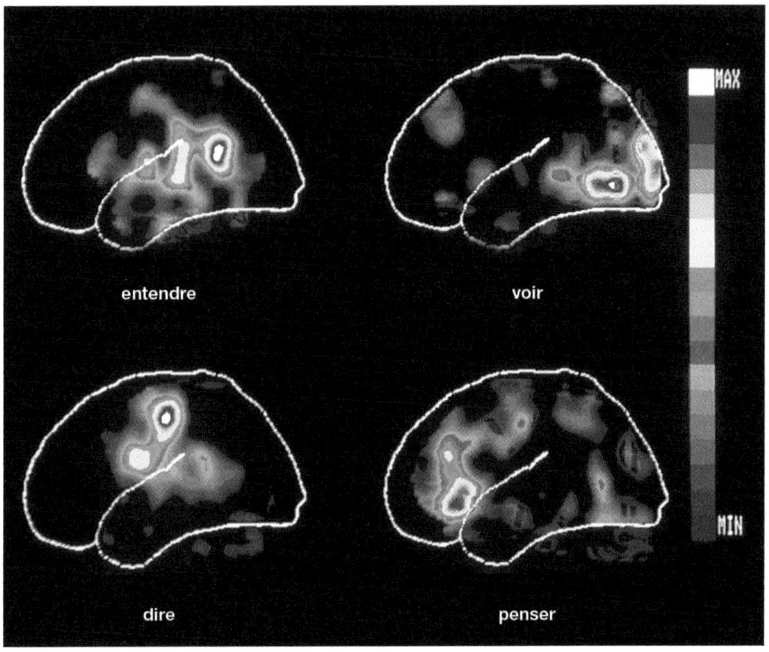

MAX
entendre
voir
dire
penser
MIN

Doc.1 Enregistrement par TEP de l'activité de l'hémisphère cérébral gauche d'un patient qui : entend un mot ; le voit ; le lit ; le pense.

L'Imagerie par Résonance Magnétique fonctionnelle (IRMf) utilise le fait que la molécule d'hémoglobine a des propriétés magnétiques légèrement différentes selon qu'elle est liée à l'oxygène (oxyhémoglobine) ou au contraire dépourvue d'oxygène (désoxyhémoglobine). L'augmentation du débit sanguin dans une zone cérébrale activée modifie la concentration de désoxyhémoglobine dans les réseaux capillaires et c'est cette variation que l'on détecte. Les techniques actuelles d'imagerie ultra-rapide permettent d'obtenir une carte cérébrale en quelques secondes. On peut donc désormais suivre pratiquement en continu les variations d'activité cérébrale chez un sujet donné pendant plusieurs dizaines de minutes.

L'image ci-contre présente les modifications du débit sanguin cérébral au cours d'une stimulation visuelle chez un sujet. La région activée du cortex (couleur) a été superposée à une image anatomique du cerveau.

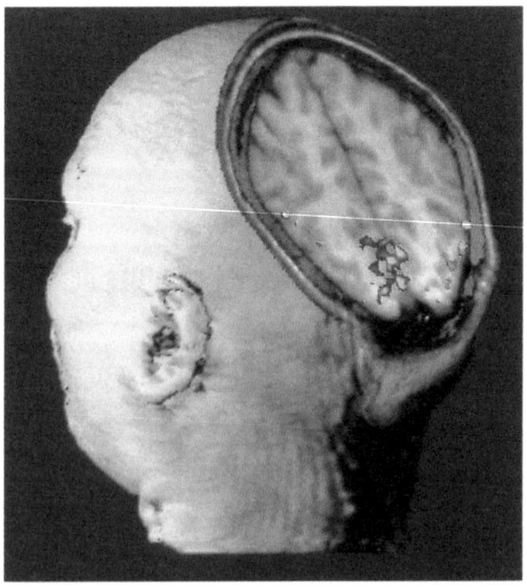

Doc.2 Enregistrement par IRMf (IRM fonctionnelle) de l'activité corticale suite à une stimulation visuelle.

B Les aires corticales

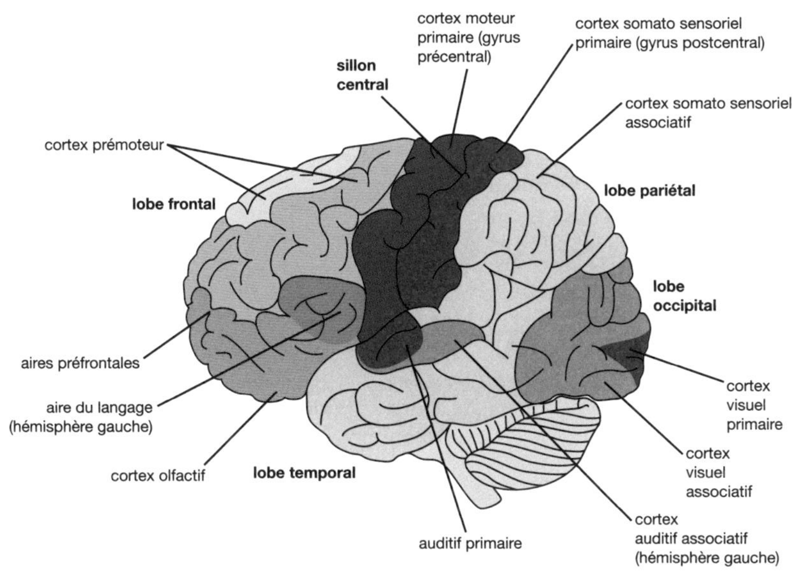
cortex moteur primaire (gyrus précentral)
cortex somato sensoriel primaire (gyrus postcentral)
sillon central
cortex somato sensoriel associatif
cortex prémoteur
lobe frontal
lobe pariétal
lobe occipital
aires préfrontales
aire du langage (hémisphère gauche)
cortex olfactif
lobe temporal
cortex visuel primaire
cortex visuel associatif
cortex auditif associatif (hémisphère gauche)
auditif primaire

Aires sensorielles primaires : points d'arrivée des messages sensoriels provenant des diverses parties du corps.

Aires motrices primaires : points de départ des messages moteurs volontaires.

Aires d'association : zones qui ne sont pas qualifiées de primaires et qui servent à l'interprétation des informations en provenance des aires sensorielles primaires ou qui interviennent dans la programmation des mouvements volontaires.

Aires préfrontales : région corticale la plus complexe du cerveau humain intervenant dans ce qui est généralement considéré comme la personnalité de l'individu.

Doc. 3 Le cortex cérébral : une mosaïque d'aires assurant des rôles prédéterminés.

Un exemple de cheminement des messages nerveux dans le cerveau : **un sujet répète une phrase entendue**.

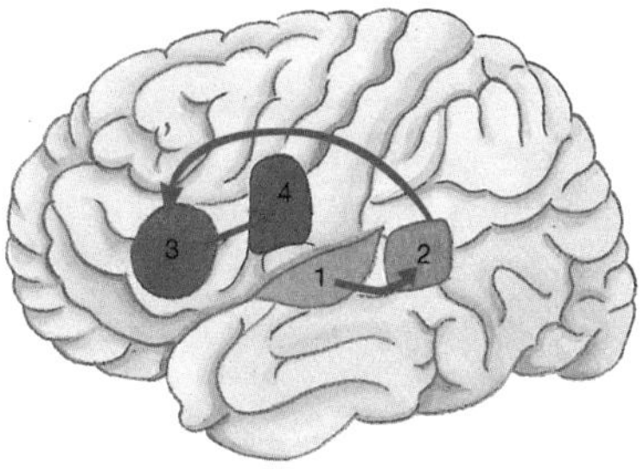
1
2
3
4

1. Cortex auditif primaire (zone d'arrivée des fibres nerveuses en provenance de l'oreille).

2. Cortex auditif associatif et aire de Wernicke (reconnaissance et compréhension des mots entendus).

3. Aire de Broca (programmation de l'articulation détaillée et coordonnée des mots).

4. Cortex moteur primaire (point de départ des fibres nerveuses motrices innervant les muscles du larynx).

La communication entre les aires corticales s'effectue via la substance blanche sous-corticale. La communication entre les hémisphères gauche et droit s'effectue principalement via le corps calleux, un « pont » de substance blanche qui les relie transversalement.

Doc. 4 Des communications entre les aires cérébrales sont indispensables.

Pistes d'exploitation

1 Doc. 1 à 3 : À l'aide des schémas du document 3, déterminer les aires corticales impliquées dans les diverses activités présentées sur les documents 1 et 2.

2 Doc. 3 : Si vous regardez un objet et que vous fermez alternativement un œil et puis l'autre, vous n'obtenez pas la même image. Expliquez comment vous ne voyez qu'une seule et même image en ouvrant les deux yeux en même temps.

3 Doc. 4 : En vous inspirant du document 4, faites un schéma montrant l'ordre chronologique d'intervention des aires corticales lorsque vous sentez un objet, que vous le reconnaissez et que vous vous en saisissez.

Activités pratiques 3

Un lien parfait entre le cortex cérébral et le reste du corps

Il existe une remarquable organisation des neurones dans la substance grise corticale et les aires fonctionnelles vues précédemment. Ceci permet au cortex cérébral d'être en relation étroite avec les différentes régions corporelles.

- Quelle partie du corps est régie par le cortex de chacun des hémisphères ?
- Existe-t-il une correspondance entre régions du corps et régions corticales ?

A La latéralisation du cortex cérébral

Certaines caractéristiques de la régulation motrice par le cortex cérébral et par le cervelet ont été mises en évidence grâce à divers types d'expérience :

a – l'activité électrique du biceps gauche a été enregistrée après stimulation d'un point situé dans le cortex primaire gauche puis dans le cortex primaire droit chez un animal ;

b – à un sujet souffrant de lésions du côté droit du cervelet, on a demandé d'étirer simultanément et de la même façon deux ressorts identiques en se servant pour l'un du bras droit (enregistrement supérieur) et pour l'autre du bras gauche (enregistrement inférieur).

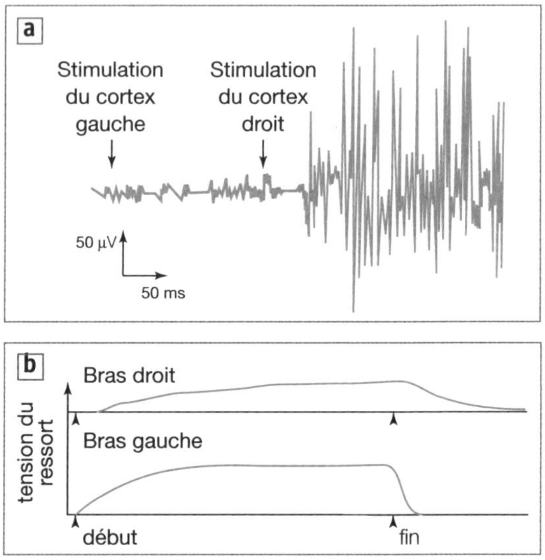

a
Stimulation du cortex gauche
Stimulation du cortex droit
50 µV
50 ms
b
Bras droit
Bras gauche
tension du ressort
début
fin

Doc.1 La commande croisée du cortex cérébral.

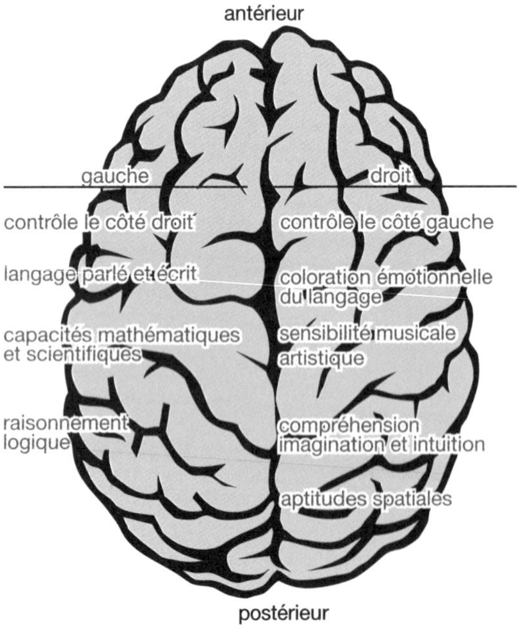

antérieur
gauche
droit
contrôle le côté droit
langage parlé et écrit
capacités mathématiques et scientifiques
raisonnement logique
contrôle le côté gauche
coloration émotionnelle du langage
sensibilité musicale artistique
compréhension imagination et intuition
aptitudes spatiales
postérieur

L'hémisphère gauche contrôle le côté droit du corps. Aussi, chez la plupart des personnes, cet hémisphère est dominant. C'est aussi celui qui a trait au langage, à l'habileté mathématique ou scientifique...

L'hémisphère gauche serait plus « intellectuel » et le droit plus « émotionnel ». Mais ceci n'est cependant qu'une tendance, car les deux hémisphères communiquent, via le corps calleux notamment, et toutes les fonctions font appel à la coopération d'aires corticales appartenant aux deux côtés du cerveau.

Doc.2 Des différences fonctionnelles entre les cortex gauche et droit.

B La projection du corps sur le cortex cérébral

Bien qu'ayant seulement 2 à 4 mm d'épaisseur, le cortex cérébral renferme quelque 100 milliards de neurones.

La photographie ci-contre et son dessin d'interprétation montrent que, dans le cortex, les neurones sont répartis en six couches superposées ; ces couches sont conventionnellement numérotées de I à VI en allant de la surface vers les profondeurs.

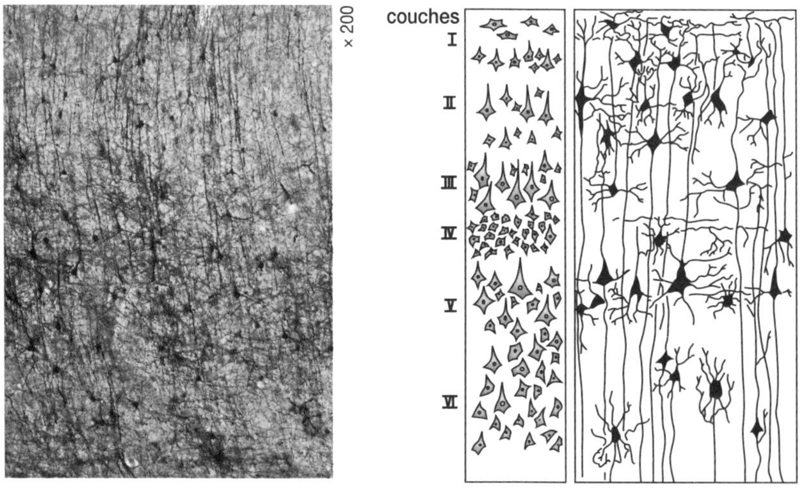
× 200
couches
I
II
III
IV
V
VI

Doc. 3 Un agencement très particulier des neurones dans le cortex cérébral.

Les différentes zones du cortex moteur primaire et du cortex somatosensoriel (ou somesthésique) primaire peuvent être associées à des régions déterminées du corps. Une caractéristique remarquable de ces « cartes » appelées « homunculus » par les neurochirurgiens est que l'étendue de la zone corticale dévolue à une région corporelle ne dépend pas de la taille réelle de celle-ci, mais de son importance sensorielle ou motrice.

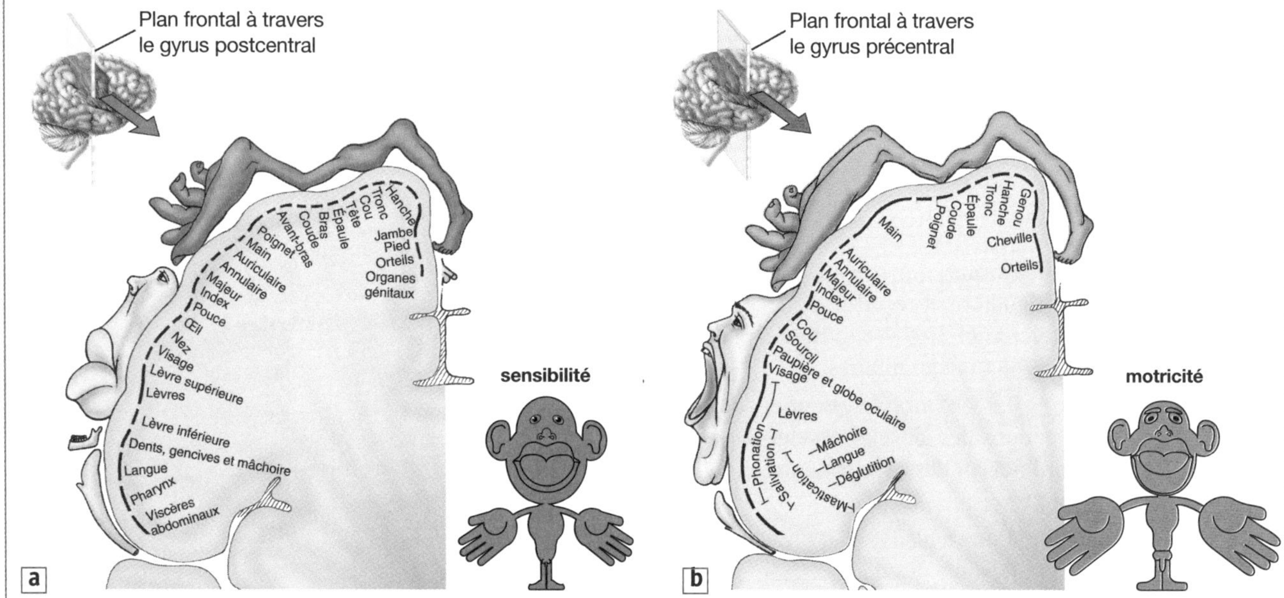
Plan frontal à travers le gyrus postcentral
Hanche
Tronc
Cou
Tête
Épaule
Bras
Coude
Avant-bras
Poignet
Main
Auriculaire
Annulaire
Majeur
Index
Pouce
Œil
Nez
Visage
Lèvre supérieure
Lèvres
Lèvre inférieure
Dents, gencives et mâchoire
Langue
Pharynx
Viscères abdominaux
Jambe
Pied
Orteils
Organes génitaux
sensibilité
a
Plan frontal à travers le gyrus précentral
Genou
Hanche
Tronc
Épaule
Coude
Poignet
Main
Cheville
Orteils
Auriculaire
Annulaire
Majeur
Index
Pouce
Cou
Sourcil
Paupière et globe oculaire
Visage
Lèvres
Mâchoire
Langue
Déglutition
Mastication
Salivation
Phonation
motricité
b

Doc. 4 La cartographie du cortex somatosensoriel primaire (**a**) et du cortex moteur primaire (**b**) permet de construire deux « homunculus » déformés.

Pistes d'exploitation

1 **Doc. 1** : Quelle est la caractéristique de l'innervation corticale mise en évidence par la première expérience ? Quelle différence existe-t-il entre la régulation de la motricité par le cortex cérébral et par le cervelet ?

2 **Doc. 3** : Expliquez pourquoi le port d'une ceinture de sécurité est indispensable en voiture, à l'avant comme à l'arrière.

3 **Doc. 4** : Si l'on réalisait l'« homunculus » sensoriel d'une souris, quelles différences observerait-on par rapport à celui de l'être humain ?

Activités pratiques 4

Les régions non corticales de l'encéphale

Le cortex cérébral est sans aucun doute l'une des parties les plus fascinantes du cerveau humain, mais il ne régit en fait que quelques fonctions céphaliques. Les autres parties de l'encéphale assurent des fonctions tout aussi primordiales et indispensables à la survie même de l'individu.

• Quelles sont les fonctions non corticales de l'encéphale ?

A Le tronc cérébral et le cervelet

Situé entre la moelle épinière et la partie supérieure de l'encéphale, le **tronc cérébral** est présent dès les premiers vertébrés, ce qui explique ses diverses fonctions. Il sert ainsi notamment de :

- **relais** pour la transmission des informations sensorielles afférentes et des ordres moteurs efférents ;
- lieu d'émergence de 10 des 12 paires de **nerfs crâniens** ;
- **centre vital** réglant notamment le rythme cardiaque, la fréquence respiratoire, le diamètre des vaisseaux sanguins... ;
- centre de **veille**, de **sommeil** et de réveil ;
- centre réflexe de la **déglutition**, du vomissement... ;
- coordinateur des activités musculaires, du **tonus musculaire** et de l'équilibre, en collaboration avec le cervelet.

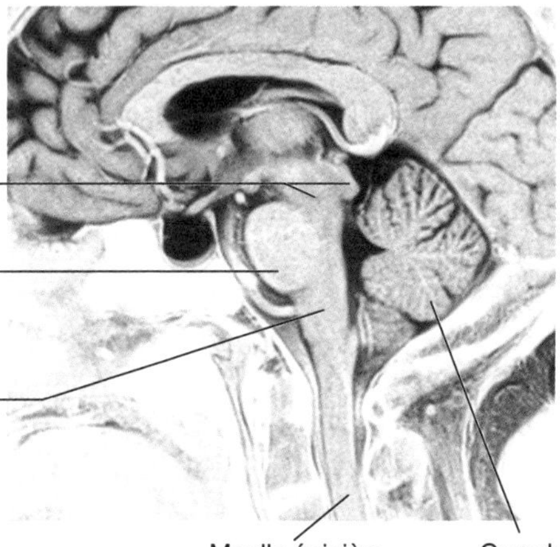

Tronc cérébral :
• mésencéphale
• pont (de Varole) ou protubérance
• bulbe rachidien
Moelle épinière
Cervelet

Doc.1 Le tronc cérébral sert de relais pour les informations nerveuses et assure de multiples fonctions vitales.

Le **cervelet** est surtout connu pour son intervention dans le maintien de l'**équilibre**. Il reçoit pour cela des informations en provenance des yeux, de l'oreille interne et des propriocepteurs musculaires.

Mais le cervelet joue également un rôle essentiel dans le contrôle des contractions des muscles squelettiques nécessaires à la **coordination des mouvements** et au **maintien de la posture**.

Les personnes souffrant d'une maladie ou d'une lésion du cervelet rencontrent dès lors des difficultés à exécuter des mouvements de manière harmonieuse et présentent des mouvements saccadés et manquant de précision, c'est-à-dire qui dépassent ou n'atteignent pas leur but. On observe également des tremblements et des difficultés dans la réalisation de séquences motrices apprises telles que jouer d'un instrument de musique.

Doc.2 Le cervelet assure l'équilibre et la coordination des mouvements.

B Noyaux gris centraux, thalamus et hypothalamus.

La maladie de Parkinson est due à une dégénérescence des neurones à dopamine de certains noyaux de substance grise situés au centre de l'encéphale (voir photographie IRM ci-contre). Cette maladie se caractérise notamment par des tremblements au repos, une augmentation du tonus musculaire avec rigidité, et par une lenteur à l'initiation et à l'exécution des mouvements.

L'étude de l'encéphale des personnes atteintes de la maladie de Parkinson a permis de mieux caractériser les fonctions des **noyaux gris centraux** ou **ganglions de la base.** Ceux-ci consistent en différents amas de substance grise situés au sein de la substance blanche sous-corticale. Ils participent prioritairement au **contrôle des mouvements intentionnels** mais ils interviennent également dans les processus cognitifs (programmation, mémorisation).

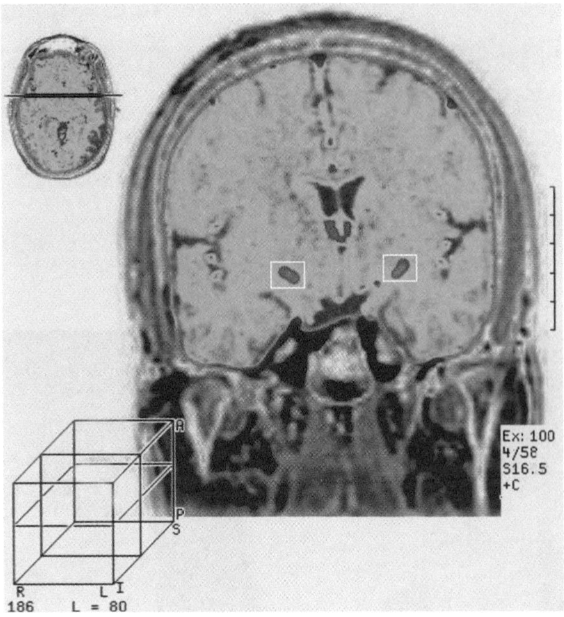
Ex: 100
4/58
S16.5
+C
A
P
S
R
L
I
186
L = 80

Doc. 3 La maladie de Parkinson est due à un dysfonctionnement des noyaux gris centraux.

Le thalamus et l'hypothalamus font partie du **diencéphale**, situé au centre de l'encéphale.

Le **thalamus** intervient dans la gestion de la mémoire et des émotions. Il interprète aussi grossièrement la douleur, la température ou le toucher, et participe à la régulation de la motricité et de la sensibilité. Il distribue les informations sensorielles vers les différentes parties du cerveau auxquelles elles sont destinées.

L'**hypothalamus** est le lien principal entre le **système nerveux** et le **système endocrinien.** En outre, il **contrôle** toutes **les activités du système nerveux autonome** sympathique et parasympathique, et régule la soif, la faim, la température corporelle... C'est lui également qui gère la **territorialité** et les sensations de rage et d'**agressivité**.

Doc. 4 Le thalamus et l'hypothalamus interviennent dans nombre de nos comportements.

Pistes d'exploitation

1 **Doc. 1** : Rappelez quels sont les nerfs qui aboutissent au tronc cérébral. Rappelez également ce qu'est un réflexe crânien.

2 **Doc. 4** : Faites une recherche afin de déterminer ce que l'on appelle « cerveau reptilien » et « néocortex ».

3 **Doc. 1 à 4** : Expliquez quelles sont les parties de l'encéphale concernées par l'appellation « centres sous-corticaux ».

4 **Bilan** : Faites un tableau reprenant la localisation et les fonctions des différentes parties de l'encéphale. Illustrez chacune par un exemple concret de la vie quotidienne.

Activités pratiques 5

Le cortex préfrontal et le système limbique

L'encéphale ne remplit pas que des rôles « fonctionnels ». Il est aussi le siège de nos pensées les plus intimes, de nos émotions, de notre mémoire, de notre humeur... en bref, de notre personnalité. Il n'est donc pas étonnant que des rôles aussi complexes en mobilisent une partie quantitativement importante.

• Quelles sont les régions céphaliques impliquées dans les fonctions complexes de la personnalité ?

A Le cortex préfrontal

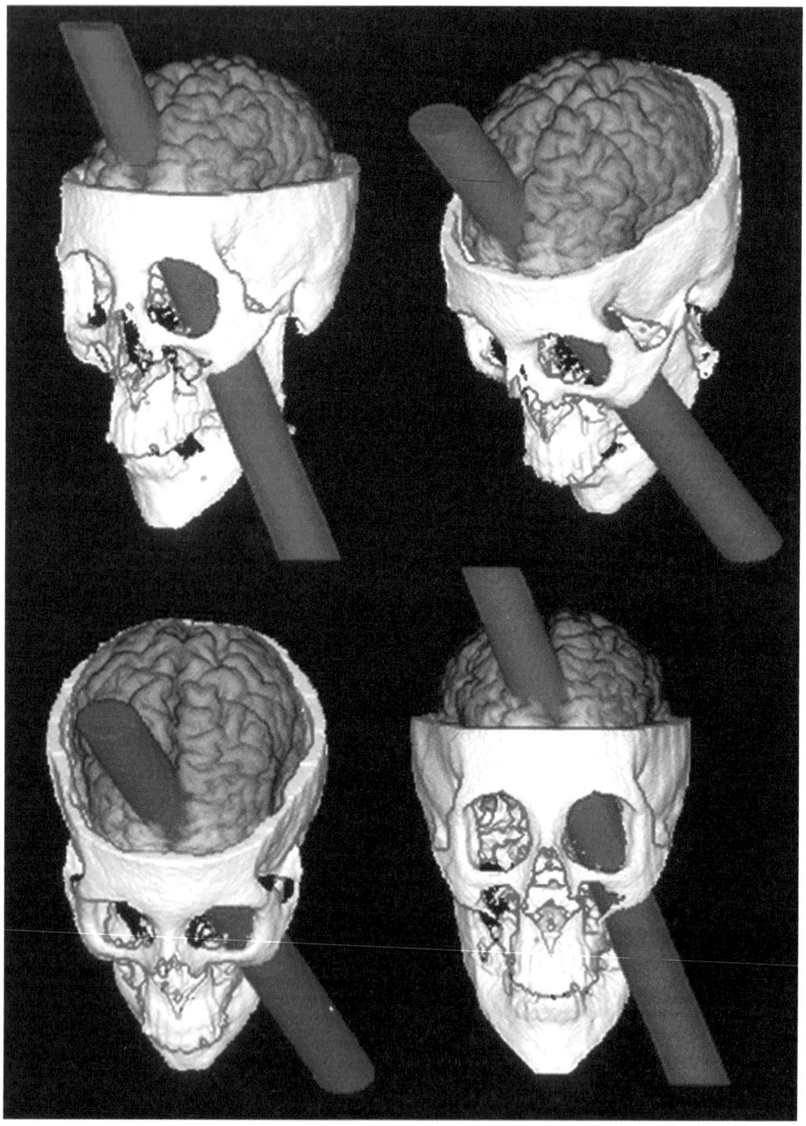

Reconstitution de la trajectoire de la barre métallique dans le cerveau de Phinéas Gage réalisée d'après les restes conservés de son crâne.
(H. Damasio, Univ. San Diego)

Le « coup de barre » de Phinéas Gage !

Ouvrier des chemins de fer du Vermont (États-Unis), Phinéas Gage effectue en 1848 une fausse manœuvre en manipulant des explosifs. Et c'est l'accident : la barre de métal qu'il utilise (3 cm de diamètre et 129 cm de long) est brutalement éjectée, pénètre sous son œil gauche et traverse légèrement en oblique l'avant de son crâne et de son cerveau !

Hébété, mais vivant, le jeune homme est transporté assis dans un chariot jusqu'à l'hôpital où l'on constate qu'aucune fonction vitale n'a été lésée.

Mais Phinéas n'est pas indemne pour autant. Ce chef d'équipe modèle, modéré et sage se transforme en un personnage irrévérencieux, grossier, capricieux, inconstant, ne pouvant se tenir à un projet, bref déraisonnable et incontrôlable.

Le médecin qui le suit note précisément que ses capacités intellectuelles, sa mémoire, son langage, ses facultés de perception et d'attention semblent intactes. Mais il relate aussi les modifications de personnalité du jeune homme qui n'est plus capable de faire des projets pour son propre avenir. Son comportement est celui d'un jeune enfant. Son caractère, ses goûts, ses antipathies, ses ambitions et même ses rêves ont changé. Après diverses pérégrinations, le jeune homme s'éteint en 1860, à 38 ans, d'une fulgurante crise d'épilepsie.

Doc. 1 Les fonctions du cortex préfrontal ont été suggérées pour la première fois à la fin du XIXe siècle, à la suite du dramatique accident du jeune Phinéas Gage.

B Le siège de la personnalité, de l'humeur et de l'émotion

« Le cortex préfrontal occupe la partie antérieure du lobe frontal ; il est la plus complexe des régions corticales. Il est relié à l'intellect, à la cognition (c'est-à-dire aux capacités d'apprentissage) ainsi qu'à la personnalité. De lui dépendent la production d'idées abstraites, le jugement, le raisonnement, la persévérance, l'anticipation, l'altruisme et la conscience. Comme toutes ces facultés se développent très progressivement chez l'enfant, il semble que la croissance du cortex préfrontal s'effectue lentement et qu'elle soit largement déterminée par les rétro-activations et les rétro-inhibitions provenant du milieu social.

Le cortex préfrontal est également associé à l'humeur car il est étroitement relié au système limbique (le siège des émotions). C'est l'élaboration de cette région qui distingue l'être humain des autres animaux. »

E.N. Marieb, *Anatomie et physiologie humaine*, De Boeck, 1994.

Doc. 2 Le cortex préfrontal et le système limbique sont étroitement liés.

Le **système limbique** est un ensemble de structures nerveuses situées au centre de l'encéphale, mais faisant partie anatomiquement du diencéphale et des hémisphères cérébraux. Ces structures ont pour point commun d'intervenir dans les aspects émotionnels du comportement et de la mémoire.

- **Émotion, humeur et personnalité**

Contrôle de la peur et l'agressivité, la docilité ou l'agitation, la rage et la colère, le plaisir et la douleur, l'affection et la sexualité, la volonté et le désir d'agir, l'alimentation...

- **Sociabilité**

Reconnaissance de signaux sociaux comme l'expression faciale, la gestuelle ou les comportements...

Apprentissage par la récompense et la punition.

- **Mémoire**

Stockage dans la mémoire à court terme.

Association de composantes affectives aux événements pour en augmenter la mémorisation.

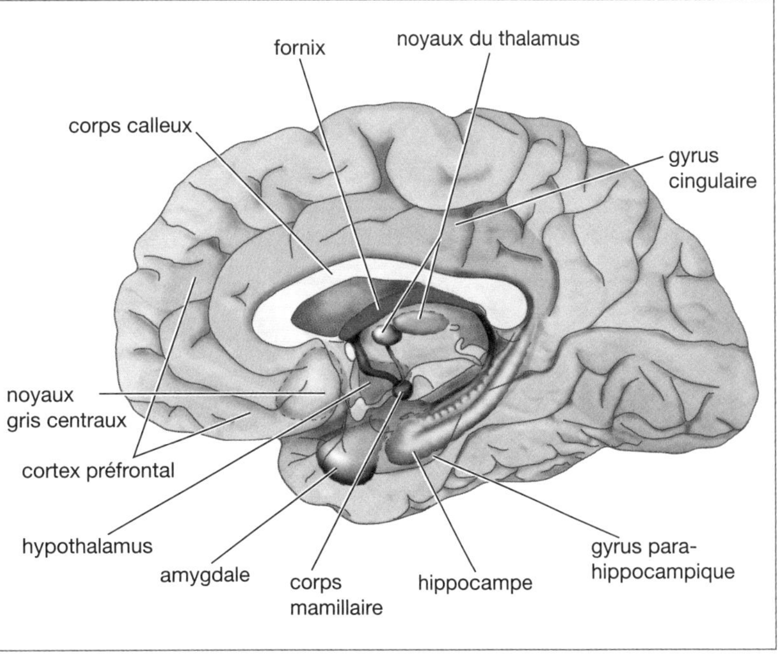
fornix
noyaux du thalamus
corps calleux
gyrus cingulaire
noyaux gris centraux
cortex préfrontal
hypothalamus
amygdale
corps mamillaire
hippocampe
gyrus para-hippocampique

Doc. 3 Le système limbique est largement associé à la personnalité.

Pistes d'exploitation

1 Doc. 1 : Expliquez pourquoi Phinéas Gage n'a pas été tué lors de cet accident et relevez les modifications de sa personnalité qui s'en suivirent.

2 Doc. 2 : Donnez quelques exemples de rétro-activations et de rétro-inhibitions capables de forger la personnalité d'un individu.

3 Doc. 3 : En rapport avec le chapitre 4, expliquez l'implication du système limbique dans les phénomènes d'assuétude.

Activités pratiques 6

Des exemples de la complexité fonctionnelle de l'encéphale

Les mouvements volontaires sont programmés par le cortex cérébral, mais leur coordination dépend également d'autres régions de l'encéphale. Ils sont aussi constamment adaptés en fonction des informations sensorielles qu'ils déclenchent et les circuits qu'ils empruntent peuvent être remodelés en fonction du vécu de chacun.

- Comment s'effectuent le contrôle et la transmission des ordres moteurs ?
- En quoi consiste la plasticité du cortex cérébral ?

A Le cortex préfrontal

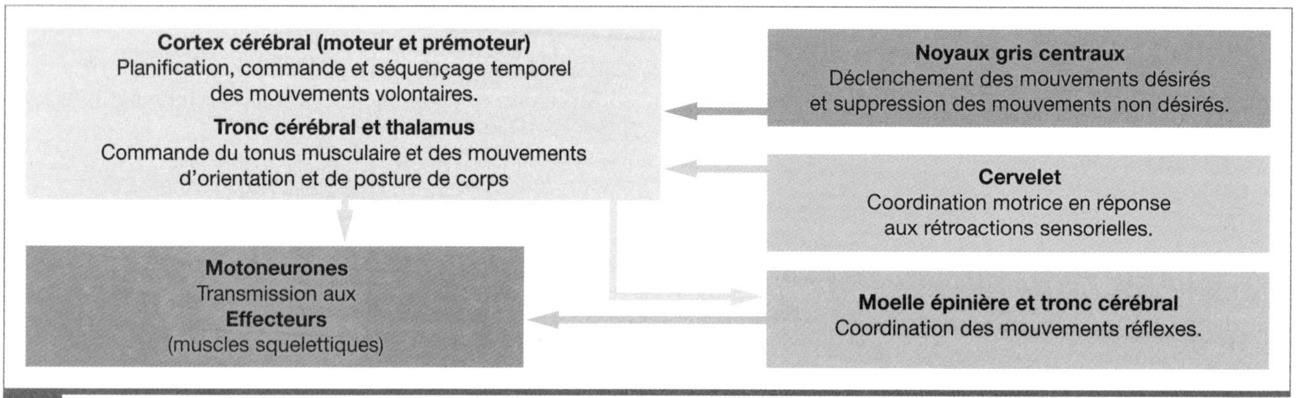

Cortex cérébral (moteur et prémoteur)
Planification, commande et séquençage temporel des mouvements volontaires.
Tronc cérébral et thalamus
Commande du tonus musculaire et des mouvements d'orientation et de posture de corps
Noyaux gris centraux
Déclenchement des mouvements désirés et suppression des mouvements non désirés.
Cervelet
Coordination motrice en réponse aux rétroactions sensorielles.
Motoneurones
Transmission aux
Effecteurs
(muscles squelettiques)
Moelle épinière et tronc cérébral
Coordination des mouvements réflexes.

Doc. 1 Les mouvements volontaires sont régis par divers centres nerveux interagissant les uns avec les autres.

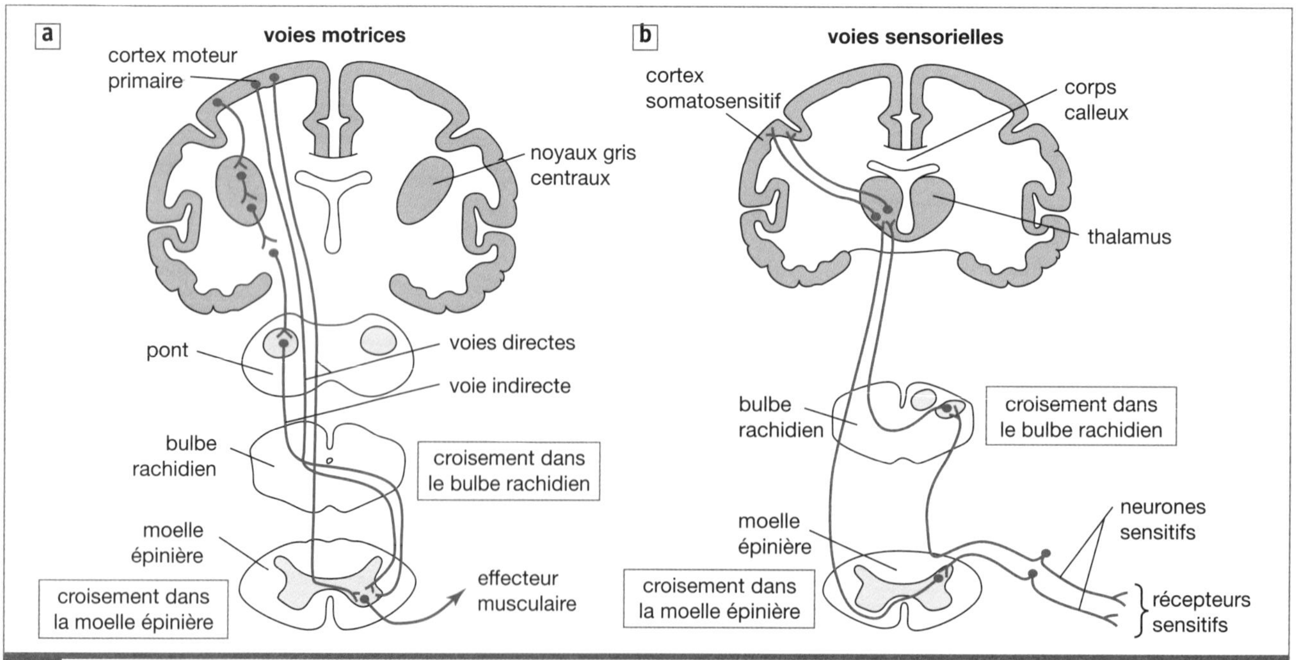

a
voies motrices
cortex moteur primaire
noyaux gris centraux
pont
voies directes
voie indirecte
bulbe rachidien
croisement dans le bulbe rachidien
moelle épinière
croisement dans la moelle épinière
effecteur musculaire
b
voies sensorielles
cortex somatosensitif
corps calleux
thalamus
bulbe rachidien
croisement dans le bulbe rachidien
moelle épinière
croisement dans la moelle épinière
neurones sensitifs
récepteurs sensitifs

Doc. 2 Les relations entre l'encéphale et la périphérie s'effectuent grâce à des neurones successifs organisés en faisceaux moteurs descendants (**a**). Les mouvements sont réajustés suite aux perceptions sensorielles qui remontent vers l'encéphale par des neurones successifs organisés en faisceaux sensoriels ascendants (**b**).

B La plasticité du cortex moteur

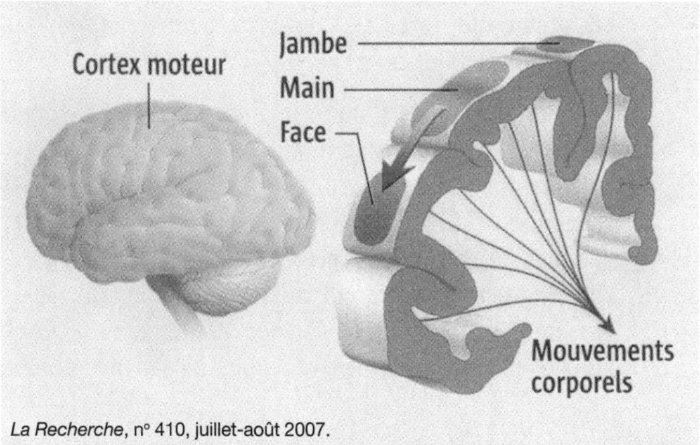
Cortex moteur
Jambe
Main
Face
Mouvements corporels

La Recherche, n° 410, juillet-août 2007.

Un AVC ou accident vasculaire cérébral est dû à un vaisseau sanguin qui se bouche ou se rompt dans le cerveau. Ceci entraîne la perte neurologique d'une région plus ou moins grande suite au déficit en oxygène des neurones ou à leur contact direct avec le sang.

Après un AVC, on peut constater, chez des personnes ayant subi une rééducation, que la région corticale dévolue à une fonction endommagée se déplace. Ainsi, chez des patients atteints d'une paralysie de la main, la zone du cortex moteur primaire (gyrus précentral) dévolue à la commande de celle-ci se déplace vers le bas, c'est-à-dire vers la région qui commande normalement les mouvements de la face.

Doc. 3 Un accident cérébral peut modifier l'organisation fonctionnelle du cortex.

La plasticité corticale n'est pas limitée à la motricité, mais elle s'étend également à la perception des sensations. Les personnes droitières qui jouent d'un instrument à cordes (violon, violoncelle, guitare...) utilisent et stimulent les doigts de la main gauche plus fréquemment que les non-musiciens. Les retours sensoriels liés à ces actions en sont donc affectés. Les documents ci-contre représentent les zones de projection du pouce (vert) et de l'auriculaire gauche (rouge) chez deux personnes droitières (pour que leur main gauche ait la même habilité initiale) : **a** – une violoniste ; **b** – une personne du même âge mais non musicienne.

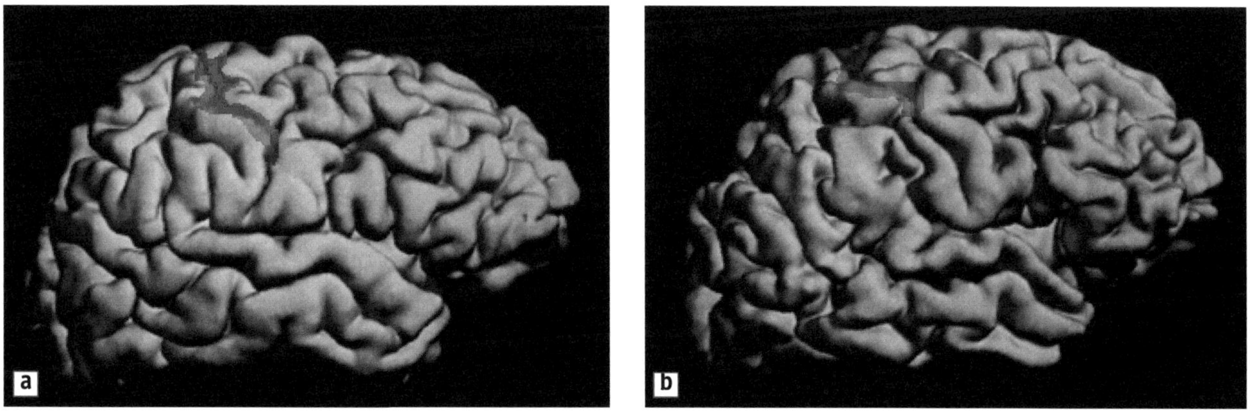
a
b

Doc. 4 Modification de la représentation corticale des doigts dans le cortex somatosensoriel des violonistes.

Pistes d'exploitation

1 **Doc. 1** : Expliquez les fonctions de divers centres intégrateurs dans le contrôle des mouvements volontaires.

2 **Doc. 2** : Expliquez pourquoi la lésion d'un hémisphère entraîne la paralysie et la perte de la sensibilité du côté opposé du corps.

3 **Doc. 3 et 4** : Résumez en quelques phrases les conclusions que vous pouvez dégager de ces deux documents. Montrez que l'« adaptabilité » des réseaux neuroniques cérébraux repose sur les capacités de plasticité des neurones.

La réponse consciente de l'organisme

Le traitement de la perception de l'environnement et l'élaboration de la commande motrice volontaire s'effectuent au niveau du cortex cérébral. Ceci met en jeu des aires corticales localisées où aboutissent et d'où partent les messages nerveux. Ceci suppose également des communications entre les différentes régions de l'encéphale, l'activation de la mémoire et des fonctions psychiques.

Mais l'encéphale accomplit également une multitude d'autres activités conscientes ou inconscientes parmi lesquelles, et non la moindre, la régulation des fonctions vitales de l'organisme. Toutes les parties de l'encéphale ont donc un rôle primordial à jouer dans l'intégrité de l'être vivant.

1 L'organisation de l'encéphale

Chez l'homme, l'**encéphale**, défini comme le contenu de la boîte crânienne, se compose, de l'avant vers l'arrière, des **hémisphères cérébraux** et du **diencéphale** (ce que l'on appelle communément le « **cerveau** »), du **mésencéphale**, du cervelet et du **tronc cérébral**.

- Le tronc cérébral fait directement suite à la moelle épinière. Le **pont** (de Varole) ou **protubérance** (annulaire) et le **bulbe rachidien** en constituent la majeure partie.

- Le cervelet est la partie de l'encéphale la plus volumineuse après les hémisphères cérébraux. Ses deux hémisphères sont reliés au tronc cérébral.

- Le mésencéphale fait suite au tronc cérébral. Il assure la connexion entre celui-ci et les hémisphères cérébraux.

- Le diencéphale est constitué par les amas de substance grise du **thalamus** et de l'**hypothalamus**. Y sont rattachées deux glandes endocrines : l'**hypophyse** et l'**épiphyse** (ou glande pinéale).

- La partie superficielle des hémisphères cérébraux, constituée de substance grise, forme l'**écorce cérébrale** ou **cortex** qui renferme quelque 100 milliards de neurones. La surface des hémisphères est plissée en **gyri** (*sing.* gyrus) ou **circonvolutions** qui en augmentent la surface. Des **sillons** plus profonds divisent chaque hémisphère en quatre **lobes** (frontaux, temporaux, pariétaux et occipitaux). Une **fissure longitudinale** sépare les deux hémisphères.

- La partie interne des hémisphères est constituée essentiellement de substance blanche dans laquelle se retrouvent des amas de substance grise : les **noyaux gris centraux** (ou **ganglions de la base**). Le transfert des informations d'un hémisphère à l'autre est assuré par des faisceaux de fibres de substance blanche, dont le plus important est le corps calleux.

- Tout l'encéphale s'organise autour de cavités appelées **ventricules** qui font suite au canal de l'épendyme de la moelle épinière et qui sont remplis de **liquide céphalorachidien (LCR)**. Tout comme la moelle épinière, l'encéphale est protégé par trois membranes, les **méninges**. La méninge centrale est elle aussi remplie de LCR. Celui-ci assure une protection mécanique au tissu nerveux et offre un milieu chimique stable et propice à l'activité neuronale.

2 Le cortex cérébral

La surface corticale peut être subdivisée en aires fonctionnelles distinctes mais interdépendantes :

- Les **aires sensitives primaires** ou **aires de projection** sont localisées sur les lobes pariétaux, occipitaux et temporaux. Elles reçoivent les informations sensitives en provenance des différents types de récepteurs sensoriels : les aires **somatosensorielles** (ou somesthésiques) primaires sont situées sur les gyri post-centraux gauche et droit et reçoivent les informations tactiles et proprioceptives ; les aires **visuelles** sont localisées dans les lobes occipitaux et reçoivent leurs informations des yeux ; les aires **auditives** sont situées sur les lobes temporaux et discriminent les sons ; etc.

- Les **aires motrices primaires** sont situées sur les gyri précentraux des lobes frontaux gauche et droit. Elles régissent la motricité volontaire du corps en induisant les contractions des muscles squelettiques.

- Les **aires associatives** constituent toutes les aires qui ne peuvent pas être qualifiées de « primaires ». Elles sont en général localisées à proximité des aires primaires auxquelles elles correspondent : ainsi, par exemple, l'aire associative somatosensorielle occupe le lobe pariétal en arrière du gyrus post-central, tandis que l'aire associative visuelle occupe le lobe occipital en avant de l'aire visuelle primaire, etc.

  - Les aires associatives de type sensoriel reçoivent les informations en provenance des aires sensitives primaires qui leur correspondent. Elles intègrent les informations et contiennent les mémoires spécifiques à chaque type de perception. Elles travaillent en collaboration les unes avec les autres, mais également avec les aires associatives de type moteur. En outre, tout comme ces dernières, elles reçoivent et envoient des signaux nerveux indépendamment des aires primaires, ce qui témoigne de la complexité de leurs fonctions.

- Les aires associatives de type moteur sont situées dans les lobes frontaux, en avant des aires motrices primaires. Les **aires prémotrices** interviennent dans la programmation des mouvements volontaires en agissant de manière directe sur l'aire motrice primaire ou, de manière indirecte, en coordination avec les ganglions de la base. L'**aire de Broca**, située uniquement sur l'hémisphère gauche, régit la planification des mouvements associés au langage, ce qui lui vaut le nom d'aire motrice du langage. Elle reçoit les informations de l'**aire de Wernicke** située dans le lobe temporal gauche et qui permet la compréhension des mots, qu'ils soient lus, entendus ou même pensés.
- Le **cortex préfrontal** est la région corticale la plus complexe du cerveau humain. Il intervient dans ce qui est généralement considéré comme la personnalité de l'individu : gestion des relations avec les autres et avec l'environnement, planification des comportements et adaptation de ceux-ci en fonction des circonstances, régulation de l'humeur, etc. Il est aussi largement relié au **système limbique**. Il permet le jugement, la conscience du bien et du mal, l'anticipation, l'altruisme, le raisonnement, la persévérance... bref, tout ce qui fait de l'homme un être humain. Sa croissance est lente chez l'enfant et dépend largement des conditionnements reçus du milieu familial, social et environnemental : « C'est bien de faire ceci, c'est mal de faire cela... ».

• L'une des particularités propres au cortex est sa commande croisée : chacun des hémisphères est essentiellement le siège de la motricité et de la perception sensorielle **du côté opposé du corps**. Ainsi, le cortex hémisphérique droit régit le côté gauche du corps, tandis que le cortex gauche s'occupe du côté corporel droit. En outre, il est possible de projeter les différentes parties du corps sur le cortex somatosensoriel et sur le cortex moteur primaire, non pas en fonction de leur taille, mais de leur importance sensorielle ou motrice. Cette représentation est appelée un « **homunculus** ».

• Le cortex cérébral n'est pas totalement symétrique, tant sur la plan anatomique que sur le plan fonctionnel. Si les deux hémisphères interviennent en général dans la réalisation d'une tâche déterminée, on observe plutôt une **latéralisation fonctionnelle** : les aires corticales impliquées sont en effet souvent différentes sur l'un ou l'autre des hémisphères. Certaines aires, comme l'aire de Broca ou l'aire de Wernicke, sont même localisées uniquement sur l'hémisphère gauche.

3 Les régions non corticales de l'encéphale

Pour comprendre les fonctions des différentes parties de l'encéphale humain, il faut se souvenir que celui-ci est le fruit d'une lente évolution qui part des premiers poissons puis passe par les reptiles et les mammifères primitifs. Il s'est donc construit de manière progressive par des apports successifs qui permettent chacun un supplément de complexité dans le traitement des informations, mais qui ne suppriment en rien les fonctions précédentes.

• Le cerveau postérieur, constitué du tronc cérébral et du cervelet, nous a été transmis par les poissons. Or ceux-ci ont un cœur qui bat, ils respirent, mangent, regardent, écoutent, dorment, coordonnent leurs muscles et s'équilibrent... Le **tronc cérébral** est donc impliqué dans toutes les **fonctions vitales** fondamentales !

Il contient également les noyaux d'origine de toutes les paires de nerfs crâniens, à l'exception du nerf optique et du nerf olfactif qui se rendent directement des yeux ou du nez vers le cortex cérébral.

Vu sa situation anatomique, il sert de relais pour toutes les informations sensitives provenant de la moelle et dirigée vers le reste de l'encéphale et pour tous les ordres moteurs émanant de celui-ci et dirigés vers la moelle.

Le cervelet y étant attaché, les informations qui s'y rendent ou en proviennent, qu'elles soient associées à la moelle ou au reste de l'encéphale, transitent également par le tronc cérébral.

• Le **cervele**t, déjà présent chez les poissons, est impliqué dans la coordination motrice des mouvements volontaires. Il contribue au maintien de la posture et de l'équilibre.

Il agit comme un pilote automatique qui réceptionne les intentions motrices des centres supérieurs (cortex moteur et noyaux gris centraux) et les compare aux informations sensorielles qu'il reçoit, notamment des yeux, de l'oreille interne et de tous les récepteurs proprioceptifs. S'il y a discordance, il renvoie des signaux correctifs au cortex, mais aussi à la moelle via le tronc cérébral.

• Le **diencéphale** s'est développé à partir des reptiles. On le nomme d'ailleurs souvent le « cerveau reptilien ». Il réalise une interprétation plus fine des informations venues d'un milieu complexe, le milieu terrestre, et permet de s'y adapter. Il a pour finalité la conservation de l'espèce, et régit les émotions. Il réalise également le lien entre deux systèmes essentiels pour le maintien de l'homéostasie : le système nerveux et le système endocrinien.

- Le **thalamus** est situé à la jonction entre le tronc cérébral et le cerveau proprement dit. La quasi-totalité des influx nerveux envoyés au cortex y transitent ou y font relais. Il sert de zone de tri et d'orientation pour les messages nerveux dirigés vers le cortex en provenance des voies sensorielles et des noyaux gris centraux.

Il est également le premier centre d'interprétation de la douleur, de la température et du toucher diffus. Il participe à la régulation de la motricité, de la sensibilité, mais aussi des émotions ou de la mémoire ; certains de ses noyaux font partie du système limbique.

- L'**hypothalamus** est le lien majeur entre le système nerveux et le système endocrinien. Il reçoit à la fois des informations nerveuses et hormonales et produit différents types de neurosécrétions à caractère hormonal (voir Partie 2 du manuel).

Son autre fonction majeure est de contrôler et d'intégrer les activités du système nerveux autonome et par là de régir toutes les fonctions viscérales. En outre, c'est lui qui contrôle la faim, la soif, la température et les émotions de rage et d'agressivité, ainsi que les pulsions, notamment sexuelles. Il est l'un des éléments clés du système limbique.

• Le **système limbique** est un ensemble de structures anatomiques diverses situées au centre du cerveau : hypothalamus, parties du thalamus, aires corticales situées autour du 3e ventricule, parties du cortex préfrontal. Ces régions sont reliées fonctionnellement et interviennent dans l'aspect émotif du comportement et de la mémoire.

• Les **noyaux gris centraux** (ganglions de la base) situés dans la matière blanche sous-corticale des deux hémisphères participent au déclenchement des mouvements intentionnels. Ils permettent également de supprimer les mouvements automatiques non souhaités.

4 La complexité de la fonction céphalique

Enfin, et surtout, il faut se rappeler que ce qui précède est largement simplifié. Pour chaque tâche, qu'elle soit consciente ou inconsciente, c'est l'ensemble du cortex et de l'encéphale qui est impliqué.

Les mouvements volontaires en sont un exemple frappant. Si la planification de la commande motrice a lieu dans le cortex prémoteur, son exécution est régie par le cortex moteur primaire. Le déclenchement de ces mouvements dépend des noyaux gris centraux, mais leur coordination s'effectue grâce au cervelet en réponse aux informations sensorielles que ces mouvements engendrent. La transmission des ordres moteurs se fait par des faisceaux de neurones transitant par le mésencéphale, le tronc cérébral et la moelle épinière, en effectuant un changement de côté à l'un de ces niveaux.

En outre, grâce à la capacité de **plasticité** que présentent les neurones, un remodelage des circuits neuroniques est rendu possible tout au long de la vie. Il semble que les circuits nerveux du cortex cérébral soient les plus malléables.

L'essentiel

• Le cortex cérébral est une mince couche de substance grise recouvrant les deux hémisphères. Il est plissé en circonvolutions ou gyri qui augmentent sa surface. Des sillons plus profonds le divisent en quatre lobes. La surface corticale peut être subdivisée en aires fonctionnelles : aires sensitives primaires, aires motrices primaires et aires associatives sensitives et motrices.

• Le cortex préfrontal intervient dans ce qui est généralement considéré comme la personnalité de l'individu. Il travaille en collaboration avec le système limbique qui intervient dans l'aspect émotionnel du comportement et de la mémoire.

• Le tronc cérébral est un lieu de transit des informations sensitives et motrices. Il est le point de départ de la plupart des nerfs. Il est également impliqué dans la régulation de toutes les fonctions vitales. Le cervelet coordonne les mouvements volontaires ainsi que l'équilibre et la posture.

• Le thalamus trie et oriente les messages nerveux arrivant ou partant des centres nerveux supérieurs. Il intervient dans la régulation de la motricité et de la sensibilité. Il fait aussi partie du système limbique. L'hypothalamus est le lien entre le système nerveux et le système endocrinien. Il contrôle le système nerveux autonome et régit les pulsions.

• Les fonctions remplies par l'encéphale sont complexes et les tâches qu'il accomplit requièrent l'intervention conjointe de nombreux centres d'intégration. Ainsi en est-il notamment de la commande des mouvements volontaires.

• Les circuits nerveux du cortex cérébral sont malléables en fonction du vécu et l'encéphale manifeste une remarquable plasticité.

Schéma-bilan

■ FONCTIONS MAJEURES DES PRINCIPALES RÉGIONS DE L'ENCÉPHALE

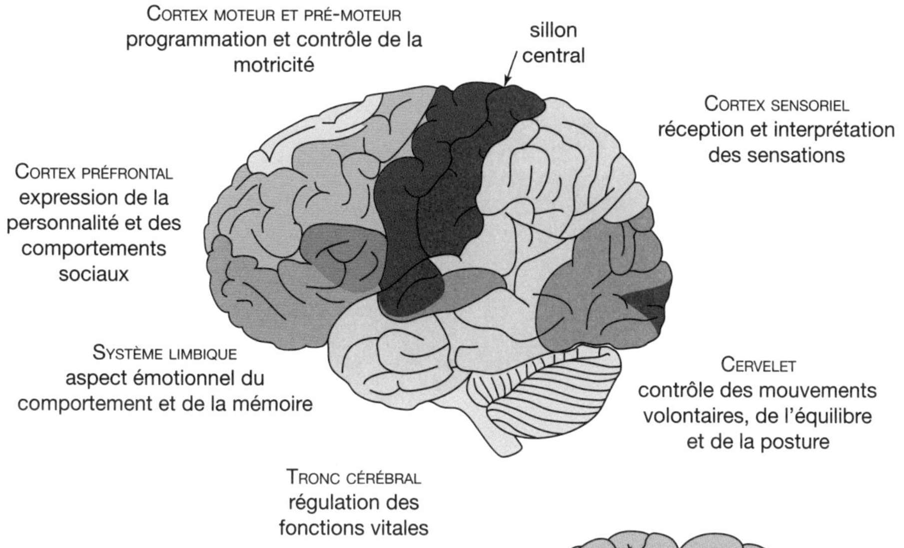
CORTEX MOTEUR ET PRÉ-MOTEUR
programmation et contrôle de la motricité
sillon central
CORTEX SENSORIEL
réception et interprétation des sensations
CORTEX PRÉFRONTAL
expression de la personnalité et des comportements sociaux
SYSTÈME LIMBIQUE
aspect émotionnel du comportement et de la mémoire
CERVELET
contrôle des mouvements volontaires, de l'équilibre et de la posture
TRONC CÉRÉBRAL
régulation des fonctions vitales

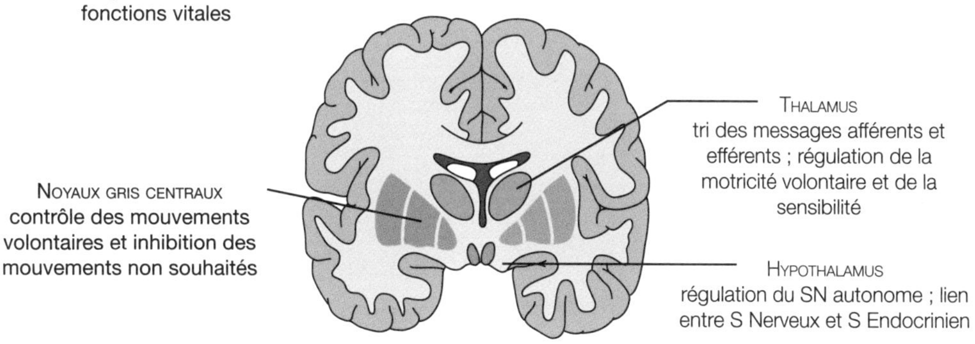
THALAMUS
tri des messages afférents et efférents ; régulation de la motricité volontaire et de la sensibilité
NOYAUX GRIS CENTRAUX
contrôle des mouvements volontaires et inhibition des mouvements non souhaités
HYPOTHALAMUS
régulation du SN autonome ; lien entre S Nerveux et S Endocrinien

■ EXÉCUTION ET CONTRÔLE DES MOUVEMENTS VOLONTAIRES

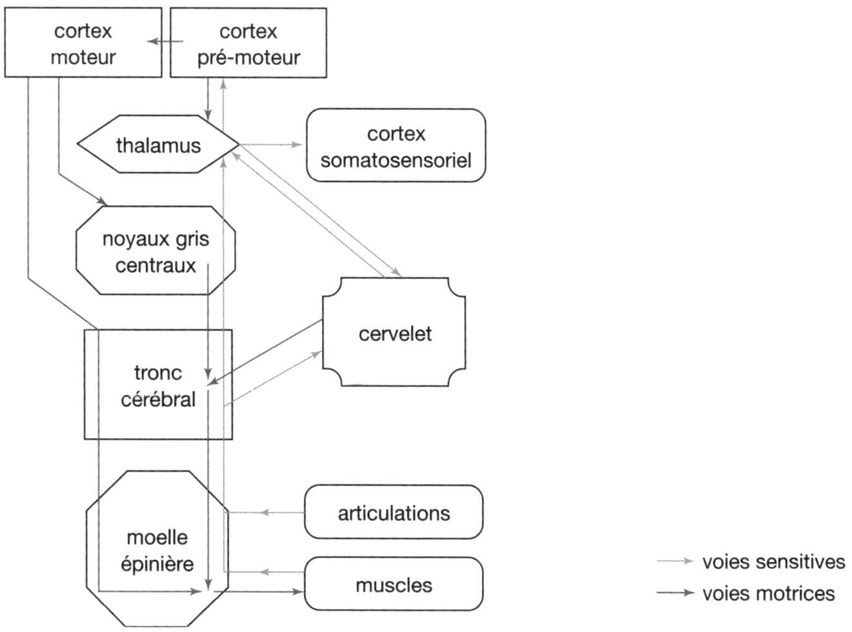
cortex moteur
cortex pré-moteur
thalamus
cortex somatosensoriel
noyaux gris centraux
cervelet
tronc cérébral
moelle épinière
articulations
muscles
voies sensitives
voies motrices

A Le sommeil

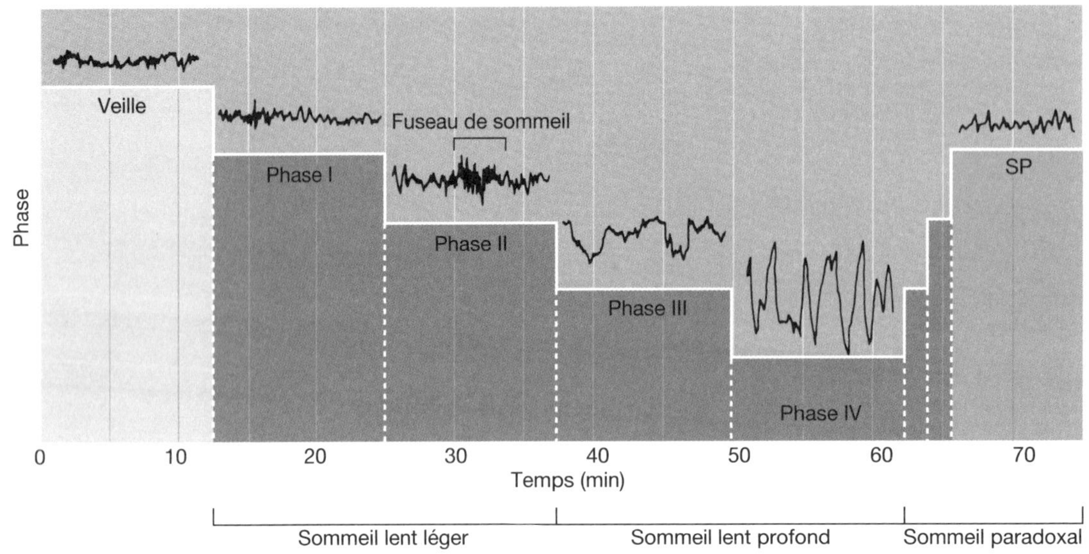
Veille
Fuseau de sommeil
Phase I
Phase II
Phase III
Phase IV
SP
Phase
0
10
20
30
40
50
60
70
Temps (min)
Sommeil lent léger
Sommeil lent profond
Sommeil paradoxal

Doc.1 Le sommeil est subdivisé en sommeil lent, léger ou profond, et en sommeil paradoxal.

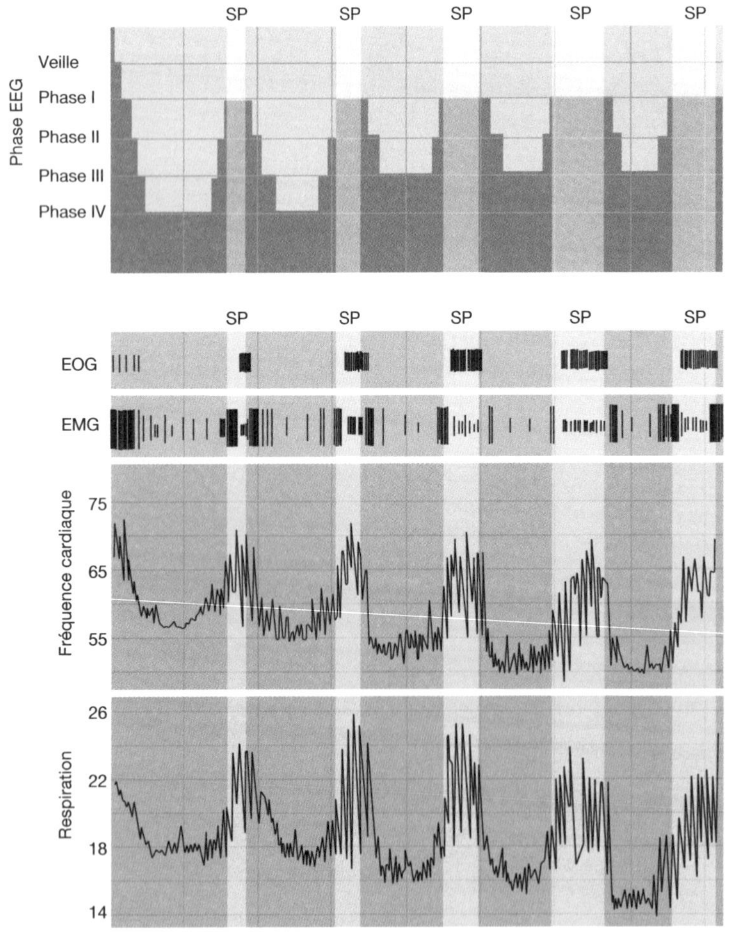
SP
Veille
Phase I
Phase II
Phase III
Phase IV
Phase EEG
EOG
EMG
Fréquence cardiaque
75
65
55
Respiration
26
22
18
14

Une nuit typique est rythmée par la succession de 4 à 6 cycles de sommeil lent (allant de l'endormissement au sommeil profond) et de sommeil paradoxal. Celui-ci apparaît environ toutes les 90 minutes et sa durée augmente à chaque cycle pour être maximale en fin de nuit.

Le sommeil lent est le sommeil le plus réparateur pour le corps et le cerveau, et notamment pour le cortex préfrontal. Sa phase la plus profonde ne se présente que lors les deux premiers cycles de sommeil. Durant le sommeil lent, le rythme respiratoire, la fréquence cardiaque, la température corporelle et le métabolisme général diminuent. Le tonus musculaire est réduit.

Le sommeil paradoxal ou sommeil REM (*rapid eye movement*) a été découvert en 1959 et présente le paradoxe d'une activité cérébrale similaire à celle de la veille, mais sans aucune activité musculaire volontaire, à l'exception des mouvements rapides des yeux. C'est lors de ce stade de sommeil que s'effectuent la majorité des rêves. S'il n'existait pas un blocage des voies motrices à ce moment, nous effectuerions les mouvements de nos rêves... avec les conséquences que l'on imagine !

Doc.2 Évolution des mouvements oculaires (EOG : électrooculogramme), de l'activité musculaire (EMG : électromyogramme) et des fréquences cardiaque et respiratoire au cours des phases du sommeil (EEG : électroencéphalogramme).

Le sommeil et la mémoire

B La mémoire

• La mémoire à court terme ou mémoire de travail

La mémoire à court terme est une espèce de bloc-notes où sont stockées les informations utiles pour une durée limitée et pour une utilisation immédiate (quelques secondes) ou relativement courte (quelques minutes).

Sa capacité est déterminée par la quantité d'informations verbales ou visuelles qu'un sujet peut fixer après une seule présentation (en général, 6 à 9). Pour en mémoriser une quantité plus grande, il faut donc les regrouper en unités d'informations ayant un sens. Ainsi, pour mémoriser la série de chiffres

0, 4, 6, 2, 3, 6, 9, 8, 2, 5

on regroupera en 0462 – 369 - 825

...et c'est ainsi que l'on retient un numéro de GSM !

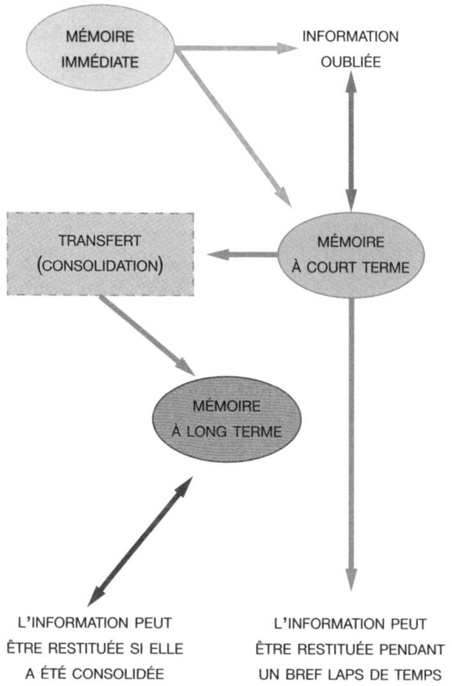

MÉMOIRE IMMÉDIATE
INFORMATION OUBLIÉE
TRANSFERT (CONSOLIDATION)
MÉMOIRE À COURT TERME
MÉMOIRE À LONG TERME
L'INFORMATION PEUT ÊTRE RESTITUÉE SI ELLE A ÉTÉ CONSOLIDÉE
L'INFORMATION PEUT ÊTRE RESTITUÉE PENDANT UN BREF LAPS DE TEMPS

• La mémoire à long terme

La mémoire à long terme permet de conserver des souvenirs de longue durée (quelques minutes à plusieurs années).

Les centenaires conservent souvent des souvenirs de leur petite enfance... mais ne se souviennent plus de ce qu'ils ont fait la veille ! La réactivation des souvenirs permet sans doute de les conserver.

Doc. 3 Les boucles de la mémoire.

La mémoire n'est pas une fonction unitaire, mais peut être décomposée en différents systèmes fonctionnels et structuraux. Cependant, ceux-ci ne fonctionnent pas isolément : tous interagissent, coopèrent ou entrent en conflit pour conserver les différents aspects de l'information et les faire resurgir au moment adéquat.

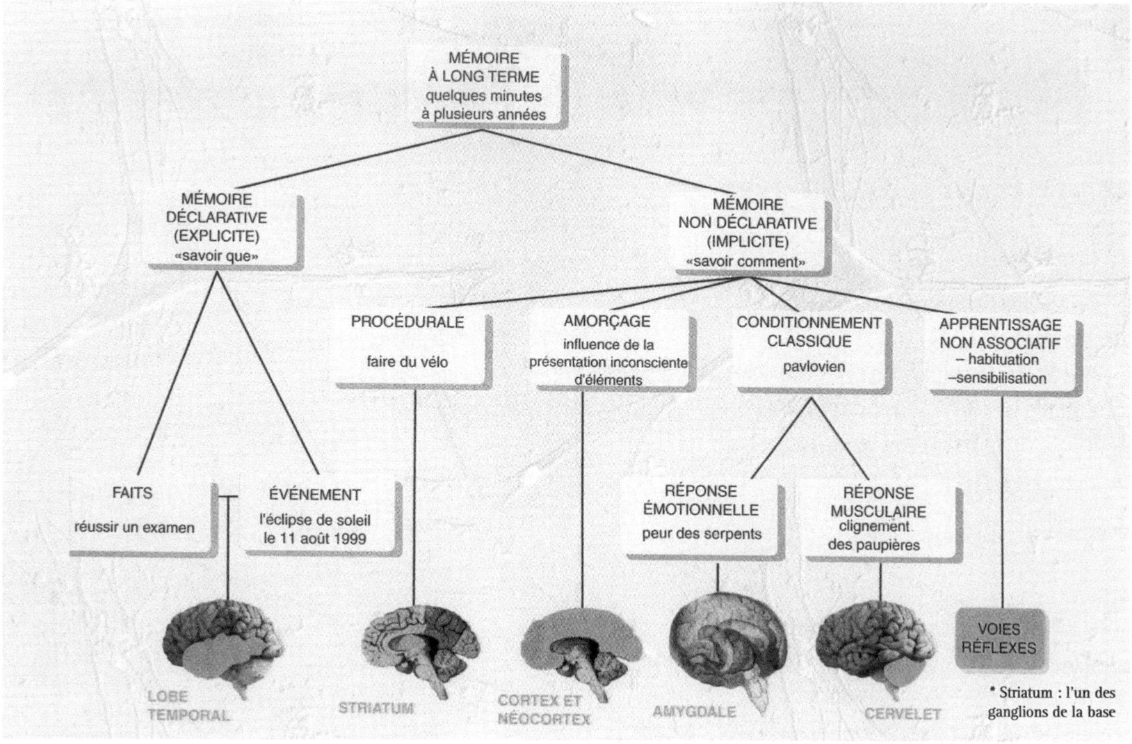

MÉMOIRE À LONG TERME quelques minutes à plusieurs années
MÉMOIRE DÉCLARATIVE (EXPLICITE) «savoir que»
MÉMOIRE NON DÉCLARATIVE (IMPLICITE) «savoir comment»
PROCÉDURALE faire du vélo
AMORÇAGE influence de la présentation inconsciente d'éléments
CONDITIONNEMENT CLASSIQUE pavlovien
APPRENTISSAGE NON ASSOCIATIF – habituation –sensibilisation
FAITS réussir un examen
ÉVÉNEMENT l'éclipse de soleil le 11 août 1999
RÉPONSE ÉMOTIONNELLE peur des serpents
RÉPONSE MUSCULAIRE clignement des paupières
VOIES RÉFLEXES
LOBE TEMPORAL
STRIATUM
CORTEX ET NÉOCORTEX
AMYGDALE
CERVELET
* Striatum : l'un des ganglions de la base

Doc. 4 La mémoire plurielle.

Je connais

A. Donnez le nom :

a. ...de la couche mince riche en neurones qui recouvre les deux hémisphères.

b. ...de la zone cérébrale qui reçoit les informations sensorielles somatiques.

c. ...de la partie du cerveau divisée en deux hémisphères et dévolue au contrôle de la posture.

d. ...de l'ensemble fonctionnel impliqué dans la gestion de l'humeur, des émotions et de la mémoire.

e. ...des régions hémisphériques situées en avant du sillon central.

B. Vrai ou faux ?

Parmi les affirmations suivantes, recopiez celles qui sont exactes et corrigez celles qui sont erronées.

a. Une lésion d'une zone déterminée du cortex cérébral peut entraîner la perte de la vue.

b. Saisir un objet de la main gauche ne fait appel qu'au gyrus précentral droit.

c. Certaines personnes sont incapables de reconnaître un objet au toucher.

d. Une lésion cérébrale est toujours mortelle.

e. La mémoire intervient dans la perception.

C. Exprimez des idées importantes...

...en rédigeant une ou deux phrases utilisant chaque groupe de mots ou expressions :

a. substance grise, cortex cérébral, circonvolutions.

b. aires sensorielles primaires, aires motrices primaires, aires associatives.

c. personnalité, comportements sociaux, émotions, cortex préfrontal.

d. propriocepteurs, équilibre, oreille interne, yeux, cervelet.

e. circuits nerveux corticaux, expérience individuelle, plasticité neuronale.

D. Expliquez comment...

a. ...un ordre moteur émis par le cortex moteur droit est réalisé par un effecteur musculaire situé du côté gauche du corps.

b. ...les aires cérébrales ne fonctionnent pas indépendamment les unes des autres.

c. ...le tronc cérébral est le centre intégrateur des réflexes crâniens.

J'applique et je transfère

1 Interpréter des faits cliniques

Une lésion sur l'hémisphère cérébral gauche :
- de la zone 1, entraîne une paralysie des doigts de la main droite ;
- de la zone 2, l'impossibilité d'effectuer certains gestes appris (réaliser une mimique, dactylographier...), alors que les doigts de la main peuvent bouger.

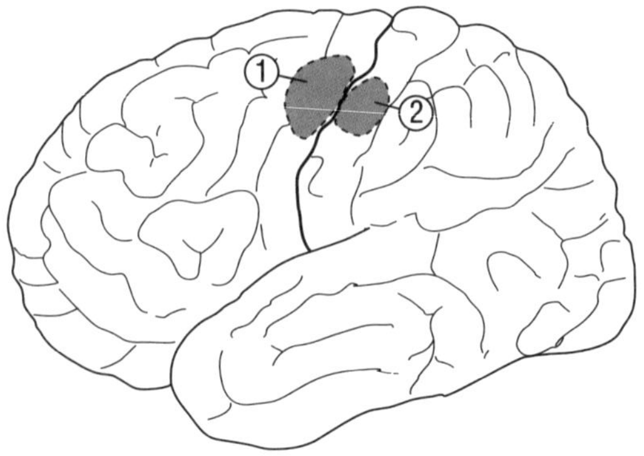
1
2

1- À quoi correspond la zone 1 ? la zone 2 ?

2- D'après vous, que se produirait-il si on stimulait électriquement un point précis de la zone 1 ?

3- Comment expliquez-vous que la paralysie constatée concerne la main droite et non la main gauche ?

2 La maturation du cerveau

La photographie représente une terminaison axonique d'un neurone de la rétine : on peut voir deux connexions synaptiques avec les neurones relais des corps genouillés latéraux (relais thalamique des informations visuelles) qui transmettent le message nerveux vers le cortex visuel. À la naissance, ces terminaisons existent déjà mais ne font que la moitié de leur taille adulte et ne font que quelques synapses avec les neurones relais. Pendant les semaines qui suivent la naissance, ces terminaisons grossissent et établissent de nouvelles synapses. Ce développement anatomique (étudié chez le chat) n'a lieu que si les neurones émettent des messages nerveux.

- **Utilisez ces observations pour démontrer que la structure de l'encéphale est déterminée à la fois génétiquement et par l'expérience individuelle.**

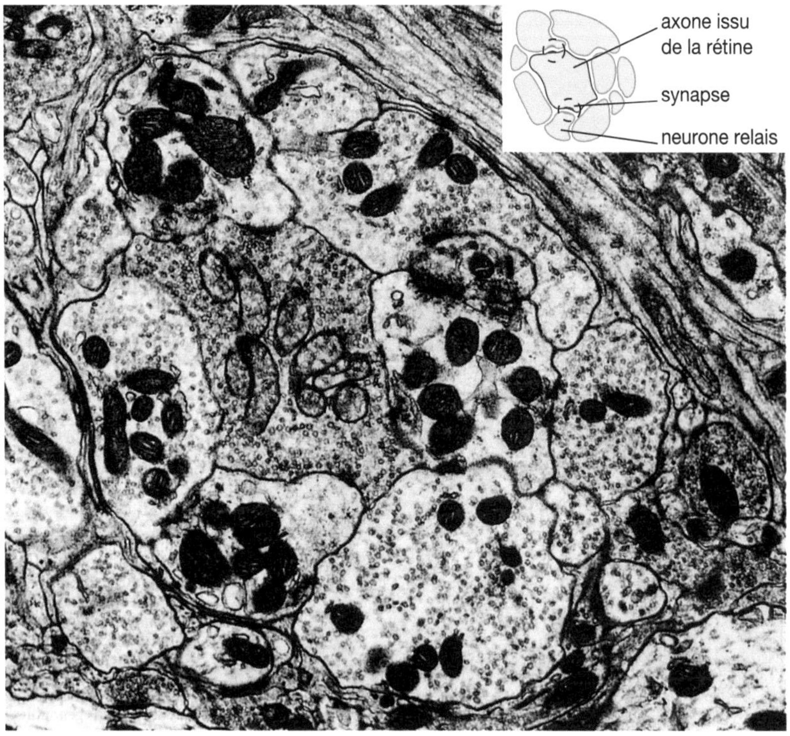
axone issu
de la rétine
synapse
neurone relais

3 Un exemple curieux du fonctionnement cortical

Le peintre Anton Räderscheidt a effectué une série d'autoportraits successifs durant la période de récupération qui a fait suite à son accident vasculaire cérébral au niveau du lobe pariétal droit. L'artiste a retrouvé ses capacités progressivement et complètement au bout de 9 mois (en bas à droite). On notera l'amélioration progressive de son attention au côté gauche de l'image de son visage dans un miroir.

1 - **Rappelez où se situent les aires corticales dévolues à la vision et à l'analyse des images perçues.**

2 - **Comment pouvez-vous interpréter ces peintures et leur évolution ?**

4 La plasticité du cortex somatosensoriel chez les rongeurs

Le rat est un rongeur nocturne dont le système visuel est peu performant. En revanche, cet animal explore son environnement en utilisant surtout son odorat d'une part, ses moustaches tactiles (ou vibrisses) d'autre part. Ces vibrisses oscillent en permanence (de 2 à 20 fois par seconde) et tout contact avec un objet modifie la fréquence des signaux envoyés vers le cerveau. Ces informations, décodées par le cortex somatosensoriel (somatosensitif ou somesthésique), permettent de déterminer la position des objets, leur texture...
Les chercheurs ont pu établir que chaque vibrisse possède sa propre projection dans le cortex somatosensoriel (**b** et **b'**) : la stimulation d'une vibrisse précise entraîne la réponse préférentielle d'un domaine cortical fonctionnel.

- **Expérience**

On détruit à la naissance une rangée de vibrisses (**c**). On observe ensuite, chez l'animal devenu adulte, l'organisation de son cortex somatosensoriel (**c'**).

1- Expliquez ce qu'est le « ratunculus ».

2- Comment expliquez-vous que la projection des vibrisses dans l'aire somatosensorielle du rat occupe une superficie aussi importante ?

3- Quelle conclusion dégagez-vous du résultat expérimental obtenu ?

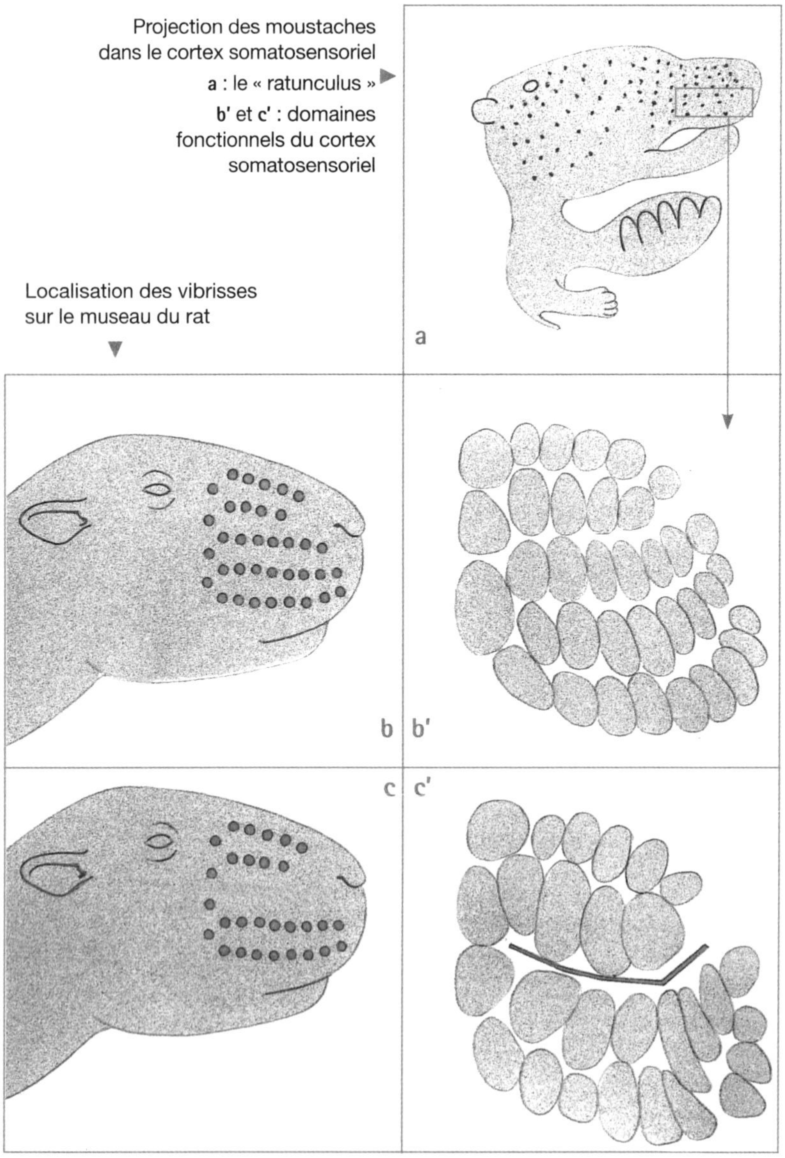
Projection des moustaches
dans le cortex somatosensoriel
a : le « ratunculus »
b' et c' : domaines
fonctionnels du cortex
somatosensoriel
Localisation des vibrisses
sur le museau du rat
a
b
b'
c
c'

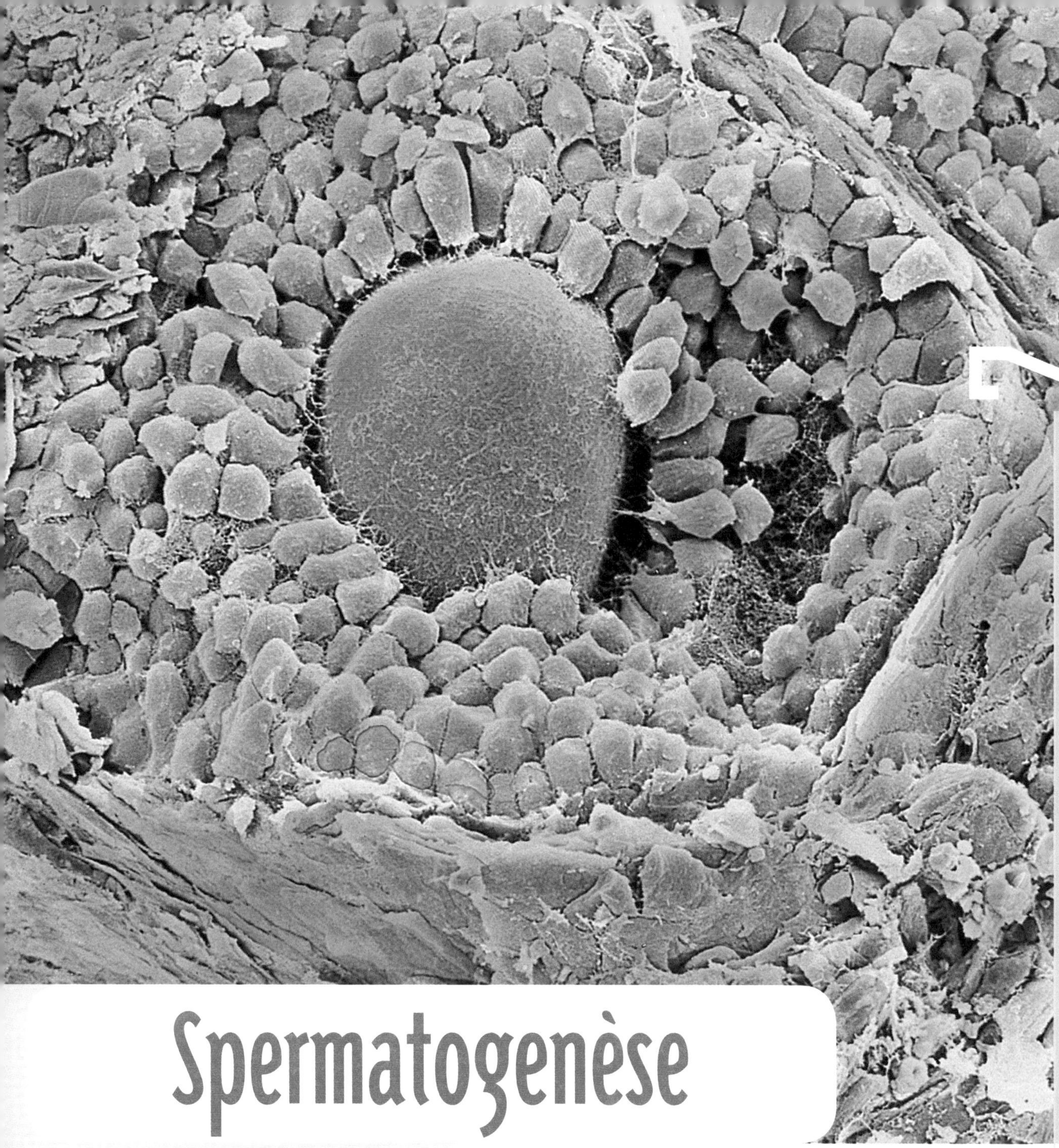

chapitre 7

Spermatogenèse et ovogenèse

Comme étudié en 4ème année, la reproduction sexuée permet, grâce à la méiose, la transmission à chaque descendant d'un assortiment unique de chromosomes, issus pour moitié du père et pour moitié de la mère. Les cellules sexuées doivent en outre être capables de se rencontrer afin d'assurer la fécondation. L'objectif du présent chapitre est d'étudier comment sont formées ces gamètes hautement spécialisés, spermatozoïdes chez l'homme et ovocyte chez la femme.

Photographie : coupe de follicule ovarien montrant en sont centre l'ovocyte coloré en rouge, entouré des cellules folliculaires nourricières colorées en bleu (MEB, fausses couleurs).

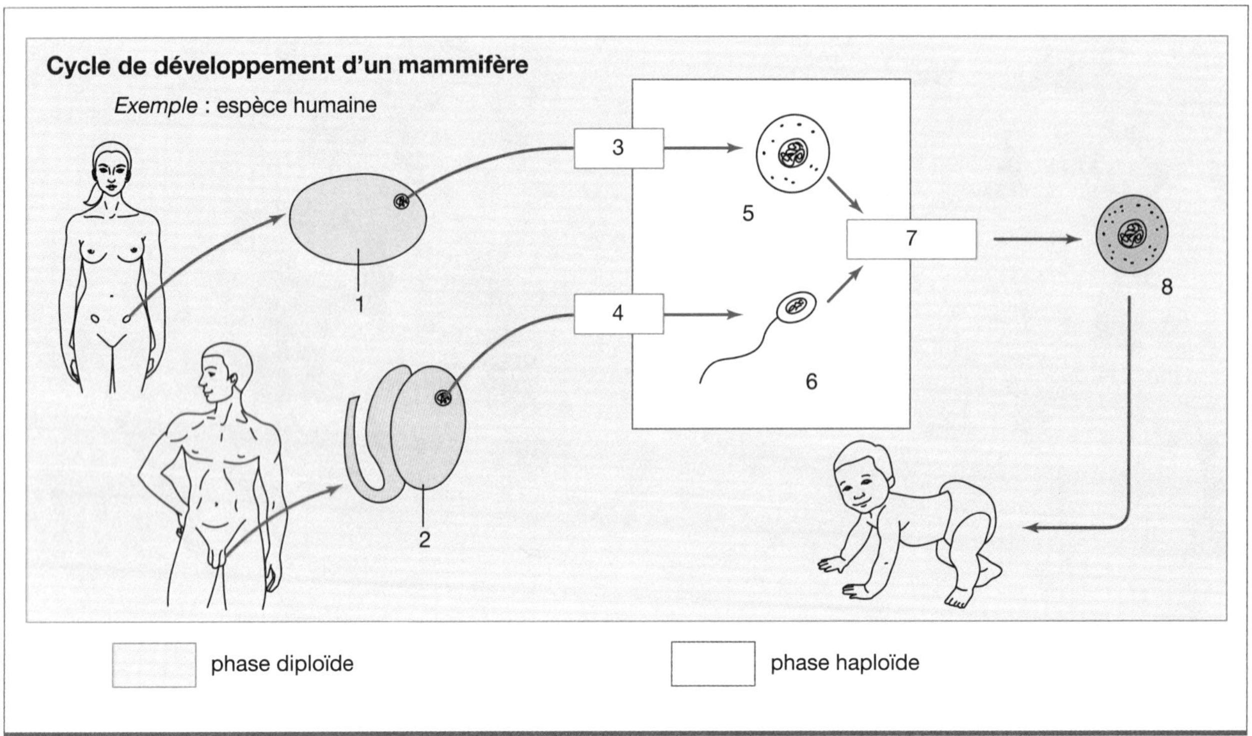
Cycle de développement d'un mammifère
Exemple : espèce humaine
1
2
3
4
5
6
7
8
phase diploïde
phase haploïde

Doc. 1 Quelles sont les étapes caractéristiques du cycle de développement d'un organisme ? Quelles sont les caractéristiques des phases diploïde et haploïde ? Donnez un nom à chacune des structures représentées.

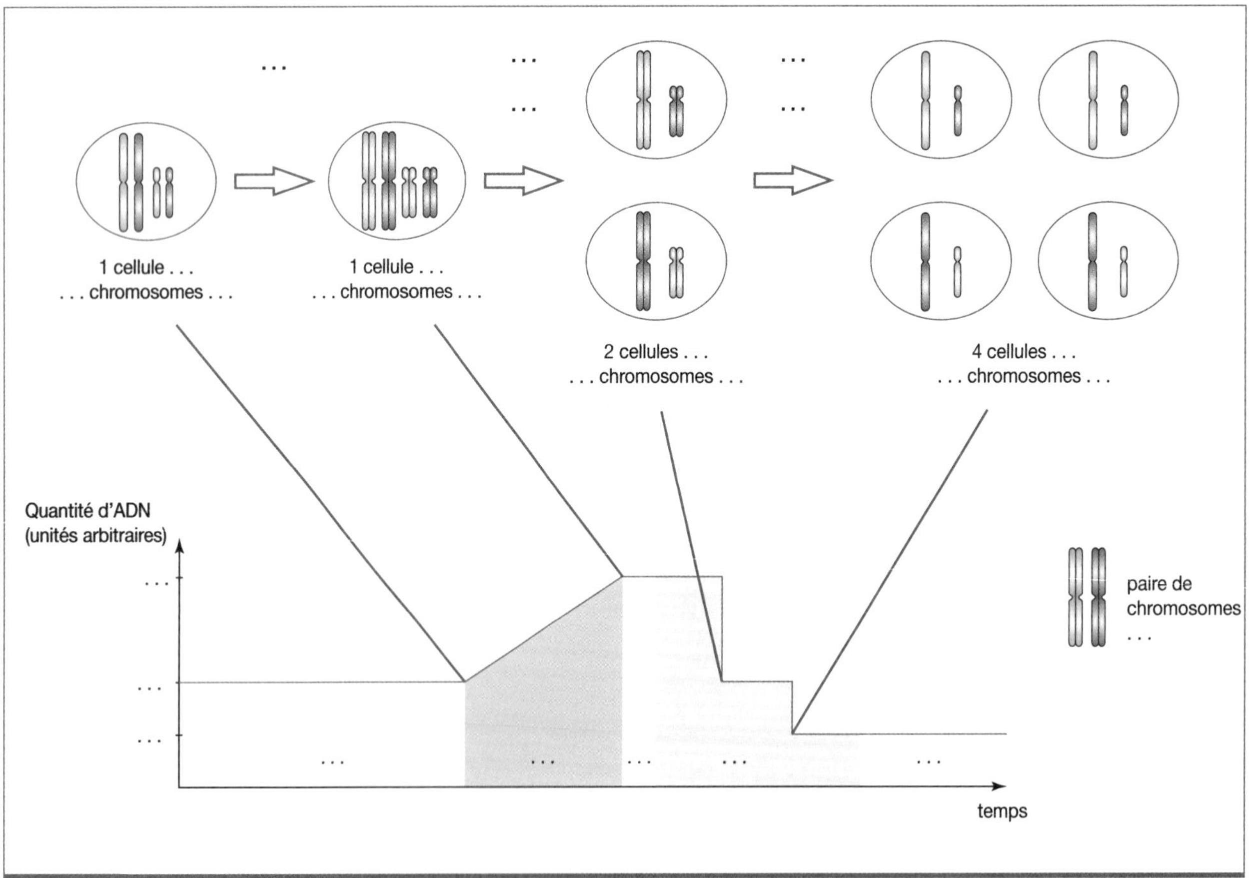
1 cellule . . .
. . . chromosomes . . .
1 cellule . . .
. . . chromosomes . . .
2 cellules . . .
. . . chromosomes . . .
4 cellules . . .
. . . chromosomes . . .
Quantité d'ADN
(unités arbitraires)
temps
paire de
chromosomes
. . .

Doc. 2 Expliquez le principe de la méiose et des variations de la quantité d'ADN. Annotez le schéma en remplaçant les . . . .

Méiose et cycle de développement

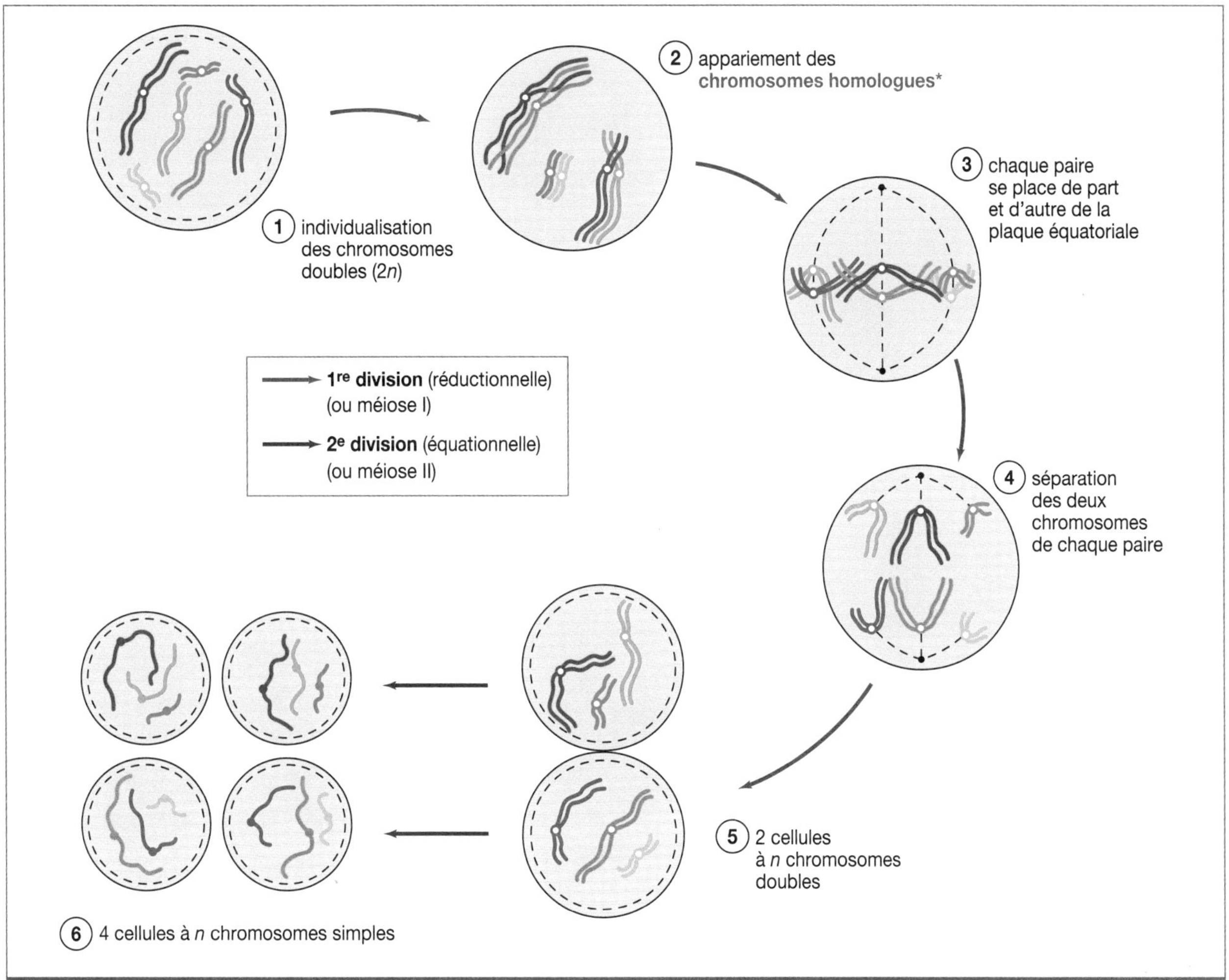

1 individualisation des chromosomes doubles (2n)
2 appariement des chromosomes homologues*
3 chaque paire se place de part et d'autre de la plaque équatoriale
4 séparation des deux chromosomes de chaque paire
5 2 cellules à n chromosomes doubles
6 4 cellules à n chromosomes simples
1re division (réductionnelle) (ou méiose I)
2e division (équationnelle) (ou méiose II)

Doc. 3 Donnez le nom des différentes phases de la méiose. Lesquelles ne sont pas représentées sur ce schéma ?

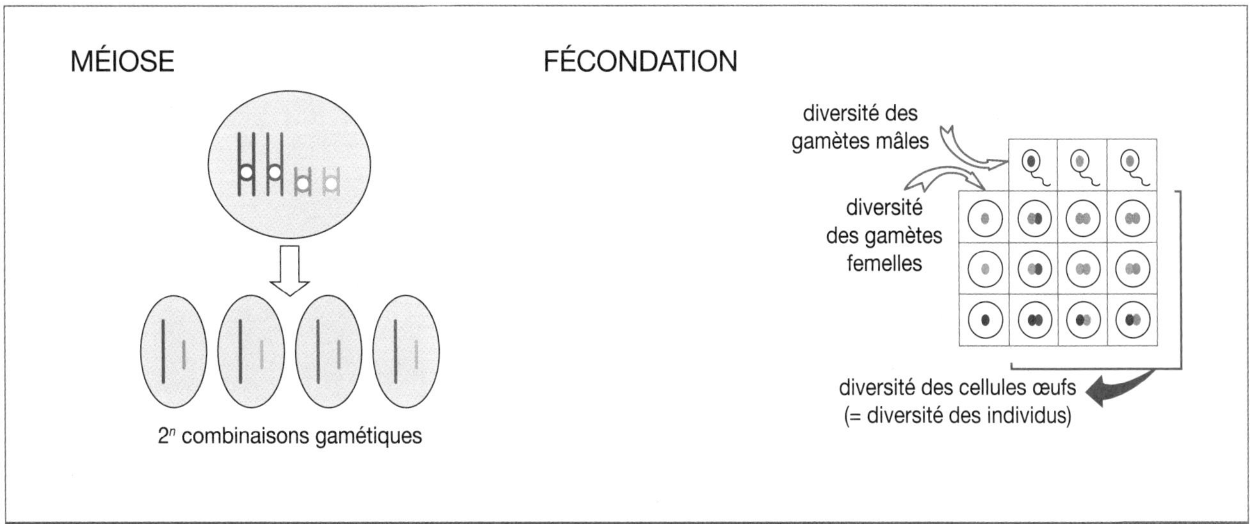

MÉIOSE
FÉCONDATION
2n combinaisons gamétiques
diversité des gamètes mâles
diversité des gamètes femelles
diversité des cellules œufs (= diversité des individus)

Doc. 4 Comment la méiose et la fécondation amplifient-elles la diversité génétique ? Calculez le nombre de combinaisons haploïdes et diploïdes possibles avec les mêmes géniteurs dans l'espèce humaine.

Les organes génitaux de l'homme

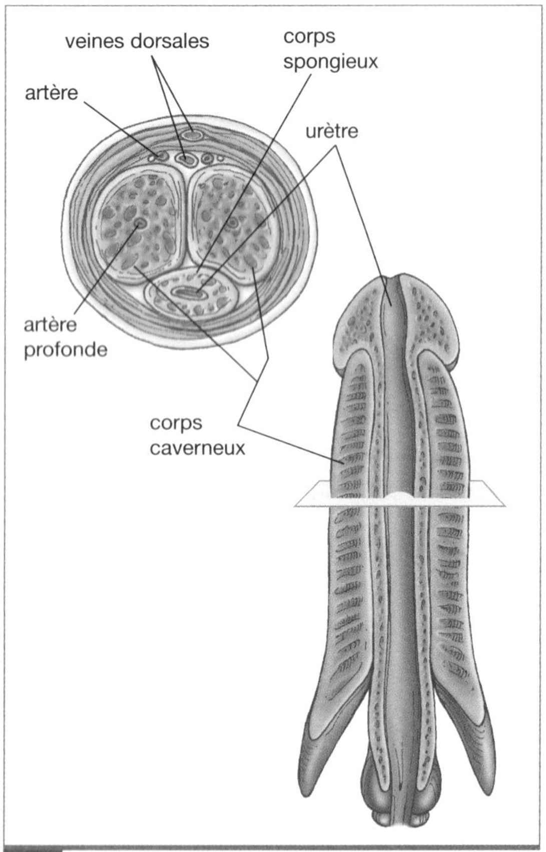
veines dorsales
corps spongieux
artère
urètre
artère profonde
corps caverneux

Doc. 1 Coupe transversale (à gauche) et longitudinale (à droite) du pénis.

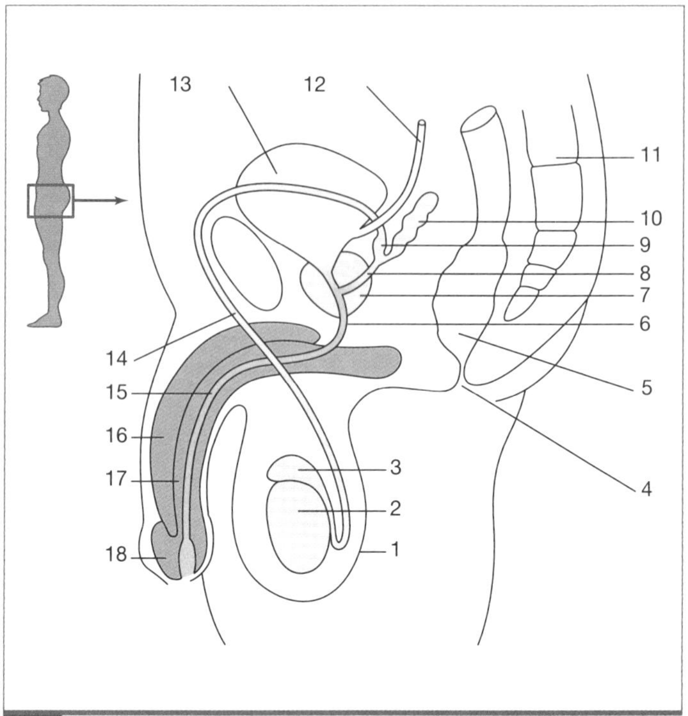
13
12
11
10
9
8
7
6
5
4
3
2
1
14
15
16
17
18

Doc. 2 L'appareil génital de l'homme est un groupement d'organes qui assurent l'ensemble de la fonction génitale masculine : produire des spermatozoïdes et les déposer dans les voies génitales de la femme. Quelles sont les différentes parties du système génital masculin ?

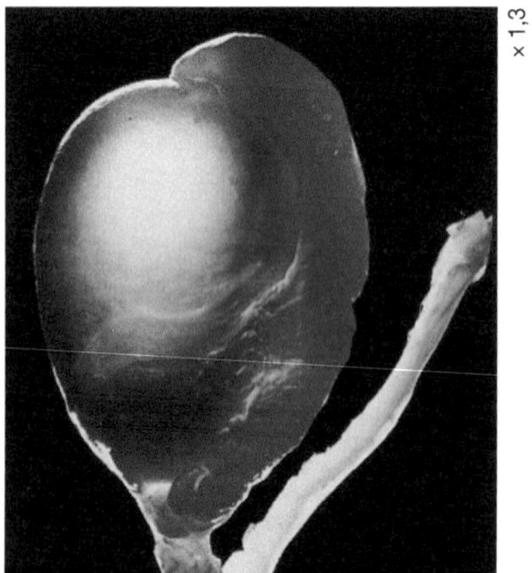
× 1,3

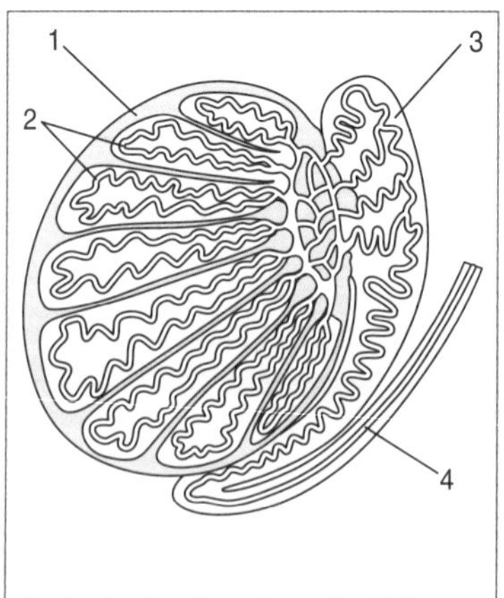
1
2
3
4

1 - testicule ; 2 - tubes séminifères ; 3 - épididyme ; 4 - canal déférent.

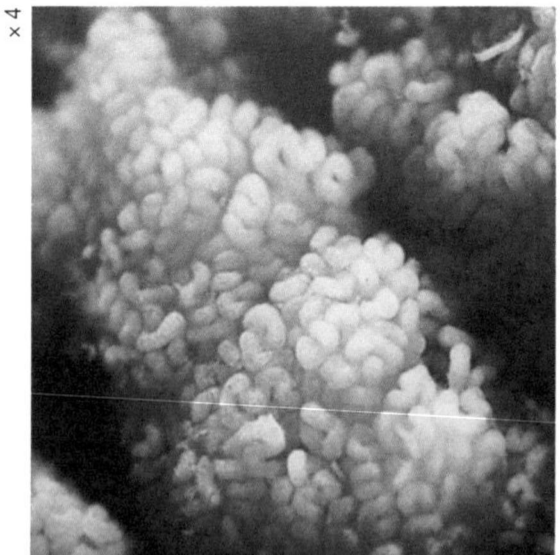
× 4

Chaque testicule contient de très nombreux tubes pelotonnés (les tubes séminifères, photographie de droite) dans lesquels naissent les spermatozoïdes.

L'épididyme est formé d'un conduit sinueux de 6 m de long que les spermatozoïdes parcourent en 20 jours environ. Les spermatozoïdes, pratiquement immobiles au départ, y acquièrent leur mobilité.

Doc. 3 Quel est le parcours des spermatozoïdes, depuis leur formation jusqu'à leur éjaculation ?

Les organes génitaux de la femme

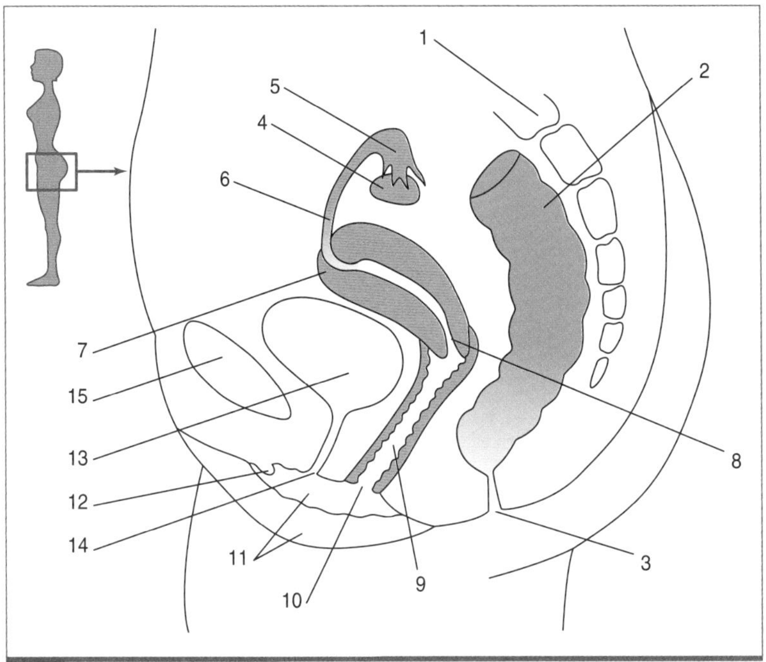

1
2
3
4
5
6
7
8
9
10
11
12
13
14
15

Doc. 4 L'appareil génital de la femme : un ensemble d'organes nécessaires à la reproduction. Quelles sont les différentes parties du système génital féminin ?

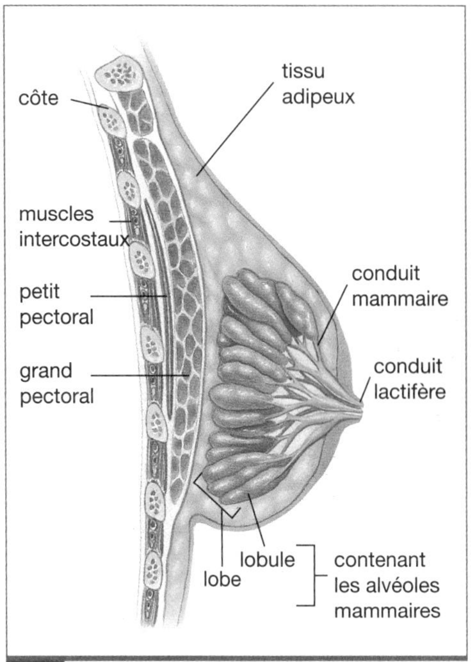

côte
tissu adipeux
muscles intercostaux
petit pectoral
grand pectoral
conduit mammaire
conduit lactifère
lobe
lobule
contenant les alvéoles mammaires

Doc. 5 Les glandes mammaires contenues dans les seins permettent l'allaitement du bébé. Que contient le lait ?

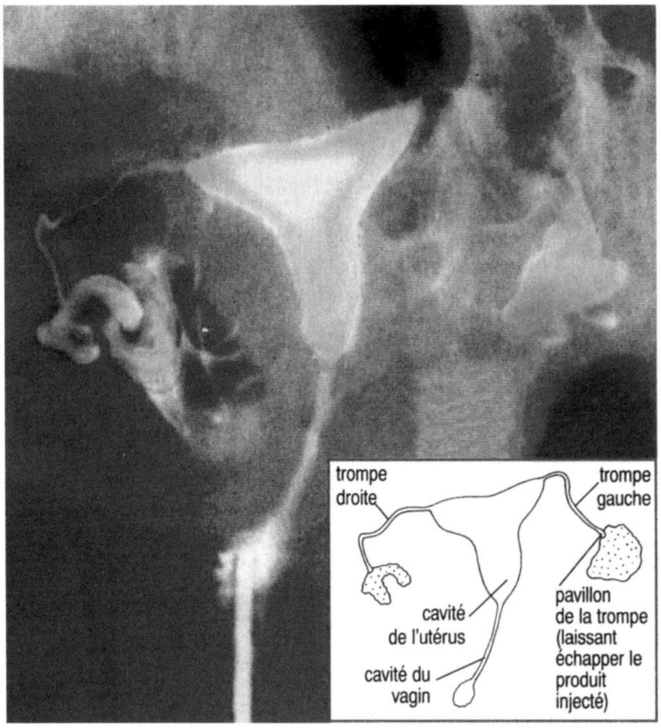

trompe droite
trompe gauche
cavité de l'utérus
pavillon de la trompe (laissant échapper le produit injecté)
cavité du vagin

Les voies génitales de la femme ont un triple rôle :

- capter et transporter les ovocytes libérés par les ovaires ;
- recevoir, lors de l'acte sexuel, les spermatozoïdes ;
- permettre la fécondation et le développement de l'embryon puis du fœtus.

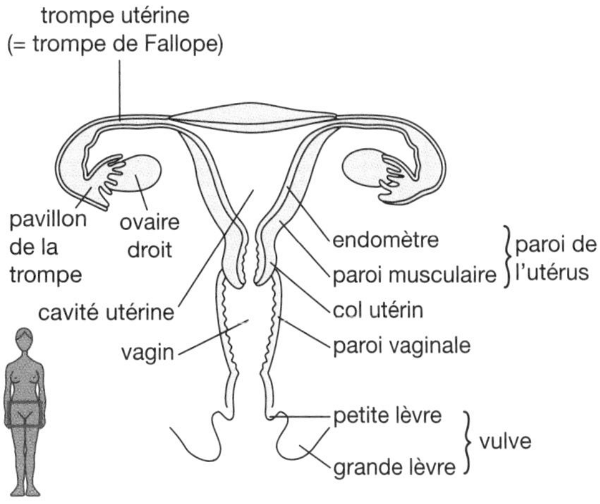

trompe utérine (= trompe de Fallope)
pavillon de la trompe
ovaire droit
cavité utérine
vagin
endomètre
paroi musculaire
paroi de l'utérus
col utérin
paroi vaginale
petite lèvre
grande lèvre
vulve

Doc. 6 Radiographie de l'appareil génital de la femme après injection d'un produit opaque aux rayons X dans l'utérus et les trompes (hystérographie). Comparer cette radiographie et le schéma en vue de face.

Activités pratiques 1

La puberté : une étape entre l'enfance et la vie adulte

Entre 10 et 14 ans chez le garçon, un peu plus tôt chez la fille, débute un ensemble de transformations morphologiques, physiologiques et psychologiques ; c'est la puberté (du latin *pubescere* = se couvrir de poils), période de la vie où l'individu acquiert la faculté de procréer.

• En quoi la puberté accentue-t-elle les différences qui existent dès la naissance entre filles et garçons ?

A Des transformations spectaculaires

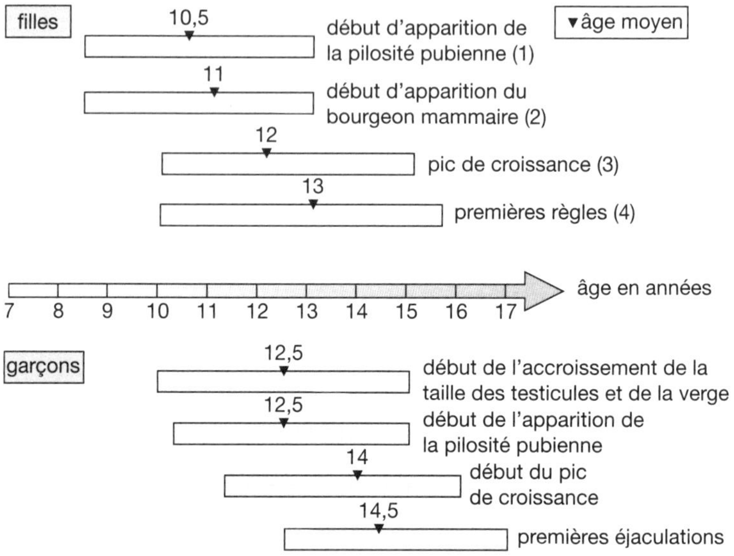

filles
▾âge moyen
10,5
début d'apparition de la pilosité pubienne (1)
11
début d'apparition du bourgeon mammaire (2)
12
pic de croissance (3)
13
premières règles (4)
7 8 9 10 11 12 13 14 15 16 17
âge en années
garçons
12,5
début de l'accroissement de la taille des testicules et de la verge
12,5
début de l'apparition de la pilosité pubienne
14
début du pic de croissance
14,5
premières éjaculations

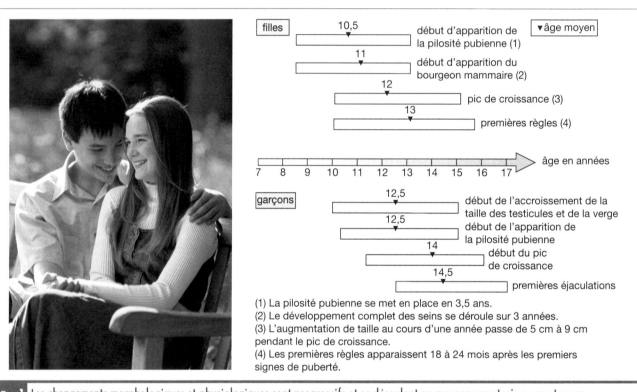

(1) La pilosité pubienne se met en place en 3,5 ans.
(2) Le développement complet des seins se déroule sur 3 années.
(3) L'augmentation de taille au cours d'une année passe de 5 cm à 9 cm pendant le pic de croissance.
(4) Les premières règles apparaissent 18 à 24 mois après les premiers signes de puberté.

Doc. 1 Les changements morphologiques et physiologiques sont progressifs et se déroulent en moyenne sur trois ou quatre ans.

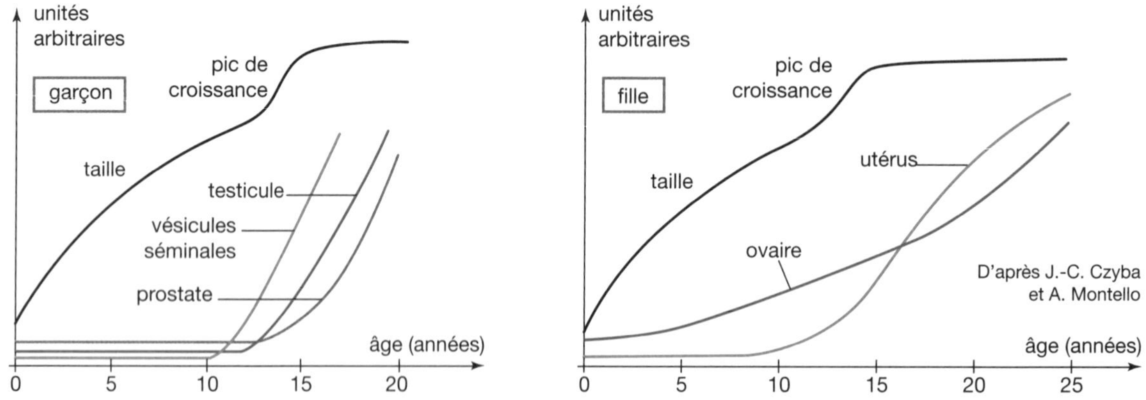

unités arbitraires
garçon
pic de croissance
taille
testicule
vésicules séminales
prostate
âge (années)
0
5
10
15
20
unités arbitraires
fille
pic de croissance
utérus
taille
ovaire
D'après J.-C. Czyba et A. Montello
âge (années)
0
5
10
15
20
25

Doc. 2 Évolution de la taille corporelle et du poids de l'appareil génital, chez le garçon et chez la fille, de la naissance à l'âge adulte (unités arbitraires).

B Les hormones sexuelles agissent sur les caractères sexuels secondaires

• La castration pratiquée chez l'homme adulte (elle était jadis pratiquée chez les eunuques chargés de la garde des harems dans le monde musulman et en Chine) ne rend pas seulement stérile, mais entraîne aussi une régression des caractères sexuels secondaires et des glandes annexes de l'appareil génital ainsi qu'une disparition de la **libido*** et un arrêt de la production de spermatozoïdes.

• Chez l'animal, la castration bilatérale d'un jeune embryon empêche le développement de l'appareil génital mâle. Une castration identique d'un jeune mâle perturbe son développement : l'appareil génital reste de type juvénile, les caractères sexuels secondaires ne se développent pas. Une greffe de testicule ou des injections de testostérone corrigent ces troubles liés à la castration.

Doc. 3 Des observations cliniques chez l'homme et des expérimentations chez l'animal.

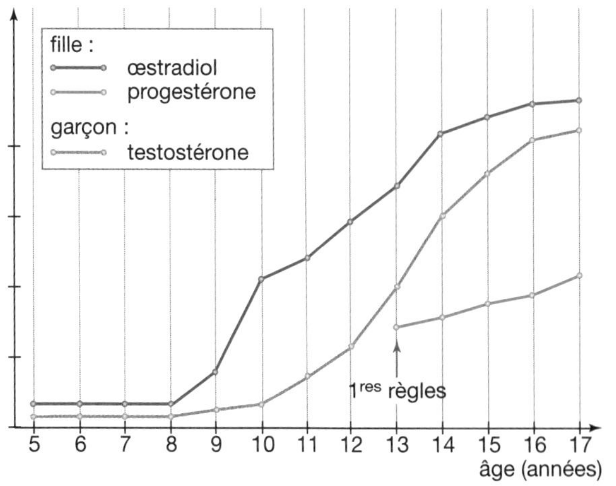

fille :
œstradiol
progestérone
garçon :
testostérone
1res règles
5
6
7
8
9
10
11
12
13
14
15
16
17
âge (années)

Doc. 4 Évolution des taux plasmatiques moyens des hormones sexuelles chez les garçons et chez les filles.

• On sait dès la naissance distinguer un garçon d'une fille :
- un garçon possède un pénis, des testicules ;
- une fille a une vulve, un utérus, des ovaires.

Ces différences qui portent sur les organes génitaux sont appelés les **caractères sexuels primaires.**

Le reste de la morphologie est pratiquement identique.

Au cours de la puberté, la fille se féminise et le garçon se virilise :
- chez la jeune fille, apparition des seins et de la pilosité, élargissement du bassin, affinement de la taille, accroissement du volume de l'utérus...
- chez le garçon, apparition de la barbe et de la pilosité, mue de la voix, accroissement de la taille du larynx, augmentation de la masse osseuse et musculaire...

Ces caractères qui, en plus des organes génitaux, permettent de distinguer les hommes des femmes sont les **caractères sexuels secondaires.**

• Au cours de la puberté, les modifications du corps s'accompagnent de modifications du comportement et des émotions. Doutes et joies intenses, besoin de reconnaissance, élan vers les autres, transformations de la personnalité souvent mal comprises et mal supportées par l'entourage familial, caractérisent cette période de la vie où s'instaurent les premières relations amoureuses.

Si tous les adolescents ont besoin de plaire, beaucoup ont une certaine inquiétude sur ce qu'est devenu leur corps : ils peuvent se sentir mal à l'aise et confus dans leurs tentatives d'adaptation à ces changements.

Doc. 5 Les transformations corporelles et physiologiques de la puberté sont souvent source d'angoisses.

Lexique

• **Libido** : terme ayant ici à peu près le sens de désir sexuel.

Pistes d'exploitation

1 **Doc. 1** : Quel est l'âge moyen du début de la puberté chez une jeune fille ? Chez un garçon ?

2 **Doc. 2 et 4** : Quelles informations pouvez-vous dégager de l'analyse de ces graphes ?

3 **Doc. 3** : Que montrent les observations cliniques et les expérimentations chez l'animal ?

4 **Doc. 1 et 5** : Comparez la puberté des garçons et des filles (points communs, différences).

Activités pratiques 2

La formation continue des spermatozoïdes dans les testicules

À partir de la puberté, les testicules produisent des spermatozoïdes de façon continue, quelle que soit l'activité sexuelle. Ainsi, un homme produit quotidiennement plusieurs centaines de millions de spermatozoïdes.

• Comment une production aussi massive et continue est-elle possible ?

A Les spermatozoïdes se forment dans les tubes séminifères

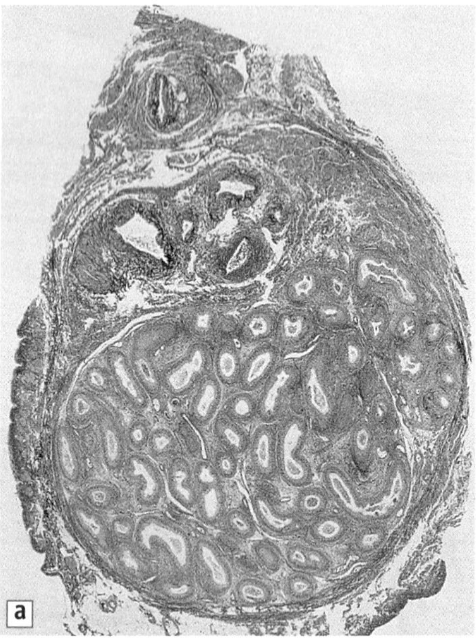

a

× 20

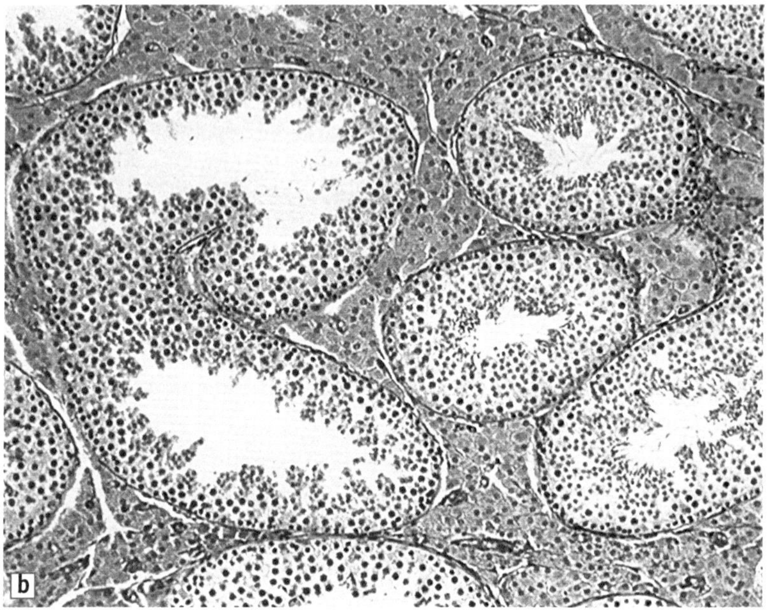

b

× 150

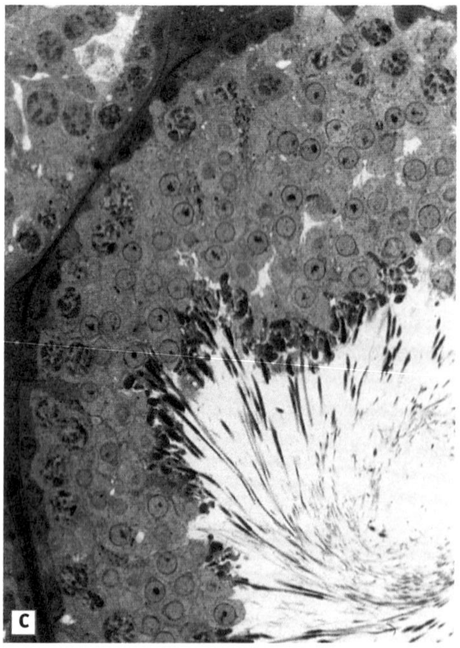

c

× 960

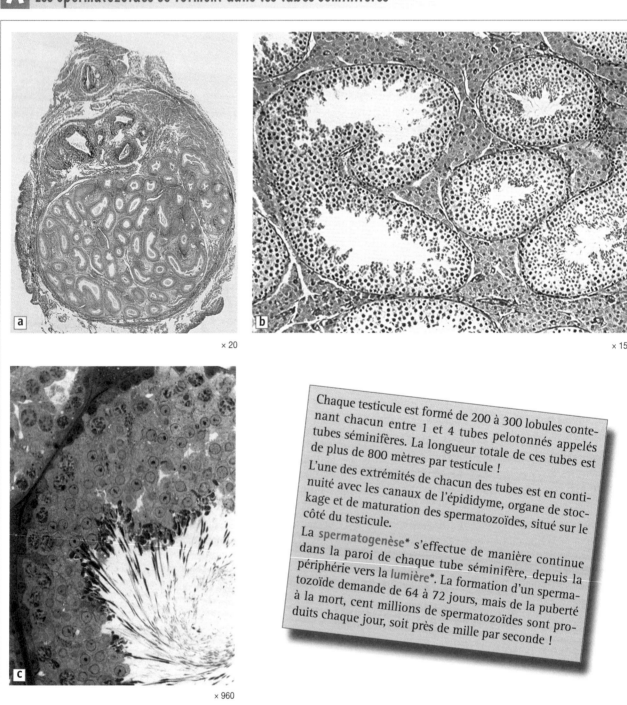

Chaque testicule est formé de 200 à 300 lobules contenant chacun entre 1 et 4 tubes pelotonnés appelés tubes séminifères. La longueur totale de ces tubes est de plus de 800 mètres par testicule !

L'une des extrémités de chacun des tubes est en continuité avec les canaux de l'épididyme, organe de stockage et de maturation des spermatozoïdes, situé sur le côté du testicule.

La **spermatogenèse*** s'effectue de manière continue dans la paroi de chaque tube séminifère, depuis la périphérie vers la **lumière***. La formation d'un spermatozoïde demande de 64 à 72 jours, mais de la puberté à la mort, cent millions de spermatozoïdes sont produits chaque jour, soit près de mille par seconde !

Doc.1 Observations de coupes de testicules en microscopie optique : **a-** testicule humain entier ; **b-** tubes séminifères ; **c-** paroi d'un tube séminifère (des spermatozoïdes sont visibles dans la lumière du tube).

B Une **spermatogenèse*** centripète dans la paroi des tubes séminifères

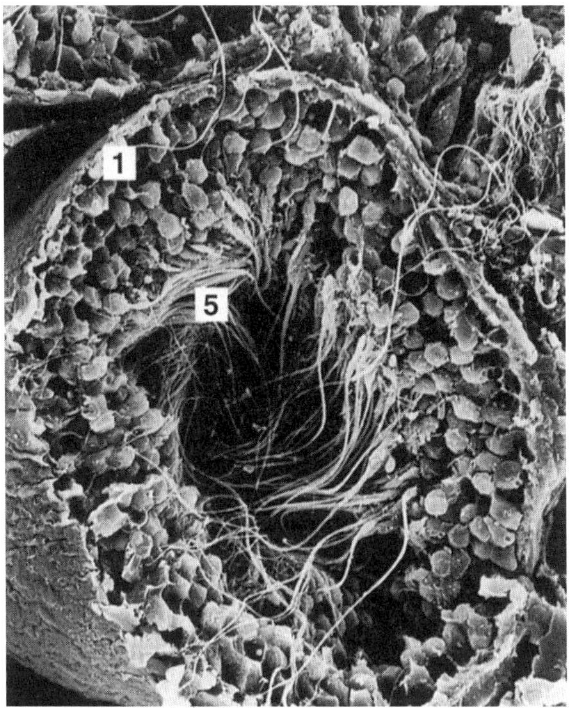
1
5

× 700

La **spermatogonie**, cellule souche située à la périphérie du tube séminifère, se multiplie activement par mitose. L'une de ses deux cellules filles se prépare à la méiose et croît légèrement pour donner un **spermatocyte de premier ordre** ou **spermatocyte I**. Celui-ci subit alors la division réductionnelle de la méiose et donne deux **spermatocytes II** haploïdes. La division équationnelle produit ensuite quatre **spermatides**. La maturation de celles-ci aboutit aux **spermatozoïdes** qui seront entraînés vers l'épididyme.

Ces cellules de la lignée germinale sont entourées par les expansions de cellules de soutien, les **cellules de Sertoli**. Celles-ci contrôlent l'évolution de la spermatogenèse et jouent un rôle nourricier.

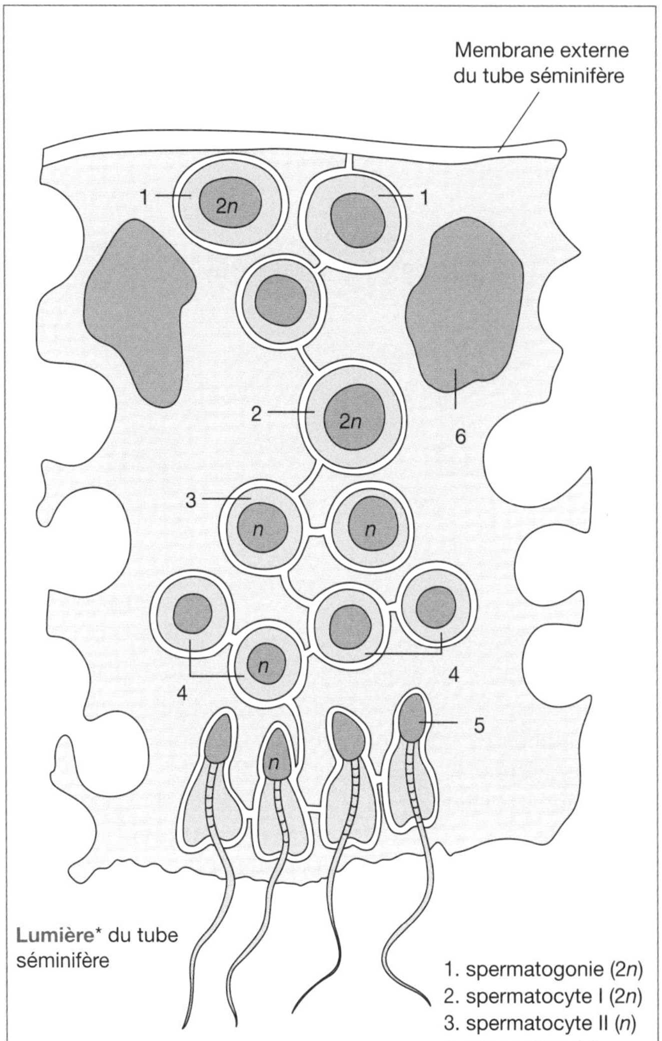
Membrane externe du tube séminifère
1
2n
1
2
2n
6
3
n
n
4
n
4
5
n
Lumière* du tube séminifère
1. spermatogonie (2n)
2. spermatocyte I (2n)
3. spermatocyte II (n)
4. spermatide (n)
5. spermatozoïde (n)
6. noyau d'une cellule de Sertoli (cellule de soutien)

Doc. 2 La spermatogenèse s'effectue en continu de la périphérie du tube séminifère vers sa lumière.

Lexique

- **Lumière** : espace central libre d'un conduit.
- **Spermatogenèse** : ensemble des phénomènes qui se déroulent au cours de l'évolution des cellules germinales et qui, à partir des spermatogonies, aboutissent à la formation des spermatozoïdes.
- **Tube séminifère** : tubes dans lesquels se forment les spermatozoïdes (séminifère = qui porte la semence, c'est-à-dire les gamètes mâles).

Pistes d'exploitation

1 **Doc. 1** : Pourquoi les sections des tubes séminifères observés sur la micrographie ne sont-elles pas toutes identiques et arrondies ?

2 **Doc. 2** : Quel est l'intérêt biologique des mitoses subies par les spermatogonies ?

3 **Doc. 2** : Comment expliquez-vous que la production de spermatozoïdes soit continue et quantitativement aussi importante ? Rappelez l'intérêt de la méiose.

Activités pratiques 3

Le spermatozoïde, une cellule spécialisée

La méiose produit des cellules haploïdes appelées spermatides qui ne sont pas encore des gamètes. Pour se transformer en spermatozoïdes, elles doivent encore subir une maturation cellulaire qui leur permettra d'acquérir les caractéristiques indispensables pour atteindre l'ovocyte et le féconder.

• Comment la spermatide se transforme-t-elle en spermatozoïde et quelles sont les caractéristiques de ce dernier ?

A De la spermatide au spermatozoïde

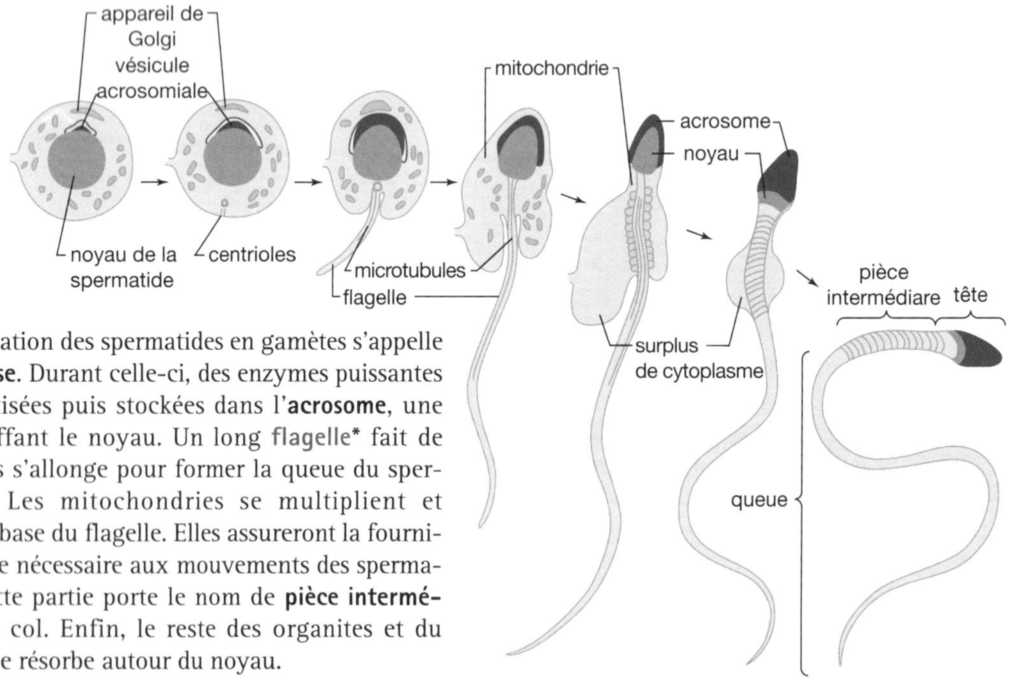
appareil de Golgi
vésicule acrosomiale
noyau de la spermatide
centrioles
microtubules
flagelle
mitochondrie
acrosome
noyau
surplus de cytoplasme
pièce intermédiaire
tête
queue

La transformation des spermatides en gamètes s'appelle **spermiogenèse**. Durant celle-ci, des enzymes puissantes sont synthétisées puis stockées dans l'**acrosome**, une vésicule coiffant le noyau. Un long flagelle* fait de microtubules s'allonge pour former la queue du spermatozoïde. Les mitochondries se multiplient et entourent la base du flagelle. Elles assureront la fourniture d'énergie nécessaire aux mouvements des spermatozoïdes. Cette partie porte le nom de **pièce intermédiaire** ou de col. Enfin, le reste des organites et du cytoplasme se résorbe autour du noyau.

Doc.1 La spermiogenèse ou transformation de la spermatide en spermatozoïde.

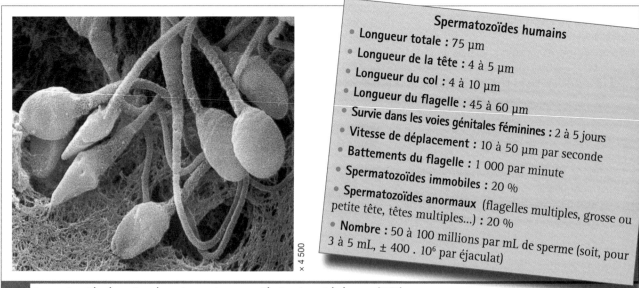

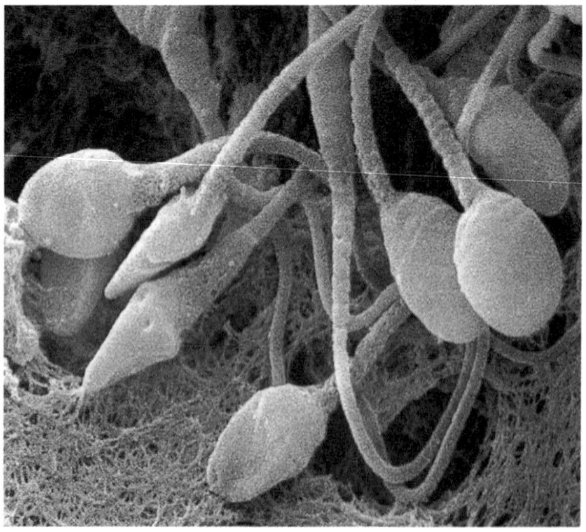

× 4 500

Spermatozoïdes humains

- **Longueur totale :** 75 µm
- **Longueur de la tête :** 4 à 5 µm
- **Longueur du col :** 4 à 10 µm
- **Longueur du flagelle :** 45 à 60 µm
- **Survie dans les voies génitales féminines :** 2 à 5 jours
- **Vitesse de déplacement :** 10 à 50 µm par seconde
- **Battements du flagelle :** 1 000 par minute
- **Spermatozoïdes immobiles :** 20 %
- **Spermatozoïdes anormaux** (flagelles multiples, grosse ou petite tête, têtes multiples...) : 20 %
- **Nombre :** 50 à 100 millions par mL de sperme (soit, pour 3 à 5 mL, ± 400 . 10^6 par éjaculat)

Doc.2 Spermatozoïdes humains observés au microscope électronique à balayage (MEB).

B Les spermatozoïdes, des cellules mobiles très spécialisées

La première observation de spermatozoïdes a été réalisée en 1677 par Leeuwenhoek, l'inventeur du microscope. Cependant, on ne s'est vraiment intéressé à la biologie du sperme que depuis quelques décennies, et ce afin de comprendre les cas de stérilité masculine, beaucoup plus fréquents qu'on ne le pensait autrefois.

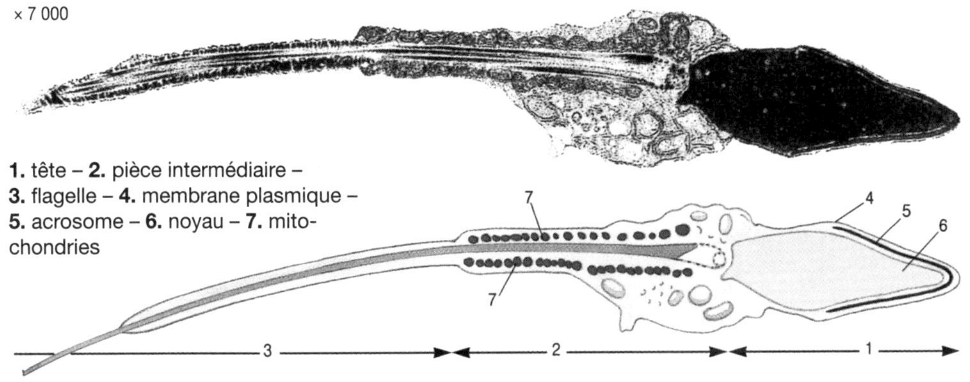
× 7 000
1. tête – 2. pièce intermédiaire –
3. flagelle – 4. membrane plasmique –
5. acrosome – 6. noyau – 7. mitochondries
7
4
5
6
7
3
2
1

• Le noyau contient l'information génétique (ADN réparti entre 23 chromosomes).

• L'acrosome contient des enzymes qui permettent au spermatozoïde de pénétrer dans le gamète femelle.

• Les mitochondries fournissent l'énergie nécessaire aux mouvements du flagelle.

Doc. 3 Observation d'un spermatozoïde au microscope électronique à transmission (MET). Le spermatozoïde ne contient que les organites indispensables à sa fonction : transférer l'information génétique mâle à l'intérieur du gamète femelle.

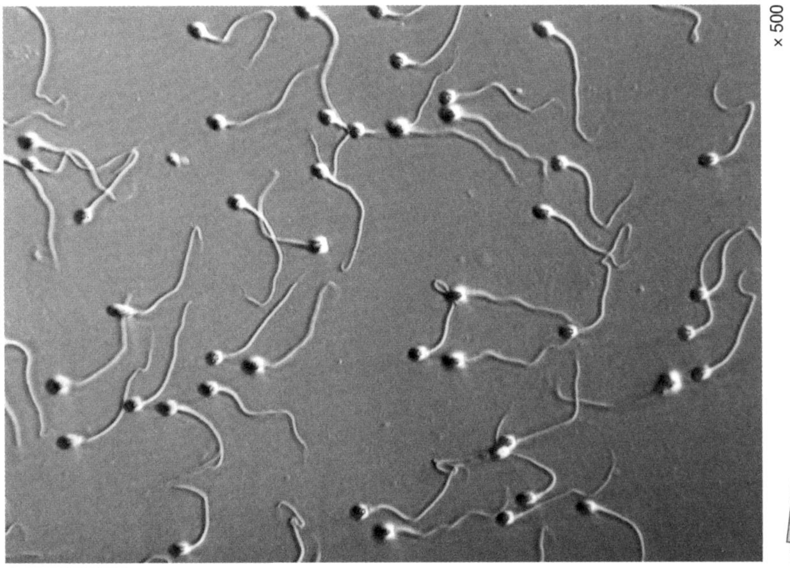
× 500

Sperme

- **Volume d'un éjaculat :** 3 à 5 mL
- **Couleur :** blanc
- **Composisiton :**
  - *spermatozoïdes :* 50 à 100 millions par mL
  - *Sécrétions nourricières des glandes annexes* (surtout vésicules séminales et prostate) : Environ 90 % du volume total Nutriments et substances chimiques qui activent les spermatozoïdes et assurent leur survie dans les voies génitales féminines.

Doc. 4 Observation au microscope optique à contraste de phase de spermatozoïdes humains nageant dans du liquide physiologique.

Lexique

• **Flagelle** : long prolongement de la membrane plasmique qui assure, par ses battements, la mobilité de la cellule.

Pistes d'exploitation

1 **Doc. 1** : : Expliquez pour quelles raisons certains organites des spermatides se développent ou se réorganisent lors de la formation du spermatozoïdes alors que d'autres s'atrophient.

2 **Doc. 2** : Citez quelques-unes des causes possibles de la stérilité masculine.

3 **Doc. 1 à 4** : Justifiez l'expression : les spermatozoïdes sont des cellules très spécialisées.

Activités pratiques 4

La formation discontinue des « ovules » dans les ovaires

L'une des fonctions primordiales des ovaires est la formation des gamètes femelles ou ovogenèse. Mais contrairement à la spermatogenèse, il s'agit d'un processus discontinu qui ne permet la formation que d'un nombre réduit de gamètes : il commence durant la vie embryonnaire, se poursuit à partir de la puberté et s'arrête définitivement à la **ménopause***.

• En quoi l'ovogenèse diffère-t-elle de la spermatogenèse ?

A Le stock de cellules sexuées est produit lors de la vie embryonnaire

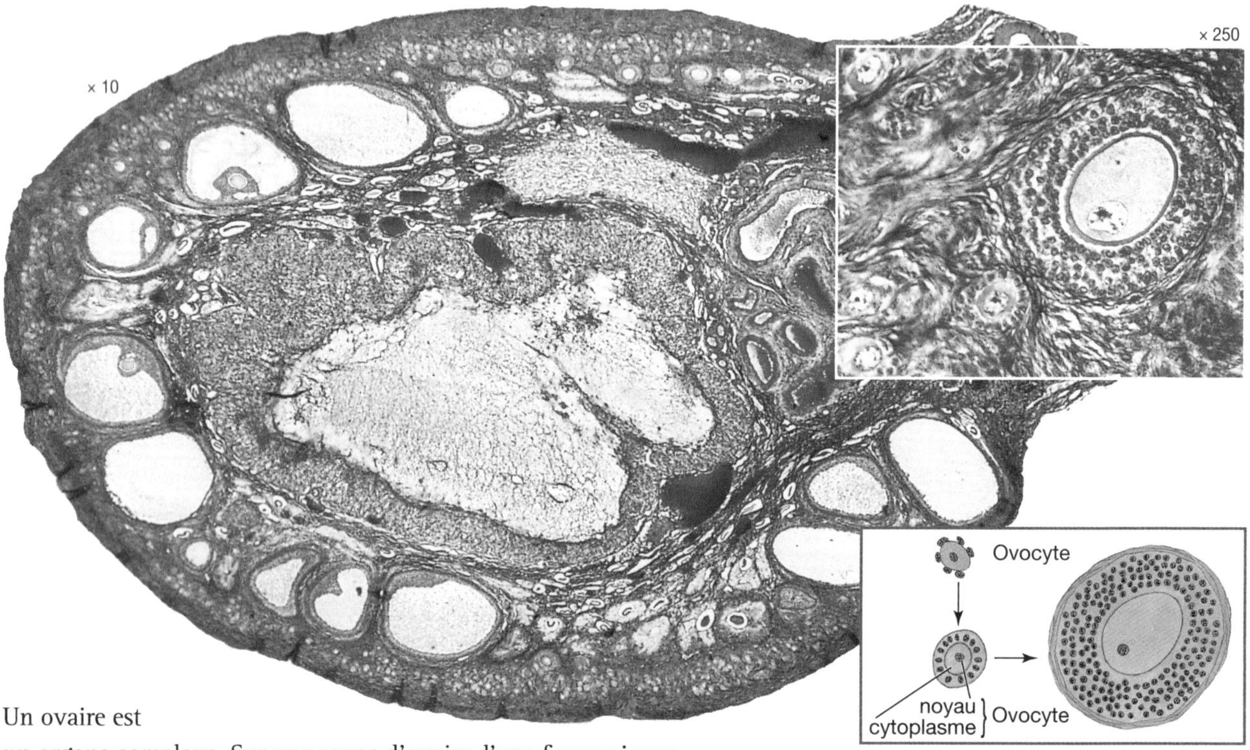
× 10
× 250
Ovocyte
noyau
cytoplasme
Ovocyte

Un ovaire est un organe complexe. Sur une coupe d'ovaire d'une femme jeune, on observe notamment, au microscope optique, de nombreux **ovocytes***. Chaque ovocyte est contenu dans un **follicule ovarien***.

Un stock limité de cellules sexuées

Vers la quinzième semaine du développement embryonnaire, quelque 6 millions de cellules reproductrices sont créées et aucune autre n'apparaîtra ultérieurement. C'est sous la forme d'ovocytes de premier ordre que ces cellules vont attendre un éventuel réveil lors de la vie reproductive, à l'occasion d'un cycle menstruel donné. Cette attente peut durer, dans le meilleur des cas, entre 10 et 50 ans ! Cependant, beaucoup d'ovocytes ne se réveillent pas mais dégénèrent, soit lors de la vie fœtale, soit après la naissance. Ainsi, à partir des millions d'ovocytes embryonnaires créés, chaque petite fille ne possède à sa naissance, puis à sa puberté, qu'un stock non renouvelable de quelque 400 000 ovocytes répartis entre ses deux ovaires. Comme, en général, un seul ovocyte est libéré par les ovaires à chaque cycle menstruel et que la vie reproductive d'une femme dure entre 30 et 40 ans, le nombre total d'ovocytes libérés est d'environ 450. Tous les autres sont éliminés.

Doc. 1 Au cours de sa vie, une femme ovule environ 450 fois.

B L'ovogenèse est un processus discontinu qui ne s'achève que rarement

• Au cours de la vie embryonnaire, la multiplication des cellules souches produit un stock limité d'ovogonies. Celles-ci commencent à grossir, notamment par l'accumulation de réserves nutritives ou vitellus, se transformant en ovocytes I. La méiose débute ensuite très tôt, mais se bloque en prophase I.

• Lors d'un cycle menstruel se produisant au cours de la vie reproductive de la femme, un ovocyte I se réveille une vingtaine d'heures avant l'ovulation. Il achève la première division méiotique, expulse le premier **globule polaire*** et entame immédiatement la deuxième division de la méiose. Celle-ci se bloque de nouveau en métaphase II. Lors de l'ovulation, l'ovocyte II est expulsé hors de l'ovaire.

• Si, et uniquement s'il y a fécondation, l'entrée du spermatozoïde provoque l'achèvement de la méiose. La fin de la division équationnelle aboutit à la formation de l'ovule proprement dit et à l'expulsion du deuxième globule polaire. La cellule fécondée possède à ce stade deux « pronucléi » (petits noyaux haploïdes), l'un mâle, l'autre femelle, qui fusionnent 15 à 20 h après l'arrivée du spermatozoïde pour former le noyau du zygote.

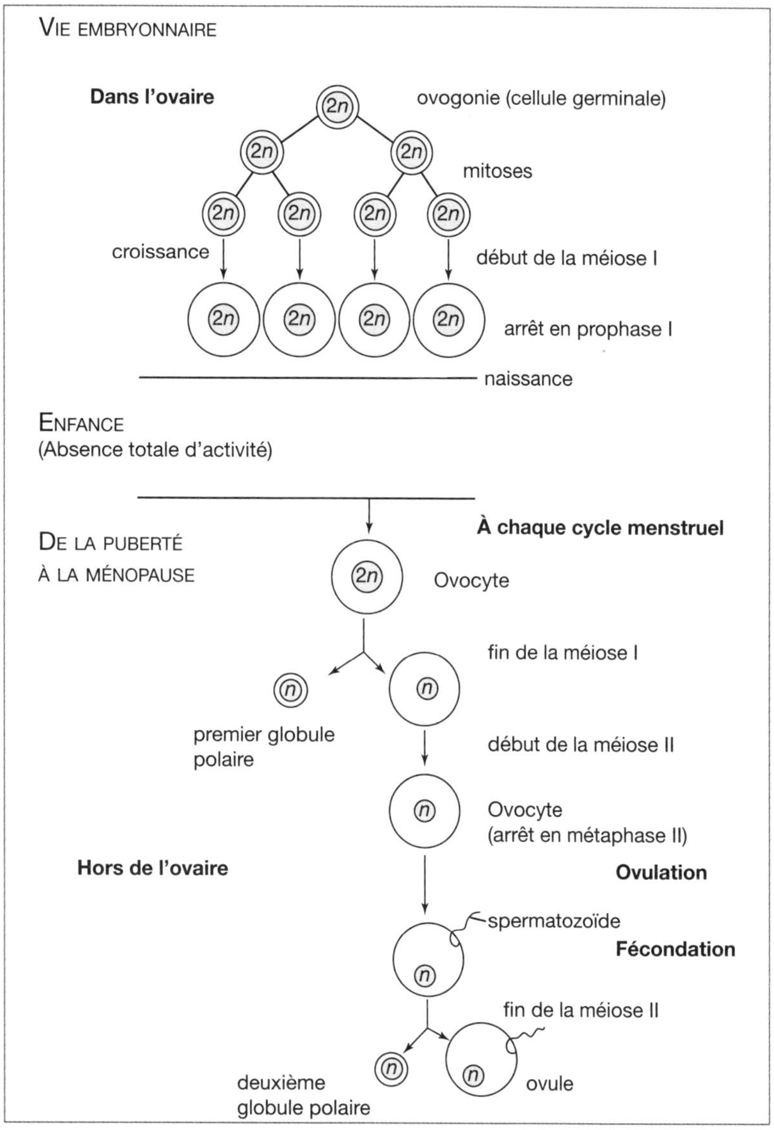

VIE EMBRYONNAIRE
Dans l'ovaire
ovogonie (cellule germinale)
2n
mitoses
croissance
début de la méiose I
arrêt en prophase I
naissance
ENFANCE
(Absence totale d'activité)
DE LA PUBERTÉ
À LA MÉNOPAUSE
À chaque cycle menstruel
Ovocyte
fin de la méiose I
n
premier globule polaire
début de la méiose II
Ovocyte
(arrêt en métaphase II)
Hors de l'ovaire
Ovulation
spermatozoïde
Fécondation
fin de la méiose II
deuxième globule polaire
ovule

Doc. 2 L'ovogenèse est un processus discontinu dans le temps et dans l'espace.

Lexique

- **Follicule ovarien** : amas cellulaire sphérique de taille variable comprenant l'ovocyte entouré de cellules ovariennes.
- **Globule polaire** : petite cellule ne comprenant pas de cytoplasme produite lors de la première ou de la deuxième division méiotique de l'ovocyte.
- **Ménopause** : période de la vie féminine située entre 45 et 55 ans et caractérisée par l'arrêt des pontes ovulaires et des règles.
- **Ovocyte** : cellule issue d'une cellule germinale souche féminine ou ovogonie et dont la différenciation produira l'ovule.

Pistes d'exploitation

1 **Doc. 1 et 2** : Décrivez, en remontant aussi loin que possible dans le temps, l'« histoire » d'un ovocyte qui vient d'être expulsé de l'ovaire.

2 **Doc. 2** : Identifiez les différences existant entre la spermatogenèse et l'ovogenèse.

3 **Doc. 2** : Rappelez quelle est la figure chromosomique caractéristique de la méiose I. Expliquez l'influence de l'âge de la mère sur l'augmentation du risque d'avoir un enfant présentant un nombre anormal de chromosomes.

Spermatogenèse et ovogenèse

Chaque espèce est caractérisée par un nombre déterminé de chromosomes. La stabilité du nombre chromosomique doit être assurée lors du passage d'une génération à l'autre. La méiose assure le passage de la diploïdie à l'haploïdie en divisant par deux le nombre de chromosomes, puis la fécondation et la mise en commun des patrimoines génétiques portés par le gamète mâle et le gamète femelle rétablit la diploïdie. Mais la formation des gamètes mâles et femelles résulte de processus bien plus complexes qu'une « simple » méiose. La spermatogenèse et l'ovogenèse sont des processus analogues qui présentent cependant de nombreuses différences.

1 La puberté

La puberté (du latin *pubescere* = se couvrir de poils) est la période de la vie où l'individu acquiert la faculté de procréer. Dans les deux sexes, elle est marquée par un ensemble de transformations morphologiques, physiologiques et psychologiques.

• Chez le garçon, elle se manifeste par l'apparition des **caractères sexuels secondaires** comme l'augmentation du volume des testicules et du pénis, le développement de la pilosité faciale et corporelle, la mue de la voix suite à la croissance du larynx, l'augmentation importante de la musculature, la mise en place de la libido...

• Chez la jeune fille, l'apparition des **caractères sexuels secondaires** est marquée par l'augmentation du volume des seins, le développement de la pilosité corporelle, une légère mue de la voix, l'élargissement du bassin, l'affinement de la taille, la mise en place de la libido...

• Dans les deux sexes, ces transformations sont induites par une augmentation importante de la sécrétion des hormones sexuelles : la testostérone chez les garçons, les œstrogènes chez les jeunes filles.

2 La spermatogenèse

• **Une production massive de cellules sexuelles très spécialisées**

À partir de la puberté, puis tout au long de sa vie, un homme produit de l'ordre de mille milliards de gamètes mâles ou spermatozoïdes. Chaque testicule contient des centaines de **tubes séminifères** pelotonnés. C'est dans l'épaisseur de la paroi de ces tubes, de la périphérie vers la lumière et sur toute la longueur de ceux-ci, que se forment les spermatozoïdes. Des cellules germinales souches ou **spermatogonies** situées à la périphérie des tubes se multiplient très activement par mitoses. Une partie des cellules filles formées se transforme ensuite progressivement en s'enfonçant dans la paroi du tube afin de subir la **spermatogenèse**.

Dans la paroi des tubes séminifères, les cellules germinales sont associées à des **cellules de Sertoli** qui interviennent de façon complexe dans la spermatogenèse (rôle nourricier, de soutien, mais aussi mécanismes hormonaux).

• **La formation des spermatozoïdes ou spermatogenèse**

On distingue trois étapes dans la spermatogenèse :

- La **multiplication des spermatogonies** par mitoses qui permet à la fois de conserver le capital de cellules germinales souches et de produire une famille de spermatocytes (I puis II) qui vont subir la méiose.
- La **méiose** qui se déroule sans pause et produit quatre spermatides haploïdes.
- La **spermiogenèse**, c'est-à-dire la transformation des spermatides, cellules rondes et indifférenciées, en spermatozoïdes, gamètes mâles hyperspécialisés.

Les spermatozoïdes sont des cellules extrêmement spécialisées dont le rôle est d'apporter jusqu'au gamète femelle le matériel génétique contenu dans leur « tête ». Celle-ci ne contient qu'un noyau surmonté d'une vésicule remplies d'enzymes, l'**acrosome**, jouant un rôle fondamental lors de la fécondation. La base de leur queue ou **flagelle** est entourée d'un **manchon de mitochondries** qui apportent l'énergie nécessaire à leur mobilité.

• **L'émission des spermatozoïdes**

Lorsqu'ils sont finalement libérés dans la lumière des tubes séminifères, les spermatozoïdes gagnent l'**épididyme** où ils sont stockés et où ils acquièrent leur mobilité. Entre deux éjaculations, les spermatozoïdes peuvent s'accumuler à la fin de l'épididyme et également dans l'ampoule du canal déférent, extrémité dilatée de celuici. S'ils ne sont pas éjaculés, ils dégénèrent dans ces canaux et sont réabsorbés.

Au cours de leur transit dans l'appareil génital masculin, les spermatozoïdes reçoivent les sécrétions des glandes annexes qui représentent 80 à 90 % du volume du **sperme** émis au moment de l'éjaculation. Ce liquide contient de 50 à 100 millions de spermatozoïdes par millilitre, mais il est essentiellement constitué par le liquide séminal formé par les vésicules séminales, le liquide prostatique blanchâtre fabriqué par la prostate et le mucus des glandes de Cowper. Sans ces liquides spermatiques, les spermatozoïdes ne pourraient trouver l'énergie nécessaire à leur mobilité ni résister à la traversée des voies génitales féminines.

3 L'ovogenèse

Contrairement à l'homme chez qui la production des gamètes se réalise de manière continue de la puberté à la mort, la production des gamètes féminins ou ovules est un processus discontinu dans le temps : il débute dès la vie embryonnaire, s'arrête durant l'enfance et reprend cycle après cycle à partir de la puberté pour finalement s'arrêter à la ménopause.

- L'ovogenèse débute durant la **vie embryonnaire** par la multiplication mitotique des cellules souches ou **ovogonies** puis par l'accumulation de réserves nutritives ou **vitellus**. Les cellules prêtes à entrer en méiose sont devenues des ovocytes I.

- La **méiose débute** ensuite et **s'arrête en prophase I**. Ainsi, dès sa naissance, une femme possède un **nombre déterminé** et non renouvelable **d'ovocytes I**.

- Lors de chaque cycle menstruel, dans l'un des deux ovaires, une ovocyte I est réactivé une vingtaine d'heures avant l'ovulation et **termine la méiose I**. Il donne naissance à deux cellules haploïdes de grosseurs très inégales : l'une, **l'ovocyte II**, conserve la presque totalité des organites cellulaires et du vitellus, tandis que l'autre, appelée **premier globule polaire**, ne reçoit pratiquement pas d'organites ni de cytoplasme. Le premier globule polaire peut subir la deuxième phase de la méiose et donner naissance à deux cellules encore plus petites qui dégénèrent. Mais, souvent, il dégénère lui-même rapidement.

- L'ovocyte II entame immédiatement la deuxième division de la **méiose**, mais celle-ci est **bloquée** en **métaphase II**. C'est à ce stade qu'il est expulsé de l'ovaire lors de l'**ovulation**.

- Si aucun spermatozoïde ne pénètre dans l'ovocyte II, celui-ci dégénère dans la trompe de Fallope. Par contre, s'il y a **fécondation**, la pénétration du spermatozoïde dans l'ovocyte II déclenche la **fin de la méiose** et provoque l'expulsion du **deuxième globule polaire**. La cellule sexuelle est alors une cellule haploïde, l'**ovotide ou ovule** proprement dit, dont les chromosomes peuvent s'unir aux chromosomes du spermatozoïde afin former un zygote diploïde.

× 600

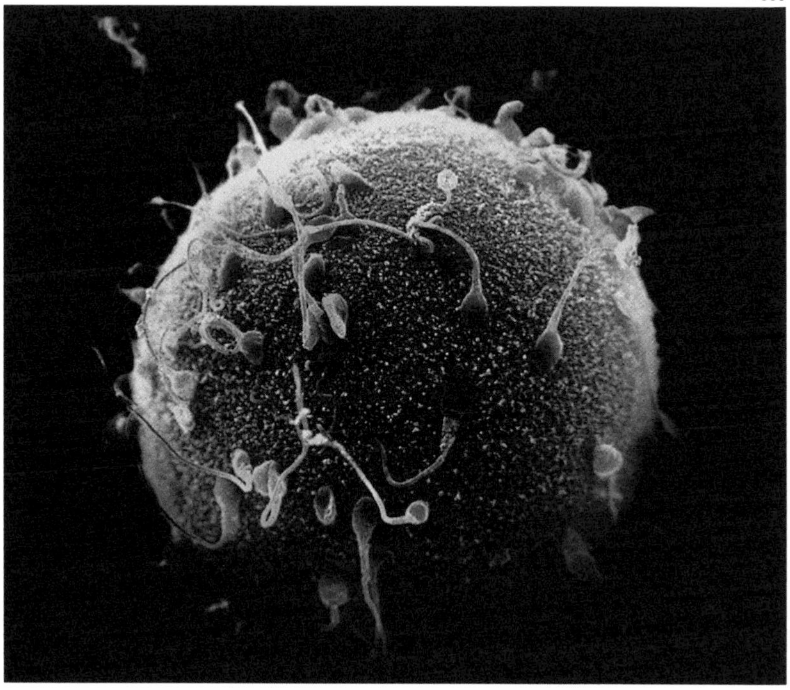

Seuls quelques spermatozoïdes atteignent l'ovocyte II. Micrographie MEB, fausses couleurs.

L'essentiel

- La puberté est la période de la vie où l'individu acquiert la faculté de se reproduire. Induite par la sécrétion d'hormones sexuelles, la puberté est marquée dans les deux sexes par des transformations psychiques et physiologiques ainsi que par l'apparition de caractères sexuels secondaires.
- C'est à l'intérieur des tubes séminifères du testicule que se déroule, de manière continue à partir de la puberté, la spermatogenèse. Celle-ci comprend trois étapes : la multiplication par mitose des cellules germinales souches périphériques ; la méiose qui se déroule sans pause et produit quatre spermatides ; la spermiogenèse ou différenciation des spermatides en spermatozoïdes. Le sperme contient les spermatozoïdes, mais aussi les sécrétions des glandes génitales annexes.
- L'ovogenèse débute durant la vie embryonnaire par la multiplication mitotique des ovogonies. Celles-ci se chargent de vitellus et la méiose débute puis s'arrête. Lors de chaque cycle menstruel, un ovocyte I se réactive. La méiose I s'achève par l'expulsion d'un premier globule polaire. L'ovocyte II entame la méiose II qui s'interrompt. L'ovulation est l'expulsion hors de l'ovaire de l'ovocyte II. La méiose ne s'achève que s'il y a fécondation.

Schéma-bilan

■ LA SPERMATOGENÈSE

• La production continue de spermatozoïdes.

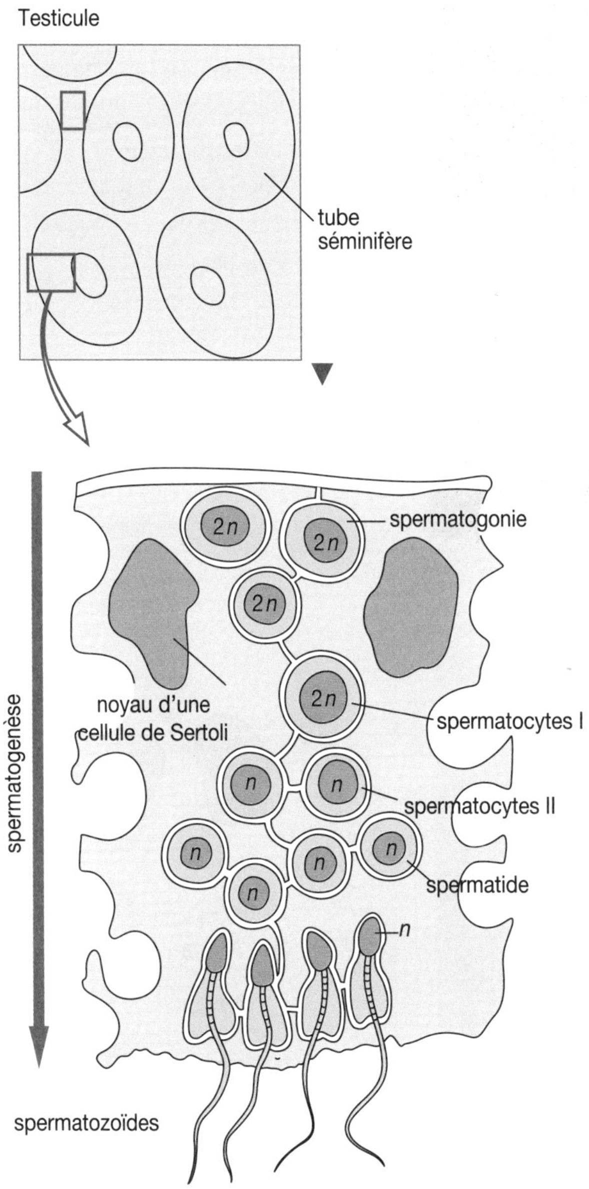

Testicule
tube séminifère
spermatogenèse
spermatogonie
2n
2n
2n
2n
noyau d'une cellule de Sertoli
spermatocytes I
n
spermatocytes II
spermatide
n
spermatozoïdes

■ L'OVOGENÈSE

• La production discontinue d'un ovule.

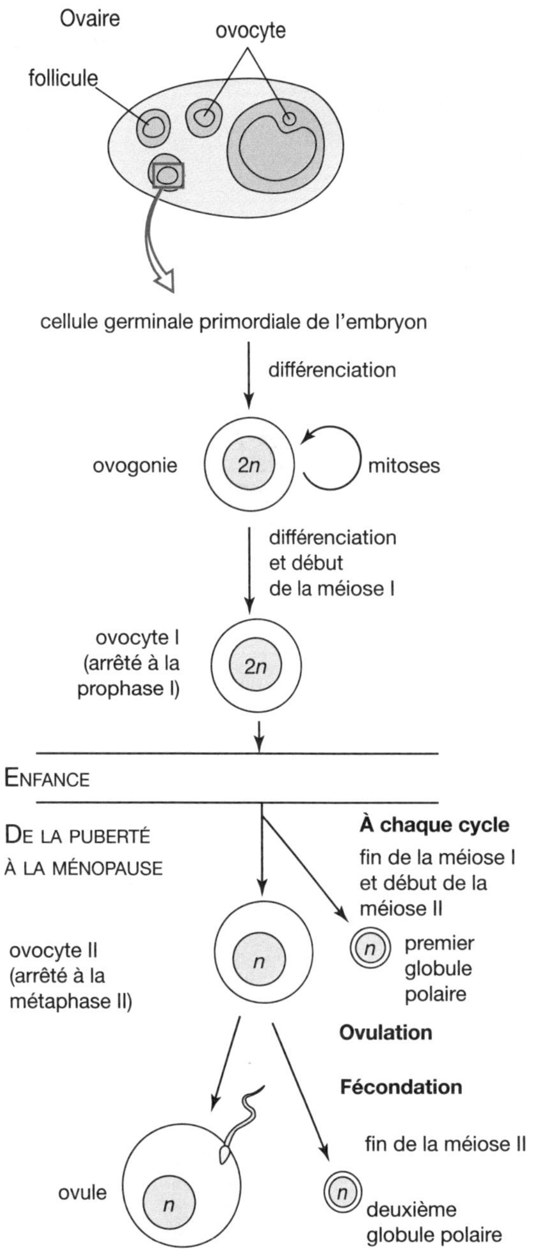

Ovaire
ovocyte
follicule
cellule germinale primordiale de l'embryon
différenciation
ovogonie
2n
mitoses
différenciation
et début
de la méiose I
ovocyte I
(arrêté à la
prophase I)
2n
ENFANCE
DE LA PUBERTÉ
À LA MÉNOPAUSE
À chaque cycle
fin de la méiose I
et début de la
méiose II
ovocyte II
(arrêté à la
métaphase II)
n
premier
globule
polaire
Ovulation
Fécondation
fin de la méiose II
ovule
deuxième
globule polaire

A L'appareil génital de la souris mâle

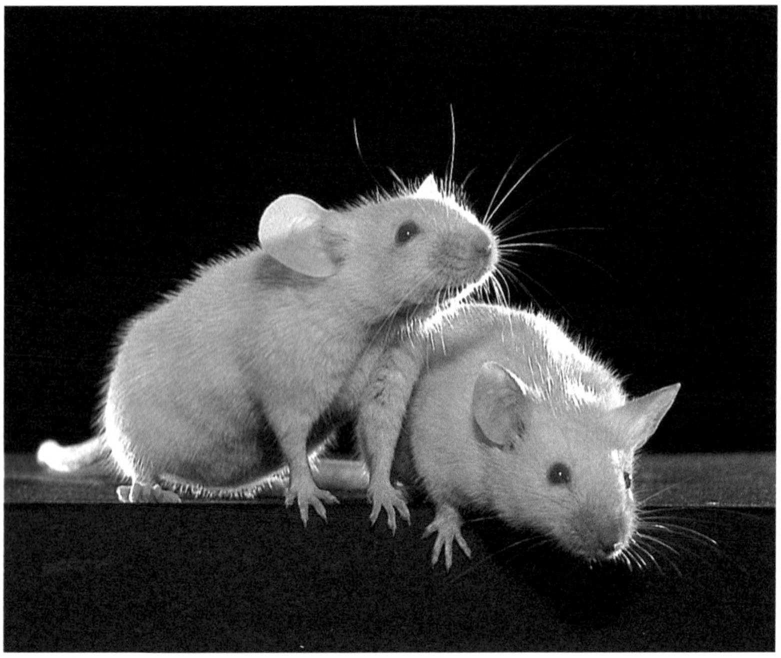

Les souris (à poils blancs, à poils gris...) élevées dans les laboratoires, les souris qui s'installent parfois dans les granges, les habitations humaines... et les souris qui vivent dans la nature à l'état sauvage appartiennent à la même espèce : *Mus musculus* ou souris domestique.

Reproduction

- 4 portées par an dans la nature, jusqu'à 10 nichées dans les maisons ;
- 4 à 8 petits par portée ;
- gestation : 18 à 24 jours ;
- allaitement : 18 jours ;
- les jeunes ouvrent les yeux à 13 jours ;
- maturité sexuelle : 6 semaines ;
- longévité : jusqu'à trois ans.

Doc.1 Un couple de souris domestiques.

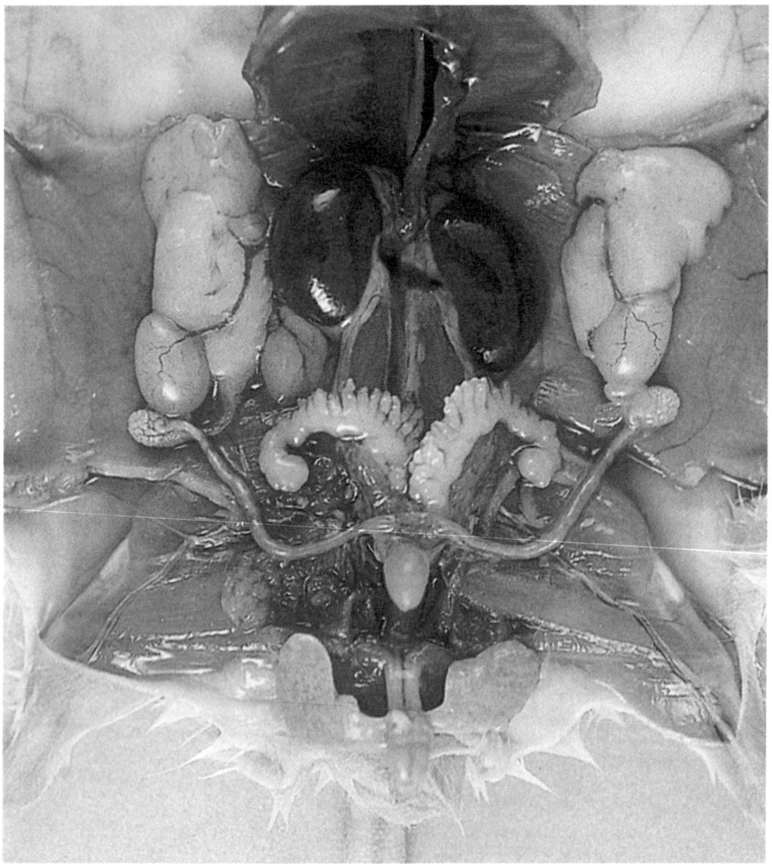

Doc.2 Dissection d'une souris mâle.

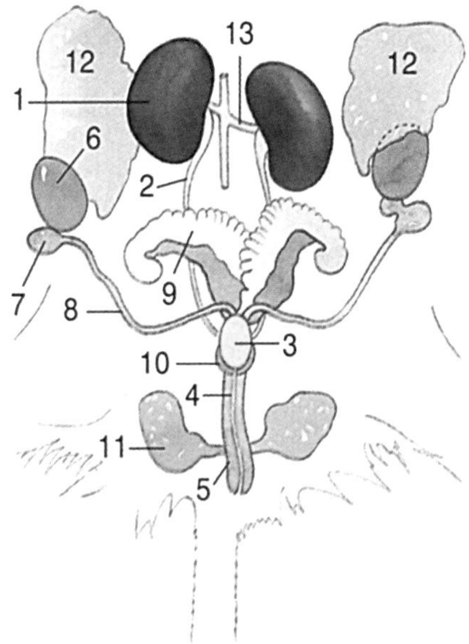
12
13
12
1
6
2
9
7
8
3
10
4
11
5

1 – rein. 2 – uretère. 3 – vessie.
4 – urètre. 5 – pénis. 6 – testicule.
7 – épididyme. 8 – canal déférent.
9 – vésicule séminale. 10 – prostate.
11 – glande de Tyson. 12 – graisse.
13 – artère rénale.

Doc.3 Schéma de la dissection.

...les organes reproducteurs d'un animal disséqué

B L'appareil génital de la souris femelle

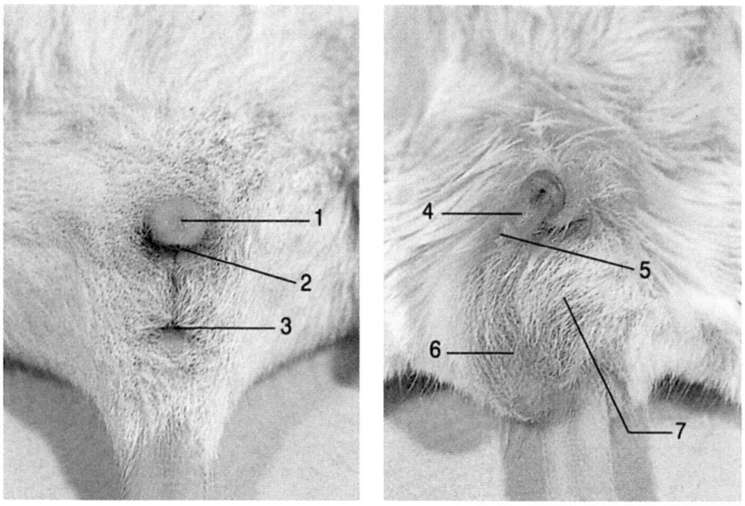

1
2
3
4
5
6
7

1 – orifice urinaire. 2 – orifice génital (vulve). 3 – anus. 4 – pénis. 5 – orifice urinaire et génital à l'extrémité du pénis. 6 – bourses contenant les testicules. 7 – anus caché par les testicules.

Doc. 4 Mâle ou femelle ?

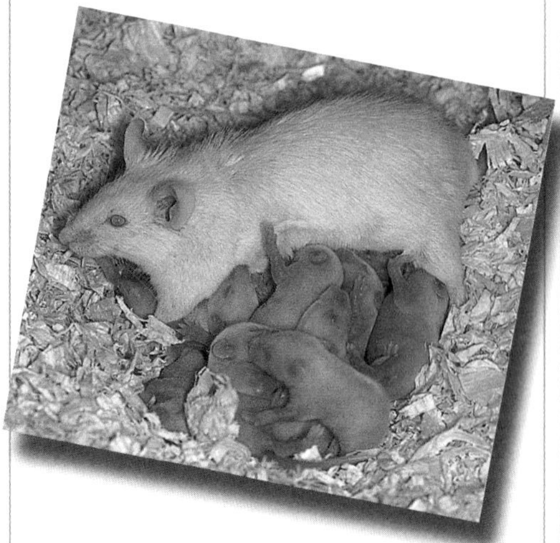

Doc. 5 Allaitement des souriceaux.

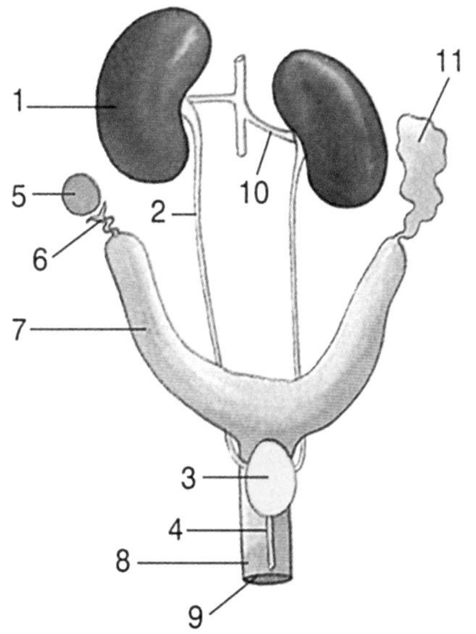

1
2
3
4
5
6
7
8
9
10
11

1 – rein. 2 – uretère. 3 – vessie. 4 – urètre. 5 – ovaire. 6 – oviducte. 7 – utérus. 8 – vagin. 9 – vulve. 10 – artère rénale. 11 – masse de graisse.

Doc. 6 Schéma de la dissection.

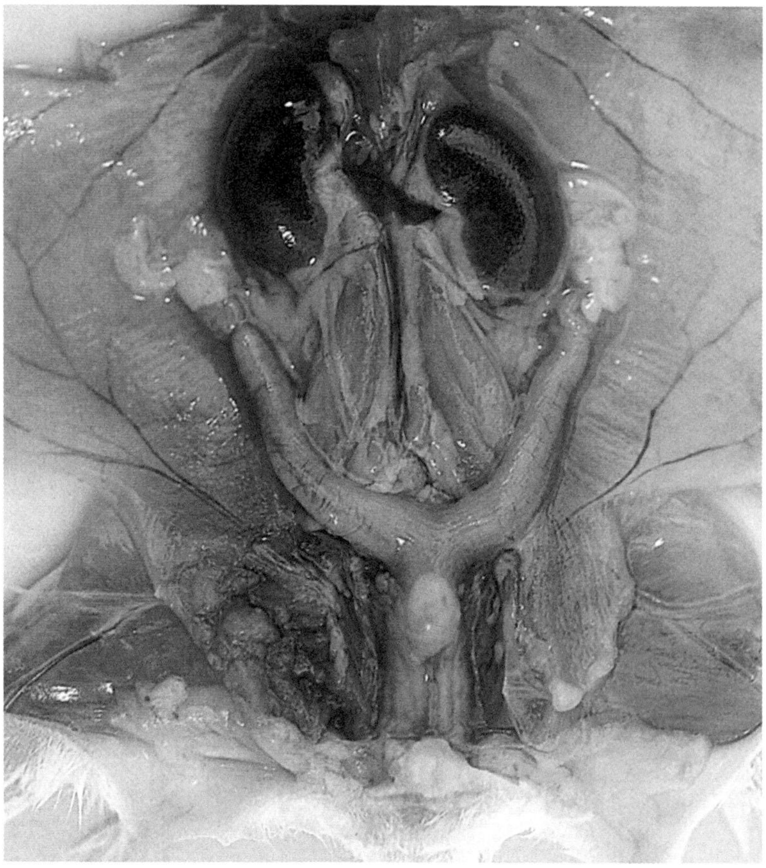

Doc. 7 Dissection d'une souris femelle.

A L'observation d'une fleur d'**Angiosperme***

La fleur est une pousse spéciale destinée à la reproduction de la plante. Elle se compose de 4 types de feuilles modifiées. Les deux premiers n'interviennent pas directement dans la reproduction. Ce sont les **sépales**, généralement verts et les **pétales** souvent vivement colorés. À l'intérieur des pétales se trouvent les feuilles modifiées et fertiles qui produisent les spores. Les **étamines** sont les organes reproducteurs mâles constitués d'une tige, le **filet** ou filament, lui-même coiffé de l'**anthère**, sac produisant le

pollen. Le **pistil** est constitué de plusieurs **carpelles** associés (parfois un seul) qui forment l'organe reproducteur femelle. À son extrémité supérieure se trouve le **stigmate** souvent collant qui reçoit le pollen. Le **style** relie le stigmate à l'**ovaire**, organe creux à l'intérieur du carpelle et dans lequel se trouvent les **sacs embryonnaires.** Ceux-ci ne sont pas des gamètes femelles, les cellules qu'ils contiennent devant encore subir la méiose (voir page suivante). Les ovaires contiendront les graines après fécondation.

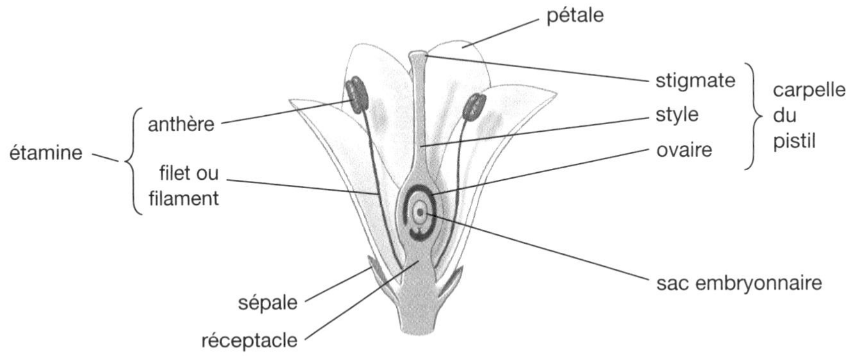
pétale
stigmate
style
ovaire
carpelle du pistil
anthère
étamine
filet ou filament
sac embryonnaire
sépale
réceptacle

Doc.1 Parties d'une fleur.

a : le stigmate femelle situé à l'extrémité du pistil est généralement gluant pour mieux piéger les grains de pollen. Ceux-ci sont libérés par les anthères ou sacs polliniques. Afin d'éviter l'auto fécondation, carpelle(s) et anthère sont parfois séparés. Souvent également, les organes mâle et femelle d'une fleur n'arrivent pas à maturité en même temps ;

b : une fois posé sur le stigmate femelle, le grain de pollen donne naissance à un long tube pollinique contenant deux noyaux gamétiques mâles ;

c : le tube pollinique s'allonge pour atteindre les ovules à l'intérieur du carpelle et ainsi permettre la fécondation.

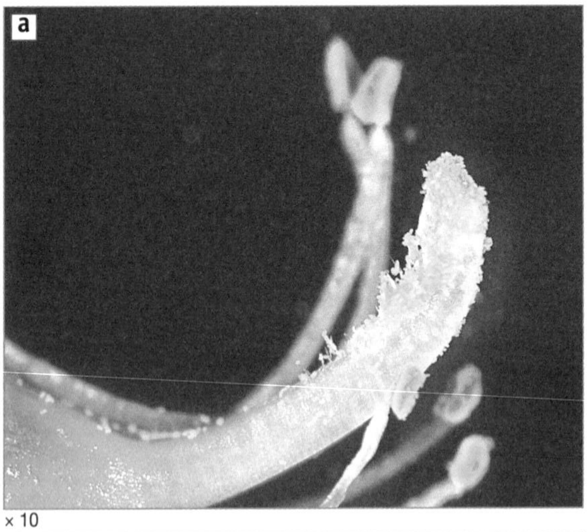
a
× 10

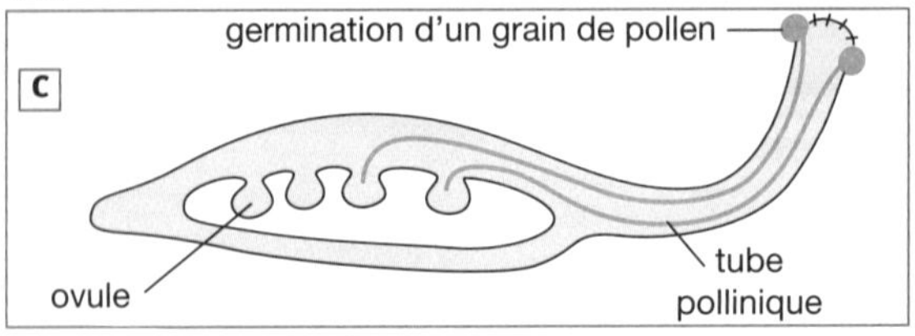
c
germination d'un grain de pollen
ovule
tube pollinique

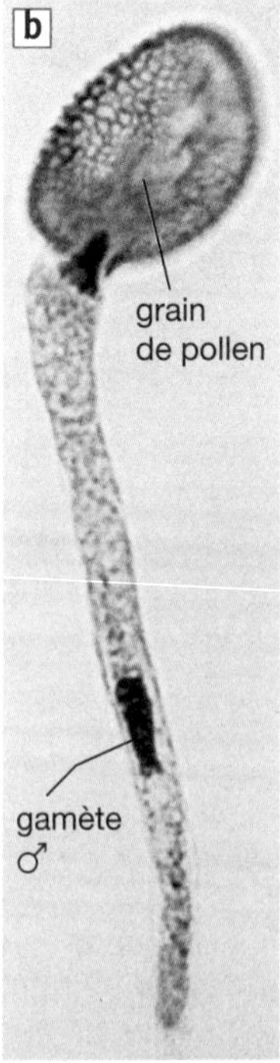
b
grain de pollen
gamète ♂

Doc.2 Pistil, pollen et fécondation chez la fleur de pois.

La formation des gamètes chez une plante à fleurs

B Cycle de développement d'un **Angiosperme***

Chez les végétaux terrestres, deux formes pluricellulaires alternent dans le cycle de développement : le **sporophyte** diploïde et le **gamétophyte** haploïde qui, comme son nom l'indique, produit les gamètes, oosphère et noyaux gamétiques. Le sporophyte mature diploïde engendre par méiose des cellules reproductrices appelées spores. Contrairement aux gamètes, ces spores peuvent donner naissance à de nouveaux organismes pluricellulaires ou gamétophytes, sans qu'il y ait fécondation. Par mitose, le gamétophyte, qu'il soit mâle ou femelle, produit ensuite des gamètes qui ne peuvent engendrer d'organisme multicellulaire diploïde, zygote puis sporophyte, qu'à condition de s'unir à un autre gamète de sexe opposé.

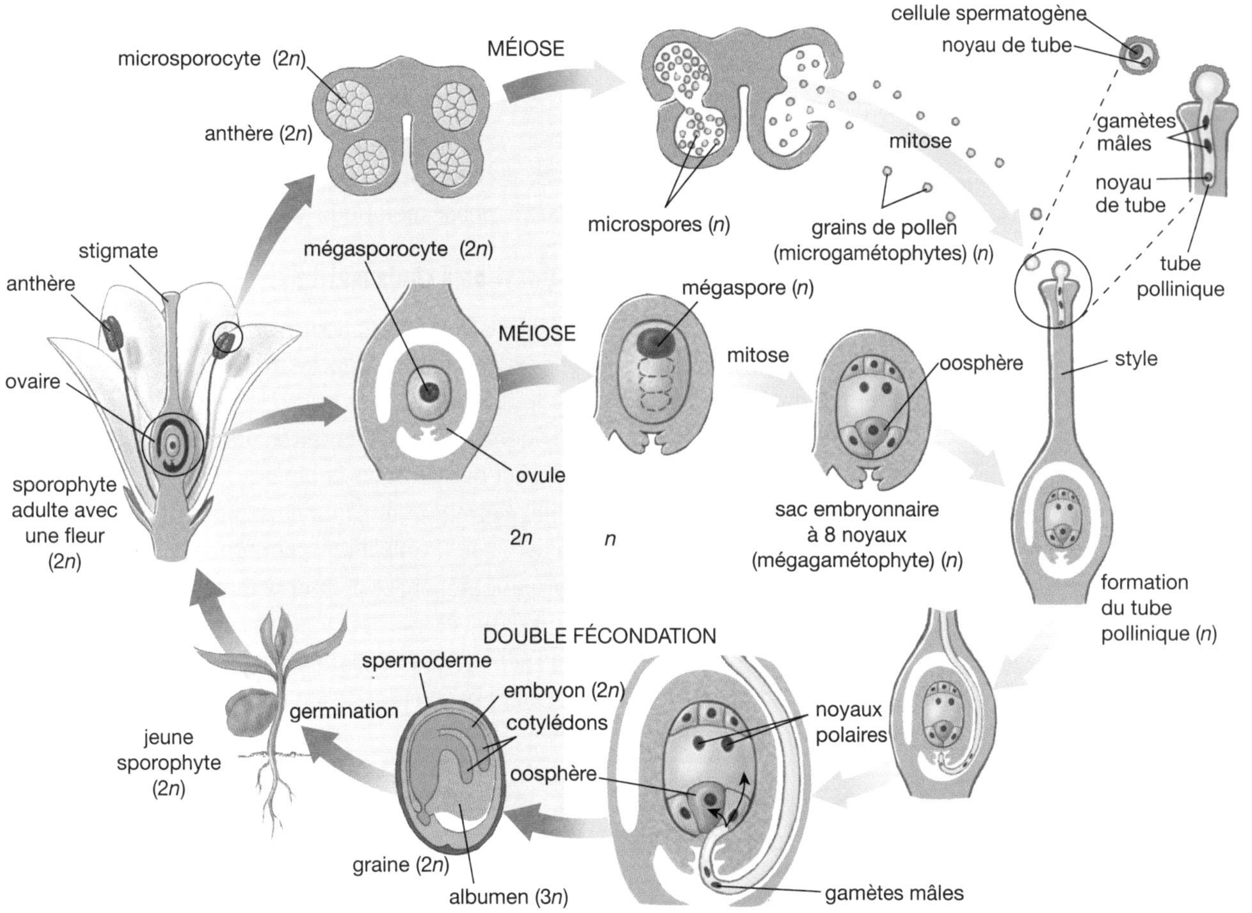
cellule spermatogène
noyau de tube
microsporocyte (2n)
MÉIOSE
anthère (2n)
gamètes mâles
mitose
noyau de tube
microspores (n)
grains de pollen (microgamétophytes) (n)
stigmate
anthère
mégasporocyte (2n)
tube pollinique
mégaspore (n)
MÉIOSE
ovaire
mitose
oosphère
style
ovule
sporophyte adulte avec une fleur (2n)
2n
n
sac embryonnaire à 8 noyaux (mégagamétophyte) (n)
formation du tube pollinique (n)
DOUBLE FÉCONDATION
spermoderme
embryon (2n)
germination
cotylédons
noyaux polaires
jeune sporophyte (2n)
oosphère
graine (2n)
albumen (3n)
gamètes mâles

Chez les Angiospermes, le stade gamétophyte est très réduit. Les anthères de la fleur produisent par méiose des spores qui deviennent des **gamétophytes mâles** haploïdes, les **grains de pollen.** Ceux-ci génèrent à leur tour des cellules spermatogènes. L'ovaire situé à la base du carpelle contient des ovules (parfois un seul) qui produisentt par méiose les **sacs embryonnaires**, c'est-à-dire les **gamétophytes femelles** haploïdes. Chacun contient une oosphère ou gamète femelle. La germination du grain de pollen déposé sur le stigmate produit un long tube pollinique qui s'enfonce dans le style jusqu'à l'ovaire, y amenant les deux noyaux gamétiques. La fécondation a lieu, et le zygote devient un embryon protégé dans une graine. Celle-ci, formée à partir de l'ovule, renferme une réserve nutritive et est, généralement, enveloppée dans un fruit. La germination de la graine donne naissance au sporophyte à fleur.

Doc. 3 Le cycle biologique d'une plante à fleur.

Lexique

- **Angiosperme** : embranchement de végétaux connu sous le nom de « plantes à fleur » et portant des graines à l'intérieur d'un compartiment protecteur appelé ovaire. Ceci le distingue du Gymnosperme (conifères, ginkgo...) dont les graines portées par des cônes sont nues. La majorité des plantes cultivées sont des Angiospermes.

Je connais

A. Définissez les mots ou expressions :

tube séminifère, spermatogenèse, spermatocyte II, sperme, acrosome, cellule de Sertoli, cellule germinale souche, globule polaire.

B. Vrai ou faux ?

Parmi les affirmations suivantes, recopiez celles qui sont exactes et corrigez celles qui sont erronées.

a. Les spermatozoïdes, inertes dans le sperme au moment de l'éjaculation, deviennent actifs au contact des voies génitales féminines.

b. Les spermatozoïdes, produits au cours de la vie embryonnaire, sont stockés dans la cavité des tubes séminifères et libérés progressivement à partir de la puberté.

c. Dans la paroi des tubes séminifères, on peut observer des cellules à tous les stades de la formation des gamètes mâles associées à des cellules nourricières.

d. L'ovogenèse commence à la puberté et s'achève à la ménopause.

e. L'ovulation est l'expulsion de l'ovule hors de l'ovaire.

C. Exprimez des idées importantes...

...en rédigeant une ou deux phrases utilisant chaque groupe de mots ou expressions :

a. ...spermatozoïde, fonction biologique, cellule spécialisée.

b. ...cellules germinales, paroi du tube séminifère, cellules de Sertoli.

c. ...ovocyte I, ovocyte II, globule polaire, méiose II.

D. Donnez le nom...

a. ...de la cellule sexuelle mâle ayant achevé la méiose I.

b. ...de la cellule de soutien de la lignée germinale masculine.

c. ...de la cellule sexuelle expulsée lors de l'ovulation.

d. ...de la phase méiotique la plus longue de l'ovogenèse.

E. Question à choix multiple...

La série d'affirmations peut comporter une ou plusieurs réponses exactes. Repérez les affirmations correctes, corrigez les autres.

a. L'ovogenèse et la spermatogenèse ont la même finalité : créer des gamètes haploïdes.

b. Chez l'être humain, la méiose aboutit à la formation d'un ovule ou à celle d'un spermatozoïde.

c. La spermatogenèse permet la formation de quatre cellules identiques.

d. La spermatide et l'ovotide sont des cellules morphologiquement et fonctionnellement similaires.

J'applique et je transfère

1 Interpréter un schéma

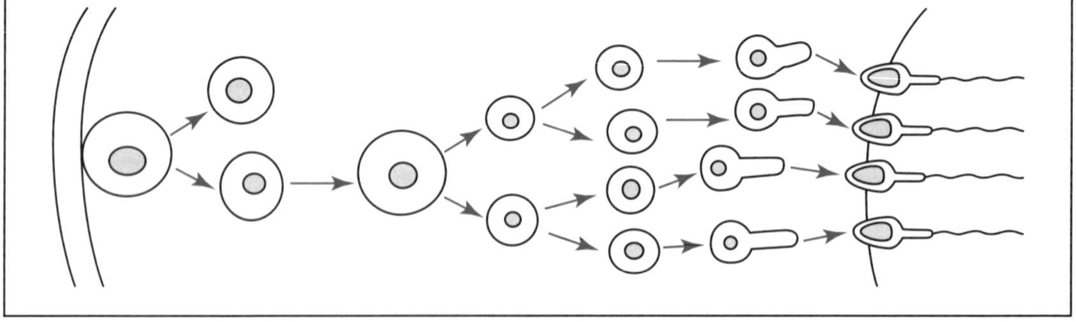

1- Quel est le processus représenté sur ce schéma ? Annotez-le de la manière la plus précise possible.

2- Réalisez un schéma légendé similaire pour l'autre sexe. Relevez les différences entre les deux processus.

2 Des anomalies du nombre de chromosomes

• Chez l'humain, les anomalies du nombre de chromosomes sont rares. Les cas de triploïdie ou de polyploïdie (présence de trois lots ou de multiples lots de chromosomes homologues, $n = 3$ ou plus) conduisent à des avortements spontanés. Par contre, il peut exister des anomalies portant sur une seule paire de chromosomes, dont la plus fréquente est la trisomie 21 ou syndrome de Down. Les personnes atteintes ont les yeux bridés, un épaississement du pli nucal, le visage rond, un tonus musculaire plus faible, une grande souplesse articulaire, des problèmes de vue ou de ouïe, des malformations cardiaques ou gastro-intestinales, des fragilités infectieuses.

• La trisomie 21 peut avoir une origine méiotique maternelle ou paternelle :

Origine de la trisomie 21 (d'après 170 cas étudiés)			
Maternelle		Paternelle	
1re division	2e division	1re division	2e division
61,7 %	15,3 %	11,8 %	11,2 %

• Influence de l'âge de la mère sur l'incidence du syndrome de Down :

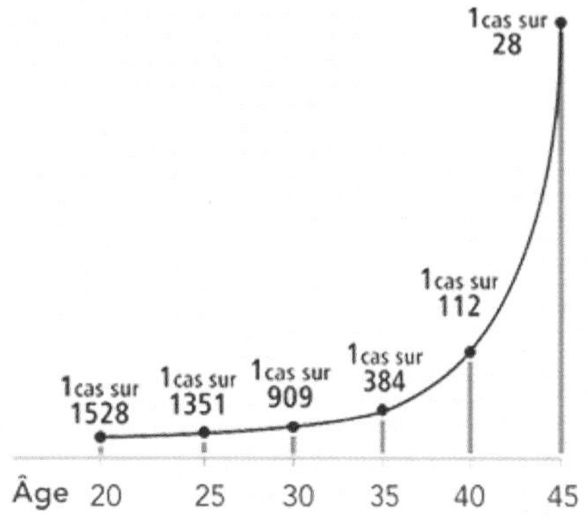

1 cas sur 28
1 cas sur 112
1 cas sur 384
1 cas sur 909
1 cas sur 1351
1 cas sur 1528
Âge 20 25 30 35 40 45

1- En vous référant aux processus de méiose et de gamétogenèse, réalisez des schémas expliquant les origines possibles de la trisomie 21.

2- Expliquez pourquoi la trisomie 21 résulte le plus souvent d'un problème lors de la 1re division méiotique maternelle. Expiquez dès lors l'influence de l'âge de la mère sur l'incidence de cette maladie.

3 Le déterminisme chromosomique du sexe chez la drosophile

• Les dessins ci-dessous représentent les caryotypes mâle et femelle chez la drosophile ou « mouche du vinaigre » (*Drosophila melanogaster*).

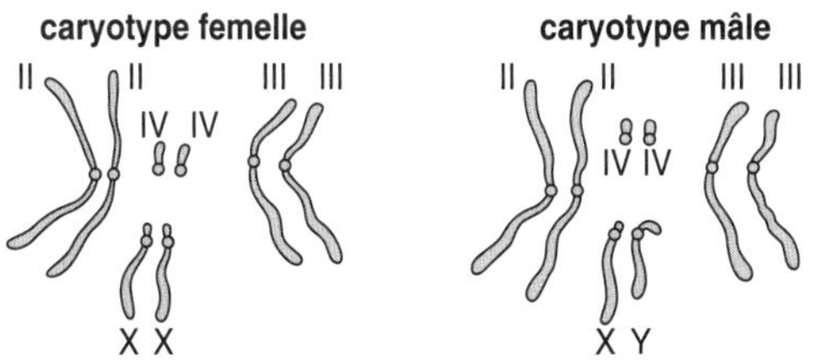

caryotype femelle
II II III III
IV IV
X X
caryotype mâle
II II III III
IV IV
X Y

• Le croisement de drosophiles normales (diploïdes $n = 2$) avec des drosophiles triploïdes ($n = 3$) donne une descendance complexe : mâles et femelles normaux, mais aussi individus intersexués (de phénotype intermédiaire entre mâle et femelle) et des « supersexués » avec des caractères mâles ou femelles exagérés. Les caryotypes de ces descendants sont variés. Le tableau résume les observations réalisées lors de tels croisements.

Formule chromosomique	Nombre de chromosomes X	Nombre de lots d'autosomes A	Rapport X/A	Phénotype sexuel
6A + XXX	3	2	1,50	Super femelle (stérile)
9A + XXXX	4	3	1,33	Super femelle (stérile)
12A + XXXX	4	4	1,00	Femelle (fertile)
9A + XXX	3	3	1,00	Femelle (fertile)
6A + XX	2	2	1,00	Femelle (fertile)
6A + XXY	2	2	1,00	Femelle (fertile)
9A + XX	2	3	0,66	Intersexué (stérile)
6A + XY	1	2	0,50	Mâle (fertile)
6A + X0	1	2	0,50	Mâle (stérile)
9A + XY	1	3	0,33	Super mâle (stérile)

1- Comment obtient-on des drosophiles triploïdes ?

2- À partir de l'observation des caryotypes présentés et de vos connaissances concernant l'espèce humaine, proposez une hypothèse concernant le déterminisme du sexe chez la drosophile.

3- Repérez les individus au caryotype normal parmi les descendants des croisements entre drosophiles diploïdes et drosophiles triploïdes.

4- Dans le cas d'anomalies portant sur le nombre de chromosomes sexuels, comment le phénotype sexuel paraît-il déterminé chez la drosophile ?

4 L'identification du gène de la masculinité

On sait depuis 1964 qu'il existe des hommes au phénotype normal avec un caryotype XX ; ces individus (1 sur 20 000) semblent dépourvus de chromosomes Y. Inversement, certaines femmes au phénotype normal possèdent un caryotype XY. Cependant, le chromosome Y a perdu un fragment de son bras court (cet accident est appelé « délétion »).

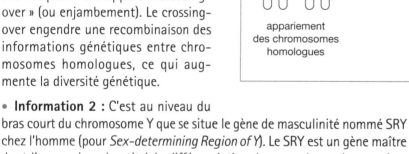

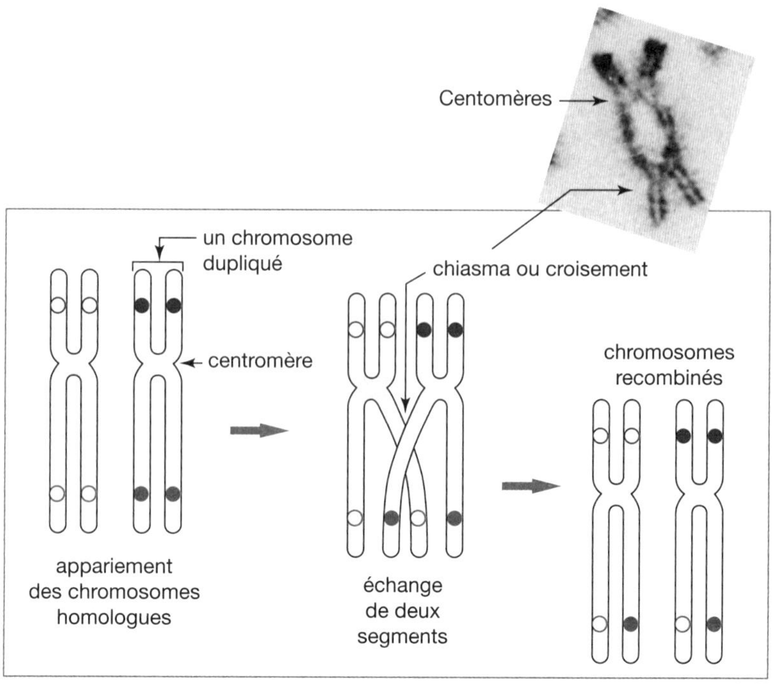
Centomères
un chromosome dupliqué
chiasma ou croisement
centromère
chromosomes recombinés
appariement des chromosomes homologues
échange de deux segments

• **Information 1 :** Lors de la méiose, certains chromosomes homologues peuvent échanger, lors de la prophase I, des parties de chromatides. Ce processus fréquent est appelé « crossing-over » (ou enjambement). Le crossing-over engendre une recombinaison des informations génétiques entre chromosomes homologues, ce qui augmente la diversité génétique.

• **Information 2 :** C'est au niveau du bras court du chromosome Y que se situe le gène de masculinité nommé SRY chez l'homme (pour *Sex-determining Region of Y*). Le SRY est un gène maître dont l'expression aboutit à la différenciation des gonades embryonnaires immatures en testicules. Ce gène code pour une protéine, le facteur de détermination testiculaire, TDF (*Testicule-Determining Factor*). La protéine TDF régule l'expression de nombreux autres gènes conduisant à la formation du testicule. Le gène SRY n'est cependant pas le seul gène impliqué dans la masculinisation de l'individu. De multiples processus hormonaux interviennent dans la détermination finale du sexe.

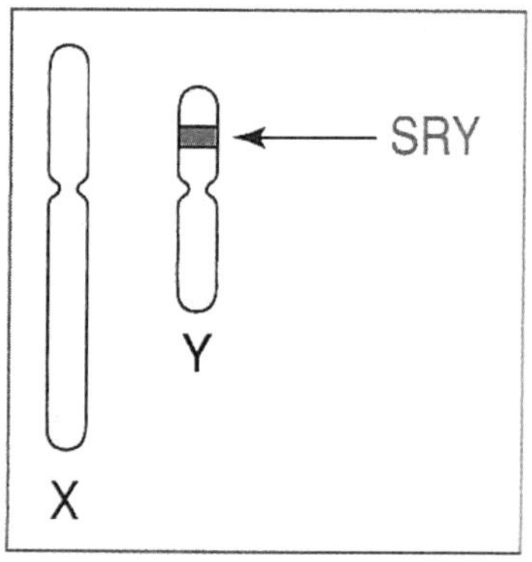
SRY
Y
X

• **Information 3 :** Chez la souris, l'insertion expérimentale de la portion d'ADN SRY dans le génome d'une cellule œuf XX induit dans de nombreux cas la formation d'embryons XX présentant des testicules, un pénis et des organes génitaux mâles accessoires (glandes sexuelles).

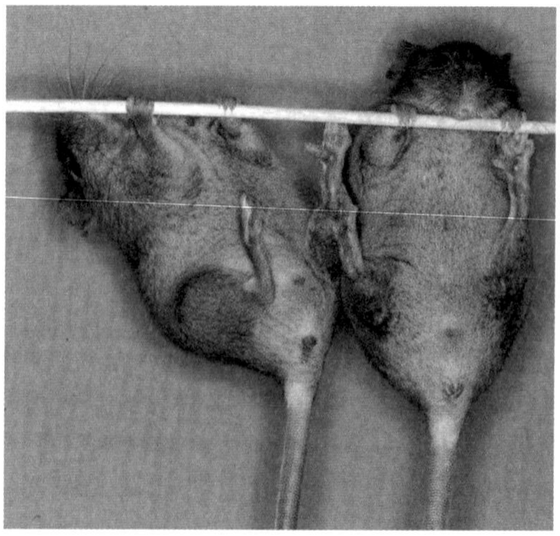

Photographie : organes génitaux d'une souris XX transgénique (à droite) et d'une souris mâle normale XY (à gauche)

1- Rappelez ce que signifient les termes « génotypes » et « phénotypes ».

2- Comment le chromosome Y oriente-t-il le développement embryonnaire de l'appareil génital ?

3- Expliquez comment des individus XX peuvent être phénotypiquement masculins et des individus XY phénotypiquement féminins.

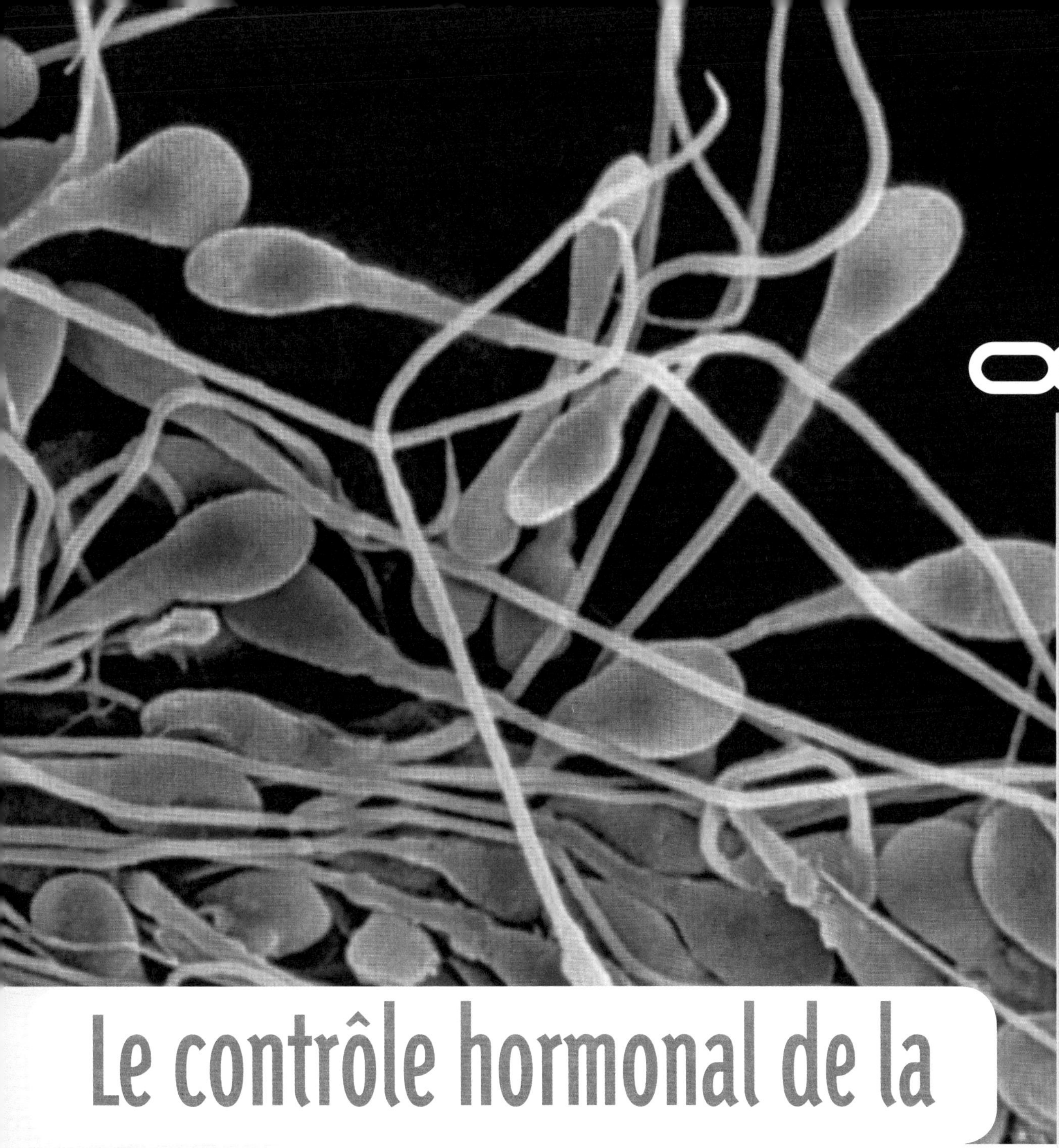

chapitre 8

Le contrôle hormonal de la reproduction masculine

Le fonctionnement du système génital, qu'il soit masculin ou féminin, dépend de contrôles hormonaux complexes faisant intervenir un système de commande hiérarchisé. Le présent chapitre étudie quelles sont les hormones impliquées dans la production des gamètes mâles lors de la spermatogenèse mais également dans le maintien des caractères sexuels secondaires ainsi que la manière dont ces hormones sont régulées.

Photographie : spermatozoïdes humains observés au microscope électronique à balayage (MEB, fausses couleurs).

Les hormones sexuelles sont sécrétées par des glandes endocrines

Le système génital est sous la dépendance d'hormones sexuelles, des molécules chimiques secrétées par des glandes endocrines. Elles permettent une communication précise entre organes et influencent l'activité des cellules sur lesquelles elles agissent. Afin de répondre aux besoins de l'organisme, leur action nécessite un système de contrôle efficace, adapté et ajustable.

- Comment les hormones agissent-elles à distance ?
- Quel est le mode d'action des hormones sexuelles et comment sont-elles régulées ?

A Les hormones sont sécrétées par des glandes endocrines

Glande exocrine :

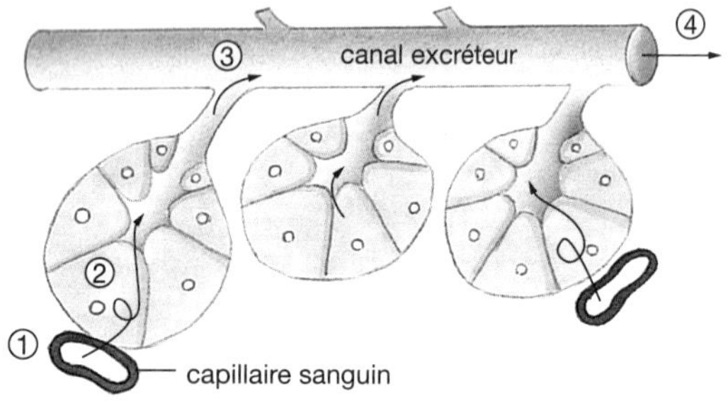
④
③
canal excréteur
②
①
capillaire sanguin

Glande endocrine :

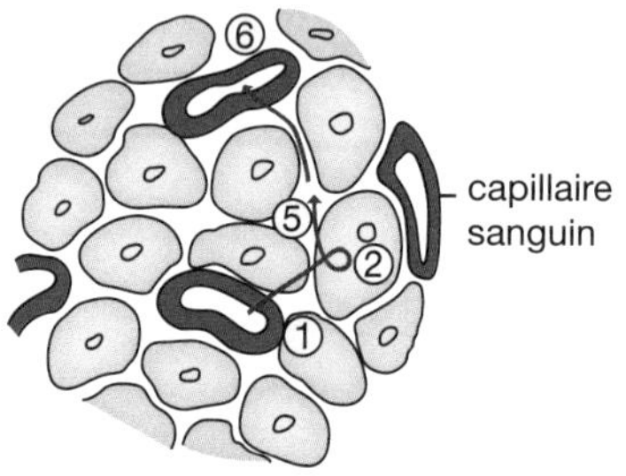
⑥
⑤
②
①
capillaire sanguin

① Prise des matériaux dans le sang
② Élaboration des produits de sécrétion
③ Sécrétion dans un canal excréteur
④ Émission hors de l'organisme ou dans les cavités internes ou dans la lumière de certains organes
⑤ Sécrétion dans le liquide interstitiel
⑥ Diffusion via la circulation sanguine vers les cellules cibles

Doc.1 Une comparaison entre une glande exocrine et une glande endocrine.

Une hormone est une molécule produite par une cellule spécialisée dite cellule **endocrine**. Celle-ci déverse sa sécrétion dans les espaces intercellulaires et, de là, l'hormone gagne généralement la circulation sanguine.

L'**hormone circulante** (**a**) est alors transportée, à très faible concentration (de l'ordre du picogramme, 10^{-12} g), dans l'organisme. Elle agit sur certaines cellules, celles qui sont capables de détecter sa présence grâce à des **récepteurs spécifiques**. L'activité de ces cellules cibles est alors modifiée, chaque type de cellule cible répondant « à sa façon ».

Certaines hormones ne rejoignent pas la circulation sanguine, mais agissent sur des cellules cibles proches des cellules sécrétrices (**b**). On parle alors d'**hormones paracrines**. En outre, les cellules endocrines peuvent elles-mêmes être la cible de leurs propres hormones qui agissent alors de façon **autocrine** (**c**).

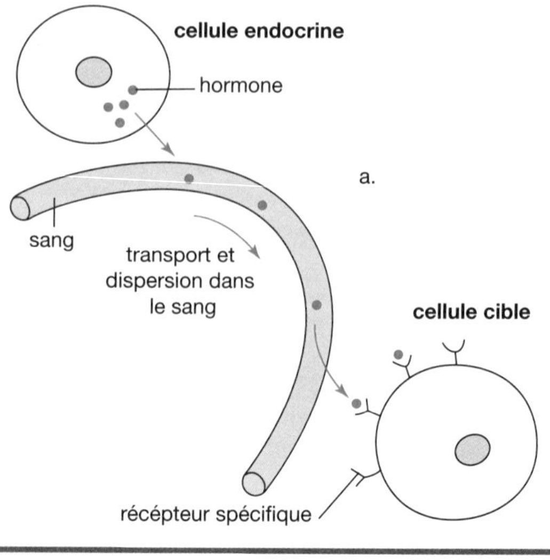
cellule endocrine
hormone
a.
sang
transport et
dispersion dans
le sang
cellule cible
récépteur spécifique

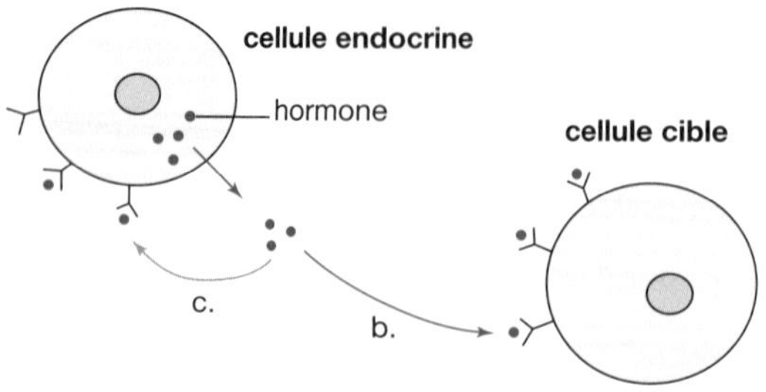
cellule endocrine
hormone
cellule cible
c.
b.

Doc.2 La définition d'une relation hormonale : **a** - hormone circulante ; **b** - hormone à action paracrine ; **c** - hormone à action autocrine.

B Des messagers chimiques qui agissent sur le métabolisme et contrôlent leur propre production

Œstrogène

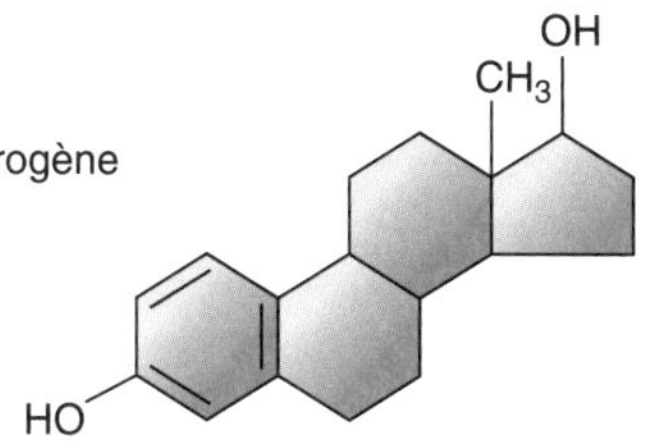

OH
CH_3
HO

Testostérone

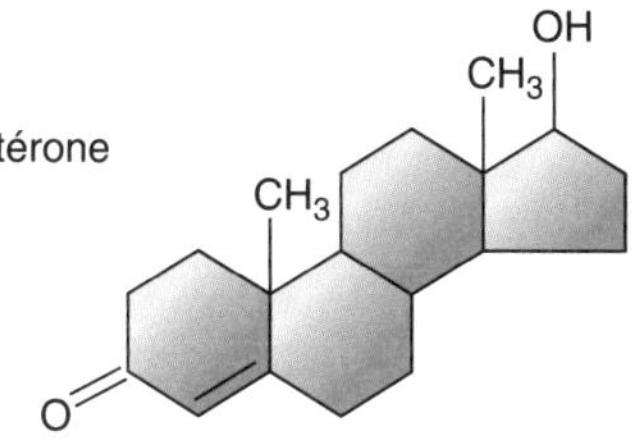

OH
CH_3
CH_3
O

◄ Les hormones sexuelles sont pour la plupart des stéroïdes dérivés du cholestérol.

Liposolubles, elles se lient à un récepteur nucléaire et activent directement un gène, modifiant de la sorte le métabolisme cellulaire. ►

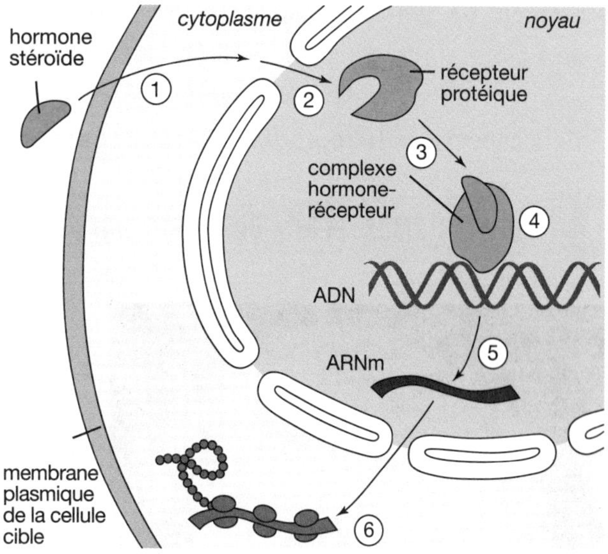

hormone stéroïde
cytoplasme
noyau
récepteur protéique
complexe hormone-récepteur
ADN
ARNm
membrane plasmique de la cellule cible
1
2
3
4
5
6

Doc. 3 Structure et mode d'action des hormones sexuelles.

Les hormones sexuelles sont régulées par des **boucles de rétrocontrôle**, généralement négatif.

Une modification du milieu induit, en retour, une modification dans la synthèse de cette hormone par la glande endocrine qui la produit. Ainsi, une diminution du taux d'une hormone induit la synthèse de celle-ci, tandis qu'une augmentation de son taux inhibe (empêche) sa synthèse.

Une telle correction automatique des taux hormonaux assure une stabilité métabolique à long terme.

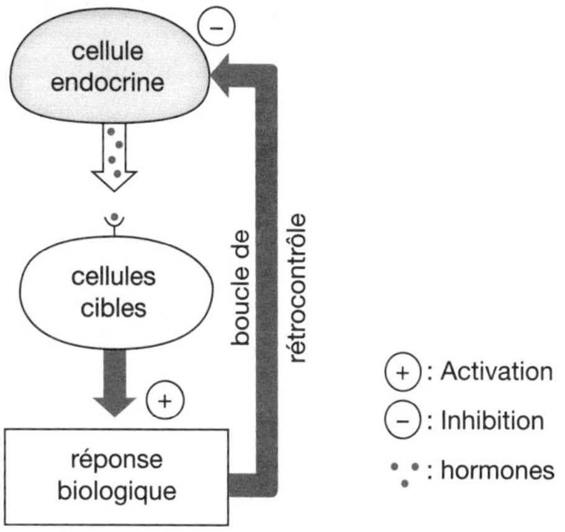

cellule endocrine
−
cellules cibles
+
réponse biologique
boucle de rétrocontrôle
+ : Activation
− : Inhibition
: hormones

Doc. 4 Les boucles de rétrocontrôle (ici, négatif).

Pistes d'exploitation

1 **Doc. 1** : Quelle est la principale différence entre une cellule glandulaire endocrine et une cellule glandulaire exocrine ? Citez quelques glandes exocrines et endocrines de l'organisme humain.

2 **Doc. 2** : Comparez les caractéristiques des hormones et des neurotransmetteurs.

3 **Doc. 3** : Expliquez l'intérêt d'un contrôle par boucle de rétroaction. Quelle est la différence entre un rétrocontrôle négatif et un rétrocontrôle positif ?

Bilan : En vous aidant des informations reprises sur les documents, montrez que l'action exercée par une cellule hormonale sur une cellule cible est le résultat de nombreuses étapes successives.

Activités pratiques 2

Le complexe hypothalamo-hypophysaire

Le complexe hypothalamo-hypophysaire est le principal régulateur du système endocrinien. Il contrôle notamment de nombreux aspects physiologiques liés à la reproduction en activant de multiples organes et cellules cibles directement ou indirectement impliqués dans les processus de procréation.

- Comment l'hypothalamus nerveux exerce-t-il un contrôle sur l'hypophyse endocrine ?
- Quels aspects de la reproduction sont contrôlés par le complexe hypothalamo-hypophysaire ?

A L'hypothalamus sécrète des neuro-hormones

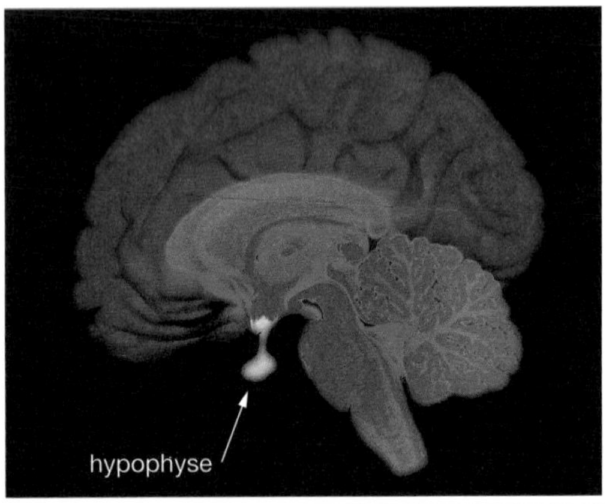
hypophyse

L'hypophyse est une glande, de la taille d'un pois, située sous le cerveau et entourée d'os. Elle est reliée à l'hypothalamus par la tige hypophysaire (ou tige pituitaire). Elle est constituée de deux parties :

- l'**antéhypophyse** ou **adénohypophyse** contient des cellules endocrines typiques. Beaucoup d'entre elles libèrent des stimulines (ou hormones trophiques) qui ont pour cibles d'autres glandes endocrines ;
- la **posthypophyse** ou **neurohypophyse** contient les extrémités axoniques des neurones hypothalamiques.

Doc.1 L'hypophyse est reliée à l'encéphale tant anatomiquement que fonctionnellement.

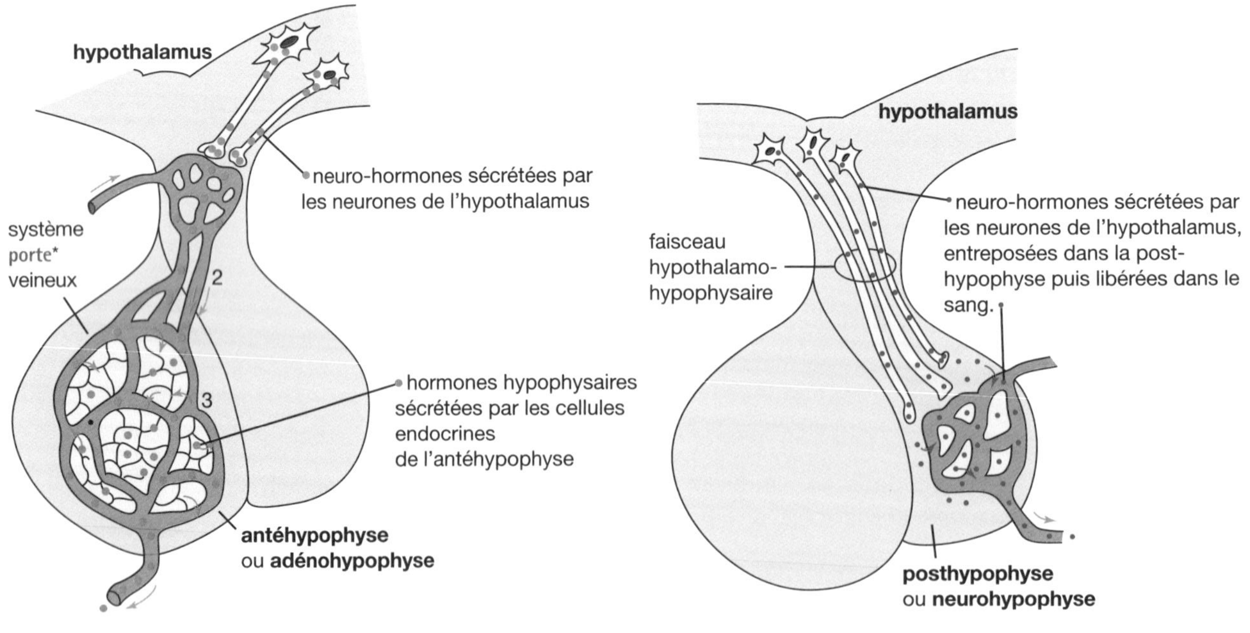
hypothalamus
neuro-hormones sécrétées par les neurones de l'hypothalamus
système porte* veineux
2
3
hormones hypophysaires sécrétées par les cellules endocrines de l'antéhypophyse
antéhypophyse ou adénohypophyse
hypothalamus
faisceau hypothalamo-hypophysaire
neuro-hormones sécrétées par les neurones de l'hypothalamus, entreposées dans la post-hypophyse puis libérées dans le sang.
posthypophyse ou neurohypophyse

Doc.2 L'hypothalamus agit différemment sur les deux parties de l'hypophyse.

B L'hypophyse contrôle de nombreux processus métaboliques lies à la reproduction

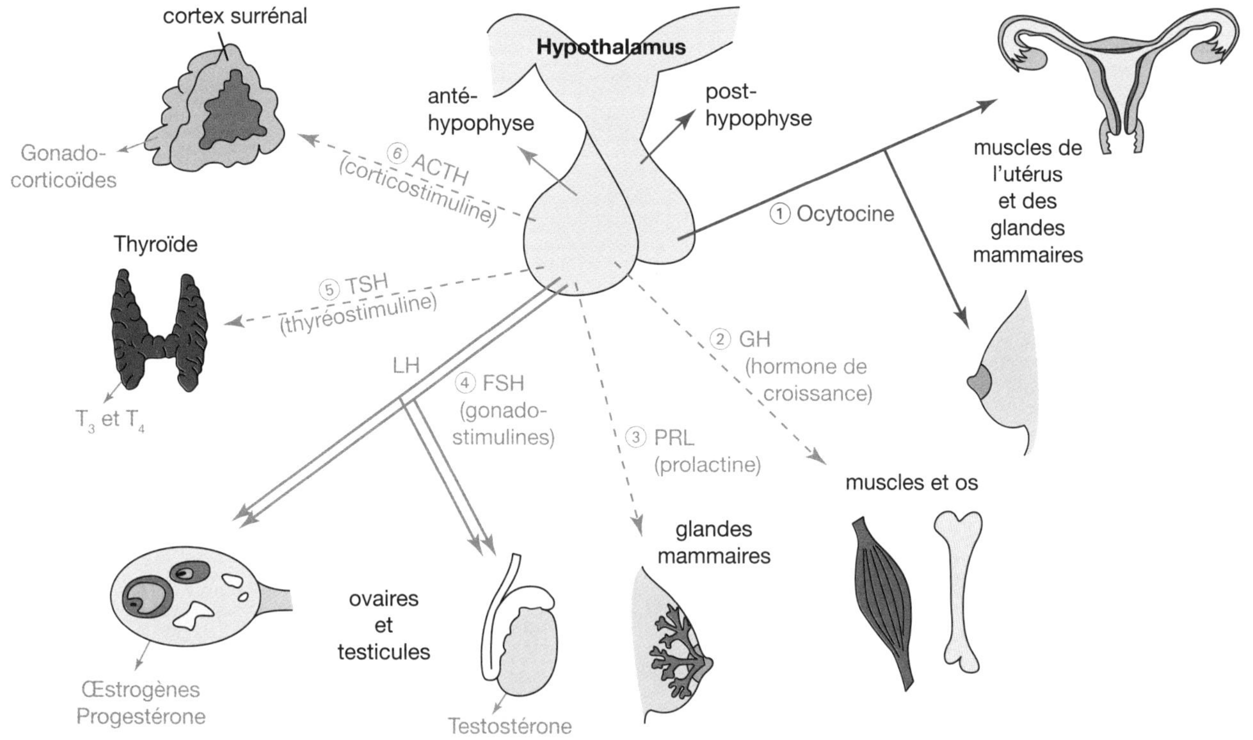

cortex surrénal
Hypothalamus
anté-hypophyse
post-hypophyse
Gonado-corticoïdes
⑥ ACTH (corticostimuline)
Thyroïde
⑤ TSH (thyréostimuline)
T_3 et T_4
① Ocytocine
muscles de l'utérus et des glandes mammaires
LH
④ FSH (gonado-stimulines)
③ PRL (prolactine)
② GH (hormone de croissance)
muscles et os
glandes mammaires
ovaires et testicules
Œstrogènes Progestérone
Testostérone

Hormones intervenant directement (flèches pleines) ou indirectement (flèches pointillées) dans la reproduction :

① ocytocine : induit les contractions musculaires nécessaires à l'expulsion du lait, à l'accouchement et lors des rapports sexuels.

② hormone de croissance : permet les modifications musculaires, osseuses et adipeuses, notamment lors de la puberté.

③ prolactine : induit la synthèse du lait (lactation).

④ LH et FSH : stimulent la synthèse par les gonades des œstrogènes, de la progestérone et de la testostérone.

⑤ TSH : stimule la thyroïde à produire les hormones T_3 et T_4 qui régulent (notamment) la croissance en général ainsi que le développement fœtal et pubertaire du système génital.

⑥ ACTH : stimule la partie corticale (externe) de la glande surrénale afin de synthétiser des gonadocorticoïdes, hormones androgènes secondaires.

Doc. 4 Une petite glande aux fonctions multiples.

Lexique

• **Système porte :** système vasculaire reliant deux réseaux de capillaires successifs de même type, soit veineux, soit artériels.

Pistes d'exploitation

1 **Doc. 2** : Pourquoi appelle-t-on « neuro-hormones » les sécrétions de l'hypothalamus agissant sur l'hypophyse ?

2 **Doc. 2** : Comparez le faisceau hypothalamo-hypophysaire et les veines portes hypophysaires d'un point de vue fonctionnel et structural. L'hypophyse postérieure est-elle réellement un organe endocrinien ? Justifiez votre réponse.

3 **Doc. 3 et 4** : Pourquoi l'hypophyse est-elle souvent qualifiée de « chef d'orchestre des glandes endocrines » ?

Les testicules produisent aussi une hormone : la testostérone

L'hormone testiculaire ou testostérone est responsable de la différenciation de l'appareil génital masculin pendant le développement embryonnaire, du développement des caractères sexuels secondaires à la puberté et du bon déroulement de la spermatogenèse.

- Quelles cellules du testicule sécrètent cette hormone ?
- Quelles sont les caractéristiques de cette sécrétion chez l'adulte et quel en est l'intérêt dans le fonctionnement génital ?

A Les cellules sécrétrices de testostérone

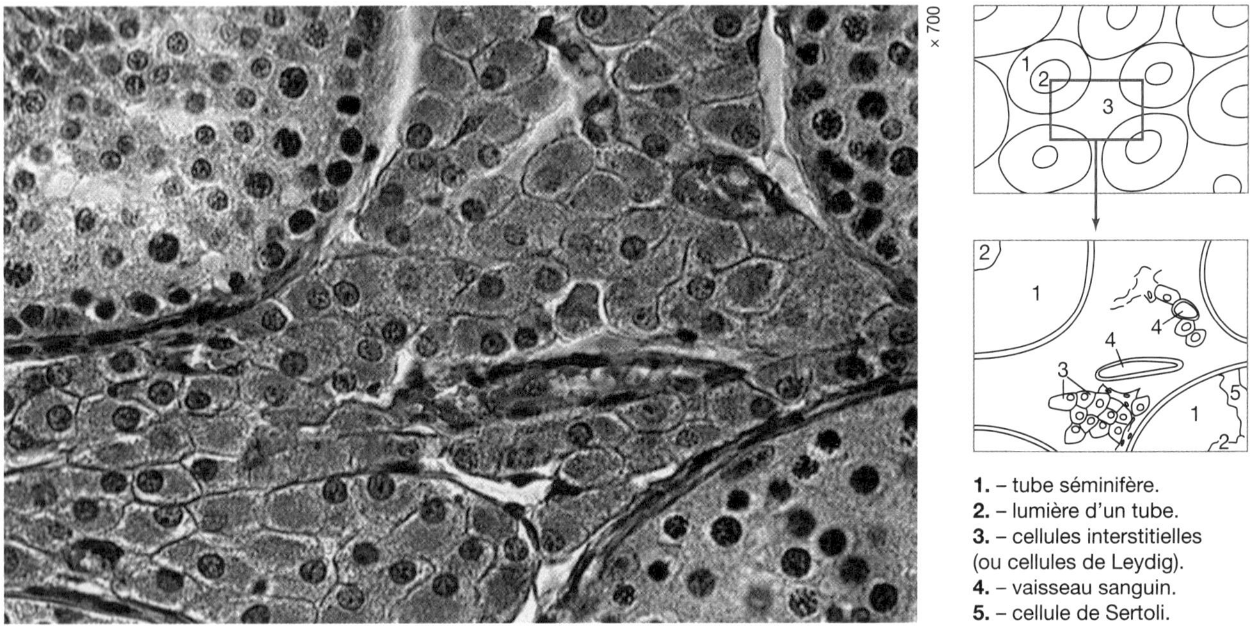
× 700
1
2
3
4
5

1. – tube séminifère.
2. – lumière d'un tube.
3. – cellules interstitielles (ou cellules de Leydig).
4. – vaisseau sanguin.
5. – cellule de Sertoli.

Doc.1 Observation, dans une coupe de testicule, des tissus situés entre les tubes séminifères.

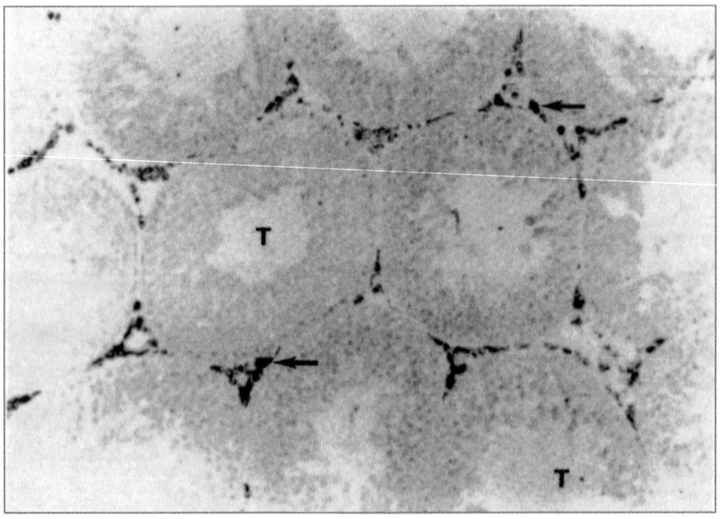
T
T

À l'aide d'une technique complexe, on a mis en évidence les cellules sécrétrices de testostérone sur des coupes fines de testicule. Les taches noires indiquent les zones riches en une enzyme indispensable à la synthèse de l'hormone sexuelle mâle.

Doc.2 Mise en évidence des cellules sécrétrices de testostérone.

B Une sécrétion à taux globalement constant

• Chez l'homme adulte, le taux plasmatique de testostérone varie d'un individu à l'autre en fonction de l'heure, de la période de l'année, de l'activité physique, de l'âge, du stress... et varie aussi, pour un individu donné. En dépit de ces variations, le taux plasmatique de testostérone est considéré comme constant. Par exemple sa valeur est comprise entre 3 et 10 ng par mL le matin.

• Des études récentes, basées sur des dosages très rapprochés au cours de la journée, montrent que la testostérone n'est pas libérée dans le sang de manière constante mais sous forme de « **pulses** », chacun correspondant à un épisode **bref** (quelques minutes) de **libération intense** d'hormone. Le taux sanguin de l'hormone augmente alors brutalement puis décroît de plus en plus lentement, ce qui traduit une disparition progressive de l'hormone. Le temps réel de sécrétion par les testicules est donc beaucoup plus bref que le « pic de concentration » enregistré.

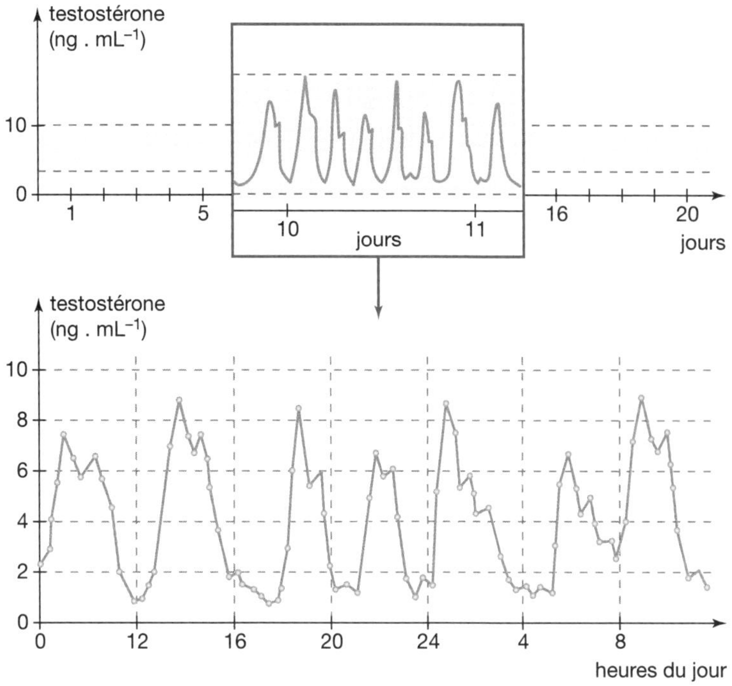
testostérone
(ng . mL^{-1})
10
0
1
5
10
11
jours
16
20
jours
testostérone
(ng . mL^{-1})
10
8
6
4
2
0
0
12
16
20
24
4
8
heures du jour

Doc. 3 La testostérone n'est pas sécrétée « en continu » mais est libérée de façon intermittente, sur un mode pulsatile.

Initialement situés dans la cavité abdominale, les testicules d'un fœtus mâle migrent normalement dans les bourses vers la fin de la grossesse. Par suite d'une anomalie du développement, les testicules restent parfois en position intra-abdominale : le sujet est alors atteint de **cryptorchidie** (« testicule caché »).

Le fonctionnement testiculaire est alors perturbé et l'on peut faire les constatations suivantes :
- la puberté se déroule normalement et les caractères sexuels se développent ;
- l'adulte demeure néanmoins stérile, le sperme se révélant dépourvu de spermatozoïdes suite à une température testiculaire trop élevée ;
- l'observation microscopique des testicules révèle une structure anormale (photographie).

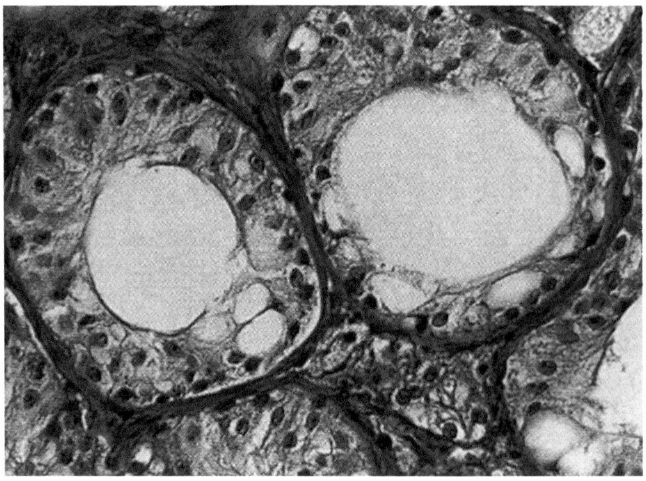

× 350

Doc. 4 Les conséquences de la cryptorchidie.

Pistes d'exploitation

1 Doc. 1 et 2 : Quelles cellules sécrètent la testostérone ? Que devient l'hormone sécrétée ?

2 Doc. 3 : Qu'appelle-t-on « sécrétion pulsatile » ? Expliquez pourquoi on considère cependant que le taux plasmatique de testostérone est « globalement constant ».

3 Doc. 4 : Après avoir comparé la structure d'un testicule cryptorchidique avec un testicule normal, mettez celle-ci en relation avec les constatations cliniques.

Activités pratiques 4

L'hypophyse contrôle le fonctionnement des testicules

Un fonctionnement insuffisant de la glande hypophyse peut entraîner, entre autres troubles, de graves perturbations au niveau de l'appareil génital : par exemple une atrophie des testicules (traduisant un arrêt de leur fonctionnement) accompagnée d'une régression des caractères sexuels secondaires.

- Comment le fonctionnement hypophysaire peut-il retentir sur le fonctionnement des testicules ?

A Les gonadostimulines, des hormones responsables de l'activité du testicule

L'antéhypophyse ou adénohypophyse produit de nombreuses hormones parmi lesquelles la FSH* et la LH* sont des gonadostimulines, c'est-à-dire des hormones stimulant les glandes sexuelles.

La micrographie ci-contre présente des cellules antéhypophysaires dans lesquelles les hormones LH et FSH apparaissent en noir grâce à un marquage spécifique.

× 3 500

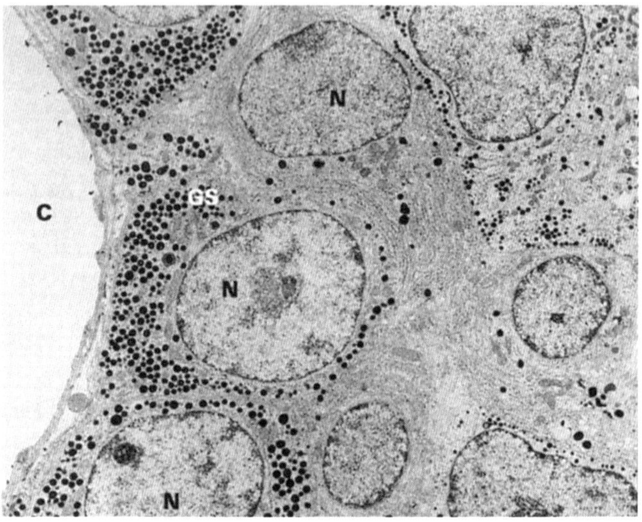
N
GS
C
N
N

C : capillaire sanguin ; N : noyaux des cellules endocrines ; GS : grains de sécrétion.

Doc.1 Les cellules sécrétrices des gonadostimulines sont localisées dans le lobe antérieur de l'hypophyse.

Protocole expérimental

On réalise plusieurs injections de gonadostimulines à des animaux impubères. Certains lots sont traités avec de la FSH, d'autres avec de la LH. On note les conséquences de ces traitements sur les cellules de la lignée germinale, sur les cellules de Sertoli, sur les cellules interstitielles de Leydig, et sur l'apparition des caractères sexuels secondaires.

Des observations cliniques

Les médecins connaissent de nombreux cas de développement testiculaire insuffisant (hypogonadisme). L'atrophie des testicules est associée à des signes cliniques variés : stérilité, absence ou faible développement de certains caractères masculins. Ces cas sont souvent dus à un déficit d'origine hypophysaire. Il est alors possible d'améliorer l'état des malades en réalisant des injections de produits extraits de l'hypophyse.

Observations / Injections réalisées	Lignée germinale	Cellules de Sertoli	Cellules de Leydig	Caractères sexuels secondaires
Injection de LH	Au repos	Peu développées	Activées	Développés
Injection de FSH	Activée (si présence de testostérone)	Développpées	Inactives	Absents

Doc.2 Les relations entre testicule et hypophyse.

B L'effet des gonadostimulines sur la fonction testiculaire

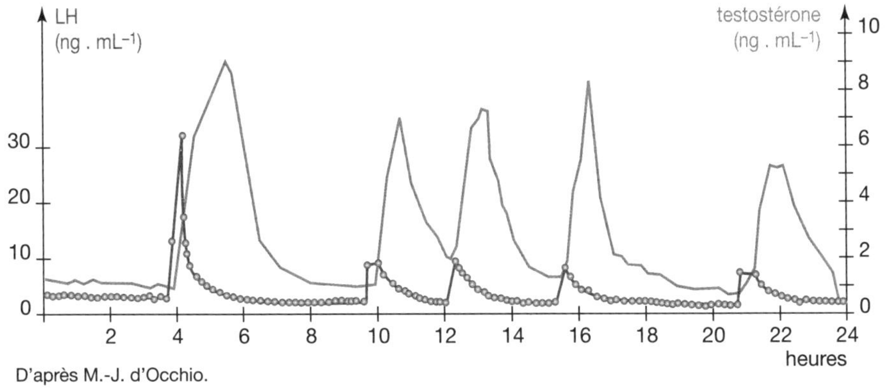

LH
(ng . mL-1)
testostérone
(ng . mL-1)
30
20
10
0
10
8
6
4
2
0
2
4
6
8
10
12
14
16
18
20
22
24
heures

D'après M.-J. d'Occhio.

Comme la sécrétion de testostérone, la sécrétion des gonadostimulines, globalement constante, est, elle aussi, pulsatile. Les cellules hypophysaires responsables « déchargent » périodiquement dans le sang une partie de l'hormone stockée dans leur cytoplasme puis la sécrétion s'interrompt jusqu'au pulse suivant, quelques heures plus tard.

Doc. 3 La variation des taux sanguins de LH et de testostérone pendant 24 heures, chez le bélier.

- La FSH stimule la spermatogenèse. Cette hormone n'agit pas directement sur les cellules germinales, mais sur les cellules de Sertoli (cellules de soutien). Lorsque celles-ci sont stimulées par la FSH, elles sécrètent une protéine, l'**ABP** (*Androgen-Binding Protein*) qui, en se liant à la testostérone, permet de maintenir un niveau élevé de cette dernière au niveau des tubes séminifères. La testostérone peut alors agir sur les cellules de la lignée germinale.
- La LH stimule la sécrétion de testostérone par les cellules interstitielles (cellules de Leydig) ; la testostérone à son tour stimule la spermatogenèse et favorise l'apparition ou le maintien des caractères sexuels secondaires.

Taux sanguins de FSH et de LH chez l'homme

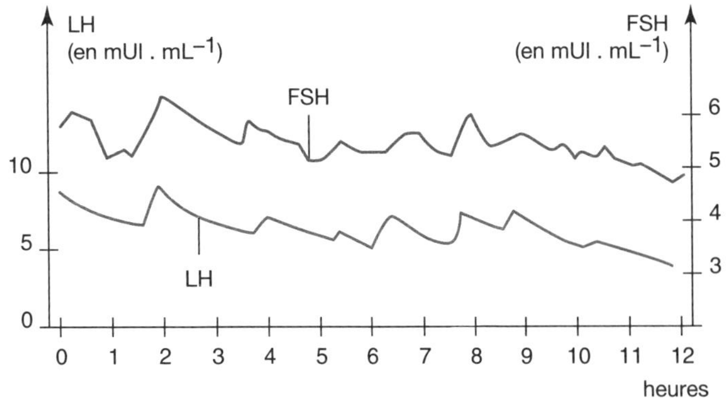

LH
(en mUI . mL−1)
FSH
(en mUI . mL−1)
FSH
LH
10
5
0
6
5
4
3
0
1
2
3
4
5
6
7
8
9
10
11
12
heures

D'après *La reproduction chez les mammifères et l'homme*, INRA, Ellipse
mUI . mL−1 : milliUnité Internationale par mL

Doc. 4 LH et FSH agissent sur le testicule.

Lexique

- **FSH** (*Follicle Stimulating Hormone* ou hormone folliculo-stimulante) : gonadostimuline stimulant la spermatogenèse ; chez la femme, elle stimule le développement des follicules ovariens, d'où son nom.
- **LH** (*Lutinizing Hormone* ou hormone lutéinisante) : gonadostimuline stimulant la sécrétion de l'hormone mâle ; chez la femme, elle stimule le développement du corps jaune (latin *luteus* = jaune).

Pistes d'exploitation

1 Doc. 1 et 2 : Après avoir rappelé le rôle de chacun des types cellulaires mentionnés, analysez les résultats de ces expériences en précisant le rôle de la FSH et de la LH sur les différentes lignées de cellules testiculaires. Comment peut-on expliquer le développement des caractères sexuels secondaires en présence de FSH ?

2 Doc. 3 : Comment expliquez-vous le parallélisme entre les deux sécrétions ?

3 Doc. 1 à 4 : Schématisez les relations existant entre l'hypophyse et le testicule.

Activités pratiques 5

Le rôle intégrateur du complexe hypothalamo-hypophysaire

L'antéhypophyse stimule en permanence l'activité des testicules, mais elle est elle-même sous le contrôle de l'hypothalamus. Ce système de commande est à son tour contrôlé par des informations qui lui parviennent du système nerveux central d'une part, des testicules eux-mêmes d'autre part.

• Comment les testicules contrôlent-ils l'activité de leur système de commande ?

A La commande de l'hypophyse par l'hypothalamus

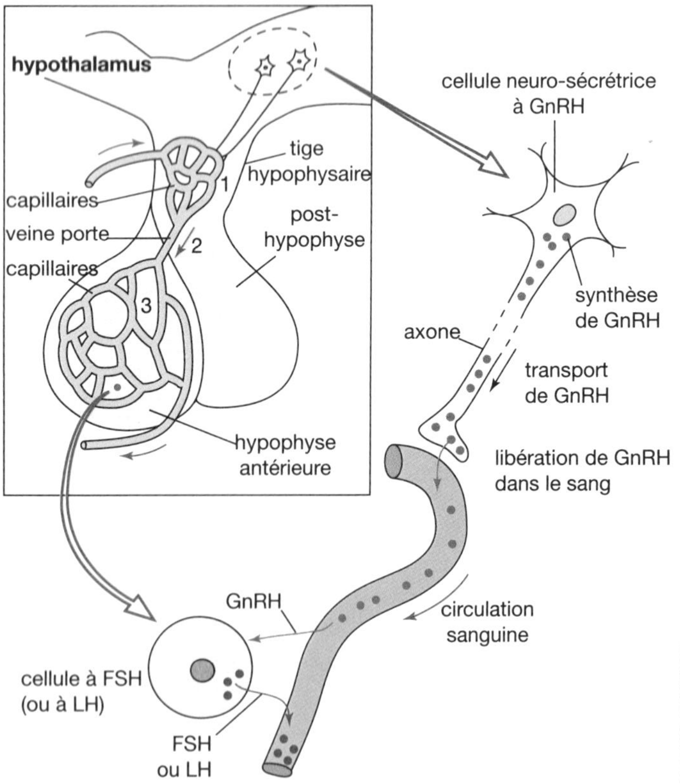

hypothalamus
capillaires
veine porte
capillaires
1
2
3
tige hypophysaire
post-hypophyse
hypophyse antérieure
cellule neuro-sécrétrice à GnRH
synthèse de GnRH
axone
transport de GnRH
libération de GnRH dans le sang
GnRH
circulation sanguine
cellule à FSH (ou à LH)
FSH ou LH

Expériences	Résultats
• Destruction de certains amas de neurones hypothalamiques.	Arrêt de la libération de LH et de FSH par l'hypophyse antérieure.
• Stimulation électrique de ces mêmes amas de neurones.	Augmentation brutale de la libération de LH et de FSH.
• Hypophyse déconnectée de l'hypothalamus par insertion transversale d'une lame de téflon dans la tige hypophysaire.	Arrêt de la libération de LH et de FSH par l'hypophyse antérieure.
• Prélèvement, à l'aide d'une canule très fine, de sang dans le réseau vasculaire de la tige hypophysaire.	Possibilité d'isoler une substance très active, la GnRH, déclenchant la libération des gonadostimulines.

Doc. 1 Certains neurones de l'hypothalamus sécrètent une hormone, la GnRH ou gonadolibérine, qui commande la libération de FSH et de LH.

Chez un bélier, on met en place une canule permettant de prélever du sang au niveau de la tige hypophysaire et de suivre ainsi la sécrétion de GnRH.

• Après injection d'une forte dose de testostérone, on enregistre un arrêt prolongé des pulses de GnRH.

• La castration est suivie d'une augmentation de la fréquence et de l'amplitude des pulses de GnRH, ce qui entraîne une élévation du taux plasmatique de LH.

• Chez ces animaux castrés, l'injection de testostérone rétablit plus ou moins parfaitement la sécrétion de GnRH qui retrouve ses caractéristiques d'avant castration.

• D'autres expériences montrent que les cellules antéhypophysaires possèdent des récepteurs hormonaux capables de fixer la testostérone.

Doc. 2 D'autres résultats expérimentaux.

Chez une souris mâle castrée, on injecte dans la circulation générale de la testostérone marquée par un isotope radioactif. On réalise ensuite une autoradiographie d'une coupe fine d'hypothalamus. La photographie présente les résultats obtenus.

Remarque : les neurones hypothalamiques qui fixent la testostérone ne sont pas les neurones à GnRH mais des neurones voisins, connectés aux précédents.

× 2 000

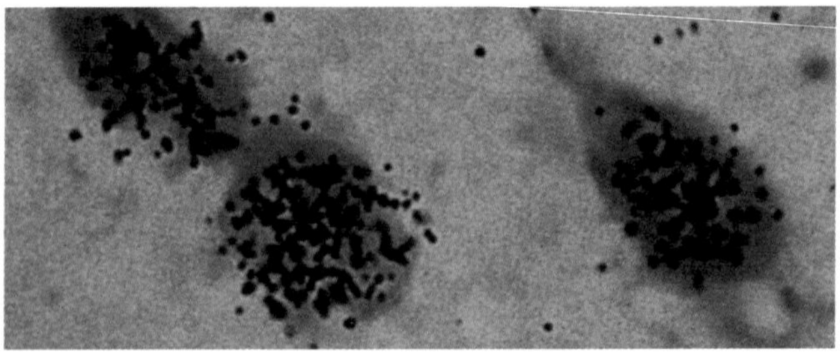

Doc. 3 Des récepteurs à la testostérone ont été mis en évidence sur des neurones hypothalamiques.

B L'influence des hormones testiculaires

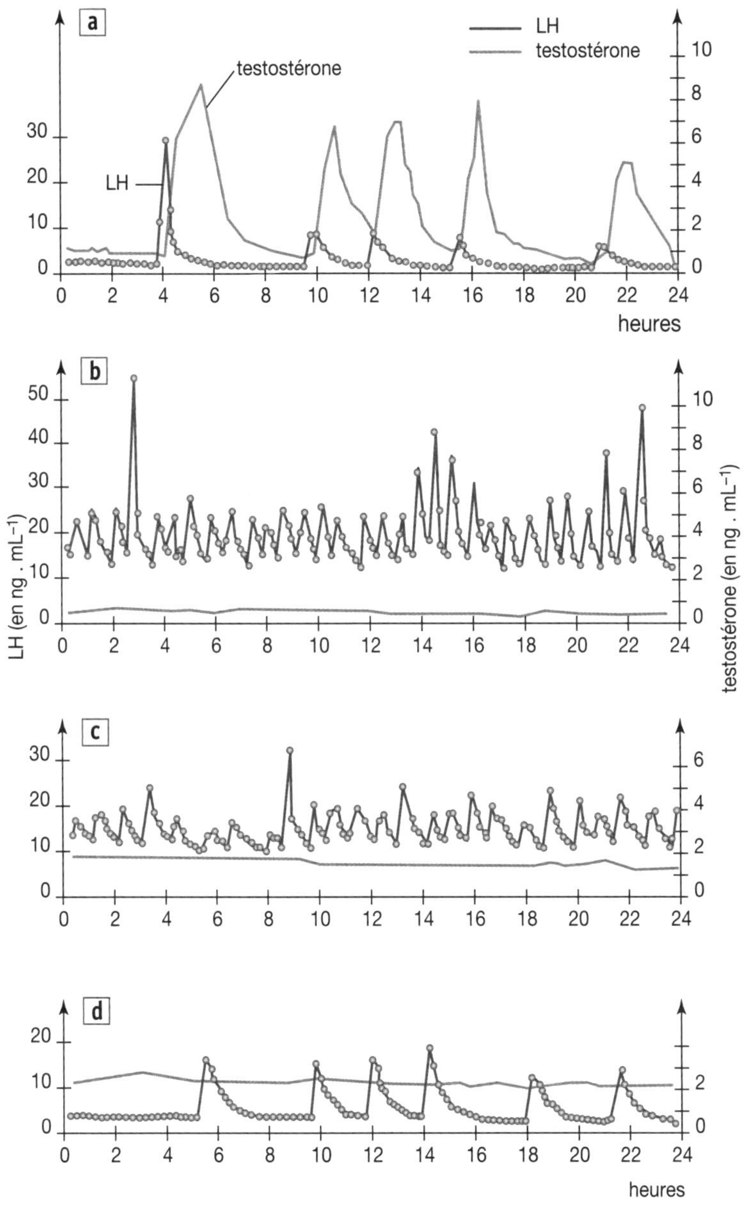

a
LH
testostérone
testostérone
LH
heures
b
c
d
LH (en ng . mL⁻¹)
testostérone (en ng . mL⁻¹)
heures

Les taux de LH et de testostérone sont dosés régulièrement dans le sang d'un bélier. Les graphiques ci-contre présentent les résultats obtenus : **a** : bélier entier (non castré), **b** : bélier, 6 semaines après castration, **c** et **d** : béliers castrés porteurs d'implants sous-cutanés libérant de la testostérone.

En **d** l'implant libère davantage de testostérone qu'en **c**.

D'après M.-J. d'Occhio

Doc. 4 Des résultats expérimentaux montrant l'influence de la testostérone sur la sécrétion de LH (chez le bélier).

Le rôle des cellules de Sertoli

« Lorsque la spermatogenèse est assez avancée pour assurer les fonctions sexuelles masculines, les cellules de Sertoli (cellules de soutien) libèrent de l'**inhibine**, une hormone protéique qui, comme son nom l'indique, inhibe la sécrétion de FSH par l'antéhypophyse. Si la spermatogenèse se déroule trop lentement, les cellules de soutien libèrent moins d'inhibine. Il s'ensuit un acroissement de la sécrétion de FSH et une accélération de la spermatogenèse. »

D'après Tortora *et al.*, *Principes d'anatomie et de physiologie*, De Boeck, 2007.

Doc. 5 Les cellules de Sertoli sécrètent de l'inhibine qui agit sur la sécrétion de FSH.

Pistes d'exploitation

1 Doc. 1 : Quels arguments permettent de penser que les sécrétions de LH et de FSH sont contrôlées par une sécrétion de l'hypothalamus ?

2 Doc. 2 et 3 : Interprétez les expériences proposées ainsi que les observations faites et dégagez des conclusions.

3 Doc. 4 : Expliquez le parallélisme entre les sécrétions de LH et de testostérone en a. Comparez la fréquence et l'amplitude des pulses de LH en b, c et d. Comment expliquez-vous les variations constatées ?

4 Doc. 5 : Expliquez les différentes fonctions des cellules de Sertoli.

5 Bilan : Réalisez un schéma expliquant la régulation hormonale de la fonction sexuelle masculine.

Le contrôle hormonal de la reproduction masculine

À partir de la puberté, l'appareil génital mâle, mis en place lors de la vie embryonnaire et fœtale, se transforme et devient opérationnel afin d'assurer la fonction de reproduction. Chez l'homme, comme chez tous les mammifères mâles adultes, le testicule remplit une double fonction. Il assure :

- d'une part la production de spermatozoïdes ;
- d'autre part la sécrétion de l'hormone mâle ou testostérone.

Tous les processus de développement et de maintien des caractères sexuels et de la fonction reproductrice dépendent par ailleurs d'un système de commandes hormonales hiérarchisé faisant intervenir tant l'hypothalamus et l'hypophyse que les glandes génitales elles-mêmes.

1 Le contrôle hormonal de la reproduction

1. Glandes exocrines et endocrines

• Une **glande** est un groupe plus ou moins grand de cellules ayant la même fonction excrétrice (ou sécrétrice). Il existe deux grandes catégories de glandes : les glandes exocrines et les glandes endocrines.

- Les **glandes exocrines** sont des glandes à sécrétion externe. Leurs cellules captent les éléments précurseurs dans le sang et élaborent des produits de sécrétion qu'elles rejettent, via un canal excréteur, **à l'extérieur** de l'organisme (peau, mamelon du sein, œil...) ou dans des cavités en relation avec l'extérieur (tube digestif, organes génitaux, cavités respiratoires...).
- Les **glandes endocrines** sont des glandes à sécrétion interne. Leurs cellules captent également les éléments précurseurs dans le sang et élaborent des produits de sécrétion ou **hormones**, mais celles-ci sont rejetées dans le **milieu interstitiel** d'où elles gagneront généralement la **circulation sanguine**.

2. Les hormones

• Une **hormone** (du grec *hormaein*, « mettre en mouvement ») est un **messager chimique**, produit de sécrétion d'une glande endocrine, qui modifie de manière spécifique le métabolisme d'une cellule cible plus ou moins éloignée.

• Les hormones les plus fréquentes sont les **hormones circulantes**. Elles sont déversées à très faible dose (de l'ordre du pico-gramme, 10^{-12} g) dans le milieu interstitiel puis gagnent la **circulation sanguine** et rejoignent ainsi leurs cellules cibles. D'autres hormones agissent de manière **paracrine** : via le liquide interstitiel, elles rejoignent une cellule cible proche de la cellule endocrine. Enfin, certaines hormones agissent sur la cellule qui les a sécrétées : ce sont des hormones **autocrines**.

• Les hormones sexuelles sont essentiellement de nature lipidique. Liposolubles, elles diffusent au travers de la membrane plasmique et rejoignent un **récepteur protéique** qui, lui-même, se lie à un **site spécifique de l'ADN**. Ceci déclenche l'activation directe d'un gène et la synthèse de nouvelles protéines, notamment des enzymes.

• La **régulation de la sécrétion** des glandes endocrines se fait par un système très précis d'activations et d'inhibitions.

Très souvent, ce sont les hormones elles-mêmes qui régulent leur propre niveau de sécrétion grâce à un système de **rétrocontrôle** appelé également **rétroaction** ou **feed-back**. Il s'agit généralement d'un système de **rétrocontrôle négatif** : une augmentation de la concentration sanguine d'une hormone entraîne l'inhibition de sa sécrétion par la glande endocrine qui la produit, tandis qu'une diminution de son taux sanguin stimule au contraire la glande. Ce système de rétrocontrôle négatif fait en sorte que la libération hormonale est **rythmique**, les taux sanguins d'hormones s'élevant et s'abaissant en alternance.

Un système de **rétrocontrôle positif** est cependant possible pour un nombre limité d'hormones : une augmentation de la concentration sanguine de l'hormone stimule la sécrétion de celle-ci.

3. Glandes et hormones impliquées dans la reproduction

• Les principales glandes endocrines intervenant dans les processus de reproduction sont :
- les **glandes sexuelles**, ovaires et testicules, dont les rôles seront envisagés ci-après ;
- l'**hypothalamus** qui fait partie du **système nerveux** où il intervient notamment dans les comportements instinctifs comme la faim, la soif, la peur, l'agressivité et la sexualité. Les cellules de l'hypothalamus sont

des cellules nerveuses avec des propriétés sécrétoires. Elles sécrètent donc des **neuro-hormones** (ou neurotransmetteurs à action hormonale) qui agissent sur **l'hypophyse** et contrôlent ainsi la formation de plusieurs autres hormones. La gonadolibérine **GnRH** (ou *gonadotropin-releasing hormone*) est la neuro-hormone hypothalamique la plus impliquée dans la reproduction.

- l'**hypophyse**, située sous l'hypothalamus auquel elle est attachée par une tige pituitaire. Elle est subdivisée anatomiquement et fonctionnellement en une antéhypophyse ou adénohypophyse (75 % de son poids) et une posthypophyse ou neurohypophyse.

• La **posthypophyse** ou **neurohypophyse** est constituée des prolongements axoniques des neurones de l'hypothalamus. Elle ne possède donc pas de fonction sécrétoire à proprement parler, puisqu'elle ne fait que stocker les neuro-hormones en attendant de les libérer dans la circulation sanguine. L'**ocytocine** est une neuro-hormone qui permet les contractions de l'utérus lors des rapports sexuels (afin de permettre la remontée des spermatozoïdes dans les voies génitales féminines) et lors de l'accouchement (voir chapitre 10). L'ocytocine stimule également l'éjection du lait lors de la lactation en agissant sur les contractions des muscles lisses des glandes mammaires.

• L'**antéhypophyse** ou **adénohypophyse**, malgré sa petite taille, régule l'activité d'un si grand nombre de glandes endocrines qu'elle était autrefois considérée comme la glande « maîtresse » de l'organisme. On sait maintenant qu'elle agit en étroite collaboration avec le système nerveux central via l'hypothalamus. Celui-ci libère ses neuro-hormones dans un **système porte** qui relie le réseau capillaire de l'hypothalamus à celui de l'adénohypophyse. Les neuro-hormones agissent sur les cellules endocrines de l'antéhypophyse qui sécrètent alors différentes hormones. Certaines sont appelées « *stimulines* » car elles stimulent la croissance ou la production de diverses hormones par d'autres glandes endocrines.

Les hormones antéhypophysaires directement impliquées dans la reproduction sont :

- les deux **gonadostimulines, FSH** (ou hormone folliculo-strimulante) **et LH** (ou hormone lutéinisante), hormones polypeptidiques de composition voisine qui régissent l'activité hormonale des gonades (ovaires et testicules) ;
- la **prolactine** (**PRL**) qui stimule la lactation après l'accouchement. La seule cible de l'hormone est le sein. On ne lui connaît pas de fonction chez l'homme ;
- l'**hormone de croissance** (**GH**, *growth hormone*) qui stimule la croissance et joue donc un rôle important lors de la puberté et dans la détermination de la taille adulte. Ses cibles sont essentiellement les cellules des muscles, des os et du tissu adipeux.

D'autres hormones antéhypophysaires interviennent plus indirectement dans la reproduction comme :

- la **TSH** (*thyroid-stimulating hormone*) ou thyréostimuline qui stimule la glande thyroïde. Outre leurs rôles multiples dans le métabolisme cellulaire général de l'organisme, les hormones thyroïdiennes T_3 et T_4 interviennent dans la reproduction en favorisant la croissance du système génital lors de la vie fœtale et de la puberté ;
- l'**ACTH** (*adenocorticotropic hormone*) ou corticostimuline qui agit sur le cortex (partie externe) des glandes surrénales. Ces glandes situées, comme leur

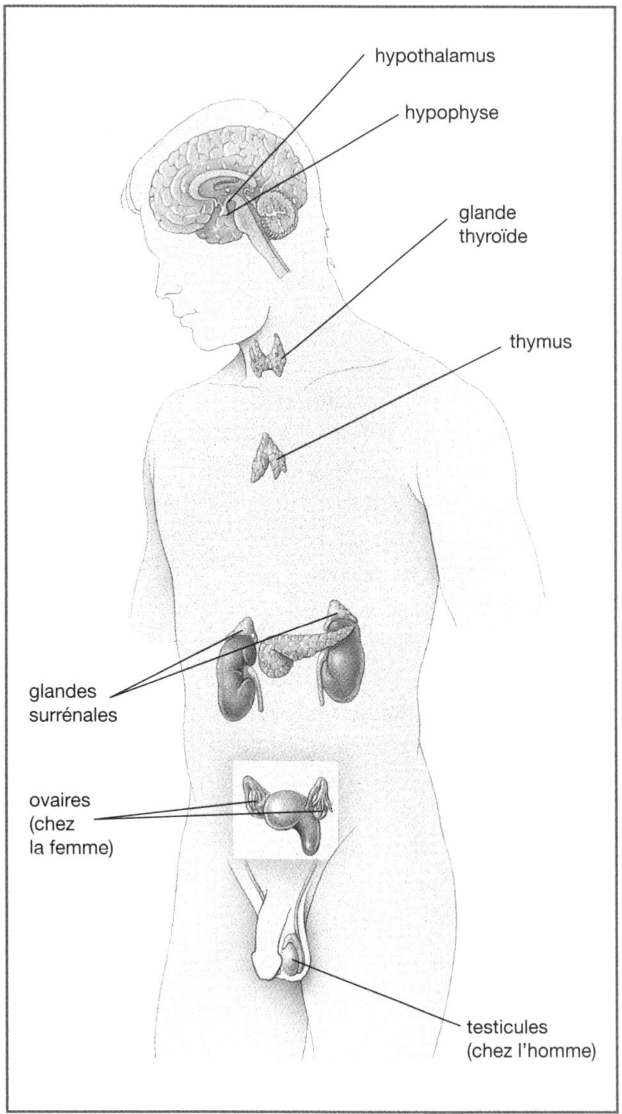
hypothalamus
hypophyse
glande thyroïde
thymus
glandes surrénales
ovaires (chez la femme)
testicules (chez l'homme)

nom l'indique, au-dessus des reins, sécrètent tout au long de la vie des hormones sexuelles, mais en quantités très faibles par rapport à celles produites par les glandes sexuelles. Il s'agit principalement d'androgènes, hormones mâles, et d'un peu d'œstrogènes, hormones féminines.

2 La régulation des hormones sexuelles masculines

1. Le testicule, glande endocrine masculine

- **La production d'hormone mâle**

L'hormone mâle ou **testostérone** est une **hormone stéroïde** synthétisée par les **cellules interstitielles** du testicule ou **cellules de Leydig**. Comme toutes les hormones, elle est déversée dans le sang et agit sur les organes dont les cellules possèdent des récepteurs hormonaux spécifiques : glandes annexes de l'appareil reproducteur, mais aussi cellules musculaires, centres nerveux...

La testostérone est aussi indispensable à la spermatogenèse puisqu'elle stimule les cellules germinales du tube séminifère. Néanmoins, elle ne peut se lier à ces cellules germinales sans la présence d'une petite protéine, l'**ABP** (*Androgen-Binding Protein*) synthétisée par les cellules de Sertoli.

- **Une sécrétion à taux « globalement » constant**

Chez l'homme adulte, la production de testostérone est **globalement stable** pendant toute la vie, sans variations « saisonnières » au cours de l'année (comme on l'observe chez de nombreux mammifères mâles chez lesquels la production hormonale n'est importante que pendant les périodes de reproduction, c'est-à-dire une ou deux fois par an selon les espèces). Une étude plus précise révèle que la sécrétion est en fait **discontinue** : des épisodes brefs (quelques minutes) de sécrétion intense (ou « **pulses** ») sont séparés par de longs intervalles (plusieurs heures) pendant lesquels la sécrétion est interrompue. Toutefois, le rythme des pulses étant stable, on peut considérer que le taux sanguin de testostérone fluctue autour d'une valeur sensiblement constante. Ceci implique dès lors un contrôle efficace du système de commande.

2. Un système hormonal hiérarchisé et auto-régulé

- **Une cascade de pulses hormonaux**

Les neurones de l'hypothalamus émettent de façon rythmique des bouffées de potentiels d'action et cette activité déclenche la sécrétion pulsatile d'une neuro-hormone, la **GnRH** ou gonadolibérine.

Les pulses de GnRH stimulent certaines cellules de l'antéhypophyse qui sécrètent alors deux **gonadostimulines** : la **FSH**, ou Hormone Folliculo-Stimulante, et la **LH**, ou Hormone Lutéinisante. Toutes deux doivent leur nom à leurs actions dans le contrôle de la reproduction féminine (voir chapitre 9).

- La **LH stimule les cellules de Leydig** qui possèdent donc des récepteurs membranaires spécifiques à cette hormone. Cette stimulation est indispensable à la production de testostérone. Des dosages hormonaux précis montrent que la LH est sécrétée de façon pulsatile, chaque pulse déclenchant un pulse de testostérone.
- La **FSH active indirectement la spermatogenèse** : elle stimule les cellules de Sertoli de manière à ce que celles-ci produisent l'**ABP**, indispensable à l'action de la testostérone sur les cellules germinales. La sécrétion de FSH est également pulsatile et synchronisée à celle de LH.

Les deux gonadostimulines hypophysaires, FSH et LH, sont donc nécessaires à un déroulement normal de la spermatogenèse.

- **Un système de rétrocontrôle**

Différentes observations expérimentales permettent de démontrer que le taux de testostérone exerce en permanence un contrôle sur le système de commande hypothalamo-hypophysaire.

Un tel mécanisme assure une stabilité des productions hormonales : une perturbation (hausse ou baisse à long terme) du taux de testostérone a tendance à être automatiquement corrigée. C'est un **rétrocontrôle négatif**.

La testostérone exerce ce rétrocontrôle négatif à la fois sur l'hypothalamus (afin de réguler la production de GnRH) et sur l'antéhypophyse (afin de contrôler la production de LH). Elle régule ainsi indirectement sa propre sécrétion par les cellules de Leydig.

Les cellules de Sertoli contrôlent leur propre sécrétion, non comme on s'y attendrait via le taux sanguin des protéines de liaison ABP, mais par la sécrétion d'une autre hormone, l'**inhibine**, qui exerce un rétrocontrôle négatif sur la sécrétion hypophysaire de FSH.

En simplifiant beaucoup, on peut considérer que la régulation du taux des hormones sexuelles mâles fait intervenir deux systèmes endocrines qui interagissent : le complexe hypothalamo-hypophysaire stimule le testicule endocrine qui, en retour, exerce un rétrocontrôle négatif sur la sécrétion des gonadostimulines. L'ensemble du mécanisme hormonal est donc **autorégulé**.

Coupe de testicule observée au MEB (fausses couleurs) montrant les tubes séminifères et les travées contenant les cellules interstitielles de Leydig.

L'essentiel

• Les hormones sont des messagers chimiques sécrétés par des glandes endocrines. Elles agissent à très faible concentration de manière à modifier le métabolisme de leurs effecteurs. La majorité des hormones sont dites circulantes car elles atteignent les récepteurs spécifiques de leurs cellules cibles via la circulation sanguine.

• Le contrôle hormonal de la reproduction est assuré par le complexe hypothalamo-hypohysaire ainsi que par diverses glandes endocrines dont les principales sont les gonades elles-mêmes.

• Les cellules interstitielles des tubes séminifères, ou cellules de Leydig, sécrètent la testostérone. Cette hormone est responsable du développement des organes génitaux et de l'apparition ainsi que du maintien des caractères sexuels secondaires. Elle est indispensable à la spermatogenèse, mais ne peut se fixer aux cellules germinales sans la présence d'une protéine de liaison, l'ABP, sécrétée par les cellules de Sertoli des tubes séminifères.

• Le fonctionnement du testicule dépend de deux gonadostimulines antéhypophysaires : la LH stimule les cellules de Leydig à sécréter de la testostérone ; la FSH stimule les cellules de Sertoli à produire l'ABP.

• Les sécrétions hypophysaires sont elles-mêmes stimulées par une neuro-hormone hypothalamique, la GnRH. La sécrétion de cette dernière se réalisant de manière rythmique, les sécrétions de LH et de FSH sont pulsatiles, de même que celle de la testostérone. Le taux sanguin de l'hormone mâle est cependant globalement constant.

• La régulation des sécrétions testiculaires fait intervenir un système de rétrocontrôle négatif. La testostérone agit sur l'hypothalamus et l'hypophyse pour contrôler sa propre production. Les cellules de Sertoli sécrètent une autre hormone, l'inhibine, qui agit sur l'hypophyse et régule la production de FSH.

Schéma-bilan

Le contrôle hormonal de la reproduction masculine

■ **LES HORMONES : DES MESSAGERS CHIMIQUES QUI MODIFIENT LE MÉTABOLISME DE LEURS CELLULES CIBLES**

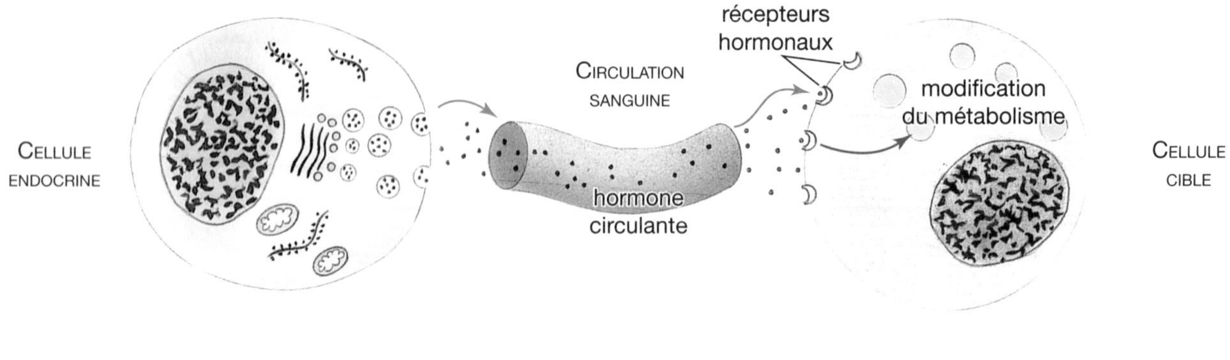

Cellule endocrine
Circulation sanguine
récepteurs hormonaux
modification du métabolisme
hormone circulante
Cellule cible

Schéma-bilan

■ LES TESTICULES ASSURENT UNE DOUBLE FONCTION

• La production de spermatozoïdes.

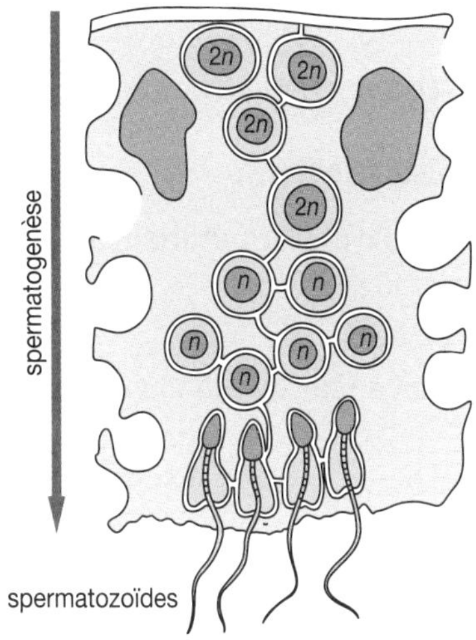
spermatogenèse
2n
n
spermatozoïdes

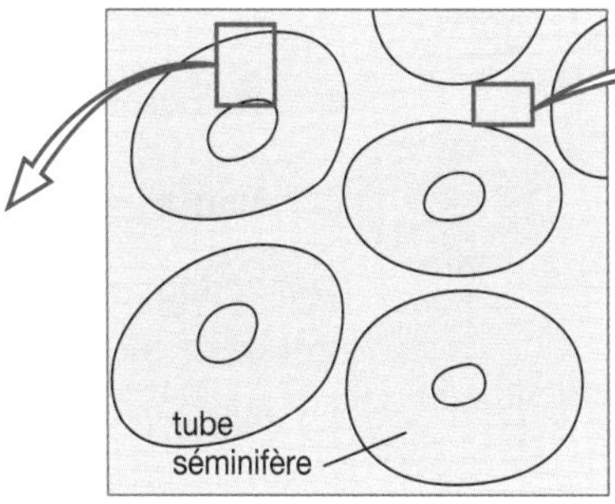
tube séminifère

◀ La production de spermatozoïdes est continue

• La sécrétion de testostérone.

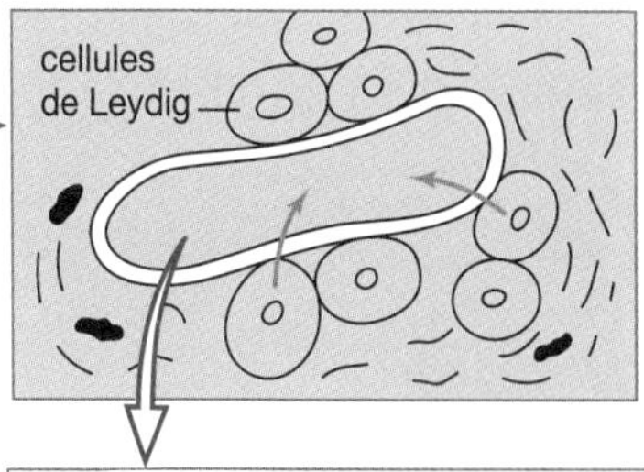
cellules de Leydig

Des pulses réguliers de testostérone, ▶ d'où un taux plasmatique « globalement constant »

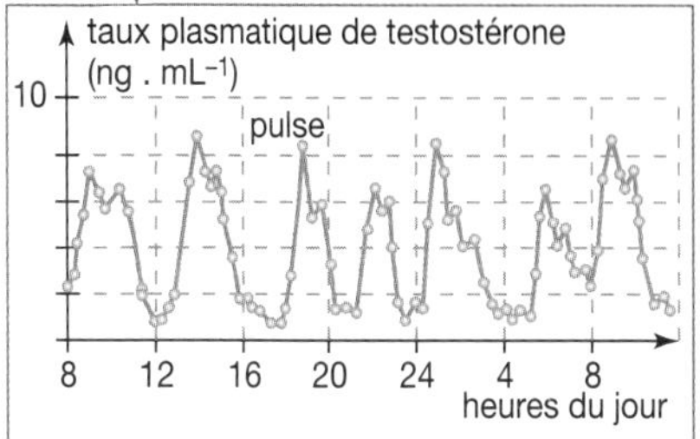
taux plasmatique de testostérone (ng . mL-1)
10
pulse
8
12
16
20
24
4
8
heures du jour

La sécrétion se fait sur un mode pulsatile.

Le testicule est une glande sexuelle endocrine.

■ LA RÉGULATION FAIT INTERVENIR DIFFÉRENTS NIVEAUX DE CONTRÔLE

• La concentration plasmatique de testostérone est le paramètre régulé.

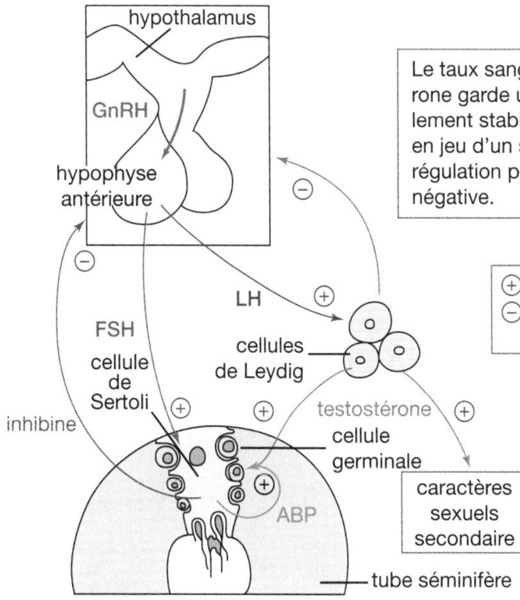
hypothalamus
GnRH
hypophyse antérieure
LH
FSH
cellules de Leydig
cellule de Sertoli
inhibine
testostérone
cellule germinale
ABP
caractères sexuels secondaire
tube séminifère

Le taux sanguin de testostérone garde une valeur globalement stable grâce à la mise en jeu d'un système de régulation par rétroaction négative.

⊕ activation
⊖ inhibition (freinage)

• La régulation est modulée par des messages de l'environnement (l'hypothalamus est un capteur et un centre intégrateur).

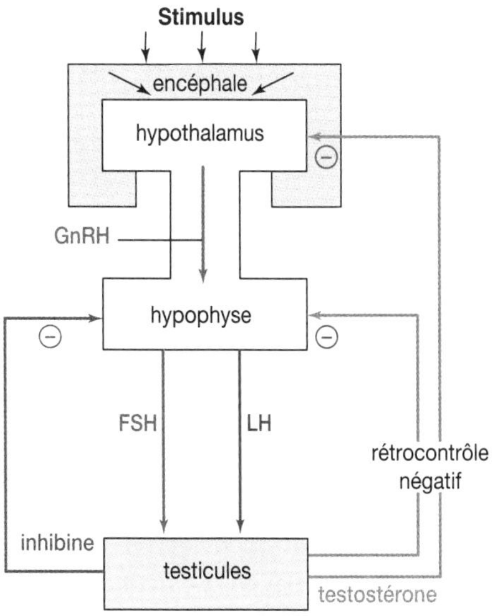
Stimulus
encéphale
hypothalamus
GnRH
hypophyse
FSH
LH
rétrocontrôle négatif
inhibine
testicules
testostérone

Je connais

A. Définissez les mots ou expressions :

hormone circulante, glande endocrine, rétrocontrôle négatif, hypophyse, système auto-régulé, cellule de Sertoli, cellule interstitielle, sécrétion pulsatile, gonadostimuline.

B. Vrai ou faux ?

Parmi les affirmations suivantes, recopiez celles qui sont exactes et corrigez celles qui sont erronées.

a. Les hormones sexuelles sont essentiellement sous la dépendance de la neurohypophyse.

b. La LH est sécrétée en réaction à une diminution d'activité des cellules de Sertoli.

c. Le testicule est une glande endocrine.

d. Si le taux plasmatique de testostérone est constant en moyenne, la sécrétion de cette hormone est en fait discontinue.

e. L'activité testiculaire (sécrétion de testostérone, production de spermatozoïdes) est tantôt stimulée, tantôt freinée par les hormones antéhypohysaires.

f. L'activité de l'ensemble hypothalamo-hypophysaire est plus ou moins freinée par le testicule qui exerce une boucle de rétroaction sur son système de commande.

C. Donnez le nom...

a. ...de l'hormone permettant la formation du lait.

b. ...des sécrétions hypothalamiques agissant sur l'hypophyse.

c. ...de l'hormone secrétée par les cellules de Sertoli.

D. Exprimez des idées importantes...

...en rédigeant une ou deux phrases utilisant chaque groupe de mots ou expressions :

a. ...neuro-hormone, FSH, ABP.

b. ...testostérone, sécrétion à taux constant, pulses, cellules interstitielles.

c. ...FSH, LH, ABP, testostérone, gamétogenèse.

d. ...testostérone, rétroaction négative, sécrétion de GnRH, sécrétion des gonadostimulines.

D. Restitution des connaissances...

- Expliquez par un texte court les fonctions biologiques du testicule
- À l'aide d'un schéma et d'un court texte, précisez les relations hormonales entre le testicule et son système de commande.

J'applique et je transfère

1 Les caractéristiques hormonales des diverses périodes de la vie

Les évolutions moyennes des concentrations urinaires en testostérone et en gonadostimulines hypophysaires ont été enregistrées tout au long de la vie d'un homme. Elles correspondent aux variations de ces hormones qui peuvent être mesurées dans le plasma sanguin.

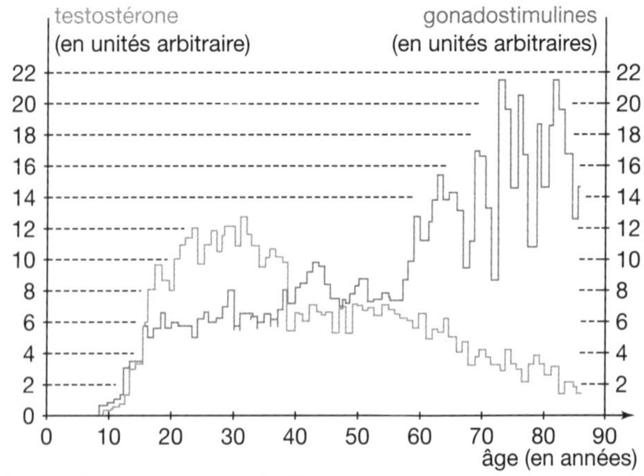

testostérone
(en unités arbitraire)
gonadostimulines
(en unités arbitraires)
0
2
4
6
8
10
12
14
16
18
20
22
0
10
20
30
40
50
60
70
80
90
âge (en années)

D'après Pedersen - Bjergaard et Tonnesen

1- En comparant les deux courbes et en utilisant vos connaissances, définissez les caractéristiques hormonales des diverses périodes de la vie d'un homme (enfance, puberté, âge adulte et vieillesse).

2- Précisez les relations existant entre les deux types de sécrétions hormonales à chacune des périodes.

2 Une pratique ancienne, le « chaponnage » des coqs

Le chapon est une volaille dont la chair est très appréciée. C'est un coq qui a été castré, c'est-à-dire privé de ses testicules. Son aspect et son comportement s'en trouvent profondément modifiés : le dessin présente un coq et un chapon. En 1849, Berthold, professeur à Göttingen (Allemagne), décrivait ainsi les conséquences de cette opération :

« *J'ai chaponné six coqs jeunes, c'est-à-dire* ***a***, ***b***, ***c***, *ayant deux mois, et* ***d***, ***e***, ***f***, *ayant trois mois. Chez aucun de ces animaux on n'a enlevé les barbillons, la crête ou les ergots. Chez les coqs* ***a*** *et* ***d***, *on a enlevé les deux testicules. Ces animaux montrèrent plus tard entièrement la nature de chapons, ils se comportaient comme des poltrons et n'engageaient que rarement avec les autres coqs de brefs combats sans énergie et émettaient le ton monotone bien connu des chapons. La crête et les barbillons devenaient pâles et ne se développaient que peu ; la tête restait petite...*

Les coqs ***b*** *et* ***e*** *furent castrés de la même façon, cependant un seul testicule fut enlevé, l'autre restant dans la cavité abdominale. Par contre, chez les coqs* ***c*** *et* ***f***, *on a extrait de la cavité abdominale les deux testicules, et ensuite on a glissé un testicule du coq* ***c*** *entre les intestins du coq* ***f***, *et un testicule du coq* ***f*** *dans la cavité abdominale du coq* ***c***.

*Ces quatre coqs (****b***, ***e***, ***c***, ***f****) traduisaient dans leur conduite générale la nature d'animaux non castrés ; ils chantaient tout à fait normalement et étaient souvent engagés entre eux et avec d'autres jeunes coqs dans des combats, et ils manifestaient le penchant habituel pour les poules ; de même, leurs crêtes et leurs barbillons se développaient comme des coqs habituels.* »

• **En utilisant vos connaissances, expliquez les différents résultats observés.**

3 Une cascade de « pulses »

Les trois graphes correspondent à l'enregistrement, chez le bélier, des variations des taux sanguins de trois hormones : GnRH, LH et testostérone. Les prélèvements sanguins sont réalisés au niveau de la tige hypophysaire pour le graphe 1, dans la circulation générale pour les graphes 2 et 3.

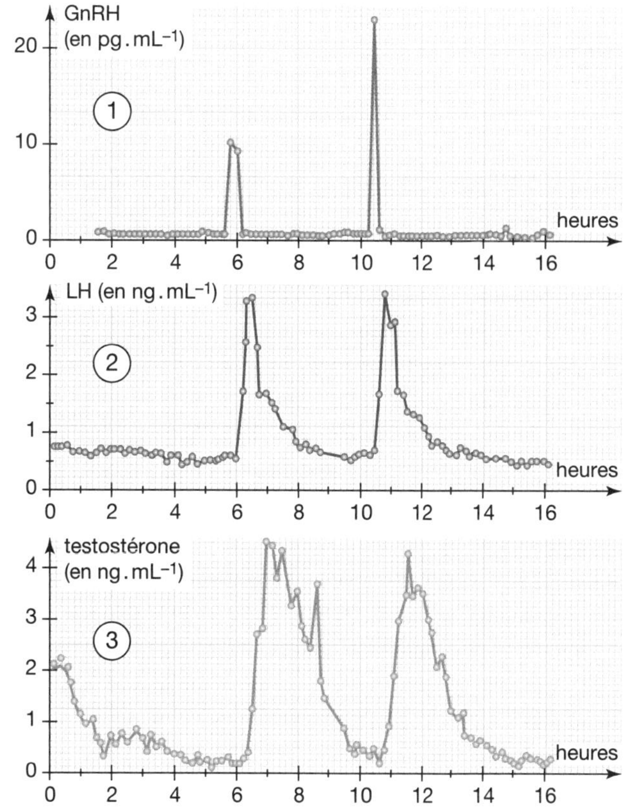
GnRH
(en pg.mL-1)
1
LH (en ng.mL-1)
2
testostérone
(en ng.mL-1)
3
heures
0 2 4 6 8 10 12 14 16

• **Quelle relation simple constate-t-on entre les trois sécrétions hormonales enregistrées ? Un tel document établit-il à lui seul de manière rigoureuse la relation de causalité existant entre les trois sécrétions, relation que vous rappellerez ?**

4 Sécrétions hormonales et environnement

On dose chez un bélier les concentrations plasmatiques en LH et en testostérone. Dans un premier temps, l'animal est isolé (visuellement et olfactivement) des brebis. Il est ensuite mis en présence d'une brebis. Le graphe ci-joint présente les résultats enregistrés.

1- Quel effet hormonal est enregistré ? Comment expliquez-vous le décalage temporel entre les deux courbes ?

2- Formulez des hypothèses pour interpréter cette observation et proposez des démarches expérimentales pour tester ces hypothèses.

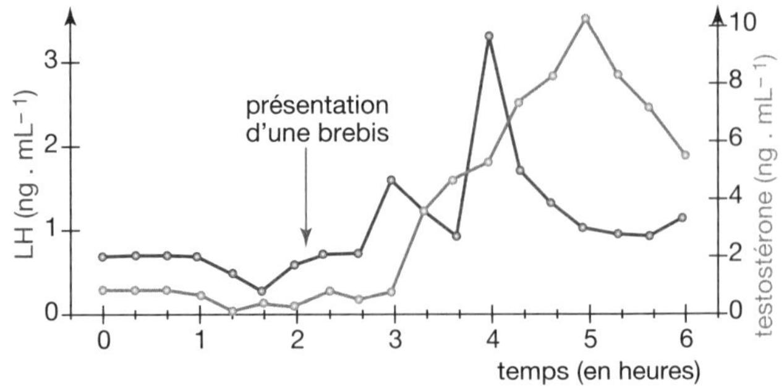

LH (ng . mL⁻¹)
testostérone (ng . mL⁻¹)
présentation d'une brebis
temps (en heures)
0
1
2
3
4
5
6
8
10

5 Le rôle des gonades embryonnaires dans la différenciation des voies génitales

Chez l'embryon humain, les organes génitaux sont indifférenciés jusqu'à la 8e semaine. Les gonades indifférenciées peuvent évoluer soit vers des ovaires, soit vers des testicules.

Parallèlement, deux paires de canaux coexistent, les **canaux de Müller** qui seront à l'origine des futures voies génitales féminines, et les **canaux de Wolff** qui formeront les futures voies génitales masculines. Les mêmes processus s'observent chez tous les mammifères.

Afin de déterminer le rôle des gonades embryonnaires dans la différenciation des voies génitales, diverses expériences ont été menées :

a. Des fœtus de lapin ont été castrés *in utero* au stade indifférencié de 19 jours (durée de la gestation : 32 jours). Neuf jours plus tard, les voies génitales des castrats (qui ont continué leur développement dans l'utérus maternel) ont été comparées à celles développées chez des embryons non castrés. Les résultats sont présentés sur les dessins ci-dessus.

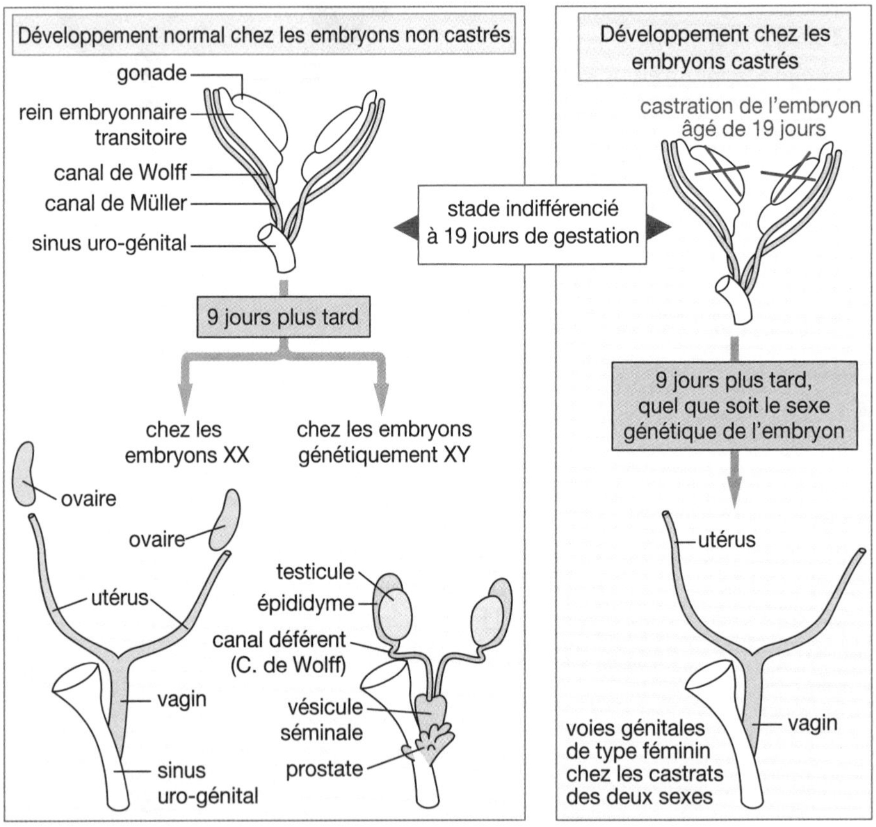

Développement normal chez les embryons non castrés
gonade
rein embryonnaire transitoire
canal de Wolff
canal de Müller
sinus uro-génital
stade indifférencié à 19 jours de gestation
9 jours plus tard
chez les embryons XX
chez les embryons génétiquement XY
ovaire
ovaire
utérus
vagin
sinus uro-génital
testicule
épididyme
canal déférent (C. de Wolff)
vésicule séminale
prostate
Développement chez les embryons castrés
castration de l'embryon âgé de 19 jours
9 jours plus tard, quel que soit le sexe génétique de l'embryon
utérus
vagin
voies génitales de type féminin chez les castrats des deux sexes

b. La culture *in vitro* de voies génitales d'embryons de rat, en l'absence de gonades, donne le même type de résultat.

c. Un cristal de propionate de testostérone a été implanté près d'un des ovaires embryonnaires d'une lapine âgée de 20 jours. Il s'en est suivi un développement des canaux de Wolff, parallèlement au développement des voies génitales féminines du fœtus.

d. Les canaux de Müller et de Wolff d'embryons indifférenciés de rat ont été isolés puis mis en culture. Lorsque l'on a placé à leur contact un fragment de testicule fœtal de mammifère (d'humain ou d'oiseau), ou un extrait testiculaire, le canal de Müller s'est réduit à un tractus fibreux. Une régression identique a été obtenue en cultivant les canaux dans un milieu auquel a été ajouté de l'AMH, une hormone antimüllérienne purifiée à partir de testicule fœtal.

- **Analysez chacune de ces diverses expériences puis rédigez un texte clair expliquant le rôle des gonades embryonnaires dans le développement et la différenciation des voies génitales.**

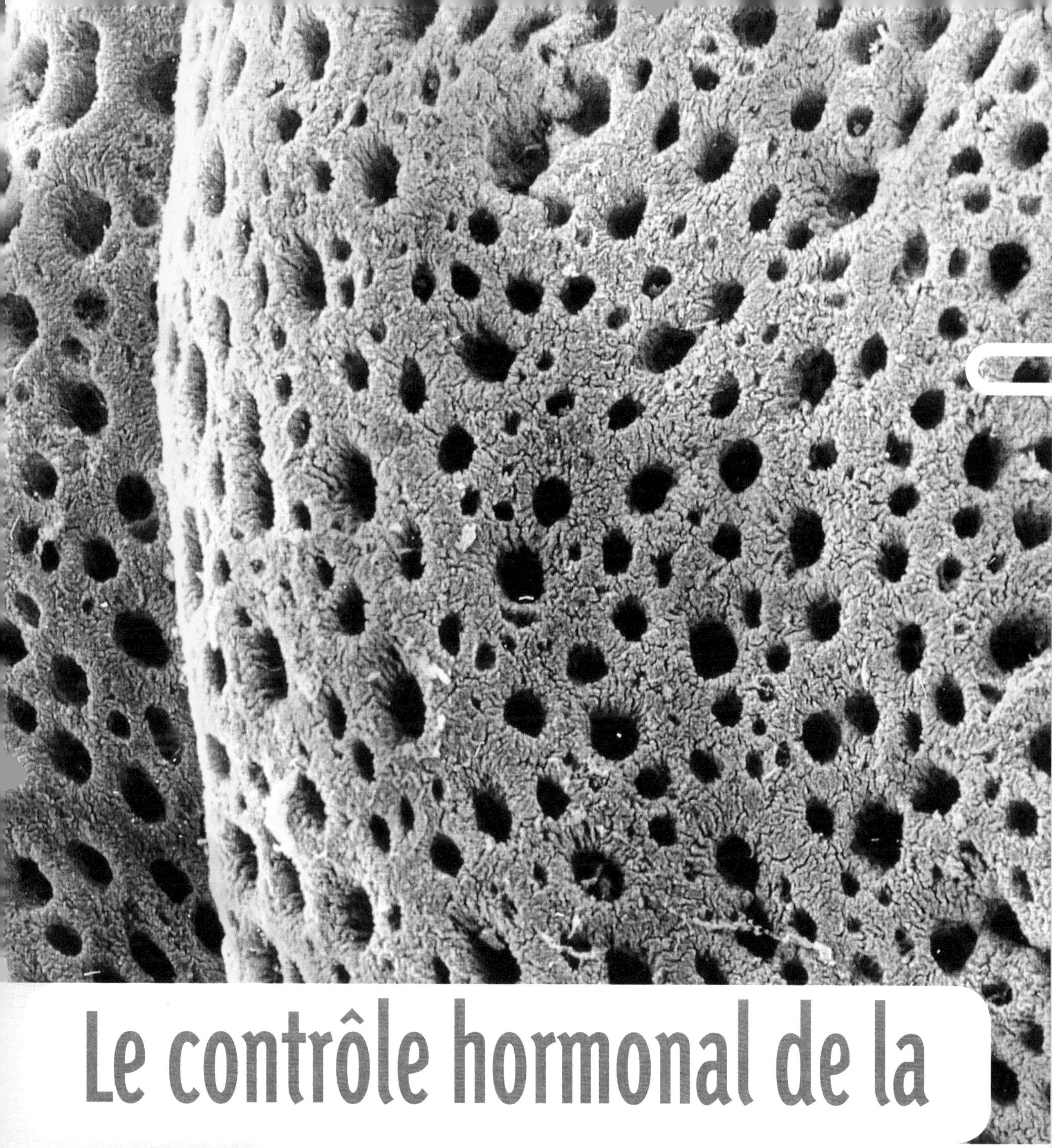

chapitre 9

Le contrôle hormonal de la reproduction féminine

Contrairement à la reproduction masculine, le fonctionnement des organes génitaux de la femme est caractérisé par une activité cyclique nécessaire à l'implantation puis au développement du fœtus. Trouve-t-on dans le fonctionnement de l'appareil génital de la femme des mécanismes hormonaux hiérarchisés comparables à ceux de l'homme ?

Photographie : surface de l'endomètre utérin observée au MEB (x 270). En noir : les orifices glandulaires..

Activités pratiques 1

Le cycle de l'utérus prépare l'accueil de l'embryon

L'événement le plus visible du fonctionnement cyclique de l'appareil génital féminin est la menstruation.

• Quelle est l'origine de cet écoulement sanguin qui apparaît au niveau de la vulve et quelle en est la signification ?

A Observations de coupes microscopiques d'utérus

Janvier	Février	Mars	Avril	Mai	Juin
1 M Jour de l'An	1 V Bse Ella	~~1 V St. Aubin~~	~~1 L St. Hugues~~	~~1 M Fête du Travail~~	~~1 S St. Justin~~
2 M St. Basile	~~2 S Prés. du Seign.~~	~~2 S St. Charl. le Bon~~	~~2 M Bse Sandrine~~	~~2 J St. Boris~~	2 D Ste Blandine
3 J St. Geneviève	~~3 D St. Blaise~~	~~3 D St. Guénolé~~	~~3 M St. Richard~~	3 V Ss. Phil. et Jacq.	3 L St. Kévin
4 V St. Odilon	~~4 L Ste Véronique~~	~~4 L St. Casimir~~	~~4 J St. Isidore~~	4 S St. Sylvain	4 M Ste Clothilde
~~5 S St. Édouard~~	~~5 M Ste Agathe~~	~~5 M Ste Olive~~	5 V Ste Irène	5 D Ste Judith	5 M St. Igor
~~6 D Épiphanie~~	~~6 M St. Gaston~~	6 M Ste Colette	6 S St. Marcellin	6 L Bse Prudence	6 J St. Norbert
~~7 L St. Raymond~~	7 J Bse Eugénie	7 J Ste Félicité	7 D St. J.-Bap. de la S.	7 M Bse Gisèle	7 V St. Gilbert
~~8 M St. Lucien~~	8 V Bse Jacqueline	8 V St. Jean de Dieu	8 L Ste Julie	8 M Ascension	8 S St. Médard
~~9 M Bse Alix~~	9 S Ste Apolline	9 S Ste Françoise	9 M St. Gautier	9 J St. Pacôme	9 D Bse Diane
10 J St. Guillaume	10 D Bx. Arnaud	10 D St. Vivien	10 M St. Fulbert	10 V Ste Solange	10 L St. Landry
11 V St. Paulin	11 L Mardi-Gras	11 L Ste Rosine	11 J St. Stanislas	11 S Fête de J. d'Arc	11 M St. Barnabé
12 S Ste Tatiana	12 M Les Cendres	12 M Ste Justine	12 V St. Jules	12 D St. Achille	12 M St. Guy
13 D St. Hilaire	13 M Bse Béatrice	13 M St. Rodrigue	13 S Bse Ida	13 L Ste. Rolande	13 J St. Antoine
14 L Ste Nina	14 J St. Valentin	14 J Ste Mathilde	14 D St. Maxime	14 M St. Matthias	14 V St. Élisée
15 M St. Rémi	15 V Bx. Claude	15 V Ste L. de Mar.	15 L St. Paterne	15 M Ste Denise	15 S Fête des Pères
16 M St. Marcel	16 S Carême	16 S Bse Bénédicte	16 M St. B.-J. Labre	16 J St. Honoré	16 D St. J.-Fr. Régis
17 J St. Antoine	17 D St. Alexis	17 D St. Patrice	17 M St. Etienne H.	17 V St. Pascal	17 L St. Hervé
18 V Ste Prisca	18 L Ste Bernadette	18 L St. Cyrille	18 J St. Parfait	18 S St. Éric	18 M St. Léonce
19 S St. Marius	19 M St. Gabin	19 M St. Joseph	19 V Ste Emma	19 D Pentecôte	19 M St. Romuald
20 D St. Fabrien	20 M Bse Aimée	20 M PRINTEMPS	20 S Bse Odette	20 L L. de Pentecôte	20 J St. Silvère
21 L Ste Agnès	21 J St. Pierre	21 J Bse Clémence	21 D St. Anselme	21 M St. Constantin	21 V ÉTÉ
22 M St. Vincent	22 V Bse Isabelle	22 V Ste Léa	22 L St. Alexandre	22 M St. Émile	22 S St. Alban
23 M St. Barnard	23 S St. Lazarre	23 S Victorien	23 M St. Georges	23 J St. Didier	23 D Ste Audrey
24 J St. Fr. de Sales	24 D St. Modeste	24 D Les Rameaux	24 M St. Fidèle	24 V St. Donatien	~~24 L St. Jean-Bapt.~~
25 V Conv. de St. P.	25 L Bx. Roméo	25 L Annonciation	25 J St. Marc	25 S Sophie	~~25 M St. Prosper~~
26 S Ste Mélanie	26 M St. Nestor	26 M Ste Larissa	26 V Bse Alida	26 D Fête des Mères	~~26 M St. Anthelme~~
27 D Ste Angèle	27 M Ste Honorine	27 M St. Habib	27 S Zita	~~27 L St. Augustin~~	~~27 J St. Fernand~~
28 L St. Thomas d'Aq.	28 J St. Romain	28 J Vendredi-Saint	~~28 D Jour du Souvenir~~	~~28 M St. Germain de P.~~	~~28 V St. Irénée~~
29 M St. Gildas		29 V Ste Gwladys	~~29 L Ste Cath. de S.~~	~~29 M Bx Aymar~~	29 S Ss. Pierre et Paul
30 M Ste Martine		30 S Amédée	~~30 M St. Robert~~	~~30 J St. Ferdinand~~	30 D St. Martial
31 J Ste Marcelle		~~31 D Pâques~~		~~31 V Visitation de Marie~~	

• La **menstruation** (du latin *menstruus* = mensuel) correspond à l'écoulement par le vagin d'un liquide composé de sang incoagulable mêlé de mucus et de débris de l'**endomètre***. Ce phénomène est aussi appelé règles ou hémorragie menstruelle.

• La durée de la menstruation est relativement constante pour une personne donnée ; pour l'ensemble des femmes, elle varie entre 3 et 8 jours.

• Le premier jour des règles a été choisi pour repérer le début du cycle menstruel (c'est le premier jour du cycle).

Doc.1 La menstruation est la manifestation la plus visible du fonctionnement cyclique de l'appareil reproducteur de la femme.

× 10

La menstruation correspond à une destruction presque totale de l'endomètre. Dès la fin des règles, la muqueuse utérine se reconstitue et s'épaissit à nouveau.

J_{10}

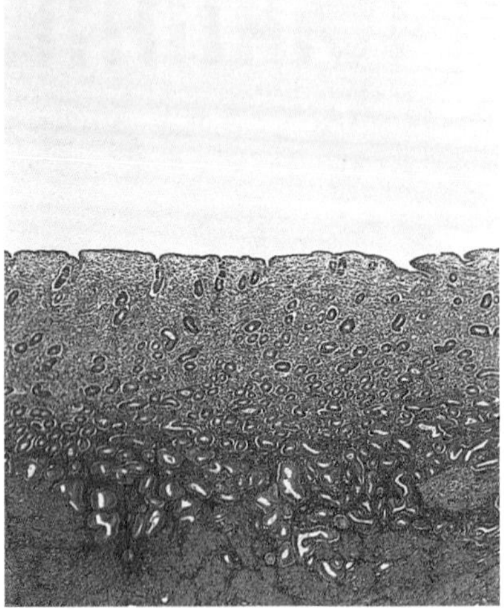

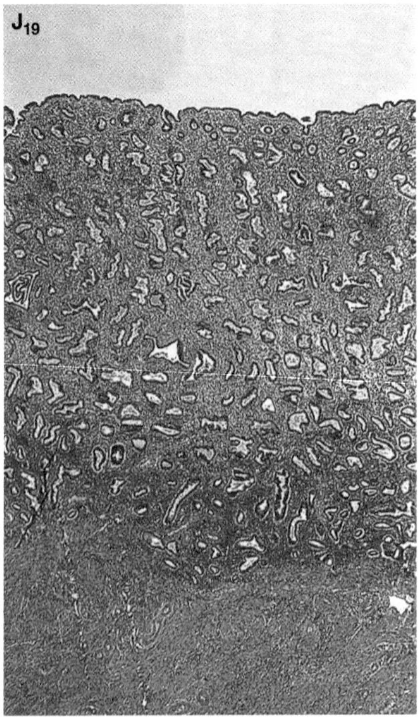
J19

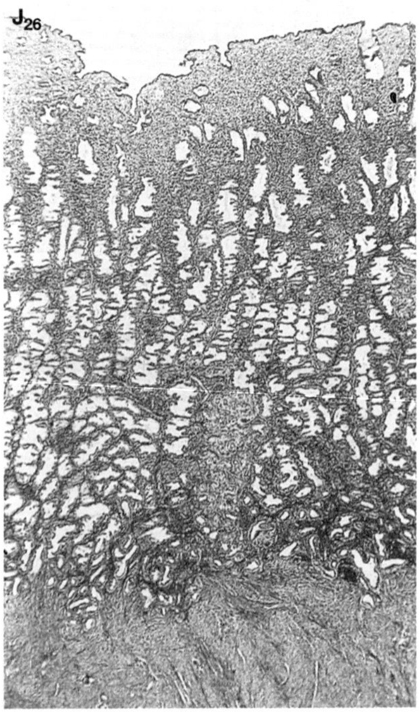
J26

Doc.2 Observations, au microscope optique, de l'endomètre à trois moments du cycle utérin de la femme (J = jour du cycle).

B À chaque cycle, l'utérus se prépare à assurer la **nidation***

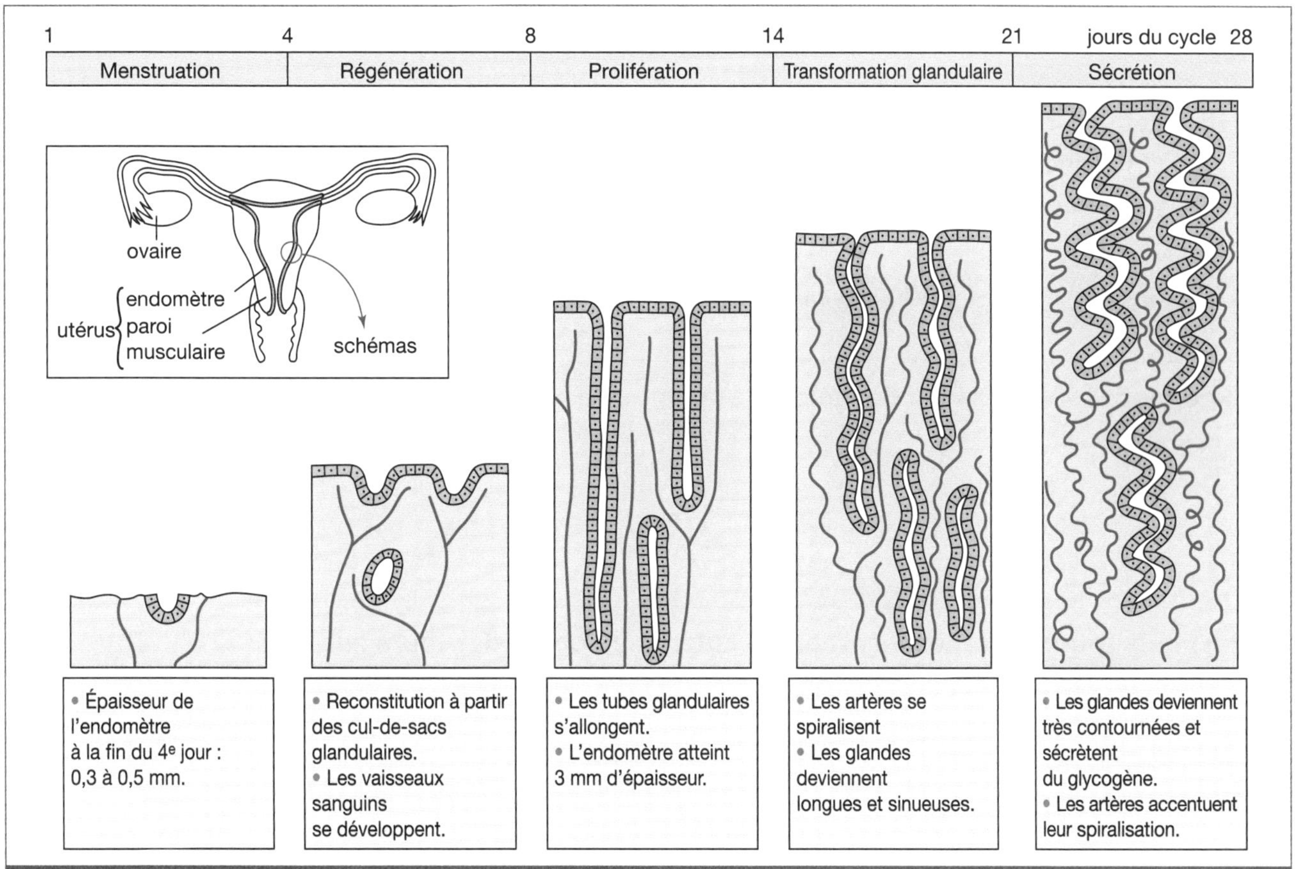
1
4
8
14
21
jours du cycle 28
Menstruation
Régénération
Prolifération
Transformation glandulaire
Sécrétion
ovaire
utérus
endomètre
paroi musculaire
schémas
• Épaisseur de l'endomètre à la fin du 4e jour : 0,3 à 0,5 mm.
• Reconstitution à partir des cul-de-sacs glandulaires.
• Les vaisseaux sanguins se développent.
• Les tubes glandulaires s'allongent.
• L'endomètre atteint 3 mm d'épaisseur.
• Les artères se spiralisent
• Les glandes deviennent longues et sinueuses.
• Les glandes deviennent très contournées et sécrètent du glycogène.
• Les artères accentuent leur spiralisation.

Doc. 3 Cinq phases successives caractérisent l'évolution de l'endomètre.

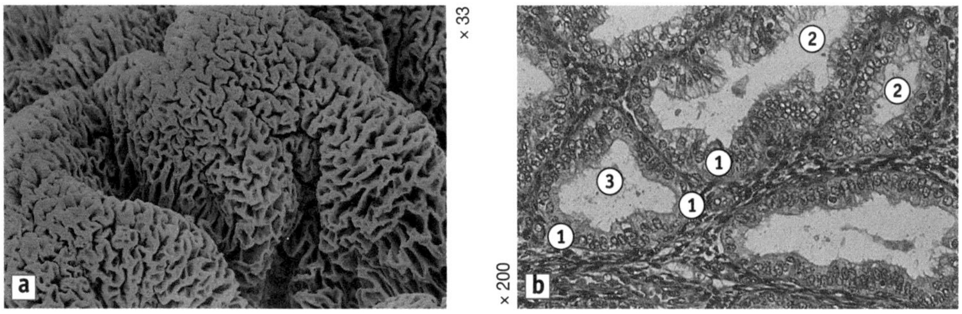
× 33
a
× 200
b
1
2
3

1 - cellules glandulaires ;
2 - lumière de la glande (coupée transversalement) ;
3 - glycogène (source de nutrition importante pour le très jeune embryon).

Doc. 4 Endomètre utérin pendant la « phase de sécrétion » : **a** - surface observée au MEB ; **b** - coupe transversale avec glycogène visible dans les glandes.

Lexique

- **Endomètre** : muqueuse qui tapisse l'intérieur de la cavité utérine.
- **Nidation** : implantation du jeune embryon dans la muqueuse utérine.

Pistes d'exploitation

1 Doc. 1 : Quelle est la durée de chacun des cycles entre janvier et juin ? Quelles sont les durées des menstruations ?

2 Doc. 2 à 4 : On estime que l'évolution de l'endomètre est une préparation à l'implantation d'un éventuel embryon (qui peut intervenir une semaine après l'ovulation) : justifiez cette affirmation. Que se passe-t-il au niveau de l'utérus si l'ovocyte n'est pas fécondé ? Et s'il l'est ?

Activités pratiques 2

Le cycle ovarien et la sécrétion des hormones féminines

Les ovaires de la femme ont une double fonction : d'une part, ils produisent les cellules reproductrices, d'autre part, ils sécrètent des hormones sexuelles (œstrogène et progestérone).

- Quelles actions exercent les hormones ovariennes ? Quelles relations y a-t-il entre leur mode de sécrétion et le fonctionnement cyclique de l'appareil génital féminin ?
- Quelles sont les cellules ovariennes qui sécrètent les hormones sexuelles ?

A Le cycle de sécrétion des hormones ovariennes

■ Expériences réalisées sur des lots de souris

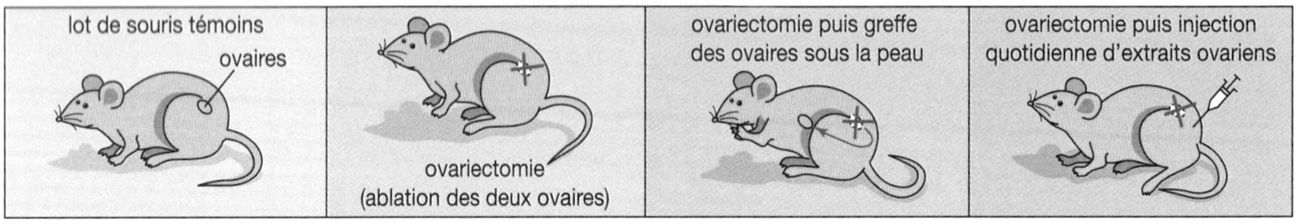
lot de souris témoins
ovaires
ovariectomie
(ablation des deux ovaires)
ovariectomie puis greffe des ovaires sous la peau
ovariectomie puis injection quotidienne d'extraits ovariens

■ Résultats fournis par l'observation de l'utérus au cours des jours suivants

développement cyclique de la muqueuse utérine	aucun développement de la muqueuse utérine	développement cyclique de la muqueuse utérine	développement de la muqueuse utérine sans variations cycliques

Doc.1 Des expériences sur les animaux ont permis de comprendre la nature des relations qui existent entre ovaires et utérus.

- **L'action des œstrogènes**
  - Apparition et développement des caractères sexuels secondaires au cours de la puberté, puis maintien de ces caractères chez l'adulte ;
  - prolifération de la muqueuse vaginale à chaque cycle ;
  - sécrétion des glandes du col utérin ;
  - action sur les glandes mammaires ;
  - action sur le métabolisme (rétention d'eau et de sels).
- **L'action de la progestérone**
  - Action sur l'endomètre (les glandes de la muqueuse deviennent très contournées et leurs cellules sécrètent du glycogène ; les artérioles deviennent très spiralées) ;
  - stimulation des glandes du col utérin ;
  - prolifération des acini (partie qui fabrique le lait) des glandes mammaires ;
  - action thermogène (légère augmentation de la température corporelle).

Doc.2 Les principales actions des hormones ovariennes.

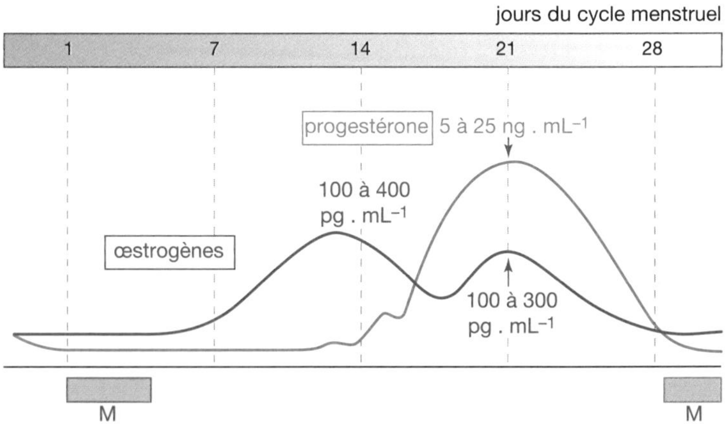
jours du cycle menstruel
1
7
14
21
28
progestérone
5 à 25 ng . mL⁻¹
100 à 400
pg . mL⁻¹
œstrogènes
100 à 300
pg . mL⁻¹
M
M

- Les taux plasmatiques des hormones ovariennes sont à leur maximum une semaine après l'ovulation. Les conditions sont alors optimales pour une éventuelle implantation de l'embryon dans la muqueuse utérine.
- La progestérone n'agit sur l'endomètre que si l'utérus est déjà sous l'influence des œstrogènes. Ce sont en effet ces hormones qui déterminent la mise en place progressive des récepteurs cellulaires à la progestérone.
- La menstruation est la conséquence de la chute des taux plasmatiques d'hormones ovariennes à la fin du cycle.

Les œstrogènes sont ainsi nommés car ces hormones déclenchent l'œstrus (le rut) chez les animaux. L'œstradiol est, parmi les œstrogènes, l'hormone dont l'activité biologique est de loin la plus importante.

Doc.3 Le taux plasmatique des hormones ovariennes varie au cours du cycle.

B Les cellules endocrines des ovaires

Les hormones ovariennes sont sécrétées par les follicules entourant les ovocytes (voir pages 218-219). Avant chaque cycle, environ dix follicules entrent en croissance, dont un seul arrivera à maturité.

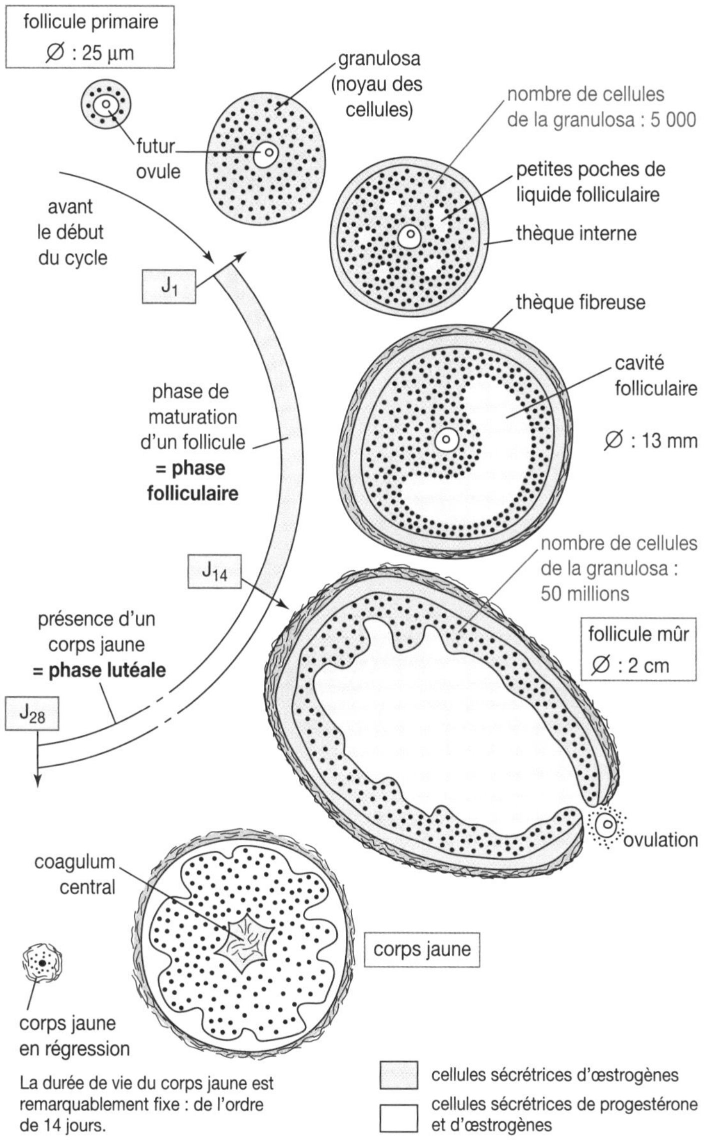

follicule primaire
∅ : 25 µm
granulosa (noyau des cellules)
futur ovule
avant le début du cycle
nombre de cellules de la granulosa : 5 000
petites poches de liquide folliculaire
thèque interne
J_1
thèque fibreuse
cavité folliculaire
∅ : 13 mm
phase de maturation d'un follicule = phase folliculaire
nombre de cellules de la granulosa : 50 millions
J_{14}
follicule mûr
∅ : 2 cm
présence d'un corps jaune = phase lutéale
J_{28}
ovulation
coagulum central
corps jaune
corps jaune en régression
La durée de vie du corps jaune est remarquablement fixe : de l'ordre de 14 jours.
cellules sécrétrices d'œstrogènes
cellules sécrétrices de progestérone et d'œstrogènes

Vous trouverez dans la partie « Pour mieux comprendre » des documents sur la structure des follicules ovariens que vous pourrez utiliser, selon les indications de votre professeur, avant ou après l'analyse du dessin ci-contre.

- L'**œstradiol** est sécrété par les follicules au niveau de la **thèque interne** et de la **granulosa**. Au début de la phase folliculaire, les œstrogènes produits par la granulosa s'accumulent dans le liquide folliculaire et leur taux plasmatique reste faible. Pendant la seconde partie de la phase folliculaire (des jours 7 à 14 environ), l'un des follicule (appelé follicule dominant) poursuit une croissance très rapide (et inhibe les autres follicules). Pendant cette période, c'est donc le follicule dominant qui assure la totalité de la production d'œstrogènes dont la sécrétion culmine 24 à 36 heures avant l'ovulation.
- Après l'expulsion de l'ovocyte, le follicule éclaté se transforme en **corps jaune**. Ce dernier, dans la seconde phase du cycle (ou phase lutéale, du latin *luteus* = jaune), sécrète de la progestérone et de l'œstradiol.
- La régression du corps jaune à la fin du cycle explique la baisse des sécrétions hormonales (et, par voie de conséquence, la menstruation). En revanche, si le gamète est fécondé, les sécrétions hormonales se maintiennent et vont même s'amplifier considérablement. Dans ce cas, le corps jaune persiste pendant les quatre premiers mois de la grossesse.

Doc. 4 Au cours de chaque cycle, le nombre de cellules endocrines de l'ovaire varie considérablement.

Pistes d'exploitation

1 **Doc. 1 et 2** : Quelles conclusions peut-on dégager de chacune de ces expériences ?

2 **Doc. 2 et 3** : Justifiez cette expression : les ovaires commandent le cycle de l'utérus.

3 **Doc. 4** : Quels sont les événements caractéristiques de la phase folliculaire d'une part, de la phase lutéale d'autre part ? Justifiez les noms de ces deux phases. Expliquez pourquoi la progestérone n'est sécrétée qu'après l'ovulation.

4 **Doc. 3 et 4** : Résumez sous forme schématique les relations existant entre l'ovogenèse, l'évolution des follicules ovariens, le cycle de l'utérus et les variations des taux plasmatiques des hormones ovariennes au cours du cycle.

Activités pratiques 3

La commande hypophysaire des sécrétions ovariennes

Le fonctionnement des testicules nécessite une stimulation par le complexe hypothalamo-hypophysaire. La situation est comparable chez la femme dont l'hypophyse, sous la commande de l'hypothalamus, sécrète des gonadostimulines indispensables au fonctionnement des ovaires.

• Comment les sécrétions des hormones hypophysaires peuvent-elles être à l'origine d'une activité génitale cyclique ?

A Le contrôle hypophysaire du cycle ovarien

Certaines tumeurs hypophysaires se caractérisent par une baisse de la sécrétion des gonadostimulines. Chez les patientes atteintes de telles tumeurs, on observe des anomalies du cycle génital, notamment absence d'ovulation, disparition des règles...

Doc.1 Des observations cliniques.

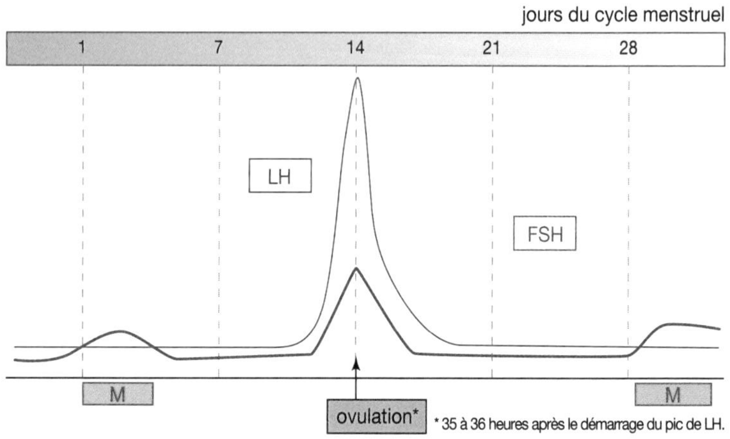

jours du cycle menstruel
1
7
14
21
28
LH
FSH
M
M
ovulation*
* 35 à 36 heures après le démarrage du pic de LH.

Doc.2 Évolution des taux sanguins de LH et FSH au cours du cycle.

• La FSH et la LH stimulent la croissance et la maturation du follicule « dominant ». Quand ce follicule a grossi, il commence à sécréter des œstrogènes sous l'action des deux gonadostimulines.

• Le pic de LH et, dans une moindre mesure, celui de FSH, déclenchent l'ovulation 36 heures plus tard.

• La LH favorise la transformation du follicule rompu en corps jaune et stimule la sécrétion de progestérone. La diminution graduelle du taux sanguin de LH entraîne la dégénérescence progressive du corps jaune.

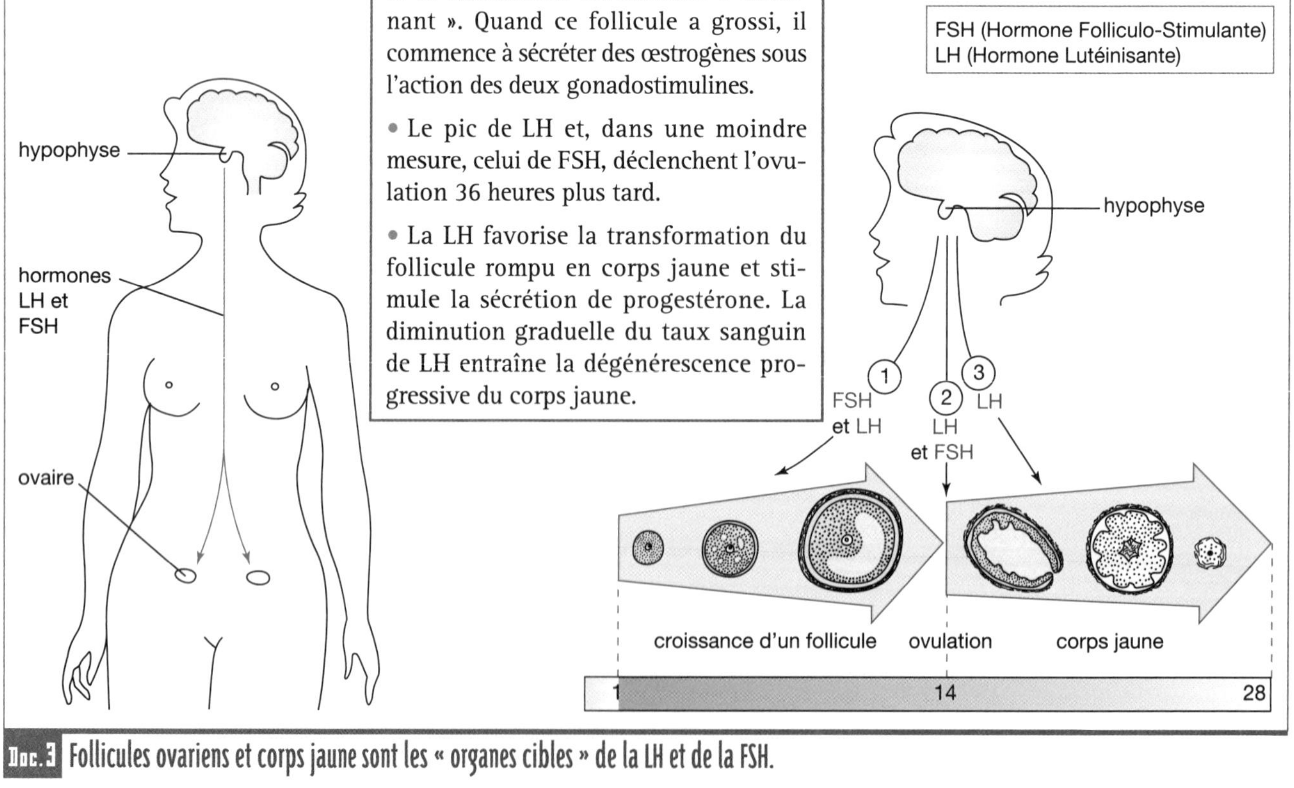

FSH (Hormone Folliculo-Stimulante)
LH (Hormone Lutéinisante)
hypophyse
hormones LH et FSH
ovaire
hypophyse
1
FSH et LH
2
LH et FSH
3
LH
croissance d'un follicule
ovulation
corps jaune
1
14
28

Doc.3 Follicules ovariens et corps jaune sont les « organes cibles » de la LH et de la FSH.

B Une sécrétion hormonale pulsatile et cyclique

Comme chez l'homme, la sécrétion des gonadostimulines LH et FSH n'est pas continue : ces hormones sont déchargées par intermittence dans le sang (sécrétion pulsatile). Un tel mode de sécrétion a été mis en évidence pour la première fois chez des guenons.

Chaque décharge d'hormone, ou pulse, est un évènement bref qui provoque une augmentation immédiate de la concentration sanguine. Cette valeur diminue ensuite progressivement au fur et à mesure de la disparition de l'hormone (fixée par les cellules cibles, dégradée puis éliminée, notamment par les reins).

Graphe ci-contre : concentration de LH et FSH (en milliUnité Internationale par mL) dans le sang prélevé chez une patiente au cours des différentes phases du cycle menstruel. **a** – Phase pré-ovulatoire (J_{12}). **b** – Phase post-ovulatoire (J_{15}). **c** – Phase lutéale tardive (J_{26}). **d** – Phase folliculaire précoce (J_2).

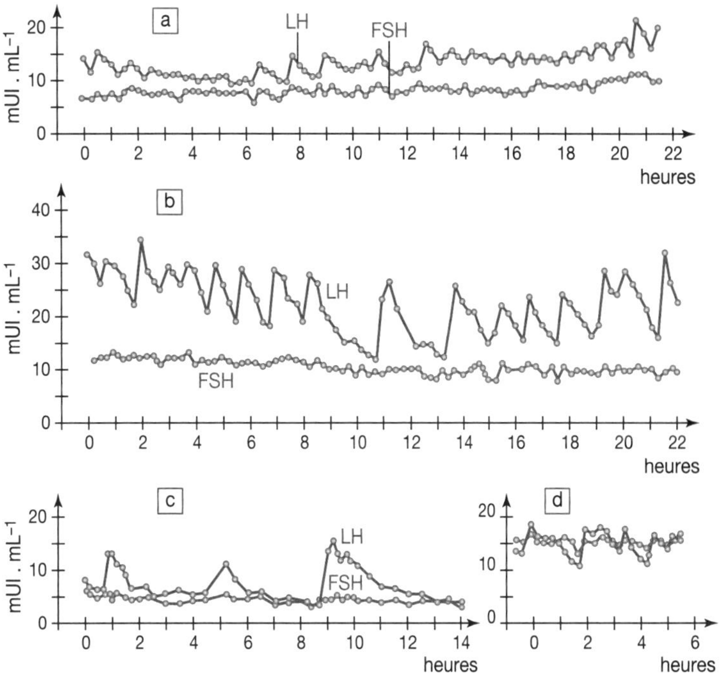

a
LH
FSH
mUI . mL⁻¹
0
10
20
0 2 4 6 8 10 12 14 16 18 20 22
heures
b
LH
FSH
40
30
20
10
0
c
LH
FSH
d
6
heures

Doc. 4 La pulsatilité de la sécrétion de LH et de FSH évolue au cours du cycle.

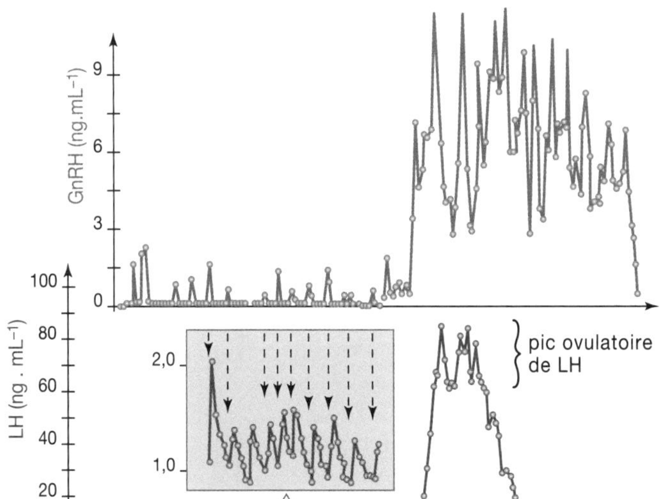

GnRH (ng.mL⁻¹)
9
6
3
0
LH (ng . mL⁻¹)
100
80
60
40
20
0
2,0
1,0
pic ovulatoire
de LH
0 5 10 15 20 25 30 heures

Doc. 5 Le rythme de sécrétion de LH et FSH dépend de la libération (également pulsatile) de GnRH par l'hypothalamus (dosages réalisés chez une brebis en fin de phase folliculaire et pendant le pic ovulatoire, d'après Caraty, INRA).

Pistes d'exploitation

1 Doc. 1 : Proposez une explication aux troubles accompagnant certaines tumeurs hypophysaires.

2 Doc. 2 et 3 : Quelles sont les principales caractéristiques du cycle hormonal hypophysaire ? Quel rôle ces hormones ont-elles ?

3 Doc. 4 : Deux paramètres permettent de définir une sécrétion pulsatile : la fréquence des pulses et leur amplitude. Comment évolue la sécrétion pulsatile de LH au cours du cycle ?

4 Doc. 5 : Comment expliquez-vous la corrélation entre les pulses de GnRH et ceux de LH ?

5 Bilan : : Proposez un schéma fonctionnel résumant le système de commande du fonctionnement ovarien.

Activités pratiques 4

Le contrôle de la sécrétion des gonadostimulines

Il a été vu dans le chapitre précédent que les testicules exercent une rétroaction négative sur le système de commande hypothalamo-hypophysaire, ce qui assure le maintien de taux hormonaux globalement constants.

- Existe-t-il chez la femme un contrôle analogue du complexe hypothalamo-hypophysaire ?
- Comment expliquer les variations cycliques des taux hormonaux ?

A Les hormones ovariennes exercent des rétrocontrôles sur les sécrétions de LH et de FSH

Observations cliniques

- L'ovariectomie (ablation des ovaires) entraîne une chute du taux sanguin des œstrogènes et s'accompagne d'une hausse des taux de FSH et de LH.
- L'injection de faibles doses d'œstradiol en début de phase folliculaire est suivie d'une baisse des taux de gonadostimulines.
- À la ménopause, alors que les taux plasmatiques des hormones ovariennes sont effondrés du fait de la disparition des follicules ovariens, les taux de LH et de FSH sont considérablement augmentés (10 à 20 fois pour FSH, 3 à 4 fois pour LH).

Effet d'une ovariectomie

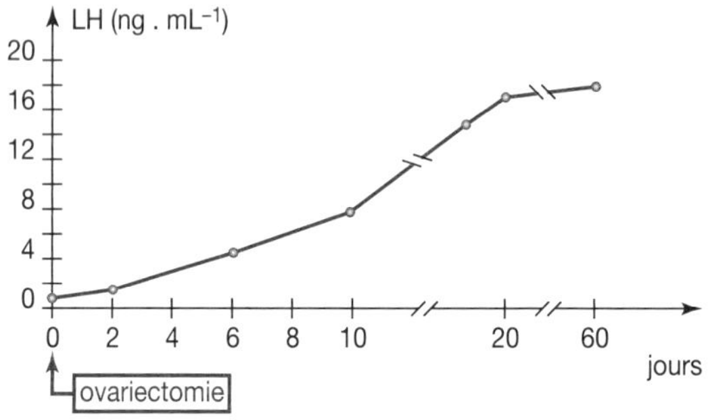
LH (ng . mL-1)
20
16
12
8
4
0
0 2 4 6 8 10 20 60
jours
ovariectomie

Doc. 1 Des observations cliniques chez la femme et une expérimentation chez l'animal (la rate).

- Chez une guenon normale, on enregistre les variations des taux hormonaux de LH, d'œstrogènes et de progestérone durant un cycle normal (courbes rouges) ; une étude comparable est menée chez une guenon ovariectomisée depuis plusieurs semaines (courbes vertes).

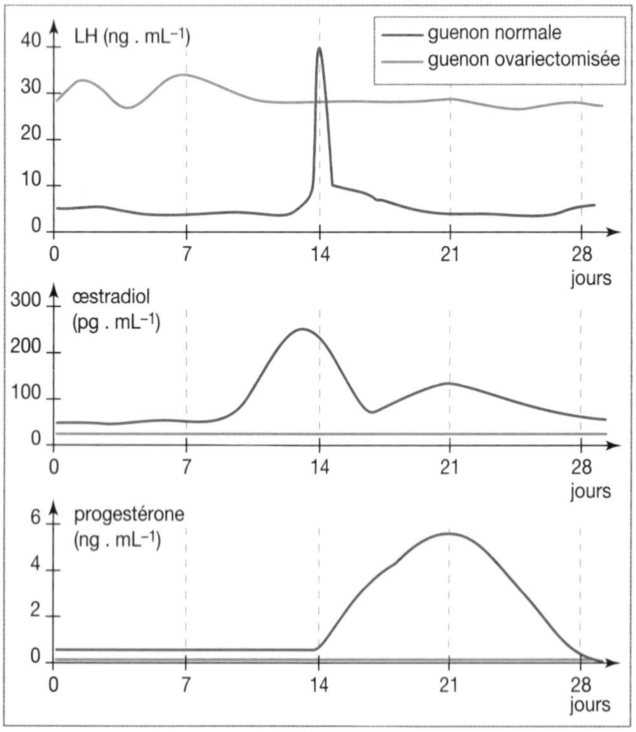
LH (ng . mL-1)
guenon normale
guenon ovariectomisée
40
30
20
10
0
0 7 14 21 28
jours
œstradiol (pg . mL-1)
300
200
100
progestérone (ng . mL-1)
6
4
2

- Chez une guenon ovariectomisée, des injections d'œstradiol sont réalisées selon le protocole suivant :
  - depuis le temps t_0 et jusqu'à la fin de l'expérience, perfusion continue d'œstradiol qui maintient le taux plasmatique à une valeur de l'ordre de 60 pg . mL^{-1} (pg = picogramme = 10^{-12} gramme) ;
  - au temps t_1, injection supplémentaire d'une forte dose d'œstradiol.

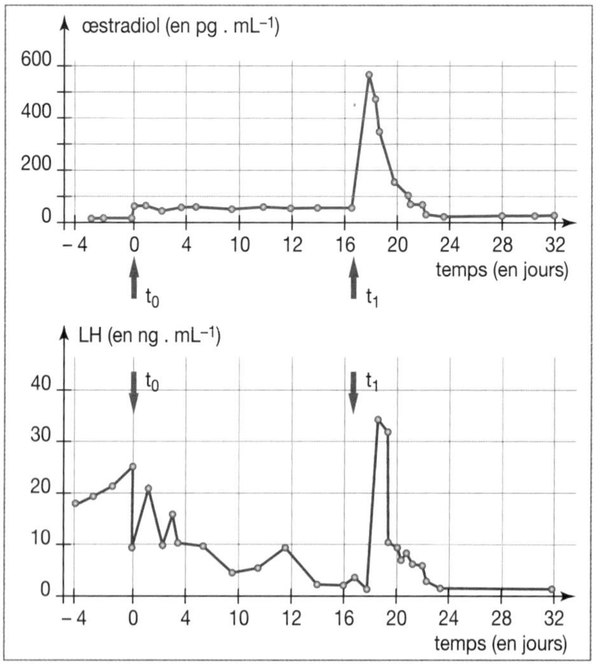
œstradiol (en pg . mL-1)
600
400
200
0
-4 0 4 10 12 16 20 24 28 32
temps (en jours)
t0
t1
LH (en ng . mL-1)
40
30
20
10

Doc. 2 L'ovaire exerce des rétrocontrôles complexes sur l'axe hypothalamo-hypophysaire.

B Le rôle intégrateur du complexe hypothalamo-hypophysaire

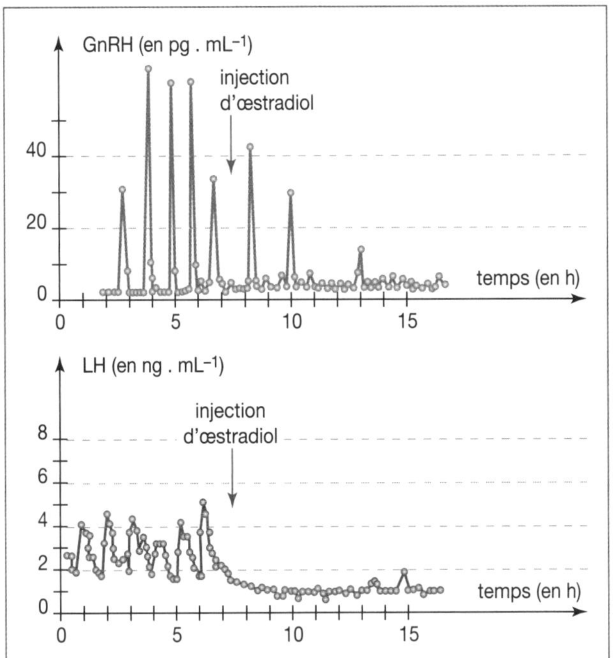

GnRH (en pg . mL-1)
injection d'œstradiol
40
20
0
0 5 10 15
temps (en h)
LH (en ng . mL-1)
injection d'œstradiol
8
6
4
2
0
0 5 10 15
temps (en h)

Doc. 3 Effets, chez une brebis ovariectomisée, d'une injection d'œstradiol sur les sécrétions de LH et de GnRH (d'après Caraty, INRA).

Des observations cliniques

De nombreux événements affectant le cerveau peuvent modifier l'activité génitale et perturber les cycles sexuels, voire les interrompre : la fatigue, de fortes émotions, une souffrance psychologique, des maladies psychiatriques, des médicaments psychotropes,... Une grande joie, ou au contraire un grand chagrin, peuvent entraîner un retard de règles. Comment expliquer ces perturbations sinon par l'influence du psychisme sur les sécrétions hormonales du système hypothalamo-hypophysaire ?

Doc. 4 D'autres influences s'exercent sur le complexe hypothalamo-hypophysaire.

Pistes d'exploitation

1 **Doc. 1 et 2** : Utilisez les informations présentées pour définir les rétrocontrôles exercés par les hormones ovariennes sur le système de commande.

2 **Doc. 3, 4 et 5** : Montrez que le complexe hypothalamo-hypophysaire a un rôle intégrateur en recherchant quelles influences peuvent modifier son fonctionnement.

Le terme de rétrocontrôle signifie que l'activité des ovaires, commandée par l'hypophyse, exerce en retour un contrôle sur son système de commande. Cette action en retour s'exerce par l'intermédiaire des hormones ovariennes. On dit que le rétrocontrôle est **négatif** si une augmentation du taux des hormones ovariennes freine la libération des gonadostimulines, et qu'il est **positif** dans le cas contraire.

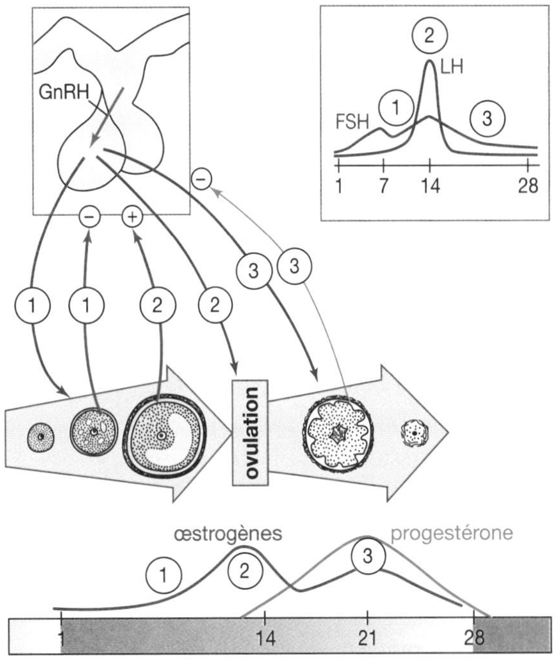

GnRH
FSH
LH
1 7 14 28
ovulation
œstrogènes
progestérone
14
21
28

① Au début et pendant la majeure partie de la phase folliculaire, le rétrocontrôle exercé par les hormones ovariennes est négatif.

② En fin de phase folliculaire, le taux d'œstrogène s'élève fortement. Lorsque leur taux dans le sang dépasse environ 200 pg . mL^{-1} durant deux jours, le rétrocontrôle s'inverse et devient positif. Cela signifie que les œstrogènes ne freinent plus l'hypophyse mais au contraire stimulent la sécrétion de gonadostimulines qui, elles-mêmes, activent les sécrétions ovariennes. L'ensemble « s'emballe » donc et on observe, à ce moment du cycle, des **pics** de sécrétions hypophysaires.

③ En phase lutéale, les œstrogènes et la progestérone exercent à nouveau un rétrocontrôle négatif.

En résumé, on peut dire qu'au cours d'un cycle, les hormones ovariennes freinent presque tout le temps la sécrétion des gonadostimulines, sauf à un moment très particulier, juste avant l'ovulation, où le rétrocontrôle devient positif.

Doc. 5 Pour faire le point sur les rétrocontrôles exercés par les hormones ovariennes au cours du cycle.

Activités pratiques 5

Le cycle de la glaire cervicale

Au moment de l'éjaculation, le sperme déposé au fond du vagin contient 300 à 400 millions de spermatozoïdes. On estime que quelques dizaines d'entre eux seulement atteignent l'ovocyte II.

- Comment s'effectue la remontée des spermatozoïdes dans les voies génitales féminines ?
- Pourquoi dit-on que la rencontre des gamètes est en partie conditionnée par la qualité de la glaire cervicale ?

A Une évolution cyclique remarquable de la glaire cervicale

Les glandes de l'endomètre du col utérin sécrètent un liquide visqueux : la glaire cervicale, constituée d'un réseau de filaments protéiques.

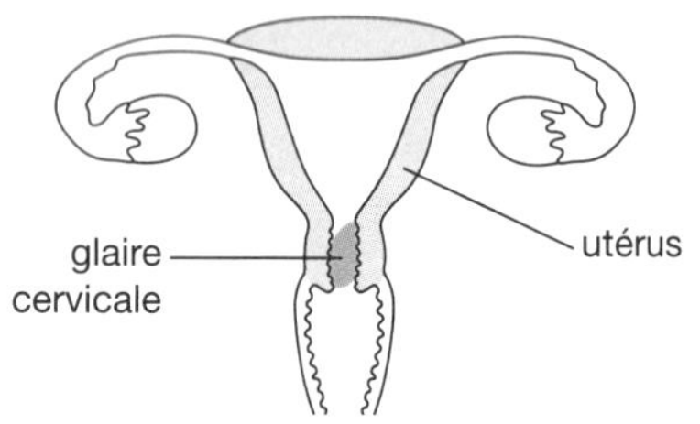
glaire cervicale
utérus

L'examen au MEB de cette glaire montre d'importantes modifications de sa structure au cours du cycle. En période ovulatoire **(a)**, le maillage lâche (15 à 25 µm) permet le passage des spermatozoïdes. En dehors de cette période (par exemple, **b**, 8ᵉ jour), le maillage est serré (2 à 6 µm). En **b**, un spermatozoïde donne l'échelle.

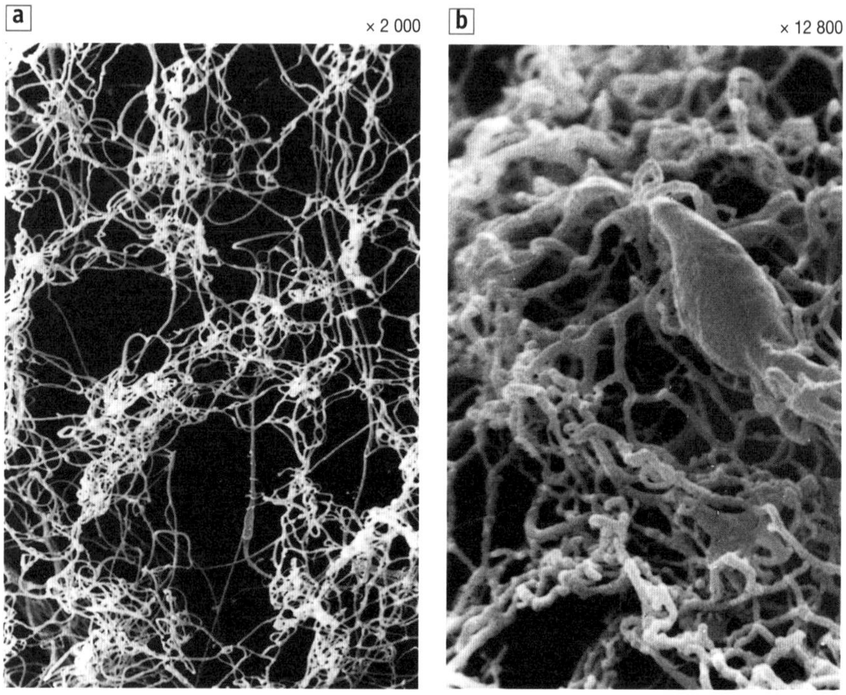
a
× 2 000
b
× 12 800

Doc. 1 Les caractéristiques de la glaire cervicale varient au cours du cycle menstruel.

- La composition chimique, les propriétés physiques et la production quotidienne de la glaire cervicale varient beaucoup au cours du cycle. En pratique médicale courante, on apprécie les variations de structure de la glaire par sa filance, c'est-à-dire son aptitude à s'étirer en fil :
  - plus le maillage est serré, plus la glaire est visqueuse et moins elle peut s'étirer en fil (ainsi, en début et en fin de cycle, le col utérin est obturé) ;
  - plus le maillage est lâche, plus la glaire est filante (le col est alors perméable).

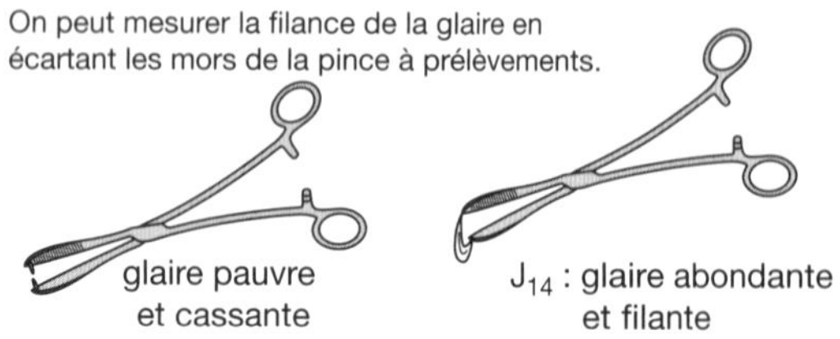
On peut mesurer la filance de la glaire en écartant les mors de la pince à prélèvements.
glaire pauvre et cassante
J14 : glaire abondante et filante

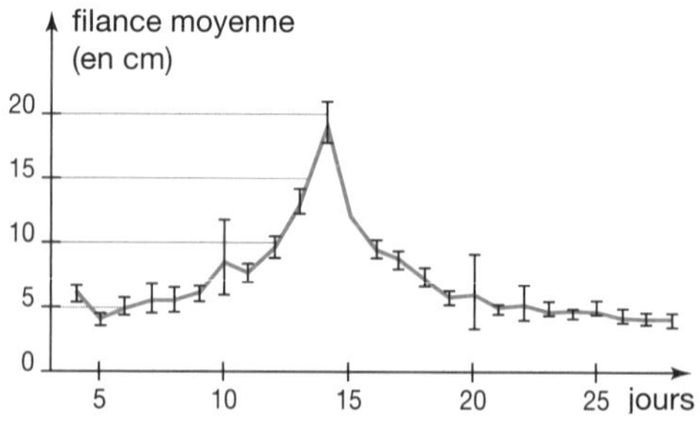
filance moyenne (en cm)
20
15
10
5
0
5
10
15
20
25
jours

- Les œstrogènes favorisent la sécrétion de grandes quantités de glaire tandis que la progestérone inhibe cette sécrétion.
- La persistance d'une glaire filante durant la deuxième phase du cycle évoque une absence d'ovulation ou une insuffisance du corps jaune.
- L'absence de glaire témoigne d'une insuffisance œstrogénique.

Doc. 2 Les propriétés de la glaire et sa quantité dépendent de l'action des hormones sexuelles.

B La rencontre des gamètes est en partie conditionnée par la qualité de la glaire

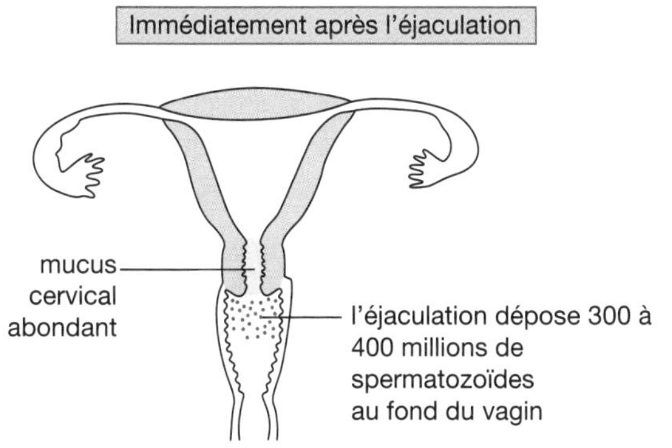
Immédiatement après l'éjaculation
mucus cervical abondant
l'éjaculation dépose 300 à 400 millions de spermatozoïdes au fond du vagin

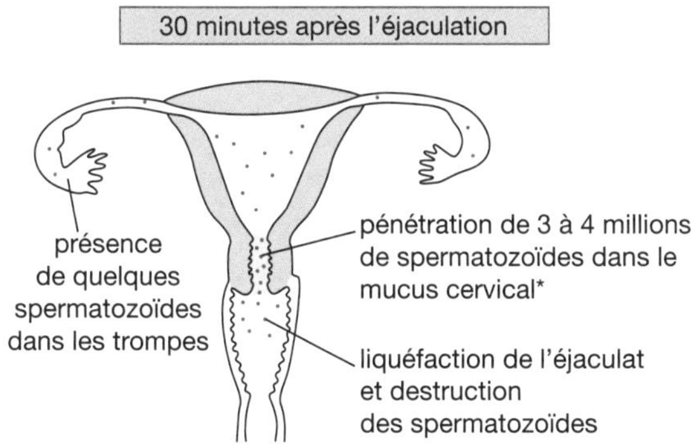
30 minutes après l'éjaculation
présence de quelques spermatozoïdes dans les trompes
pénétration de 3 à 4 millions de spermatozoïdes dans le mucus cervical*
liquéfaction de l'éjaculat et destruction des spermatozoïdes

* La glaire cervicale élimine 99 % des spermatozoïdes notamment tous ceux qui présentent une forme anormale.

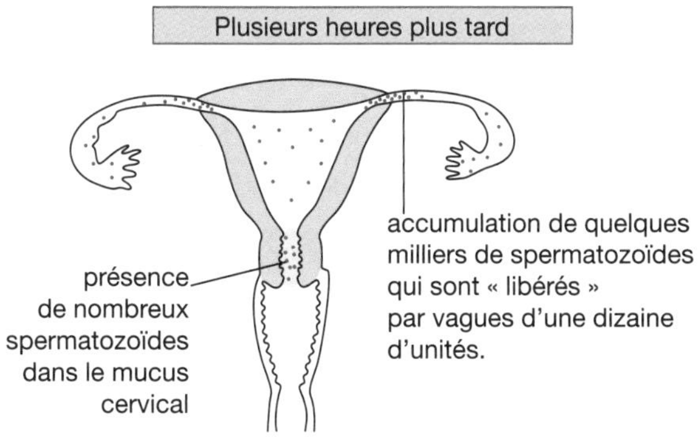
Plusieurs heures plus tard
présence de nombreux spermatozoïdes dans le mucus cervical
accumulation de quelques milliers de spermatozoïdes qui sont « libérés » par vagues d'une dizaine d'unités.

La glaire cervicale est à l'origine de 10 % des stérilités féminines. Parmi les causes possibles, citons une quantité insuffisante de glaire. Ce type de stérilité d'origine endocrinienne peut être traité par des injections d'œstrogènes.

Doc. 3 La glaire cervicale sélectionne les spermatozoïdes : seuls les gamètes mâles vigoureux franchissent le maillage.

L'enregistrement microcinématographique montre que, dans le sperme, il n'y a pas d'orientation particulière des déplacements des spermatozoïdes.

Un même examen pratiqué dans un tube de verre contenant de la glaire cervicale montre au contraire une orientation privilégiée et une vitesse plus grande que dans le liquide séminal.

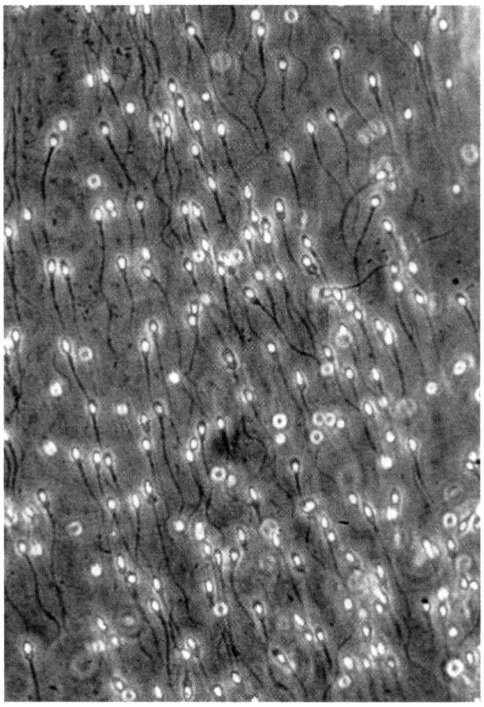

Doc. 4 Quelques heures après un rapport sexuel, de la glaire cervicale peut être prélevée par aspiration dans un tube capillaire et observée au microscope.

- L'ovocyte II est fécondable pendant les 6 à 24 heures qui suivent l'ovulation.
- Les spermatozoïdes conservent leur pouvoir fécondant environ 3 jours dans les voies génitales de la femme.

Pistes d'exploitation

1 Doc. 1 et 2 : En quoi consiste le cycle de la glaire cervicale ? Quel est l'intérêt de ce cycle ? Comment est assuré le synchronisme entre l'ovulation et le cycle de la glaire ?

2 Doc. 3 et 4 : Indiquez en quelques phrases l'importance des sécrétions des voies génitales féminines dans le « voyage » des spermatozoïdes.

Le contrôle de la reproduction féminine

Contrairement à l'homme chez lequel la spermatogenèse et la production d'hormones sexuelles se font en continu, la physiologie reproductrice de la femme est marquée par une activité cyclique de divers événements physiologiques, qui commence à la puberté et se termine à la ménopause. Cette activité cyclique observable chez la femme adulte s'accompagne d'une série de transformations complexes qui concernent plusieurs organes (ovaires, utérus, hypophyse...) et dont les prémices remontent à la vie fœtale.

1 Le déroulement des cycles sexuels féminins

Par convention, le début du cycle génital qui, chez l'être humain dure en moyenne 28 jours, coïncide avec le premier jour des règles ou menstruation (d'où le nom de cycle menstruel). Le cycle est marqué en son milieu par un événement fondamental : l'ovulation ou ponte ovulaire, c'est-à-dire l'expulsion par l'ovaire d'un ovocyte II.

1. Le cycle ovarien

Le cycle ovarien est divisé en deux phases qui correspondent à l'évolution d'un **follicule ovarien**.

- La **phase folliculaire** s'étend entre le premier jour des règles et l'ovulation. Sa durée est variable. Préalablement à chaque cycle, un certain nombre de **follicules primordiaux** commencent une maturation qui les transforme successivement en **follicules primaires**, **secondaires** puis **cavitaires.** Les follicules sont formés par la multiplication des cellules folliculaires qui donneront la **granulosa** et par la différenciation de **thèques** issues du conjonctif ovarien. Durant la phase folliculaire, un follicule cavitaire qualifié de dominant grossit énormément et arrive à maturité (**follicule mûr** ou follicule de de Graaf).

- L'ovulation marque la fin de la phase folliculaire : elle correspond à « l'éclatement » du follicule mûr et à l'expulsion de l'ovoccyte II hors de l'ovaire.

- La deuxième phase du cycle ovarien, la **phase lutéale** ou phase lutéinique, a une durée relativement constante, de 13 à 14 jours. Les cellules du follicule éclaté prolifèrent, comblent la cavité folliculaire et se chargent de lipides et d'un pigment jaune : le **corps jaune** est constitué. En l'absence de fécondation, il régresse en fin de phase lutéinique pour ne plus constituer qu'un corps cicatriciel, le **corps blanc.** Si la fécondation a lieu, le corps jaune persiste pendant les quatre premiers mois de la grossesse.

2. Le cycle de l'utérus

L'utérus est l'organe où se développe un éventuel embryon. Il est constitué d'un muscle, le **myomètre**, et tapissé intérieurement par la muqueuse utérine, ou **endomètre**, qui borde la cavité utérine.

- En phase folliculaire, l'endomètre, qui a été détruit presque entièrement au cours de la menstruation, se reconstitue et s'épaissit de plusieurs millimètres. Des **glandes en tubes** apparaissent, se ramifient et les **vaisseaux sanguins** deviennent nombreux.

- En phase lutéale, le développement de l'endomètre atteint son maximum quelques jours après l'ovulation. Au microscope, la muqueuse présente un aspect qualifié de « **dentelle utérine** » ; elle est alors prête à accueillir un embryon.

- La **glaire cervicale**, mucus fabriqué par la région du col utérin, présente aussi une évolution cyclique nette. Le « maillage » de la glaire, très serré en phase folliculaire, devient lâche en période ovulatoire, facilitant ainsi le passage des spermatozoïdes vers la cavité utérine.

3. Une sécrétion cyclique des hormones ovariennes

L'ablation des deux ovaires, expérimentalement chez l'animal ou pour des raisons médicales chez la femme, provoque un arrêt de l'évolution cyclique de l'utérus. Ainsi, **les ovaires contrôlent le cycle utérin**.

Ils produisent, de manière **cyclique**, deux types d'hormones : les **œstrogènes** (parmi lesquels l'œstradiol est le plus abondant) et la **progestérone**.

- **En phase folliculaire**, seuls les **œstrogènes** sont fabriqués par la **thèque interne** et la **granulosa** des follicules en croissance. Cette sécrétion est responsable de la prolifération de l'endomètre utérin. En fin de phase folliculaire, l'augmentation de l'activité et du nombre des cellules du follicule dominant entraîne une augmentation d'abord progressive puis rapide du taux sanguin des œstrogènes.

- **En phase lutéale**, le corps jaune produit **œstrogènes et progestérone** en quantités importantes. La progestérone renforce l'action des œstrogènes sur l'endomètre et inhibe les contractions du myomètre.

- **En fin de cycle**, si aucune fécondation n'est intervenue, le corps jaune régresse en quelques jours, ce qui entraîne l'effondrement des concentrations hormonales dans le sang. Les règles ou menstruation sont la conséquence directe de cette chute des taux hormonaux.

Cristal de progestérone.

2 Le complexe hypothalamo-hypophysaire contrôle l'activité des ovaires

Le système de commande des ovaires est le même que celui étudié chez l'homme, mais les modalités de fonctionnement ne sont pas identiques.

1. Une commande hormonale à deux niveaux

• L'**hypophyse** sécrète de manière cyclique les deux gonadostimulines **FSH** et **LH** :

- La **FSH** (Hormone Folliculo-Stimulante) intervient dans la maturation des follicules cavitaires et stimule donc la sécrétion des œstrogènes.
- La **LH** (Hormone Lutéinisante) déclenche l'ovulation grâce à un « pic de sécrétion » en fin de phase folliculaire puis provoque la transformation du follicule rompu en corps jaune.

Comme chez les hommes, ces sécrétions hypophysaires sont pulsatiles, mais chez la femme **la fréquence et l'amplitude des pulses ne sont pas constantes au cours du cycle**. À l'approche de la période ovulatoire, les pulses deviennent de plus en plus intenses et rapprochés : les taux sanguins de LH et FSH augmentent alors et on enregistre un pic de sécrétion. **Le pic de LH est nommé « décharge ovulante »** car il déclenche l'ovulation.

• L'**hypothalamus** agit sur l'hypophyse par l'intermédiaire de la **GnRH** ou gonadolibérine. Cette neuro-hormone produite par des groupes de **neurones de l'hypothalamus**, est sécrétée de façon pulsatile dans les vaisseaux sanguins de la tige hypophysaire et atteint directement les cellules à FSH et à LH de l'antéhypophyse. Là encore, le rythme de sécrétion de GnRH varie nettement au cours du cycle. Il est maximal dans la période pré-ovulatoire.

Le caractère cyclique des sécrétions hormonales, aussi bien ovariennes qu'hypothalamo-hypophysaires, contraste avec l'apparente stabilité constatée chez l'homme. Comment le système de régulation autorise-t-il de telles variations ?

2. Un jeu complexe de rétroactions

L'ensemble hypothalamus-hypophyse détecte à tout moment les variations des taux sanguins d'hormones ovariennes. En fonction des taux détectés, il modifie son activité. Les hormones ovariennes agissent donc en retour sur leur système de commande : ce phénomène est un **rétrocontrôle** (ou rétroaction).

- Le rétrocontrôle est négatif ou positif selon les moments :

- La rétroaction par les hormones ovariennes sur le système hypothalamo-hypophysaire est généralement **négative** et tend à amortir d'éventuelles variations anormales des différents taux hormonaux.

- Quelques jours avant l'ovulation, la situation se modifie : la production d'œstrogènes augmente considérablement. Alors qu'une rétroaction négative devrait s'exercer, il n'en est rien : les sécrétions de FSH et surtout de LH augmentent. Des études expérimentales ont montré que lorsque la concentration en œstrogènes dépasse une certaine valeur « seuil », le rétrocontrôle devient **positif** : les cellules hypophysaires, en présence de GnRH, sont **sensibilisées par ces doses élevées d'œstradiol** et les sécrétions de gonadostimulines « s'emballent ». Tout se passe comme si l'augmentation pré-ovulatoire d'œstrogènes (2 jours avant l'ovulation) était un « signal » indiquant que le follicule est mûr. Le système de commande « répond » alors par un pic de LH qui déclenche l'ovulation. Immédiatement après, le rétrocontrôle redevient négatif.

3. L'aspect comportemental du fonctionnement de l'axe gonadotrope

Chez les **mammifères non hominidés**, il existe une relation étroite entre les comportements sexuels et les sécrétions hormonales. L'environnement, et notamment les conditions d'éclairement, influencent aussi énormément le fonctionnement de l'axe gonadotrope. Le système de commande hypothalamo-hypohysaire intègre à tout moment les rétroactions exercées par les hormones ovariennes et l'influence des stimuli d'origine externe ou interne.

Dans l'espèce humaine, la relation entre hormones et comportement sexuel est moins étroite. Si le développement de la libido à partir de la puberté est bien lié à l'augmentation des concentrations plasmatiques des hormones sexuelles, l'Homme est capable de maîtriser sa procréation et de dissocier, au moins partiellement, son comportement sexuel de son activité hormonale.

L'essentiel

- Le fonctionnement de l'appareil génital féminin se caractérise par une activité cyclique qui se maintient de la puberté à la ménopause.

- Le cycle ovarien correspond d'une part à l'évolution d'un follicule qui, après l'ovulation, se transforme en corps jaune, et d'autre part à la sécrétion périodique d'hormones ovariennes : œstrogènes en phase folliculaire, puis œstrogènes et progestérone en phase lutéale.

- Le cycle de l'utérus correspond à une évolution périodique de la muqueuse utérine ou endomètre qui, après chaque ovulation, est prête à accueillir un nouvel embryon ou qui, sans fécondation, est détruite en début de chaque cycle : ce sont les règles ou menstruation.

- La production des hormones ovariennes est contrôlée par le complexe hypothalamo-hypohysaire. L'hormone hypothalamique GnRH stimule la libération des gonadostimulines hypophysaires FSH et LH. La FSH stimule la maturation folliculaire ; la LH provoque l'ovulation et permet le maintien du corps jaune.

- L'activité du système de commande est modulée par un jeu complexe de rétroactions exercées par les hormones ovariennes. De façon générale, ces rétroactions sont négatives tout au long du cycle. En fin de phase folliculaire, la rétroaction devient positive : le pic d'œstrogènes déclenche une décharge ovulante de LH.

■ LA SYNCHRONISATION DES CYCLES MENSTRUELS

• Le cycle des hormones hypothalamo-hypophysaires

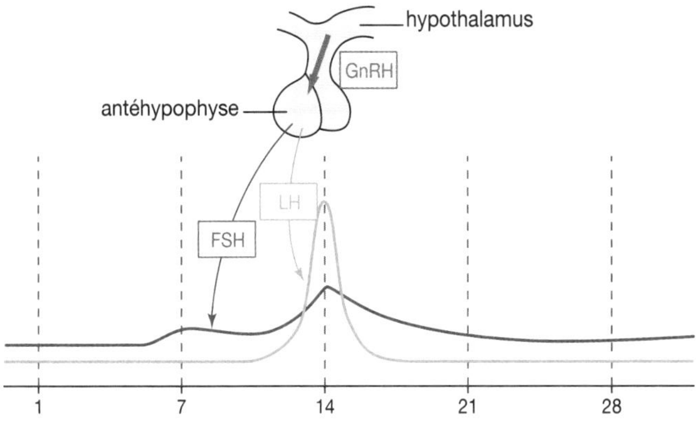
hypothalamus
GnRH
antéhypophyse
LH
FSH
1
7
14
21
28

• Le cycle des ovaires et des hormones ovariennes

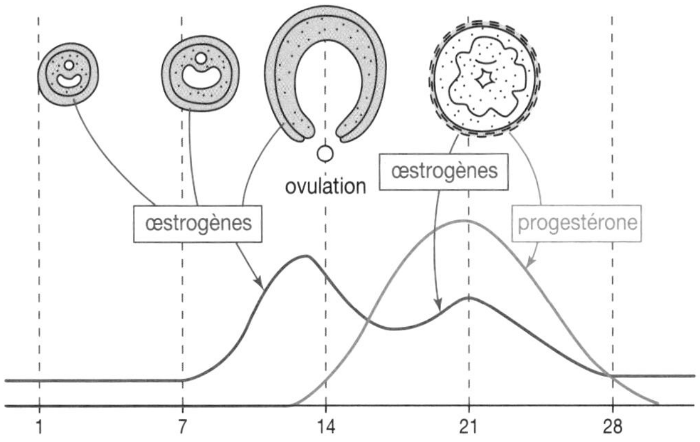
ovulation
œstrogènes
œstrogènes
progestérone
1
7
14
21
28

• Le cycle de l'utérus

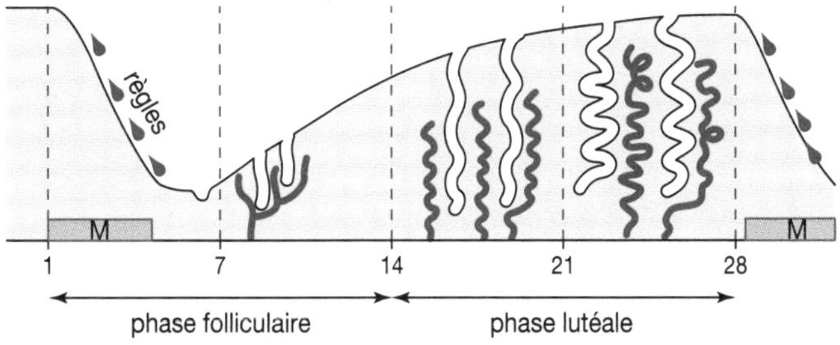
règles
M
M
1
7
14
21
28
phase folliculaire
phase lutéale

Les sécrétions hormonales, qui contrôlent l'activité génitale de la femme, se font sur un mode pulsatile. Ces variations ne sont pas représentées sur les graphes ci-dessus.

■ DES RÉTROCONTRÔLES NÉGATIFS ET POSITIFS

Phase folliculaire (J_1 à J_{14})

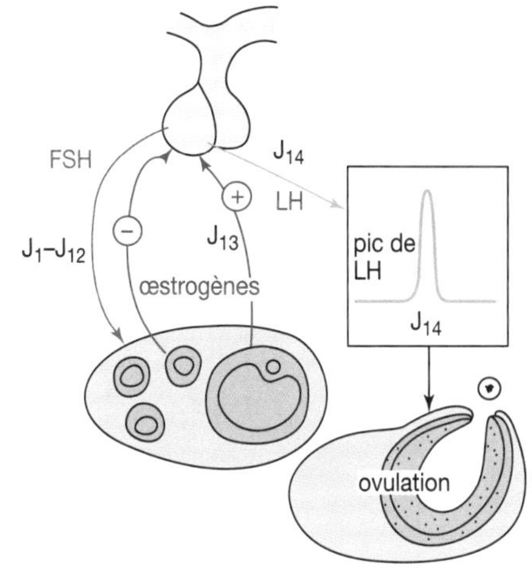
FSH
J_{14}
LH
J_1–J_{12}
J_{13}
œstrogènes
pic de LH
J_{14}
ovulation

Phase lutéale (J_{15} à J_{28})

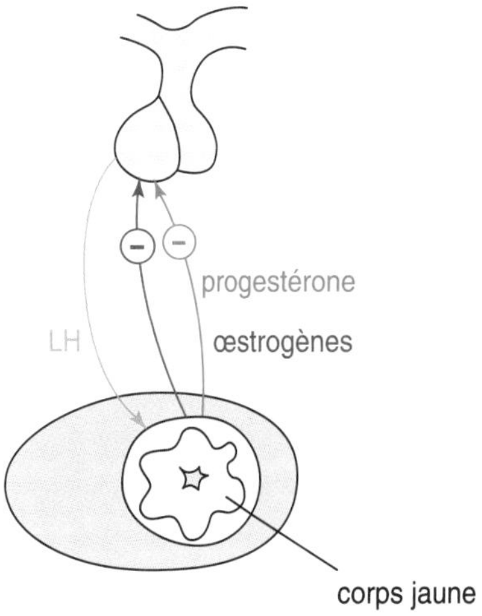
progestérone
LH
œstrogènes
corps jaune

A Les premiers stades de la croissance folliculaire

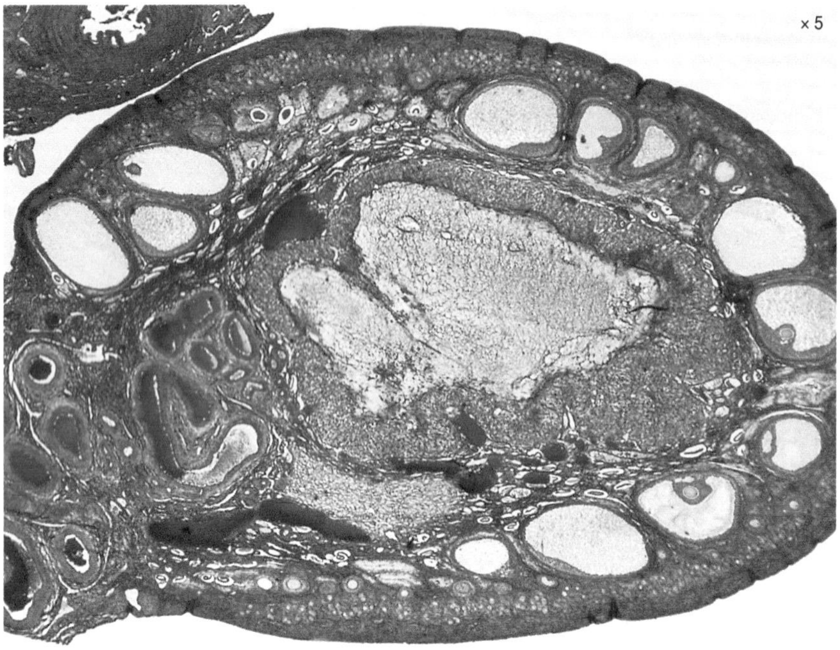
× 5

Dans l'ovaire, chaque ovocyte I (cellule encore immature) est entouré d'une enveloppe cellulaire plus ou moins développée, l'ensemble formant un follicule ovarien. Certains follicules très petits, les follicules primordiaux, ont à peine commencé leur croissance. Un ou deux mois avant chaque cycle, une vingtaine se transforment en follicules primaires, puis secondaires. Quelques uns deviennent très gros, ce sont des follicules cavitaires. L'un d'entre eux va ovuler (c'est-à-dire éclater et émettre un ovocyte II qui sera aspiré par le pavillon de la trompe de Fallope). Le follicule éclaté se transformera ensuite en un corps jaune qui régressera en fin de cycle si l'ovocyte n'a pas été fécondé.

Doc. 1 Coupe microscopique dans un ovaire de femme.

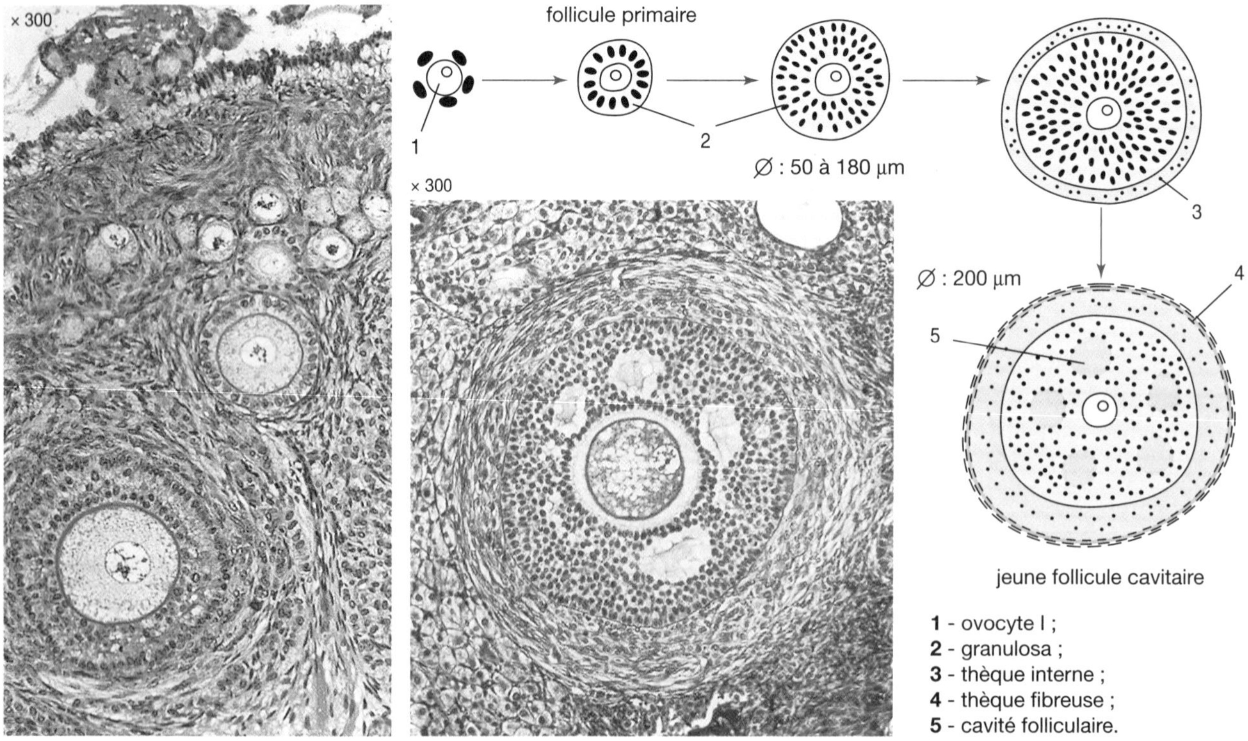
× 300
follicule primaire
1
2
Ø : 50 à 180 μm
× 300
3
Ø : 200 μm
4
5
jeune follicule cavitaire
1 - ovocyte I ;
2 - granulosa ;
3 - thèque interne ;
4 - thèque fibreuse ;
5 - cavité folliculaire.

Doc. 2 L'évolution d'un follicule dans les trois ou quatre mois qui précèdent sa maturité.

...l'évolution des follicules ovariens au cours d'un cycle menstruel

B Du follicule cavitaire au corps jaune

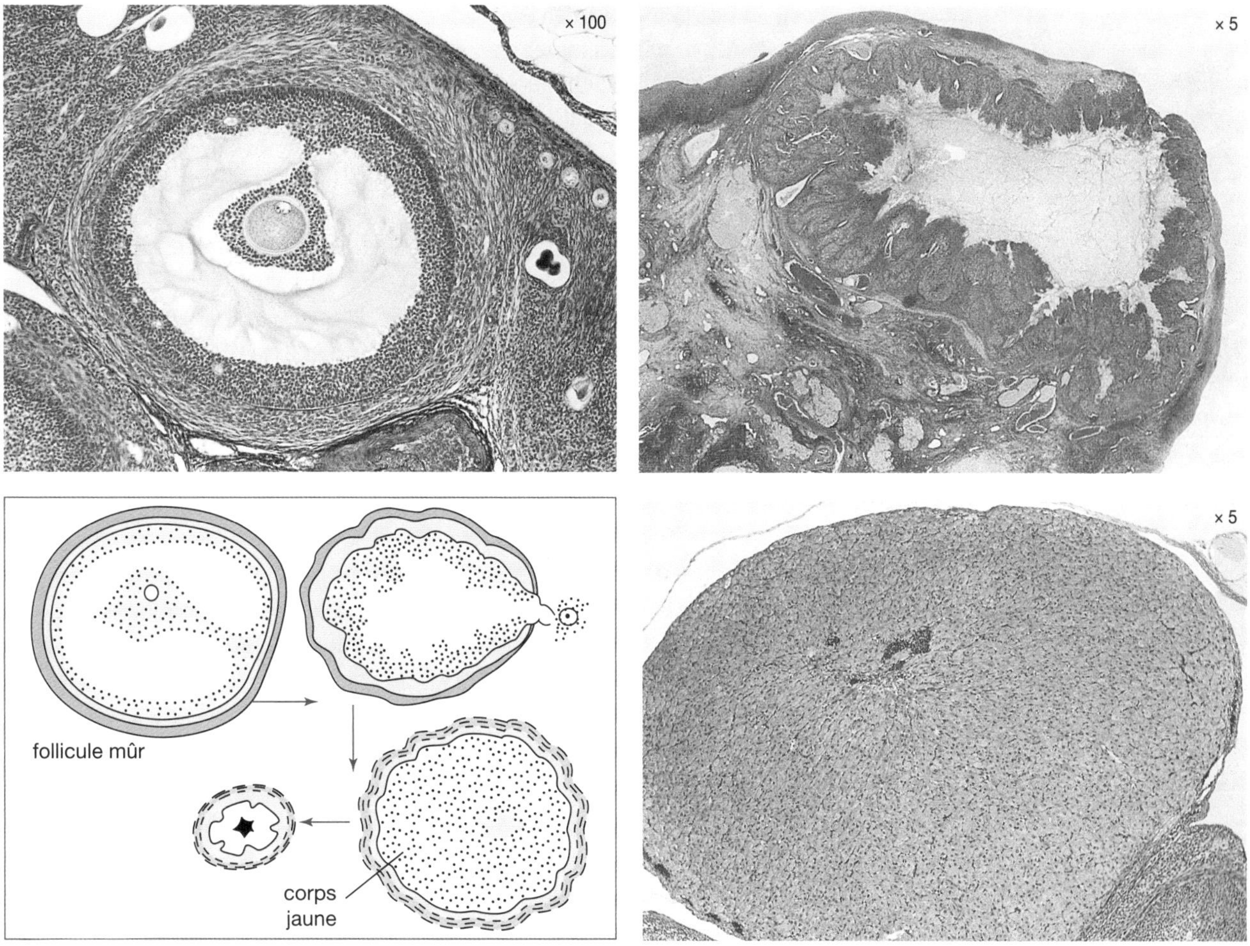

× 100
× 5
× 5
follicule mûr
corps jaune

Doc. 3 L'évolution du follicule dominant au cours d'un cycle.

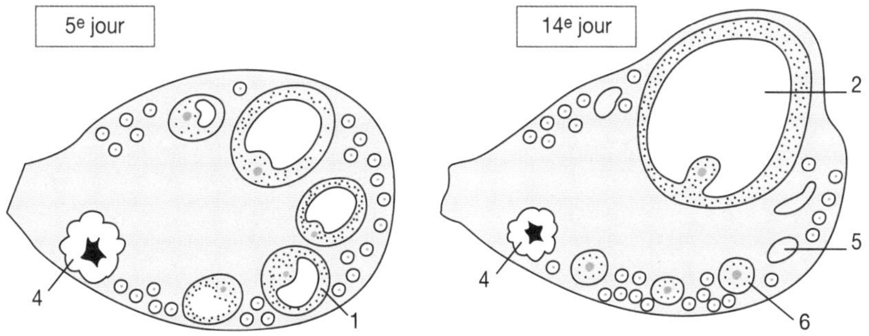

5e jour
14e jour
1
2
4
4
5
6

1 - follicule cavitaire ; **2** - follicule mûr ; **3** - corps jaune en activité ; **4** - reliquat du corps jaune du cycle précédent ; **5** - follicules en dégénérescence ; **6** - jeunes follicules en cours de développement.

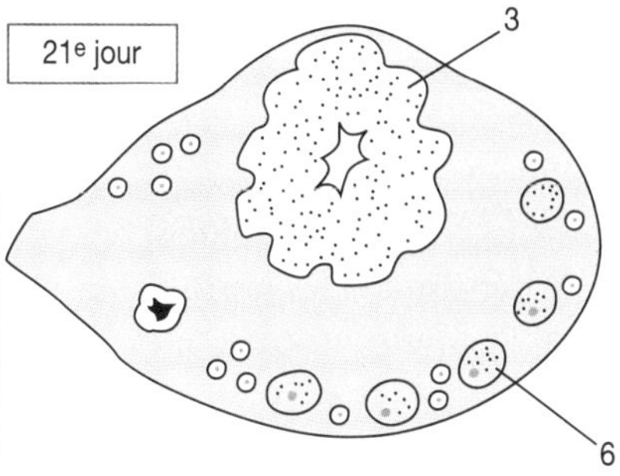

21e jour
3
6

Au début du cycle, l'un des deux ovaires contient un à huit follicules cavitaires de 3 à 5 mm de diamètre qui se sont développés plus rapidement que les autres à la fin du cycle précédent. Ces follicules poursuivent pendant quelques jours une croissance rapide mais, bientôt, un seul va continuer son évolution jusqu'à l'ovulation, c'est le follicule dominant. Les autres régressent et sont « condamnés » à disparaître.

Doc. 4 Le changement d'aspect de l'ovaire au cours du cycle.

A Mise en évidence des relations entre comportement et sécrétions hormonales

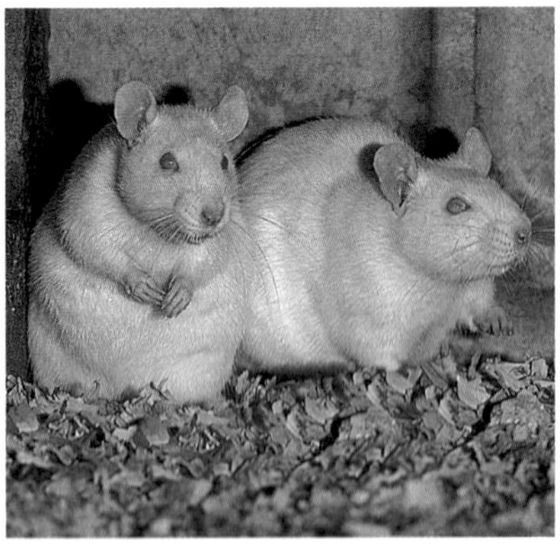

Comme chez la plupart des espèces, le comportement sexuel des rats est stéréotypé. Ainsi, par exemple, chez la rate en chaleur, une stimulation tactile de l'arrière-train déclenche systématiquement un posture caractéristique appelée lordose : l'animal plie ses pattes antérieures, étire son arrière-train en cambrant fortement son dos et rejette la queue sur un côté. De même, lorsqu'un mâle actif rencontre une femelle en chaleur, donc réceptive, il s'accouple avec elle (il copule) selon un séquence précise de comportements.

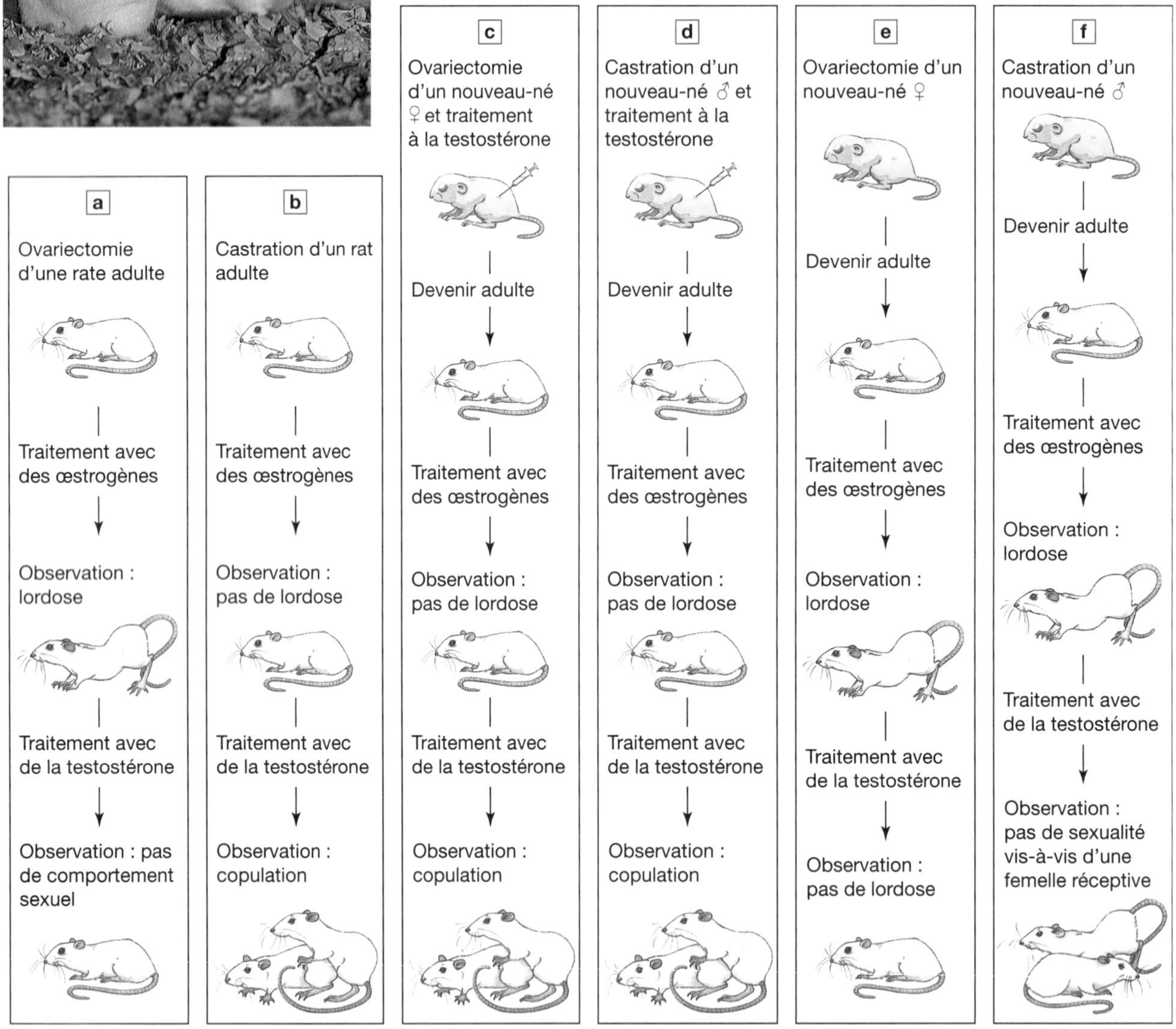
a
Ovariectomie d'une rate adulte
Traitement avec des œstrogènes
Observation : lordose
Traitement avec de la testostérone
Observation : pas de comportement sexuel
b
Castration d'un rat adulte
Traitement avec des œstrogènes
Observation : pas de lordose
Traitement avec de la testostérone
Observation : copulation
c
Ovariectomie d'un nouveau-né ♀ et traitement à la testostérone
Devenir adulte
Traitement avec des œstrogènes
Observation : pas de lordose
Traitement avec de la testostérone
Observation : copulation
d
Castration d'un nouveau-né ♂ et traitement à la testostérone
Devenir adulte
Traitement avec des œstrogènes
Observation : pas de lordose
Traitement avec de la testostérone
Observation : copulation
e
Ovariectomie d'un nouveau-né ♀
Devenir adulte
Traitement avec des œstrogènes
Observation : lordose
Traitement avec de la testostérone
Observation : pas de lordose
f
Castration d'un nouveau-né ♂
Devenir adulte
Traitement avec des œstrogènes
Observation : lordose
Traitement avec de la testostérone
Observation : pas de sexualité vis-à-vis d'une femelle réceptive

♂ : mâle. ♀ : femelle

D'après W.K. Purves, G. Horians, H.C. Heller, *Le Monde du Vivant*, Sciences Flammarion.

a et **b** : l'injection des stéroïdes sexuels stimule l'expression du comportement sexuel correspondant au sexe génétique : les œstrogènes induisent le comportement de lordose chez la femelle, mais pas chez le mâle, tandis que la testostérone induit un comportement de copulation chez les mâle mais pas chez la femelle ;

c et **d** : le traitement à la testostérone d'un nouveau-né à qui on a retiré les gonades induit dans les deux sexes un comportement lorsque l'on traite l'adulte à nouveau avec la même hormone ;

e et **f** : chez des nouveaux-nés castrés mais n'ayant pas reçu de testostérone, l'injection de stéroïdes sexuels stimule l'expression du comportement sexuel correspondant au sexe génétique.

Doc. 1 Des expériences réalisées chez le rat démontrent une relation étroite entre comportement sexuel et état hormonal.

...l'influence des hormones sur les comportements sexuels

B Variations hormonales et comportements sexuels

Comportements précopulatoire et copulatoire chez les ovins

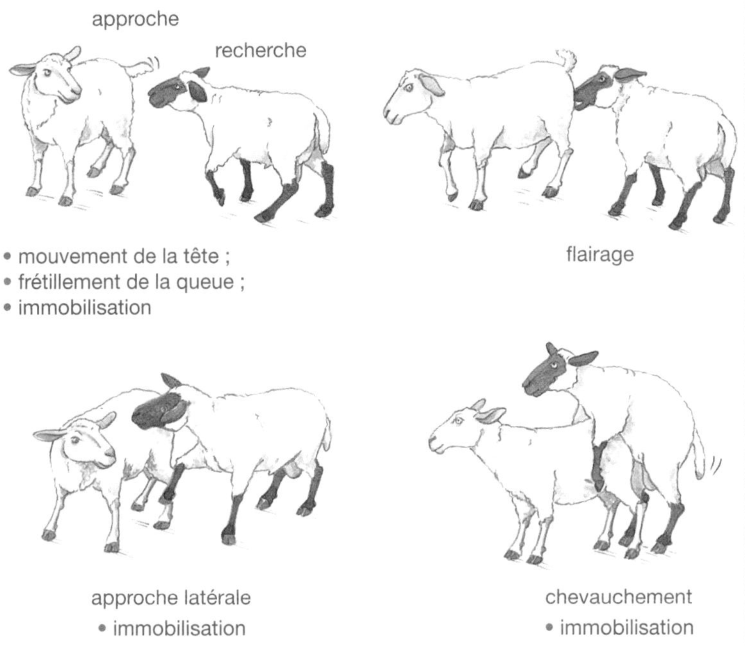
approche
recherche
• mouvement de la tête ;
• frétillement de la queue ;
• immobilisation
flairage
approche latérale
• immobilisation
chevauchement
• immobilisation

En bleu : activité du mâle. En rouge : activité de la femelle.
D'après C. Fabre-Nys et Ph. Thesis.

• Les mammifères ne présentent généralement qu'une ou deux périodes d'activité sexuelle par an. Pendant une telle période :
- les mâles produisent des spermatozoïdes de façon continue :
- les femelles libèrent un ou quelques ovocytes à un moment précis de ce cycle.

• Dans l'espèce humaine (et chez les primates en général), ainsi que chez certains mammifères d'élevage (vache, truie...) et les petits rongeurs de laboratoire (rat, souris, hamster), les cycles se succèdent tout au long de l'année.

• Chez les mammifères femelles, le cycle sexuel peut être caractérisé :
- parfois par un saignement de l'utérus (menstruation) en début de cycle (d'où le nom de cycle menstruel donné au cycle de la femme ou de certains primates) ;
- souvent par un comportement particulier de la femelle (chaleur ou œstrus) qui, à la période ovulatoire, recherche et accepte le mâle (on parle alors de cycle œstrien).

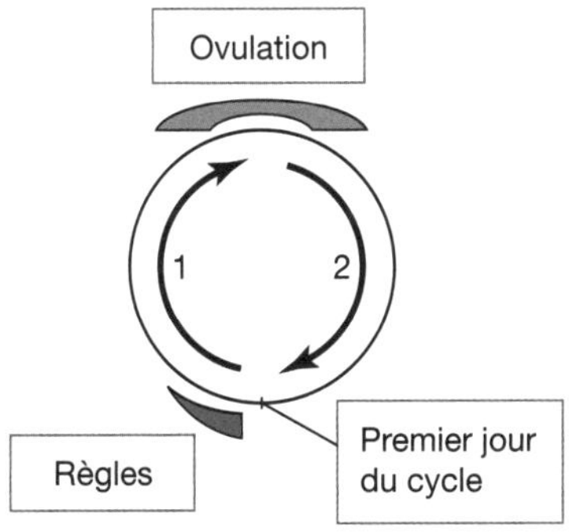
Ovulation
1
2
Règles
Premier jour du cycle

	Femelles ayant des chaleurs	Femme
1	Préœstrus	Phase folliculaire
2	Postœstrus	Phase lutéale
(arc)	Œstrus (chaleurs)	Pas de comportement sexuel particulier
(trait)	Pas ou peu de saignements	Menstruations

Cycle hormonal et œstrus chez la brebis

- durée du cycle : 15 à 19 jours
- durée de l'œstrus : 24 h.
- phase lutéale : 14 à 16 jours
- phase folliculaire : 2 à 3 jours
- moment de l'ovulation : 18 à 36 heures après le début de l'œstrus

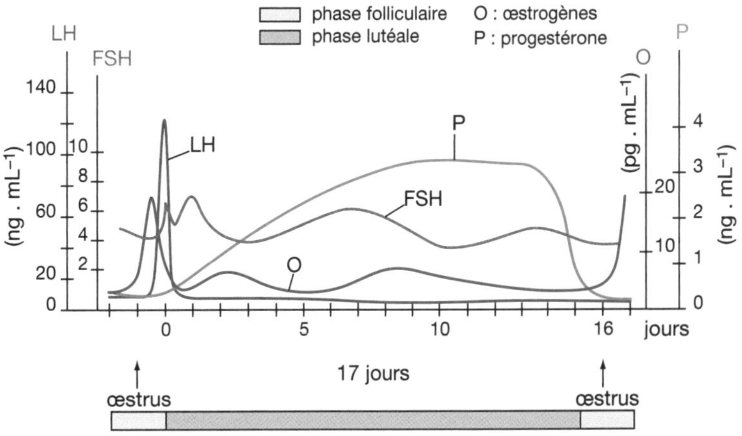
phase folliculaire
phase lutéale
O : œstrogènes
P : progestérone
LH
FSH
O
P
140
100
60
20
0
10
8
6
4
2
(ng . mL⁻¹)
(pg . mL⁻¹)
20
10
(ng . mL⁻¹)
4
3
2
1
0
LH
P
FSH
O
0
5
10
16
jours
17 jours
œstrus
œstrus

Le calendrier des sécrétions hormonales de la brebis permet d'assurer la rencontre des gamètes : la copulation durant l'œstrus (pendant lequel a lieu l'ovulation) a donc toutes les chances d'être fécondante.

Doc. 2 Chez les ovins, comme chez beaucoup d'animaux, l'accouplement intervient au moment de l'œstrus.

Je connais

A. Définissez les mots ou expressions :

endomètre, nidation, œstradiol, progestérone, corps jaune, FSH, LH, GnRH, phase folliculaire, phase lutéale, rétrocontrôle positif, glaire cervicale.

B. Donnez le nom...

a. ...de l'endomètre lors de la phase lutéale.

b. ...de l'hormone ovarienne sécrétée uniquement en deuxième phase du cycle sexuel.

c. ...du résultat de la transformation du follicule ovarien après l'ovulation.

d. ...de la glande qui sécrète deux hormones contrôlant l'activité ovarienne.

C. Exprimez des idées importantes...

...en rédigeant une ou deux phrases utilisant chaque groupe de mots ou expressions :

a. LH, FSH, GnRH, œstrogènes, progestérone.

b. corps jaune, follicule rompu, ovulation.

c. pic de LH, ovulation, rétrocontrôle positif, œstrogènes.

d. puberté, ménopause, cycles sexuels.

e. synchronisation, maturité du follicule ovarien, réceptivité utérine, implantation de l'embryon.

D. Vrai ou faux ?

Parmi les affirmations suivantes, recopiez celles qui sont exactes et corrigez celles qui sont erronées.

a. L'activité cyclique de la reproduction féminine commence dès la vie embryonnaire.

b. La formation du corps jaune ne s'effectue qu'après la fécondation.

c. Les hormones ovariennes sont sécrétées de manière cyclique même en l'absence des hormones du complexe hypothalamo-hypophysaire.

d. Les hormones ovariennes exercent en permanence un rétrocontrôle négatif sur la sécrétion de LH.

e. Le complexe hypothalamo-hypophysaire produit une seule hormone, la GnRH.

f. La sécrétion pulsatile des gonadostimulines est soumise à un rétrocontrôle positif permanent exercé par les œstrogènes.

g. L'ovulation est déclenchée par le pic de LH.

E. Restitution des connaissances

- **Sujet 1.** L'évolution cyclique de l'utérus (paroi utérine, col) : aspects microscopiques, déterminisme hormonal, intérêt biologique.
- **Sujet 2.** La commande hiérarchisée de l'activité ovarienne (le contrôle de cette commande ne sera pas étudié ici).
- **Sujet 3.** Les relations hormonales entre les ovaires et leur système de commande au cours des cycles sexuels d'une part, à la puberté et à la ménopause d'autre part.

J'applique et je transfère

1 Hormones ovariennes et paroi utérine

L'utérus de la lapine est un utérus bicorne comme celui de la souris (voir p. 177). En coupe transversale, une corne utérine présente, au début d'un cycle, l'aspect dessiné pour le lot témoin dans le tableau ci-contre ; en fin de cycle, elle présente l'aspect du lot 3.
On dispose de quatre lots de lapines impubères ; sur trois lots, on procède à des injections d'œstradiol et/ou de progestérone.
Le protocole expérimental et les résultats sont consignés dans le tableau.

Lots de lapines impubères	Lot témoin	Lot n° 1	Lot N° 2	Lot N° 3
Injection d'œstradiol (au temps t_1)	NON	NON	OUI	OUI
Injection de progestérone (au temps $t_2 > t_1$)	NON	OUI	NON	OUI
Aspect d'une corne utérine en fin de traitement (coupes transversales à la même échelle)				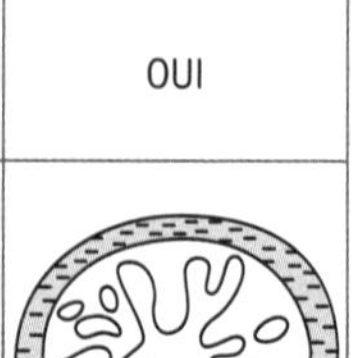

- **Quelles conditions nécessaires au développement de la paroi utérine sont mises en évidence par cette expérience ?**

2 Déterminisme hormonal de la puberté

- **Information 1**

Chez les guenons normales impubères, on constate que les taux plasmatiques des hormones hypophysaires (FSH et LH) et des hormones ovariennes sont très faibles et constants. Il en est de même chez les guenons pubères victimes de lésions hypothalamiques.

- **Information 2**

On injecte dans le système sanguin de guenons normales impubères une substance extraite de l'hypothalamus, la GnRH, dans des conditions adéquates (1 µg par minute, pendant 6 minutes toutes les heures). Pendant toute la durée de l'expérience, on dose les taux plasmatiques des gonadostimulines hypophysaires et des hormones ovariennes (graphiques).

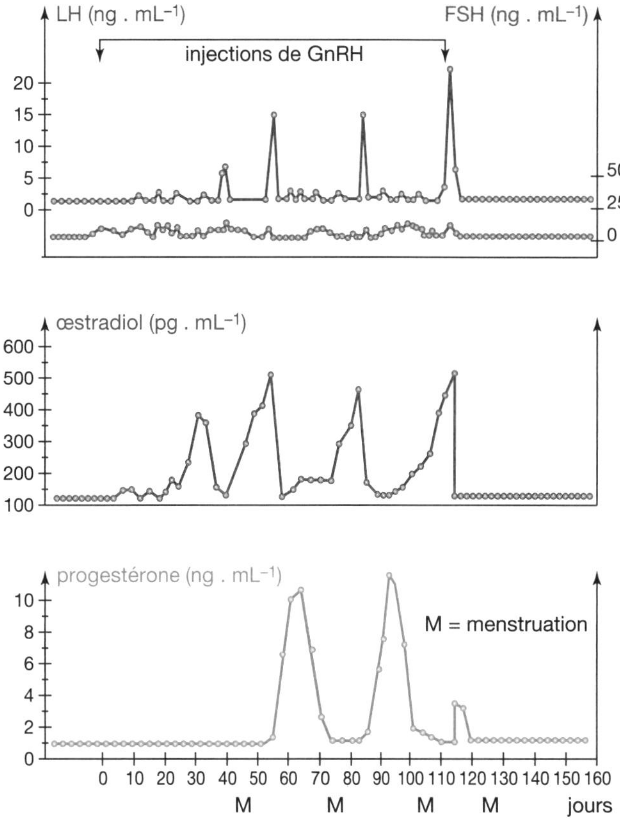
LH (ng . mL-1)
FSH (ng . mL-1)
injections de GnRH
œstradiol (pg . mL-1)
progestérone (ng . mL-1)
M = menstruation
jours

1- Étant donné vos connaissances sur le fonctionnement normal de l'axe hormonal hypothalamus-hypophyse-ovaires chez l'adulte, quelles hypothèses pourraient expliquer les constatations faites chez les animaux impubères (information 1) ? Montrez que l'information concernant les adultes victimes de lésions hypothalamiques ne permet pas de choisir parmi les différentes hypothèses.

2- Quels signes montrent que chez l'animal impubère, l'hypophyse d'une part, les cellules ovariennes endocrines d'autre part sont aptes à fonctionner même si elles sont encore normalement au repos jusqu'à la puberté ? Concluez en montrant que l'information 2 permet de comprendre quel évènement hormonal déclenche la puberté.

3 Déterminisme de la ménopause

Chez la femme, les possibilités d'avoir un enfant sont limitées à une période de la vie qui s'étend de la puberté à la ménopause (vers 45-50 ans). Cette dernière se manifeste par un certain nombre de modifications physiologiques. Nous nous proposons d'étudier celles qui concernent l'activité ovarienne.

Des coupes d'ovaires effectuées chez des femmes de 50 ans ne présentent aucun follicule mûr ; les follicules primordiaux sont dégénérescents et l'ovaire est envahi par du tissu conjonctif (tissu de remplissage).

On cherche à savoir si la dégénérescence des follicules primordiaux chez la femme ménopausée est due à l'arrêt de la stimulation des structures ovariennes par le complexe hypothalamus-hypophyse, ou bien au vieillissement de l'ovaire lui-même.

Graphique 1

Dosages d'hormones ovariennes chez des femmes de 50 ans

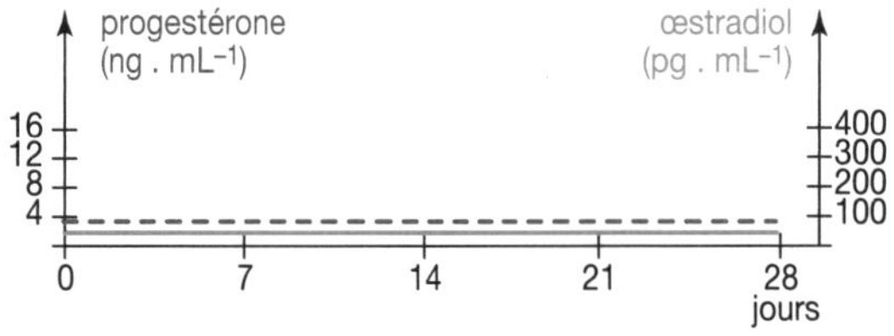
progestérone (ng . mL-1)
œstradiol (pg . mL-1)
jours

Graphique 2

Évolution du taux moyen de LH au cours de la vie chez la femme

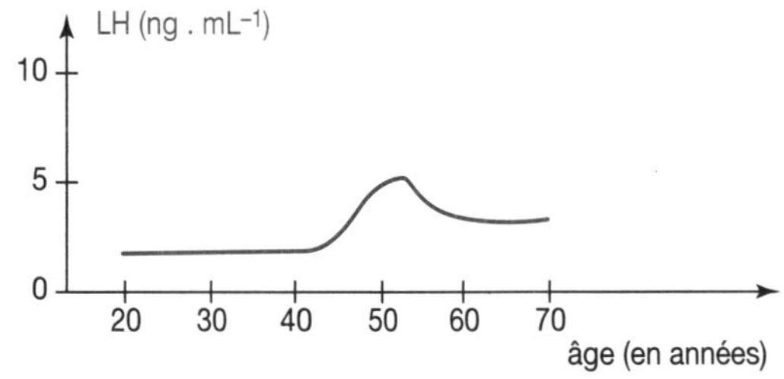
LH (ng . mL-1)
âge (en années)

1- Analysez le graphique 1 ; permet-il de privilégier une des deux hypothèses ? Même question pour le graphique 2.

2- Utilisez vos connaissances pour expliquer les caractéristiques de la sécrétion de LH chez la femme âgée.

4 La régulation de la sécrétion de LH

• **Expérience 1**

Chez une femelle macaque ovariectomisée depuis 26 jours, on introduit sous la peau un implant d'œstradiol qui libère en continu cette hormone dans le sang : la concentration plasmatique d'œstradiol est ainsi maintenue pendant plusieurs jours à un taux voisin de celui qui existe normalement au début de la phase folliculaire du cycle menstruel.

Seize jours après la mise en place de l'implant, on injecte une dose massive d'œstradiol (600 pg . mL^{-1}). Le graphique montre l'évolution de la concentration plasmatique de LH au cours de cette expérience.

• **Expérience 2**

Une autre femelle subit le même traitement, c'est-à-dire la castration, pose d'un implant d'œstradiol puis injection d'une forte dose d'œstradiol mais, en outre, on maintient, dès la castration, un taux élevé de progestérone dans le sang.

On dose la concentration plasmatique de LH au cours de cette deuxième expérience (graphique).

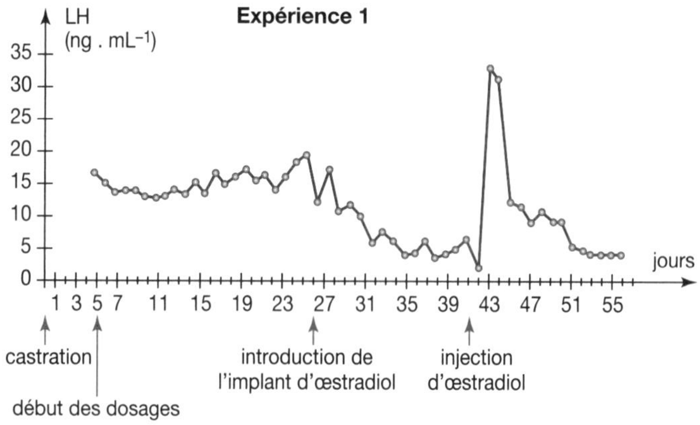

Expérience 1
LH (ng . mL-1)
35
30
25
20
15
10
5
0
1 3 5 7 11 15 19 23 27 31 35 39 43 47 51 55
jours
castration
début des dosages
introduction de l'implant d'œstradiol
injection d'œstradiol

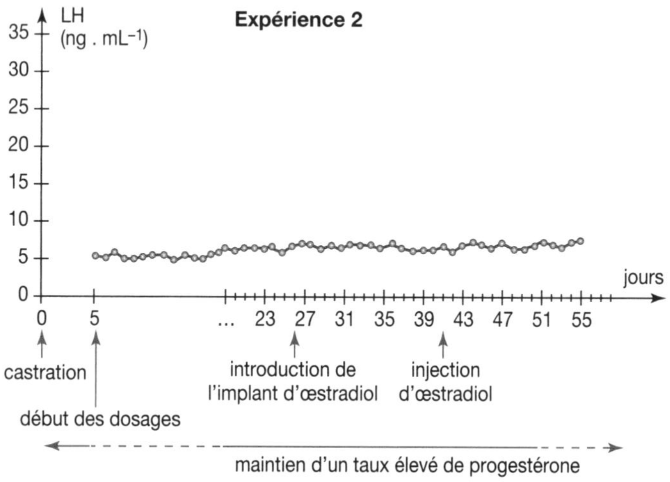

Expérience 2
LH (ng . mL-1)
35
30
25
20
15
10
5
0
0 5 ... 23 27 31 35 39 43 47 51 55
jours
castration
début des dosages
introduction de l'implant d'œstradiol
injection d'œstradiol
maintien d'un taux élevé de progestérone

1- Dans la première expérience, quelles sont les conséquences de la mise en place de l'implant puis de l'injection d'œstradiol sur le taux plasmatique de LH ? En utilisant vos connaissances, quelle remarque pouvez-vous faire concernant cette valeur avant la pose de l'implant ?

Quelle relation pouvez-vous établir entre ces résultats expérimentaux et l'évolution du taux de LH au cours de la phase folliculaire d'un cycle menstruel normal ? Dans l'ovaire, quel est le résultat de cette évolution en fin de phase folliculaire ?

2- Quels sont les effets de la progestérone sur la sécrétion de LH montrés par la deuxième expérience ? À quelle période du cycle un tel effet peut-il se manifester ?

5 La traite des vaches

Le pis d'une vache n'est pas une « poche » remplie de lait, mais une glande mammaire exocrine qui sécrète du lait à la demande à partir de la mise bas du veau. L'expulsion du lait s'effectue grâce à la contraction de cellules musculaires lisses qui entourent les acini des glandes mammaires.

1- Rappelez quelles sont les hormones responsables de la production du lait et de son expulsion, ainsi que les glandes endocrines qui les produisent.

2- Expliquez, en tenant compte de tous les paramètres, comment un fermier peut obtenir le lait d'une vache dont le veau a été sevré depuis bien longtemps.

6 LH et sécrétion de progestérone par le corps jaune

Afin de voir si la gonadostimuline LH est indispensable à la sécrétion de progestérone par le corps jaune durant toute la phase lutéale du cycle, Hutchinson et Zeleznik réalisent l'expérimentation suivante. Ils lèsent le noyau arqué de l'hypothalamus de guenons pubères (zones où sont localisés les neurones sécréteurs de GnRH). Ils mettent alors en place un traitement de substitution, c'est-à-dire des injections répétées de GnRH (un pulse toutes les heures) ; ce traitement maintient des cycles ovariens normaux chez les guenons.

Durant la phase lutéale du cycle, ils interrompent l'administration de GnRH pendant une période de trois jours, soit entre les jours 2 et 5, soit entre les jours 8 et 11, soit entre les jours 13 et 16 (par convention, le jour 0 est repéré par le pic d'œstradiol à la fin de la phase folliculaire du cycle). Les documents 1, 2 et 3 présentent les résultats obtenus dans ces trois conditions expérimentales.

1- Justifiez le protocole expérimental utilisé : montrez qu'il est approprié pour résoudre le problème posé.

2- Ces résultats confirment-ils l'idée que la LH serait indispensable à la production de progestérone durant toute la phase lutéale ?

3- Ces résultats confirment-ils l'idée que la durée d'activité du corps jaune dépend uniquement de sa stimulation par la LH ?

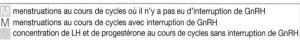

M menstruations au cours de cycles où il n'y a pas eu d'interruption de GnRH
M menstruations au cours de cycles avec interruption de GnRH
concentration de LH et de progestérone au cours de cycles sans interruption de GnRH

• **Document 1**

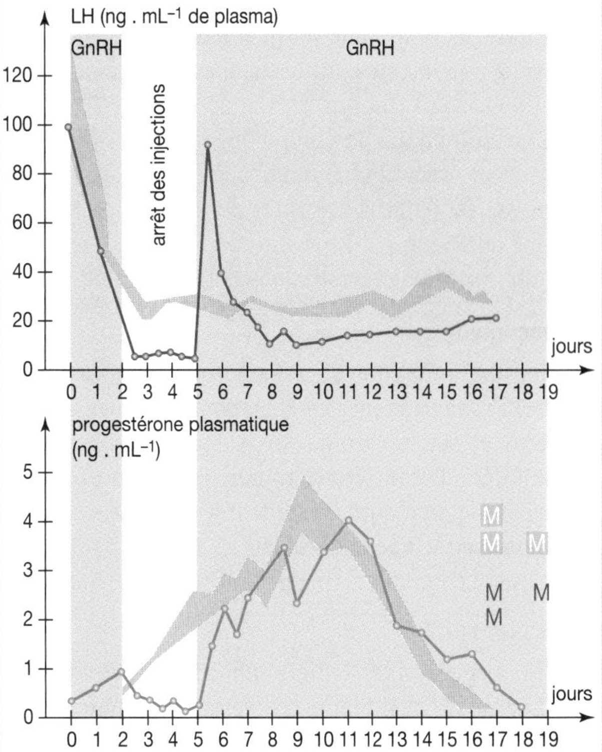

LH (ng . mL⁻¹ de plasma)
GnRH
GnRH
arrêt des injections
120
100
80
60
40
20
0
jours
0 1 2 3 4 5 6 7 8 9 10 11 12 13 14 15 16 17 18 19
progestérone plasmatique
(ng . mL⁻¹)
5
4
3
2
1
0
M
M M
M M
M
jours

• **Document 2**

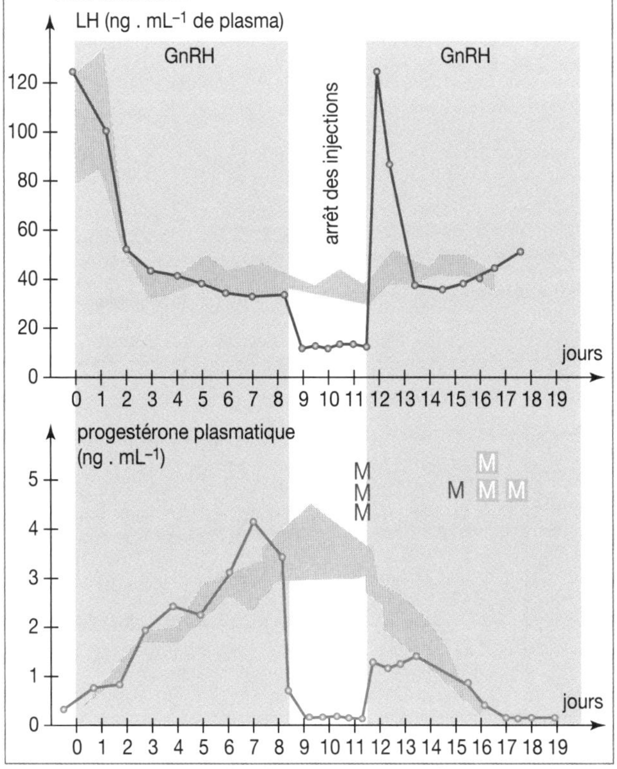

LH (ng . mL⁻¹ de plasma)
GnRH
GnRH
arrêt des injections
120
100
80
60
40
20
0
jours
0 1 2 3 4 5 6 7 8 9 10 11 12 13 14 15 16 17 18 19
progestérone plasmatique
(ng . mL⁻¹)
M
M
M
M
M M M
5
4
3
2
1
0
jours

• **Document 3**

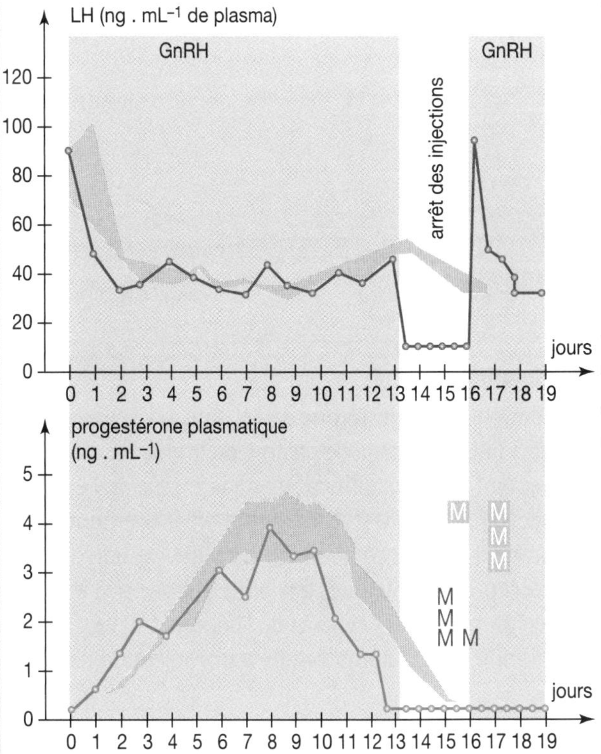

LH (ng . mL⁻¹ de plasma)
GnRH
GnRH
arrêt des injections
120
100
80
60
40
20
0
jours
0 1 2 3 4 5 6 7 8 9 10 11 12 13 14 15 16 17 18 19
progestérone plasmatique
(ng . mL⁻¹)
M M
M
M
M
M
M M
5
4
3
2
1
0
jours

7 Effet des hormones ovariennes sur l'utérus

- **Document 1**

On réalise les expériences suivantes sur deux lots de rates impubères ou castrées.

Lot n° 1 : on injecte une fois par jour, pendant trois jours au maximum, 0,1 mL d'une solution d'œstradiol.

Lot n° 2 : on injecte dans les mêmes conditions 0,1 mL de la solution sans œstrogène.

Quelques animaux de chaque lot sont sacrifiés, les utérus prélevés et pesés, 24 h après chaque injection.

La masse de l'utérus des rates du lot n° 2 reste constante, voisine de 15 mg.

Le graphe montre les résultas observés avec les rates du lot n° 1.

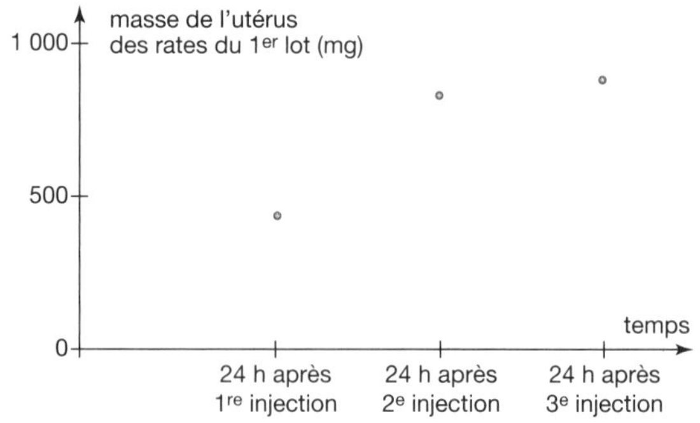

masse de l'utérus
des rates du 1er lot (mg)
1 000
500
0
temps
24 h après
1re injection
24 h après
2e injection
24 h après
3e injection

- **Document 2**

On mesure la fixation de deux hormones radioactives, l'œstradiol et l'aldostérone, sur la chromatine isolée de cellules de l'utérus et sur la chromatine isolée de cellules de rein de mammifère. L'aldostérone stimule la réabsorption d'eau par le rein. Les graphiques présentent les résultats obtenus.

NB : on précise que la chromatine, extraite de noyaux cellulaires, est l'ensemble formé par l'ADN associé à des protéines.

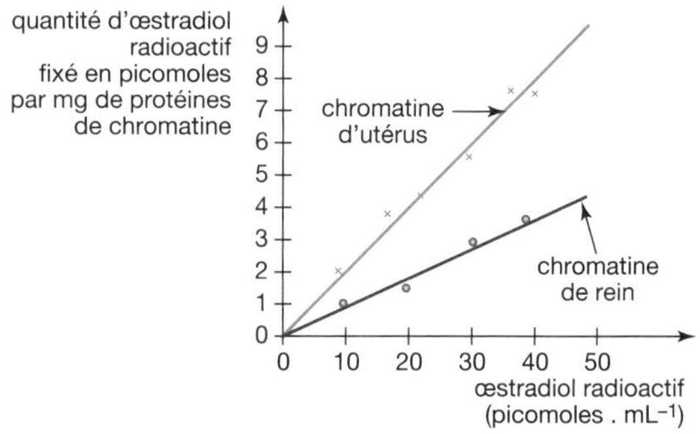

quantité d'œstradiol
radioactif
fixé en picomoles
par mg de protéines
de chromatine
9
8
7
6
5
4
3
2
1
0
chromatine
d'utérus
chromatine
de rein
0
10
20
30
40
50
œstradiol radioactif
(picomoles . mL−1)

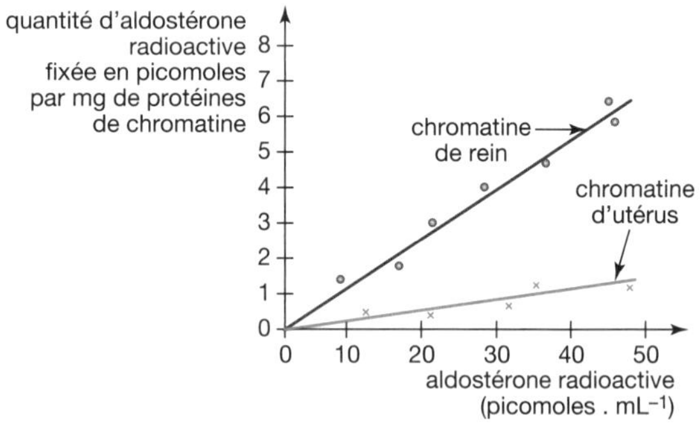

quantité d'aldostérone
radioactive
fixée en picomoles
par mg de protéines
de chromatine
8
7
6
5
4
3
2
1
0
chromatine
de rein
chromatine
d'utérus
0
10
20
30
40
50
aldostérone radioactive
(picomoles . mL−1)

- **Document 3**

Après injection d'œstradiol à un rate castrée (temps 0), on dose certains constituants cellulaires de la muqueuse utérine (ou endomètre). L'évolution de leurs quantités est donnée par le graphique.

On observe d'autre part, mais plus tardivement, une synthèse d'ADN accrue puis une prolifération des cellules de l'endomètre.

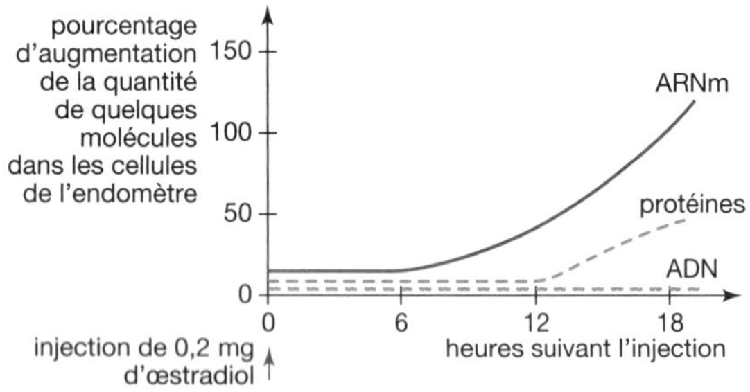

pourcentage
d'augmentation
de la quantité
de quelques
molécules
dans les cellules
de l'endomètre
150
100
50
0
ARNm
protéines
ADN
0
6
12
18
injection de 0,2 mg
d'œstradiol
heures suivant l'injection

- **Document 4**

L'injection de progestérone seule, sans traitement préalable à l'œstradiol, à une femelle castrée ou impubère, ne produit pratiquement pas de modification de la masse de l'endomètre.

L'injection de progestérone après un traitement préalable à l'œstradiol sur la même femelle amplifie l'action de l'œstradiol.

Des récepteurs protéiques à la progestérone ont été mis en évidence au niveau des cellules de l'endomètre. Le graphe traduit l'évolution de leur nombre suite à une injection d'œstradiol.

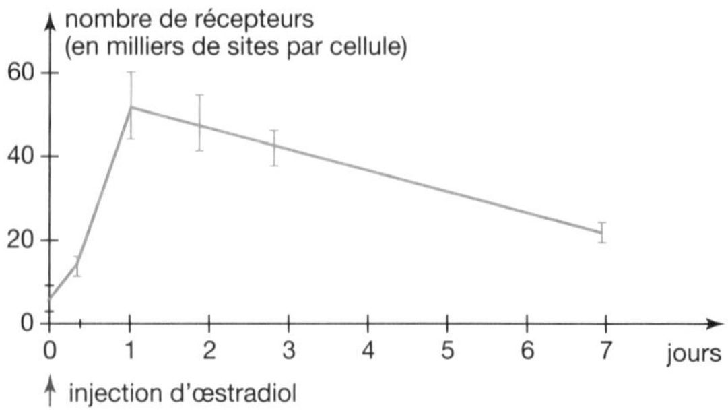

nombre de récepteurs
(en milliers de sites par cellule)
60
40
20
0
0
1
2
3
4
5
6
7
jours
injection d'œstradiol

- **À partir de l'analyse des documents ci-joints, expliquez comment les hormones ovariennes agissent sur la paroi de l'utérus.**

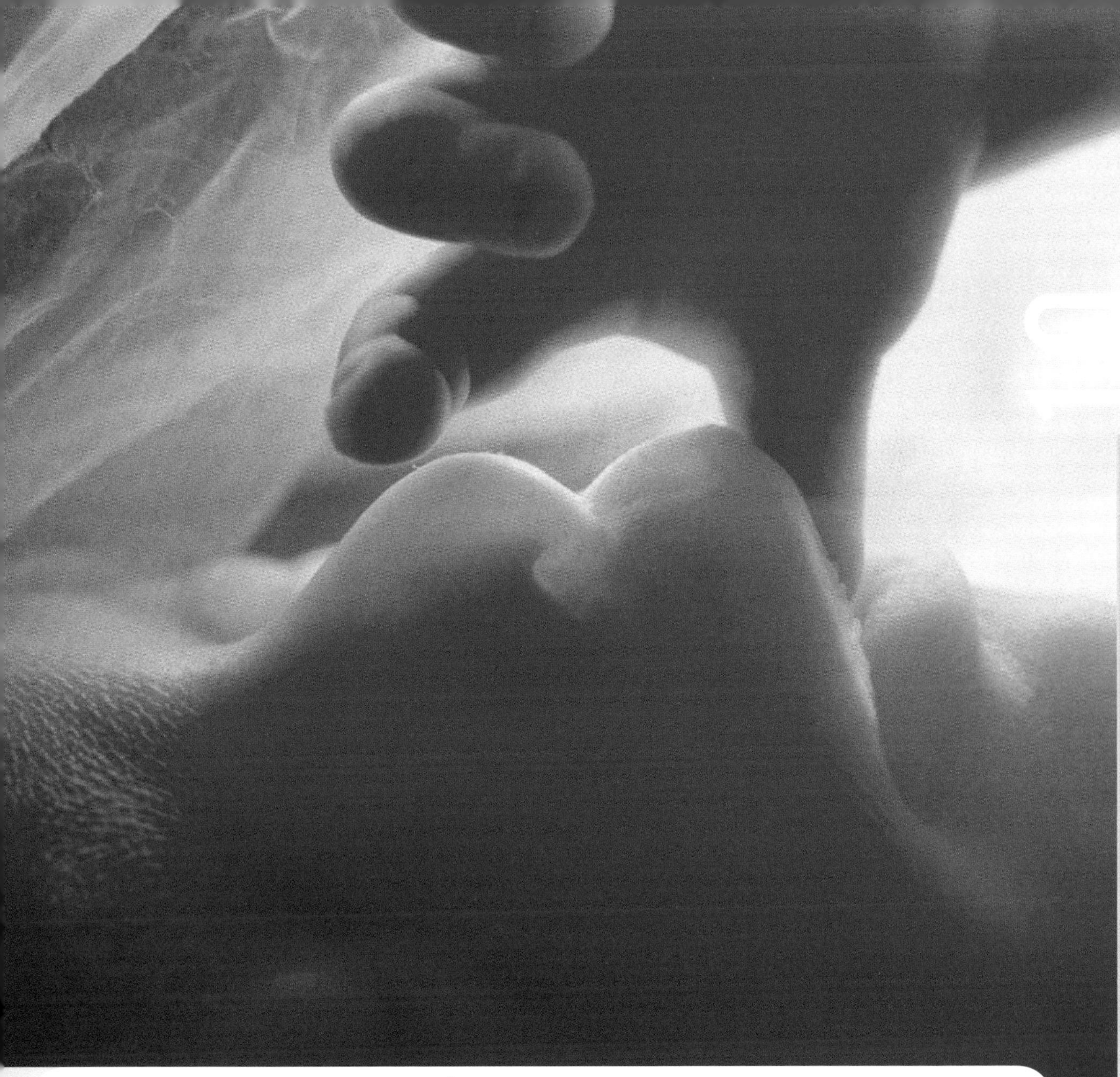

chapitre 10

De la fécondation à la naissance

Les organes génitaux assurent non seulement la production des gamètes, mais également leur rencontre. La fécondation donne naissance à une cellule œuf unique, point de départ de la construction de l'embryon et de ses annexes embryonnaires. Des échanges entre le fœtus et l'organisme maternel sont réalisés à travers le placenta, grâce au cordon ombilical. Après 9 mois de grossesse, le bébé est expulsé lors de l'accouchement.

Photographie : fœtus de 14 semaines entouré de sa poche amniotique.

Activités pratiques 1

La rencontre des gamètes et la fécondation

La fécondation proprement dite est la fusion des matériels génétiques des gamètes mâle et femelle. Ceci implique la rencontre de ces gamètes, la pénétration du spermatozoïde dans l'ovocyte de deuxième ordre, l'achèvement par celui-ci de la méiose II et enfin la fusion des deux génomes.

- Quelles sont les étapes indispensables à la pénétration dans l'ovocyte II d'un unique spermatozoïde ?
- Comment s'effectue la fusion des gamètes et avec quelles conséquences ?

A Un seul spermatozoïde pénètre dans l'ovocyte II

• À la sortie des voies génitales masculines, les spermatozoïdes ne sont pas encore fécondants. Grâce aux sécrétions des voies génitales féminines, ils subissent une maturation supplémentaire ou **capacitation** qui les rend aptes à la fécondation. Ce processus est lent (6 à 8 heures minimum), mais il est indispensable pour permettre aux spermatozoïdes d'accéder jusqu'à l'ovocyte II.

• L'ovocyte II est entouré de nombreuses cellules folliculaires nutritives formant la **corona radiata**, puis d'une couche épaisse de glycoprotéines appelée la **zone pellucide**. Au contact de cette dernière, les spermatozoïdes subissent une **réaction acrosomiale**, qui rend les enzymes contenues dans leur acrosome capables de digérer la zone pellucide et d'accéder à la membrane plasmique de l'ovocyte II (**a**).

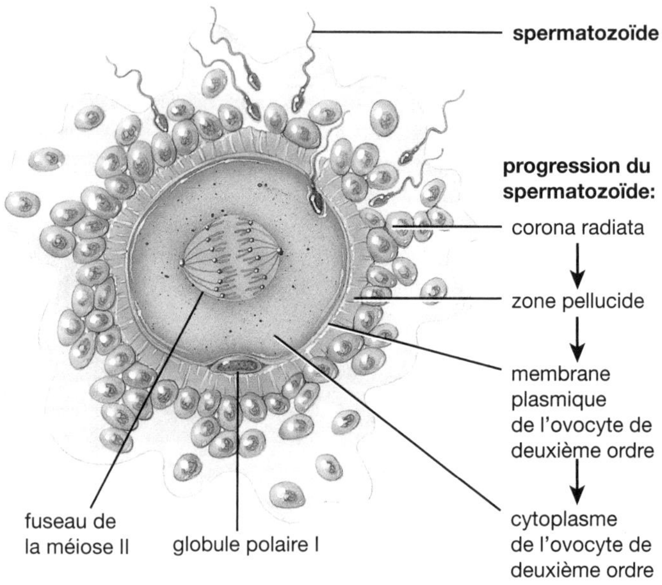
spermatozoïde
progression du spermatozoïde:
corona radiata
zone pellucide
membrane plasmique de l'ovocyte de deuxième ordre
cytoplasme de l'ovocyte de deuxième ordre
fuseau de la méiose II
globule polaire I

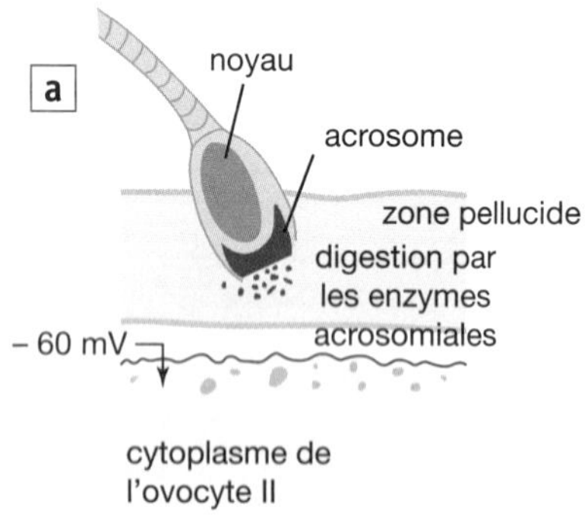
a
noyau
acrosome
zone pellucide
digestion par les enzymes acrosomiales
– 60 mV
cytoplasme de l'ovocyte II

• Une centaine de spermatozoïdes doivent coopérer et unir leurs enzymes acrosomiales afin d'arriver jusqu'à l'ovocyte. Mais un seul pourra y pénétrer. La polyspermie engendrerait en effet une cellule œuf qui contiendrait un nombre très anormal de chromosomes et qui serait de ce fait non viable. Dès que la tête d'un spermatozoïde a pénétré à l'intérieur de l'ovocyte, la **monospermie** est assurée par deux processus physiologiques :

- un blocage rapide dû à une **modification du potentiel membranaire** (phénomène électro-biochimique) (**b**) ;

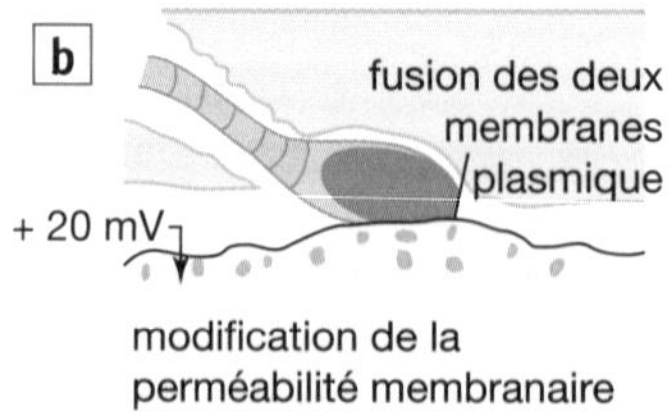
b
fusion des deux membranes plasmique
+ 20 mV
modification de la perméabilité membranaire

- une **réaction corticale** qui consiste en l'éclatement de granules à la surface de l'ovocyte. Le contenu des granules gonfle et détache les spermatozoïdes encore en contact avec l'ovocyte. Il se forme une **membrane de fécondation** qui empêche toute polyspermie (**c**).

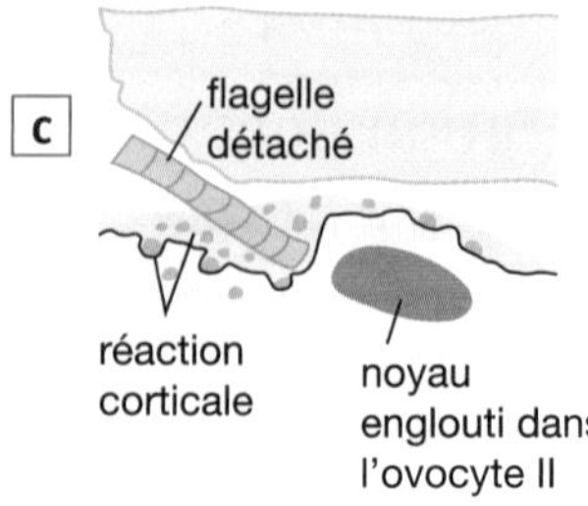
c
flagelle détaché
réaction corticale
noyau englouti dans l'ovocyte II

Doc. 1 De nombreuses étapes sont nécessaires à la pénétration d'un et d'un seul spermatozoïde.

B La fécondation proprement dite est la fusion de deux **pronucléi***

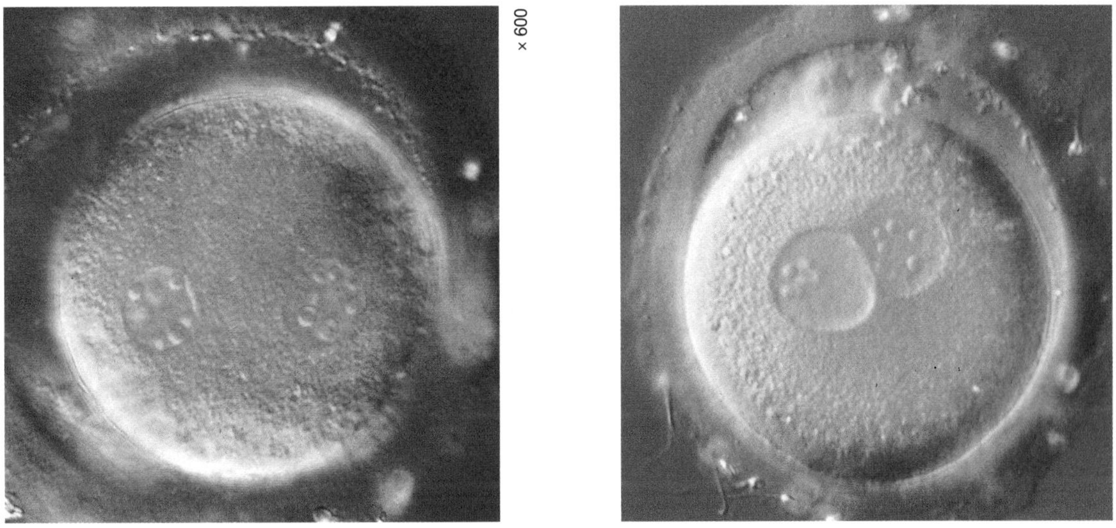
× 600
× 600

Doc. 2 Quelques heures après la pénétration d'un spermatozoïde dans l'ovocyte II, le pronucléus mâle et le pronucléus femelle sont encore distincts.

Une quinzaine d'heures après la pénétration du spermatozoïde, le pronucléus mâle et le pronucléus femelle finissent par fusionner. Cette fusion aboutit à la formation d'une cellule unique : le **zygote** ou cellule œuf. Celle-ci est à l'origine de l'embryon. Elle a en effet le pouvoir de se multiplier pour donner naissance à un organisme composé de milliards de cellules.

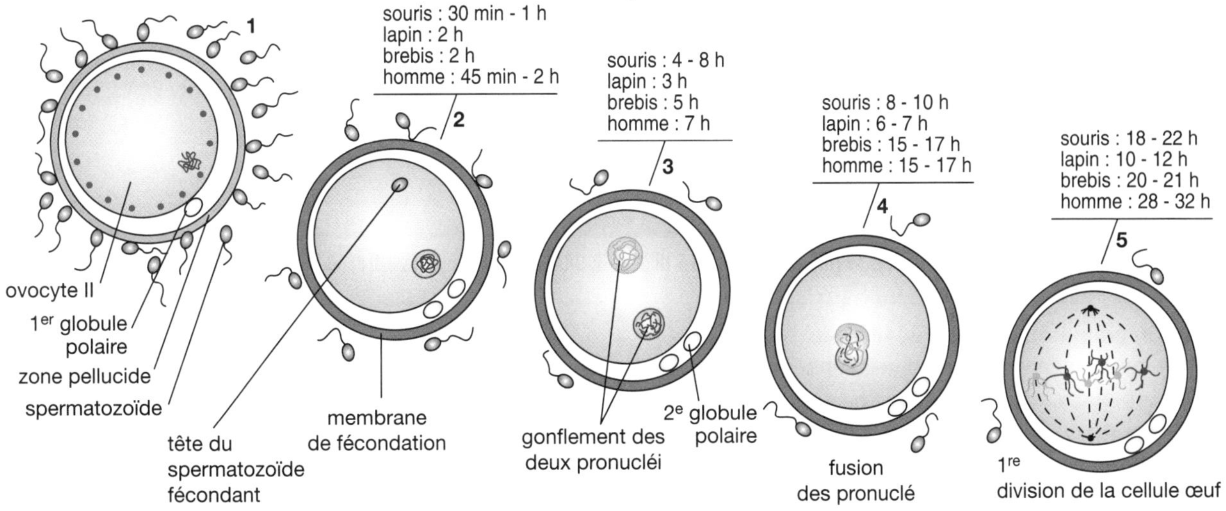
1
ovocyte II
1er globule polaire
zone pellucide
spermatozoïde
souris : 30 min - 1 h
lapin : 2 h
brebis : 2 h
homme : 45 min - 2 h
2
tête du spermatozoïde fécondant
membrane de fécondation
souris : 4 - 8 h
lapin : 3 h
brebis : 5 h
homme : 7 h
3
gonflement des deux pronucléi
2e globule polaire
souris : 8 - 10 h
lapin : 6 - 7 h
brebis : 15 - 17 h
homme : 15 - 17 h
4
fusion des pronuclé
souris : 18 - 22 h
lapin : 10 - 12 h
brebis : 20 - 21 h
homme : 28 - 32 h
5
1re division de la cellule œuf

Doc. 3 La formation du zygote ou cellule œuf nécessite plusieurs heures après la pénétration du spermatozoïde.

Lexique

- **Pronucléus** (pl. pronucléi) : chacun des noyaux haploïdes de la cellule œuf fécondée. Le pronucléus femelle est le noyau de l'ovocyte II et le pronucléus mâle est celui du spermatozoïde.

Pistes d'exploitation

1 Doc. 1 : Quelles seraient les conséquences d'une polyspermie ?

2 Doc. 1 : À quel autre processus bio-électrique fait penser la réaction de blocage précoce de la polyspermie ?

3 Doc. 2 et 3 : Mettez en relation les schémas présentés avec les étapes de l'ovogenèse vues préalablement.

Activités pratiques 2

Les premières étapes du développement embryonnaire

Aussitôt formée, la cellule œuf commence à se diviser et l'étonnante « construction » du bébé commence. Afin de ne pas être expulsé, le tout jeune embryon modifie l'équilibre hormonal de sa mère. La grossesse entraîne la suppression des règles, mais également de profondes modifications du cycle ovarien. Il n'y a plus en effet d'évolution des follicules pendant toute la durée de celle-ci et en conséquence plus d'ovulation.

- Quels sont les premiers stades du développement embryonnaire ?
- Comment expliquer les modifications physiologiques liées à la grossesse ?

A De la fécondation à la nidation

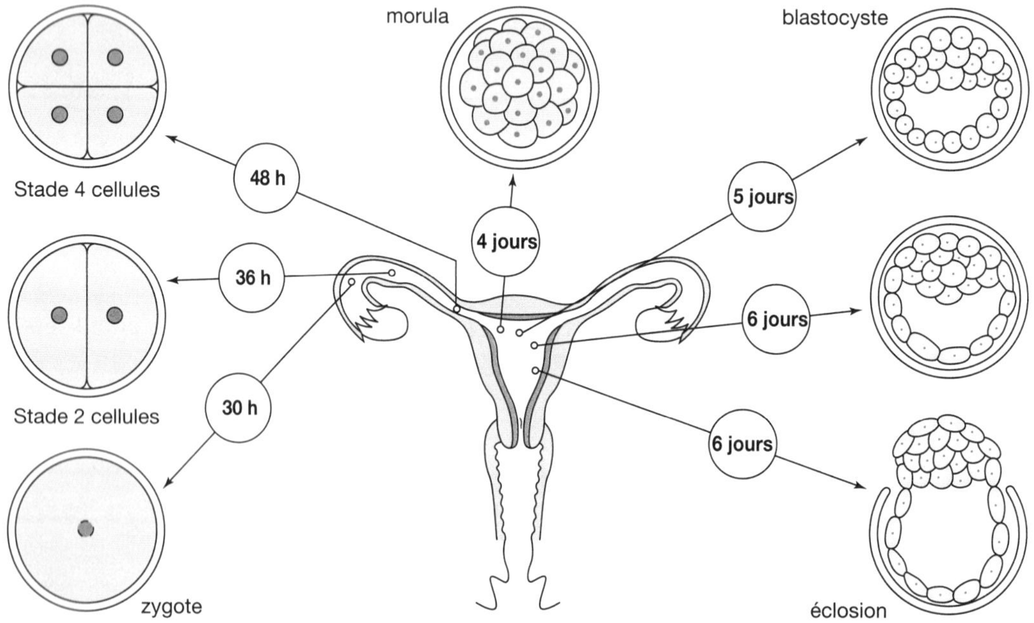
morula
blastocyste
Stade 4 cellules
48 h
4 jours
5 jours
36 h
6 jours
Stade 2 cellules
30 h
6 jours
zygote
éclosion

Doc. 1 Le jeune embryon subit les premières segmentations puis s'implante dans l'utérus 6 jours après la fécondation.

L'implantation ou nidation se déroule sur environ une semaine : elle se termine donc vers le 14e jour après l'ovulation, c'est-à-dire le jour où débuterait normalement la menstruation. Si la menstruation se produisait, elle rejetterait l'embryon et mettrait fin à la grossesse.

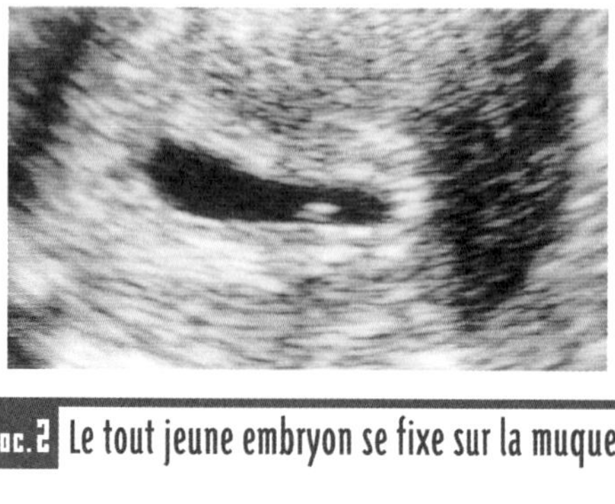

Dès le début de l'implantation, les cellules du **trophoblaste***, ébauche du futur placenta, sécrètent des quantités croissantes d'HCG (voir page ci-contre).

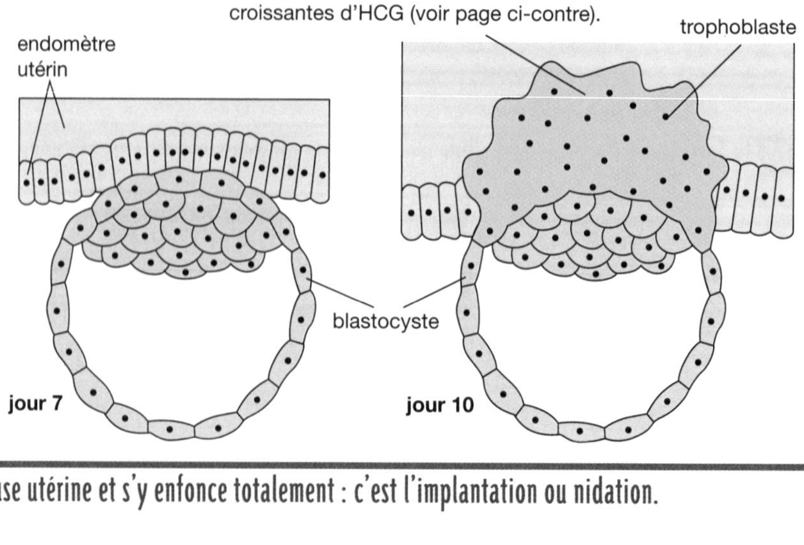
endomètre
utérin
trophoblaste
blastocyste
jour 7
jour 10

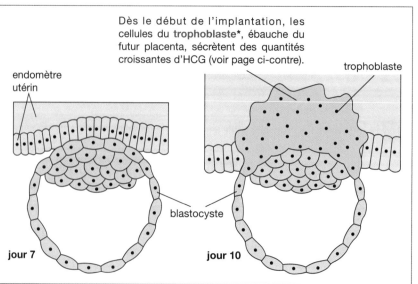

Doc. 2 Le tout jeune embryon se fixe sur la muqueuse utérine et s'y enfonce totalement : c'est l'implantation ou nidation.

B L'embryon court-circuite les commandes hypophyse – ovaire

Dès le début de la nidation, le **trophoblaste*** sécrète une hormone, l'HCG (ou Gonadotrophine Chorionique Humaine). Cette hormone est détectable dans le sang dès le 9e jour après la fécondation, donc avant le retard des règles. Sa concentration augmente rapidement et double toutes les 48 heures pour atteindre un maximum entre la 10e et la 12e semaine de grossesse.

L'HCG a une structure et une action voisines de la LH hypophysaire. Elle est responsable du maintien du corps jaune et de sa transformation en corps jaune de grossesse. Le corps jaune répond à la stimulation en sécrétant des quantités croissantes d'œstrogènes et de progestérone.

La progestérone empêche les contractions utérines (et donc l'expulsion de l'embryon) et permet à l'utérus de se dilater au fur et à mesure de la croissance de cet embryon. Cette action de la progestérone se poursuit tout au long de la grossesse : le placenta sécrète en effet lui aussi de la progestérone et, à partir du 3e mois, il est capable à lui seul d'assurer la poursuite de la gestation.

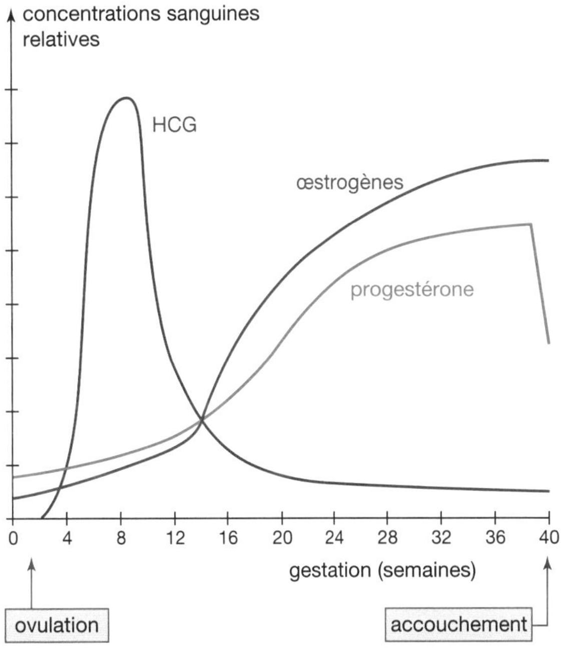

concentrations sanguines relatives
HCG
œstrogènes
progestérone
0
4
8
12
16
20
24
28
32
36
40
gestation (semaines)
ovulation
accouchement

Doc. 3 L'ébauche du placenta sécrète immédiatement une hormone qui bouleverse l'équilibre hormonal.

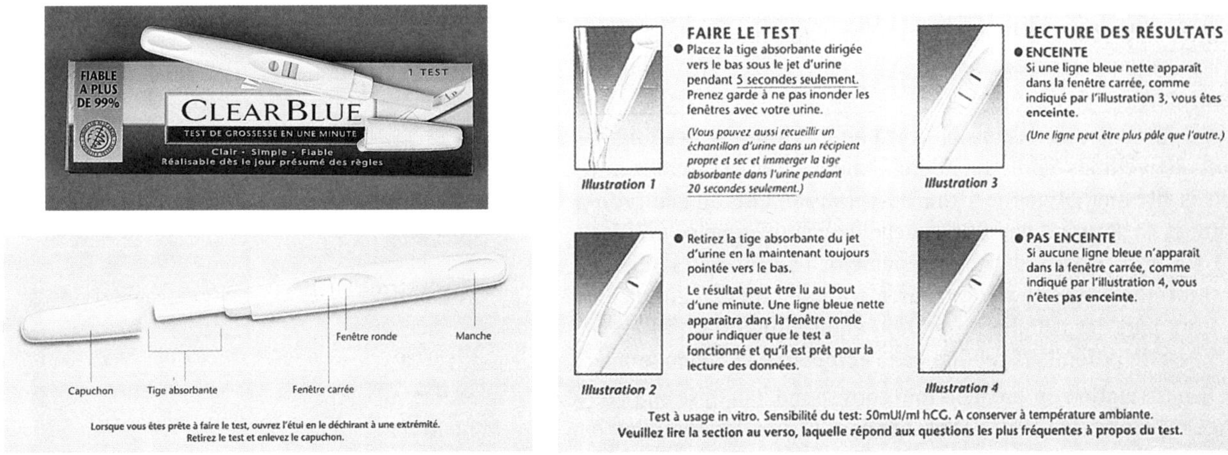

FIABLE A PLUS DE 99%
1 TEST
CLEARBLUE
TEST DE GROSSESSE EN UNE MINUTE
Clair · Simple · Fiable
Réalisable dès le jour présumé des règles
Fenêtre ronde
Manche
Capuchon
Tige absorbante
Fenêtre carrée
Lorsque vous êtes prête à faire le test, ouvrez l'étui en le déchirant à une extrémité.
Retirez le test et enlevez le capuchon.
FAIRE LE TEST
● Placez la tige absorbante dirigée vers le bas sous le jet d'urine pendant 5 secondes seulement. Prenez garde à ne pas inonder les fenêtres avec votre urine.
(Vous pouvez aussi recueillir un échantillon d'urine dans un récipient propre et sec et immerger la tige absorbante dans l'urine pendant 20 secondes seulement.)
Illustration 1
● Retirez la tige absorbante du jet d'urine en la maintenant toujours pointée vers le bas.
Le résultat peut être lu au bout d'une minute. Une ligne bleue nette apparaîtra dans la fenêtre ronde pour indiquer que le test a fonctionné et qu'il est prêt pour la lecture des données.
Illustration 2
LECTURE DES RÉSULTATS
● ENCEINTE
Si une ligne bleue nette apparaît dans la fenêtre carrée, comme indiqué par l'illustration 3, vous êtes enceinte.
(Une ligne peut être plus pâle que l'autre.)
Illustration 3
● PAS ENCEINTE
Si aucune ligne bleue n'apparaît dans la fenêtre carrée, comme indiqué par l'illustration 4, vous n'êtes pas enceinte.
Illustration 4
Test à usage in vitro. Sensibilité du test: 50mUI/ml hCG. A conserver à température ambiante.
Veuillez lire la section au verso, laquelle répond aux questions les plus fréquentes à propos du test.

Doc. 4 La détection de l'hormone HCG dans les urines permet de diagnostiquer une grossesse quelques jours seulement après le retard des règles.

Lexique

- **Trophoblaste** : ensemble des cellules entourant la jeune masse embryonnaire du blastocyste : ce tissu intervient dans la nidation avant de participer à la formation du chorion puis du placenta.

Pistes d'exploitation

1 **Doc. 1 et 2** : Citez les principaux événements qui surviennent au cours de la première semaine du développement humain.

2 **Doc. 3 et 4** : Expliquez le nouvel équilibre hormonal créé par la grossesse. L'ablation des ovaires à partir du 3e mois de grossesse n'empêche pas la poursuite de la gestation. Expliquez pourquoi.

Activités pratiques 3

Des stades cruciaux du développement embryonnaire

Le petit amas cellulaire résultant de la segmentation s'est implanté dans l'utérus maternel. Les cellules de cette ébauche embryonnaire s'organisent ensuite rapidement pour mettre en place les divers tissus du futur organisme ainsi que les annexes embryonnaires qui assureront sa survie durant la grossesse.

• Comment s'effectue la mise en place des tissus embryonnaires durant ces premières semaines décisives ?

A La gastrulation met en place les trois tissus embryonnaires

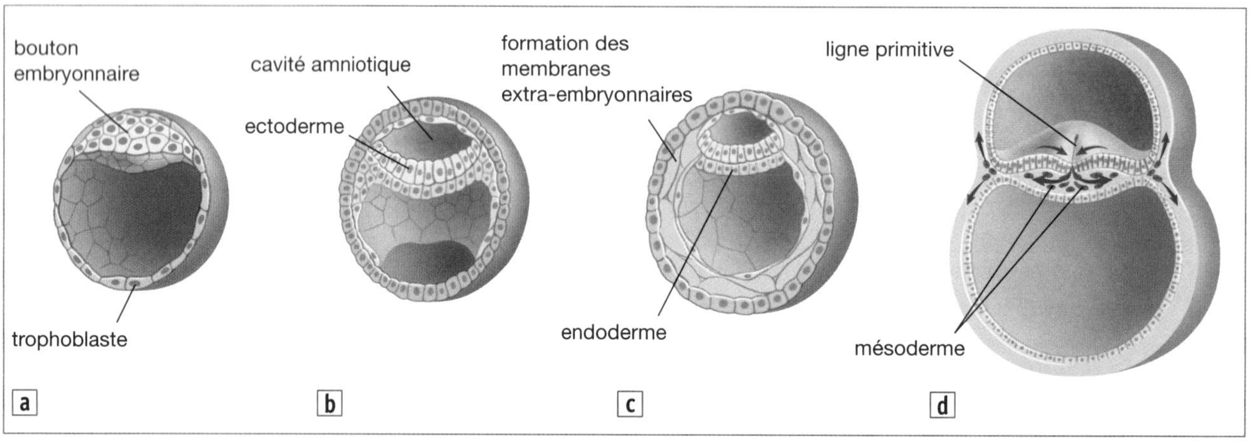

bouton embryonnaire
trophoblaste
cavité amniotique
ectoderme
formation des membranes extra-embryonnaires
endoderme
ligne primitive
mésoderme
a
b
c
d

a : le blastocyste est constitué d'un amas de cellules formant le **bouton embryonnaire** proprement dit et d'une couche de cellules périphériques, le **trophoblaste**, qui deviendra la partie fœtale du placenta ;

b et **c** : au cours de la troisième semaine, d'importantes migrations de cellules vont considérablement modifier l'embryon. Une **cavité amniotique** se forme au-dessus du bouton embryonnaire et s'entoure d'une fine couche de cellule appelée amnios. Au fur et à mesure du développement, l'amnios et sa cavité amniotique finiront par entourer complètement l'embryon. D'autre part, les cellules du bouton embryonnaire se différencient en deux feuillets cellulaires : l'**ectoderme** et l'**endoderme** ;

d : la **gastrulation** proprement dite correspond à la mise en place d'un troisième feuillet : le **mésoderme**. Ceci s'effectue, dès la troisième semaine, par la migration de cellules issues de l'ectoderme. Une rainure peu profonde se creuse au centre du disque embryonnaire ectodermique, sur toute sa longueur. Les cellules qui formeront le mésoderme s'engouffrent dans cette ligne primitive et s'insinuent entre l'endoderme et l'ectoderme. Tous les tissus et organes se différencieront par la suite à partir de ces trois feuillets embryonnaires.

En outre, dès ce stade, la ligne primitive définit dans l'embryon un côté gauche et un côté droit, mais aussi une extrémité qui deviendra la tête et une autre, la queue.

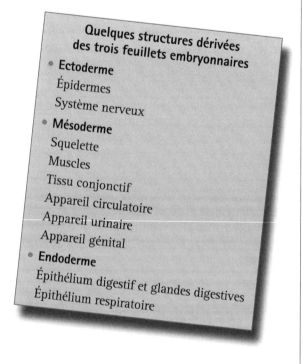

Quelques structures dérivées des trois feuillets embryonnaires

- **Ectoderme**
  Épidermes
  Système nerveux
- **Mésoderme**
  Squelette
  Muscles
  Tissu conjonctif
  Appareil circulatoire
  Appareil urinaire
  Appareil génital
- **Endoderme**
  Épithélium digestif et glandes digestives
  Épithélium respiratoire

Doc.1 La destinée des cellules embryonnaires est définie dans ses grandes lignes dès la fin de la gastrulation.

B La mise en place du système nerveux et des annexes embryonnaires

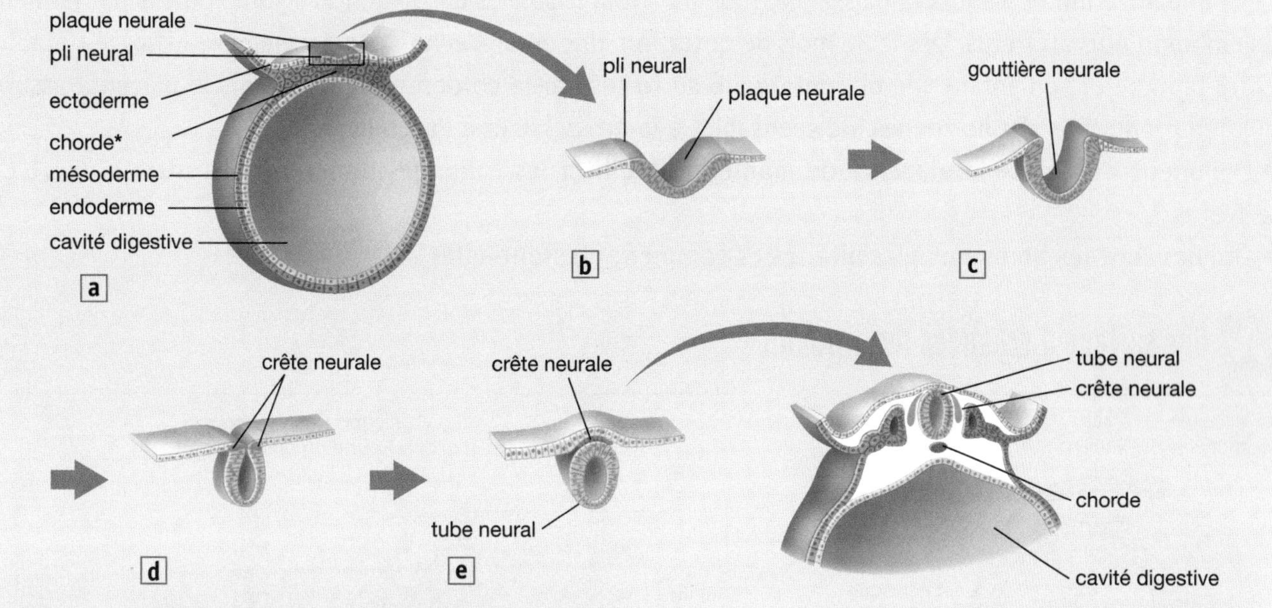
plaque neurale
pli neural
ectoderme
chorde*
mésoderme
endoderme
cavité digestive
a
pli neural
plaque neurale
b
gouttière neurale
c
crête neurale
d
crête neurale
tube neural
e
tube neural
crête neurale
chorde
cavité digestive

*Chorde ou corde : axe rigide dorsal à l'origine des disques intervertébraux

Doc. 2 La neurulation permet la mise en place du système nerveux.

Le **chorion** est issu de la transformation du trophoblaste. Il constitue la membrane la plus externe et recouvre complètement l'embryon et toutes les autres annexes embryonnaires. Les villosités choriales abondamment ramifiées permettent les échanges avec la mère et forment la partie fœtale du placenta.

La **cavité amniotique** grandit rapidement pour entourer tout l'embryon et formera la fameuse « poche des eaux » qui se perce peu avant l'accouchement. Elle est remplie d'un liquide amniotique dans lequel le fœtus rejette ses urines. Elle protège ce dernier contre les chocs et lui évite d'adhérer aux tissus adjacents.

Chez les oiseaux et les reptiles, le **sac vitellin** entoure et digère le vitellus (jaune d'œuf) et fournit les nutriments à l'embryon. Chez l'humain où les réserves sont devenues quasi inexistantes dès l'implantation, il régresse rapidement.

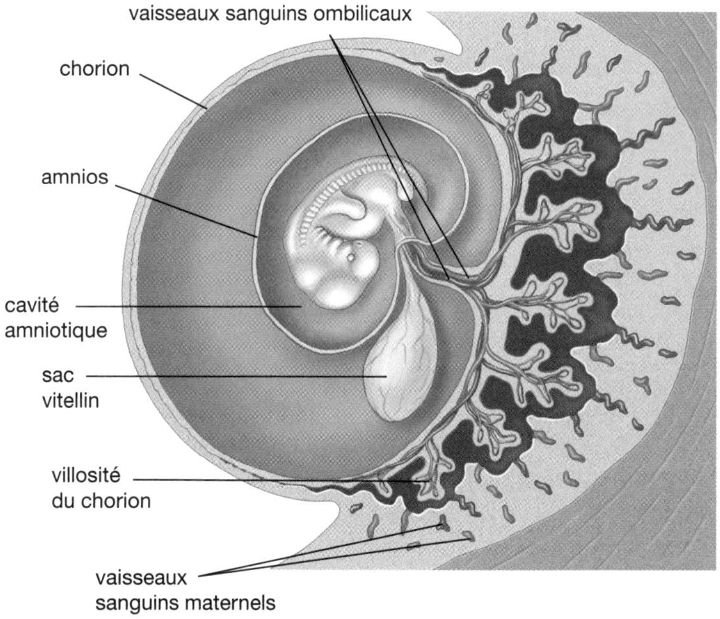
vaisseaux sanguins ombilicaux
chorion
amnios
cavité amniotique
sac vitellin
villosité du chorion
vaisseaux sanguins maternels

Doc. 3 Parallèlement au développement de l'embryon, les annexes embryonnaires se mettent en place.

Pistes d'exploitation

1 Doc. 1 : Pourquoi parle-t-on de stade didermique et de stade tridermique ?

2 Doc. 1 à 3 : Pourquoi distingue-t-on une période embryonnaire (jusqu'à 8 semaines) puis une période fœtale ? Quelles différences y a-t-il entre les deux ?

Activités pratiques 4

Le placenta : une zone d'échanges

Dès l'implantation et jusqu'à la naissance, tous les « matériaux de construction » sont fournis par la mère à l'embryon puis au fœtus. Dès le 3e mois de gestation, une zone d'échange extrêmement efficace s'établit entre la mère et son enfant : le placenta, relié au fœtus par le cordon ombilical. Mais le placenta assure aussi la production des hormones indispensables à la grossesse et à l'accouchement.

- Comment s'organise le placenta de manière à faciliter les échanges de matériaux entre la mère et le fœtus ?
- Quelles sont les hormones placentaires et comment agissent-elles ?

A Une surface d'échanges remarquable

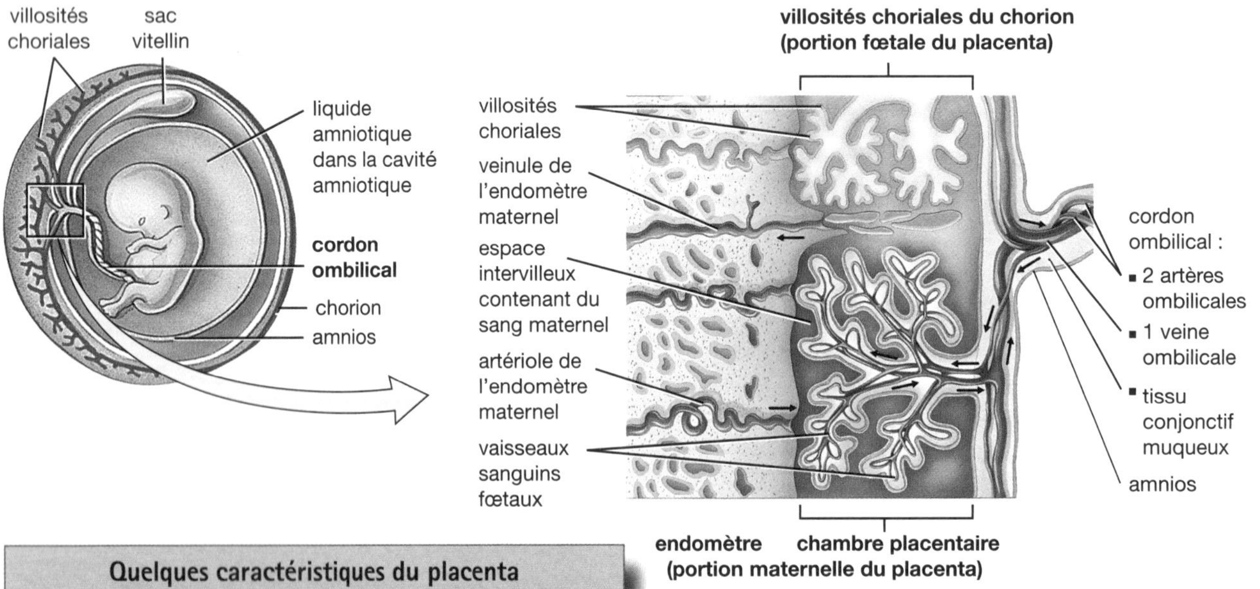

villosités choriales
sac vitellin
liquide amniotique dans la cavité amniotique
cordon ombilical
chorion
amnios
villosités choriales du chorion (portion fœtale du placenta)
villosités choriales
veinule de l'endomètre maternel
espace intervilleux contenant du sang maternel
artériole de l'endomètre maternel
vaisseaux sanguins fœtaux
cordon ombilical :
2 artères ombilicales
1 veine ombilicale
tissu conjonctif muqueux
amnios
endomètre
chambre placentaire (portion maternelle du placenta)

Quelques caractéristiques du placenta

- À terme, le placenta est une galette de 20 cm de diamètre et de 3 cm d'épaisseur qui pèse environ 500 g, soit 1/6 du poids du nouveau-né.
- La partie maternelle est constituée par une chambre placentaire emplie de sang maternel. Elle résulte de l'érosion de l'endomètre. Les artérioles maternelles y amènent du sang sous pression à un débit évalué à 500 mL par minute. Les veinules maternelles récupèrent le sang vicié.
- La partie fœtale est constituée par les villosités choriales très ramifiées issues du chorion, dont l'ensemble représente une surface de 10 à 14 m² et qui pénètrent dans la chambre placentaire maternelle. Les villosités contiennent un réseau de 50 km de capillaires sanguins qui amènent et emmènent le sang fœtal. Le sang fœtal et le sang maternel ne sont jamais en contact mais ils ne sont séparés que par la fine membrane des villosités (6 µm) et par l'épithélium sanguin.

Les échanges placentaires

- Le placenta permet à l'oxygène et aux nutriments de diffuser du sang maternel vers le sang fœtal et au CO_2 ainsi qu'aux déchets de diffuser en sens inverse. Il stocke certains nutriments comme le glucose, des protéines, du calcium ou du fer qu'il libère à la demande dans la circulation fœtale.
- Imperméable à certaines substances chimiques et à la majorité des micro-organismes, le placenta laisse néanmoins passer certains agents pathogènes (toxoplasmose, paludisme...), de nombreux virus (rubéole, herpès, hépatite...) et certaines bactéries (syphilis...), l'alcool, la nicotine, les drogues, de nombreux médicaments (antibiotiques, sulfamides...).

Doc. 1 Le placenta est la zone d'échanges entre la mère et le « bébé » en construction.

B Les sécrétions hormonales du placenta

Le chorion placentaire sécrète des œstrogènes après la 3e semaine de grossesse et de la progestérone vers la 6e semaine. Ces hormones sont sécrétées en quantités croissantes jusque peu avant la naissance. Lorsque leur taux est suffisant, vers le 4e mois, la sécrétion d'HCG se réduit, les sécrétions du corps jaune n'étant plus nécessaires. À ce moment, les hormones placentaires prennent le relais des hormones ovariennes.

Œstrogènes et progestérone permettent l'adaptation de l'organisme maternel à la gestation en assurant :

- le maintien et la croissance du placenta ;
- l'inhibition des contractions naturelles du myomètre (progestérone) ;
- le maintien d'une température constante supérieure à 37 °C (progestérone) ;
- la maturation des glandes mammaires en collaboration avec la HPL (hormone lactogène placentaire) ;
- le rétrocontrôle négatif sur l'hypophyse qui inhibe l'apparition de pics de LH et de FSH et empêche l'ovulation ainsi que l'inhibition de la sécrétion de prolactine afin d'éviter la lactation avant terme.

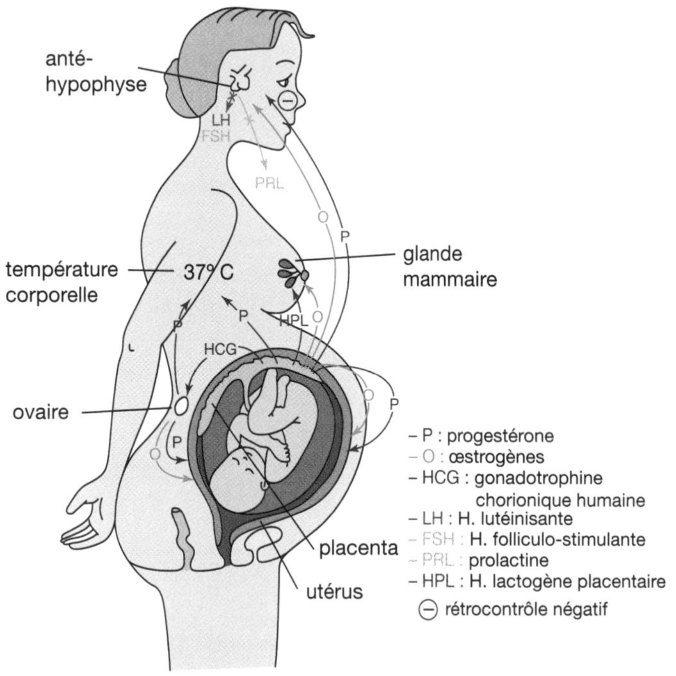
anté-
hypophyse
LH
FSH
PRL
O
P
glande
mammaire
température
corporelle
37°C
P
HPL
O
HCG
ovaire
P
O
P
O
placenta
utérus
- P : progestérone
- O : œstrogènes
- HCG : gonadotrophine chorionique humaine
- LH : H. lutéinisante
- FSH : H. folliculo-stimulante
- PRL : prolactine
- HPL : H. lactogène placentaire
⊖ rétrocontrôle négatif

Doc. 2 Les hormones placentaires sont sécrétées durant toute la grossesse.

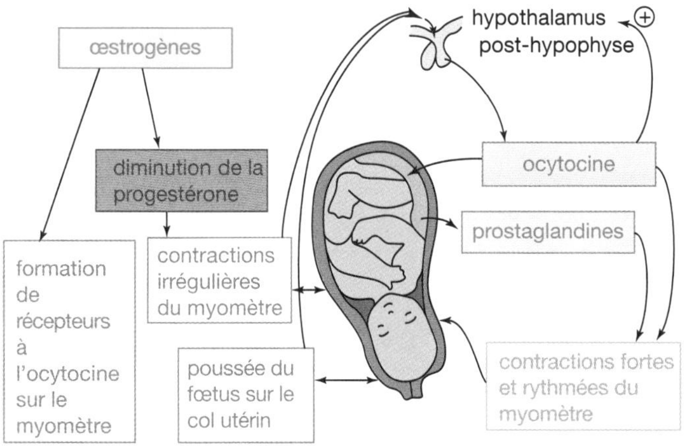
hypothalamus
post-hypophyse
⊕
œstrogènes
diminution de la progestérone
ocytocine
prostaglandines
formation de récepteurs à l'ocytocine sur le myomètre
contractions irrégulières du myomètre
poussée du fœtus sur le col utérin
contractions fortes et rythmées du myomètre

En fin de grossesse, le taux des œstrogènes est maximal. Ils ont alors deux effets : stimuler la formation de récepteurs de l'ocytocine sur le myomètre et diminuer le taux de progestérone qui jusque-là bloquait l'activité contractile naturelle du muscle utérin.

Les contractions irrégulières et peu importantes du myomètre qui se déclenchent ainsi que la pression exercée par le fœtus sur le col de l'utérus sont ressenties par le système nerveux. La posthypophyse libère de l'ocytocine, ce qui renforce les contractions utérines. Par ailleurs, le placenta gravide, stimulé par l'ocytocine, synthétise des **prostaglandines*** qui accentuent la puissance et la fréquence des contractions : le travail commence. Un rétrocontrôle positif de l'ocytocine sur l'hypothalamus permet une accentuation des contractions jusqu'à l'expulsion du bébé.

Doc. 3 L'accouchement est la conséquence de nombreux bouleversements hormonaux.

Lexique

- **Prostaglandines** : acides gras produits par de nombreux types cellulaires, notamment suite à une inflammation. Lors de l'accouchement, elles régulent le débit sanguin et stimulent les contractions de l'utérus.

Pistes d'exploitation

1 Doc. 1 : Représentez sur un schéma simple les échanges qui se réalisent au niveau d'une villosité choriale.

2 Doc. 1 : Quelles sont les caractéristiques du placenta qui favorisent ses diverses fonctions ?

3 Doc. 2 et 3 : Comment le placenta prend-il le relais des ovaires pour assurer la fin de la gestation et l'accouchement ?

Les étapes de la gestation et de l'accouchement

Au cours des 9 mois de grossesse, la cellule œuf qui mesure 0,1 mm se transforme en un bébé d'environ 50 cm de longueur et qui pèse 3 kg. La naissance du bébé survient environ 284 jours après la dernière menstruation, soit durant la 41e semaine d'aménorrhée (absence de règles).

- Quels sont les stades par lesquels passe l'embryon puis le fœtus au cours de cette gestation ?
- Comment se déroule l'accouchement et comment le bébé s'adapte-t-il à ce brutal changement de milieu de vie ?

A Les périodes embryonnaires et fœtales du développement

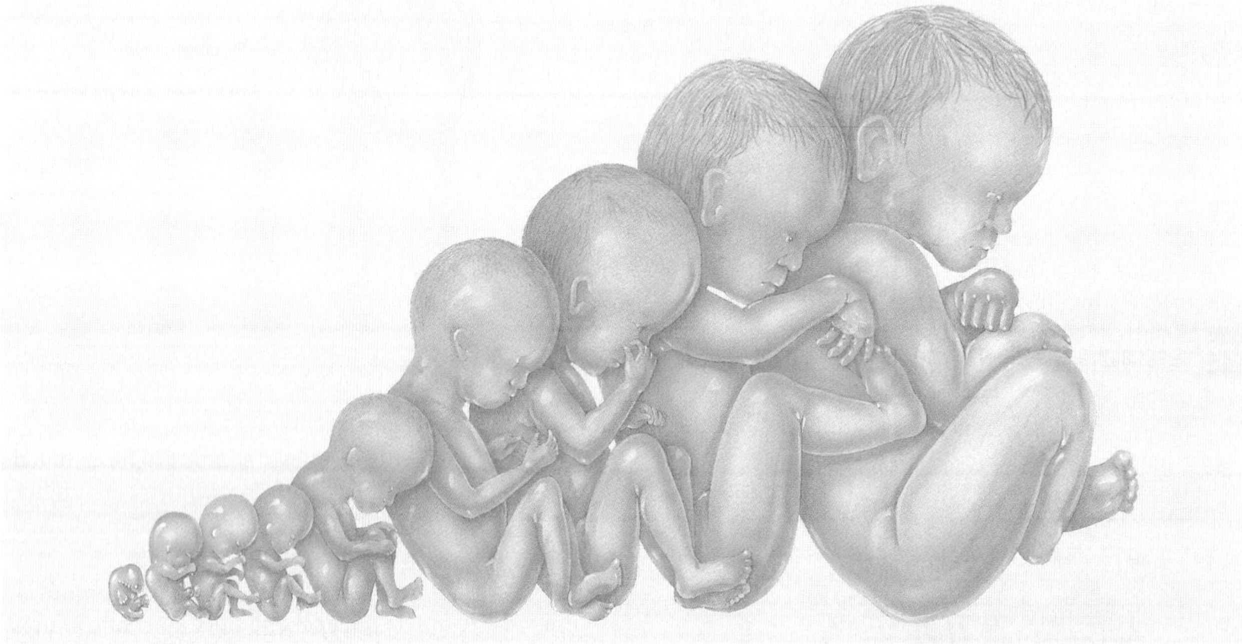

4 8 12 16 20 24 28 32 36 (semaines)

	Embryon (1e–2e mois) / Fœtus (3e–9e mois)
Mois	1e, 2e, 3e, 4e, 5e, 6e, 7e, 8e, 9e
Semaine*	5, 10, 15, 20, 25, 30, 35, 40-41
Jours	0, 14, 40, 71, 101, 132, 163, 193, 224, 254, 281-287
	règles (0) ; le cœur bât ; bourgeons des membres ; membres et organes formés ; sexe reconnaissable ; mouvements du fœtus perçus par la mère ; fœtus viable ; retournement, tête vers le bas fausses couches précoces ; fausses couches tardives ; accouchement prématuré ; terme ; grossesse prolongée
Taille (cm)	0,6 ; 3 ; 11 (de la tête au coccyx) ; 20 ; 32 ; 36 ; 40 ; 45 ; 50 (de la tête aux pieds)
Poids (g)	1 ; 10 ; 70 ; 200 ; 500 ; 1 200 ; 1 700 ; 2 400 ; 3 200

* d'amménorhée

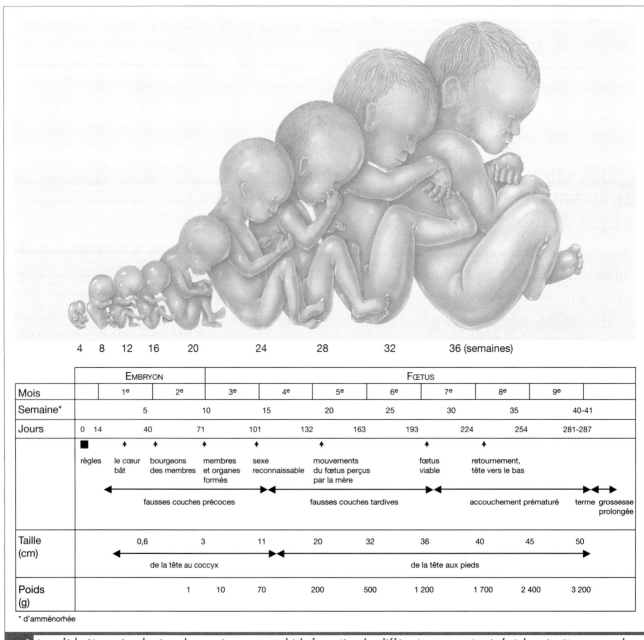

Doc.1 Jusqu'à la 8e semaine, la vie embryonnaire correspond à la formation des différents organes. La vie fœtale qui suit correspond surtout à une croissance accélérée de l'enfant.

B Le déroulement de l'accouchement

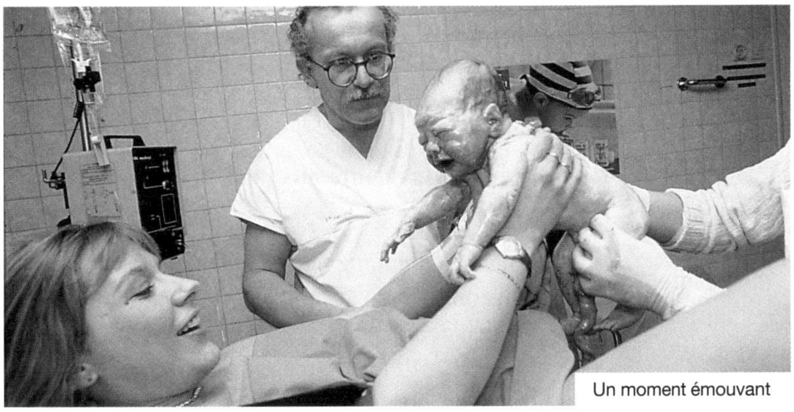

Un moment émouvant

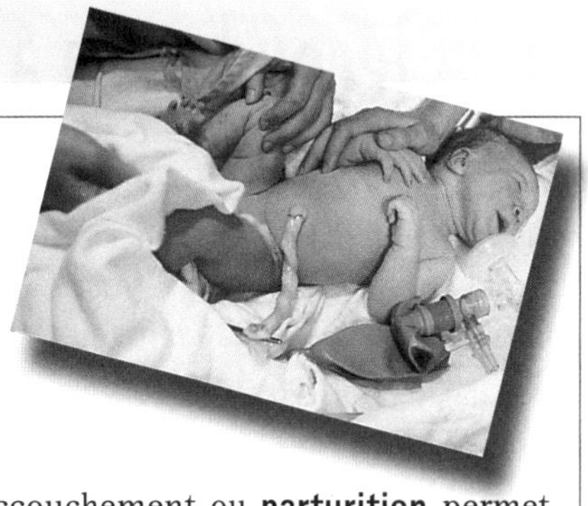

L'accouchement ou **parturition** permet d'expulser le fœtus. Celui-ci s'y est préparé en se plaçant, dès la fin du 7e mois, la tête en bas, vers le col utérin. L'accouchement se déroule en trois phases :

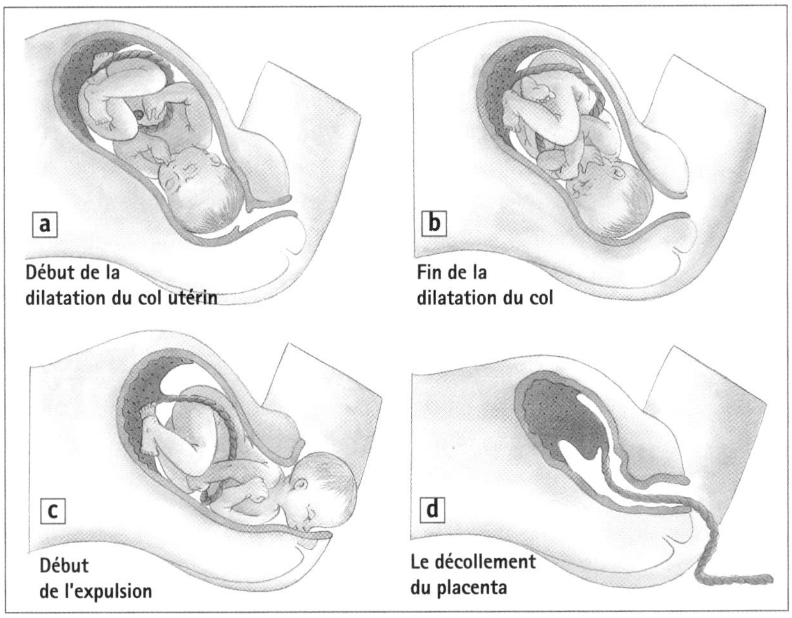
a
Début de la dilatation du col utérin
b
Fin de la dilatation du col
c
Début de l'expulsion
d
Le décollement du placenta

- La **préparation** (**a** et **b**) se traduit par des contractions de plus en plus intenses et rapprochées des muscles utérins ainsi que par l'effacement puis la dilatation du col de l'utérus (de 0,1 mm à 10 cm de diamètre). Le sac amniotique (poche des eaux) est rompu. Cette phase dure de 6 à 12 heures, parfois plus.
- L'**expulsion** (**c**) du fœtus se réalise grâce à des contractions rapprochées de grande amplitude. Elle dure entre 20 minutes et 1 heure.
- La **délivrance** (**d**) assure le décollement puis l'expulsion du placenta grâce à une reprise des contractions utérines 15 à 20 minutes après la naissance.

Dehors, il y a de l'air !

Pendant l'accouchement, le fœtus est moins bien oxygéné à cause des contractions qui écrasent les vaisseaux du cordon ombilical. Si l'expulsion dure trop longtemps, il y a même un risque d'asphyxie.

Puis, l'air s'engouffre pour la première fois dans les poumons du bébé : 25 millions d'alvéoles pulmonaires se déplissent, se gonflent d'air comme des milliers de petits ballons, le bébé pousse son premier cri. Les poumons commencent leur travail qui ne s'arrêtera qu'à la fin de la vie.

La naissance est le passage de la vie dans un **milieu aquatique** à 37,5 °C à la vie dans un **milieu aérien** froid.

Dès sa naissance, le bébé doit accomplir par lui-même ce que la mère faisait pour lui : respirer, manger, rejeter les déchets, maintenir sa température constante.

Doc. 2 La naissance : quel changement de vie !

Pistes d'exploitation

1 **Doc. 1** : Repérez les grandes étapes du développement embryonnaire puis fœtal. À quel moment le bébé en formation ressemble-t-il réellement à un être humain ?

2 **Doc. 2** : Expliquez à quoi correspondent les différentes phases de l'accouchement. Et le « travail ».

De la fécondation à la naissance

La reproduction sexuée est caractérisée par l'union des deux gamètes mâle et femelle. Cette union ou fécondation déclenche le prodigieux processus du développement embryonnaire puis fœtal par lequel se construit, à partir d'une cellule œuf unique, un nouvel être vivant. Le développement de celui-ci se réalise selon une chronologie très stricte et nécessite des échanges constants entre la mère et l'enfant. Ce sont les annexes embryonnaires et notamment le placenta qui assurent ces échanges. Pendant la grossesse, un nouvel équilibre hormonal s'établit et assure le maintien de la gestation. L'accouchement, fruit d'autres processus hormonaux, assure le passage à l'air libre d'un nouvel enfant.

1 La rencontre des gamètes et la fécondation

• La rencontre des gamètes humains est loin d'être facile. Une fois les spermatozoïdes émis au niveau vaginal lors du rapport sexuel, ils doivent encore atteindre l'ovocyte expulsé par l'ovaire. La remontée des spermatozoïdes est rapide. Elle est due aux contractions musculaires utérines et tubaires qui s'opèrent notamment sous l'influence du liquide séminal et qui s'ajoutent aux mouvements propres des spermatozoïdes mus par leur flagelle. Mais durant ce trajet, les spermatozoïdes doivent franchir une série d'étapes éliminatoires : acidité vaginale, glaire cervicale, replis de l'endomètre, choix de l'une des deux trompes utérines. Parmi les 300 à 400 millions de spermatozoïdes émis, seules quelques centaines arriveront finalement à l'ovocyte II.

Ce trajet délicat permet par ailleurs d'assurer la **capacitation** des spermatozoïdes, un processus de maturation qui se réalise grâce aux sécrétions des voies génitales féminines. Ce n'est qu'après cette étape que les gamètes mâles sont aptes à la fécondation.

• La **rencontre des gamètes** s'effectue au niveau de la cavité abdominale aux alentours de l'ovaire ou dans la trompe de Fallope. La période où elle peut avoir lieu dépend de la durée de vie des gamètes dans les voies génitales de la femme : 24 à 36 h pour l'ovocyte après expulsion de l'ovaire, 4 à 5 jours maximum pour les spermatozoïdes.

• Les spermatozoïdes arrivés prés de l'ovocyte sont arrêtés par une double barrière constituée d'une part par la **corona radiata** formée par les cellules folliculaires expulsées en même temps que l'ovocyte et jouant un rôle nourricier à l'égard de celui-ci et, d'autre part, par la **zone pellucide**, enveloppe glycoprotéique de l'ovocyte. La collaboration d'une centaine au moins de spermatozoïdes est nécessaire pour que les enzymes contenues dans leur **acrosome** puissent digérer la zone pellucide et permettre à l'un d'entre eux de pénétrer à l'intérieur de l'ovocyte.

• Lorsque la membrane plasmique du premier spermatozoïde fusionne avec la membrane plasmique de l'ovocyte, deux réactions successives bloquent toute pénétration éventuelle d'autres spermatozoïdes. Une **modification du potentiel membranaire** de l'ovocyte, et donc de sa polarité, permet un blocage précoce de la polyspermie. Elle est suivie par une **réaction corticale** qui correspond à la libération dans l'espace péri-ovocytaire du contenu des granules corticaux situés sous la membrane de l'ovocyte non fécondé. L'ovocyte fécondé s'entoure alors d'une **membrane de fécondation** empêchant toute pénétration d'autres spermatozoïdes.

• L'entrée de la tête du spermatozoïde dans l'ovocyte II déclenche également une série de réactions :

- la **reprise de la méiose** de l'ovocyte, préalablement bloquée en métaphase II. Elle s'achève par l'expulsion du second globule polaire et la formation du gamète femelle ou **ovule** ;
- la **fusion des pronucléi** mâle et femelle qui constitue la **fécondation** proprement dite ;
- la formation d'une **cellule œuf** diploïde ou **zygote**, qui sera à l'origine de l'embryon.

2 Le développement embryonnaire et fœtal

• On distingue deux périodes au cours de la grossesse :

- la **vie embryonnaire** qui dure deux mois et correspond à la formation des différents organes ;
- la **vie fœtale** qui dure sept mois et correspond à une phase de croissance accélérée au cours de laquelle les organes ne subissent pratiquement que des phénomènes de maturation.

• La vie embryonnaire commence directement après la fécondation. La cellule œuf migre lentement vers l'utérus et subit ses premières **segmentations**. Grâce à des mitoses successives, elle produit 2, 4, 8, 16... cellules. Quatre jours après la fécondation, l'embryon atteint l'utérus sous l'aspect d'une masse cellulaire sphérique appelée **morula**. Celle-ci commence à s'organiser et se transforme en un **blastocyste** contenant un **disque embryonnaire** et creusé d'une cavité centrale. Une semaine après la fécondation, l'**implantation** ou **nidation** du blastocyste dans l'endomètre maternel peut avoir lieu : la grossesse proprement dite débute.

• Peu après l'implantation dans l'utérus, une étape décisive est réalisée : c'est la **gastrulation** qui permet la mise en place des trois feuillets embryonnaires : l'**ectoderme**, l'**endoderme** et le **mésoderme**. Ils évolueront chacun pour donner tous les tissus et organes de l'individu.

• L'apparition et la fermeture du tube neural ou **neurulation** marquent la fin des quatre grands stades embryonnaires : la morula, la blastula (ou blastocyste), la gastrula et la neurula.

• Parallèlement à la formation de l'embryon puis du fœtus, la multiplication rapide des cellules permet l'apparition et la différenciation des **annexes embryonnaires** puis **fœtales**. Chez l'humain, les principales annexes sont :

- le **chorion**, issu du trophoblaste, qui constitue la membrane la plus externe entourant l'embryon. Il assure les échanges gazeux et nutritifs entre l'enfant et la mère et engendrera la partie embryonnaire puis fœtale du **placenta** ;
- l'**amnios** et la cavité amniotique qu'il délimite. Celle-ci, mieux connue sous le terme de « poche des eaux », est remplie d'un liquide protecteur dans lequel le fœtus baigne jusqu'à sa naissance. Enveloppé par la cavité amniotique, l'embryon puis le fœtus ne sera bientôt plus relié à ses annexes que par le **cordon ombilical**.
- le **sac vitellin** qui contient au départ les réserves nutritives ou vitellus. Il est fortement réduit chez l'humain, contrairement aux oiseaux ou aux reptiles où il est rempli du « jaune d'œuf ».
- l'**allantoïde**, une annexe très discrète chez l'humain et qui servira de base structurale pour la formation du cordon ombilical.

• Durant les deux premiers mois de la vie embryonnaire, les différents organes s'ébauchent très rapidement et au bout de huit semaines leur mise en place ou **organogenèse** est pratiquement terminée. La **morphogenèse**, c'est-à-dire l'apparition d'une morphologie humaine, débute également durant le deuxième mois. À la fin de la huitième semaine, l'embryon est devenu un fœtus.

• Au cours des sept mois suivants, le fœtus croît de manière remarquable et les organes ébauchés lors de la vie embryonnaire se différencient et se spécialisent afin de devenir suffisamment matures et fonctionnels pour permettre la naissance.

3 Les rôles du placenta

• Dès les tous premiers stades, l'embryon entretient des relations étroites avec sa mère. Très peu après la fécondation, il commence à sécréter de la **HCG** (gonadotrophine chorionique humaine) qui, en mimant la LH, maintient le corps jaune en place et entraîne une production accrue de progestérone. Ceci permet d'assurer le maintien de l'endomètre indispensable à la survie embryonnaire. La présence de HCG dans le sang et les urines maternelles permet d'ailleurs de diagnostiquer une grossesse quelques jours seulement après la fécondation.

• En outre, et dès la nidation, des **échanges** de nutriments et de gaz respiratoires s'établissent entre le sang maternel et certaines cellules du **trophoblaste** puis du **chorion**. Ces annexes constituent l'ébauche du futur **placenta** fœtal qui n'arrive à maturité qu'à partir du 3e mois de gestation.

1. Un organe d'échanges sélectifs

• La muqueuse utérine et le fœtus participent ensemble à la formation du placenta. Le sang fœtal circule dans un système élaboré de capillaires logés dans des **villosités choriales** dont les sinuosités réalisent une surface considérable de 10 à 14 m^2. Ces villosités font saillie dans une **chambre placentaire** où circule le sang maternel. Ainsi, aussi étroites que soient leurs relations et malgré les échanges constants existant entre eux, **le sang du fœtus et celui de la mère ne sont jamais en contact**.

• **Le placenta se comporte**, vis-à-vis du fœtus, à la fois **comme un intestin, un organe respiratoire et un rein**. En effet, il permet les apports d'oxygène, de nutriments, d'hormones, d'anticorps... depuis la mère vers le fœtus. Dans l'autre sens, il permet le rejet du gaz carbonique et des déchets métaboliques comme l'urée depuis le fœtus vers le sang maternel.

• Le placenta se comporte également comme une **barrière** vis-à-vis de certaines protéines maternelles, des cellules sanguines et de nombreuses bactéries. Par contre, certains virus ou certains protozoaires franchissent la barrière placentaire. Le placenta laisse aussi malheureusement diffuser des substances nocives comme la nicotine, l'alcool ou d'autres drogues ainsi que certains médicaments.

2. Un organe producteur d'hormones

En plus de ses rôles nutritifs, excréteurs et respiratoires, le placenta joue un rôle endocrinien majeur. Il synthétise dès sa mise en place des quantités importantes d'hormones dont notamment des **œstrogènes** et de la **progestérone**. Celles-ci, en prenant le relais de la HCG, permettent le **maintien de l'état gestatif** ainsi que la propre croissance du placenta. Mais elles jouent surtout un rôle essentiel dans l'**adaptation de l'organisme maternel** à la grossesse, à l'allaitement et à l'accouchement.

4 L'accouchement et le début de la vie

• **Le travail** de l'accouchement (ou **parturition**) est déclenché par des mécanismes neuro-hormonaux complexes impliquant la sécrétion d'**ocytocine**. Il se manifeste par des contractions rythmiques de plus en plus violentes des muscles utérins. Le fœtus, dont la tête s'est placée du côté du col utérin, est progressivement poussé vers le bas. Cette poussée provoque l'effacement puis la **dilatation du col de l'utérus** ainsi que la rupture de la poche amniotique. Des **contractions** de plus en plus rapprochées et de forte intensité permettent l'**expulsion** du bébé. C'est la naissance proprement dite. Peu après, les contractions reprennent : c'est la **délivrance** qui permet de décoller puis d'expulser le placenta et les annexes fœtales.

• La naissance est un choc pour l'enfant. Il a été exposé à des traumatismes physiques et physiologiques importants durant l'accouchement ; il est expulsé de son environnement aqueux et chaud ; il ne dispose plus du soutien nutritif et respiratoire du placenta. Il doit maintenant accomplir par lui-même tout ce que le corps de sa mère faisait pour lui : respirer, s'alimenter, excréter et maintenir sa température corporelle constante.

Pour la mère également, la grossesse et l'accouchement sont des épreuves physiques, physiologiques et psychiques difficiles. Les organes abdominaux et génitaux vont, après la naissance, se remettre progressivement en place. L'utérus retrouve une taille ainsi qu'une structure normales et les fonctions ovariennes se rétablissent. La réapparition des menstruations marque la fin de la période appelée **suite des couches**.

L'essentiel

• La fécondation de l'ovocyte II par un spermatozoïde se fait après un long trajet éliminatoire qui assure la capacitation de celui-ci. Elle nécessite la digestion de la zone pellucide par les enzymes acrosomiales du spermatozoïde. Un seul spermatozoïde est capable de pénétrer dans l'ovocyte grâce à un blocage de la polyspermie.

• L'entrée du spermatozoïde dans l'ovocyte II déclenche chez celui-ci la reprise et la fin de la méiose. Le pronucléus de l'ovule et celui du spermatozoïde fusionnent pour donner une cellule œuf ou zygote à l'origine de l'embryon.

• La grossesse est divisée en une période embryonnaire de deux mois durant laquelle se forment les tissus et organes et en une période fœtale de sept mois durant laquelle on observe essentiellement la maturation et la croissance de ceux-ci.

• La vie embryonnaire commence par la segmentation de la cellule œuf. Une semaine après la fécondation, le blastocyste s'implante dans la muqueuse utérine. La gastrulation est la mise en place des trois feuillets embryonnaires, l'ectoderme, l'endoderme et le mésoderme. La neurulation correspond à la formation et à la fermeture du tube neural.

• Principale annexe embryonnaire réalisée par la coordination des tissus fœtaux et maternels, le placenta est une zone d'échanges sélectifs entre la mère et l'enfant. Il assure les fonctions respiratoires, excrétrices et digestives du fœtus. Il constitue aussi un organe endocrinien majeur pour la maintenance de la grossesse.

• L'accouchement permet l'expulsion du fœtus et son passage à l'air libre. Le travail est divisé en trois phases : la dilatation du col de l'utérus, l'expulsion du bébé et la délivrance ou expulsion du placenta.

■ DE LA FÉCONDATION À LA NAISSANCE

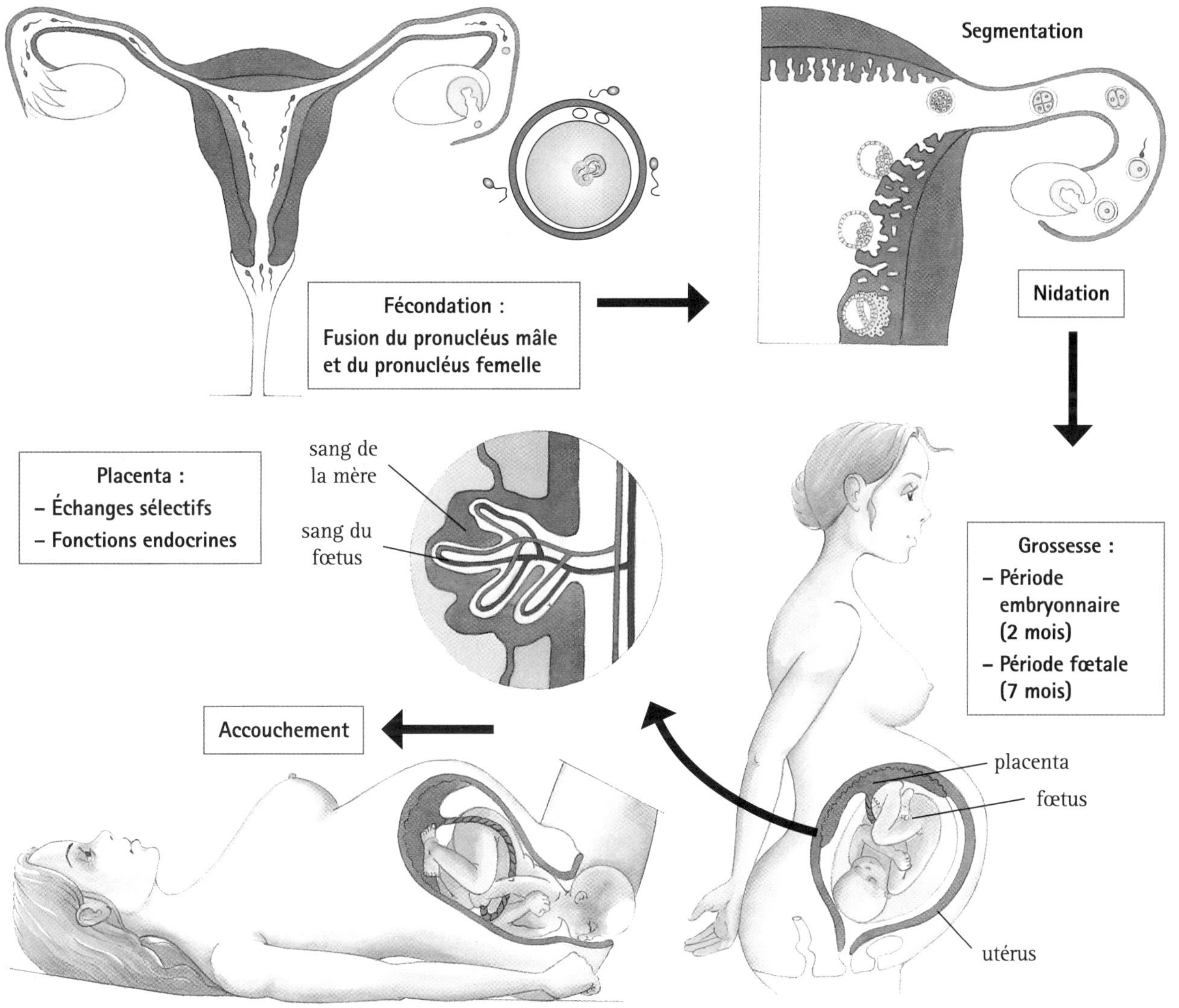
Segmentation
Fécondation :
Fusion du pronucléus mâle et du pronucléus femelle
Nidation
Placenta :
– Échanges sélectifs
– Fonctions endocrines
sang de la mère
sang du fœtus
Grossesse :
– Période embryonnaire (2 mois)
– Période fœtale (7 mois)
Accouchement
placenta
fœtus
utérus

■ LA GROSSESSE MODIFIE L'ÉQUILIBRE HORMONAL

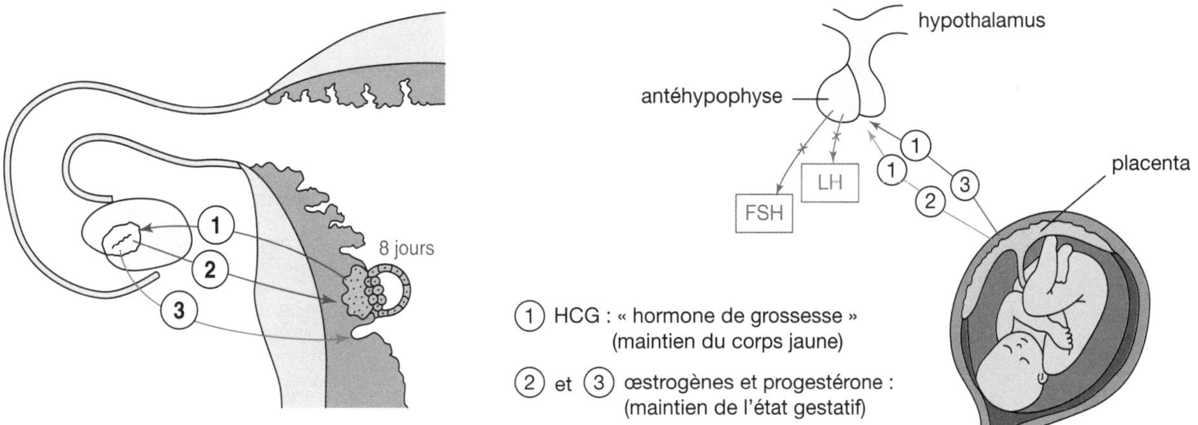
8 jours
1
2
3
hypothalamus
antéhypophyse
LH
FSH
placenta
① HCG : « hormone de grossesse » (maintien du corps jaune)
② et ③ œstrogènes et progestérone : (maintien de l'état gestatif)

A Le développement humain

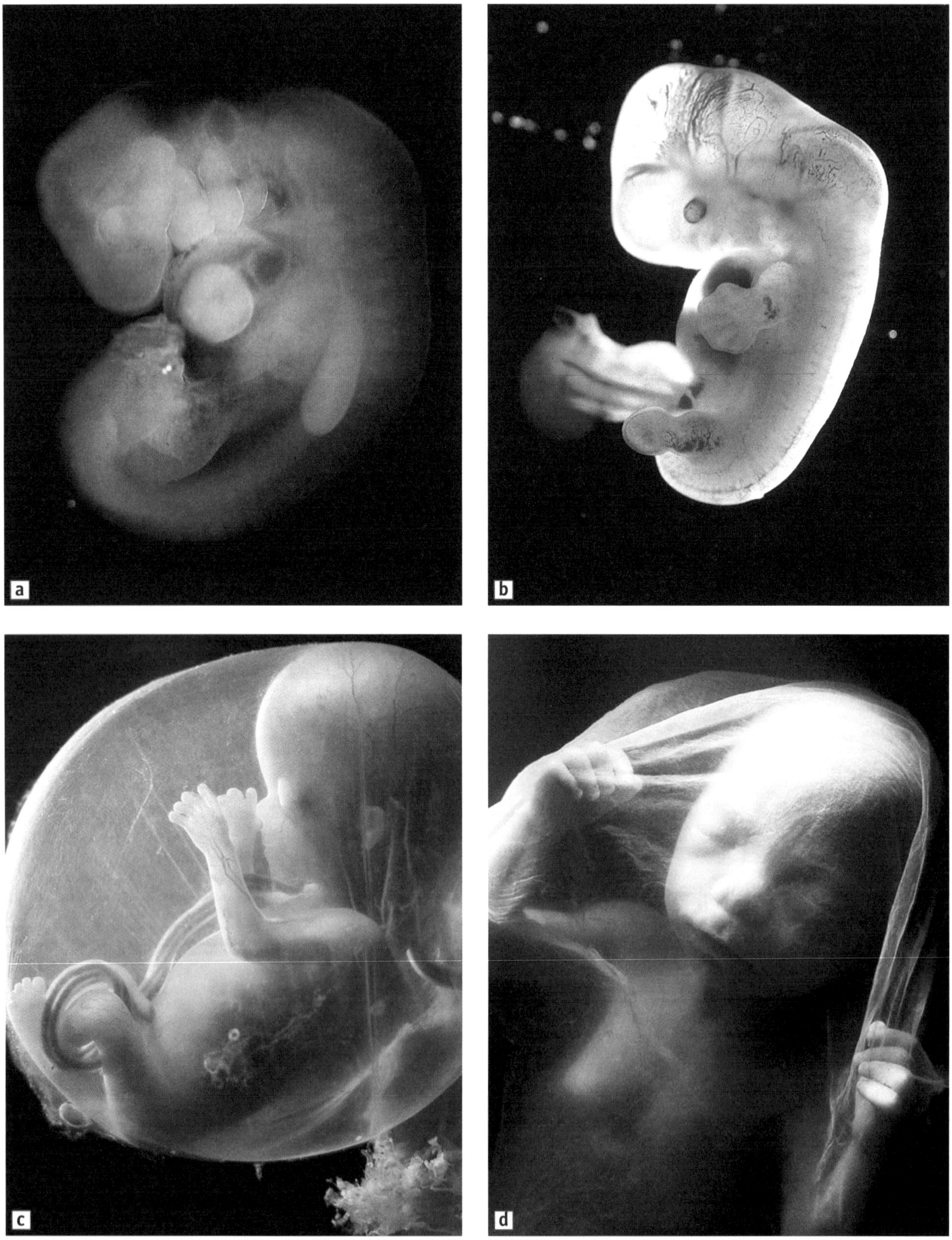
a
b
c
d

Doc.1 Des images exceptionnelles du développement humain : **a** - 4 semaines ; **b** - 7 semaines ; **c** - 3 mois ; **d** - 4 mois.

...le développement humain et les grossesses multiples

B Les grossesses gémellaires

Doc. 2 Vrais ou faux jumeaux ? Qu'en pensez-vous ?

Les faux jumeaux et les vrais jumeaux

- Les faux jumeaux résultent de la fécondation de deux ovocytes différents (pondus au cours d'un même cycle) par deux spermatozoïdes. Ces jumeaux ne sont pas obligatoirement de même sexe et ne sont pas plus semblables entre eux qu'ils ne le sont avec leurs autres frères et sœurs. Ils sont 4 fois plus nombreux que les vrais jumeaux.
- Les vrais jumeaux sont issus d'un ovule unique fécondé par un spermatozoïde. Ces jumeaux sont toujours de même sexe et, possédant les mêmes caractères héréditaires, ils se ressemblent de manière remarquable. La naissance de deux enfants à partir d'une cellule œuf unique s'explique par la séparation en deux du massif cellulaire qui résulte de la division du zygote.

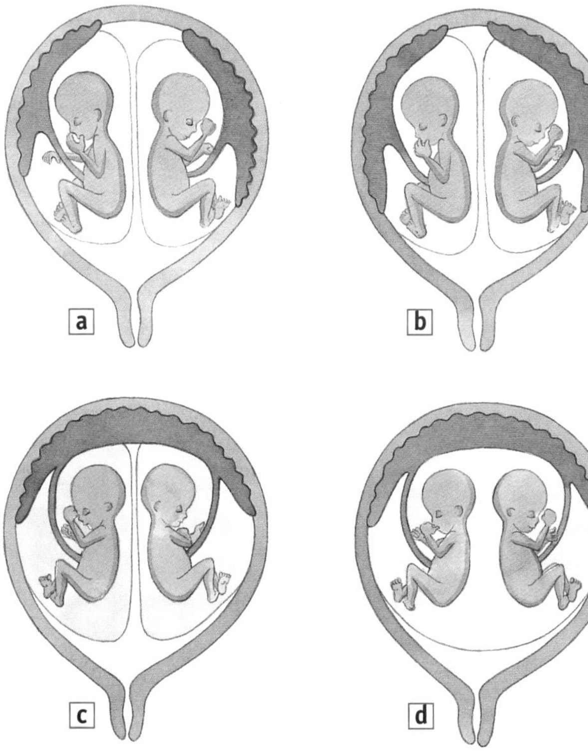
a
b
c
d

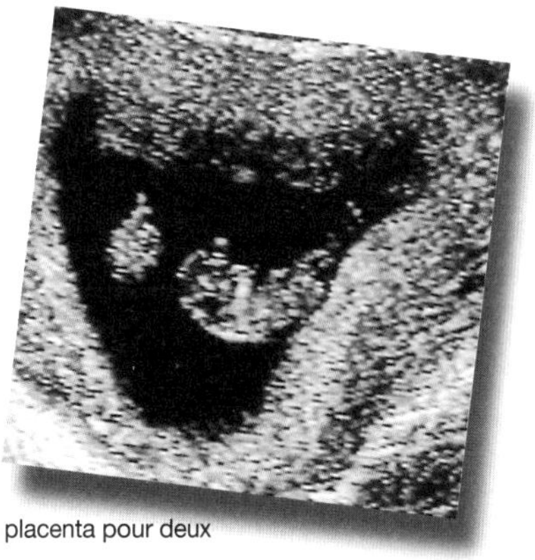

Un placenta pour deux

Faux jumeaux : a : deux placentas et deux cavités amniotiques ;

Vrai jumeaux : b : séparation précoce (avant le 3ᵉ jour, 30 % des cas), deux placentas et deux cavités amniotiques ;

c : séparation moins précoce (entre le 3ᵉ et le 7ᵉ jour, 70 % des cas), un seul placenta et deux cavités amniotiques ;

d : séparation tardive (à partir du 8ᵉ jour, 1 % des cas), un seul placenta et une cavité amniotique commune.

Les **siamois** sont des embryons incomplètement dissociés qui résultent d'une dissociation plus tardive. Les **triplés**, **quadruplés**... sont le résultat le plus souvent de naissances simultanées de vrais et de faux jumeaux.

Doc. 3 Le nombre de placentas et de poches amniotiques varie d'une grossesse gémellaire à l'autre.

Je connais

A. Définissez les mots ou expressions :

capacitation, pronucléus, segmentation, blastocyste, embryon, fœtus, annexes embryonnaires, cavité amniotique, mésoderme, placenta, HCG, délivrance.

B. Quelle différence y a-t-il entre...

a. ...la vie embryonnaire et la vie fœtale ?

b. ...le chorion et le placenta ?

c. ...l'accouchement et l'expulsion du bébé ?

C. Exprimez des idées importantes...

...en rédigeant une ou deux phrases utilisant chaque groupe de mots ou expressions :

a. spermatozoïde, ovocyte II, acrosome, zone pellucide.

b. morula, segmentation, amas sphérique de cellules.

c. embryon, blastula, muqueuse utérine, nidation.

d. alcool, drogues, virus, barrière placentaire.

e. HCG, corps jaune, trophoblaste.

f. ectoderme, endoderme, mésoderme, gastrulation, feuillets embryonnaires.

D. Vrai ou faux ?

Parmi les affirmations suivantes, recopiez celles qui sont exactes et corrigez celles qui sont erronées.

a. La fécondation correspond à l'entrée du spermatozoïde dans l'ovule.

b. La nidation, qui intervient une semaine après la fécondation, est suivie des premières divisions de l'œuf.

c. Les échanges entre l'organisme maternel et celui du fœtus se réalisent grâce à un mélange des sangs dans la chambre placentaire.

d. Le placenta est un organe endocrine complexe qui produit des hormones indispensables au maintien de la grossesse et à l'accouchement.

J'applique et je transfère

1 Les stratégies reproductives

Dans la nature, les gamètes sont généralement libérés, non pas dans les organes génitaux de la femelle, mais dans le milieu ambiant, en général le milieu aquatique. C'est donc dans ce milieu que la fécondation a lieu et que l'embryon se développe. La photographie ci-dessous montre un oursin femelle rejetant ses ovules dans la mer. Le tableau donne par ailleurs différentes caractéristiques des ovules émis par diverses espèces animales.

Ovules	Nombre émis	Taille	Vitellus	Lieu de ponte
Cabillaud	500 000 par ponte	1,5 mm	Abondant	Mer
Grenouille	1 500-4 000 par ponte	1,8 mm	Abondant	Eau douce
Poule	1 par jour	3 cm	Très abondant	Voies génitales ♀
Femme	1 par mois	140 µm	Presque absent	Voies génitales ♀

- **Après analyse des informations, déterminez les stratégies reproductives mises en place au cours de l'évolution afin de favoriser le rapprochement des gamètes et la survie des espèces animales.**

2 Les dosages d'hormones dans les urines reflètent les étapes de la gestation

• **Document 1**

Pour les biologistes, l'urine constitue un milieu qui reflète les nombreuses activités endocriniennes. C'est ainsi que les œstrogènes sont éliminés sous forme de phénolstéroïdes et la progestérone sous forme de prégnandiol. Un dosage effectué à intervalles réguliers chez une femme a permis de tracer le graphe ci-contre.

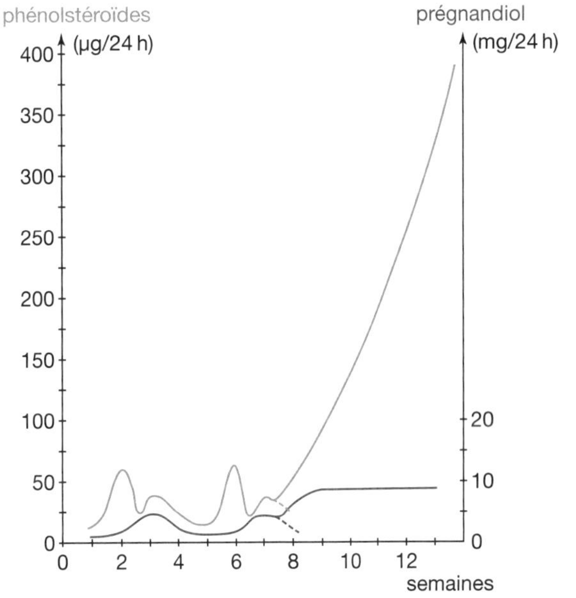

phénolstéroïdes
(µg/24 h)
prégnandiol
(mg/24 h)
400
350
300
250
200
150
100
50
0
20
10
0
0
2
4
6
8
10
12
semaines

• **Document 2**

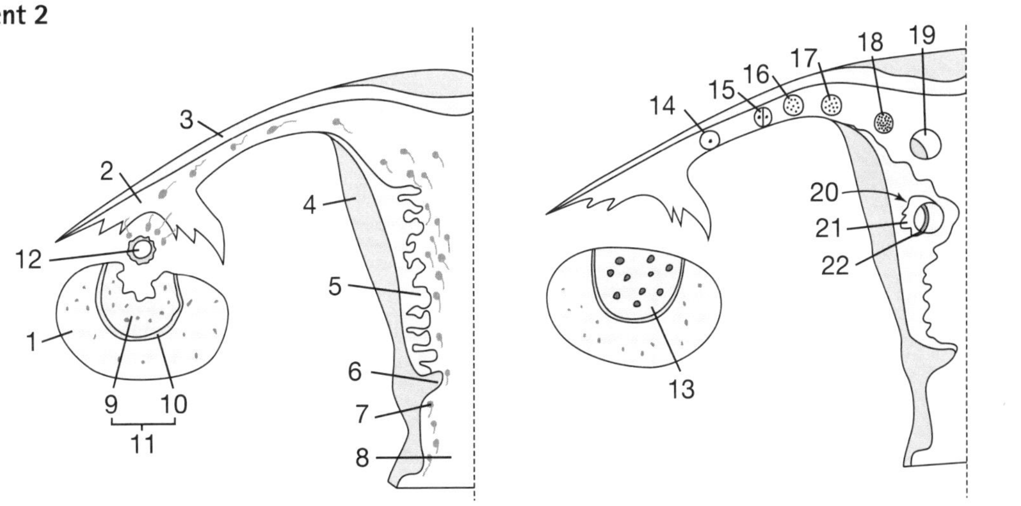

1
2
3
4
5
6
7
8
9
10
11
12
13
14
15
16
17
18
19
20
21
22

• **Document 3**

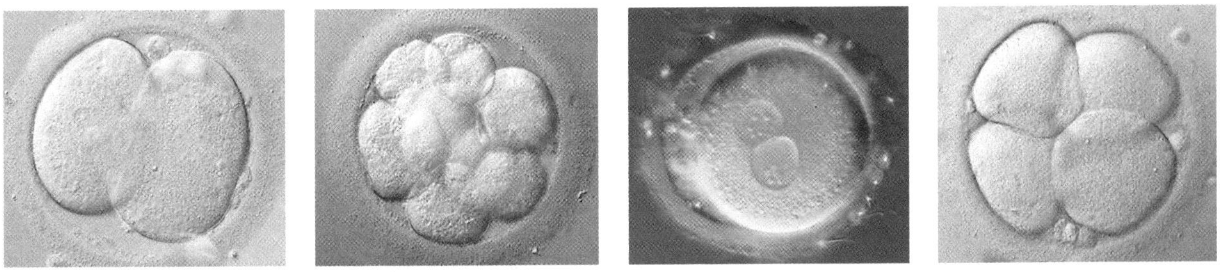

1- Interprétez les variations observées dans les dosages de phénolstéroïdes et de prégnandiol. Situez chronologiquement sur le graphe du document 1 les phénomènes représentés sur le document 2.

2- Complétez la légende du document 2.

3- À quoi correspondent les photographies du document 3 ? Faites-les correspondre avec la numérotation du document 2.

3 La « totipotence » des premières cellules embryonnaires

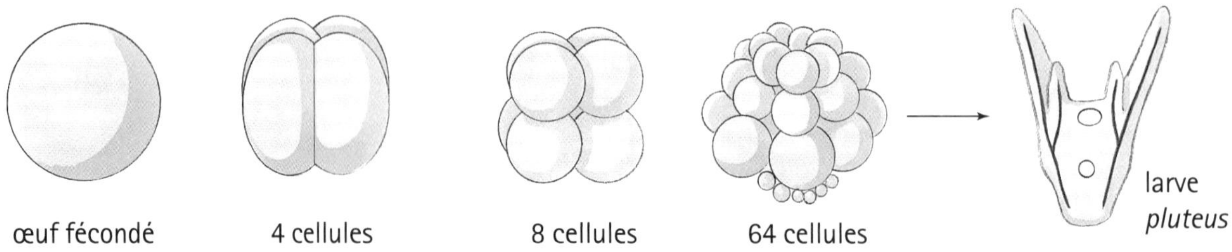

œuf fécondé
4 cellules
8 cellules
64 cellules
larve
pluteus

Le développement embryonnaire de l'œuf d'oursin conduit à la formation d'une petite larve nageuse capable de se nourrir, appelée larve *pluteus*. Cette dernière subit ensuite des métamorphoses qui la transforment en oursin adulte.

• **Expérience 1** : si l'on sépare les quatre premières cellules issues des divisions de l'œuf, chacune d'elles se développe en une larve *pluteus* normale.

• **Expérience 2** : l'embryon d'oursin développe très tôt un pôle supérieur appelé pôle animal et un pôle inférieur appelé pôle végétatif. Au stade huit cellules, on coupe l'embryon en deux selon un plan perpendiculaire à l'axe de polarité. Les quatre cellules de la moitié « animale » se divisent mais ne forment qu'une sphère creuse ciliée. Les quatre cellules de la moitié « végétative » se développent en un embryon très anormal, dépourvu d'ectoderme cilié et de bouche.

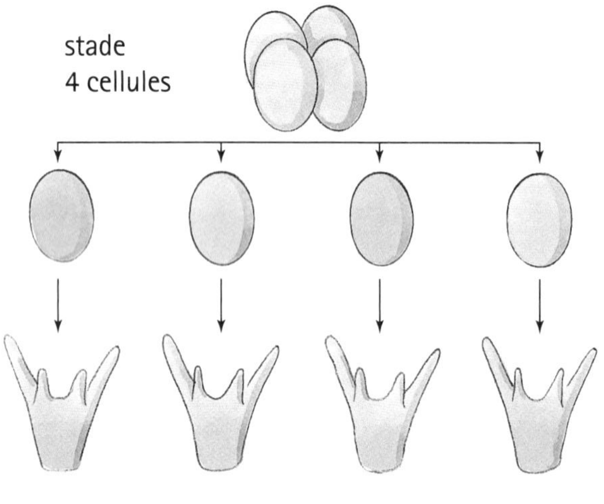

stade
4 cellules

quatre larves *pluteus* normales

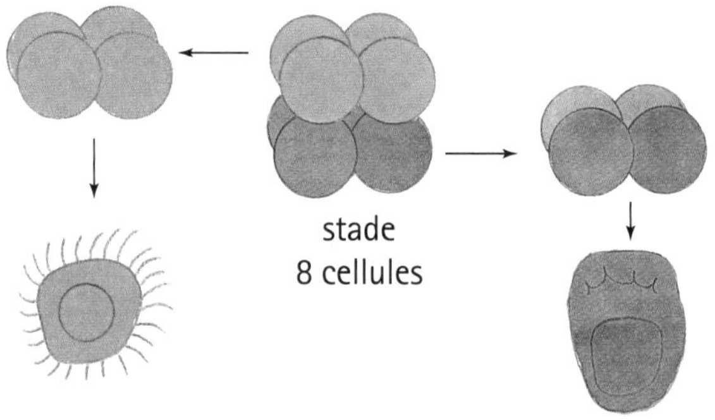

stade
8 cellules

1- Quelle information apporte la première expérience ?

2- Les scientifiques qualifient la cellule œuf de « totipotente » car elle est capable de donner naissance à l'ensemble des types cellulaires de l'individu adulte. À quel stade du développement chez l'oursin les cellules embryonnaires cessent-elles d'être totipotentes ?

4 Un poulet à trois pattes !

Des expériences menées sur des embryons de poulet permettent de mieux comprendre comment se développent les membres.

• **Expérience 1** : à partir de cellules d'un embryon de poulet, on a pu isoler un gène dénommé « Sonic hedgehog ». Ce gène a ensuite été introduit et s'exprime dans des cellules du flanc d'un embryon de poulet, une zone où il n'y a normalement pas de bourgeon de membre. À l'endroit où le gène a été introduit se forme un bourgeon de membre supplémentaire (patte induite).

• **Expérience 2** : le même résultat est obtenu si l'on applique sur le flanc de l'embryon (pendant un minimum de 24 heures) des billes imprégnées de protéine « Sonic hedgehog », c'est-à-dire la protéine codée par le gène du même nom.

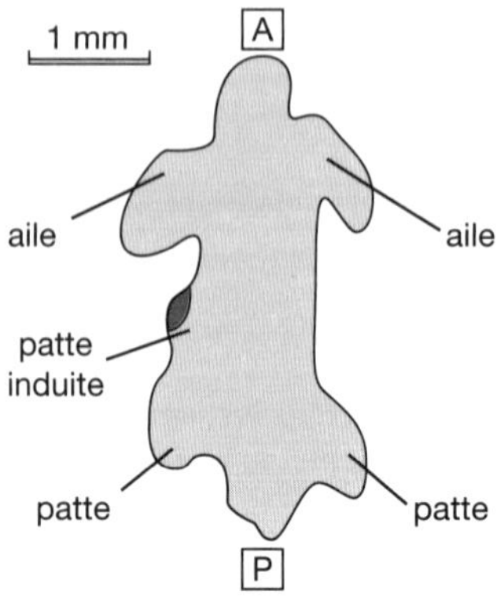

1 mm
A
aile
aile
patte
induite
patte
patte
P

• **En analysant ces expériences et à l'aide de vos connaissances, expliquez le rôle du gène étudié.**

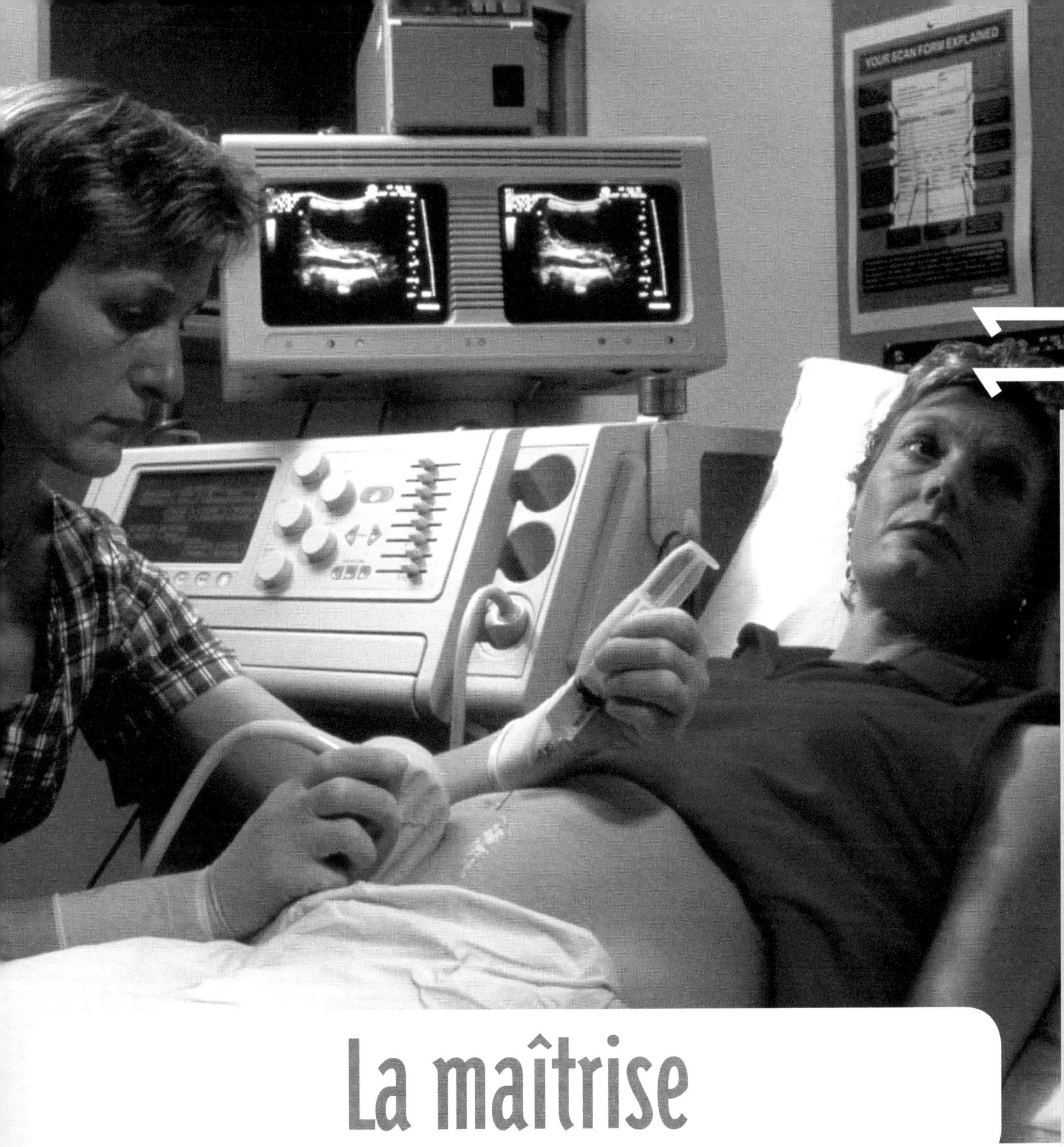
YOUR SCAN FORM EXPLAINED

chapitre 11

La maîtrise de la procréation

Il existe aujourd'hui divers moyens de contraception qui permettent aux couples de choisir d'avoir ou non un enfant. Par ailleurs, l'aide médicalisée à la procréation peut dans certains cas répondre aux problèmes d'infertilité rencontrés par des couples. L'objectif de ce chapitre est de comprendre, grâce aux connaissances acquises dans le domaine de la physiologie sexuelle, les divers aspects de la maîtrise de la procréation.

Photographie : la réalisation d'une amniocentèse.

Activités pratiques 1

Les moyens de contraception

La durée de la phase folliculaire du cycle menstruel est souvent inconstante. L'ovulation ayant lieu 14 jours avant la fin du cycle, la date de cette ovulation n'est donc connue qu'«après coup », lorsque le cycle est fini. Le seul moyen pour éviter une grossesse non désirée tout en ayant une vie sexuelle active est donc d'utiliser une contraception efficace.

- Quelles sont les différentes méthodes pour éviter une grossesse ?
- Quelles hormones contiennent les pilules contraceptives et comment agissent-elles ?

A Les différentes méthodes

- Aujourd'hui en Belgique, près de 80 % des couples entre 18 et 45 ans utilisent régulièrement une méthode contraceptive. La pilule vient largement en tête : la proportion est maximale pour la tranche d'âge 18-25 ans. D'autres contraceptions hormonales sont également en hausse, comme le patch, l'anneau vaginal ou encore l'implant.
- Le préservatif masculin vient en deuxième position. Son cas est particulier : à la suite des campagnes pour la prévention du SIDA, son utilisation a largement augmenté pour les premiers rapports ou pour les rapports occasionnels.
- Même si l'on observe une diminution, on estime encore à 3 000 par an le nombre de grossesses non désirées chez les adolescentes.

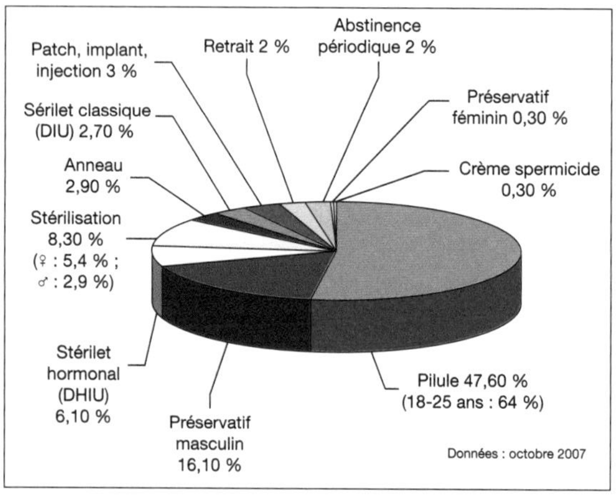

Patch, implant, injection 3 %
Retrait 2 %
Abstinence périodique 2 %
Préservatif féminin 0,30 %
Stérilet classique (DIU) 2,70 %
Crème spermicide 0,30 %
Anneau 2,90 %
Stérilisation 8,30 % (♀ : 5,4 % ; ♂ : 2,9 %)
Stérilet hormonal (DHIU) 6,10 %
Préservatif masculin 16,10 %
Pilule 47,60 % (18-25 ans : 64 %)
Données : octobre 2007

Seuls les préservatifs offrent une protection contre les infections sexuellement transmissibles (IST, voir pages 264-265), dont le SIDA.

Doc. 1 Les « pilules » viennent largement en tête parmi les différentes méthodes contraceptives.

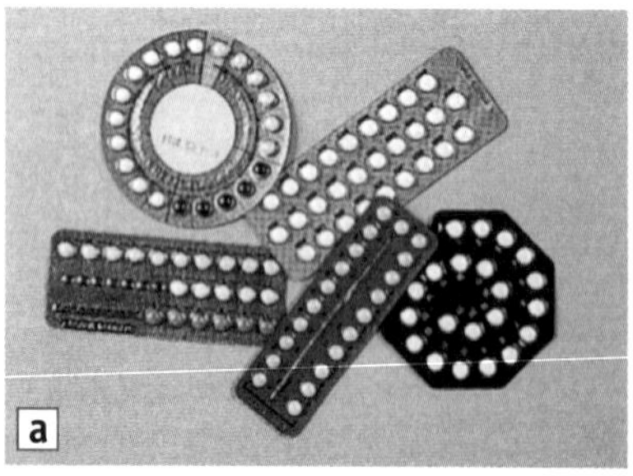
a

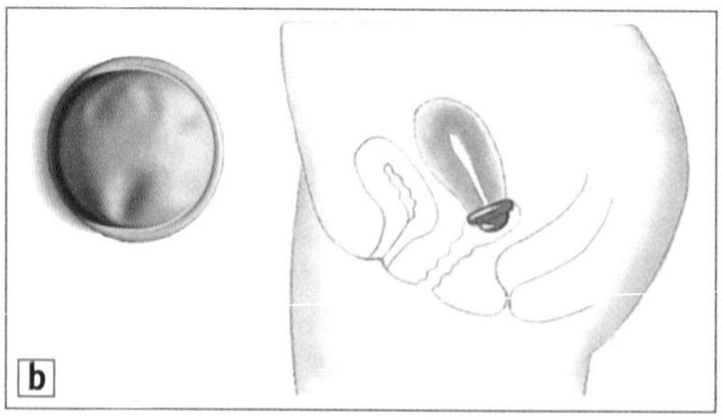
b

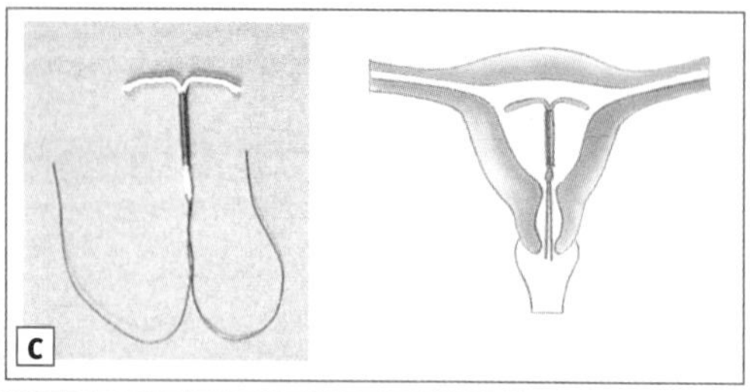
c

ADDES

d

Les méthodes naturelles

Attention : aucune de ces méthodes n'est fiable !

- Le **coït interrompu** ou **retrait** du pénis avant éjaculation.
- La **méthode du calendrier** ou calcul des périodes à risque en fonction des dates *présumées* d'ovulation.
- La **prise des températures** au cours du cycle.
- La **méthode de la glaire cervicale** basée sur sa consistance au cours du cycle.

Doc. 2 Les diverses méthodes contraceptives cherchent toutes à éviter l'ovulation et/ou la fécondation, voire la nidation de l'embryon. À chacun de choisir la contraception qui lui convient le mieux : **a** – pilules ; **b** – diaphragme ; **c** – stérilet ; **d** – préservatif masculin.

B Les modes d'action des pilules contraceptives

En Belgique, la pilule est délivrée sur ordonnance après consultation médicale et sans autorisation parentale. Depuis mars 2004, les jeunes de moins de 21 ans bénéficient, sur présentation d'une ordonnance, d'une réduction de 3 € par mois pour toutes les contraceptions hormonales (pilule, patch, anneau, implant) et pour le stérilet. Certaines pilules deviennent dès lors gratuites.

Pilules œstroprogestatives

Pilule combinée ou monophasique

Œstrogènes + progestatif	Règles
1 2 3 4 5 6 7 8 9 10 11 12 13 14 15 16 17 18 19 20 21	22 23 24 25 26 27 28

Œstrogènes + progestatif	Règles
1 2 3 4 5 6 7 8 9 10 11 12 13 14 15 16 17 18 19 20 21 22 23 24	25 26 27 28

Pilule séquentielle ou biphasique

Oestrogènes	Œstrogènes + progestatif	Règles
1 2 3 4 5 6 7	8 9 10 11 12 13 14 15 16 17 18 19 20 21	22 23 24 25 26 27 28

Pilule progestative (Méthode continue)

Progestatif
1 2 3 4 5 6 7 8 9 10 11 12 13 14 15 16 17 18 19 20 21 22 23 24 25 26 27 28

(en couleur : les jours du cycle où il faut prendre les comprimés présents sur les plaquettes)

Doc. 3 En Belgique, la pilule combinée œstroprogestative est la plus fréquemment utilisée : son efficacité est de près de 100 % si le mode d'emploi est respecté.

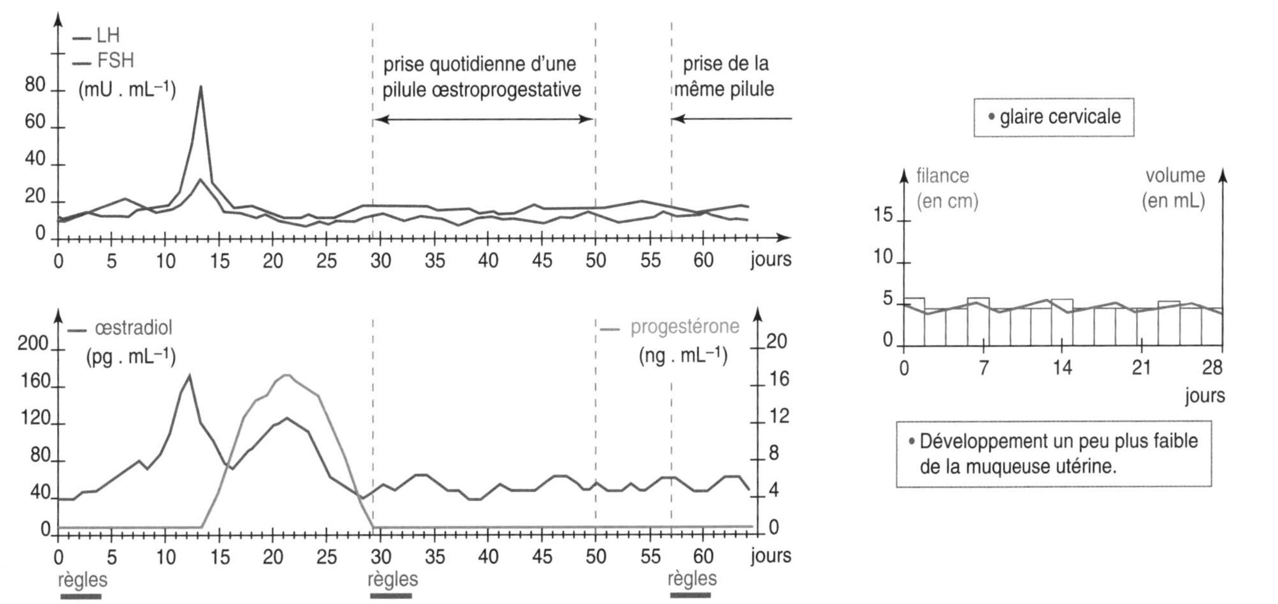

— LH
— FSH
(mU . mL-1)
80
60
40
20
0
0 5 10 15 20 25 30 35 40 45 50 55 60 jours
prise quotidienne d'une pilule œstroprogestative
prise de la même pilule
— œstradiol (pg . mL-1)
200
160
120
80
40
0
— progestérone (ng . mL-1)
20
16
12
8
4
0
règles
règles
règles
• glaire cervicale
filance (en cm)
volume (en mL)
15
10
5
0
0 7 14 21 28
jours
• Développement un peu plus faible de la muqueuse utérine.

Doc. 4 Quelques paramètres du cycle lors de la prise d'un contraceptif oral œstroprogestatif.

Pistes d'exploitation

1 Doc. 1 et 2 : Quelles doivent être les propriétés d'une méthode contraceptive ? Quels facteurs peuvent exercer une influence sur l'utilisation de telle ou telle méthode contraceptive ?

2 Doc. 3 : D'après vos connaissances, quels peuvent être les organes cibles des hormones contenues dans ces pilules ?

3 Doc. 4 : Utilisez vos connaissances pour expliquer le mode d'action de la pilule contraceptive.

4 Doc. 3 et 4 : Pourquoi une femme qui prend une pilule œstroprogestative a-t-elle tout de même des règles ?

Activités pratiques 2

Des réponses à des situations exceptionnelles

Les connaissances acquises dans le domaine de la régulation hormonale de la physiologie sexuelle ont permis la mise au point de substances qui répondent à certaines situations bien précises. C'est par exemples le cas de la contraception d'urgence ou de la pilule contragestive.

- Qu'est-ce que la « pilule du lendemain » ? Comment agit-elle ?
- Sur quel principe repose l'avortement par voie médicamenteuse ?

A Des méthodes contragestives* pour des situations de détresse

• La « **pilule du lendemain** » est une **contraception d'urgence**, à ne réserver qu'à des cas exceptionnels. Elle se présente sous la forme d'un ou de deux comprimés à prendre en une prise unique **le plus rapidement possible** après un rapport sexuel non protégé. Pour une efficacité maximale, elle doit être ingérée dans les 24 premières heures suivant ce rapport sexuel (95 % d'efficacité). Elle peut encore être prise les deux jours suivants, mais avec une efficacité qui diminue nettement (85 % entre 24 et 48 heures, 58 % entre 48 et 72 heures).

• La pilule du lendemain est commercialisée en Belgique sous le nom de Norlevo® ou de Postinor®. Elle peut être obtenue sans ordonnance, de manière anonyme et sans accord parental dans les pharmacies et les centres de planning familial. En pharmacie, elle coûte un peu moins de 10 €, mais elle peut être remboursée en demandant au pharmacien un formulaire à remettre à la mutuelle. Avec ordonnance, elle est gratuite pour les moins de 21 ans.

• La pilule du lendemain contient une hormone (le lévonorgestrel) apparentée aux progestatifs. Son mode d'action est mal connu. Les propriétés « anti-œstrogèniques » du progestatif utilisé pourraient expliquer qu'il empêche l'ovulation si celle-ci ne s'est pas encore produite. De plus, le déséquilibre brutal des concentrations hormonales plasmatiques empêcherait l'implantation de l'œuf. Si le processus de nidation a commencé, il n'est plus efficace.

Lévonorgestrel 0,750 mg
2 COMPRIMÉS
NORLEVO

• La « pilule du lendemain » ne peut être utilisée comme contraception régulière car elle contient des doses élevées d'hormones qui peuvent perturber les cycles menstruels. Son efficacité est également moins importante que celle de la pilule œstroprogestative si elle est prise régulièrement.

Doc. 1 La contraception d'urgence peut être utilisée pour éviter une grossesse non désirée.

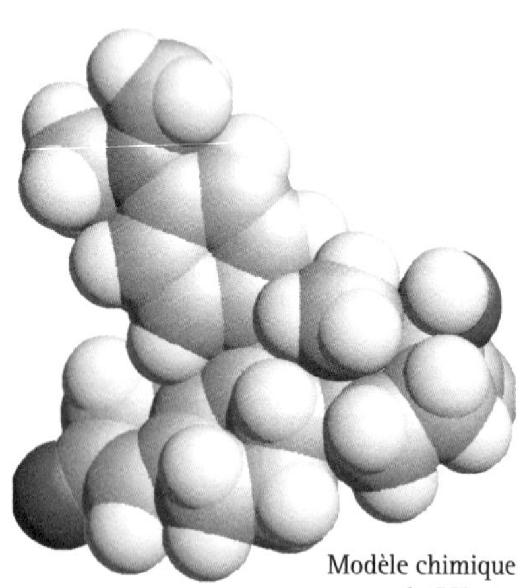

Modèle chimique du RU 486

• L'avortement ou IVG peut dans certains cas être une réponse ultime au constat de grossesse non désirée. Elle est autorisée par la loi pour une femme « que son état place en situation de détresse ». Elle ne peut en aucun cas être considérée comme un moyen de contraception. Elle s'effectue en hôpital ou dans les centres extra-hospitaliers pratiquant l'avortement.

• L'**IVG médicamenteuse** (Mifegyne® (RU486) puis prostaglandine) arrête une grossesse toute débutante (moins de 7 semaines de grossesse). Elle est administrée au cas par cas sous contrôle médical précédé d'un entretien psychologique préalable effectué *au plus tard* le 42e jour du cycle. Elle provoque une IVG précoce.

• L'**IVG par aspiration** doit être pratiquée avant la 12e semaine de grossesse (14e semaine d'aménorrhée) sous contrôle médical et psychologique, après un délai obligatoire de réflexion de 6 jours. La demande doit donc être effectuée au plus tard à la 11e semaine de grossesse.

Doc. 2 L'IVG (interruption volontaire de grossesse) se pratique sous forme médicamenteuse ou par méthode chirurgicale.

B Le mode d'action du RU 486

Première expérience, réalisée sur trois lots de lapines

	Lot 1	Lot 2	Lot 3
Protocole	Injection d'œstrogène	Injection d'œstrogène puis de progestérone	Absorption orale de RU 486 puis injection d'œstrogène et de progestérone
Résultats : coupe transversale d'utérus* après traitement	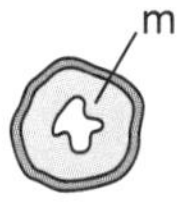 m	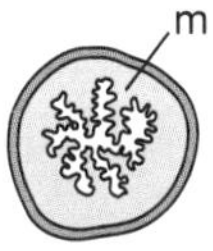 m	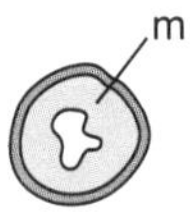 m

* Les schémas sont à la même échelle. m : muqueuse utérine

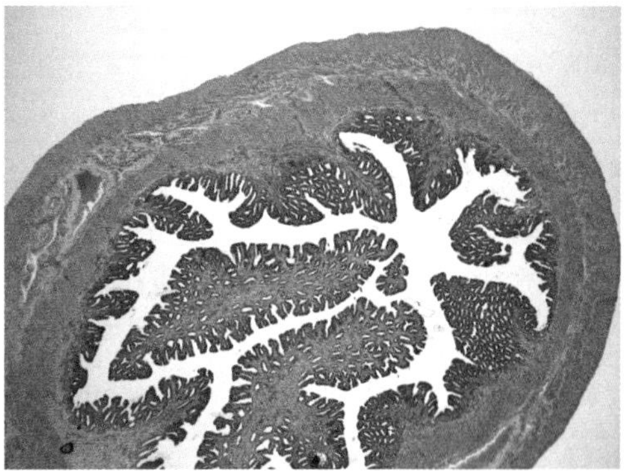

a

Deuxième expérience, réalisée sur trois lots de rates

	Lot 1	Lot 2	Lot3
Protocole	Injection de RU 486 marqué	Injection de progestérone marquée	Injection de RU 486 non marqué puis de progestérone marquée

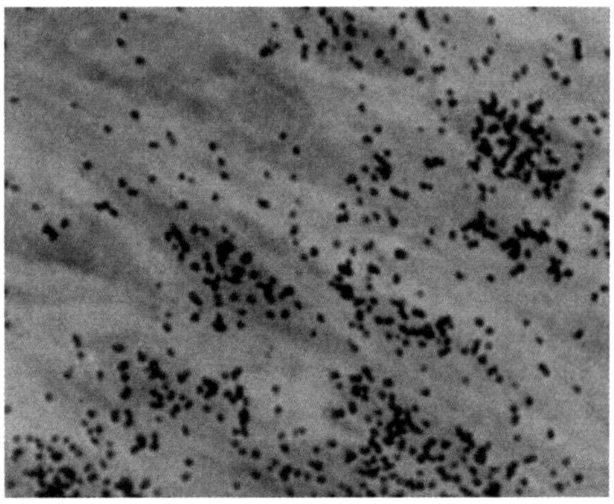

b

Résultats

Quinze minutes après ces injections, on réalise des coupes d'utérus que l'on met en contact avec une émulsion photographique. On peut ensuite compter les grains d'argent qui correspondent aux molécules marquées fixées sur leurs récepteurs, dans les cellules de la muqueuse d'une part, dans les cellules du muscle utérin d'autre part.

La photographie **b** présente une autoradiographie ainsi obtenue.

Le graphe correspond aux comptages effectués (moyennes sur 300 cellules).

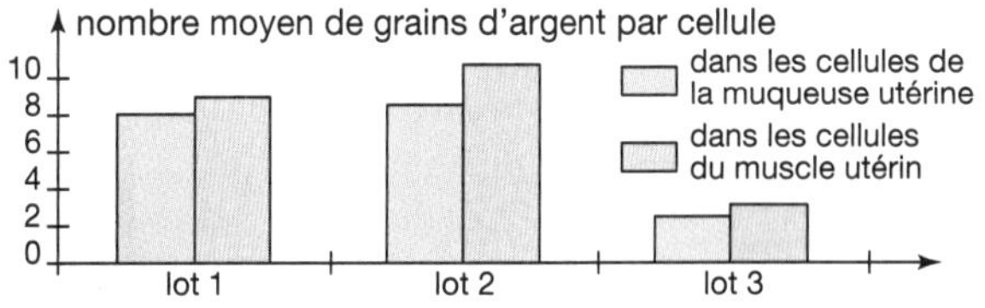

nombre moyen de grains d'argent par cellule
10
8
6
4
2
0
dans les cellules de la muqueuse utérine
dans les cellules du muscle utérin
lot 1
lot 2
lot 3

Doc. 3 Une étude expérimentale qui met en évidence l'action et le mode d'action du RU 486.

Lexique

• **Contragestive** : mot dérivé de « contragestion », qualifie les méthodes qui s'opposent au développement d'une grossesse débutante.

Pistes d'exploitation

1 **Doc. 1** : Pourquoi qualifie-t-on la pilule du lendemain de « contraception d'urgence » ? À l'aide de vos connaissances, expliquez comment cette substance pourrait empêcher l'ovulation.

2 **Doc. 1 et 2** : Quelle différence faites-vous entre méthode contraceptive et méthode contragestive ?

3 **Doc. 3** : Quelle action du RU 486 est ici mise en évidence ?

4 **Doc. 2 et 3** : Proposez une explication au mode d'action du RU 486. Comment peut-on alors expliquer que cette substance puisse interrompre une grossesse ?

Activités pratiques 3

La surveillance de la grossesse

Pendant toute la grossesse, le suivi médical de la femme et du fœtus a pour but de déceler d'éventuels problèmes. Dans certains cas, on est amené à pratiquer des examens approfondis permettant la détection d'une anomalie importante.

- Quels sont les principaux moyens d'investigation utilisés ?
- Quelles informations apporte cette surveillance de la grossesse ?

A Les examens **échographiques***

• L'examen échographique réalisé pendant la 11e semaine de grossesse (13e semaine d'aménorrhée) détecte une éventuelle grossesse multiple et permet de mesurer l'embryon, précisant ainsi l'âge de la grossesse. L'examen morphologique de la tête, du tronc et des membres a pour but de s'assurer qu'il n'y a pas de malformation importante. La mesure de la « clarté nucale » (espace situé à l'arrière des tissus musculaires cervicaux) est un indice important : en effet, une trop forte épaisseur indique un risque élevé d'anomalie chromosomique (trisomie 21).

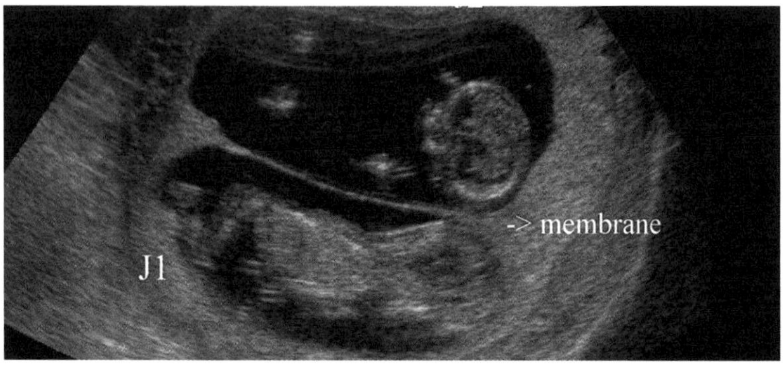
-> membrane
J1

• Le deuxième bilan échographique est réalisé entre 19 et 21 semaines de grossesse (21 à 23 semaines d'aménorrhée). Le fœtus est trop grand pour être vu en entier (il mesure environ 20 cm) mais les organes sont suffisamment développés pour qu'un « check up » complet puisse être réalisé. On cherche ainsi à dépister d'éventuelles malformations et à déceler des signes révélateurs d'anomalies chromosomiques. On pourra aussi constater le sexe du fœtus.

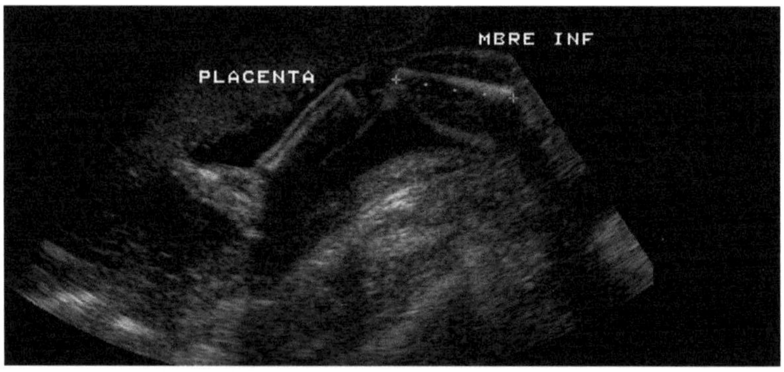
MBRE INF
PLACENTA

• L'échographie du troisième trimestre (29 à 31 semaines de grossesse soit 31 à 33 semaines d'aménorrhée) est le dernier examen préconisé avant la naissance. Elle permet de préciser la présentation du fœtus et la localisation du placenta. La mesure du périmètre abdominal est un bon indicateur de la croissance fœtale. On vérifie également le bon développement des organes tels que les reins, le cœur, le cerveau.

L'examen Doppler* examine plus précisément la circulation sanguine (cavités cardiaques, cordon ombilical, vaisseaux sanguins).

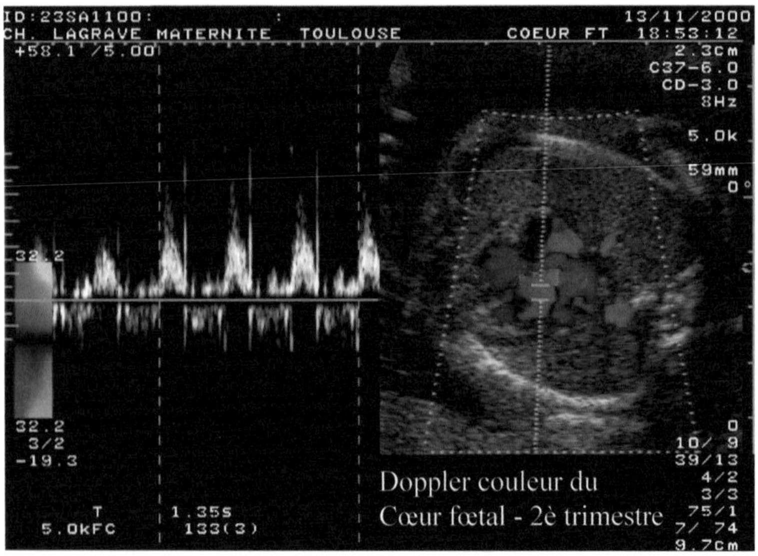
ID:23SA1100:
13/11/2000
CH. LAGRAVE MATERNITE TOULOUSE
COEUR FT 18:53:12
+58.1 /5.00
2.3cm
C37-6.0
CD-3.0
8Hz
5.0k
59mm
0°
32.2
32.2
3/2
-19.3
T
5.0kFC
1.35s
133(3)
0
10/ 9
39/13
4/2
3/3
75/1
7/ 74
9.7cm
Doppler couleur du
Cœur fœtal - 2è trimestre

Doc.1 Trois examens échographiques (un par trimestre) sont préconisés au cours d'une grossesse.

B Le dépistage prénatal des anomalies graves

Certaines techniques permettent de prélever des cellules fœtales pour réaliser des examens et établir un diagnostic prénatal :

- L'amniocentèse est la technique la plus fréquemment utilisée. Elle consiste à ponctionner environ 20 mL de liquide amniotique dans lequel se trouvent des cellules du fœtus. Il est nécessaire d'attendre la quinzième semaine d'aménorrhée avant d'effectuer ce prélèvement.
- La choriocentèse et le prélèvement de villosités du futur placenta ; elle peut être pratiquée dès la dixième semaine d'aménorrhée.
- Plus tardivement, on peut pratiquer une ponction de sang fœtal dans le cordon ombilical (cordocentèse).

À partir de ces prélèvements, plusieurs types d'examens peuvent être réalisés pour rechercher une anomalie :

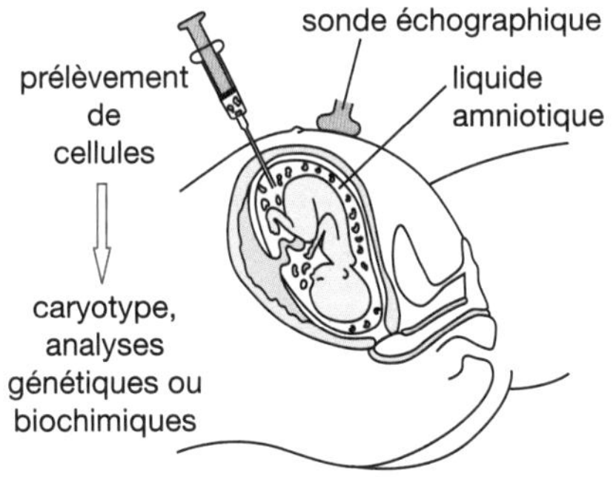
sonde échographique
prélèvement de cellules
liquide amniotique
caryotype, analyses génétiques ou biochimiques

- L'établissement du caryotype permet de déceler des anomalies chromosomiques (la plus fréquente est la trisomie 21).
- Des analyses biochimiques peuvent révéler certaines maladies génétiques.
- On sait aujourd'hui faire la recherche précise de gènes de certaines maladies héréditaires.

Le diagnostic prénatal n'est proposé que si un risque le justifie : celui d'une maladie ou malformation du fœtus particulièrement grave et incurable. Il sera alors possible de proposer une interruption médicale de la grossesse.

Doc. 2 Le prélèvement et l'analyse des cellules fœtales.

En pratique, le diagnostic prénatal sera proposé dans les familles que l'on sait porteuses d'anomalies chromosomiques ou de maladies génétiques (mucoviscidose, myopathie...) ou si des signes évocateurs apparaissent lors des échographies.

- Une attention particulière est portée sur la trisomie 21 (mongolisme) car c'est une anomalie relativement fréquente et elle est la première cause génétique de retard mental.

Un facteur de risque important est l'âge maternel : en effet, alors qu'environ un enfant sur 700 naît avec une trisomie 21, le risque est estimé à 1/60 si la femme est âgée de plus de 40 ans. C'est pourquoi le diagnostic prénatal avec réalisation du caryotype fœtal est proposé en Belgique à toutes les femmes enceintes de plus de 35 ans.

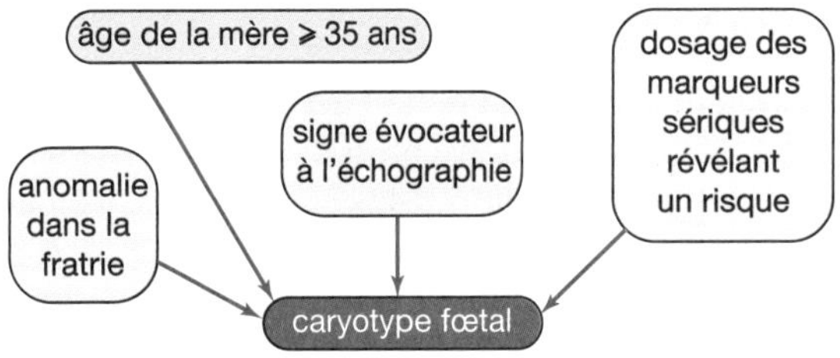
âge de la mère ≥ 35 ans
signe évocateur à l'échographie
dosage des marqueurs sériques révélant un risque
anomalie dans la fratrie
caryotype fœtal

- Chez les femmes de moins de 35 ans, on proposera la réalisation d'une amniocentèse si un marqueur indique un risque accru d'avoir un enfant trisomique :
  - une mesure échographique de la clarté nucale du fœtus au cours de la 11e semaine de grossesse est un signe évocateur de l'existence d'une possible trisomie 21 ;
  - des substances (marqueurs sériques) peuvent être dosées dans le sang de la mère entre la 13e et la 15e semaine de grossesse et permettent de faire un calcul statistique du risque de trisomie 21. Si ce risque est considéré comme relativement élevé (supérieur à 1/250), une amniocentèse est proposée.

Dans 98 à 99 % des cas, le caryotype fœtal sera normal. Néanmoins, les 1 à 2 % d'analyses « positives » permettent de déceler 60 à 70 % des cas de trisomie 21.

Doc. 3 Dépister les grossesses à risque.

Lexique

- **Échographie** : méthode d'exploration médicale et d'imagerie basée sur la réflexion d'ultrasons par les organes.
- **Examen Doppler** : l'effet Doppler correspond à un modification de la fréquence des ultrasons lorsque la source émettrice est en déplacement. En examen « Doppler couleur », un programme informatique colore différemment tout ce qui se rapproche de la sonde et tout ce qui s'en éloigne. Il est ainsi possible de déceler les structures mobiles et leur sens de déplacement.

Pistes d'exploitation

1 **Doc. 1** : Pour chacune des échographies présentées, indiquez ce que l'on peut repérer.

2 **Doc. 2** : La surveillance de la grossesse répond à une demande de la société mais soulève aussi divers problèmes, éthiques notamment. Formulez-en quelques-uns.

3 **Doc. 1 et 3** : Pourquoi mesure-t-on la « clarté nucale » au cours du 1er examen échographique ?

Activités pratiques 4

Le recours aux techniques de procréation médicalement assistée

Un couple qui ne peut procréer naturellement dispose aujourd'hui de plusieurs techniques palliatives. Chaque situation appelle une réponse adaptée dont la mise en œuvre est plus ou moins lourde.

- Quelles sont, chez l'homme et chez la femme, les principales causes d'infertilité ?
- Dans quelles situations peut-on recourir aux techniques d'assistance médicale à la procréation ?

A Des techniques qui tentent de répondre aux principales causes d'infertilité

Environ 14 % des couples consultent un jour un médecin parce qu'ils ne parviennent pas à obtenir une grossesse. Des explorations permettent de diagnostiquer les causes de cette infertilité. Dans la pratique, c'est en général au terme d'une année après l'arrêt de toute contraception qu'un bilan et un traitement éventuel sont envisagés.

Principales causes d'origine féminine

- Les **troubles de l'ovulation** (20 à 35 % des cas) peuvent être révélés lors de l'établissement d'une courbe de température (en effet, l'ovulation et la deuxième partie du cycle s'accompagnent d'une élévation de la température corporelle de 0,5 °C). Ces troubles pourront être précisés en réalisant une échographie des ovaires et leur origine sera recherchée en effectuant un bilan hormonal.
- L'**obstruction** ou l'**altération des trompes utérines** représente 25 à 40 % des causes de stérilité féminine. Ces anomalies sont très souvent consécutives à des infections génitales (maladies sexuellement transmissibles notamment).
- Les **troubles de la réceptivité au sperme** (10 à 15 % des cas) sont évalués en étudiant différents paramètres de la glaire cervicale et de la mobilité des spermatozoïdes en présence de cette glaire.
- D'autres anomalies peuvent être impliquées.

Principales causes d'origine masculine

- **Oligospermie** : nombre insuffisant de spermatozoïdes. Normalement, il y a au moins 20 millions de spermatozoïdes par mL de sperme. On considère généralement qu'un nombre inférieur à 10 millions . mL^{-1} peut être responsable d'une infertilité.
- **Azoospermie** : dans ce cas, il n'y a aucun spermatozoïde dans le sperme. Il peut s'agir d'une absence de production par les testicules ou d'une obturation des canaux permettant l'acheminement des spermatozoïdes.
- **Asthénospermie** : défaut de mobilité des spermatozoïdes. Il y a normalement au moins 50 % de spermatozoïdes mobiles dans le sperme.
- **Tératospermie** : qualifie un taux anormalement élevé de spermatozoïdes anormaux. Le pourcentage minimal de spermatozoïdes normaux dans un sperme normal varie entre 15 et 50 %. Les anomalies peuvent intéresser toutes les parties du spermatozoïde (tête, flagelle).

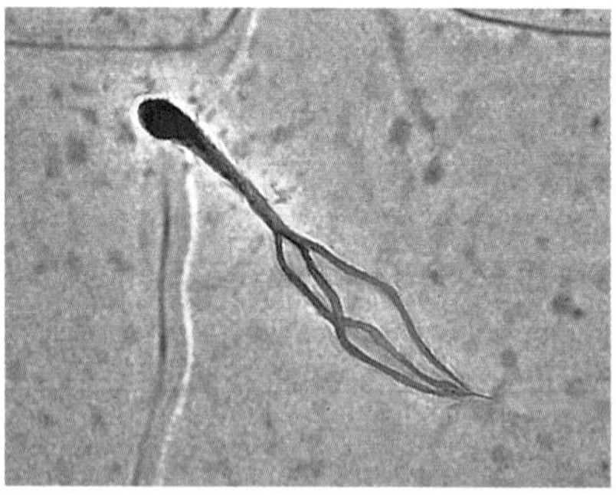

Doc. 1 L'infertilité et ses causes.

Fécondation *in vitro* (FIV) (année 2014)

Ponction d'ovocytes	151 899
Ovocytes inséminés[1] (par FIV (18,84 %), ICSI (72,98 %), FIV + ICSI (8,18 %)	128 130
Transferts d'embryons frais (nombres transférés : 1 (57,35 %), 2 (35,51 %), 3 (36,29 %)	22 206
Transferts d'embryons cryopréservés	23 480
Taux de réussite global[2] (selon l'âge de la mère (ans) : < 36 : 28,8 % ; 36-40 : 20,1 % ; 40-43 : 10,6 %)	± 20 %

Plus de 10 000 couples bénéficient chaque année des techniques de procréation médicalement assistée (PMA). Depuis 1983, date des débuts de la FIV en Belgique, des dizaines de milliers d'enfants sont nés grâce à ces techniques. Ils représentent aujourd'hui près de 4 % des naissances et ce chiffre devrait encore augmenter.

(1) Les techniques de fécondation *in vitro* sont présentées pages 256-257.

(2) La probabilité moyenne d'obtenir une grossesse pour un couple fertile est d'environ 25 % par cycle.

Doc. 2 Quelques données récentes sur le recours à différentes techniques de procréation médicalement assistée en Belgique [sources : Belrap (*Belgian Register for Assisted Procreation*)].

B Insémination artificielle et stimulation ovarienne

• L'insémination artificielle avec le sperme du conjoint consiste à injecter dans la cavité utérine des spermatozoïdes « préparés ». Ainsi, la glaire cervicale est « court-circuitée », ce qui augmente les chances de fécondation. La plupart du temps, la stimulation des ovaires (voir ci-dessous) permettra de maîtriser l'ovulation et de choisir le moment le plus propice. Différentes méthodes permettent de séparer les spermatozoïdes du reste du sperme et de sélectionner les spermatozoïdes normaux et les plus mobiles.

• L'utilisation des spermatozoïdes d'un donneur de sperme est parfois le seul recours possible. Le don de gamètes est strictement encadré par la loi belge depuis 2007 : il est bénévole et généralement anonyme. Le donneur doit être fertile et indemne de toute maladie transmissible par le sperme, ce qui est vérifié par un examen médical. Le sperme est alors congelé pendant au moins six mois (paillettes conservées dans l'azote liquide à – 196 °C), période au terme de laquelle des examens vérifient à nouveau qu'aucun agent infectieux (hépatite, SIDA...) ne s'est déclaré chez le donneur depuis le don. La filiation s'établit selon les lois habituelles.

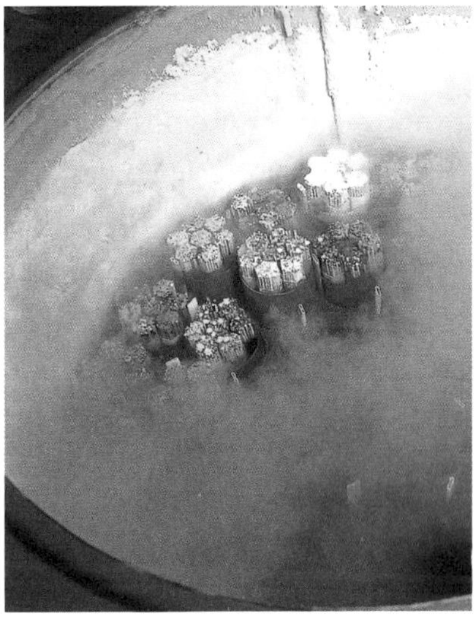

Doc. 3 Deux cas très différents : l'insémination artificielle avec sperme du conjoint (IAC) ou avec sperme de donneur (IAD).

La stimulation ovarienne s'effectue en deux temps : la première étape consiste en injections quotidiennes (à partir du 3e ou du 5e jour du cycle) d'une hormone proche de la FSH. À partir du 10e jour, on commence à surveiller par échographie le nombre et la taille des follicules ovariens. Lorsque le développement folliculaire est jugé suffisant, on peut alors déclencher l'ovulation : une injection d'hormone HCG (Gonadotrophine Chorionique Humaine) mime un pic de LH. L'ovulation se produit en général 37 à 40 heures après cette injection. On peut également utiliser un produit aux propriétés « anti-oestrogéniques », ce qui permet d'accroître la production de FSH naturelle par l'hypophyse.

On essaie autant que possible d'obtenir la production d'un seul ovocyte pour une fécondation naturelle ou d'un grand nombre d'ovocytes pour la fécondation in vitro.

Photographies : **a** – une conséquence éventuelle de la stimulation ovarienne ; **b** – échographie d'un ovaire après stimulation hormonale.

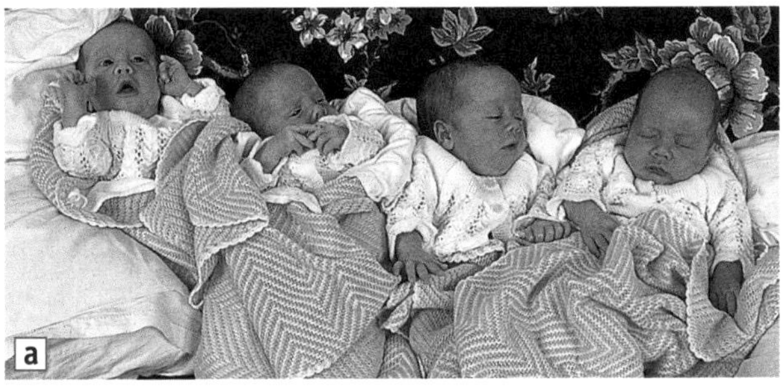
a

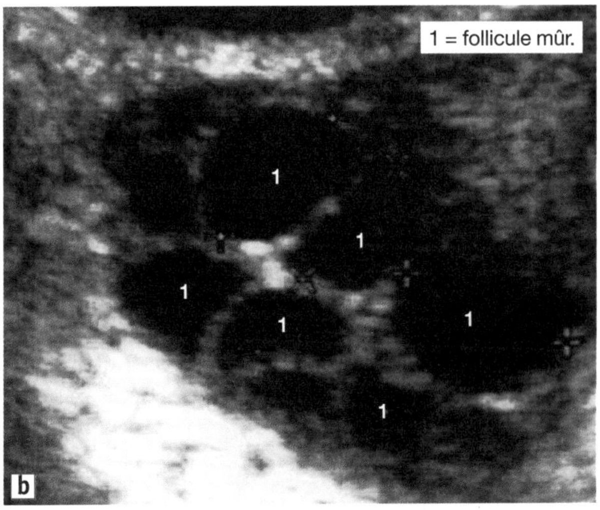
1 = follicule mûr.
1
1
1
1
1
1
b

Doc. 4 Stimuler la production d'ovocytes.

Pistes d'exploitation

1 **Doc. 1** : Expliquez en quoi les différentes anomalies citées peuvent être à l'origine d'une infertilité.

2 **Doc. 2** : Comparez le taux de réussite des techniques présentées dans ce document à la fertilité naturelle d'un couple.

3 **Doc. 1 à 4** : À quelles causes de stérilité peuvent répondre les techniques de procréation médicalement assistée mentionnées dans ces documents ?

4 **Doc. 4** : Pour chacune des substances utilisées, précisez l'organe ou la structure cible et expliquez les effets recherchés.

Activités pratiques 5

La fécondation *in vitro* et le transfert d'embryon

Depuis Louise Brown, premier « bébé éprouvette » né en 1978, la fécondation *in vitro* s'est considérablement développée. Au-delà des gestes techniques, cette méthode exige un traitement hormonal approprié qui résulte des connaissances acquises dans le domaine de la physiologie sexuelle.

- Quelles sont les principales étapes de la fécondation *in vitro* ?
- Comment contrôle-t-on le fonctionnement des organes impliqués ?

A La fécondation *in vitro* nécessite le contrôle sexuel féminin

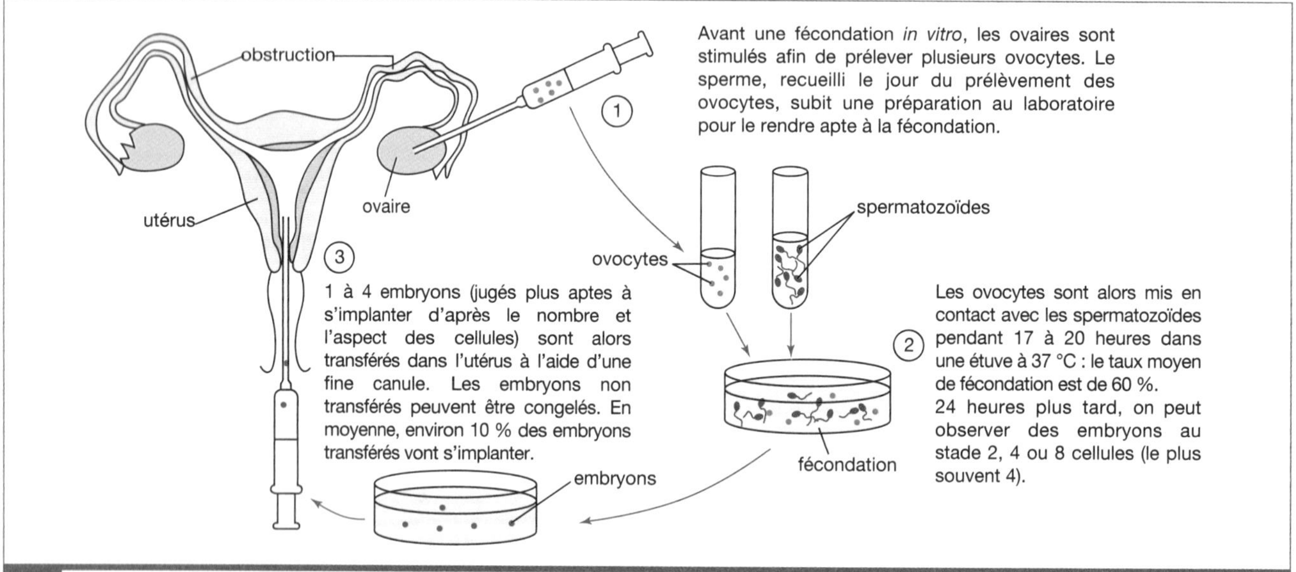

obstruction
utérus
ovaire
① Avant une fécondation *in vitro*, les ovaires sont stimulés afin de prélever plusieurs ovocytes. Le sperme, recueilli le jour du prélèvement des ovocytes, subit une préparation au laboratoire pour le rendre apte à la fécondation.
spermatozoïdes
ovocytes
② Les ovocytes sont alors mis en contact avec les spermatozoïdes pendant 17 à 20 heures dans une étuve à 37 °C : le taux moyen de fécondation est de 60 %.
24 heures plus tard, on peut observer des embryons au stade 2, 4 ou 8 cellules (le plus souvent 4).
fécondation
③ 1 à 4 embryons (jugés plus aptes à s'implanter d'après le nombre et l'aspect des cellules) sont alors transférés dans l'utérus à l'aide d'une fine canule. Les embryons non transférés peuvent être congelés. En moyenne, environ 10 % des embryons transférés vont s'implanter.
embryons

Doc. 1 Les principales étapes de la FIVETE (Fécondation In Vitro Et Transfert d'Embryon).

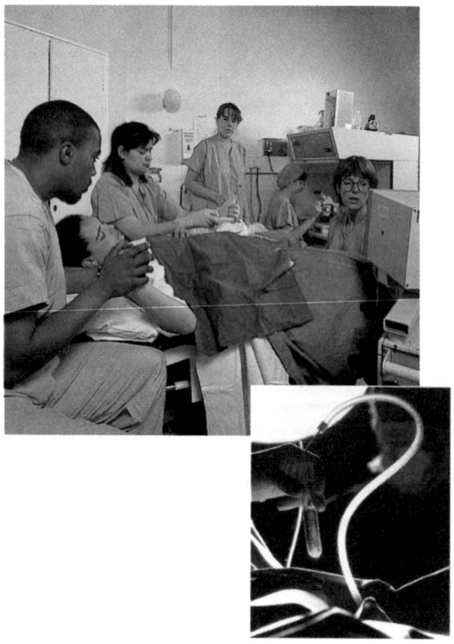

- **Phase de blocage**

Commencée aux alentours des règles, cette phase a pour but de bloquer les sécrétions hormonales. On pratique des injections d'un antagoniste de la GnRH qui bloque les récepteurs de celle-ci sur l'hypophyse. Ce traitement peut provoquer quelques effets secondaires. Au bout d'une dizaine de jours de traitement, si la qualité de la phase de blocage est correcte, la phase de stimulation peut commencer.

- **Phase de stimulation**

Elle a pour but d'obtenir la croissance de plusieurs follicules permettant ainsi le recueil de plusieurs ovocytes. Pendant cette phase, le traitement du blocage est poursuivi. On pratique alors des injections de FSH humaine ou de synthèse. Après 8 ou 10 jours, on surveille les effets produits, par échographie et par dosage hormonal, de façon à adapter le traitement.

- **Déclenchement de l'ovulation**

Lorsque la stimulation et la maturation folliculaire sont suffisantes, on mime un pic de LH par une injection d'HCG. La ponction des ovocytes sera réalisée 36 heures après l'injection (l'ovulation se produirait 37 à 40 heures après cette injection).

- **Préparation de l'implantation**

Après la ponction des ovocytes, la femme reçoit un traitement endovaginal d'un progestatif pendant 8 jours.

D'après les centres de procréation médicalement assistée, CHC Liège Rocourt et CHU Toulouse.

Doc. 2 Un exemple de traitement hormonal associé à la FIVETE.

B Des techniques bien maîtrisées

Le sperme est habituellement obtenu par masturbation, après deux ou trois jours d'abstinence. Le sperme subit alors divers traitements nécessaires pour rendre les spermatozoïdes aptes à la fécondation. Environ une heure après la récolte des ovocytes, ces derniers sont mis en présence de quelque 50 000 spermatozoïdes.

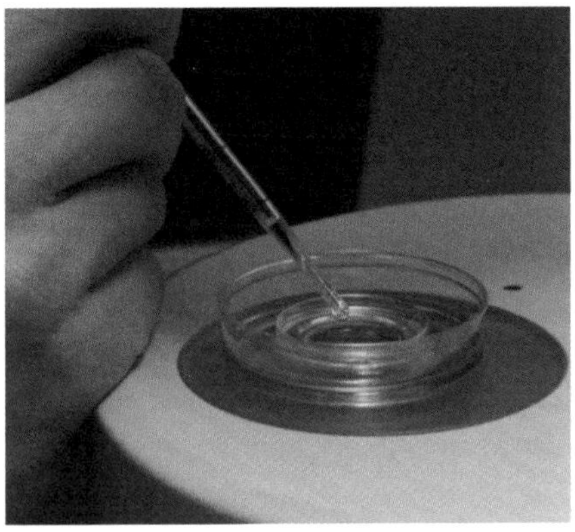

Le milieu de culture contenant ovocytes et spermatozoïdes est placé en étuve à 37 °C durant environ 20 heures.

Le lendemain, les ovocytes sont débarrassés des cellules qui les entourent, ce qui permet leur observation directe.

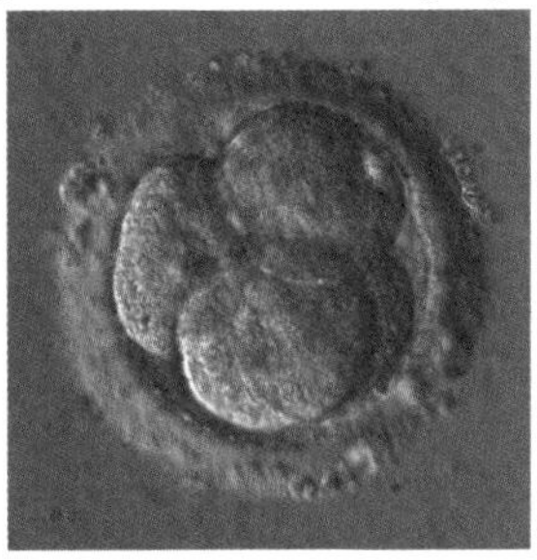

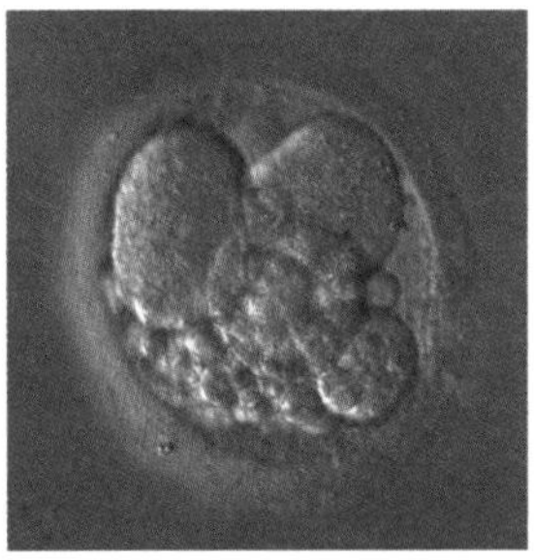

La présence de deux noyaux atteste de la fécondation. Ceux qui ont plus de deux noyaux sont éliminés. 24 heures après, on peut observer des embryons qui sont classés, d'après leur aspect morphologique, en quatre types.

2 à 3 jours après la ponction des ovocytes, les embryons sont déposés dans la cavité utérine, à l'aide d'une fine canule.

Doc. 3 De la fécondation au transfert d'embryon.

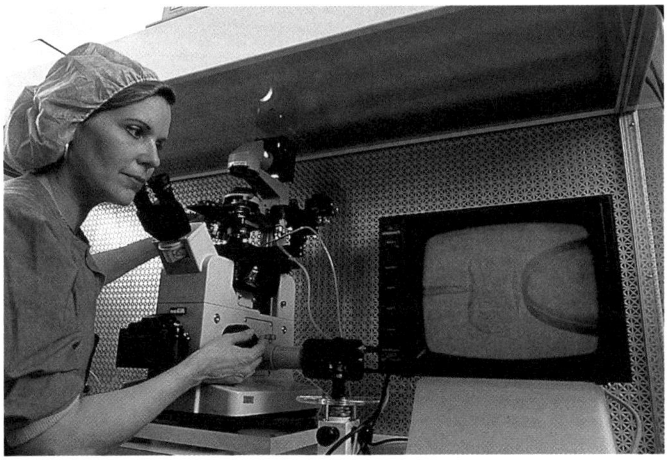

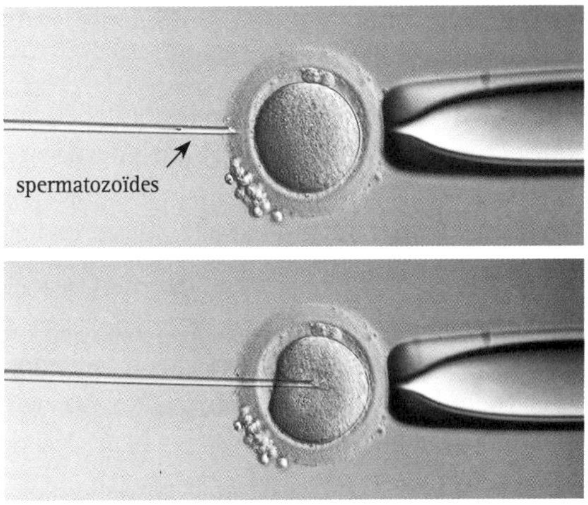
spermatozoïdes

Doc. 4 Une technique très directe : l'injection intra-cytoplasmique du spermatozoïde, ou ICSI (voir p. 262).

Pistes d'exploitation

1 **Doc. 1 et 2** : Pourquoi cherche-t-on à recueillir plusieurs ovocytes, quitte à congeler les embryons non transférés ?

2 **Doc. 2** : Expliquez comment l'utilisation d'un antagoniste de la GnRH permet de bloquer les cycles de l'ovaire et de l'utérus. Précisez l'organe cible et le rôle des différentes substances utilisées.

3 **Doc. 1 et 3** : Pourquoi transfère-t-on en général plusieurs embryons ?

4 **Doc. 4** : Quel peut être l'avantage de cette technique ?

5 **Doc. 1 à 4** : Quels problèmes d'ordre éthique peuvent poser les méthodes présentées ici ?

La maîtrise de la procréation

Depuis une quarantaine d'années, la fertilité mondiale a considérablement décru, y compris dans les pays en voie de développement où le nombre moyen d'enfants par femme est passé de 6 en 1960 à 2,8 en 2000. Cette diminution est à attribuer au développement de la contraception : dans le monde, environ 57 % des femmes en âge de procréer utilisent une méthode contraceptive. Parallèlement, les progrès des connaissances et des techniques assurent un meilleur suivi des grossesses et permettent à certains couples infertiles de réaliser leur désir d'enfant.

1 La régulation des naissances

1. Diverses méthodes contraceptives

Le terme de contraception désigne (selon l'acception en vigueur en Belgique) l'ensemble des méthodes qui permettent aux couples de choisir le moment où ils désirent avoir un enfant. Un moyen contraceptif doit donc pouvoir empêcher de façon fiable une grossesse, mais doit être réversible.

• Les méthodes anciennes ou « naturelles » (retrait, méthode des températures...) sont encore pratiquées mais connaissent un fort taux d'échec.

• La **contraception hormonale** (essentiellement sous forme de pilule anticonceptionnelle, mais aussi sous forme de patch, d'anneau vaginal, d'implant ou d'injections) est la méthode la plus efficace et la plus utilisée en Belgique.

• Le **stérilet** est un petit objet en forme de T (associé à un fil de cuivre ou une réserve de progestérone) placé dans la cavité utérine par le médecin. Il rend la fécondation difficile et s'oppose à la nidation, avec une très bonne efficacité. Il est plutôt utilisé par les femmes ayant déjà procréé.

• Le **préservatif masculin** (le féminin est moins utilisé) une méthode contragestive et le seul moyen de protection contre le SIDA et des autres infections sexuellement transmissibles (ou IST). Son efficacité anticonceptionnelle n'étant pas totale, l'association préservatif et pilule peut constituer un choix judicieux. Le **diaphragme** associé à une **crème spermicide**, est aussi un moyen de contraception ponctuel, plus fréquemment utilisé dans les pays anglo-saxons.

• Pour les couples ne désirant plus d'enfant, la **ligature des trompes** chez la femme ou la **vasectomie** (section des canaux déférents) chez l'homme sont des solutions plus définitives.

2. Le principe de la contraception hormonale

• La contraception hormonale la plus utilisée associe, sous la forme d'un comprimé à avaler (« pilule »), deux hormones de synthèse, dérivées de l'œstradiol et de la progestérone (d'où le nom d'« **oestroprogestative** » donné à ce type de pilule).

Parmi les différentes formes, la pilule **combinée** ou **monophasique** est la plus fréquente. La **prise quotidienne** de cette pilule par la femme (à partir du 1er jour des règles pendant 21 jours ou parfois 24 jours consécutifs) exerce un **rétrocontrôle négatif** sur le complexe hypothalamo-hypophysaire. Les gonadostimulines sont alors très faiblement sécrétées. En conséquence, l'ovaire est mis au repos : la croissance folliculaire est arrêtée et, de toute façon, l'ovulation est impossible puisqu'il n'y a plus de pic de LH.

Si les ovaires sont « bloqués », la **muqueuse utérine**, en revanche, subit une croissance à peu près normale suite à l'action des hormones contenues dans la pilule. C'est pourquoi, dans la semaine qui suit la prise de la dernière pilule d'une plaquette, des règles (dites de privation hormonale) surviennen ; elles sont déclenchées par la chute du taux sanguin des hormones de synthèse.

• L'**efficacité** de la pilule est de près de 100 % si elle est prise correctement. Le démarrage trop tardif de la prise d'une plaquette ou l'oubli de la prise d'un comprimé sont les principales causes d'échec de la pilule.

• La pilule est délivrée sur **prescription médicale** car la prise d'hormones doit être adaptée à chaque personne (il existe des contre-indications) et régulièrement surveillée. Elle peut être délivrée aux mineures (sans autorisation parentale nécessaire) dans les centres de planning familial.

• Certaines pilules ne contiennent qu'un progestatif : leur action contraceptive s'exerce sur la glaire cervicale et sur la muqueuse utérine mais leur efficacité est un peu inférieure à celle des pilules œstroprogestatives.

• La contraception hormonale masculine est encore à l'état de recherche.

2 Des réponses à des situations exceptionnelles

1. La contraception d'urgence

• La pilule dite « **pilule du lendemain** » permet d'éviter le début d'une grossesse en cas de rapport sexuel non protégé (absence de contraception, oubli de pilule...).

Cette pilule doit alors être prise **le plus tôt possible** après la relation sexuelle, si possible dans les 24 heures qui suivent. Elle peut être prise dans les 3 jours au plus tard, mais son efficacité est d'autant plus grande qu'elle est prise précocement. En Belgique, elle est disponible sans ordonnance, de manière anonyme et sans autorisation parentale nécessaire, dans les pharmacies et dans les centres de planning familial.

• L'**action de cette pilule** semble due à plusieurs mécanismes : elle contient un progestatif qui perturbe l'ovulation (si elle n'a pas encore eu lieu) et agit sur l'utérus (muqueuse et glaire) s'opposant notamment à la nidation. Donc, contrairement à une idée répandue, cette pilule ne provoque pas un avortement.

• L'**efficacité** de la pilule du lendemain, sans être totale, est cependant très bonne. Néanmoins, compte tenu de certains effets secondaires, cette pilule ne peut constituer un moyen de contraception utilisé régulièrement.

2. L'interruption de la grossesse

• Depuis 1990, l'**interruption volontaire de grossesse (IVG)** est autorisée en Belgique. Toute femme enceinte, que son état place en situation de détresse, a le droit de demander une IVG. Aucune autorisation parentale n'est requise pour les mineures (moins de 18 ans).

• L'avortement doit se dérouler dans un hôpital ou dans un centre extrahospitalier pratiquant des avortements. Il doit intervenir avant la fin de la 12e semaine à partir de la conception, soit dans les 14 semaines après le début des dernières règles. Pour motif médical, l'IVG est autorisée pendant toute la durée de la grossesse, par exemple si la poursuite de celle-ci met la mère en danger ou si le fœtus est atteint d'une maladie grave.

• Qu'elle soit réalisée de manière médicamenteuse ou de manière chirurgicale, l'interruption volontaire de grossesse doit obligatoirement être précédée par une séance d'accueil apportant des informations d'ordre médical, psychologique et juridique. Un délai minimum de 6 jours est imposé entre ce premier entretien et l'IVG proprement dite. Il faut donc en tenir compte dans la planification de l'IVG.

• En fonction des circonstances, le médecin pourra décider d'une **IVG classique**, chirurgicale, qui se fait par aspiration de l'embryon sous anesthésie locale, ou d'une **IVG médicamenteuse**. Celle-ci n'est possible que pour des grossesses débutantes, de **moins de 7 semaines** de grossesse. Il s'agit de l'administration d'une « anti-hormone », le **RU 486** commercialisé sous le nom de Myfégyne®. Sa molécule présente une partie analogue à celle de la progestérone et se fixe dès lors sur les récepteurs de l'hormone naturelle, à la place de cette dernière. La muqueuse utérine est alors détruite suite à la chute ressentie de progestérone, comme à la fin d'un cycle naturel. La grossesse est donc stoppée, d'où le nom de « **pilule abortive** » donné à ce produit. 48 heures après la prise de Myfégyne®, une administration de **prostaglandines** provoque une **fausse couche** s'accompagnant de contractions et de saignements. La durée de cette phase est de plusieurs heures mais varie d'une femme à l'autre.

3 La procréation médicalement assistée (PMA)

1. L'infertilité et ses causes

• Chez un couple « normalement fertile » et n'utilisant pas de méthode contraceptive, la probabilité moyenne d'obtenir une grossesse est d'environ 25 % par cycle. On parle d'**hypofertilité** lorsque cette probabilité est de moins de 5 %. Un couple sur six consulte un jour un médecin pour des difficultés à procréer : on considère qu'un couple est **infertile** s'il n'a pas obtenu de grossesse au bout de deux ans de relations sexuelles sans contraception.

• Les **causes** de stérilité réelle sont multiples : problèmes chez les deux membres du couple (40 %), chez la femme (33 %) ou chez l'homme (21 %). Il est rare qu'aucune cause ne puisse être identifiée (7 %). Chez la femme, les causes les plus fréquentes sont l'absence d'ovulation et l'obturation des trompes utérines. Chez l'homme, les anomalies concernent surtout le nombre, la mobilité et la structure des spermatozoïdes.

2. Un éventail de techniques

• **Le don de gamètes ou d'embryons**

Cette solution est strictement réservée aux cas où l'homme ou la femme (ou les deux) ne peuvent produire de gamètes ou bien si une maladie grave risque d'être transmise à l'enfant. En Belgique, ces dons sont régis par une loi depuis 2007. Bien que le don soit anonyme, des informations sur le donneur (couleur de peau, des yeux, des cheveux et groupe sanguin) sont conservées afin d'en tenir compte en relation avec les caractéristiques des parents. Des analyses médicales sont effectuées pour prévenir tout risque de maladie. La congélation préalable du sperme pendant un minimum de 6 mois est aussi nécessaire pour s'assurer que le donneur n'était pas, au moment du don, en phase d'incubation d'une maladie grave et transmissible.

• **L'insémination artificielle avec le sperme du conjoint**

Cette technique permet de pallier certains problèmes de stérilité d'origine masculine (sélection des spermatozoïdes les plus mobiles par exemple). Le taux de grossesse est cependant inférieur à celui des couples naturellement fertiles : ± 20 % par cycle. Il faut donc souvent plusieurs tentatives.

• **La stimulation ovarienne**

Elle est pratiquée en cas de dysfonctionnement de l'ovaire mais aussi dans les protocoles de fécondation *in vitro* ou d'insémination artificielle. Un traitement hormonal adapté permet d'une part de provoquer la maturation des follicules ovariens et d'autre part de déclencher l'ovulation. L'échographie permet d'apprécier l'efficacité du traitement. Un des problèmes est le risque de grossesses multiples.

• **La fécondation *in vitro***

Cette technique est indiquée dans le cas d'une obstruction des trompes utérines qui empêche la rencontre des spermatozoïdes et des ovocytes. Dans la technique classique, les ovocytes prélevés par ponction sont mis en contact avec les spermatozoïdes dans un récipient et la fécondation s'effectue spontanément. Actuellement, une technique récente se développe : il s'agit de l'injection directe, sous le microscope, d'un spermatozoïde dans le cytoplasme de l'ovocyte (**ICSI**, *IntraCytoplasmic Sperm Injection*).

Après la fécondation et les premières divisions cellulaires, des embryons sont transférés dans la cavité utérine. C'est surtout l'implantation de l'embryon qui limite le succès de la fécondation *in vitro* (10 % environ par embryon). C'est la raison pour laquelle on transfère 2 ou 3 embryons (rarement plus, pour éviter les grossesses hautement multiples). Les embryons non transférés peuvent être congelés, ce qui pose le problème de leur devenir possible : utilisation pour une nouvelle tentative, don, abandon, destruction, recherche médicale...

3. La surveillance de la grossesse

Le médecin qui suit une grossesse dispose de plusieurs indicateurs.

• Trois examens échographiques (un par trimestre) sont préconisés : l'échographie est une méthode sans danger (puisqu'elle utilise des ultrasons) qui permet de suivre la croissance du fœtus, la formation des organes et de déceler certaines anomalies.

• Des examens du sang maternel sont également pratiqués. Certains d'entre eux peuvent permettre de préciser le risque statistique d'anomalie chromosomique. Des examens d'urine permettent aussi de déceler certains troubles physiologiques comme le diabète de grossesse.

• Si le risque le justifie (âge maternel, antécédents, analyses sanguines), un diagnostic prénatal est proposé à la future maman. Les cellules fœtales nécessaires sont recueillies par prélèvement de liquide amniotique (amniocentèse) vers 17 semaines de grossesse. À partir de ces cellules, on peut établir le caryotype du fœtus pour déceler une éventuelle anomalie chromosomique (comme la trisomie 21) ou bien encore déceler une maladie génétique.

• Si une anomalie particulièrement grave et incurable est décelée, le recours à l'interruption de grossesse est possible. Dans certains cas très particuliers (risque élevé de maladie génétique, par exemple), on peut recourir au diagnostic pré-implantatoire (DPI) : on pratique une fécondation in vitro et on n'implante que les embryons « sélectionnés » comme exempts de l'anomallie.

Ces progrès incontestables ne doivent cependant pas créer l'illusion d'une maîtrise complète de la procréation et de la grossesse. De plus, le destin biologique d'une personne est loin d'être définitivement fixé dès sa naissance.

L'essentiel

• Il existe plusieurs moyens de contraception. La contraception hormonale féminine, la plus répandue et la plus efficace, s'appuie sur la connaissance du déterminisme des cycles menstruels (pilule, patch, implant...).

• La contraception d'urgence (la pilule du lendemain) peut permettre d'éviter une grossesse non désirée.

• En Belgique, l'interruption volontaire de grossesse (IVG) est autorisée jusqu'à 12 semaines de grossesse (14 semaines d'aménorrhée). L'IVG médicamenteuse peut s'effectuer jusqu'à 7 semaines de grossesse.

• Pendant toute la durée de la grossesse, la femme et le fœtus sont médicalement surveillés. Si nécessaire, un diagnostic prénatal peut être réalisé.

• Les causes d'infertilité d'un couple sont multiples. Plusieurs techniques peuvent apporter une solution : don d'ovocyte ou de sperme, insémination artificielle, fécondation *in vitro*...

• De nouveaux problèmes éthiques sont soulevés par l'utilisation et le développement de ces techniques.

LA RÉGULATION DES NAISSANCES

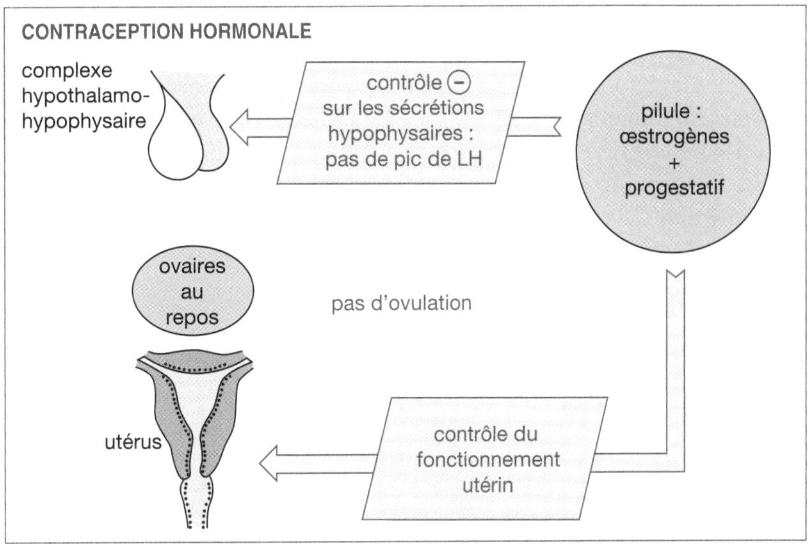
CONTRACEPTION HORMONALE
complexe hypothalamo-hypophysaire
contrôle ⊖ sur les sécrétions hypophysaires : pas de pic de LH
pilule : œstrogènes + progestatif
ovaires au repos
pas d'ovulation
utérus
contrôle du fonctionnement utérin

CONTRACEPTION LOCALE

- Le stérilet :
  - s'oppose à la fécondation et à la nidation.
- Les préservatifs :
  - s'opposent à la fécondation,
  - protègent des MST.

LA PROCRÉATION MÉDICALEMENT ASSISTÉE ET LA SURVEILLANCE DE LA GROSSESSE

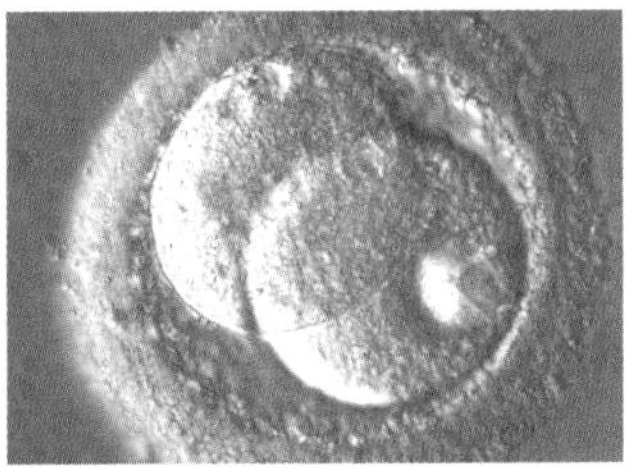
fécondation *in vitro*

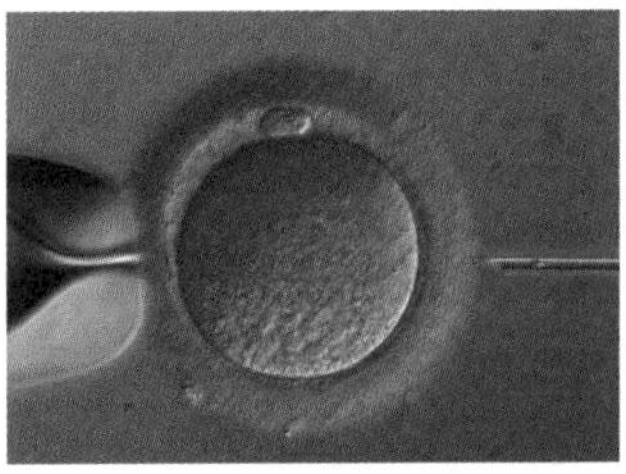
I.C.S.I.

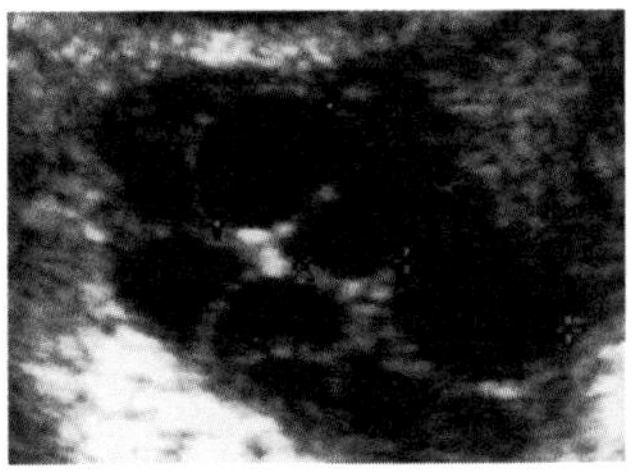
stimulation ovarienne

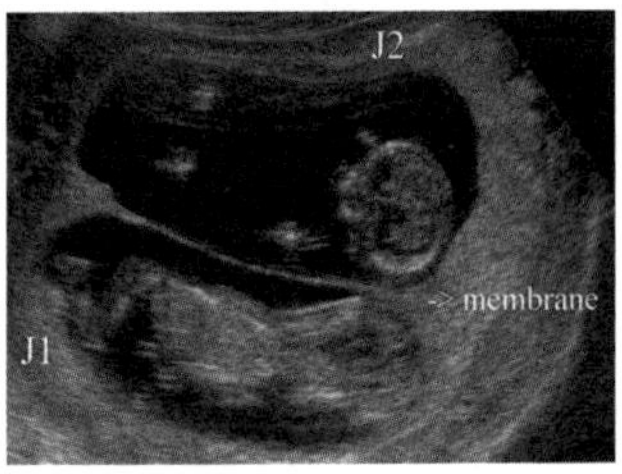
J2
membrane
J1
échographie

un éventail de techniques au service de la procréation et de la grossesse

insémination artificielle

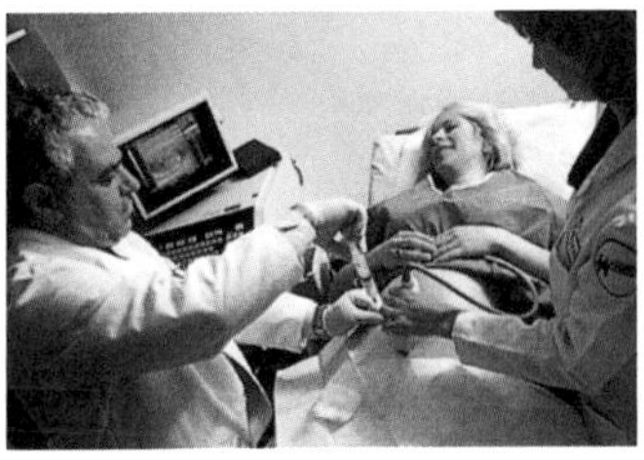
diagnostic prénatal

A La fécondation par injection intra-cytoplasmique d'un spermatozoïde (ICSI)

Cette technique connaît un essor très important : en 2000, elle a même égalé la fécondation *in vitro* classique.

Un spermatozoïde sera directement injecté dans le cytoplasme de l'ovocyte. Le technicien dispose de deux micromanipulateurs actionnés par des manettes. Le premier commande la « grosse » pipette de contention (80 µm de diamètre) destinée à maintenir l'ovocyte par aspiration. Le deuxième micromanipulateur commande la pipette de micro-injection. Avec cette pipette de 7 µm de diamètre, le tehcnicien aspire un spermatozoïde. L'extrémité pointue de la pipette permet de transpercer la membrane de l'ovocyte pour injecter le spermatozoïde. La synchronisation des gestes est évidemment essentielle.

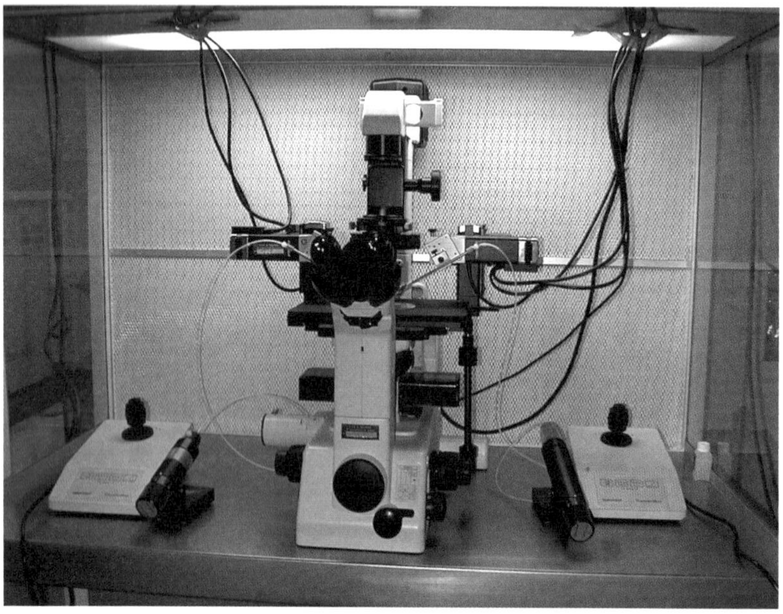

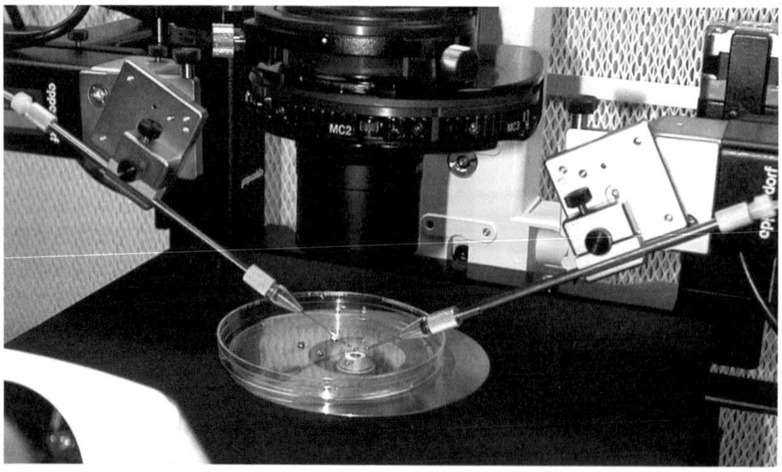

Le pourcentage d'ovocytes fécondés est d'environ 60 % mais le ou les embryons doivent ensuite, comme pour la fécondation *in vitro*, être transférés dans l'utérus maternel. Le devenir des enfants nés après ICSI n'a pas révélé d'augmentation des malformations.

Doc. 1 Un équipement de précision.

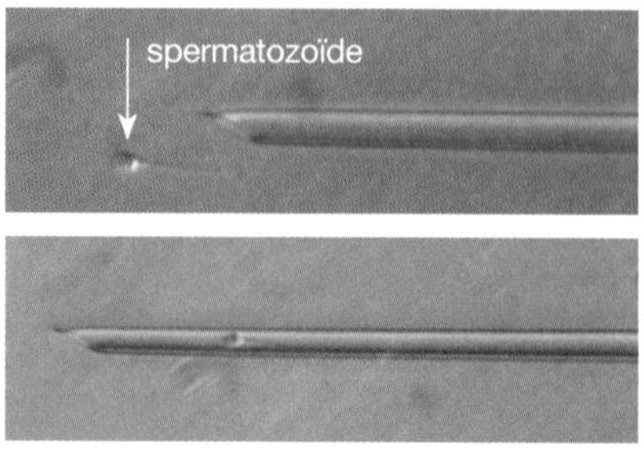
spermatozoïde

a

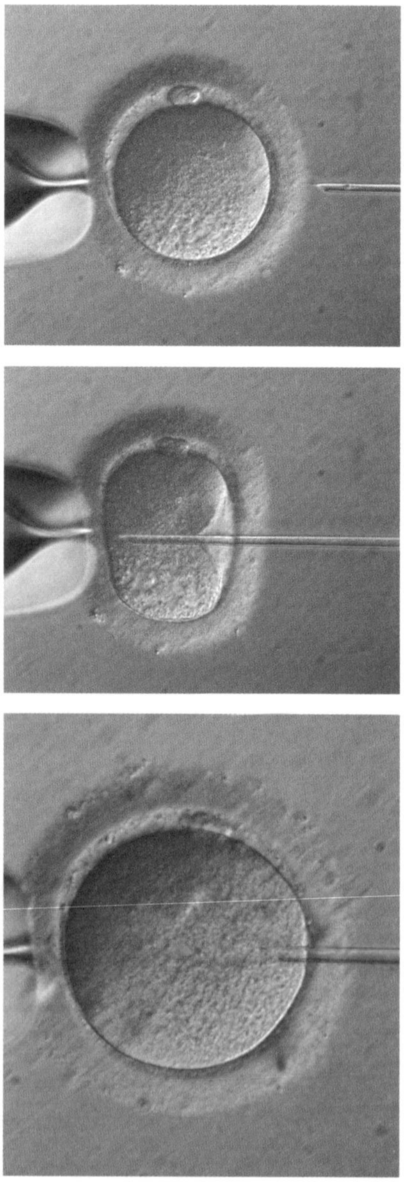

b

Doc. 2 Le déroulement de l'ICSI : **a** – capture d'un spermatozoïde avec la pipette d'injection ; **b** – injection du spermatozoïde dans l'ovocyte.

...le recours à certaines techniques récentes

B Le diagnostic pré-implantatoire (DPI)

Pour certains couples, le problème n'est pas la difficulté à procréer mais réside dans le risque élevé de transmettre une anomalie génétique très grave. Le recours au diagnostic prénatal « classique » ne garantit pas la naissance d'un enfant exempt de l'anomalie et aboutit parfois à d'éprouvantes interruptions médicales de grossesse. Depuis peu, une nouvelle technique, le diagnostic pré-implantatoire (DPI), permet de choisir le développement d'un embryon ne portant pas l'anomalie génétique dépistée. Le DPI nécessite de recourir à une fécondation *in vitro*.

En Belgique, le DPI se pratique sur une cellule prélevée sur l'embryon âgé de 3 jours. On fait un trou dans la membrane avec une gouttelette d'acide.

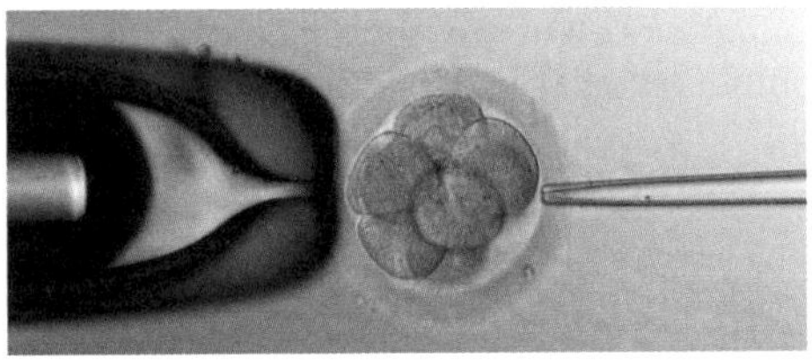

Une pipette plus grosse permet ensuite d'extraire par aspiration une cellule de l'embryon.

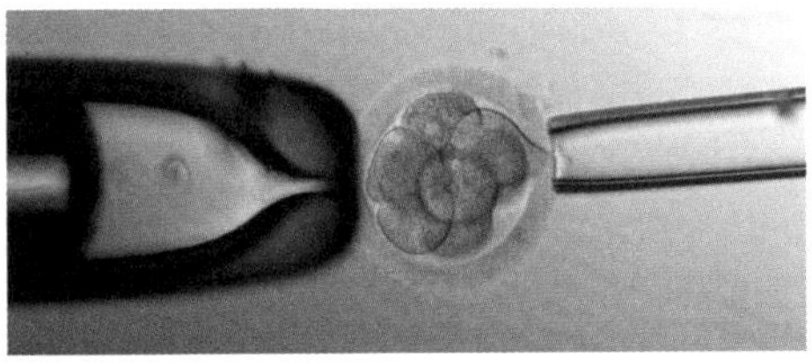

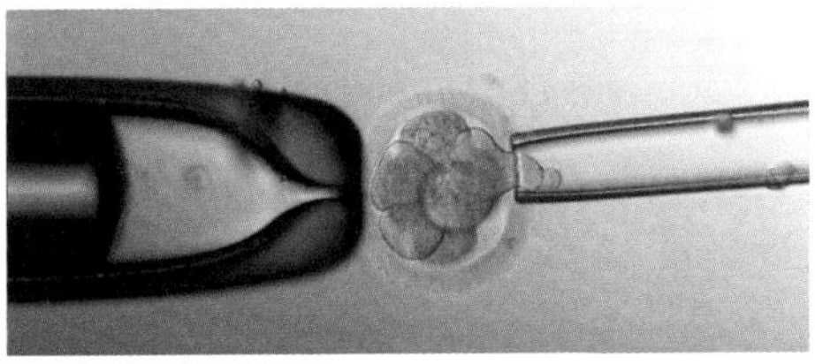

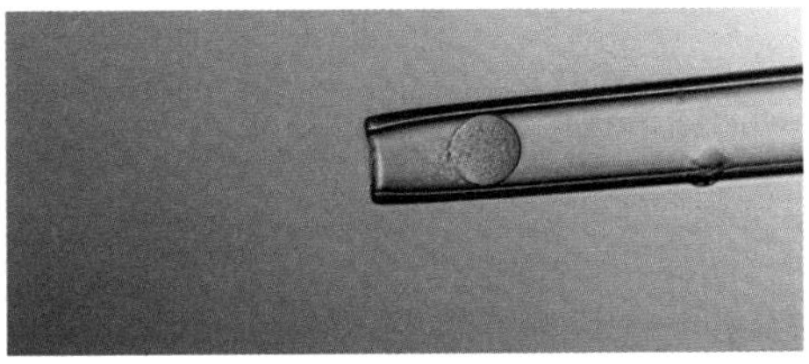

L'ADN de la cellule prélevée est analysé afin d'y détecter d'éventuelles anomalies génétiques. Selon les résultats obtenus, l'embryon est réimplanté dans l'utérus maternel ou détruit.

Doc. 3 Le principe du DPI.

La naissance sélectionnée de Valentin relance les débats bioéthiques

Il est le premier bébé né en France après un diagnostic pré-implantatoire.

La naissance, lundi 13 novembre, du premier bébé français conçu par fécondation *in vitro* et sélectionné après un diagnostic pré-implantatoire (DPI) marque une nouvelle et importante étape dans l'usage qui peut être fait des nouvelles techniques issues de la génétique moléculaire dans le champ de la procréation médicalement assistée. Prénommé Valentin, cet enfant, né prématurément, est indemne de l'anomalie génétique responsable d'une maladie enzymatique dont étaient morts les trois précédents enfants qu'avaient déjà eus ses parents. Le diagnostic génétique, pratiqué sur l'embryon dans les premiers jours de son développement *in vitro*, a été effectué par l'équipe des professeurs Arnold Munnich et Michel Vekermans (hôpital Necker-Enfants-Malades, Paris), en association avec le professeur René Fryman (hôpital Antoine-Béclère, Clamart).

« Maladies incurables »

Bien que le principe du DPI ait – après de vives controverses – été autorisé par les lois de bioéthiques de 1994, le décret d'application n'a été publié qu'en mars 1998, ce qui explique que de nombreuses équipes spécialisées étrangères – britanniques, belges, espagnoles et américaines, notamment – aient dans ce domaine une expérience beaucoup plus grande que les françaises. Les principales questions soulevées par le DPI sont d'ordre éthique. Elles concernent notamment la nature des maladies que l'on cherche à prévenir.

En France, les lois de 1994 réservent le DPI « *aux maladies génétiques d'une particulière gravité, reconnues comme incurables au moment du diagnostic* ». « *Concrètement, nous ne prenons en charge que les couples qui, pour des raisons héréditaires, ont un risque de donner naissance à des enfants atteints de mucoviscidose, de graves affections neurologiques ou musculaires, ou de maladies enzymatiques aux conséquences mortelles* », nous explique le professeur Frydman. En l'absence de DPI, ces couples avaient jusqu'à présent la possibilité d'avoir recours au diagnostic prénatal durant la grossesse et, le cas échéant, à une interruption de grossesse.

Les centres spécialisés étrangers, dont l'activité n'est pas encadrée de manière aussi stricte par la loi, ont une conception plus large des raisons médicales qui peuvent justifier un recours au tri génétique des embryons humains, et certains répondent favorablement pour des affections qui ne peuvent *stricto sensu* être qualifiées d'« *incurables* ».

Jean-Yves Nau, *Le Monde*,
vendredi 17 novembre 2000.

Doc. 4 Des problèmes éthiques et des législations plus ou moins strictes. En Belgique, le DPI est soumis à la loi du 6 juillet 2007, fort semblable en ce point à la loi française.

Les infections sexuellement transmissibles comprennent toutes les infections qui peuvent être transmises lors de rapports sexuels. Ces maladies comprennent des pathologies traditionnellement appelées maladies vénériennes (du nom de Vénus, déesse de l'amour), mais également d'autres maladies comme le SIDA ou l'hépatite B. La liste ci-dessous n'est malheureusement pas exhaustive.

La **chlamydiose**, due à la bactérie *Chlamydia trachomatis*, est l'IST la plus répandue et est également appelée « MST silencieuse » car, quoique déjà très contagieuse, elle passe généralement inaperçue avant l'établissement de l'infection. Elle apparaît principalement chez les femmes de 18 à 38 ans, dans toutes les catégories socio-économiques, mais près de 10 % des jeunes hommes en sont atteints. Chez la femme, elle passe souvent inaperçue ou se signale par des pertes claires et fluides, une sensation de brûlure au moment d'uriner, des pertes de sang en dehors des règles ou encore des douleurs lors des relations sexuelles. Elle peut entraîner une inflammation de l'urètre et des trompes de Fallope. Chez l'homme, elle se manifeste par des gouttes de liquides à l'extrémité du pénis, une inflammation de l'urètre avec des sensations de brûlure ou des douleurs durant la miction (émission d'urine).

Cette maladie est loin d'être inoffensive puisqu'elle peut entraîner des risques de nidation extra-utérine et la stérilité par obstruction des trompes. Une contamination de longue durée peut aussi entraîner un cancer de l'utérus. Elle peut également être transmise à l'enfant durant la grossesse avec des risques de fausse couche et des problèmes oculaires chez le fœtus. Chez l'homme, ses conséquences peuvent être moins graves, mais elle peut provoquer une inflammation des testicules et de la prostate. Il est donc conseillé de se faire dépister en cas de doute.

Doc.1 La chlamydiose.

La **gonorrhée**, due à la bactérie *Neisseria gonorrhoeae*, est une maladie qui atteint essentiellement les jeunes (15-24 ans). Chez la femme, il n'est pas rare qu'elle ne se manifeste que lorsque la maladie a atteint un stade avancé. On observe alors des écoulements de pus provenant des muqueuses atteintes : muqueuses uro-génitales et rectales. Les trompes de Fallope peuvent aussi être atteintes et l'inflammation peut s'étendre au péritoine (muqueuse recouvrant la cavité abdominale) et causer une péritonite. Chez l'homme, il se produit habituellement une inflammation de l'urètre, accompagnée de pus et d'une miction douloureuse. Dans les deux sexes, l'infection peut apparaître dans la bouche et dans la gorge suite à un contact bucco-génital. Des infections rectales sont également possibles.

Une gonorrhée non soignée entraîne la stérilité, tant chez l'homme que chez la femme.

Doc.2 La gonorrhée.

La **syphilis**, due à la bactérie *Treponema pallidum*, est une IST malheureusement en recrudescence à l'heure actuelle. Elle se transmet également directement au fœtus via le placenta. Cette maladie particulièrement dangereuse passe par plusieurs stades. Au cours du stade primaire, le principal symptôme est une plaie ouverte indolore au point de contact, le chancre, qui se développe durant 1 à 5 semaines avant de disparaître. Le stade secondaire s'accompagne de rougeurs de la peau, de fièvre et de douleurs musculaires et articulaires. Ces symptômes disparaissent eux aussi après 4 à 12 semaines et la maladie cesse d'être infectieuse. Les bactéries restent cependant présentes et envahissent les différents organes, dont le cerveau. Il s'agit du stade latent. Lors du stade tertiaire, les organes commencent à dégénérer et lorsqu'il y a dégénérescence du système nerveux, on parle de neurosyphilis. Les lésions aux aires corticales motrices s'accentuent et le malade est immobilisé, incontinent et incapable de se nourrir seul. Il présente des amnésies et des troubles de la personnalité.

La syphilis peut être traitée dans les stades primaires et secondaires, parfois au stade latent. Certains cas particuliers de neurosyphilis peuvent également se soigner.

Doc.3 La syphilis.

Les **verrues génitales** ou **condylomes acuminés** ou **« crêtes-de-coq »** sont dues au virus HPV, *human papillomavirus*. Elles sont extrêmement fréquentes et se transmettent sexuellement ou très exceptionnellement par du linge de toilette contaminé. Les verrues apparaissent au niveau de la vulve, à l'intérieur du vagin, sur le pénis ou aux alentours de l'anus. Elles peuvent passer inaperçues ou causer de fortes démangeaisons.

Cette affection est en nette augmentation chez les jeunes car les verrues sont très contagieuses. Elles doivent être traitées afin de ne plus l'être, même si la maladie est incurable. Des verrues non traitées peuvent induire l'apparition d'un cancer de l'utérus, du vagin, de l'anus ou du pénis. Un vaccin contre le papillomavirus est disponible pour les jeunes filles car il y a une forte corrélation entre la présence du virus et le cancer de l'utérus.

Doc.4 Les verrues génitales ou condylomes acuminés.

...les infections sexuellement transmissibles (IST)

L'**hépatite B** est une maladie virale qui se transmet par voie sexuelle ainsi que par l'intermédiaire de sang contaminé (notamment via des aiguilles infectées). Elle affecte le fonctionnement du foie et entraîne un cancer du foie. Les symptômes sont vagues et difficiles à identifier : fatigue, fièvre, diarrhée, vomissements,...

L'hépatite B est incurable à l'heure actuelle, et ce même si les symptômes peuvent parfois disparaître. On recommande dès lors la vaccination des bébés et des enfants.

Doc.5 L'hépatite B.

L'**herpès génital**, dû au virus *Herpes simplex* de type 2 (HSV2), se transmet par contact sexuel, génital ou oral. Il se manifeste par des démangeaisons et une douleur dans la région génitale qui devient rapidement rouge vif (jusque sur les cuisses), avant l'apparition de vésicules sur le pénis, la vulve, dans le vagin et autour de l'anus. Les ganglions lymphatiques de l'aine sont gonflés et douloureux. Des sensations de brûlure sont ressenties lors de la miction, de même que des maux de tête, des douleurs lombaires, des écoulements malodorants et de la fièvre. Les signes de l'herpès, et notamment les boutons, peuvent disparaître au bout d'une quinzaine de jours, mais la maladie elle-même n'est pas éliminée car le virus persiste dans l'organisme. Elle se signale ensuite par des crises intermittentes.

L'herpès génital est incurable. Des médicaments peuvent soulager la douleur et les symptômes lors des crises, mais il faut éviter tout rapport sexuel durant celles-ci afin de ne pas transmettre la maladie. En cas de grossesse, on envisagera une césarienne afin d'éviter la contamination du bébé lors de l'accouchement, qui peut avoir des conséquences mortelles (encéphalite...).

L'**herpès labial** dû au virus *Herpes simplex* de type 1 (HSV1) est une maladie apparentée qui cause des boutons de fièvre sur la bouche et les lèvres. Ces boutons ressurgissent plusieurs fois par an.

Doc.6 L'herpès.

Le **SIDA** ou syndrome d'immunodéficience acquise, dû au virus HIV ou VIH (virus d'immunodéficience humaine), est la maladie sexuellement transmissible la plus connue, mais qui, quoi qu'on en pense, ne se guérit toujours pas. Des traitements très lourds permettent de l'enrayer, mais n'autorisent pas une vie normale. Cette maladie a été vue plus en détail dans le cadre du cours de 4e année consacré au système immunitaire.

Doc.7 Le SIDA.

La **trichomonase**, due à un protozoaire parasite, le *Trichomonas vaginalis*, est une inflammation de la muqueuse vaginale chez la femme et de l'urètre chez l'homme. Le protozoaire se trouve naturellement dans le vagin de la femme et dans l'urètre de l'homme. Cependant, lorsque l'acidité naturelle est perturbée, la population de Trichomonas se développe et entraîne la maladie. Celle-ci se transmet également par voie sexuelle et, exceptionnellement, par le contact avec une serviette ou un gant de toilette contaminés. Elle se manifeste par un écoulement vaginal jaunâtre et nauséabond, des démangeaisons au niveau de la vulve et du vagin et, chez la femme comme chez l'homme, une sensation de brûlure au moment de la miction. Chez l'homme cependant, la maladie peut ne pas présenter de symptôme mais être néanmoins transmissible.

La trichomonase n'engendre que peu de complications, mais doit cependant être traitée, les deux partenaires devant obligatoirement être soignés en même temps.

Doc.8 La trichomonase.

La **candidose vulvo-vaginale** n'est pas à proprement parler une maladie sexuellement transmissible, mais mérite d'être mentionnée dans ce chapitre étant donné sa fréquence : 75 % des femmes souffrent de cette affection au moins une fois dans leur vie ! Le *Candida albicans* est un type de levure naturellement présent dans les muqueuses gastro-intestinales et uro-génitales. Il peut proliférer, notamment suite à un traitement aux antibiotiques, et provoquer une inflammation du vagin avec des démangeaisons marquées, un écoulement épais, jaunâtre et odorant, ainsi que des douleurs ou brûlures. Certaines conditions prédisposent une femme à la candidose, notamment l'usage de contraceptifs oraux, de médicaments similaires à la cortisone, la grossesse ou le diabète.

Il faut éviter d'irriter les muqueuses infectées et il est notamment conseillé d'effectuer la toilette intime à l'eau claire, sans savons, afin de rétablir un milieu naturel stable.

Doc.9 La candidose vulvo-vaginale.

Seul l'usage de préservatifs permet d'éviter toute contamination.
La multiplication des partenaires est l'un des facteurs de dissémination des IST.

Je connais

A. Donnez le nom...

a. ...des hormones contenues dans une pilule contraceptive classique.
b. ...de l'hormone contenue dans une « micropilule ».
c. ...du moyen de contraception qui consiste à placer un corps étranger dans la cavité utérine.
d. ...de trois techniques de procréation médicalement assistée.

B. Définissez les mots ou expressions :

échographie, fécondation *in vitro*, contraception, interruption médicale de grossesse, stérilité, insémination artificielle.

C. Vrai ou faux ?

Parmi les affirmations suivantes, recopiez celles qui sont exactes et corrigez celles qui sont erronées.
a. Le préservatif masculin est le seul moyen de protection contre la transmission du SIDA.
b. En Belgique, la « pilule » est le moyen de contraception le plus utilisé.
c. Pour stimuler l'ovulation, on pratique des injections d'oestrogènes et de progestérone.
d. En Belgique, une amniocentèse est proposée à toutes les femmes de plus de 38 ans.

D. Questions à choix multiple

Chaque série d'affirmations peut comporter une ou plusieurs réponses exactes. Repérez les affirmations exactes, corrigez les autres.

- **1. Les hormones contenues dans la pilule contraceptive :**
  a. agissent sur le complexe hypothalamo-hypophysaire ;
  b. agissent sur la muqueuse utérine ;
  c. exercent un contrôle négatif sur les sécrétions hypophysaires ;
  d. empêchent l'ovulation.
- **2. La fécondation *in vitro* :**
  a. consiste à mettre en présence spermatozoïdes et ovules ;
  b. est le recours en cas d'absence de production d'ovule ;
  c. engendre en général plusieurs embryons.

D. Expliquez pourquoi...

a. ...on a parfois recours à une fécondation *in vitro*.
b. ...on a parfois recours à une insémination artificielle.
c. ...la contraception d'urgence est communément appelée « pilule du lendemain ».
d. ...la contraception d'urgence ne peut être utilisée comme un moyen de contraception régulier.
e. ...on propose une amniocentèse aux femmes de plus de 35 ans.

J'applique et je transfère

1 Comment agit le stérilet ?

« Le principe du corps étranger qui, introduit dans les voies génitales, empêche la grossesse, est très ancien. Les chameliers des caravanes plaçaient dans le vagin des chamelles des cailloux, avec quelques succès, dit-on. Depuis, la méthode s'est affinée. Le stérilet est un petit dispositif, le plus souvent en T pour épouser la forme du corps dans la cavité utérine. Ses dimensions n'excèdent donc pas 2 à 3 cm. L'armature est en polyéthylène, une sorte de plastic blanc. Un double fil noué sur une boucle à son extrémité inférieure permet de contrôler sa position et de le retirer.
Son efficacité repose sur quelques principes :
- sa présence provoque un processus d'inflammation de la muqueuse utérine qui la rend impropre à la nidation ;
- pour les stérilets qui sont gainés de cuivre, celui-ci se délite progressivement du filament et exerce une certaine toxicité sur les spermatozoïdes. Il leur ôte la faculté qu'ils avaient de pénétrer dans l'ovule ;
- la progestérone contenue dans certains stérilets bloque le développement de la muqueuse utérine et la rend impropre à la nidation.

De ces deux derniers points, il résulte que l'efficacité du dispositif décroît quand progestérone ou cuivre viendraient à manquer. Il faut donc le remplacer régulièrement, tous les trois ou quatre ans.
Les stérilets qui ne contiennent ni cuivre, ni progestérone sont dits inertes. Ils ne sont plus disponibles en France. »

D'après Docteur A. Dhayon, http://www.femiweb.com/

1- Pourquoi un stérilet doit-il être remplacé ?
2- Comment expliquer l'action contraceptive du stérilet à la progestérone ?

2 L'implant contraceptif, une révolution ?

L'implant contraceptif se présente sous la forme d'un bâtonnet souple de la taille d'une allumette, soit 3 cm de long et 2 mm de diamètre. Il est implanté sous la peau du bras en moins de deux minutes à l'aide d'un applicateur, sous anesthésie locale. Il n'est pas visible mais se sent sous la peau. Le retrait nécessite une petite incision, pratiquée également sous anesthésie locale et peut laisser une petite cicatrice.
L'implant diffuse dans le sang de façon continue une faible quantité de progestatif (l'étonogestrel). Ce dispositif entre donc dans la catégorie des « microprogestatifs ». La substance ainsi délivrée supprime le pic de LH et provoque un épaississement de la glaire cervicale. Il est actif dès le 1er jour suivant la pose et le reste pendant 3 ans. Dans les études cliniques réalisées (1 393 femmes, 57 000 cycles), aucune grossesse non désirée n'a été constatée. Après le retrait, 90 % des femmes retrouvent un cycle normal au bout d'une semaine et 10 % après six semaines (soit un délai en moyenne plus court qu'après la pilule classique).
L'absence d'œstrogènes permet d'éviter les contre-indications de la contraception hormonale classique (consommation de tabac, hypertension). L'implant n'empêche pas la sécrétion naturelle des œstrogènes mais perturbe le fonctionnement utérin dans près de 50 % des cas : absence de règles (ce qui peut faire croire qu'une grossesse a débuté) ou au contraire règles abondantes, saignements imprévisibles et parfois importants.
Ces divers inconvénients sont la cause de demandes de retrait dans 20 % des cas. Les implants progestatifs existent déjà depuis 20 ans dans d'autres pays mais n'ont pas connu de grand succès...

1- Comment expliquez-vous l'action contraceptive de cet implant ?

2- Présentez, sous forme d'un tableau, les avantages et les inconvénients de ce moyen de contraception.

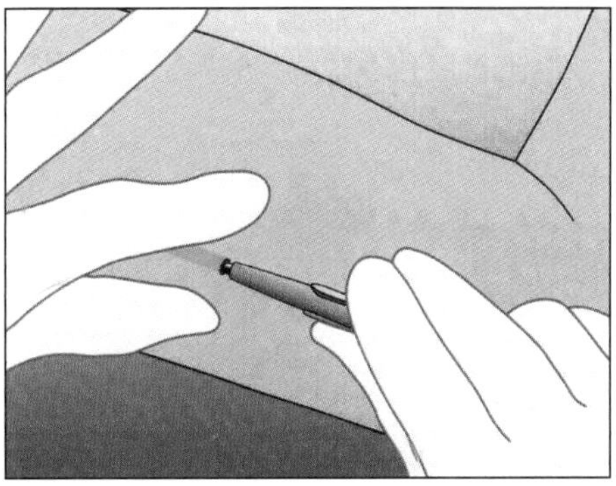

3 Les périodes de fécondabilité de la femme

- On considère que le cycle menstruel de la femme dure en moyenne 28 jours. Cependant, si la phase lutéinique est généralement constante et dure à peu près 14 jours, la durée de la phase folliculaire est très variable, et ce pour des raisons diverses. Il arrive donc très fréquemment que les femmes aient des cycles irréguliers, soit plus courts, soit plus longs que 28 jours. Dans ce cas, il est donc impossible de déterminer dès le début du cycle à quel moment aura lieu l'ovulation, puisque la date de celle-ci n'est jamais connue qu'« après coup ».
- Par ailleurs, la survie d'un spermatozoïde dans les voies génitales féminines est de 3 à 4 jours, tandis que celle de l'ovocyte est de 24 à 36 heures maximum.

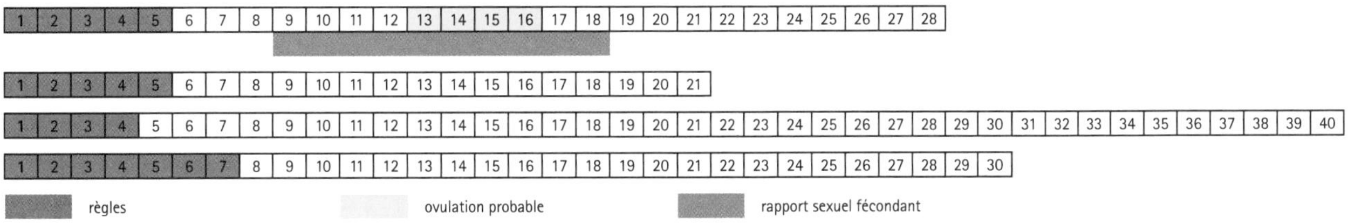
règles
ovulation probable
rapport sexuel fécondant

1- En considérant les cycles irréguliers d'une même femme représentés ci-dessus et en tenant compte de la variabilité de l'ovulation par rapport à la fin du cycle ainsi que de la durée de survie de l'ovocyte et du spermatozoïde, dites quel jour a eu lieu l'ovulation lors de chacun de ces cycles.

2- Déterminez les périodes durant lesquelles un rapport sexuel aurait pu être fécondant (comptez un jour de « sécurité » supplémentaire par rapport à l'ovulation).

3- Au vu des résultats obtenus, apportez des conclusions en ce qui concerne les périodes de fécondabilité de cette femme et de toutes les femmes en général.

4 Une cause de stérilité

L'hystéro-salpingographie est une radiographie de la cavité utérine et des trompes réalisée après injection d'un produit radio-opaque. Les photos ci-dessous montrent un appareil génital normal **(a)** et celui d'une femme qui ne parvient pas à avoir d'enfant **(b)**.

1- **Analysez les deux photographies et proposez une explication à la stérilité constatée chez la femme (b).**

2- **En justifiant votre réponse, indiquez quel traitement peut être envisagé.**

a

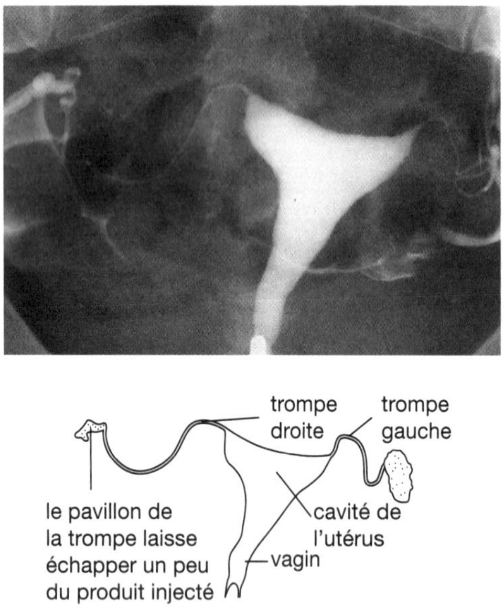

trompe droite
trompe gauche
le pavillon de la trompe laisse échapper un peu du produit injecté
cavité de l'utérus
vagin

b

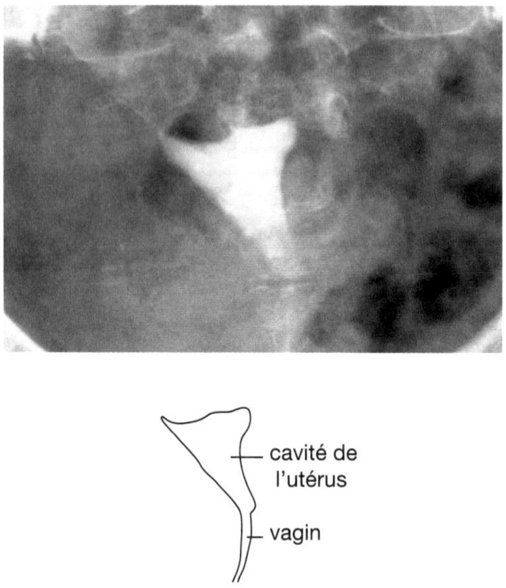

cavité de l'utérus
vagin

5 Le traitement d'un cas de stérilité

Un couple consulte un médecin pour cause de stérilité. Celui-ci prescrit un examen qui permet de doser quotidiennement pendant un mois le taux de l'hormone LH de l'épouse ; les résultats de ces mesures sont présentés dans le tableau. Le médecin propose alors le traitement au clomiphène : cette substance est une molécule qui présente des analogies de structure avec les œstrogènes et se fixe préférentiellement sur les récepteurs du complexe hypothalamo-hypophysaire. De cette façon, le clomophène inhibe l'action des œstrogènes naturels sur le complexe hypothalamo-hypophysaire. Le résultat du traitement est présenté sur le graphique.

Jours	1	2	3	4	5	6	7	8	9	10	11	12	13	14
LH (mUI . mL^{-1})	5,5	7,2	8,2	7,1	6,8	5,8	6,4	6,8	6	5,8	6,4	7	7,1	6,2
Jours	15	16	17	18	19	20	21	22	23	24	25	26	27	28
LH (mUI . mL^{-1})	6,5	6,8	5,6	5,9	5,4	6,2	6,3	6,8	5,8	6,5	7	7,2	6,4	6,2

1- **En vous appuyant sur les résultats des analyses présentés dans le tableau et en utilisant les connaissances acquises, expliquez pourquoi cette femme ne pouvait pas procréer.**

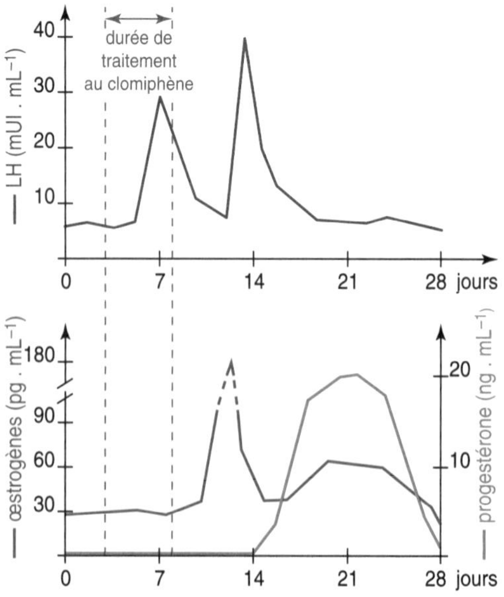

durée de traitement au clomiphène
LH (mUI . mL⁻¹)
40
30
20
10
0
7
14
21
28 jours
œstrogènes (pg . mL⁻¹)
180
90
60
30
progestérone (ng . mL⁻¹)
20
10

2- **Qu'est-ce qui permet de penser que le traitement a été efficace ?**

3- **Comment expliquer l'effet produit par le traitement.**

6 Quelle contraception pour les hommes ?

« Les deux principales méthodes utilisées par les hommes sont aujourd'hui le préservatif et la stérilisation par vasectomie, c'est-à-dire la ligature des canaux déférents qui amènent les spermatozoïdes des testicules vers l'urètre. Quatre cent millions d'hommes dans le monde choisissent le préservatif et environ soixante millions la vasectomie.

Le préservatif en latex (caoutchouc naturel) est pour le moment le seul contraceptif masculin commercialisé. Et le seul moyen de se préserver du SIDA. Le taux d'échec varie de 2 à 15 %, le plus souvent dû à un mauvais emploi, parfois à des perforations ou des ruptures. Son inconvénient principal, outre son coût et une baisse de sensibilité, est qu'il existe des allergies au latex. Mais le latex est en passe d'être concurrencé par un préservatif en polyuréthane. Récemment lancé en Grande-Bretagne, il est plus fin et plus solide.

La vasectomie est aujourd'hui réversible à 60 %. Pourtant, seule une centaine de Français y font appel chaque année, pour 18 % des Anglais. Il est vrai que la vasectomie n'est pas très appréciée des peuples latins, mais surtout, comme la ligature des trompes féminines, elle n'est pas autorisée par la loi française comme moyen contraceptif.

Certains services hospitaliers d'andrologie la proposent quand même aux hommes de plus de 40 ans, après avoir congelé leur sperme. Une nouvelle méthode de vasectomie, totalement réversible, se développe : l'injection dans le canal déférent d'une polymère qui forme un bouchon.

Deux autres voies sont explorées par les chercheurs : la contraception thermique et hormonale. Plus prometteuse, cette dernière joue sur le contrôle de la spermatogenèse par les hormones mâles, elles-mêmes contrôlées par des hormones sécrétées par le cerveau, au niveau de l'hypophyse, celles-là mêmes qui contrôlent le cycle féminin.

L'idée est de mettre l'hypophyse au repos et donc d'inhiber la production des spermatozoïdes.

Certains services d'andrologie proposent deux solutions : l'injection hebdomadaire d'un androgène (énanthate de testostérone) ou l'injection mensuelle du même androgène avec un progestatif (Dépo-prover ®). C'est efficace deux ou trois mois et réversible plus ou moins rapidement.

Quant aux pistes d'avenir, dont certaines sont déjà explorées, elles concernent d'autres associations hormonales, injectées une fois par trimestre. La pilule pour homme reste à inventer. »

D'après A. Millet, *La Recherche* n° 304, décembre 1997.

1- Quel est l'obstacle principal à l'utilisation en France de la vasectomie comme moyen de contraception ? Quelle peut être la raison de cette disposition ?

2- Quel peut être, selon vous, l'inconvénient d'une « mise au repos de l'hypophyse » ?

CORRIGÉS DES EXERCICES

Vous trouverez dans ces pages des corrections d'exercices pour chaque chapitre.
Les réponses systématiques à la partie «**Je connais**» vous permettent de procéder à une auto-évaluation et donc de contrôler vous-même le degré d'acquisition des connaissances.
Les corrigés de certains exercices de la partie «**J'applique et je transfère**» doivent vous servir à mieux apprécier les critères de réussite d'un exercice : vous pouvez donc utiliser ces corrigés pour améliorer vos propres réponses.

Chapitre 1, p. 26

Les défenses innées de l'organisme

A. Définissez les mots ou expressions :

microbe : micro-organisme visible uniquement au microscope. Dans le présent chapitre, il est associé à des organismes microscopiques et pathogènes, c'est-à-dire générant une pathologie (maladie).

virulence : pouvoir pathogène d'un microbe estimé par la gravité de l'affection qu'il provoque. La virulence des bactéries dépend notamment de leur taux de multiplication et de leur propension à libérer des toxines. La virulence des virus dépend de leur multiplication mais aussi de leur taux de mutation.

antisepsie : mesure de prévention prise afin d'éviter la contamination par des agents pathogènes.

souche bactérienne résistante : colonie de bactéries ayant acquis la faculté de survivre à l'action d'un ou de plusieurs types d'antibiotiques.

antalgique ou analgésique : médicament ayant pour objectif de réduire la douleur.

inflammation : réponse immunitaire non spécifique locale destinée à éliminer des agents pathogènes et qui se manifeste par un œdème, de la chaleur, une rougeur et de la douleur.

phagocytose : processus d'endocytose large (voir Chap. 3, AP1) permettant à une cellule d'ingérer des particules de grandes tailles (bactéries, débris cellulaires, agrégats moléculaires...).

système immunitaire non spécifique : ensemble de moyens de défense de l'organisme identiques quels que soient les agents pathogènes à éliminer.

barrières naturelles : protections naturelles constituant une barrière physique ou chimique à la pénétration d'agents pathogènes.

pus : liquide blanchâtre plus ou moins épais issu d'une région enflammée. Il contient des agents pathogènes plus ou moins atténués ainsi que des débris cellulaires dont ceux de leucocytes morts.

B. Vrai ou faux ?

a. Faux. Elles sont l'une des réponses du système immunitaire inné ou non spécifique, au même titre que la fièvre, l'inflammation... **b. Faux.** La fièvre élimine également un certain nombre d'agents pathogènes sensibles à la chaleur et elle augmente l'activité des cellules immunitaires. **c. Faux.** La contamination est l'envahissement de l'organisme par un agent pathogène tandis que l'infection résulte de l'action pathogène et de la multiplication de cet agent. **d. Faux.** Les antibiotiques n'ont pas d'action sur les infections virales. **e. Faux.** Les cellules du système immunitaires spécifiques sont aussi attirées sur les lieux d'une inflammation. **f. Faux.** L'action des antalgiques est uniquement de diminuer la douleur. **g. Vrai.**

C. Exprimez des idées importantes...

a. L'utilisation de produits antiseptiques et la pratique de l'asepsie limitent les risques de contamination.

b. Les barrières naturelles constituent un moyen passif pour l'organisme d'empêcher la pénétration d'éléments étrangers.

c. La rougeur, la chaleur, l'œdème et la douleur sont les quatre symptômes d'une inflammation.

d. Un usage approprié des antibiotiques est indispensable pour éviter la prolifération de souches bactériennes résistantes.

e. La phagocytose est un moyen rapide d'élimination tant des éléments étrangers à l'organisme que des débris cellulaires ou autres.

Exercice 1, p. 27
Comprendre l'importance du respect d'une prescription médicale

1. Il s'agit d'un antibiotique qui a pour but de détruire les bactéries.

2. Non. Un antibiotique doit être utilisé régulièrement, aux doses prescrites et aussi longtemps que conseillé par le médecin. En général, il faut au moins terminer entièrement la première boîte de médicaments prescrite, et ce même si le patient croit être guéri. En effet, une rechute peut se produire car il reste dans l'organisme des bactéries non détruites et virulentes qui peuvent de nouveau se multiplier en l'absence du médicament. En outre, les bactéries qui ne sont pas tuées directement par l'antibiotique sont les bactéries les plus résistantes et qui peuvent donc transmettre cette propriété à leurs descendants, créant ainsi une « souche résistante » qui ne pourra plus être éradiquée par ce type de médicament.

3. Non. Chaque souche bactérienne est différente et nécessite un médicament approprié. Seul le médecin est apte à déterminer le type bactérien impliqué dans une maladie.

Chapitre 2, p. 54

Les mécanismes de l'immunité acquise

A. Définissez les mots ou expressions :

complexe immun : produit insoluble formé par la liaison spécifique entre un antigène et l'anticorps correspondant.

antigène : molécule identifiée comme étrangère (du « non-soi ») par un organisme et déclenchant de la part de ce dernier une réaction immunitaire acquise, spécifique.

marqueur du soi : complexe moléculaire ancré dans la membrane plasmique de toutes les cellules nucléées de l'organisme et constitué par une protéine du CMH (complexe majeur d'histocompatibilité) associée avec un peptide du soi, c'est-à-dire un peptide synthétisé par l'organisme auquel appartient la cellule.

immunoglobuline : anticorps, soit membranaire et fixé sur la membrane des lymphocytes B, soit circulant dans les liquides corporels (sang, lymphe).

récepteur T : protéine membranaire des lymphocytes T ayant une fonction similaire aux anticorps membranaires des LB : reconnaître un antigène spécifique. Contrairement aux anticorps des LB qui reconnaissent un antigène libre dans les liquides corporels, le récepteur T ne reconnaît que les antigènes fixés sur les membranes des cellules de l'organisme.

phagocyte : cellule immunitaire capable d'absorber des éléments étrangers ou anormaux (débris cellulaires, cellules cancéreuses, bactéries,...). Les deux principaux types de phagocytes sont les granulocytes et les macrophages.

plasmocyte : cellule issue de la différenciation cellulaire d'un lymphocyte B activé, sécrétrice d'anticorps circulants.

sélection clonale : sélection du clone de lymphocyte B ou T apte à reconnaître un antigène particulier.

prolifération clonale : multiplication des lymphocytes activés par le contact avec un antigène. La prolifération clonale est stimulée par l'interleukine 2 sécrétée par les LT auxiliaires.

lymphocyte cytotoxique : lymphocyte T issu de la différenciation cellulaire d'un lymphocyte T8 activé. Il est capable de lyser toute cellule portant des marqueurs membranaires du « non-soi » et pour lesquels il est immunocompétent (spécifique) et sur lesquels il peut se fixer.

lymphocyte auxiliaire : lymphocyte T issu de la différenciation cellulaire d'un lymphocyte T4 activé. Il sécrète de l'interleukine 2, une molécule chimique stimulant la prolifération clonale et la différenciation de tous les clones de lymphocytes B et T activés par le même antigène.

apoptose : processus de mort cellulaire génétiquement programmée et pouvant notamment être déclenchée par l'action des LT cytotoxiques.

B. Vrai ou faux ?

a. Vrai. b. Faux. La molécule d'anticorps est formée de 4 chaînes polypeptidiques, 2 chaînes H (lourdes) et 2 chaînes L (légères). **c. Faux.** Les chaînes lourdes et les chaînes légères d'une immunoglobuline présentent une partie constante et, à leur extrémité, une partie variable. **d. Vrai. e. Vrai. f. Faux.** Le lymphocyte B activé se multiplie et certaines cellules descendantes se différencient en plasmocytes sécréteurs d'anticorps circulants. **g. Faux.** Le lymphocyte T est spécialisé dans la reconnaissance des antigènes fixés sur les membranes cellulaires (marqueurs du non-soi). **h. Faux.** Ce sont les LT8 qui sont à l'origine des LT cytotoxiques. **i. Faux.** Les LT4 sécrètent des interleukines actives sur les autres lymphocytes et sur eux- mêmes.

C. Exprimez des idées importantes...

a. La fixation spécifique d'anticorps circulants sur un antigène forme un complexe immun.

b. Les deux sites anticorps d'une molécule d'immunoglobuline résultent de l'assemblage des parties variables des chaînes légères et des chaînes lourdes.

c. Un phagocyte possède sur sa membrane des récepteurs au fragment constant des anticorps.

d. Le plasmocyte, qui provient de la transformation d'un LB activé, est une cellule spécialisée dans la sécrétion d'anticorps circulants.

e. Le LTc détecte une cellule anormale grâce à ses récepteurs T qui reconnaissent le marqueur du non-soi pour lequel ils sont immunocompétent. Le LT cytotoxique induit alors la lyse de la cellule ainsi reconnue.

Exercice 2, p. 56
Comprendre une technique aux multiples implications

1. L'immunisation préalable de la souris était destinée à déclencher la multiplication de nombreux clones différents de LB, chacun spécifique d'un antigène particulier. Les LB hybridés avec des cellules tumorales se révèlent capables de sécréter des anticorps ; ce sont donc des LB différenciés en plasmocytes.

2. Chaque milieu de culture ne contient qu'un seul type d'anticorps car il contient un clone de cellules possédant toutes la même information génétique (puisque descendantes d'un seul hybridome). Par ailleurs, on sait qu'un plasmocyte donné produit effectivement des anticorps tous strictement identiques. Cette technique permet donc d'obtenir des anticorps qualifiés de monoclonaux, correspondant à une seule spécificité antigénique.

3. En recherche médicale, ces anticorps permettent de détecter rapidement certaines maladies éventuellement même avant leur manifestation (par exemple le SIDA). Les tests de grossesse font appel à des anticorps dirigés contre les hormones de grossesse. Les anticorps monoclonaux sont très utilisés dans la recherche biomédicale, dans les techniques de cytologie (marqueurs fluorescents par exemples), etc.

Chapitre 3, p. 82

Fonctions et organisation du système nerveux

A. Définissez les mots ou expressions :

osmorécepteur : récepteur interne permettant de percevoir les variations de la pression osmotique extracellulaire.

système nerveux central (SNC) : partie du système nerveux des vertébrés constituée de l'encéphale et de la moelle épinière.

système nerveux périphérique (SNP) : partie du système nerveux constitué par les nerfs et les ganglions externes à l'encéphale et à la moelle épinière.

voie sensorielle (ou sensitive) : partie du système nerveux impliquée dans la transmission des informations sensorielles (ou sensitive).

voie motrice : partie du système nerveux impliquée dans la transmission des informations motrices.

système nerveux sympathique (orthosympathique) : partie du système nerveux autonome (ou végétatif) impliquée dans le contrôle des muscles lisses et cardiaque et des glandes. Agit sur les mêmes cibles que le système nerveux parasympathique, mais de manière souvent antagoniste.

axone : prolongement principal du neurone attaché au corps cellulaire par un cône d'implantation et transmettant le message nerveux de manière centrifuge, depuis le péricaryon jusqu'à la synapse.

dendrites : prolongements cytoplasmiques du neurones, souvent ramifiés et plus courts que l'axone, et transmettant le message nerveux de manière centripète, des synapses vers le péricaryon.

synapse : zone où l'extrémité d'un axone entre en contact avec un autre neurone et où s'effectue la transmission du message nerveux du neurone vers la cellule cible.

arborisation terminale : extrémité arborescente de l'axone se terminant par les boutons synaptiques (premier élément de la synapse) et permettant au neurone d'affecter simultanément plusieurs cellules cibles.

gaine de myéline : gaine lipidique entourant les fibres nerveuses des vertébrés et formée par l'enroulement serré des membranes des cellules de Schwann (SNP) ou des oligodendrocytes (SNC).

cellule gliale : cellules de soutien, de protection et de nutrition des neurones. Dans le SNC, elles forment la névroglie.

oligodendrocyte : cellule gliale du système nerveux central dont le corps cellulaire émet de nombreux prolongements aplatis qui s'enroulent chacun autour d'un axone pour former la gaine de myéline.

cellule de Schwann : cellule gliale du système nerveux périphérique. Dans les fibres amyéliniques (non myélinisées), la cellule de Schwann enchâsse de nombreux axones ; dans les fibres myélinisées, la cellule de Schwann s'enroule de nombreuses fois autour de l'axone afin de constituer la gaine de myéline.

nœuds (étranglements) de Ranvier : interruptions régulières de la gaine de myéline située à la jonction de deux cellules gliales et où l'axone nu est en contact direct avec le milieu extracellulaire.

B. Vrai ou faux ?

a. Faux. S'il s'agit d'un neurone sensoriel, il fait partie d'une voie nerveuse sensorielle, involontaire puisqu'il n'y a aucun contrôle volontaire sur cette voie. S'il s'agit d'un neurone moteur par contre, la proposition est vraie. **b. Faux.** Les systèmes nerveux sympathiques et parasympathiques ont des actions généralement antagonistes (opposées) sur le même organe de manière à réguler sa fonction. **c. Faux.** Une synapse est une zone de jonction entre un axone et une autre cellule cible : neurone, cellule musculaire ou cellule glandulaire. **d. Vrai. e. Faux.** La gaine de myéline est constituée par l'enroulement serré des membranes des cellules de Schwann ou de celles des prolongements d'oligodendrocytes. Pour cette raison, elle est donc constituée essentiellement de phospholipides (dans lesquelles ont trouve effectivement des protéines, mais qui ne sont pas majoritaires). **f. Faux.** Un neurone reçoit de nombreux messages grâce à ses nombreuses dendrites. L'arborisation terminale sert à envoyer de nombreux messages simultanément vers d'autres neurones.

C. Exprimez des idées importantes...

a. Le système nerveux central est constitué de la moelle épinière et de l'encéphale, tandis que le système nerveux périphérique comprend les nerfs et les ganglions.

b. Le système nerveux sympathique est appelé système involontaire car il innerve des organes cibles que l'on ne peut pas commander volontairement.

c. Les cellules de la névroglie permettent aux neurones d'être baignés dans un milieu interstitiel dont la composition est stable.

d. La synapse est la zone où s'effectue le passage du message nerveux depuis l'axone d'un premier neurone vers une cellule cible.

e. Un nœud de Ranvier est une zone dépourvue de gaine de myéline et située à la jonction de deux cellules de Schwann ou de deux prolongements d'oligodendrocytes.

Exercice 2, p. 83
Le contrôle nerveux de la fréquence cardiaque

1. La stimulation électrique a pour but de renforcer l'action du nerf stimulé. On peut donc conclure :

- que les nerfs X ou nerfs vagues (qui appartiennent au système parasympathique) ont pour fonction de ralentir le cœur (on dit qu'ils sont cardio-frénateurs ou cardio-modérateurs) ;

- que les nerfs sympathiques ont pour fonction d'accélérer le cœur (on dit qu'ils sont cardio-accélérateurs).

Cet exemple montre que les systèmes nerveux sympathiques et parasympathiques, tout en ayant les mêmes organes cibles, exercent sur eux des actions antagonistes, le premier provoquant une accélération du rythme cardiaque tandis que le second le ralentit.

2. La section des nerfs vagues entraîne une accélération du rythme cardiaque. La section étant une suppression de fonction, on peut donc en conclure que, dans l'organisme «en fonctionnement normal», les nerfs vagues ont un effet cardio-frénateur permanent.

Chapitre 4, p. 114

Les messages nerveux au niveau neuronal

A. Définissez les mots ou expressions :

diffusion : transport passif de substances au travers d'une membrane. Elle peut être simple lorsqu'elle s'effectue au travers de la bicouche phospholipidique ou de canaux protéiques ou facilitée lorsqu'elle nécessite l'aide de protéines de transport.

transport actif : mouvement de substances au travers de membranes semi-perméables à l'encontre de leur gradient de concentration, ce qui nécessite l'apport d'énergie extérieure et l'aide de protéines appelées « pompes ».

exocytose : processus de transport nécessitant de l'énergie et permettant la sécrétion de grosses molécules hors de la cellule grâce à la fusion avec la membrane plasmique de vésicules contenant le matériel à sécréter.

polarisation membranaire : différence de potentiel existant entre l'intérieur et l'extérieur de la membrane d'une cellule vivante et due à la différence de concentration et de diffusion des ions Na^+ et K^+ de part et d'autre de la membrane.

potentiel de repos : état électrique de la membrane nerveuse tant qu'elle n'est pas excitée.

potentiel d'action : perturbation brutale et fugace de l'état électrique de la membrane nerveuse comprenant une phase rapide de dépolarisation due à une entrée massive d'ions Na^+ à l'intérieur de la fibre, suivie d'une phase plus lente de repolarisation résultant de la fermeture des canaux à Na^+ et de la sortie modérée mais durable d'ions K^+ hors de la fibre.

synapse : zone où l'extrémité d'un axone est en connexion avec une cellule cible. C'est à son niveau que se fait la transmission du message nerveux lorsque l'arrivée d'un potentiel d'action provoque la libération des neurotransmetteurs dans la fente synaptique et leur fixation sur des récepteurs de la cellule post-synaptique.

seuil de dépolarisation (seuil liminaire) : dépolarisation minimale nécessaire pour déclencher un potentiel d'action.

neurotransmetteur : substance chimique stockées dans les vésicules synaptiques, libérée dans la fente synaptique par le potentiel d'action et produisant un potentiel post-synaptique (P.P.S.) en se fixant sur les récepteurs spécifiques de la cellule cible.

intégration neuronale : processus par lequel un neurone traite l'ensemble des informations reçues dans le temps par une même synapse (sommation temporelle) ou dans l'espace par ses différentes synapses (sommation spatiale) afin de générer une réponse adéquate.

drogue : n'importe quelle substance psychoactive, c'est-à-dire capable d'agir sur le psychisme d'un individu et donc de modifier la conscience et le comportement de celui-ci.

circuit de la récompense : zones particulières du cerveau dont l'activité neuronique procure naturellement du plaisir afin d'intervenir dans les processus vitaux (prise de nourriture, comportements sexuels et maternels...). Ces circuits sont altérés par la prise d'une drogue.

B. Vrai ou faux ?

a. Faux. C'est par une diffusion simple d'ions Na^+ allant de l'extérieur vers l'intérieur de la fibre nerveuse. **b. Vrai. c. Faux.** Son amplitude reste constante, le potentiel d'action est non décrémentiel. **d. Faux.** On fait référence à la propagation de la dépolarisation le long de la fibre. Les mouvements des ions se font au travers de portions très limitées de la membrane nerveuse. **e. Faux.** La fréquence d'émission des potentiels d'action varie pour une même fibre en fonction de l'intensité de l'excitation neuronique. **f. Vrai. g. Faux.** Il présente les deux types de contacts synaptiques.

C. Exprimez des idées importantes...

a. Lors de l'exocytose, les mouvements des vésicules et les déformations membranaires s'effectuent grâce à l'intervention des fibres du cytosquelette.

b. Le potentiel de repos correspond à une différence de potentiel permanente entre les deux faces de la membrane d'une fibre nerveuse vivante non excitée.

c. Le potentiel d'action est une inversion de polarisation brutale et brève de la membrane nerveuse.

d. Le déclenchement d'un potentiel d'action n'intervient que si la membrane subit une dépolarisation supérieure à une valeur seuil.

e. Lorsqu'il est libéré dans la fente synaptique, le neurotransmetteur se fixe sur des récepteurs post-synaptiques spécifiques.

f. Un neurone réalise en permanence l'intégration des messages qu'il reçoit simultanément au niveau de synapses excitatrices et de synapses inhibitrices.

g. Une drogue agit sur le psychisme de l'individu qui la consomme el la dépendance physique ou psychologique à cette drogue est l'un des signes de la toxicomanie.

D. Donnez le nom...

a. Na^+/K^+-ATPases.

b. drogue.

c. conduction saltatoire.

d. période réfractaire absolue.

Exercice 3, p. 116
Une mesure de la vitesse de conduction nerveuse

1. Le délai s'explique par le temps nécessaire à la propagation du message depuis le point d'excitation du nerf jusqu'au muscle responsable de la réponse électromyographique observée. Naturellement, plus le point d'excitation d'excitation est loin du muscle, plus le délai est important.

2. Le décalage entre les deux réponses électromyographiques observées (repéré par deux traits verticaux sur le cliché) correspond au temps mis par le message nerveux pour parcourir la distance séparant St1 de St2, soit 285 mm. Ce temps peut être estimé grâce à l'échelle à 5 ms environ.

La vitesse de conduction est donc de $285 \ . \ 10^{-3}/5 \ . \ 10^{-3}$, soit $57 \ m \ . \ s^{-1}$.

Chapitre 5, p. 134

Les circuits neuronaux d'un réflexe

A. Définissez les mots ou expressions :

cornes : masses paires de substance grise de la moelle épinière contenant des cellules gliales, les centres cellulaires des neurones médullaires ainsi que leurs prolongements non myélinisés.

cordons : faisceaux ascendants et descendants de substance blanche situés en périphérie de la moelle épinière.

réflexe médullaire (ou rachidien) : réflexe dont le centre nerveux est la moelle épinière.

réflexe myotatique : contraction réflexe d'un muscle déclenchée par son propre étirement.

fuseau neuromusculaire : récepteur sensoriel du muscle sensible à l'étirement (proprioception).

ganglion rachidien : renflement situé sur la racine dorsale d'un nerf rachidien et contenant les centres cellulaires des neurones sensoriels afférents à la moelle épinière (neurones en T).

motoneurone : neurone moteur innervant des muscles striés squelettiques et dont le péricaryon se situe dans la corne ventrale de la moelle épinière.

interneurone (ou neurone d'association) : neurone de petite taille localisé dans un centre nerveux et situé entre deux autres neurones.

arc réflexe : voie neuronale courte impliquée dans la réalisation d'un réflexe. La voie la plus simple comprend un récepteur sensoriel, un neurone sensoriel, un interneurone (facultatif) et un motoneurone.

innervation réciproque : circuit nerveux dont le fonctionnement entraîne une inhibition d'un des deux muscles antagonistes lorsque l'autre se contracte.

B. Vrai ou faux ?

a. Faux. Un centre nerveux (moelle épinière ou encéphale) est indispensable à la réalisation d'un réflexe. **b. Faux.** Les racines dorsales d'un nerf rachidien ne contiennent effectivement que des fibres nerveuses sensitives mais les corps cellulaires des neurones sensitifs sont situés dans le ganglion rachidien porté par ces racines. **c. Vrai. d. Faux.** Le message passe des neurones sensitifs vers les neurones moteurs. Un interneurone peut éventuellement assurer la connexion entre les deux. **e. Faux.** L'étirement d'un muscle déclenche la contraction réflexe de ce muscle et le relâchement du muscle antagoniste.

C. Exprimez des idées importantes...

a. Le corps cellulaire du neurone sensitif est localisé dans le ganglion rachidien situé sur la racine dorsale du nerf rachidien.

b. Le motoneurone est situé dans la racine ventrale de la substance grise de la moelle épinière.

c. Dans un arc réflexe polysynaptique, la connexion entre neurone sensitif et motoneurone est assurée par un (ou plusieurs) interneurone(s).

d. La coordination de l'activité des muscles antagonistes est assurée par leur innervation réciproque.

e. Un réflexe myotatique est une contraction musculaire déclenchée par l'étirement de ce muscle.

D. Retrouvez le mot...

a. réflexe myotatique.

b. motoneurones.

c. innervation réciproque.

d. fuseau neuromusculaire.

Exercice 3, p. 136
Des expériences anciennes réalisées chez le chat

1. Lors de l'abaissement de la table, le muscle extenseur est étiré ce qui déclenche la contraction de ce même muscle (c'est un réflexe myotatique). La tension de ce muscle augmente donc de manière importante comme le montre l'enregistrement.

Lorsque l'on étire un des muscles antagonistes (au temps S), on observe une chute de la tension du muscle extenseur. Ceci s'explique par l'activité coordonnée des muscles antagonistes : si l'un se contracte, l'autre se relâche.

Ici, la contraction réflexe d'un des fléchisseurs (suite à l'étirement de ce dernier) provoque un relâchement partiel de l'extenseur.

Au temps B, l'étirement des deux fléchisseurs provoque un relâchement plus important de l'extenseur.

2. Le fonctionnement coordonné des muscles antagonistes étant dû à leur innervation réciproque au niveau de la moelle, on peut prévoir :

– une augmentation de l'intensité des messages émis par les motoneurones reliés au muscle extenseur lors de l'étirement de ce dernier ;

– une diminution de l'intensité de ces mêmes messages lors de l'étirement d'un seul muscle antagoniste ;

– une diminution plus forte de l'étirement des deux muscles antagonistes.

Chapitre 6, p. 156

La réponse consciente de l'organisme

A. Donnez le nom...

a. cortex cérébral.

b. gyrus postcentral ou cortex somatosensoriel ou cortex somesthésique.

c. cervelet.

d. système limbique.

e. lobe frontal.

B. Vrai ou faux ?

a. Vrai. La lésion du lobe occipital contenant l'aire visuelle primaire et l'aire visuelle associative peut entraîner une cécité. **b. Faux.** La programmation et le contrôle du mouvement fait intervenir le cortex prémoteur, le cortex moteur primaire (gyrus précentral), mais aussi les ganglions de la base, le thalamus et le cervelet. **c. Vrai.** Suite notamment à une lésion de l'aire somatosensorielle associative. **d. Faux.** Il est nécessaire que la lésion touche des centres vitaux, notamment par exemple les centres vitaux du tronc cérébral. **e. Vrai.** Elle intervient dans la reconnaissance et donc l'analyse des sensations perçues.

C. Exprimez des idées importantes...

a. Le cortex cérébral est une fine couche de substance grise plissée en de nombreuses circonvolutions (ou gyri).

b. Le cortex peut être divisé en aires fonctionnelles distinctes mais interdépendantes : les aires sensorielles primaires, les aires motrices primaires et les aires associatives.

c. Le cortex préfrontal est une région corticale dévolue à ce qui est considéré comme la personnalité de l'individu et qui participe à la gestion des émotions et des comportements sociaux.

d. Le cervelet permet le maintien de l'équilibre grâce aux informations qu'il reçoit des récepteurs de l'oreille interne, des yeux et des propriocepteurs musculaires et ligamentaires.

e. Grâce à une plasticité neuronale remarquable, les circuits nerveux corticaux sont malléables en fonction de l'expérience individuelle.

D. Expliquez comment...

a. Ceci est dû au fait que chacun des hémisphères est le siège de la motricité du côté opposé du corps : les faisceaux nerveux moteurs descendants changent de côté soit au niveau du tronc cérébral, soit au niveau de la moelle épinière.

b. Les aires primaires travaillent en collaboration avec les aires associatives qui leur correspondent et celles-ci travaillent en collaboration les unes avec les autres afin de comparer les informations sensitives reçues aux expériences antérieures et de générer des réponses adéquates qui tiennent compte de tous les aspects potentiels du problème à résoudre.

c. Le tronc cérébral contient les noyaux d'origine de toutes les paires de nerfs crâniens (à l'exception des nerfs optiques et olfactifs). Les activités réflexes crâniennes ont donc naturellement pour centre intégrateur ce tronc cérébral.

Exercice 2, p. 157
La maturation du cerveau

Avant la naissance, donc en dehors de toute expérience visuelle, il existe déjà des synapses entre les neurones de la vision. Ces structures sont donc génétiquement déterminées. Cependant, ces structures évoluent et de nouvelles synapses s'établissent après la naissance. La constatation que ces nouvelles synapses ne s'observent pas chez l'animal privé de lumière montre que l'expérience visuelle influe sur cette évolution. La structure du cerveau résulte donc à la fois de l'information génétique et de facteurs perçus de l'environnement.

Chapitre 7, p. 180

Spermatogenèse et ovogenèse

A. Définissez les mots ou expressions :

tube séminifère : tubes situés dans les testicules et dans lesquels se forment les spermatozoïdes.

spermatogenèse : production des spermatozoïdes à partir des cellules sexuelles souches. Elle contient trois phases : la multiplication des spermatogonies, la méiose et la spermiogenèse ou différenciation des spermatides en spermatozoïdes.

spermatocyte II : cellule sexuée ayant subit la phase réductionnelle de la méiose et s'apprêtant en entrer en phase équationnelle.

sperme : liquide nourricier produit par les glandes sexuelles mâles et contenant les spermatozoïdes.

acrosome : organite comparable à un lysosome, situé dans la tête du spermatozoïde, au-dessus de son noyau, et contenant des enzymes permettant la pénétration dans le gamète femelle.

cellule de Sertoli : cellule contrôlant l'évolution de la spermatogenèse en jouant un rôle de soutien et un rôle nourricier vis-à-vis des spermatozoïdes. Cette définition sera complétée au chapitre suivant.

cellule germinale souche : cellule dont la différenciation donnera naissance aux cellules germinales. Il s'agit de la spermatogonie chez l'homme et de l'ovogonie chez la femme.

globule polaire : cellule issue de la division inégale de la cellule germinale lors de la méiose I ou de la méiose II. Elle ne contient qu'un noyau, très peu de cytoplasme et presque aucun organite.

B. Vrai ou faux ?

a. Faux. Les spermatozoïdes sont actifs au moment de l'éjaculation ; ils deviennent aptes à la fécondation au cours de leur transit dans les voies génitales féminines.

b. Faux. Les spermatozoïdes sont produits tout au long de la vie à partir de la puberté. **c. Vrai. d. Vrai. e. Faux.** Il s'agit de l'expulsion de l'ovocyte II. L'ovule n'existe que s'il y a eu fécondation.

C. Exprimez des idées importantes...

a. Le spermatozoïde est une cellule spécialisée dont l'organisation lui permet de remplir une fonction biologique précise.

b. Les cellules de Sertoli maintiennent, nourrissent et dirigent les cellules germinales durant leur trajet à l'intérieur de la paroi du tube séminifère.

c. Au cours de la méiose II, l'ovocyte I se transforme en ovocyte II et le premier globule polaire est éjecté.

D. Donnez le nom...

a. spermatocyte II.

b. cellule de Sertoli.

c. ovocyte II.

d. prophase I.

E. Question à choix multiple...

a. Vrai. b. Faux. Dans le cas de l'ovogenèse, la méiose aboutit à la formation d'un ovule, mais dans le cas de la spermatogenèse, la méiose aboutit à la formation de quatre spermatides qui doivent encore subir la spermiogenèse avant de devenir des spermatozoïdes. **c. Faux.** Le contenu génétique des quatre spermatozoïdes formés est différents et dépend, notamment (voir aussi exercice 4), de l'assortiment aléatoire des chromosomes lors de la méiose. **d. Faux.** Morphologiquement, l'ovotide (140 µm) est nettement plus grosse que la spermatide (5 µm + le flagelle) puisqu'elle contient tout le cytoplasme et les organites issus de la cellule germinale souche. Fonctionnellement, elles ont toutes deux pour rôle de transmettre les informations génétiques contenues dans leur noyau.

Exercice 3, p. 181
Le déterminisme chromosomique du sexe chez la drosophile

1. Les drosophiles triploïdes sont obtenues en fécondant artificiellement un ovocyte I diploïde par un spermatozoïde haploïde.

2. Les caryotypes montrent que chez la drosophile le mâle possède, comme chez l'humain, des chromosomes sexuels différents. Il est donc facile d'envisager l'hypothèse selon laquelle le déterminisme du sexe chez cet insecte est le même que chez l'humain : le chromosome Y définirait le sexe mâle.

3. Les individus au caryotype normal présentent un phénotype en accord avec l'hypothèse précédente : 6A + XX (pour 3 paires d'autosome et une paire d'hétérochromosomes XX) pour les femelles fertiles et 6A + XY pour les mâles fertiles.

4. Le mécanisme de déterminisme du sexe n'est pas identique chez la drosophile et l'humain. 6A + XO est un mâle stérile chez la drosophile et serait une femelle fertile (syndrome de Turner) chez l'être humain. De même, 6A + XXY est une femelle fertile chez la drosophile et serait un homme stérile chez l'humain (syndrome de Klinefelter).

Le tableau suggère un déterminisme du sexe chez la drosophile fondé sur la valeur du rapport : nombre de chromosomes X/nombre de paires d'autosomes.

Tant que ce rapport est supérieur ou égal à 1, l'individu est de phénotype femelle. Si ce rapport est légèrement inférieur à 1, le phénotype est intersexué. Quand il atteint 0.5 ou moins, le phénotype est mâle.

Chapitre 8, p. 200

Le contrôle hormonal de la reproduction masculine

A. Définissez les mots ou expressions :

hormone circulante : messager chimique, produit de sécrétion d'une cellule endocrine, déversé à faible dose dans la circulation sanguine et exerçant un effet biologique spécifique sur une cellule cible plus ou moins éloignée.

glande endocrine : amas de cellules sécrétant des hormones, messagers chimiques déversés dans le liquide interstitiel et qui, de là, gagnent généralement la circulation sanguine.

rétrocontrôle négatif : action en retour d'une variable biologique (par exemple une hormone) sur son système de commande. On dit que le rétrocontrôle est négatif si une augmentation de la variable (par exemple une augmentation du taux plasmatique de l'hormone) induit une inhibition du processus de commande (par exemple une inhibition de la synthèse hormonale par la glande endocrine).

hypophyse : glande endocrine située sous l'hypothalamus cérébral et constituée de deux parties distinctes : la neurohypophyse ou posthypophyse renfermant les prolongements axoniques des neurones hypothalamiques et l'adénohypophyse ou antéhypophyse contenant des cellules endocrines placées sous la dépendance, via un système sanguin porte, d'autres neurones hypothalamiques. L'hypophyse sécrète de nombreuses hormones, dont certaines stimulines, ce qui lui a longtemps valu le surnom de « chef d'orchestre des glandes endocrines ».

système autorégulé : système dans lequel c'est le paramètre contrôlé (taux sanguin d'une hormone, contractions des muscles de l'utérus,...) qui, en changeant de valeur, modifie le fonctionnement du système de régulation.

cellule de Sertoli : cellule contrôlant l'évolution de la spermatogenèse en jouant un rôle de soutien et un rôle nourricier vis-à-vis des spermatozoïdes. Elle sécrète une protéine ABP permettant la liaison de la testostérone sur les cellules germinales ainsi que de l'inhibine, une hormone exerçant un rétrocontrôle négatif sur la production de FSH hypophysaire.

cellule interstitielle (cellule de Leydig) : cellule située entre les tubes séminifères et sécrétant de la testostérone, l'hormone sexuelle mâle.

sécrétion pulsatile : sécrétion hormonale se réalisant par intermittence et résultant d'une alternance d'épisodes brefs de libération intense (« pulses ») de l'hormone, suivis d'une disparition progressive de celle-ci.

gonadostimuline (gonadotrophine ou hormones gonadotrophe) : hormone hypophysaire (LH ou FSH) stimulant le fonctionnement des gonades.

B. Vrai ou faux ?

a. Faux. Les hormones sexuelles sont sous la dépendance des stimulines de l'adénohypophyse, LH et FSH. **b. Faux.** D'une diminution d'activité des cellules de Leydig (ou cellules intesrstitielles). **c. Vrai. d. Vrai.** Elle est pulsatile. **e. Faux.** Les hormones antéhypophysaires sont exclusivement stimulantes d'où leur nom de gonadostimulines. **f. Faux.** Elle est tantôt stimulée tantôt freinée selon les circonstances grâce à des boucles de rétrocontrôle négatif.

D. Donnez le nom...

a. prolactine.

b. neuro-homones.

c. inhibine.

C. Exprimez des idées importantes...

a. La GnRH, une neuro-hormone hypophysaire stimule la production de FSH par l'adénohypophyse l'adénohypophyse, ce qui stimule la synthèse d'ABP par les cellules testiculaires de Sertoli.

b. Bien que les cellules interstitielles sécrètent par pulses la testostérone dans le sang, on peut considérer que c'est une sécrétion à taux constant car le rythme des pulses est à peu près stable.

c. La LH stimule la sécrétion de testostérone par les cellules de Leydig, mais l'action de celle-ci et donc la gamétogenèse ne sont possibles que si la FSH stimule la sécrétion d'ABP par les cellules de Sertoli.

d. La testostérone exerce une rétroaction négative tant sur la sécrétion des gonadostimulines antéhypophysaires que sur la sécrétion de GnRH par l'hypothalamus.

Exercice 4, p. 202
Sécrétions hormonales et environnement

1. La présentation au bélier d'une brebis est suivie deux heures plus tard d'un pic de LH, lui-même suivi d'un pic de testostérone. Le décalage temporel est dû au fait que c'est le pic de LH qui active la sécrétion de l'hormone mâle : un délai est donc nécessaire, il correspond au temps de réaction des cellules endocrines testiculaires.

2. On peut imaginer que la vue de la brebis ou son odeur (ou ses éventuels bêlements...) a déclenché cette réaction. Dans cette hypothèse, les stimuli sensoriels (visuels, olfactifs ou autres) sont à l'origine de messages nerveux qui atteignent le cerveau. Il est plausible d'imaginer alors que cette modification de l'activité cérébrale a un retentissement au niveau des neurones hypothalamiques sécréteurs de GnRH. Une libération de GnRH aura alors les effets enregistrés.

Il est possible de tester ce genre d'hypothèse par exemple en sélectionnant un type de stimulus : masque imprégné de l'odeur de la brebis, image de brebis ou présentation derrière une vitre, bêlements enregistrés... pour vérifier si un de ces stimuli (ou plusieurs) a un effet comparable. Ce genre d'expérience met en évidence les relations permanentes existant entre le système nerveux et le système hormonal lié à la reproduction.

Chapitre 9, p. 222

Le contrôle hormonal de la reproduction féminine

A. Définissez les mots ou expressions :

endomètre : muqueuse glandulaire tapissant l'intérieur de la cavité utérine et dont la partie supérieure, fortement vascularisée, se délamine lors des règles ou menstruations.

nidation : implantation du jeune embryon (stade blastocyste) dans la muqueuse utérine.

œstradiol : forme la plus fréquente et la plus active des œstrogènes, hormones sexuelles féminines de nature stéroïde sécrétées par les follicules ovariens durant tout le cycle menstruel.

progestérone : hormone sexuelle féminine de nature stéroïde sécrétée par les ovaires durant la phase lutéinique.

corps jaune : corps jaunâtre formé après l'ovulation à partir d'un follicule ovarien éclaté et sécrétant des hormones ovariennes, œstrogènes et progestérone.

FSH (hormone folliculo-stimulante) : gonadostimuline sécrétée par l'antéhypophyse sous l'influence de la GnRH hypothalamique et stimulant les glandes sexuelles mâles et femelles. Chez l'homme, la FSH stimule les cellules de Leydig ; chez la femme, elle favorise la croissance des follicules ovariens et la sécrétion d'œstrogènes.

LH (hormone lutéinisante) : gonadostimuline sécrétée par l'antéhypophyse sous l'influence de la GnRH hypothalamique et stimulant les glandes sexuelles mâles et femelles. Chez l'homme, la LH stimule les cellules de Leydig ou cellules interstitielles à produire de la testostérone ; chez la femme, un pic de LH précède l'ovulation et durant la phase lutéale, elle favorise la sécrétion de progestérone (et d'œstrogènes) par le corps jaune.

GnRH (gonadolibérine) : neuro-hormone hypothalamique déversée dans le système porte hypophysaire et stimulant les cellules de l'antéhypophyse à sécréter les gonadostimulines LH et FSH.

phase folliculaire : première phase du cycle menstruel féminin allant du premier jour des règles jusqu'au jour de l'ovulation et durant laquelle le follicule en croissance atteint le stade de follicule mûr.

phase lutéale (ou lutéinique) : seconde phase du cycle menstruel féminin allant de l'ovulation jusqu'au premier jour des règles et durant laquelle le follicule éclaté se transforme en corps jaune.

rétrocontrôle positif : action en retour d'une variable biologique (p. ex. une hormone) sur son système de commande, de telle sorte qu'une augmentation de la variable (p. ex. une augmentation du taux plasmatique de l'hormone) induit une activation du système de commande (p. ex. une augmentation de la synthèse hormonale).

glaire cervicale : mucus visqueux sécrété par les glandes de l'endomètre du col de l'utérus dont la composition, les propriétés physiques et la production quotidienne varient au cours du cycle menstruel. La glaire protège l'utérus contre les intrusions microbiennes et régule l'entrée des spermatozoïdes en fonction du cycle.

B. Donnez le nom...

a. dentelle utérine.

b. progestérone.

c. corps jaune.

d. antéhypophyse (adénohypophyse).

C. Exprimez des idées importantes...

a. La GnRH hypothalamique stimule les cellules endocrines de l'adénohypophyse à synthétiser les stimulines LH et FSH qui elles-mêmes induisent la sécrétion d'œstrogènes et de progestérone par l'ovaire.

b. Après l'ovulation, le follicule rompu se transforme en corps jaune.

c. Le pic de LH qui déclenche l'ovulation est la conséquence d'un rétrocontrôle positif exercé par les œstrogènes sur le système de commande hypothalamo-hypophysaire en fin de phase folliculaire.

d. Les cycles sexuels rythment le fonctionnement de l'appareil génital féminin depuis la puberté jusqu'à la ménopause.

e. Une bonne synchronisation entre la maturité du follicule ovarien et la réceptivité utérine conditionne l'implantation de l'embryon.

D. Vrai ou Faux ?

a. **Faux.** Elle commence à la puberté (et s'achève à la ménopause). **b. Faux.** Le corps jaune se former à chaque cycle menstruel. Il ne se maintient que s'il y a un embryon. **c. Faux.** Les hormones du complexe hypothalamo-hypophysaire sont indispensables ; en leur absence, les sécrétions ovariennes sont interrompues. **d. Faux.** En fin de phase folliculaire, les forts taux d'œstrogènes exercent une rétroaction positive à l'origine du pic de LH. **e. Faux.** La GnRH n'est que l'une des neuro-hormones produites par l'hypothalamus puisque l'ocytocine en est une autre. L'hypophyse quant à elle sécrète diverses stimulines ainsi que la prolactine et l'hormone de croissance. **f. Faux.** Sauf exception signalée au d, les œstrogènes exercent généralement une rétroaction négative sur la sécrétion pulsatile des gonadostimulines. **g. Vrai.**

Exercice 4, p. 224
La régulation de la sécrétion de LH

1. Dans l'expérience 1, la pose d'un implant sous-cutané d'œstradiol chez une femelle de macaque ovariectomisée depuis 26 jours abaisse nettement la concentration de LH : en une dizaine de jours, elle est pratiquement divisée par 3. On sait que l'ovariectomie, en supprimant la rétroaction négative exercée par l'ovaire endocrine sur son système de commande, a eu pour conséquence une élévation importante du taux plasmatique de LH : la valeur enregistrée avant le jour 25 n'est donc pas la valeur « normale ». L'hormone délivrée ensuite par l'implant freine la sécrétion de gonadostimulines et le taux de LH observé vers le jour 40 est redevenu proche d'un taux « normal ».

L'injection d'une dose massive d'œstradiol déclenche un pic de LH. Cette expérience reproduit une situation normale : au cours de la phase folliculaire, l'augmentation progressive du taux sanguin d'œstradiol freine la sécrétion de LH, du moins tant que ce taux ne dépasse pas une valeur seuil. Au-delà, la rétroaction devient positive et le « système s'emballe », d'où la décharge de LH. Celle-ci déclenche, quelques dizaines d'heures plus tard, l'ovulation, c'est-à-dire l'éclatement du follicule mûr et la libération de l'ovocyte II.

2. L'expérience 2 montre que les effets observés précédemment sont totalement annulés en présence d'un taux de progestérone maintenu artificiellement élevé : la castration n'est pas suivie d'une hausse du taux de LH, la pose d'implant d'œstradiol, pas plus que l'injection massive de cette même hormone n'ont d'effet. C'est la conséquence d'une rétroaction négative très efficace exercée par la progestérone. Un tel effet s'observe en phase lutéale pendant toute la période d'activité du corps jaune. Il cesse en fin de cycle ; il est au contraire maintenu pendant la grossesse.

Chapitre 10, p. 244

De la fécondation à la naissance

A. Définissez les mots ou expressions :

capacitation : ensemble des processus se déroulant au contact des sécrétions génitales féminine et permettant au spermatozoïde de devenir fécondant.

pronucléus : chacun des noyaux haploïde du gamète mâle (spermatozoïde) et du gamète femelle (ovule) mis en présence dans la cellule œuf fécondée chez les animaux.

segmentation : premières divisions mitotiques de l'œuf commençant directement après la fusion des deux pronucléi et aboutissant à la morula sans augmentation de la taille de l'embryon.

blastocyste : stade embryonnaire correspondant à une sphère creuse. C'est à ce stade que l'embryon s'implante dans la muqueuse utérine (nidation).

embryon : phase du développement qui se poursuit chez l'humain de la fécondation jusqu'à la fin de la huitième semaine de grossesse et qui correspond à la mise en place des différents organes.

fœtus : phase du développement qui se poursuit chez l'humain de la neuvième semaine à la fin de la gestation et qui correspond à une phase de croissance accélérée au cours de laquelle les organes ne subissent pratiquement que des processus de maturation.

annexes embryonnaires : organes externes de l'embryon mais issus de la cellule œuf : chorion, placenta, amnios, sac vitellin, allantoïde.

cavité amniotique : cavité embryonnaire et fœtale délimitée par une membrane, l'amnios, et contenant un liquide amniotique protecteur dans lequel le fœtus baigne jusqu'à la rupture, juste avant l'accouchement, de cette « poche des eaux ».

mésoderme : feuillet (tissu) embryonnaire intermédiaire se développant entre l'ectoderme et l'endoderme à partir du stade gastrula. Il donnera différents tissus et organes dont le tissu conjonctif, les muscles, le squelette, les systèmes circulatoire, urinaire et génitaux.

placenta : annexe embryonnaire fonctionnelle dès le 3e mois de gestation et permettant des échanges sélectifs entre la mère et le fœtus (gaz, nutriments, anticorps...).

HCG (gonadotrophine chorionique humaine) : hormone dite « de grossesse » sécrétée dès la nidation par le trophoblaste, détectable dans le sang dès le 9e jour après la fécondation et permettant le maintien en place du corps jaune.

délivrance : troisième et dernière phase de l'accouchement correspondant à l'expulsion du placenta et des membranes fœtales (« délivre »).

B. Quelle différence y a-t-il entre...

a. La vie embryonnaire, qui dure deux mois, est la mise en place des différents tissus et organes alors que la vie fœtale, qui dure les sept mois suivants, correspond essentiellement à une période de croissance et de maturation de ceux-ci.

b. Le chorion est une annexe embryonnaire mise en place très tôt dans la vie embryonnaire et qui entoure totalement l'embryon puis le fœtus. Il sert d'ébauche au placenta qui n'est fonctionnel qu'à partir du 3e mois et qui se limite à une galette sphérique située d'un seul côté du fœtus.

c. L'expulsion du bébé n'est qu'une seule des trois phases de l'accouchement. Elle est précédée de la dilatation du col de l'utérus et elle est suivie par la délivrance ou expulsion du placenta et des membranes fœtales.

C. Exprimez des idées importantes...

a. Avant de pénétrer dans l'ovocyte II, le spermatozoïde doit digérer la zone pellucide grâce aux enzymes contenues dans son acrosome.

b. La segmentation de la cellule-œuf aboutit à un petit amas sphérique de cellules, la morula.

c. La nidation dans la muqueuse utérine s'effectue lorsque l'embryon a atteint le stade blastula.

d. La barrière placentaire n'est pas totale puisqu'elle laisse passer l'alcool, les drogues et certains virus.

e. La HCG sécrétée dès la nidation par le trophoblaste assure le maintien du corps jaune et sa transformation en corps jaune de grossesse.

f. La gastrulation permet la mise en place des trois feuillets embryonnaires, l'ectoderme, l'endoderme et le mésoderme.

D. Vrai ou faux ?

a. Faux. Elle correspond à la fusion du pronucléus du spermatozoïde avec celui de l'ovule. **b. Faux.** Les divisions embryonnaires débutent dès la fécondation. **c. Faux.** Les échanges entre l'organisme maternel et celui du fœtus se réalisent sans aucun mélange des sangs maternel et fœtal. **d. Vrai.**

Exercice 3, p. 246
La « totipotence » des premières cellules embryonnaires

1. La première expérience montre que chacune des quatre premières cellules contient l'intégralité de l'information génétique et que ces cellules ont gardé la propriété de la cellule œuf, à savoir être à l'origine d'un organisme complet.

2. Au stade 4 cellules, chacune des cellules peut donner un organisme complet : elles sont donc totipotentes. Au stade 8 cellules, aucune des deux moitiés séparées de l'embryon ne donne un organisme entier : les cellules ne sont donc plus totipotentes. Chez l'oursin, les cellules embryonnaires cessent d'être totipotentes entre le stade 4 cellules et le stade 8 cellules.

Chapitre 11, p. 266

La maîtrise de la procréation

A. Donnez le nom...

a. œstrogènes et progestérone.

b. progestérone.

c. stérilet.

d. insémination artificielle, fécondation *in vitro*, stimulation ovarienne.

B. Définissez les mots ou expressions :

échographie : visualisation du fœtus et de divers organes par émission d'ultrasons.

fécondation *in vitro* : après prélèvement d'ovules et de spermatozoïdes, fécondation effectuée dans un récipient, suivie du transfert de l'embryon dans l'utérus maternel.

contraception : ensemble des moyens qui s'opposent au début d'une grossesse.

interruption médicale de grossesse : interruption de la grossesse réalisée pour des raisons d'ordre médical et sous contrôle médical.

stérilité : impossibilité à concevoir naturellement un enfant.

insémination artificielle : introduction de paillettes de sperme (du conjoint ou d'un donneur) dans les voies génitales d'une femme.

C. Vrai ou faux ?

a. Vrai. À l'exception du préservatif féminin, peu utilisé, et s'il est correctement utilisé. **b. Vrai. c. Faux.** On mime le pic de LH par une injection d'HCG. **d. Faux.** À toutes les femmes de plus de 35 ans.

D. Questions à choix multiple

1. **Les hormones contenues dans la pilule contraceptive : a. Vrai. b. Vrai. c. Vrai. d. Vrai.**

2. **La fécondation *in vitro* : a. Vrai. b. Faux.** Le plus souvent en cas d'obstruction des trompes. **c. Vrai.**

E. Expliquez pourquoi...

a. Par exemple si les trompes sont obstruées.

b. Par exemple si l'homme est stérile ou si son sperme nécessite un traitement pour être fécondant.

c. Parce que le(s) comprimé(s) doi(ven)t être pris dans les 24 heures suivant un rapport sexuel non protégé.

d. Parce que, notamment, son succès n'est pas garanti...

e. Parce que le risque d'anomalie génétique s'accroît sensiblement avec l'âge de la mère.

Exercice 5, p. 268
Le traitement d'un cas de stérilité

1. Le taux de LH est constant et bas. Il n'y a notamment pas le « pic de LH » responsable de l'ovulation. Sans ovulation, il y a donc stérilité.

2. Une semaine après le traitement, on observe un pic de LH. Les taux des hormones ovariennes montrent qu'il y a eu évolution d'un follicule (augmentation de la sécrétion d'œstrogènes) et transformation de celui-ci en corps jaune (sécrétion de progestérone). Il y a donc eu ovulation. Cependant, il n'y a pas eu maintien de la concentration en hormones ovariennes ce qui indique qu'il n'y a pas eu de grossesse.

3. Le clomiphène inhibe l'action des œstrogènes sur le complexe hypothalamo-hypophysaire. On constate, quelques jours après son administration, une augmentation de la sécrétion de LH par l'hypophyse. Or les œstrogènes (à faible concentration) exercent un rétrocontrôle négatif sur le complexe hypothalamo-hypophysaire. On peut donc penser que le clomophène a levé ce contrôle négatif, ce qui a permis une stimulation hypophysaire avec comme conséquence une augmentation des sécrétions.

INDEX

Un index est un outil de travail. Ce n'est pas une liste de mots à connaître absolument. Certains termes de cet index sont définis dans la rubrique « Lexique » des doubles pages d'« Activités pratiques » ; la page correspondante est indiquée ici en caractères gras.

O

P

R

S

T

U

V

Z

CRÉDITS ICONOGRAPHIQUES

Cain = Cain *et al.*, *Découvrir la biologie*, De Boeck, 2006.
Karp = Karp *et al.*, *Biologie cellulaire & moléculaire*, De Boeck, 2004.
Purves = Purves *et al.*, *Neurosciences*, De Boeck, 2008.
Raven = Raven *et al.*, *Biologie*, De Boeck, 2007.
SVT 4e = *SVT 4*^{e}, Bordas, 2002.
SVT 3e = *SVT 3*^{e}, Bordas, 1999.
SVT 2de = *SVT 2*^{de}, Bordas, 2004.
SVT 1re *S* = *SVT 1*^{re} *S*, Bordas, 2001.
SVT T^{erm} *S* = *SVT T*^{erm} *S*, ens. obligatoire, Bordas, 2002.
SVT T^{erm} *S*, ens. de spécialité = *SVT T*^{erm} *S*, ens. de spécialité, prog. 2002, Bordas, 2005.
SVT 1re *ES* = *SVT 1*^{re} *ES*, Bordas, 2001.
SVT 1re *L* = *SVT 1*^{re} *L*, Bordas, 2001.
Tortora = Tortora *et al.*, *Principes d'anatomie et de physiologie*, De Boeck, 2007.

Chapitre 1

p. 11 : Ph © National Library of Medicine ; **p. 12** : *ht g* Ph © J.-M. Labat/Y. Lanceau/Phone/T ; *ht d et bas SVT 2*^{de}, p. 116 ; **p. 13** : *ht g* © Sharon Ellis ; *ht d et bas g SVT T*^{erm} *S*, p. 378 ; *bas d* Ph © Juergen Berger/SPL/PUBLIPHOTO ; **p. 14** : Ph (a) © Andrew Syred/Science Photo Library/Photo Researchers ; Ph (b) © Microfield Scientific Ltd./Science Photo Library/Photo Researchers ; Ph (c) © Alfred Paseika/Science Photo Library/Photo Researchers ; *g schéma SVT T*^{erm} *S*, p. 360 ; *d schémas*, Raven, p. 532. ; *d* Ph © C. Bjonberg/Photo Researchers/COSMOS/T ; **p. 15** : *ht g* Ph © Manfred Kage/Peter Arnold Inc. ; *ht m* Ph © John D. Cunningham/Visuals Unlimited ; *ht d* Ph © Omikron/Science Source/Photo Researchers, Inc. ; *m g et bas g* 2 Ph © Viviane Guillaume ; *bas d* Ph, Roitt *et al.*, *Immunologie*, De Boeck, 2002, p. 329 ; **p. 16** : 4 Ph © Michèle Cornet ; **p. 17** : *ht* Ph © Yuri Arcurs/Fotolia ; *bas g* Ph © Michèle Cornet ; *bas d* Ph © Fotolia/Yeko Photo Studio ; **p. 18** : dessin © Dominique Papon ; *g* Ph © Pierre-Jean G./Fotolia ; *m* Ph © lifethrualens/Fotolia ; *d* Ph © Tomo Narashima ; **p. 19** : *ht* Ph © gajatz/Fotolia ; *bas* Ph © Cl. Fabre ; **p. 20** : *dessin SVT 3*^{e}, p. 76 ; *bas g* Ph © Fotolia/zlikovec ; *bas d* Ph © H. Conge ; **p. 21** : *ht* Ph © Phototake/CNRI ; *m g* Ph © Institut Pasteur ; *m d* © Institut Pasteur ; *bas* Ph © Institut Pasteur/CNRI/T ; **p. 23** : www.sante.public.lu ; **p. 25** : *ht* 2 Ph © H. Conge ; *ht et m dessins SVT 3*^{e}, p. 69 ; *bas g dessin* © Karin Schnirch/Fotolia ; *bas m dessin SVT 3*^{e}, p. 76 ; *bas d dessin SVT 3*^{e}, p. 77 ; **p. 27** : *g* Ph © Dr. D. Kunkel/Phototake/CNRI ; *d* Ph © Dr. K. Lounatmaa/SPL/COSMOS ; **p. 28** : *SVT 3*^{e}, p. 73.

Chapitre 2

p. 29 : Ph © Dr A. Liepins/SPL/COSMOS ; **p. 30** : *dessin* © Molly Borman ; **p. 31** : *ht* 3 Ph © CONGE Hervé ; *m* Ph © Dr. Gopal Murti/SPL/COSMOS ; *bas* Ph © Don Fawcett/E. Shelton/Science Source/COSMOS ; **p. 32** : 2 Ph © Roitt *et al.*, *Immunologie*, De Boeck, 2002, p. 393 ; *dessin* d'après *SVT T*^{erm} *S*, p. 89 ; **p. 33** : *bas* 6 Ph © Stuart Fox ; **p. 34** : *ht* Ph © BAUDE Denis ; *m SVT T*^{erm} *S*, p. 391 ; *bas SVT T*^{erm} *S*, p. 395 ; **p. 35** : *ht SVT T*^{erm} *S*, p. 379 ; *m g* Ph © BAUDE Denis ; *m SVT T*^{erm} *S*, p. 398 ; **p. 36** : *ht d* d'après *SVT T*^{erm} *S*, p. 395 ; *m g* Ph © Dr. Gopal Murti/SPL/COSMOS ; *bas* Raven, p. 1027 ; **p. 37** : *ht* 2 Ph © Institut Pasteur/APBG/ Photo Lamy et Sizaret (Université de Tours) ; *ht SVT T*^{erm} *S*, p. 389 ; *bas SVT T*^{erm} *S*, p. 393 ; **p. 38** : *ht et bas d SVT T*^{erm} *S*, p. 396 ; Ph © Peter Arnold/BSIP ; **p. 39** : Ph © A. Liepins/SPL/COSMOS ; *dessins* d'après *SVT T*^{erm} *S*, p. 397 ; **p. 40** : *dessin* © Dominique Papon ; Ph © Roussel-UCLAF/CNRI ; **p. 41** : *ht SVT T*^{erm} *S*, p. 400 ; *bas g SVT T*^{erm} *S*, p. 401 ; *d* Ph © BAUDE Denis ; **p. 42** : *SVT T*^{erm} *S*, p. 414 ; **p. 43** : *SVT T*^{erm} *S*, p. 415 ; **p. 44** : Ph © M. Clarke/SPL/COSMOS ; **p. 45** : Ph © FABRE Claude/T ; *schéma SVT T*^{erm} *S*, p. 421 ; **p. 49** : *SVT T*^{erm} *S*, p. 405 ; **p. 50** : Ph © tanfis/Fotolia ; *dessins* Raven, p. 1036 ; **p. 51** : *ht SVT T*^{erm} *S*, p. 369 ; Ph © Sean Carroll, Université du Wisconsin ; *bas g dessins* © Dominique Papon ; **p. 52** : *ht g dessin SVT T*^{erm} *S*, p. 364 ; *ht d* 3 Ph © Institut Pasteur/EDELMANN Claude ; *bas schéma SVT T*^{erm} *S*, p. 366 ; **p. 53** : *ht d* Ph © OFFICE FÉDÉRAL DE LA SANTÉ PUBLIQUE, Berne ; *ht g* Ph © Alexey Klementiev/Fotolia ; *bas SVT T*^{erm} *S*, p. 362 ; **p. 55** : *ht d* Peinture de G. Melingue, 1879. Académie nationale de médecine, Paris Ph © J.-L. Charmet ; *bas g* Peinture d'A. G. Edelfet, 1885. Musée national du château de Versailles Ph H. Josse © Archives Larbor/T ; **p. 56** : *ht SVT T*^{erm} *S*, p. 409 ; *bas SVT 3*^{e}, p. 89 ; **p. 57** : *ht SVT T*^{erm} *S*, p. 408 ; *bas SVT 3*^{e}, p. 89 ; **p. 58** : *dessins SVT T*^{erm} *S*, p. 410.

Chapitre 3

p. 59 : Ph © N.Ottawa/Eye of Science/COSMOS ; **p. 60** : *SVT 1*^{re} *ES*, p. 219 ; Ph © C. Fabre ; **p. 61** : *dessin* © Softwin ; **p. 62** : *g* Ph © H. Conge ; *m* Ph © CNRI/T ; *d* Ph © J.-Cl. Révy/T ; *schéma SVT 3*^{e}, p. 183 ; **p. 63** : *ht g* Ph Laboratoire du Professeur Barker/Université de Durham, UK ; *dessin ht d SVT 1*^{re} *S*, p.184 ; *bas g* Ph © H. NUBLAT ; *dessin bas m SVT 1*^{re} *S*, p.184 ; *bas d* Ph © Dr. Y. MATSUDA, Univ. Ehiné, Japon/T ; **p. 64** : *ht dessin* © Softwin ; Ph (a) © Institut Pasteur ; Ph (b) © Quest/SPL/COSMOS ; Ph (c) © p. Derer/INSERM ; Ph (d) © M. Kage/SPL/COSMOS ; **p. 65** : *ht g* Extrait de *Histologie* Sobota/Hammersen, Ph © Urban et Schwarzenberg/T/D-R ; *m dessin SVT 1*^{re} *S*, p. 183 ; *bas g* Ph © Pr.Castano/Overseas/CNRI/T ; *ht d* Raven, p. 954 ; *bas d dessin* © Softwin ; **p. 66** : *ht g* Ph © J.-C. Révy/ISM/T ; *ht g dessin SVT 1*^{re} *S*, p. 183 ; *ht d* Lullmann-Rauch, *Histologie*, De Boeck, 2008, p. 196 ; *bas* d'après Ph © C.S. Raines/Visuals Unlimited ; **p. 67** : *ht* © Kevin Somerville ; *bas g dessin* © Softwin ; *bas d* © Kevin Somerville ; **p. 68** : *ht* Ph © Biophoto Associates/P.Reser/EXPLORER/T ; *bas* Ph © Pour la Science, juin 1989, p. 85 ; **p. 69** : *dessin* © Softwin ; **p. 70** : *ht g* Ph © Purves *et al.*, 2e éd., De Boeck, 2003, fig. 1.8 (A), p. 11 ; *ht d* Ph © J.-Cl. Révy/CNRI ; *bas* Purves, p. 771 ; **p. 71** : Purves, p. 769 ; **p. 75** : © Softwin ; **p. 76** : *ht* Ph © Tarzoun/Fotolia ; *bas dessin* © Softwin ; **p. 77** : *ht* Ph © Tom Uhlman/Visuals unlimited ; *bas* © Softwin ; **p. 78** : *ht g SVT 1*^{re} *L*, p. 10 ; *ht m* Ph © Biophoto Associates/SPL/COSMOS ; *ht d SVT 1*^{re} *L*, p. 14 ; *m d et bas g dessins SVT 1*^{re} *L*, p. 16 ; *bas d* Ph © BIOPHOTO ASSOCIATES ; **p. 79** : *ht g* Ph © P. Motta/Photo Researchers, inc. ; *dessins* Cain, p. 555 ; *ht d* Raven, p. 976 ; *bas g* Cain, p.556 ; *bas m* Purves, p. 288 ; *bas d* Purves, p. 322 ; **p. 80** : © Softwin ; **p. 81** : © Softwin ; **p. 82** : Raven, p. 940 ; **p. 83** : *ht SVT 2*^{de}, p. 144 ; *bas* Ph © Labo. de Physiologie de l'École Nationale Vétérinaire de Lyon/T ; **p. 84** : *ht SVT 3*^{e}, p. 204 ; *bas* Ph © Léonard Napolitano, Francis LeBaron et Joseph Scaletti, J.Cell Biol. 34:820, 1967, avec l'autorisation de Rockfeller University Press.

Chapitre 4

p. 85 : Ph © CNRI ; **p. 86** : *ht* © Dominique Papon ; *bas* d'après Raven p. 121 ; **p. 87** : *ht* Raven, p. 769 ; *m g* d'après Raven, p. 119 ; *m d* d'après Raven, p. 118 ; **p. 88** : 2 Ph © A. HAMON/Laboratoire de Neurophysiologie, Université d'Angers ; *dessins SVT 1*^{re} *S*, p. 198 ; **p. 89** : *ht* Ph © A. HAMON/Laboratoire de Neurophysiologie, Université d'Angers ; *dessin* © Softwin ; **p. 90** : *ht* Ph © A. HAMON/Laboratoire de Neurophysiologie, Université d'Angers ; *dessins* © Softwin ; **p. 91** : *d* Ph © A. HAMON/Laboratoire de Neurophysiologie, Université d'Angers ; *dessin SVT 1*^{re} *S*, p. 200 ; **p. 92** : *SVT 1*^{re} *S*, p. 201 ; **p. 93** : *ht d dessin* © Softwin ; *bas g* Ph © Mme Raymond Pinçon/INSERM ; *bas d* d'après Karp, p. 169 ; **p. 94** : *ht* Ph © BIOPHOTO ASSOCIATES/T ; *bas d SVT* 1re S, p. 202 ; *bas g* Ph © A. HAMON/Laboratoire de Neurophysiologie, Université d'Angers ; **p. 95** : *ht et bas d* 2 Ph © C. Fabre ; *bas g SVT 1*^{re} *S*, p. 203 ; **p. 96** : *ht g* Dr. P. de Camilli, avec la permission de Cell-Press/T ; *ht d SVT 1*^{re} *S*, p. 204 ; *bas g* Ph © D. Kunkel/CNRI/T ; *bas d SVT 1*^{re} *S*, p. 204 ; **p. 97** : *ht* Extrait de Scientific American, Fév.77, H. Lester : « The response to acetylcholine » PH © Armstrong/T ; *bas* Extrait de Journal of Cell Biology, 1979, vol.81, 275-300, by coyright Permission of the Rockfeller © University Press ; **p. 98** : *ht g* Extrait de Journal of cell Biology, 1979, 82-412, by copyright permission of the Rockfeller University Press/T ; *ht d dessin* © Softwin ; *bas SVT 1*^{re} *S*, p. 207 ; **p. 99** : *ht g SVT 1*^{re} *S*, p. 208 ; *ht d SVT 1*^{re} *S*, p. 208 ; *bas* © Softwin ; **p. 100** : d'après Purves, p. 97 ; **p. 101** : © Softwin ; **p. 102** : *SVT 1*^{re} *ES*, p. 34 ; **p. 103** : *ht* Ph © P. Alix/PHANIE ; *bas* La Recherche, n°410, juillet-août 2007, p. 61 : © courtesy of Susan Tapert, Ph. D., Univ. of California, San Diego ; **p. 105** : Ph © Fotolia/lilithlita ; **p. 109** : d'après *SVT 1*^{re} *S*, p. 213 ; **p. 110** : Ph © FABRE Claude ; **p. 111** : 3 Ph © FABRE Claude ; *m SVT 1*^{re} *ES*, p. 32 ; *bas* © Softwin ; **p. 112** : *alcool* Ph © Quayside/Fotolia ; *tabac* Ph © Cyril Comtat/Fotolia ; *cannabis* Ph © SPL/COSMOS ; *médicaments* Ph © Aldan/Fotolia ; **p. 113** : *héroïne* Ph © Thomas Näther/Fotolia ; *cocaïne* Ph © P. Alix/PHANIE ; *ecstasy* Ph © Andrzej Tokarski/Fotolia ; *LSD* Ph © CMSP/BSIP ; **p. 114** : *SVT 1*^{re} *S*, p. 214 ; **p. 115** : *ht* Ph © picsfive/Fotolia ; *bas SVT 3*^{e}, p. 155 ; **p. 116** : *dessins SVT 1*^{re} *S*, p. 215 ; Ph © C. Fabre ; **p. 117** : *SVT 1*^{re} *S*, p. 216 ; **p. 118** : *SVT 1*^{re} *ES*, p. 35.

Chapitre 5

p. 119 : Ph © C. Fabre ; **p. 120** : 2 Ph © C. Fabre ; *dessin SVT 1*^{re} *S*, p. 178 ; **p. 121** : 2 Ph © C. Fabre ; **p. 122** : *ht g* Ph © D. Fagès et M.-L. Guenné/T ; *ht d SVT 1*^{re} *S*, p. 180 ; *bas g* © Softwin ; *bas d* Kevin Somerville ; **p. 123** : *SVT 1*^{re} *S*, p. 194 ; **p. 124** : *SVT 1*^{re} *S*, p. 185 ; **p. 125** : Ph © Sovereign/ISN ; *dessin* © Softwin ; **p. 126** : 2 Ph © C. Fabre ; *SVT 1*^{re} *S*, p. 186 ; **p. 127** : *SVT 1*^{re} *S*, p. 187 ; **p. 128** : *ht* Ph © Labat-Lanceau ; *m* 2 Ph © FABRE Claude ; *bas* d'après *SVT 2*^{de}, p. 106-107 ; **p. 129** : Ph © Davidcrehner/Fotolia ; dessins © Softwin ; **p. 130** : *SVT 1*^{re} *S*, p. 188 ; **p. 133** : *SVT 1*^{re} *S*, p. 191 ; **p. 134** : *SVT 1*^{re} *S*, p. 192 ; **p. 135** : *SVT 1*^{re} *S*, p. 193 ; **p. 136** : *ht g et d SVT 1*^{re} *S*, p. 194 ; *bas SVT 1*^{re} *S*, p. 209.

Chapitre 6

p. 137 : Ph © M. Kulyk/SPL/COSMOS ; **p. 138** : *ht g* Ph © GJPL/CNRI/T ; *ht d* Ph © Mehau Kulyk/SPL/COSMOS ; *bas g* © Softwin ; *bas d* © Softwin, d'après NataV/Fotolia ; **p. 139** : *ht d* Ph © BIOPHOTO ASSOCIATES/T ; *ht g* © Softwin ; *bas g* Ph © Glauberman/Photo Researchers/COSMOS/T ; *bas d* Imagineering ; **p. 140** : *ht* Ph Dr. Marcus E. Rachle, Washington University School of Medecine, St.Louis, MO ; *bas* d'après Belliveau *et al.* 1991/DR ; **p. 141** : *ht* © Softwin ; *bas SVT 3*^{e}, p. 201 ; **p. 142** : *bas* d'après NataV/Fotolia ; *ht* © Softwin ; **p. 143** : *ht g* Ph © Biophoto Associates/SPL/COSMOS ; *ht d SVT 1*^{re} *S*, p. 224 ; *bas* © Imagineering ; *personnages* © Softwin, d'après Ph Penfield, W. et T. Rasmussen (1950) The cerebral cortex of Man: A Clinical Study of Localization of Functio. New York, Macmillan. Corsi P. (1991) The Enchanted Loom: Chapters in the History of Neuroscience, P. Corsi (éd.). New York, Oxford University Press ; **p. 144** : *ht* Ph © NEIL BORDEN/BSIP ; *bas* Ph © Philippe Devanne/Fotolia ; **p. 145** : *ht* Ph © CAVALLINI JAMES/BSIP ; *bas* Ph © Diego Cervo/Fotolia ; **p. 146** : Purves, p. 611 ; **p. 147** : Purves, p. 695 ; **p. 148** : © Softwin ; **p. 149** : *ht* La Recherche, n°410, juillet-août 2007, p. 36 : © infographie Sylvie Dessert ; *bas* 2 Ph © T.ELBERT/Université de Constance, Allemagne ; **p. 153** : © Softwin ; **p. 154** : *ht* Purves, p. 665 ; *bas* Ph Foulkes, D. et M. Schmidt (1983) Temporal sequence and unit composition in dream reports from different stages of sleep. Sleep, 6, 265-280 ; **p. 155** : *bas* Pour la Science, hors-série avril-juillet 2001, p. 6 ; **p. 156** : d'après *SVT 3*^{e}, p.209 ; **p. 157** : *ht* Extrait de « Scientific American », dec. 1989, © Ronald Kalil, directeur du Centre de « Neuroscience » à l'université de Madison/D-R. ; *ht d SVT 1*^{re} *L*, p. 50 ; *bas* autoportraits de l'artiste Anton Räderscheidt © D-R. ; **p. 158** : *SVT 1*^{re} *S*, p. 234.

Chapitre 7

p. 159 : Ph © Cl. Cortier/BSIP ; **p. 160** : *ht SVT T*^{erm} *S*, p. 111 ; *bas* © Softwin ; **p. 161** : *ht SVT T*^{erm} *S*, p. 121 ; *bas g* © Softwin ; *bas d SVT T*^{erm} *S*, p. 143 ; **p. 162** : *ht g* Raven, p. 1070 ; *ht d et bas m SVT T*^{erm} *S*, p. 283 ; *bas g et bas d* 2 Ph © Lennart Nilsson/T, extrait de *Naître*, Hachette, Paris ; **p. 163** : *ht g et bas d SVT T*^{erm} *S*, p. 282 ; *ht d* Raven, p. 1101 ; *bas* Ph © BSIP/T ; **p. 164** : Ph © FPG International/GETTY IMAGES ; *SVT T*^{erm} *S*, p. 276 ; **p. 165** : *SVT T*^{erm} *S*, p. 277 ; Ph © Pedro Coll-Age/Cosmos/T ; **p. 166** : *ht g* Ph © Manfred Kage/SPL/COSMOS ; *ht d* Ph © Pr. NIEUWENHUIS Paul ; *bas* Ph © CONGE Hervé/T ; **p. 167** : *g* Ph © Secchi-Lecaque/Roussel-Uclaf/CNRI/T ; *d SVT T*^{erm} *S*, p. 295 ; **p. 168** : *dessin* © Softwin ; Ph © Andrew Syred/SPL/COSMOS ; **p. 169** : *ht* Ph © Denise Escalier/T ; *bas* Ph © P. Goetgheluck/ISM ; **p. 170** : 2 Ph © Biophoto Associates/SPL/Cosmos/T ; *SVT 4*^{e}, p. 227 ; **p. 171** : © Softwin ; **p. 173** : Ph © D.M. Phillips/Photo Researchers/COSMOS ; **p. 175** : *g* d'après *SVT T*^{erm} *S*, p. 307 ; *bas d* © Softwin ; *ht d SVT T*^{erm} *S*, p. 329 ; **p. 176** : *ht* Ph © HANOTEAU Frederic ; *bas* Ph © FABRE Claude/T ; *bas SVT T*^{erm} *S*, p. 284 ; **p. 177** : *ht g, ht m et bas d* 3 Ph © FABRE Claude/T ; *ht d* Ph © P. Etcheverry/COLIBRI ; *bas g SVT T*^{erm} *S*, p. 285 ; **p. 178** : *ht* Ph © Ed Reschke/Peter Arnold, Inc. ; *m* Raven, p. 595 ; *bas g* Ph © FABRE Claude ; *bas d* Ph © Dr. J.F. Leedale/BIOPHOTO ASSOCIATES/T ; *bas SVT T*^{erm} *S*, ens. de spécialité, p. 97 ; **p. 179** : Raven, p. 596 ; **p. 180** : *SVT 1*^{re} *ES*, p.109 ; **p. 181** : *ht graphique* www.msss.gouv.qc.ca ; *bas SVT T*^{erm} *S*, p. 289 ; **p. 182** : *ht* Ph © Dr G.H. Jones/T ; *ht SVT T*^{erm} *S*, p. 137 ; *bas* Ph © P. KOOPMAN, J. Gubbay, N. Vivian, P. Goodfellow, R. Lovell-Badge/National Institute for Medical Research, London, UK.

Chapitre 8

p. 183 : Ph © Dennis Kunkel/Phototake/ISM ; **p. 184** : *ht g SVT 1*^{re} *S*, p. 145 ; *ht d et bas g* © Softwin ; *bas d SVT 1*^{re} *ES*, p. 89 ; **p. 185** : *ht g* Karp, p. 50 ; *ht d et bas* © Softwin ; **p. 186** : *ht* Ph © Sovereign/ISM ; *bas* © Softwin ; **p. 187** : © Softwin ; **p. 188** : *ht g* Ph © Pr. NIEUWENHUIS Paul ; *ht d SVT T*^{erm} *S*, p. 296 ; *bas* Ph © Pr. Georges Pelletier/T ; **p. 189** : *ht SVT T*^{erm} *S*, p. 297 ; *bas* Ph © FABRE Claude/T ; **p. 190** : Ph © Dr E. Vila-Porcile et Pr. Olivier/T ; **p. 191** : *SVT T*^{erm} *S*, p. 299 ; **p. 192** : *SVT T*^{erm} *S*, p. 300 ; Ph © Dr M. Warembourg/INSERM/T ; **p. 193** : *SVT T*^{erm} *S*, p. 302 ; **p. 195** : Raven, p. 993 ; **p. 197** : Ph © CNRI/T ; **p. 198** : *SVT 1*^{re} *S*, p. 147 ; **p. 199** : d'après *SVT T*^{erm} *S*, p. 307 ; **p. 200** : *SVT T*^{erm} *S*, Bordas, 1994, p. 229 ; **p. 201** : *ht* Bibliothèque nationale de France, Paris, Ph coll. ARCHIVES LARBOR/T ; *bas SVT T*^{erm} *S*, p. 310 ; **p. 202** : *ht SVT T*^{erm} *S*, p. 310 ; bas *SVT T*^{erm} *S*, p. 274.

Chapitre 9

p. 203 : Ph © P.M. Motta et E. Vizza/SPL/COSMOS ; **p. 204** : *ht SVT T*^{erm} *S*, p. 312 ; 3 Ph © BIOPHOTO ASSOCIATES/T ; **p. 205** : *ht SVT T*^{erm} *S*, p. 313 ; *bas g* Ph © Pr. P.M. Motta et E. Vizza/SPL/COSMOS ; *bas d* Ph © BIOPHOTO ASSOCIATES/T ; **p. 206** : *SVT T*^{erm} *S*, p. 314 ; **p. 207** : *SVT T*^{erm} *S*, p. 315 ; **p. 208** : *SVT T*^{erm} *S*, p. 316 ; **p. 209** : *SVT T*^{erm} *S*, p. 317 ; **p. 210** : *SVT T*^{erm} *S*, p. 318 ; **p. 211** : *SVT T*^{erm} *S*, p. 319 ; **p. 212** : *SVT T*^{erm} *S*, p. 320 ; 2 Ph © CHRETIEN François/T ; **p. 213** : *SVT T*^{erm} *S*, p. 321 ; *d* Extrait de « Behold man », Ph © Lennart Nilsson/ALBERT BONNIERS FÖRLAG/T ; **p. 215** : Ph © BECH/BSIP ; **p. 217** : *SVT T*^{erm} *S*, p. 329 ; **p. 218** : *ht et bas m* 2 Ph © Biophoto Associates/COSMOS/T ; *bas g* Ph © SPL/COSMOS/T ; *bas d SVT T*^{erm} *S*, p. 330 ; **p. 219** : *ht g et m d* 2 Ph © CONGE Hervé/T ; *ht d* Ph © Biophoto Associates/SPL/COSMOS/T ; m g et bas *SVT T*^{erm} *S*, p. 331 ; **p. 220** : Ph © A. Labat/COLIBRI ; *SVT T*^{erm} *S*, p. 324 ; **p. 221** : *SVT T*^{erm} *S*, p. 325 ; **p. 222** : *SVT T*^{erm} *S*, p. 332 ; **p. 223** : *SVT T*^{erm} *S*, p. 333 ; **p. 224** : *SVT T*^{erm} *S*, p. 334 ; Ph © Saúl GM/Fotolia ; **p. 225** : *SVT T*^{erm} *S*, p. 335 ; **p. 226** : *SVT T*^{erm} *S*, p. 336.

Chapitre 10

p. 227 : Ph © Lennart Nilsson/Bonniers Forlag AB, A child is born, Dell Publishing Co. ; **p. 228** : *ht* Tortora, p. 1203 ; *bas* © Softwin ; **p. 229** : 2 Ph © Lennart Nilsson/T, extrait de *Naître*, Hachette, Paris ; *SVT T*^{erm} *S*, p. 115 ; **p. 230** : *SVT T*^{erm} *S*, p. 322 ; Ph © P. Goetgheluck/ISM ; **p. 231** : *SVT T*^{erm} *S*, p. 323 ; 3 Ph © FABRE Claude ; **p. 232** : Raven, p. 1089 ; **p. 233** : *ht* Raven, p. 1090-1091 ; *bas* Raven, p. 1096 ; **p. 234** : Tortora, p. 1215 ; **p. 235** : © Softwin ; **p. 236** : Tortora, p. 1221 ; **p. 237** : *ht g* Ph © Bajande/Scoop/T ; *ht d* Ph © A.A. Boccaccio/The Image Bank/T ; *bas SVT 4*^{e}, p. 247 ; **p. 241** : *ht SVT 4*^{e}, p. 249 ; *fusion des noyaux SVT T*^{erm} *S*, p. 115 ; *bas g SVT T*^{erm} *S*, p. 329 ; *bas d* © Softwin ; **p. 242** : 4 Ph © Lennart Nilsson Albert Bonniers Forlag AB, A child is born, Dell Publishnig Co. ; **p. 243** : *ht* Ph © Sandra Lousada/Petit Format ; *bas g SVT 4*^{e}, p. 250 ; *bas d* Ph © Lab. Searle/T ; **p. 244** : *g* Ph © F. Errenstrum/Oxford Scientific Films/T ; *d* Ph © Summ/Jacana/T ; **p. 245** : *ht et m* © Softwin ; *1*^{re}, *2*^{e}, *4*^{e} *(de g à d)* 3 Ph © Dr. Wolf Goivaux/Rapho/T ; *3*^{e} *(de g à d)* Ph © Lennart Nilsson/T, extrait de *Naître*, Hachette, Paris ; **p. 246** : *ht et m SVT 2*^{de}, p. 253 ; *bas SVT 2*^{de}, p. 254.

Chapitre 11

p. 247 : Ph © SATURN STILLS/S.P.L. ; **p. 248** : 3 Ph (a, c et d) © FABRE Claude/T ; Ph (b) © McGraw-Hill Higher Education/Bob Coyle, photographer ; dessins (b) et (c) *SVT 1*^{re} *ES*, p. 125 ; **p. 249** : *graphiques SVT T*^{erm} *S*, p. 339 ; **p. 250** : *ht* Ph © FABRE Claude/T ; *bas* Ph © BAUDE Denis ; **p. 251** : *SVT T*^{erm} *S*, p. 341 ; *ht* Ph © FABRE Claude ; *bas* Ph © X-D.R./T ; **p. 252** : 3 Ph © SARRAMON Marie France (Dr.), Gynécologie-Obstétrique, CHU Toulouse ; **p. 253** : *SVT 1*^{re} *ES*, p. 135 ; **p. 254** : Ph © CJLP/CNRI/T ; **p. 255** : *ht* Ph © P. Goetgheluck/ISM ; *g* Ph © H. Coyne/Talentbank/COSMOS/T ; *d* Ph © Pr. PARINAUD Jean, Biologie de la Reproduction, CHU Toulouse/T ; **p. 256** : *ht SVT T*^{erm} *S*, p. 346 ; *bas g* Ph © Chris Priest/SPL/COSMOS ; *bas d* Ph © Mauro Fermariello/SPL/COSMOS ; **p. 257** : *ht g* Ph © Martin Dohrn/IVF Unit. Cromwell Hospital/SPL/COSMOS ; *ht d* 3 Ph © Pr. PARINAUD Jean, Biologie de la Reproduction, CHU de Toulouse ; *bas g* Ph © Hank Morgan/SPL/COSMOS ; *bas d* 2 Ph © P. Goetgheluck/ISM ; **p. 261** : *ht SVT T*^{erm} *S*, p. 351 ; 6 Ph *SVT T*^{erm} *S*, p. 351 ; **p. 262** : 7 Ph © Pr. PARINAUD Jean, Biologie de la Reproduction, CHU La Grave, Toulouse/T ; **p. 263** : 4 Ph © GOETGHELUCK Pascal/T ; **p. 267** : Ph © NOURYPHARMA/SIPA PRESS ; **p. 268** : *ht g* Ph © Pr. Remy/CNRI/T ; *ht d* Ph © GJLP/CNRI/T ; *SVT T*^{erm} *S*, p. 356.